中外职业卫生标准与标准体系研究

U0232016

主　编　李　涛

编　者（以姓氏笔画为序）
王忠旭　王焕强　朱钰玲　李　涛
李　霜　张　星　秦　戬　聂　武
顾轶婷　康同影

学术秘书　聂　武

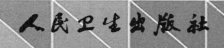

人民卫生出版社

图书在版编目（CIP）数据

中外职业卫生标准与标准体系研究 / 李涛主编. —
北京：人民卫生出版社，2019
ISBN 978-7-117-28375-5

Ⅰ．①中…　Ⅱ．①李…　Ⅲ．①职业安全卫生标准－研
究－世界　Ⅳ．①X9-65

中国版本图书馆 CIP 数据核字（2019）第 063863 号

人卫智网	www.ipmph.com	医学教育、学术、考试、健康， 购书智慧智能综合服务平台
人卫官网	www.pmph.com	人卫官方资讯发布平台

中外职业卫生标准与标准体系研究

主　　编：李　涛
出版发行：人民卫生出版社（中继线 010-59780011）
地　　址：北京市朝阳区潘家园南里 19 号
邮　　编：100021
E - mail：pmph @ pmph.com
购书热线：010-59787592　010-59787584　010-65264830
印　　刷：三河市潮河印业有限公司
经　　销：新华书店
开　　本：787×1092　1/16　**印张**：28
字　　数：681 千字
版　　次：2019 年 7 月第 1 版　2019 年 7 月第 1 版第 1 次印刷
标准书号：ISBN 978-7-117-28375-5
定　　价：88.00 元

打击盗版举报电话：010-59787491　E-mail：WQ @ pmph.com
（凡属印装质量问题请与本社市场营销中心联系退换）

　　国家职业卫生标准是国家职业病防治法律法规体系的重要组成部分。为加强用人单位职业卫生监督管理，督促用人单位落实职业病防治主体责任，国家建立了职业卫生监督和职业卫生标准制度。国家职业卫生标准制度通过制定工作场所职业有害因素接触限制量值以及劳动者健康保护标准，能够最大限度地保护劳动者的健康权益，有效控制以牺牲劳动者健康为代价换取企业经济发展的违法行为，维护社会稳定，促进劳动力资源的可持续发展，促进经济社会的和谐发展。

　　国家职业卫生标准涉及国家安全、劳动者身心健康，既是用人单位衡量职业病危害控制效果的技术指标，也是各级地方政府依法对职业病防治进行监督管理的重要技术依据，在职业卫生行政执法的全过程中，包括日常监督执法、行政处罚、行政复议、行政诉讼等各项活动都离不开国家职业卫生标准的运用。因此，国家职业卫生标准的制定必须符合国家有关法律、法规和政策要求，满足职业卫生管理需要，确保标准的科学性、先进性和可操作性；积极采用或借鉴国际和国外先进标准，符合经济全球化、国际化要求。

　　2002年以来，我国相继制定和发布数百项国家职业卫生标准，包括职业卫生和职业病诊断标准，为推进我国的职业病防治工作，保护劳动者健康发挥了重要的作用。但是，由于我国尚处于发展中国家，经济发展极不平衡，所制定的国家职业卫生标准尚未能完全与国际先进水平接轨，也未与国际劳工标准完全接轨。因此，准确把握先进国家职业卫生标准体系、核心内容以及制定基础，借鉴其成功经验，对于进一步完善我国职业卫生标准体系建设，提高职业卫生标准制定水平，推进国家职业卫生标准与国际接轨，具有十分重要的意义。此外，国家实施"一带一路"倡议，在国际政策上倡导经济共同体，引进国外先进国家的核心职业卫生标准，可帮助企业了解相关国家职业卫生标准，为实施"一带一路"倡议，提供专业支持。

　　本书通过多种方式全面系统收集了美国、欧盟、英国、德国、日本、澳大利亚等国家和地区的职业卫生标准管理体制和体系的相关资料和文献，在整理、分析、逻辑归纳基础上，系统梳理并阐述了上述区域组织和国家职业卫生标准体系的特点、标准制定的法律基础、标准的法律地位、标准制定机构及制定程序、标准体系框架、标准形式类型及其公布、修订与废止程序，列举了相关国家和区域的核心职业卫生标准或职业病诊断标准，从立体角度全方位系统展示了研究对象的职业卫生标准体系及其管理情况，并通过比较研究的方法与我国职业卫生标准体系及管理体制进行了比较、分析，对于进一步完善我国职业卫生标准体系建设具有重要的借鉴意义。

　　本书旨在为我国职业卫生标准研制、职业卫生技术服务、职业健康监护及职业病诊断鉴定、职业卫生科学研究等提供理论及实践基础，以正确理解国家职业卫生标准、科学运用

职业卫生标准，为政府卫生健康行政部门、用人单位、职业卫生技术服务等相关机构及专业技术人员开展职业卫生标准研究工作、职业病防治提供参考。对于我国尚未制定职业卫生标准的危害因素，通过引进先进国家的核心职业卫生标准，有助于指导职业卫生技术服务和职业病诊断实践。本书力求概念清晰、内容全面、技术严谨、语言通顺、简明扼要，成为职业卫生与职业医学教育专业人员教学参考工具书。

本书在编写过程中得到刘洪涛教授、周志俊教授、孙道远主任医师、谷京宇主任医师等专家和同仁的大力支持和帮助，在此致以最诚挚的感谢。感谢国家卫生健康委监督中心对《卫生标准研制与应用项目：中外主要职业卫生标准对比研究》给予的大力支持。

鉴于时间仓促，经验和水平有限，本书编写过程中难免存在缺点和不足，望各位同行及广大读者批评、指正。

李　涛

2019 年 1 月

目 录

第一章　中国职业卫生标准的发展及现状

第一节　国家职业卫生标准概述

2002年5月1日正式实施的《中华人民共和国职业病防治法》(以下简称《职业病防治法》)建立了国家职业卫生标准制度,首次从立法角度确立了国家职业卫生标准在职业病防治中的法律地位和作用。同年,原卫生部依据《职业病防治法》有关规定,颁布《国家职业卫生标准管理办法》(卫生部[2002]第20号令),进一步规范和完善了国家职业卫生标准的管理,促进了职业卫生标准的发展,为职业病防治工作提供了充分的保证。

一、国家职业卫生标准的基本含义及类型

国家职业卫生标准(occupational health standards,OHSs)是为实施职业病防治法律法规和有关政策,保护劳动者健康,预防、控制和消除职业病危害,防治职业病,由法律授权部门根据《职业病防治法》的规定,制定的在全国范围内统一实施的技术要求。国家职业卫生标准按照法律效力,分为强制性和推荐性职业卫生标准;按照专业领域分为职业卫生标准和放射卫生标准,职业卫生标准又分为职业卫生标准和职业病诊断标准,放射卫生标准则分为职业照射放射防护标准和放射性职业病诊断标准。按照国家卫生标准委员会章程,国家职业卫生标准分类为国家职业卫生标准、行业职业卫生标准。由于特定原因,本书仅讨论职业卫生标准。

二、国家职业卫生标准制度

为加强用人单位职业卫生监督管理,督促其落实职业病防治主体责任,《职业病防治法》确立了国家职业卫生监督和职业卫生标准制度。建立国家职业卫生标准制度,通过制定工作场所职业有害因素接触限制量值以及劳动者健康保护标准,能够最大限度地保护劳动者的健康权益,有效控制以牺牲劳动者健康为代价换取企业经济发展的违法行为,维护社会稳定,促进劳动力资源的可持续发展,促进经济社会的和谐发展。还可通过规范企业用工行为,促使企业依法保证职业病防治的投入,营造公平的市场竞争环境,规范市场经济秩序,促进企业的规范化发展和健康发展,促进企业技术进步。实施国家职业卫生标准,可限制境外原材料、生产工艺、生产技术中的职业病危害向境内转移,维护我国劳动者的健康权益不被侵犯;也有助于树立我国企业在国际贸易中的良好形象,为我国企业参与世界贸易竞争、实施"一带一路"倡议,创造有利条件。因此,国家职业卫生标准是国家职业病防治法律法规体系的重要组成部分,是涉及国家安全、劳动者健康的重要法律体系,是为保护

劳动者身心健康而制定的特殊技术要求；既是国家依据《职业病防治法》对职业病防治进行监督管理的重要技术依据，也是用人单位衡量职业病危害控制效果的技术指标。在职业卫生监督执法的全过程中，包括日常监督执法、行政处罚、行政复议、行政诉讼等各项活动都离不开国家职业卫生标准的运用。

《职业病防治法》规定，用人单位应当为劳动者创造符合国家职业卫生标准和卫生要求的工作环境和条件，并采取措施保障劳动者获得职业卫生保护。用人单位在设立时，应当符合法律、行政法规规定的条件，工作场所职业病危害因素的强度或者浓度应当符合国家职业卫生标准；建设项目可能存在严重职业病危害的，其防护设施设计应当符合国家职业卫生标准和卫生要求。工作场所职业病危害因素不符合国家职业卫生标准和卫生要求时，用人单位应当立即采取相应治理措施，仍然达不到国家职业卫生标准和卫生要求的，必须停止存在职业病危害因素的作业；治理后符合职业卫生标准和卫生要求的，方可重新作业。

为监督检查用人单位贯彻落实职业病防治法律法规及职业卫生标准的规定，县级以上人民政府卫生健康行政部门应当依照职业病防治法律、法规、国家职业卫生标准和卫生要求，对用人单位的职业病防治工作进行监督检查。对于工作场所职业病危害因素强度或者浓度超过国家职业卫生标准的、提供的职业病防护设施和个人使用的职业病防护用品不符合国家职业卫生标准和卫生要求的、治理后工作场所职业病危害因素仍然达不到国家职业卫生标准和卫生要求且未停止存在职业病危害作业等违法行为的，应依法进行处置。

《职业病防治法》实施以来，通过健全完善职业卫生标准，加大监督执法力度，督促用人单位落实职业病防治法律法规标准，有力地保护了劳动者的健康权益。

三、国家职业卫生标准的管理

《职业病防治法》第十二条规定，"有关职业病的国家职业卫生标准，由国务院卫生行政部门组织制定并公布。国务院卫生行政部门应当组织开展重点职业病监测和专项调查，对职业健康风险进行评估，为制定职业卫生标准提供科学依据"。《职业病防治法》第四十六条规定，"职业病诊断标准和职业病诊断、鉴定办法由国务院卫生行政部门制定"。

为贯彻落实《职业病防治法》的相关规定，国家加强了对职业卫生标准的管理。国家卫生健康委设立国家卫生标准委员会，负责全国卫生标准政策、规划、年度计划的制定管理工作。委员会下设17个标准专业委员会，其中职业卫生与放射卫生标准专业委员会，负责国家职业卫生标准的技术审查。在行政管理体制上，国家卫生健康委法制司为卫生标准工作归口管理司局，负责卫生标准的统一协调、规划和计划管理，负责卫生标准审批和发布的具体工作。职业健康司是职业卫生标准的业务归口单位，负责国家职业卫生标准的业务管理，组织提出国家职业卫生标准的研制规划和计划，组织国家职业卫生标准的研制工作。中国疾病预防控制中心标准处负责卫生标准报批材料审查、标准宣贯、实施及效果评价等具体管理工作。

四、国家职业卫生标准制修订程序

国家职业卫生标准的特点是规范性、强制性和社会性。这些特点要求制定职业卫生标准时需要考虑标准的科学性和社会经济可行性。制定国家职业卫生标准应当坚持以下原则：①符合国家职业病防治法律、法规和方针、政策，有利于保障劳动者健康；②满足职业病预防控制、诊疗、救治以及职业卫生监督管理工作需要；③坚持科学性和先进性、注重技术可行及可操作性以及公开透明的原则；④充分考虑国情与借鉴国际标准相结合；⑤标准项目与相应检验方法同步安排，满足国家职业卫生标准体系完整性要求及有机联系。

对下列需要在全国范围内统一的职业病防治技术要求，须制定国家职业卫生标准：①职业卫生专业基础标准；②工作场所作业条件卫生标准；③工作场所有害因素职业接触限值及其检验、检测方法；④生物接触限值及其生物材料的检验、检测方法；⑤职业（劳动）生理、工效学标准；⑥职业危害防护及卫生工程控制标准；⑦职业防护用品卫生标准；⑧职业健康检查与职业病诊断标准；⑨职业照射放射防护标准；⑩其他需要制定为国家职业卫生标准的内容。其中，前5项为强制性标准，其他标准为推荐性标准。

国家职业卫生标准的制定程序应当符合2014年发布的《国家卫生标准管理办法》（国卫法制发〔2014〕43号）的规定，主要有计划、研制、审查和报批等阶段。在规划、计划阶段，国家卫生健康委法制司负责制定国家职业卫生标准的规划、计划，批准职业卫生标准立项计划，确定或委托起草单位；在研制阶段，第一起草单位按照有关规定起草标准文本并征求社会意见、提出标准送审稿；职业卫生或放射卫生标准专业委员会按照国家卫生标准管理办法及有关规定对送审标准进行技术审查，审查通过的国家职业卫生标准报国家卫生健康委批准。批准的标准，由国家卫生健康委以通告的形式发布。制定程序见图1-1。

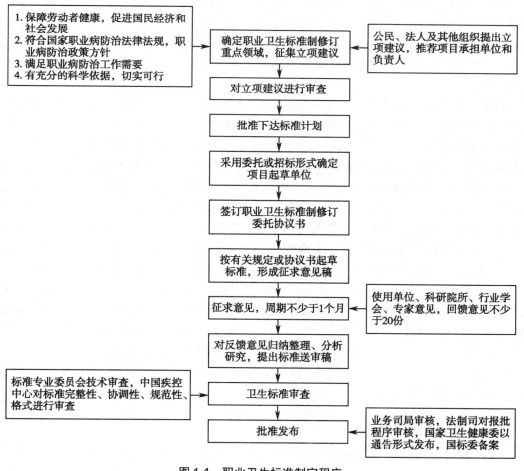

图1-1　职业卫生标准制定程序

国家职业卫生标准的代号由大写汉语拼音字母构成，强制性标准的代号为"GBZ"，推荐性标准的代号为"GBZ/T"。国家职业卫生标准编号由国家职业卫生标准的代号、发布的顺序号和发布的年号构成，如：工业企业设计卫生标准（GBZ 1-2010）。

第二节　国家职业卫生标准的发展

我国职业卫生标准研制工作从 20 世纪 50 年代初起步，20 世纪 80 年代得到较快发展。随着 2002 年《职业病防治法》的颁布步入法制化、规范化轨道，实现了从行政文件到技术标准，从多部门分头管理到集中管理，从分类管理到统一管理的转变。

一、起步阶段

我国职业卫生标准早期称为劳动卫生标准，其发展可追溯到 20 世纪 50 年代初期。1950 年，当时的东北人民政府卫生部组织翻译了《苏联国家标准工厂设计卫生条例（1327-47）》，在附则 3 中列出 53 项"作业场之作业地带的空气中有毒的气体、蒸汽及灰尘的最大容许浓度"。1956 年 3 月，国家建设委员会与卫生部批准发布《工业企业设计暂行卫生标准》（标准 -101-56），标准内含 85 种化学因素和矿物粉尘物质的 53 项车间空气中最高容许浓度标准，这是我国第一个与劳动卫生有关的国家标准。1963 年 4 月 1 日，卫生部、国家基本建设委员会及全国总工会对标准 101-56 进行了修订，联合颁布《工业企业设计卫生标准》（GBJ 1-62），车间空气中有害物质最高容许浓度表包括 115 种化学因素和矿物粉尘物质的 92 项标准。

同期，我国职业病诊断标准也开始起步。20 世纪 50 年代初期，面对百业待兴的国家经济和恶劣的生产条件，国家一方面集中优势迅速恢复和发展国民经济，另一方面积极建立以保障劳动者健康权益为目的的社会保险制度。1951 年政务院颁布《中华人民共和国劳动保险条例》并将工伤保险列在各项保险之首。1953 年发布的《关于中华人民共和国劳动保险条例若干修正的决定》《关于中华人民共和国劳动保险条例实施细则修正草案》，进一步细化了"因工负伤、残废、死亡待遇"的相关规定。根据该条例及其实施细则的规定，"企业职工、国家干部及事业单位工作人员，因生产环境中工业毒物等职业毒害引起职业病者可享受因工伤致残的福利待遇"。为合理解决患有职业病职工的待遇问题，适应该条例及其相关规定的实施，卫生部参考原苏联保健部 1956 年颁布的《职业病表》，于 1957 年 2 月 28 日颁发了《关于试行〈职业病范围和职业病患者处理办法的规定〉的通知》（卫防齐字[第 145 号]1957），确定了 14 种法定职业病。这是我国第一个职业病名单。为配合该通知的实施，及早发现和治疗职业病患者，1957 年国家组织专家编写了《矽肺病诊断标准（草案）》，这也是我国第一个与职业病诊断有关的标准。经试用和修改，1963 年《矽肺、石棉肺的 X 线诊断》作为《矽尘作业工人医疗预防措施实施办法》的附录正式公布，从而奠定了我国尘肺病诊断标准的基本框架。

二、快速发展阶段

进入 20 世纪 80 年代，随着职业病防治工作的需要，卫生部加强了职业卫生标准研制工作。经过近 9 年的研究，1979 年，卫生部、国家基建委、计委、经委和国家劳动总局联合颁布《工业企业设计卫生标准》（TJ 36-79），列出 120 项车间空气中有害物质最高容许浓度，车间空气中有害物质最高容许浓度从最初的 85 种职业危害因素 53 项标准，发展到有毒物质 111 项、生产性粉尘 91 项，直至 1979 年的 120 项。1980 年，卫生部分别与国家劳动总局、四机部联合发布《工业企业噪声卫生标准（试行草案）》和《微波辐射暂行卫生标准》。1999 年，卫生部批准发布甲苯等职业接触生物限值及配套监测方法标准（WS/T）。截至 2001 年，卫生部与国家技术监督局共同颁布职业卫生国家标准 123 项。

在职业病诊断标准方面，1987 年，国家再次修订职业病名单，纳入名单的法定职业病增加到 9 类 102 种。与此相适应，国家也相继制定发布了铅、汞、苯、有机磷、急性一氧化碳中毒等的诊断及处理方法标准。截至 1997 年年底，国家已制定 74 项职业病诊断标准，形成了我国特有的职业病诊断标准系列，对职业病的诊断、治疗及管理起到了指导作用。

三、规范完善阶段

改革开放以来，随着农村剩余劳动力大量涌入城市、经济快速发展，职业病发病呈现高发态势。针对严峻的职业病防治形势，2001 年全国人大常务委员会审议通过《职业病防治法》，并于 2002 年 5 月 1 日正式实施。为配合《职业病防治法》的施行，卫生部组织制定、发布一系列配套规章，其中《国家职业卫生标准管理办法》对国家职业卫生标准的定义、性质、类型、制定发布等做了具体的规定；《职业病名单》扩大到 10 类 115 种。同时，卫生部组织专家集中对原劳动卫生职业病诊断标准进行修订，初步形成了以《工业企业设计卫生标准》（GBZ 1）、《工作场所有害因素职业接触限值》（GBZ 2）和《尘肺病诊断标准》（GBZ 25）等为核心的国家职业卫生标准体系。自 2003 年起，国家科技部加大对国家职业卫生标准研究的支持力度，职业病防治技术标准分别被列为国家"十五"科技攻关和"十一五"技术支撑项目。项目实施以来，共完成 520 项国家职业卫生标准，初步建立了适合我国职业病防治实际的职业卫生标准体系，培养了职业卫生标准研制队伍，推动了国家职业病防治对策的制定。

四、职业卫生标准管理体制建设

进入 20 世纪 80 年代，卫生部加强了对卫生标准的管理力度。1981 年，卫生部组建全国卫生标准技术委员会并下达"1981 年卫生标准研制工作安排"。卫生标准技术委员会下设标准分委员会，包括劳动卫生标准分委员会和职业病诊断标准分委员会。长期以来，劳动卫生标准分委员会即现在的职业卫生标准专业委员会一直负责工作场所职业有害因素接触限值、职业接触生物限值、相应检测方法标准、职业防护、职业危害预防控制等标准的制修订工作。职业病诊断标准专业委员会负责职业健康监护技术规范、职业病诊断标准、技术规范和指南等卫生标准工作。

为加强卫生标准工作，2002 年卫生部设立标准管理委员会，负责制定卫生标准的方针、政策，审议卫生标准年度研制计划、长期规划和各专业委员会的工作督导和协调。管理委员会下设秘书处，挂靠原卫生部监督中心，负责卫生标准计划和标准草案的技术审查、信息收集、整理上报，卫生标准的技术咨询、宣传和培训等工作。2016 年有关公共卫生标准的管理职责调整到中国疾病预防控制中心，传染病、寄生虫病、地方病、营养、病媒生物控制、职业卫生、放射卫生、环境卫生、学校卫生和消毒等 10 个公共卫生领域的标准的协调管理转由中国疾控中心卫生标准处具体负责,如组织卫生标准立项评审、审查和报送卫生标准报批材料、开展卫生标准基础性前期研究、重要标准的宣传贯彻、培训、实施、效果评价,以及舆情监测、专题调研等。当时与职业卫生标准相关的专业委员会包括职业卫生、职业照射防护、职业病以及职业性放射疾病诊断标准专业委员会,分别承担本专业的职业卫生标准评审工作。2013 年,原卫生部分别将职业卫生、职业病诊断标准,职业照射防护和职业性放射疾病诊断标准整合为职业卫生和放射卫生标准两个专业委员会。

第三节　国家职业卫生标准体系及其特征

一、国家职业卫生标准体系的形成

1989 年,原卫生部颁布《卫生标准体系表》,为卫生标准化建设工作提供了指导性技术文件。《卫生标准体系表》是依照卫生标准特性,将一定范围的标准按其内在联系以一定形式排列起来并用图表加以表达的一种形式,以表明卫生标准的全面科学组成。标准体系由分体系构成,每个分体系之间、标准之间既有关联又相互独立,形成科学的有机整体。

1989 年卫生部颁布的《劳动卫生标准体系表》,按生产性有害因素(包括与生产过程有关的因素及生产环境因素)划分系统,内容包括限量标准和至适标准。依据整个标准体系划分层次的精神,劳动卫生标准分为两个层次,即劳动卫生专业基础标准与劳动卫生个性标准。个性标准又依照标准对象的特点划分为 9 个系列。每个个性劳动卫生标准包括的具体内容及其表达方式,概括起来分为两类,一类是量值标准及必要的说明,不包括测量、评价、监护、控制、个体防护及其他卫生安全要求方面的行为标准,另一类包括以上两方面内容。职业危害因素限量标准由下述几部分组成:①适用范围;②容许接触限值;③监测方法,包括仪器校准及测试方法的质量控制;④卫生防护方面特殊事宜;⑤必要的名词、术语解释。根据情况,测量方法有的作为单独标准列出。

同期,原劳动部也制定了《中国职业安全卫生标准体系》,体系包括通用标准、基础标准、安全工程标准、卫生工程标准、行业安全卫生标准、个体防护用品标准等 6 大内容。

2008 年、2015 年,职业卫生标准委员会按照卫生部的要求,分别对本专业领域的标准体系重新做了修订完善。目前的职业卫生标准体系包括职业卫生标准和职业病诊断标准体系。

二、国家职业卫生标准体系

职业卫生标准体系由基础标准、检测评价方法标准、危害控制标准、职业防护标准和管理标准构成,见附件 1-1。

(一)基础标准

又分为专业基础标准、通用基础标准和接触限值标准。

1. **专业基础标准**　如《职业卫生名词术语》(GBZ/T 224-2010)、《职业健康促进名词术语》(GBZ/T 296-2017)及职业卫生标准制定指南,后者包括工作场所化学物质、粉尘、物理因素的职业接触限值,工作场所空气中化学物质测定方法和生物材料中化学物质的测定方法等标准的制定指南(GBZ/T 210.1~210.5-2008)。

2. 通用基础标准　如《工业企业设计卫生标准》(GBZ 1-2010)和《工作场所职业病危害警示标识》(GBZ 158-2003)标准。

3. 职业接触限值标准　包括《工作场所化学有害因素(包括化学因素、粉尘、生物因素)职业接触限值》(GBZ 2.1-2007)、《工作场所物理因素(包括劳动生理)职业接触限值》(GBZ 2.2-2007)、《职业接触生物限值》(WS/T- 系列)、《卫生限值》(GBZ 1-2010)和《应急响应限值》(尚未制定)。

(二)方法标准

可进一步分为基础方法标准、专业方法标准及评价和分级标准。

1. 基础方法标准　已发布标准有《工作场所空气中有害物质检测的采样规范》(GBZ 159-2004)、《工作场所空气有毒物质测定第 1 部分总则》(GB Z/T 300.1-2017)、《职业病危害评价通则》(GBZ/T 277-2016)、《职业人群生物监测方法总则》(GBZ/T 295-2017)、《职业卫生生物监测质量保证规范》(GBZ/T 173-2006)、《工作场所化学有害因素职业健康风险评估技术导则》(GBZ/T 298-2017)。

2. 专业方法标准　包括工作场所有毒物质测定方法、空气粉尘测定、物理因素测量、劳动生理测量、生物监测方法等标准。

(1) 工作场所空气有毒物质测定方法标准(GBZ/T 160 和 GBZ/T 300 系列)。为满足工作场所化学有害因素检测评价需求,2004 年卫生部制定并发布了《工作场所空气有毒物质测定方法》系列标准(GBZ/T 160.1～85-2004)。该系列标准共覆盖 85 类 303 种化学物质、209 项方法,包括 28 类 64 种金属及其化合物、12 类 38 种非金属及其化合物、45 类 198 种有机化合物的监测方法。2007 年卫生部组织专家对有毒物质测定方法标准进行了部分修订,形成 GBZ/T 160-2007 系列。2017 年进一步将其修订为 GBZ/T 300-2017 系列标准(GBZ/T 300.2-2017～GBZ/T 300.164-2018),该系列标准包括总则和 159 个子部分,涵盖 328 种有毒物质。

(2) 工作场所空气粉尘测定标准(GBZ/T 192 系列)。建立了总粉尘浓度、呼吸性粉尘浓度、粉尘分散度、游离二氧化硅含量、石棉纤维浓度以及超细颗粒和细颗粒总数量浓度 6 个测定方法标准(GBZ/T 192.1～192.5-2007,GBZ/T 192.6-2018)。

(3) 工作场所物理因素测量标准(GBZ/T 189 系列)。包括工频电场、高频电磁场、超高频辐射、微波、激光、紫外辐射、高温、噪声、手传振动 9 个部分的测定方法标准(GBZ/T 189.1～189.9-2007),以及体力劳动强度分级和体力劳动时的心率测量 2 个劳动生理测量标准(GBZ/T 189.10～189.11-2007)。

(4) 密闭空间直读式气体检测及工作场所有毒气体检测报警装置设置标准。为加强密闭空间作业的职业卫生管理以及密闭空间有毒气体检测和工作场所有毒气体监测报警,原卫生部分别于 2007 年颁布《密闭空间空气直读式仪器气体检测规范》(GBZ/T 206-2007),于 2009 年颁布《密闭空间直读式气体检测仪选用指南》(GBZ/T 222-2009)和《工作场所有毒气体检测报警装置设置规范》(GBZ/T 223-2009)。

(5) 生物检测系列方法标准。很长时间以来,生物接触限值和生物检测方法标准都是推荐性卫生行业标准,自 2014 年颁布首个生物检测方法的国家职业卫生标准以来,国家卫生健康委逐渐将其纳入国家职业卫生标准体系。现已建立生物检测专业方法标准 63 项,其中,国家职业卫生标准 27 项,基础标准 2 项,专业方法标准 25 项,涉及 18 种物质。尿样本检测方法 15 种,血液(清)样本 10 种。卫生行业推荐标准 36 种,呼出气样本方法标准 3 种,尿样本检测方法标准 26 种,血液(清)、全血样本方法标准 7 种。

(6)职业病危害评价方法标准。分别为《职业病危害评价通则》(GBZ/T 277-2016)、《建设项目职业病危害预评价技术导则》(GBZ/T 196-2007)和《建设项目职业病危害控制效果评价技术导则》(GBZ/T 197-2007)。

(7)职业卫生分级标准。包括《职业性接触毒物分级标准》(GBZ 230-2010)、《体力劳动强度分级》(GBZ 2.2-2007)及工作场所职业病危害作业分级标准(GBZ/T 229 系列)。后者又包括工作场所生产性粉尘(GBZ/T 229.1-2010)、化学(GBZ/T 229.2-2010)、高温(GBZ/T 229.3-2010)及噪声(GBZ/T 229.4-2012)4 个部分的分级标准。

(8)化学品毒理学评价及试验方法标准(GBZ/T 240 系列)。包括急性毒性试验、亚急性毒性试验、亚慢性毒性试验、慢性毒性试验、哺乳动物细胞实验和致癌、致畸、致敏实验,共 27 个实验方法(GBZ/T 240.2～240.29-2011)。

(三)危害控制标准

分为职业病危害作业控制、特定职业病危害控制、行业职业病危害控制标准。

1. 职业病危害作业控制标准 已发布标准有《石棉作业职业卫生管理规范》(GBZ/T 193-2007)、《密闭空间作业职业危害防护规范》(GBZ/T 205-2007)、《高毒物品作业岗位职业病危害告知规范》(GBZ/T 203-2007)、《高毒物品作业岗位职业病危害信息指南》(GBZ/T 204-2007)、《使用人造矿物纤维绝热棉职业病危害防护规程》(GBZ/T 198-2007)等标准。

2. 特定职业病危害控制标准 如《硫化氢职业危害防护导则》(GBZ/T 259-2014)、《氯气职业危害防护导则》(GBZ/T 275-2016)、《正己烷职业危害防护导则》(GBZ/T 284-2016)、《血源性病原体职业接触防护导则》(GBZ/T 213-2008)和《消防员职业健康标准》(GBZ 221-2009)。

3. 行业危害控制标准 如《服装干洗业职业卫生管理规范》(GBZ/T 199-2007)、《建筑行业职业病危害预防控制规范》(GBZ/T 211-2008)、《纺织印染业职业病危害预防控制指南》(GBZ/T 212-2008)、《黑色金属冶炼及压延加工业职业卫生防护技术规范》(GBZ/T 231-2010)、《造纸业职业病危害预防控制指南》(GBZ/T 253-2014)、《中小箱包加工企业职业危害预防控制指南》(GBZ/T 252-2014)、《中小制鞋企业职业危害预防控制指南》(GBZ/T 272-2016)、《珠宝玉石加工行业职业危害预防控制指南》(GBZ/T 285-2016)、《木材加工企业职业危害预防控制指南》(GBZ/T 287-2017)、《电池制造业职业危害预防控制指南 第 2 部分 硅太阳能电池》(GBZ/T 299.2-2017)。

(四)职业防护标准

主要是卫生工程、职业防护设施和个体职业防护等标准。

1. 职业病危害因素工程控制、职业防护设施标准 如《工作场所防止职业中毒卫生工程防护措施规范》(GBZ/T 194-2007)。

2. 个体职业防护标准 《有机溶剂作业场所个人职业病防护用品使用规范》(GBZ/T195-2007)、《自吸过滤式呼吸防护用品适合性检验颜面分栏标准》(GBZ/T 276-2016)。

(五)管理标准

如《用人单位职业病防治指南》(GBZ/T 225-2010)、《职业健康促进技术导则》(GBZ/T 297-2017)。

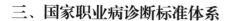

三、国家职业病诊断标准体系

职业病诊断标准体系由基础标准、职业健康监护标准和职业病诊断标准构成，见附件 1-2。

（一）基础标准

包括《职业病诊断标准名词术语》（GBZ/T 157-2009）、《职业病诊断文书书写规范》（GBZ/T 267-2015）、《职业病诊断标准编写指南》（GBZ 218-2009）。

（二）职业健康监护标准

包括《职业健康监护技术规范》（GBZ 188-2014）、《职业禁忌证界定导则》（GBZ/T 260-2014）和国家标准《机动车驾驶员身体条件及其测评要求》（GB 18463-2001）。

（三）职业病诊断标准

包括职业病诊断通用标准和具体疾病标准，前者包括职业病诊断通则以及靶器官或系统的疾病（通用）诊断标准；后者包括 10 大类职业病的具体诊断标准。

1. 职业病诊断通用标准

（1）《职业病诊断通则》（GBZ/T 265-2014）是最具代表性的通用诊断标准，标准规定了职业病诊断的基本原则和通用要求，适用于指导国家公布的《职业病分类和目录》中职业病（包括开放性条款）的诊断。

（2）靶器官或系统的疾病（通用）诊断标准　包括：慢性和急性化学物中毒的通用诊断标准。慢性化学物中毒的通用诊断标准主要是《慢性化学物中毒性周围神经病的诊断》（GBZ/T 247-2013），以及急、慢性《职业性中毒性肝病诊断标准》（GBZ 59-2010）。急性化学物中毒的通用诊断标准包括《职业性急性化学物中毒的诊断 总则》（GBZ 71-2013）以及《中毒性呼吸系统疾病》（GBZ 73-2009）、《中毒性血液系统疾病》（GBZ 75-2010）、《中毒性神经系统疾病》（GBZ 76-2002）、《中毒性心脏病》（GBZ 74-2009）、《中毒性多器官功能损害综合征》（GBZ 77-2002）、《中毒性肾病》（GBZ 79-2013）、《急性化学源性猝死》（GBZ 78-2010）、《急性化学物中毒后遗症》（GBZ/T 228-2010）等诊断标准。此外，《职业病分类和目录》所列的 3 种开放性条款，如根据《尘肺病诊断标准》《尘肺病理诊断标准》可以诊断的其他尘肺病；根据《职业性皮肤病的诊断总则》可以诊断的其他职业性皮肤病；以及上述条目未提及的与职业有害因素接触之间存在直接因果联系的其他化学中毒，可分别依据《职业性尘肺病的诊断》（GBZ 70-2015）、《职业性皮肤病诊断标准总则》（GBZ 18-2013）和《职业病诊断通则》GBZ/T 265-2014）进行诊断。

2. 具体职业病的诊断标准　具体职业病的诊断标准与《职业病分类和目录》所列职业病相对应。包括职业性尘肺病及其他呼吸系统疾病诊断标准 8 项，其中职业性呼吸系统疾病诊断标准 6 项；职业性皮肤病诊断标准 10 项（包括职业性三氯乙烯药疹样皮炎诊断标准）；职业性眼病诊断标准 4 项；职业性耳鼻喉口腔疾病诊断标准 4 项；职业性化学中毒诊断标准 59 项；物理因素所致职业病 7 项；职业性传染病诊断标准 2 项、职业性肿瘤诊断标准 1 项、其他职业病诊断标准 3 项，覆盖 121 种职业病（不含 11 种职业性放射性疾病）。其中，职业性急性化学中毒诊断标准 38 项，职业性慢性化学中毒诊断标准 9 项，既适用于急性也适用于慢性职业性化学中毒诊断标准 11 项。

第四节　主要职业卫生标准简介

一、职业接触限值标准

从 1956 年建立第 1 个职业卫生标准以来，截至 2002 年，我国一直使用单一类型的卫生标准，即最高容许浓度。2002 年卫生部发布《工作场所有害因素职业接触限值》（GBZ 2-2002），车间空气中职业性有害因素的浓度从最高容许浓度转化为工作场所职业接触限值（occupational exposure limits，OELs），初步实现了与大多数国家的职业卫生标准接轨。2007 年，通过总结 5 年职业卫生实践经验，卫生部对 GBZ 2-2002 作了进一步修订，根据有害因素特征，将其分为《工作场所化学有害因素职业接触限值》（GBZ 2.1-2007）和《工作场所物理因素职业接触限值》（GBZ 2.2-2007）两个部分。2010 年对《工业企业卫生设计标准》（GBZ 1-2010）进行了修订。

（一）我国职业接触限值的表现形式

根据工作场所内、外环境暴露以及限值所涉及的标准，我国职业接触限值分别有 3 种表现形式：工作场所有害因素职业接触限值、卫生限值、职业接触生物限值。

1. **工作场所有害因素职业接触限值**　《工作场所有害因素职业接触限值第 1 部分》（GBZ 2.1-2007）包括 339 种化学因素、47 种粉尘、2 种生物因素的职业接触限值，覆盖 388 种有害因素，417 个限值。第 2 部分（GBZ 2.2-2007）为物理因素职业接触限值，包括非电离辐射（工频、高频、超高频）、微波、激光、紫外线、高温、噪声、手传振动 4 类 9 种物理因素 13 个职业接触限值。此外，还规定了体力劳动强度、体力工作时心率能量消耗 2 个劳动生理因素的 4 项限值。

2. **卫生限值**　主要包括在 GBZ 1-2010 中，如高温作业设置系统式局部送风时工作地点的温度和平均风速、空气调节厂房内不同湿度下的温度，冬季工作地点采暖温度、采暖地区生产辅助用室冬季温度，非噪声工作地点的噪声声级，全身振动强度、辅助用室垂直或水平振动强度，以及封闭式车间人均新风量、微小气候设计等卫生要求。

3. **职业接触生物限值**　为独立的卫生行业标准体系，目前我国已经为 14 种物质制定 20 个生物接触限值，包括 16 种监测指标，如甲苯、三氯乙烯、铅及其化合物、镉及其化合物、一氧化碳、有机磷酸酯类农药、二硫化碳、氟及其无机化合物、苯乙烯、三硝基甲苯、正己烷、五氯酚、汞、可溶性铬盐以及酚等的职业接触生物限值。

（二）化学因素职业接触限值及构成

职业接触限值是职业性有害因素的接触限制量值，指劳动者在职业活动过程中长期反复接触对机体不引起急性或慢性有害健康影响的容许接触水平。我国化学因素 OELs 的构成包括空气中化学因素容许浓度（permissible concentration，PC）、皮肤标识（skin notation）、致敏标识（sensitization notation）和致癌标识（carcinogen notation），其中后 3 者为定性标识。空气中化学因素容许浓度分别以时间加权平均容许浓度（permissible concentration-time weighted average，PC-TWA）、短时间接触容许浓度（permissible concentration-short term exposure limit，PC-STEL）和最高容许浓度（maximum allowable concentration，MAC）表示。未来的发展趋势是增加定性标识：临界不良健康效应（critical adverse health effects）。

1. **时间加权平均容许浓度**　时间加权平均容许浓度（PC-TWA）指以时间为权数规定的 8 小时工作日、40 小时工作周的平均容许接触浓度。

2. **短时间接触容许浓度**　短时间接触容许浓度（PC-STEL）指在遵守 PC-TWA 前提下容许短时间（15 分钟）接触的浓度。

3. **最高容许浓度**　最高容许浓度（MAC）指工作地点、在一个工作日内、任何时间有毒化学物质均不应超过的浓度。

其中，具有 PC-TWA 的化学因素 291 种，既具有 PC-TWA 又具有 PC-STEL 的 118 种，具有 MAC 的 52 种。粉尘只有 PC-TWA，其中总尘、呼尘分别为 56 种和 16 种。

（三）职业接触限值的应用

职业接触限值（OELs）主要用于 3 种情况：一是用人单位监测工作场所环境污染情况，评价工作场所卫生状况和劳动条件以及劳动者接触化学有害因素的程度的重要技术依据，也是用人单位设置工作场所职业危害预警值的重要参考，还可使用 OELs 对生产装置泄漏情况、职业防护措施效果进行评估。二是职业卫生监督管理部门对作业场所实施职业卫生监督检查的重要技术依据；三是职业卫生技术服务机构开展职业病危害评价的重要技术规范。

1. **PC-TWA 的应用**　PC-TWA 是评价工作场所环境卫生状况和劳动者接触水平的主要指标，是工作场所有害因素 OELs 的主体性限值。建设项目职业病危害预评价、职业病危害控制效果评价、法定的定期危害评价、系统接触评估以及因生产工艺、原材料、设备、生产方式和技术等发生改变需要对工作环境影响重新进行评价时，尤应着重进行 TWA 的检测、评价。

2. **PC-STEL 的应用**　PC-STEL 主要用于那些具有急性毒性作用但以慢性毒性作用为主的化学物质。制定 PC-STEL 的目的是限制在一个工作日内短时间接触高浓度化学物质，保护短时间接触危险物质的劳动者。PC-STEL 是与 PC-TWA 相配套的一种短时间接触限值，是对 PC-TWA 的补充。在遵守 PC-TWA 的前提下，短时间接触水平低于或等于 PC-STEL 时并不会引起：①刺激；②慢性或不可逆性损伤；③剂量 - 接触相关的毒性效应；④足以导致事故率升高、影响逃生和降低工作效率的麻醉作用。

对那些具有 PC-TWA，但无 PC-STEL 的化学物质和粉尘，使用超限倍数（excursion Limits，EL）控制这些物质和粉尘短时间接触水平的过高波动，即在 8h-TWA 符合 PC-TWA 的情况下，任何一次短时间（15 分钟）接触的浓度也不应超过 PC-TWA 的相应倍数值。GBZ 2.1-2007 中具有 PC-TWA，但无 PC-STEL 的化学物质共有 172 种。近年来，美国政府工业卫生师学会（ACGIH）已用峰接触浓度（peak exposures，PE）的概念替代了超限倍数的概念。峰接触浓度是在最短的可分析的时间段内（不超过 15 分钟）确定的特定物质的最大或峰值空气浓度。是在遵守 PC-TWA 的前提下，容许在一个工作班期间发生的任何一次短时间（15 分钟）超出 PC-TWA 水平的最大接触浓度。对于接触具有 PC-TWA 但尚未制定 PC-STEL 的化学有害因素，可应用峰接触浓度控制短时间的接触。

3. **MAC 的应用**　MAC 主要用于具有明显刺激、窒息或中枢神经系统抑制作用，可导致严重急性损害的化学物质。在任何情况下，工作场所职业危害因素接触水平都不容许超过的最高容许接触限值。设有 MAC 的化学物质均无 PC-TWA 或 PC-STEL。GBZ2.1-2007 共制定 54 项 MAC。

4. 有关标识的应用

（1）经皮吸收标识。对可通过皮肤、黏膜吸收并可引起全身效应的化学物质标注"皮"，旨在提示这些物质具有经皮肤、黏膜吸收的危险。共有114种化学物质标注有"皮"的标识。

（2）致敏标识。对人或动物资料已证实该物质可能有致敏作用的化学物质标注"敏"，目的是保护劳动者避免诱发致敏效应。标有"敏"的化学物质有8种，生物物质1种。

（3）致癌标识。对于具有潜在致癌性的化学物质标注为"癌"。其致癌性证据来自流行病学、毒理学和机制研究，致癌性标识按国际癌症研究机构（international agency for research on cancer，IARC）分级。根据我国实际，OELs列表只选取了证据比较确凿的2类3组，分别为G1：对人致癌（carcinogenic to humans）；G2A：对人很可能致癌（probably carcinogenic to humans）；G2B：对人可能致癌（possibly carcinogenic to humans）。在OELs列表中，标有"癌"的化学物质有56种。对于标有致癌性标识的化学物质，应采取工程控制技术措施与个人防护，减少接触机会，尽可能保持最低接触水平。

（四）工作场所化学有害因素职业接触控制要求

1. 劳动者接触制定有MAC的化学物质有害因素时，一个工作日内，任何时间、任何工作地点的最高接触浓度不得超过其相应的MAC值。

2. 劳动者接触同时规定有PC-TWA和PC-STEL的化学有害因素时，实际测得的当日时间加权平均接触浓度（exposure concentration of time weighted average，C_{TWA}）不得超过该因素对应的PC-TWA值，同时一个工作日期间任何短时间的接触浓度（exposure concentration of short term，C_{STE}）不得超过其对应的PC-STEL值。

3. 劳动者接触仅制定有PC-TWA但尚未制定PC-STEL的化学有害因素时，实际测得的当日C_{TWA}不得超过其对应的PC-TWA值；同时，任何一次短时间（15分钟）接触的浓度均不应超过PC-TWA的倍数值，且每次接触时间不得超过15分钟，一个工作日期间不得超过4次，相继间隔不短于1小时。

4. 对于尚未制定OELs的化学物质有害因素的控制，原则上应使绝大多数劳动者即使反复接触该种化学物质有害因素也不会损害其健康。用人单位可依据现有的充分信息、参考国内外权威机构制定的OELs，制定供本用人单位使用的卫生标准，并采取有效措施控制劳动者的接触。

二、职业接触测量标准

（一）工作场所空气中有害物质检测的采样方法标准

《工作场所空气中有害物质检测的采样规范》（GBZ 159-2004）规定了个体采样和定点采样两种方法。一方面标准体现了与国际公认的方法接轨，另一方面也考虑了基层职业卫生技术机构的技术水平。个体采样是测定TWA比较理想的采样方法，尤其适用于评价劳动者实际接触状况。定点采样也是测定TWA的一种方法，定点采样除了反映个体接触水平，也适用于评价工作场所环境的卫生状况。但无论哪一种采样方法，都要严格按照工作场所有害化学物质检测采样方法标准的要求，规范操作，确保样品采集的可代表性、科学性和准确性。

（二）工作场所空气有毒物质测定标准

《工作场所空气有毒物质测定 第1部分 总则》（GB Z/T 300.1-2017）规定了工作场所空

气中有毒物质测定的基本原则、要求和使用注意事项,适用于从事职业卫生检测的专业技术人员正确使用 GBZ/T 300 所制定的标准检测方法。标准内容包括检测方法的选用、空气样品的采集、标准检测方法的"仪器"、标准曲线或工作曲线的制备、待测物浓度计算、检测方法的性能指标以及个人防护要求。标准明确呼吸带是指以口鼻为球心,半径为 30cm 的前半球区。个体采样时,空气收集器的进气口应在检测对象的呼吸带内,并尽量接近口鼻部。定点采样时,空气收集器的进气口应放在检测对象的呼吸带内。

(三)职业人群生物监测方法标准

《职业人群生物监测方法 - 总则》(GBZ/T 295-2017)规定了职业病危害因素接触者生物样品中生物监测指标检测的实验室基本要求、方法的选择与证实、实验用品、溯源标准和标准物质的选择及应用、生物样品的采集、运输和储存、检测过程质量控制、数据处理与结果表述等,适用于工作场所有害因素职业接触者生物样品中生物监测指标的检测。

这些通用标准的建立,辅之以具体的检测方法标准,基本满足了职业病防治工作需要。

三、职业健康监护技术规范

(一)概况

为规范职业健康监护工作,加强职业健康监护管理,保护劳动者健康,2002 年卫生部制定并颁布了《职业健康监护管理办法》,办法规定了用人单位职业健康监护制度及职业健康检查机构条件和职业健康检查的管理,其附件《职业健康检查项目及周期》规定了职业健康监护的项目、周期等技术要求。该办法的颁布,在规范职业健康监护工作,保护劳动者健康方面发挥了重要作用。但在职业卫生实践中也发现,该管理办法包含行政规章性文件和 3 个以附件形式颁布的技术指导性规范,由于受到行政规范性文件形式和篇幅的限制,技术规范内容相对简单。为此,2007 年,卫生部组织专家编制了《职业健康监护技术规范》(GBZ 188-2007),2014 年又对该标准做了进一步的完善。

该标准规定了职业健康监护的基本原则和开展职业健康监护的目标疾病、职业健康检查的内容和周期,适用于接触职业病危害因素(不包括职业性放射性因素)劳动者的职业健康监护。

标准明确了职业健康监护的定义。职业健康监护是以预防为目的,根据劳动者的职业接触史,通过定期或不定期的医学健康检查和健康相关资料的收集,连续性地监测劳动者的健康状况,分析劳动者健康变化与所接触的职业危害因素之间的关系,根据健康检查和资料分析结果及时采取干预措施,保护劳动者健康的职业健康管理行为。职业健康监护主要包括职业健康检查和职业健康监护档案管理等内容。开展职业健康监护的目的是早期发现职业病、职业健康损害和职业禁忌证;跟踪观察职业病及职业健康损害的发生、发展规律及分布情况;评价职业健康损害与工作场所中职业病危害因素的相关性及危害程度;识别新的职业病危害因素和高危人群;进行目标干预,包括改善工作环境条件,改革生产工艺,采用有效的防护设施和个人防护用品,对职业病患者及疑似职业病和有职业禁忌人员的处理与安置等;评价预防和干预措施的效果;为制定或修订卫生政策和职业病防治对策服务。

标准明确了职业健康监护目标疾病的确定原则、需要开展职业健康监护的职业病危害因素与职业健康监护人群的界定原则、职业健康监护方法和检查指标的确定原则,以及职

业健康监护评价报告、职业健康监护档案和管理档案等技术要求。

（二）接触职业病危害因素作业人员的职业健康监护

1. 根据标准，职业健康监护涉及的医学检查包括职业健康检查（上岗前、在岗期间、离岗时健康检查）、应急健康检查和离岗后健康检查。标准共对 96 种 / 类职业病危害因素或作业规定了需要开展的职业健康监护。其中，化学因素 66 种 / 类、粉尘 9 种、物理因素 8 种、生物因素 5 种、特殊作业 8 种。

2. 上岗前健康检查均为强制性职业健康检查，涉及标准规定的 96 种 / 类职业病危害因素或作业，应在开始从事有害作业前完成，主要目的是发现有无职业禁忌证，建立接触职业病危害因素人员的基础健康档案。

3. 标准规定需要开展在岗期间职业健康检查的职业病危害因素共 95 种，低温和人免疫缺陷病毒（艾滋病病毒）不需进行在岗期间定期健康检查。在岗期间定期职业健康检查分为强制性和推荐性两种。接触具有确定的慢性毒性作用并能引起慢性职业病或慢性健康损害的危害因素；或接触有确定的致癌性，所引起的职业性癌症在接触人群中有一定发病率的危害因素；或接触那些对人的慢性毒性作用和健康损害或致癌作用尚不能肯定，但有动物实验或流行病学调查的证据，有可靠的技术方法，通过系统地健康监护可以提供进一步明确证据的危害因素，应实行强制性职业健康监护。标准共列出 67 种 / 类危害因素或特殊作业。接触对人体只有急性健康损害并有确定职业禁忌证的，在岗期间健康检查执行推荐性职业健康检查，标准共列出 27 种 / 类危害因素或特殊作业。

4. 标准规定需要开展离岗时职业健康检查的危害因素或特殊作业共 59 种。其中特殊作业 3 种，分别为刮研作业、航空作业、高原作业；生物因素 3 种，分别为伯氏疏螺旋体、炭疽杆菌、布鲁菌；物理因素 5 种，分别为噪声、手传振动、高气压、紫外辐射（紫外线）和激光；化学因素 21 种 / 类。对于准备调离或脱离所从事的职业病危害作业或岗位的劳动者，应当在调离或脱离前进行离岗时健康检查，目的是确定其在停止接触职业病危害因素时的健康状况。最后一次在岗期间的健康检查在离岗前 90 天内进行，且该岗位工艺流程、使用原辅材料、操作方式无变化的，可视为离岗时检查。

5. 当发生急性职业病危害事故时，应根据事故处理要求，在事故发生后立即对遭受或者可能遭受急性职业病危害的劳动者，及时组织应急健康检查，并依据健康检查结果和现场劳动卫生学调查，确定导致事故发生的危害因素，为急救和治疗提供依据，控制职业病危害的继续蔓延和发展。对从事可能产生职业性传染病作业的劳动者，在疫情流行期或近期密切接触传染源者，应及时开展应急健康检查，随时监测疫情动态。标准规定需要开展应急健康检查的危害因素或特殊作业共 65 种。其中，化学因素 52 种 / 类；物理因素除手传振动外共 8 种；生物因素 5 种全覆盖；特殊作业 1 种，为高原作业。

6. 标准规定，劳动者接触的职业病危害因素具有慢性健康影响，所致职业病或职业肿瘤有较长潜伏期，脱离接触后仍有可能发生职业病的，需进行离岗后的健康检查。标准推荐开展离岗后健康检查的职业病危害因素共 19 种，包括铍及其无机化合物、镉及其无机化合物、砷、β- 萘胺及高气压、锰及其无机化合物、铬及其无机化合物、联苯胺、氯甲醚、双氯甲醚、焦炉逸散物、煤焦油、煤焦油沥青、石油沥青、游离二氧化硅粉尘（结晶型二氧化硅粉尘）、煤尘、石棉粉尘、其他致尘肺病的无机粉尘、毛沸石粉尘。其中，对接触铍及其无机化合物、镉及其无机化合物、砷、β- 萘胺及高气压 5 种危害因素的劳动者，应开展以上所有的医学检查。

四、职业病诊断通则

《职业病诊断通则》（GBZ/T 265-2014）规定了职业病诊断的基本原则和通用要求，适用于指导国家《职业病分类和目录》中职业病（包括开放性条款）的诊断。

（一）职业病诊断的基本原则

职业病诊断的实质是确定疾病与接触职业病危害因素之间的因果关系。判定疾病与接触职业病危害因素之间的因果关系，需要可靠的职业病危害因素接触资料、毒理学资料及疾病的临床资料。基于这一理念，GBZ/T 265 明确职业病诊断应根据劳动者的职业病危害接触史和工作场所职业病危害因素情况，以其临床表现及相应的辅助检查结果为主要依据，按照循证医学的要求进行综合分析，并排除其他类似疾病，方可做出诊断结论。

（二）职业病诊断通用要求

GBZ/T 265 从疾病认定、职业病危害因素判定及疾病与接触职业病危害因素之间因果关系判定 3 个方面规定了职业病诊断的通用要求。

1. 疾病认定原则　判定有无疾病及其严重程度（疾病认定）的主要依据是临床表现和相应的辅助检查，并应遵照循证医学的要求，做好疾病的诊断及鉴别诊断。

职业病的鉴别诊断，主要包括：①不同病因的鉴别。同一种疾病可能会由多种病因引起，而职业病危害因素仅是其中之一。在职业病诊断时应针对具体个体分析究竟是哪种病因引起。至少应依据职业病危害因素接触情况，明确该病是否由职业接触引起。②鉴别疾病是否因接触职业病危害因素所导致。许多疾病的病因是不完全明确的，职业病危害因素可能是引起该疾病的病因之一。在这种情况下，应明确该疾病是否因接触职业病危害因素所致。不是职业接触引起的、病因不明的疾病不是职业病。③职业病应与环境污染或其他非职业性接触因素所引起的疾病相鉴别。

2. 职业病危害因素判定原则　应根据生产工艺、工作场所职业病危害因素检测等资料，判定工作场所是否存在职业病危害因素、危害因素的种类及名称；依据劳动者接触工作场所职业病危害因素的时间和方式、职业病危害因素的浓度（强度），参考工作场所工程防护和个人防护等情况，判断劳动者可能的累积接触水平；应将工作场所职业病危害因素检测结果或生物监测结果与工作场所有害因素职业接触限值或职业接触生物限值进行比较，以估计机体接触职业病危害因素的程度。

（三）因果关系判定原则

1. 时序性原则　职业病一定是发生在接触职业病危害因素之后，并符合致病因素所致疾病的生物学潜伏期和潜隐期的客观规律。

2. 生物学合理性原则　职业病危害因素与职业病的发生存在生物学合理性，即职业病危害因素的理化特性、毒理学资料或其他特性能证实该因素可导致疾病，且疾病的临床表现与该因素所导致的健康效应一致。

3. 生物学特异性原则　职业病危害因素与职业病的发生存在生物学上的特异性，即特定的职业病危害因素通过引起特定靶器官的病理损害而致病，多累及一个靶器官或以一个靶器官为主。

4. 生物学梯度原则　多数职业病与职业病危害因素接触之间存在剂量 - 效应和（或）

剂量-反应关系。职业病危害因素能否引起疾病存在最低累积接触量,只有接触的职业病危害因素达到致病所需的最低累积接触水平才可能引起疾病的发生。小于最低累积接触量一般不大可能引起职业病,尤其是化学毒物。接触水平越高、接触时间越长,疾病的发病率越高或病情越严重。职业病危害因素对疾病的发生、发展影响越大,疾病与接触之间因果关系的可能性就越大。

但是,对于致敏物,个体一旦致敏,即使接触极小剂量也可能引起过敏性疾病。

多数情况下,脱离职业病危害因素接触后不再发生职业病。但对于一些具有慢性毒性、致癌性的危害因素,如矿物性无机粉尘、镉、铍等导致的健康损害效应是一个累积的过程,即使脱离接触后若干时间后仍可能发病,即迟发性职业病。

5. **可干预性原则**　对接触的职业病危害因素采取干预措施,消除或减少工作场所或职业活动中的职业病危害因素,可有效地防止职业病的发生、延缓疾病的进展或使疾病向着好的方向转归。

许多职业病在脱离原工作场所后,经积极治疗,疾病可好转、减轻甚至消失。

随着职业病防治法制化、规范化建设,目前,已基本形成以《职业病防治法》为核心、以配套规章制度为基础、以国家职业卫生标准为支撑的职业病防治法律、标准框架体系。

（李　涛）

附件

附件1-1　已发布的职业卫生标准目录

（截至2018年11月）

序号	标准编号	标准名称
1	GBZ 1—2010	工业企业设计卫生标准
2	GBZ 2.1—2007	工作场所有害因素职业接触限值 第1部分:化学有害因素
3	GBZ 2.2—2007	工作场所有害因素职业接触限值 第2部分:物理因素
4	GBZ 158—2003	工作场所职业病危害警示标识
5	GBZ 159—2004	工作场所空气中有害物质监测的采样规范
6	GBZ/T 160.10—2004	工作场所空气有毒物质测定 铅及其化合物
7	GBZ/T 160.11—2004	工作场所空气有毒物质测定 锂及其化合物
8	GBZ/T 160.16—2004	工作场所空气有毒物质测定 镍及其化合物
9	GBZ/T 160.29—2004	工作场所空气有毒物质测定 无机含氮化合物
10	GBZ/T 160.30—2004	工作场所空气有毒物质测定 无机含磷化合物
11	GBZ/T 160.31—2004	工作场所空气有毒物质测定 砷及其化合物
12	GBZ/T 160.33—2004	工作场所空气有毒物质测定 硫化物
13	GBZ/T 160.36—2004	工作场所空气有毒物质测定 氟化物
14	GBZ/T 160.37—2004	工作场所空气有毒物质测定 氯化物
15	GBZ/T 160.42—2007	工作场所空气有毒物质测定 芳香烃类化合物
16	GBZ/T 160.44—2004	工作场所空气有毒物质测定 多环芳香烃类化合物

续表

序号	标准编号	标准名称
17	GBZ/T 160.45—2007	工作场所空气有毒物质测定 卤代烷烃类化合物
18	GBZ/T 160.46—2004	工作场所空气有毒物质测定 卤代不饱和烃类化合物
19	GBZ/T 160.47—2004	工作场所空气有毒物质测定 卤代芳香烃类化合物
20	GBZ/T 160.48—2007	工作场所空气有毒物质测定 醇类化合物
21	GBZ/T 160.49—2004	工作场所空气有毒物质测定 硫醇类化合物
22	GBZ/T 160.50—2004	工作场所空气有毒物质测定 烷氧基乙醇类化合物
23	GBZ/T 160.51—2007	工作场所空气有毒物质测定 酚类化合物
24	GBZ/T 160.52—2007	工作场所空气有毒物质测定 脂肪族醚类化合物
25	GBZ/T 160.53—2004	工作场所空气有毒物质测定 苯基醚类化合物
26	GBZ/T 160.54—2007	工作场所空气有毒物质测定 脂肪族醛类化合物
27	GBZ/T 160.55—2007	工作场所空气有毒物质测定 脂肪族酮类化合物
28	GBZ/T 160.56—2004	工作场所空气有毒物质测定 脂环酮和芳香族酮类化合物
29	GBZ/T 160.58—2004	工作场所空气有毒物质测定 环氧化合物
30	GBZ/T 160.59—2004	工作场所空气有毒物质测定 羧酸类化合物
31	GBZ/T 160.61—2004	工作场所空气有毒物质测定 酰基卤类化合物
32	GBZ/T 160.62—2004	工作场所空气有毒物质测定 酰胺类化合物
33	GBZ/T 160.63—2007	工作场所空气有毒物质测定 饱和脂肪族酯类化合物
34	GBZ/T 160.64—2004	工作场所空气有毒物质测定 不饱和脂肪族酯类化合物
35	GBZ/T 160.67—2004	工作场所空气有毒物质测定 异氰酸酯类化合物
36	GBZ/T 160.69—2004	工作场所空气有毒物质测定 脂肪族胺类化合物
37	GBZ/T 160.71—2004	工作场所空气有毒物质测定 肼类化合物
38	GBZ/T 160.72—2004	工作场所空气有毒物质测定 芳香族胺类化合物
39	GBZ/T 160.73—2004	工作场所空气有毒物质测定 硝基烷烃类化合物
40	GBZ/T 160.74—2004	工作场所空气有毒物质测定 芳香族硝基化合物
41	GBZ/T 160.75—2004	工作场所空气有毒物质测定 杂环化合物
42	GBZ/T 160.76—2004	工作场所空气有毒物质测定 有机磷农药
43	GBZ/T 160.77—2004	工作场所空气有毒物质测定 有机氯农药
44	GBZ/T 160.78—2007	工作场所空气有毒物质测定 拟除虫菊脂类农药
45	GBZ/T 160.79—2004	工作场所空气有毒物质测定 药物类化合物
46	GBZ/T 160.80—2004	工作场所空气有毒物质测定 炸药类化合物
47	GBZ/T 173—2006	职业卫生生物监测质量保证规范
48	GBZ/T 189.1—2007	工作场所物理因素测量 第1部分：超高频辐射
49	GBZ/T 189.2—2007	工作场所物理因素测量 第2部分：高频电磁场
50	GBZ/T 189.3—2018	工作场所物理因素测量 第3部分：1Hz～100kHz 电场和磁场
51	GBZ/T 189.4—2007	工作场所物理因素测量 第4部分：激光辐射
52	GBZ/T 189.5—2007	工作场所物理因素测量 第5部分：微波辐射

续表

序号	标准编号	标准名称
53	GBZ/T 189.6—2007	工作场所物理因素测量 第6部分：紫外辐射
54	GBZ/T 189.7—2007	工作场所物理因素测量 第7部分：高温
55	GBZ/T 189.8—2007	工作场所物理因素测量 第8部分：噪声
56	GBZ/T 189.9—2007	工作场所物理因素测量 第9部分：手传振动
57	GBZ/T 189.10—2007	工作场所物理因素测量 第10部分：体力劳动强度分级
58	GBZ/T 189.11—2007	工作场所物理因素测量 第11部分：体力劳动时的心率
59	GBZ/T 192.1—2007	工作场所空气中粉尘测定 第1部分：总粉尘浓度
60	GBZ/T 192.2—2007	工作场所空气中粉尘测定 第2部分：呼吸性粉尘浓度
61	GBZ/T 192.3—2007	工作场所空气中粉尘测定 第3部分：粉尘分散度
62	GBZ/T 192.4—2007	工作场所空气中粉尘测定 第4部分：游离二氧化硅含量
63	GBZ/T 192.5—2007	工作场所空气中粉尘测定 第5部分：石棉纤维浓度
64	GBZ/T 192.6—2018	工作场所空气中粉尘测定 第6部分：超细颗粒和细颗粒总数量浓度
65	GBZ/T 193—2007	石棉作业职业卫生管理规范
66	GBZ/T 194—2007	工作场所防止职业中毒卫生工程防护措施规范
67	GBZ/T 195—2007	有机溶剂作业场所个人职业病防护用品使用规范
68	GBZ/T 196—2007	建设项目职业病危害预评价技术导则
69	GBZ/T 197—2007	建设项目职业病危害控制效果评价技术导则
70	GBZ/T 198—2007	使用人造矿物纤维绝热棉职业病危害防护规程
71	GBZ/T 199—2007	服装干洗业职业卫生管理规范
72	GBZ/T 203—2007	高毒物品作业岗位职业病危害告知规范
73	GBZ/T 204—2007	高毒物品作业岗位职业病危害信息指南
74	GBZ/T 205—2007	密闭空间作业职业危害防护规范
75	GBZ/T 206—2007	密闭空间直读式仪器气体检测规范
76	GBZ/T 210.1—2008	职业卫生标准制定指南 第1部分：工作场所化学物质职业接触限值
77	GBZ/T 210.2—2008	职业卫生标准制定指南 第2部分：工作场所粉尘职业接触限值
78	GBZ/T 210.3—2008	职业卫生标准制定指南 第3部分：工作场所物理因素职业接触限值
79	GBZ/T 210.4—2008	职业卫生标准制定指南 第4部分：工作场所空气中化学物质测定方法
80	GBZ/T 210.5—2008	职业卫生标准制定指南 第5部分：生物材料中化学物质测定方法
81	GBZ/T 211—2008	建筑行业职业病危害预防控制规范
82	GBZ/T 212—2008	纺织印染业职业病危害预防控制指南
83	GBZ/T 213—2008	血源性病原体职业接触防护导则
84	GBZ 221—2009	消防员职业健康标准
85	GBZ/T 222—2009	密闭空间直读式气体检测仪选用指南
86	GBZ/T 223—2009	工作场所有毒气体检测报警装置设置规范
87	GBZ/T 224—2010	职业卫生名词术语
88	GBZ/T 225—2010	用人单位职业病防治指南

续表

序号	标准编号	标准名称
89	GBZ/T 229.1—2010	工作场所职业病危害作业分级 第1部分：生产性粉尘
90	GBZ/T 229.2—2010	工作场所职业病危害作业分级 第2部分：化学物
91	GBZ/T 229.3—2010	工作场所职业病危害作业分级 第3部分：高温
92	GBZ/T 229.4—2012	工作场所职业病危害作业分级 第4部分：噪声
93	GBZ/T 230—2010	职业性接触毒物危害程度分级
94	GBZ/T 231—2010	黑色金属冶炼及压延加工业职业卫生防护技术规范
95	GBZ/T 240.2—2011	化学品毒理学评价程序和试验方法 第2部分：急性经口毒性试验
96	GBZ/T 240.3—2011	化学品毒理学评价程序和试验方法 第3部分：急性经皮毒性试验
97	GBZ/T 240.4—2011	化学品毒理学评价程序和试验方法 第4部分：急性吸入毒性试验
98	GBZ/T 240.5—2011	化学品毒理学评价程序和试验方法 第5部分：急性眼刺激性／腐蚀性试验
99	GBZ/T 240.6—2011	化学品毒理学评价程序和试验方法 第6部分：急性皮肤刺激性／腐蚀性试验
100	GBZ/T 240.7—2011	化学品毒理学评价程序和试验方法 第7部分：皮肤致敏试验
101	GBZ/T 240.8—2011	化学品毒理学评价程序和试验方法 第8部分：鼠伤寒沙门菌回复突变试验
102	GBZ/T 240.9—2011	化学品毒理学评价程序和试验方法 第9部分：体外哺乳动物细胞染色体畸变试验
103	GBZ/T 240.10—2011	化学品毒理学评价程序和试验方法 第10部分：体外哺乳动物细胞基因突变试验
104	GBZ/T 240.11—2011	化学品毒理学评价程序和试验方法 第11部分：体内哺乳动物骨髓嗜多染红细胞微核试验
105	GBZ/T 240.12—2011	化学品毒理学评价程序和试验方法 第12部分：体内哺乳动物骨髓细胞染色体畸变试验
106	GBZ/T 240.13—2011	化学品毒理学评价程序和试验方法 第13部分：哺乳动物精原细胞／初级精母细胞染色体畸变试验
107	GBZ/T 240.14—2011	化学品毒理学评价程序和试验方法 第14部分：啮齿类动物显性致死试验
108	GBZ/T 240.15—2011	化学品毒理学评价程序和试验方法 第15部分：亚急性经口毒性试验
109	GBZ/T 240.16—2011	化学品毒理学评价程序和试验方法 第16部分：亚急性经皮毒性试验
110	GBZ/T 240.17—2011	化学品毒理学评价程序和试验方法 第17部分：亚急性吸入毒性试验
111	GBZ/T 240.18—2011	化学品毒理学评价程序和试验方法 第18部分：亚慢性经口毒性试验
112	GBZ/T 240.19—2011	化学品毒理学评价程序和试验方法 第19部分：亚慢性经皮毒性试验
113	GBZ/T 240.20—2011	化学品毒理学评价程序和试验方法 第20部分：亚慢性吸入毒性试验
114	GBZ/T 240.21—2011	化学品毒理学评价程序和试验方法 第21部分：致畸试验
115	GBZ/T 240.22—2011	化学品毒理学评价程序和试验方法 第22部分：两代繁殖毒性试验
116	GBZ/T 240.23—2011	化学品毒理学评价程序和试验方法 第23部分：迟发性神经毒性试验
117	GBZ/T 240.24—2011	化学品毒理学评价程序和试验方法 第24部分：慢性经口毒性试验

续表

序号	标准编号	标准名称
118	GBZ/T 240.25—2011	化学品毒理学评价程序和试验方法 第25部分：慢性经皮毒性试验
119	GBZ/T 240.26—2011	化学品毒理学评价程序和试验方法 第26部分：慢性吸入毒性试验
120	GBZ/T 240.27—2011	化学品毒理学评价程序和试验方法 第27部分：致癌试验
121	GBZ/T 240.28—2011	化学品毒理学评价程序和试验方法 第28部分：慢性毒性/致癌性联合试验
122	GBZ/T 240.29—2011	化学品毒理学评价程序和试验方法 第29部分：毒物代谢动力学试验
123	GBZ/T 251—2014	汽车铸造作业职业危害预防控制指南
124	GBZ/T 252—2014	中小箱包加工企业职业危害预防控制指南
125	GBZ/T 253—2014	造纸业职业病危害预防控制指南
126	GBZ/T 254—2014	尿中苯巯基尿酸的高效液相色谱测定方法
127	GBZ/T 259—2014	硫化氢职业危害防护导则
128	GBZ/T 272—2016	中小制鞋企业职业危害预防控制指南
129	GBZ/T 275—2016	氯气职业危害防护导则
130	GBZ/T 276—2016	自吸过滤式呼吸防护用品适合性检验颜面分栏
131	GBZ/T 277—2016	职业病危害评价通则
132	GBZ/T 280—2017	火力发电企业职业危害预防控制指南
133	GBZ/T 284—2016	正己烷职业危害防护导则
134	GBZ/T 285—2016	珠宝玉石加工行业职业危害预防控制指南
135	GBZ/T 286—2016	血中1,2-二氯乙烷的气相色谱-质谱测定方法
136	GBZ/T 287—2017	木材加工企业职业危害预防控制指南
137	GBZ/T 295—2017	职业人群生物监测方法 总则
138	GBZ/T 296—2017	职业健康促进名词术语
139	GBZ/T 297—2017	职业健康促进技术导则
140	GBZ/T 298—2017	工作场所化学有害因素职业健康风险评估技术导则
141	GBZ/T 299.2—2017	电池制造业职业危害预防控制指南 第2部分：硅太阳能电池
142	GBZ/T 300.1—2017	工作场所空气有毒物质测定 第1部分：总则
143	GBZ/T 300.2—2017	工作场所空气有毒物质测定 第2部分：锑及其化合物
144	GBZ/T 300.3—2017	工作场所空气有毒物质测定 第3部分：钡及其化合物
145	GBZ/T 300.4—2017	工作场所空气有毒物质测定 第4部分：铍及其化合物
146	GBZ/T 300.5—2017	工作场所空气有毒物质测定 第5部分：铋及其化合物
147	GBZ/T 300.6—2017	工作场所空气有毒物质测定 第6部分：镉及其化合物
148	GBZ/T 300.7—2017	工作场所空气有毒物质测定 第7部分：钙及其化合物
149	GBZ/T 300.8—2017	工作场所空气有毒物质测定 第8部分：铯及其化合物
150	GBZ/T 300.9—2017	工作场所空气有毒物质测定 第9部分：铬及其化合物
151	GBZ/T 300.10—2017	工作场所空气有毒物质测定 第10部分：钴及其化合物
152	GBZ/T 300.11—2017	工作场所空气有毒物质测定 第11部分：铜及其化合物

续表

序号	标准编号	标准名称
153	GBZ/T 300.13—2017	工作场所空气有毒物质测定 第13部分：铟及其化合物
154	GBZ/T 300.15—2017	工作场所空气有毒物质测定 第15部分：铅及其化合物
155	GBZ/T 300.16—2017	工作场所空气有毒物质测定 第16部分：镁及其化合物
156	GBZ/T 300.17—2017	工作场所空气有毒物质测定 第17部分：锰及其化合物
157	GBZ/T 300.18—2017	工作场所空气有毒物质测定 第18部分：汞及其化合物
158	GBZ/T 300.19—2017	工作场所空气有毒物质测定 第19部分：钼及其化合物
159	GBZ/T 300.21—2017	工作场所空气有毒物质测定 第21部分：钾及其化合物
160	GBZ/T 300.22—2017	工作场所空气有毒物质测定 第22部分：钠及其化合物
161	GBZ/T 300.23—2017	工作场所空气有毒物质测定 第23部分：锶及其化合物
162	GBZ/T 300.24—2017	工作场所空气有毒物质测定 第24部分：钽及其化合物
163	GBZ/T 300.25—2017	工作场所空气有毒物质测定 第25部分：铊及其化合物
164	GBZ/T 300.26—2017	工作场所空气有毒物质测定 第26部分：锡及其无机化合物
165	GBZ/T 300.27—2017	工作场所空气有毒物质测定 第27部分：二月桂酸二丁基锡、三甲基氯化锡和三乙基氯化锡
166	GBZ/T 300.28—2017	工作场所空气有毒物质测定 第28部分：钨及其化合物
167	GBZ/T 300.29—2017	工作场所空气有毒物质测定 第29部分：钒及其化合物
168	GBZ/T 300.30—2017	工作场所空气有毒物质测定 第30部分：钇及其化合物
169	GBZ/T 300.31—2017	工作场所空气有毒物质测定 第31部分：锌及其化合物
170	GBZ/T 300.32—2017	工作场所空气有毒物质测定 第32部分：锆及其化合物
171	GBZ/T 300.33—2017	工作场所空气有毒物质测定 第33部分：金属及其化合物
172	GBZ/T 300.34—2017	工作场所空气有毒物质测定 第34部分：稀土金属及其化合物
173	GBZ/T 300.35—2017	工作场所空气有毒物质测定 第35部分：三氟化硼
174	GBZ/T 300.37—2017	工作场所空气有毒物质测定 第37部分：一氧化碳和二氧化碳
175	GBZ/T 300.38—2017	工作场所空气有毒物质测定 第38部分：二硫化碳
176	GBZ/T 300.43—2017	工作场所空气有毒物质测定 第43部分：叠氮酸和叠氮化钠
177	GBZ/T 300.45—2017	工作场所空气有毒物质测定 第45部分：五氧化二磷和五硫化二磷
178	GBZ/T 300.46—2017	工作场所空气有毒物质测定 第46部分：三氯化磷和三氯硫磷
179	GBZ/T 300.47—2017	工作场所空气有毒物质测定 第47部分：砷及其无机化合物
180	GBZ/T 300.48—2017	工作场所空气有毒物质测定 第48部分：臭氧和过氧化氢
181	GBZ/T 300.51—2017	工作场所空气有毒物质测定 第51部分：六氟化硫
182	GBZ/T 300.52—2017	工作场所空气有毒物质测定 第52部分：氯化亚砜
183	GBZ/T 300.53—2017	工作场所空气有毒物质测定 第53部分：硒及其化合物
184	GBZ/T 300.54—2017	工作场所空气有毒物质测定 第54部分：碲及其化合物
185	GBZ/T 300.58—2017	工作场所空气有毒物质测定 第58部分：碘及其化合物
186	GBZ/T 300.59—2017	工作场所空气有毒物质测定 第59部分：挥发性有机化合物
187	GBZ/T 300.60—2017	工作场所空气有毒物质测定 第60部分：戊烷、己烷、庚烷、辛烷和壬烷

序号	标准编号	标准名称
188	GBZ/T 300.61—2017	工作场所空气有毒物质测定 第61部分：丁烯、1,3-丁二烯和二聚环戊二烯
189	GBZ/T 300.62—2017	工作场所空气有毒物质测定 第62部分：溶剂汽油、液化石油气、抽余油和松节油
190	GBZ/T 300.64—2017	工作场所空气有毒物质测定 第64部分：石蜡烟
191	GBZ/T 300.65—2017	工作场所空气有毒物质测定 第65部分：环己烷和甲基环己烷
192	GBZ/T 300.66—2017	工作场所空气有毒物质测定 第66部分：苯、甲苯、二甲苯和乙苯
193	GBZ/T 300.68—2017	工作场所空气有毒物质测定 第68部分：苯乙烯、甲基苯乙烯和二乙烯基苯
194	GBZ/T 300.69—2017	工作场所空气有毒物质测定 第69部分：联苯和氢化三联苯
195	GBZ/T 300.73—2017	工作场所空气有毒物质测定 第73部分：氯甲烷、二氯甲烷、三氯甲烷和四氯化碳
196	GBZ/T 300.77—2017	工作场所空气有毒物质测定 第77部分：四氟乙烯和六氟丙烯
197	GBZ/T 300.78—2017	工作场所空气有毒物质测定 第78部分：氯乙烯、二氯乙烯、三氯乙烯和四氯乙烯
198	GBZ/T 300.80—2017	工作场所空气有毒物质测定 第80部分：氯丙烯和二氯丙烯
199	GBZ/T 300.81—2017	工作场所空气有毒物质测定 第81部分：氯苯、二氯苯和三氯苯
200	GBZ/T 300.82—2017	工作场所空气有毒物质测定 第82部分：苄基氯和对氯甲苯
201	GBZ/T 300.83—2017	工作场所空气有毒物质测定 第83部分：溴苯
202	GBZ/T 300.84—2017	工作场所空气有毒物质测定 第84部分：甲醇、丙醇和辛醇
203	GBZ/T 300.85—2017	工作场所空气有毒物质测定 第85部分：丁醇、戊醇和丙烯醇
204	GBZ/T 300.86—2017	工作场所空气有毒物质测定 第86部分：乙二醇
205	GBZ/T 300.88—2017	工作场所空气有毒物质测定 第88部分：氯乙醇和1,3-二氯丙醇
206	GBZ/T 300.93—2017	工作场所空气有毒物质测定 第93部分：五氯酚和五氯酚钠
207	GBZ/T 300.96—2018	工作场所空气有毒物质测定 第96部分：七氟烷、异氟烷和恩氟烷
208	GBZ/T 300.97—2017	工作场所空气有毒物质测定 第97部分：二丙二醇甲醚和1-甲氧基-2-丙醇
209	GBZ/T 300.99—2017	工作场所空气有毒物质测定 第99部分：甲醛、乙醛和丁醛
210	GBZ/T 300.100—2018	工作场所空气有毒物质测定 第100部分：糠醛和二甲氧基甲烷
211	GBZ/T 300.101—2017	工作场所空气有毒物质测定 第101部分：三氯乙醛
212	GBZ/T 300.103—2017	工作场所空气有毒物质测定 第103部分：丙酮、丁酮和甲基异丁基甲酮
213	GBZ/T 300.104—2017	工作场所空气有毒物质测定 第104部分：二乙基甲酮、2-己酮和二异丁基甲酮
214	GBZ/T 300.106—2018	工作场所空气有毒物质测定 第106部分：氯丙酮
215	GBZ/T 300.110—2017	工作场所空气有毒物质测定 第110部分：氢醌和间苯二酚
216	GBZ/T 300.112—2017	工作场所空气有毒物质测定 第112部分：甲酸和乙酸
217	GBZ/T 300.114—2017	工作场所空气有毒物质测定 第114部分：草酸和对苯二甲酸
218	GBZ/T 300.115—2017	工作场所空气有毒物质测定 第115部分：氯乙酸

续表

序号	标准编号	标准名称
219	GBZ/T 300.116—2018	工作场所空气有毒物质测定 第116部分：对甲苯磺酸
220	GBZ/T 300.118—2017	工作场所空气有毒物质测定 第118部分：乙酸酐、马来酸酐和邻苯二甲酸酐
221	GBZ/T 300.122—2017	工作场所空气有毒物质测定 第122部分：甲酸甲酯和甲酸乙酯
222	GBZ/T 300.126—2017	工作场所空气有毒物质测定 第126部分：硫酸二甲酯和三甲苯磷酸酯
223	GBZ/T 300.127—2017	工作场所空气有毒物质测定 第127部分：丙烯酸酯类
224	GBZ/T 300.128—2018	工作场所空气有毒物质测定 第128部分：甲基丙烯酸酯类
225	GBZ/T 300.129—2017	工作场所空气有毒物质测定 第129部分：氯乙酸甲酯和氯乙酸乙酯
226	GBZ/T 300.130—2017	工作场所空气有毒物质测定 第130部分：邻苯二甲酸二丁酯和邻苯二甲酸二辛酯
227	GBZ/T 300.132—2017	工作场所空气有毒物质测定 第132部分：甲苯二异氰酸酯、二苯基甲烷二异氰酸酯和异佛尔酮二异氰酸酯
228	GBZ/T 300.133—2017	工作场所空气有毒物质测定 第133部分：乙腈、丙烯腈和甲基丙烯腈
229	GBZ/T 300.134—2017	工作场所空气有毒物质测定 第134部分：丙酮氰醇和苄基氰
230	GBZ/T 300.136—2017	工作场所空气有毒物质测定 第136部分：三甲胺、二乙胺和三乙胺
231	GBZ/T 300.137—2017	工作场所空气有毒物质测定 第137部分：乙胺、乙二胺和环己胺
232	GBZ/T 300.139—2017	工作场所空气有毒物质测定 第139部分：乙醇胺
233	GBZ/T 300.140—2017	工作场所空气有毒物质测定 第140部分：肼、甲基肼和偏二甲基肼
234	GBZ/T 300.142—2017	工作场所空气有毒物质测定 第142部分：三氯苯胺
235	GBZ/T 300.143—2017	工作场所空气有毒物质测定 第143部分：对硝基苯胺
236	GBZ/T 300.146—2017	工作场所空气有毒物质测定 第146部分：硝基苯、硝基甲苯和硝基氯苯
237	GBZ/T 300.149—2017	工作场所空气有毒物质测定 第149部分：杀螟松、倍硫磷、亚胺硫磷和甲基对硫磷
238	GBZ/T 300.150—2017	工作场所空气有毒物质测定 第150部分：敌敌畏、甲拌磷和对硫磷
239	GBZ/T 300.151—2017	工作场所空气有毒物质测定 第151部分：久效磷、氧乐果和异稻瘟净
240	GBZ/T 300.153—2017	工作场所空气有毒物质测定 第153部分：磷胺、内吸磷、甲基内吸磷和马拉硫磷
241	GBZ/T 300.159—2017	工作场所空气有毒物质测定 第159部分：硝化甘油、硝基胍、奥克托今和黑索金
242	GBZ/T 300.160—2017	工作场所空气有毒物质测定 第160部分：洗衣粉酶
243	GBZ/T 300.161—2018	工作场所空气有毒物质测定 第161部分：三溴甲烷
244	GBZ/T 300.162—2018	工作场所空气有毒物质测定 第162部分：苯醌
245	GBZ/T 300.163—2018	工作场所空气有毒物质测定 第163部分：甲苯二异氰酸酯
246	GBZ/T 300.164—2018	工作场所空气有毒物质测定 第164部分：二苯基甲烷二异氰酸酯
247	GBZ/T 302—2018	尿中锑的测定 原子荧光光谱法
248	GBZ/T 303—2018	尿中铅的测定 石墨炉原子吸收光谱法
249	GBZ/T 304—2018	尿中铝的测定 石墨炉原子吸收光谱法

续表

序号	标准编号	标准名称
250	GBZ/T 305—2018	尿中锰的测定　石墨炉原子吸收光谱法
251	GBZ/T 306—2018	尿中铬的测定　石墨炉原子吸收光谱法
252	GBZ/T 307.1—2018	尿中镉的测定　第1部分：石墨炉原子吸收光谱法
253	GBZ/T 307.2—2018	尿中镉的测定　第2部分：电感耦合等离子体质谱法
254	GBZ/T 308—2018	尿中多种金属同时测定　电感耦合等离子体质谱法
255	GBZ/T 309—2018	尿中丙酮的测定　顶空-气相色谱法
256	GBZ/T 310—2018	尿中1-溴丙烷的测定　顶空-气相色谱法
257	GBZ/T 311—2018	尿中甲苯二胺的测定　气相色谱法
258	GBZ/T 312—2018	尿中N-甲基乙酰胺的测定　气相色谱法
259	GBZ/T 313.1—2018	尿中三甲基氯化锡的测定　第1部分：气相色谱法
260	GBZ/T 313.2—2018	尿中三甲基氯化锡的测定　第2部分：气相色谱-质谱法
261	GBZ/T 314—2018	血中镍的测定　石墨炉原子吸收光谱法
262	GBZ/T 315—2018	血中铬的测定　石墨炉原子吸收光谱法
263	GBZ/T 316.1—2018	血中铅的测定　第1部分：石墨炉原子吸收光谱法
264	GBZ/T 316.2—2018	血中铅的测定　第2部分：电感耦合等离子体质谱法
265	GBZ/T 316.3—2018	血中铅的测定　第3部分：原子荧光光谱法
266	GBZ/T 317.1—2018	血中镉的测定　第1部分：石墨炉原子吸收光谱法
267	GBZ/T 317.2—2018	血中镉的测定　第2部分：电感耦合等离子体质谱法
268	GBZ/T 318.1—2018	血中三甲基氯化锡的测定　第1部分：气相色谱法
269	GBZ/T 318.2—2018	血中三甲基氯化锡的测定　第2部分：气相色谱-质谱法
270	WS/T 22—1996	血中游离原卟啉的荧光光度测定方法
271	WS/T 23—1996	尿中δ-氨基乙酰丙酸的分光光度测定方法
272	WS/T 25—1996	尿中汞的冷原子吸收光谱测定方法（一）碱性氯化亚锡还原法
273	WS/T 26—1996	尿中汞的冷原子吸收光谱测定方法（二）酸性氯化亚锡还原法
274	WS/T 27—1996	尿中有机（甲基）汞、无机汞和总汞的分别测定方法　选择性还原-冷原子吸收光谱法
275	WS/T 29—1996	尿中砷的氢化物发生-火焰原子吸收光谱测定方法
276	WS/T 30—1996	尿中氟的离子选择电极测定方法
277	WS/T 39—1996	尿中硫氰酸盐的吡啶-巴比妥酸分光光度测定方法
278	WS/T 40—1996	尿中2-硫代噻唑烷-4-羧酸的高效液相色谱测定方法
279	WS/T 41—1996	呼出气中二硫化碳的气相色谱测定方法
280	WS/T 42—1996	血中碳氧血红蛋白的分光光度测定方法
281	WS/T 44—1996	尿中镍的石墨炉原子吸收光谱测定方法
282	WS/T 46—1996	尿中铍的石墨炉原子吸收光谱测定方法
283	WS/T 47—1996	尿中硒的氢化物发生-原子吸收光谱测定法
284	WS/T 49—1996	尿中苯酚的气相色谱测定方法（一）液晶柱法

续表

序号	标准编号	标准名称
285	WS/T 50—1996	尿中苯酚的气相色谱测定方法(二)FFAP 柱法
286	WS/T 51—1996	呼出气中苯的气相色谱测定方法
287	WS/T 53—1996	尿中马尿酸、甲基马尿酸的高效液相色谱测定方法
288	WS/T 54—1996	尿中苯乙醛酸和苯乙醇酸的高效液相色谱测定方法
289	WS/T 56—1996	尿中对氨基酚的高效液相色谱测定方法
290	WS/T 58—1996	尿中对硝基酚的高效液相色谱测定方法
291	WS/T 59—1996	尿中 4- 氨基 -2, 6- 二硝基甲苯的气相色谱测定方法
292	WS/T 61—1996	尿中五氯酚的高效液相色谱测定方法
293	WS/T 62—1996	尿中甲醇的顶空气相色谱测定方法
294	WS/T 63—1996	尿中亚硫基二乙酸的气相色谱测定方法
295	WS/T 66—1996	全血胆碱酯酶活性的分光光度测定方法 羟胺三氯化铁法
296	WS/T 67—1996	全血胆碱酯酶活性的分光光度测定方法 硫代乙酰胆碱 - 联硫代双硝基苯甲酸法
297	WS/T 92—1996	血中锌原卟啉的血液荧光计测定方法
298	WS/T 93—1996	血清中铜的火焰原子吸收光谱测定方法
299	WS/T 94—1996	尿中铜的石墨炉原子吸收光谱测定方法
300	WS/T 95—1996	尿中锌的火焰原子吸收光谱测定方法
301	WS/T 96—1996	尿中三氯乙酸顶空气相色谱测定方法
302	WS/T 97—1996	尿中肌酐分光光度测定方法
303	WS/T 98—1996	尿中肌酐的反相高效液相色谱测定方法
304	WS/T 109—1999	血清中硒的氢化物发生 - 原子吸收光谱测定方法
305	WS/T 175—1999	呼出气中丙酮的气相色谱测定方法
306	WS/T 110—1999	职业接触甲苯的生物限值
307	WS/T 111—1999	职业接触三氯乙烯的生物限值
308	WS/T 112—1999	职业接触铅及其化合物的生物限值
309	WS/T 113—1999	职业接触镉及其化合物的生物限值
310	WS/T 114—1999	职业接触一氧化碳的生物限值
311	WS/T 115—1999	职业接触有机磷酸酯类农药的生物限值
312	WS/T 239—2004	职业接触二硫化碳的生物限值
313	WS/T 240—2004	职业接触氟及其无机化合物的生物限值
314	WS/T 241—2004	职业接触苯乙烯的生物限值
315	WS/T 242—2004	职业接触三硝基甲苯的生物限值
316	WS/T 243—2004	职业接触正己烷的生物限值
317	WS/T 264—2006	职业接触五氯酚的生物限值
318	WS/T 265—2006	职业接触汞的生物限值
319	WS/T 266—2006	职业接触可溶性铬盐的生物限值
320	WS/T 267—2006	职业接触酚的生物限值

附件 1-2　已发布的职业病诊断标准目录

（截至 2018 年 11 月）

序号	标准编号	标准名称
1	GBZ 3—2006	职业性慢性锰中毒诊断标准
2	GBZ 4—2002	职业性慢性二硫化碳中毒诊断标准
3	GBZ 5—2016	职业性氟及其无机化合物中毒的诊断
4	GBZ 6—2002	职业性慢性氯丙烯中毒诊断标准
5	GBZ 7—2014	职业性手臂振动病的诊断
6	GBZ 8—2002	职业性急性有机磷杀虫剂中毒诊断标准
7	GBZ 9—2002	职业性急性电光性眼炎（紫外线角膜结膜炎）诊断标准
8	GBZ 10—2002	职业性急性溴甲烷中毒诊断标准
9	GBZ 11—2014	职业性急性磷化氢中毒的诊断
10	GBZ 12—2014	职业性铬鼻病的诊断
11	GBZ 13—2016	职业性急性丙烯腈中毒的诊断
12	GBZ 14—2015	职业性急性氨中毒的诊断
13	GBZ 15—2002	职业性急性氮氧化物中毒诊断标准
14	GBZ 16—2014	职业性急性甲苯中毒的诊断
15	GBZ 17—2015	职业性镉中毒的诊断
16	GBZ 18—2013	职业性皮肤病的诊断　总则
17	GBZ 19—2002	职业性电光性皮炎诊断标准
18	GBZ 20—2002	职业性接触性皮炎诊断标准
19	GBZ 21—2006	职业性光接触性皮炎诊断标准
20	GBZ 22—2002	职业性黑变病诊断标准
21	GBZ 23—2002	职业性急性一氧化碳中毒诊断标准
22	GBZ 24—2017	职业性减压病的诊断
23	GBZ 25—2014	职业性尘肺病的病理诊断
24	GBZ 26—2007	职业性急性三烷基锡中毒诊断标准
25	GBZ 27—2002	职业性溶剂汽油中毒诊断标准
26	GBZ 28—2010	职业性急性羰基镍中毒诊断标准
27	GBZ 29—2011	职业性急性光气中毒的诊断
28	GBZ 30—2015	职业性急性苯的氨基、硝基化合物中毒的诊断
29	GBZ 31—2002	职业性急性硫化氢中毒诊断标准
30	GBZ 32—2015	职业性氯丁二烯中毒的诊断
31	GBZ 33—2002	职业性急性甲醛中毒诊断标准
32	GBZ 34—2002	职业性急性五氯酚中毒诊断标准
33	GBZ 35—2010	职业性白内障诊断标准
34	GBZ 36—2015	职业性急性四乙基铅中毒的诊断
35	GBZ 37—2015	职业性慢性铅中毒的诊断
36	GBZ 38—2006	职业性急性三氯乙烯中毒诊断标准
37	GBZ 39—2016	职业性急性 1, 2—二氯乙烷中毒的诊断

续表

序号	标准编号	标准名称
38	GBZ 40—2002	职业性急性硫酸二甲酯中毒诊断标准
39	GBZ 41—2002	职业性中暑诊断标准
40	GBZ 42—2002	职业性急性四氯化碳中毒诊断标准
41	GBZ 43—2002	职业性急性拟除虫菊酯中毒诊断标准
42	GBZ 44—2016	职业性急性砷化氢中毒的诊断
43	GBZ 45—2010	职业性三硝基甲苯白内障诊断标准
44	GBZ 46—2002	职业性急性杀虫脒中毒诊断标准
45	GBZ 47—2016	职业性急性钒中毒的诊断
46	GBZ 48—2002	金属烟热诊断标准
47	GBZ 49—2014	职业性噪声聋的诊断
48	GBZ 50—2015	职业性丙烯酰胺中毒的诊断
49	GBZ 51—2009	职业性化学性皮肤灼伤诊断标准
50	GBZ 52—2002	职业性急性氨基甲酸酯杀虫剂中毒诊断标准
51	GBZ 53—2017	职业性急性甲醇中毒的诊断
52	GBZ 54—2017	职业性化学性眼灼伤的诊断
53	GBZ 55—2002	职业性痤疮诊断标准
54	GBZ 56—2016	职业性棉尘病的诊断
55	GBZ 57—2008	职业性哮喘诊断标准
56	GBZ 58—2014	职业性急性二氧化硫中毒的诊断
57	GBZ 59—2010	职业性中毒性肝病诊断标准
58	GBZ 60—2014	职业性过敏性肺炎的诊断
59	GBZ 61—2015	职业性牙酸蚀病的诊断
60	GBZ 62—2002	职业性皮肤溃疡诊断标准
61	GBZ 63—2017	职业性急性钡及其化合物中毒的诊断
62	GBZ 65—2002	职业性急性氯气中毒诊断标准
63	GBZ 66—2002	职业性急性有机氟中毒诊断标准
64	GBZ 67—2015	职业性铍病的诊断
65	GBZ 68—2013	职业性苯中毒的诊断
66	GBZ 69—2011	职业性慢性三硝基甲苯中毒的诊断
67	GBZ 70—2015	职业性尘肺病的诊断
68	GBZ 71—2013	职业性急性化学物中毒的诊断　总则
69	GBZ 73—2009	职业性急性化学物中毒性呼吸系统疾病诊断标准
70	GBZ 74—2009	职业性急性化学物中毒性心脏病诊断标准
71	GBZ 75—2010	职业性急性化学物中毒性血液系统疾病诊断标准
72	GBZ 76—2002	职业性急性化学物中毒性神经系统疾病诊断标准
73	GBZ 77—2002	职业性急性化学物中毒性多器官功能障碍综合征诊断标准
74	GBZ 78—2010	职业性化学源性猝死诊断标准
75	GBZ 79—2013	职业性急性中毒性肾病的诊断
76	GBZ 80—2002	职业性急性一甲胺中毒诊断标准

续表

序号	标准编号	标准名称
77	GBZ 81—2002	职业性磷中毒诊断标准
78	GBZ 82—2002	煤矿井下工人滑囊炎诊断标准
79	GBZ 83—2013	职业性砷中毒的诊断
80	GBZ 84—2017	职业性慢性正己烷中毒的诊断
81	GBZ 85—2014	职业性急性二甲基甲酰胺中毒的诊断
82	GBZ 86—2002	职业性急性偏二甲基肼中毒诊断标准
83	GBZ 88—2002	职业性森林脑炎诊断标准
84	GBZ 89—2007	职业性汞中毒诊断标准
85	GBZ 90—2017	职业性氯乙烯中毒的诊断
86	GBZ 91—2008	职业性急性酚中毒诊断标准
87	GBZ 92—2008	职业性高原病诊断标准
88	GBZ 93—2010	职业性航空病诊断标准
89	GBZ 94—2017	职业性肿瘤的诊断
90	GBZ/T 157—2009	职业病诊断名词术语
91	GBZ 185—2006	职业性三氯乙烯药疹样皮炎诊断标准
92	GBZ 188—2014	职业健康监护技术规范
93	GBZ 209—2008	职业性急性氰化物中毒诊断标准
94	GBZ/T 218—2017	职业病诊断标准编写指南
95	GBZ 226—2010	职业性铊中毒诊断标准
96	GBZ 227—2017	职业性传染病的诊断
97	GBZ/T228—2010	职业性急性化学物中毒后遗症诊断标准
98	GBZ 236—2011	职业性白斑的诊断
99	GBZ/T 237—2011	职业性刺激性化学物致慢性阻塞性肺疾病的诊断
100	GBZ/T 238—2011	职业性爆震聋的诊断
101	GBZ 239—2011	职业性急性氯乙酸中毒的诊断
102	GBZ 245—2013	职业性急性环氧乙烷中毒的诊断
103	GBZ 246—2013	职业性急性百草枯中毒的诊断
104	GBZ/T 247—2013	职业性慢性化学物中毒性周围神经病的诊断
105	GBZ 258—2014	职业性急性碘甲烷中毒的诊断
106	GBZ/T 260—2014	职业禁忌证界定导则
107	GBZ/T 265—2014	职业病诊断通则
108	GBZ/T 267—2015	职业病诊断文书书写规范
109	GBZ 278—2016	职业性冻伤的诊断
110	GBZ 288—2017	职业性激光所致眼（角膜、晶状体、视网膜）损伤的诊断
111	GBZ 289—2017	职业性溴丙烷中毒的诊断
112	GBZ 290—2017	职业性硬金属肺病的诊断
113	GBZ 291—2017	职业性股静脉血栓综合征、股动脉闭塞症或淋巴管闭塞症的诊断
114	GBZ 292—2017	职业性金属及其化合物粉尘（锡、铁、锑、钡及其化合物等）肺沉着病的诊断
115	GBZ 294—2017	职业性铟及其化合物中毒的诊断

参 考 文 献

1. 卫生部. 国家职业卫生标准管理办法（卫生部令第 20 号）［EB/OL］, 2002 年 3 月 28 日.

2. 国家卫生计生委. 关于印发国家卫生标准委员会章程和卫生标准管理办法的通知（国卫法制发［2014］43 号）［EB/OL］, 2014 年 7 月 11 日.

3. 国家卫生计生委. 工作场所有害因素职业接触限值 第 1 部分：化学有害因素［EB/OL］, http://www.nhc.gov.cn/xxgk/pages/wsbzsearch.jsp.

4. 国家卫生计生委. 工作场所有害因素职业接触限值 第 1 部分：物理因素［EB/OL］, http://www.nhc.gov.cn/xxgk/pages/wsbzsearch.jsp.

5. 刚葆琪. 我国劳动卫生标准研制工作 50 年. 中华劳动卫生与职业病杂志, 2000, 18（1）: 9-11.

6. 梁友信、吴维皑. 我国职业卫生标准与国际发展动态. 中华劳动卫生与职业病杂志, 2002, 20（1）: 68-702.

7. 王国强. 中国疾病预防控制 60 年. 北京：中国人口出版社, 2015.

8. Ronald M. Scott. Basic concepts of industrial hygiene. USA: CRC Press LLC, 1997.

9. 王忠旭、李涛. 职业健康风险评估与实践. 北京：中国环境出版社, 2016.

10. William H. Bullock & Joselito S. Ignacio. A Strategy for Assessing and Managing: Occupational Exposures. 3rd ed. USA: AIHA Press, 2006.

11. 李涛. 中外职业健康监护与职业病诊断鉴定制度研究. 北京：人民卫生出版社, 2013.

第二章　化学物质职业接触限值的发展及其趋势

世界上许多国家和机构都颁布并执行职业接触限值（occupational exposure limits，OELs），目前约有 5000 多种化学物质具有相应的 OELs，而且不包括物理因素、生物因素（如真菌和细菌）、室外空气质量或职业接触生物限值等广范围的接触限值。

OELs 是对一种或一类具体有害因素制定的可接受的工作场所空气中的浓度。通常是指对经呼吸道接触的气体、蒸气和颗粒物制定的推荐性/强制性（recommended/mandatory）OELs。OELs 是有害物质风险评估和风险管理等相关活动的重要工具。为了正确理解、准确运用 OELs，有必要了解 OELs 的概念、发展过程、基本含义、应用和使用要求以及全球化学接触控制的趋势。

第一节　化学物质职业接触限值的历史发展

在近代史之前，有关职业卫生和化学接触即出现过许多描述，多涉及铅、汞、二氧化硅和石棉。在过去的 60 年里，OELs 在全世界得到迅速发展。

一、化学物质职业接触限值的发展

公元前约 90～20 年，罗马建筑师/工程师 Marcus Vitruvius Pollio 指出，铅作业工人皮肤颜色呈淡灰色。

约公元 23～79 年，罗马人 Pliny the Elder 描述工人用羊水囊制作口罩，以防护硫化汞（汞）粉尘和蒸气。

约公元 40～90 年，罗马学者 Pedanius Dioscorides 在其编著的《药物学（Materia Medica）》中指出，摄入铅可引起腹绞痛、麻痹和谵妄。

约公元 45～125 年，罗马教士 Plutarch 建议在铅和汞矿中使用犯罪的奴隶，"不能只让无罪的人接触矿山毒物"。

约公元 61～113 年，罗马学者小普林尼（Pliny the Younger）建议"不要从石棉矿购买奴隶，因为他们只能活 3 年"。

约公元 800 年，俄罗斯推广使用"Bania"或浴房以促进清洁。

约 1556 年，Georgiu s Bauer Agicola 在其著作《金属（矿石）的性质》（De Re Metallica）中警告，岩石加热会散发"臭气"，矿工不应在矿井内通过燃烧爆破岩石。"有些矿完全没有水，非常干燥，而干燥可引起更大的伤害，扬起的粉尘进入工人气管及肺部，造成呼吸困难和疾病，希腊人称为哮喘。具有腐蚀性特质的粉尘会潴留在体内并蚕食肺部，造成身体消耗；在喀尔巴阡山矿山发现一名女子嫁给 7 个丈夫，而这些丈夫都过早地死于这种可怕的消耗"。

1700 年代，斯洛文尼亚在伊德里斯（Idrija）汞矿建立了第一个保护工人健康的职业医学项目。

大约在 1736 年，发生了因饮用用铅蒸馏器酿的酒而死亡的事故。之后，美国马萨诸塞州立法机关通过法令，禁止在威士忌蒸馏器和蜗杆中使用铅。

1767 年，法国卢瓦尔一家医院出版了一本小册子，列出接触铅的职业，如管道工、玻璃安装工、画家等，并声称他们可以治愈该疾病。

1775 年，英国 Percival Pott 确认扫烟囱工鼻癌和阴囊癌的原因。

1779 年，德国医生 Johann Peter Frank（1745—1821）建议，"全面的医学政策体系强调政府负责清洁饮水、污水处理、垃圾处理、食品监督和工业卫生"。

1786 年，美国政治家 Benjamin Franklin 写信给 Benjamin Vaughan，表达他非常关注印刷行业和饮用沿铅屋顶流下来的雨水所致的铅中毒。Franklin 说，他有其他印刷工人同样的报告，使用铅字"使他们出现腹绞痛和肢体功能丧失"。Franklin 进一步描述了铅摄入的风险，"生活习惯不良的工人没有好好洗手就进食，导致沾在面包上的一些金属颗粒随着食物一起被吃进去"。

1801 年，英国米勒发表《新的疾病在伦敦》（New Diseases in London），指出经常接触汞可以引起精神错乱，画家使用白铅（碳酸铅）会导致神经损伤，"滥用"汞可导致肾脏疾病。他建议建立类似于俄罗斯和其他国家的公共卫生澡堂以限制疾病的传播。

1831 年，Charles Thackrah 出版了"主要艺术、贸易、职业及公民、生活习惯对健康和长寿的影响"。他是英语国家建立工业医学实践的第一个医师。他写道，格雷泽家族应避免将手浸入到铅釉，甚至可以取代。

1837 年，Benjamin McCready 发布"美国贸易、专业和职业对疾病产生的影响"。

1840 年，法国发布政策，禁止在颜料中使用铅。

1849 年，德国 Peterkoffer 提出了公认为第一个二氧化碳接触标准（1000ppm）。

1860 年，英国 Moran 发表了不同行业的通风标准。

1866 年，德国病理学家 Friedrich Albert von Zenker 提出尘肺病与职业性接触矿物粉尘有关。

1870 年，Visconti 命名矽肺，他形容用刀解剖矽肺病患者的肺就像切割石头一样。

1870 年，德国确认制造含铅油漆颜料是特别危险的作业，禁止加工含铅油漆颜料。

1874 年，英国外科军医 F. deChamont 首次进行室内空气质量调查，涉及 5 个水平的室内二氧化碳浓度。他建议室内二氧化碳空气质量标准为 200ppm，户外约为 500ppm 以上。

1875 年，英国通过禁止雇用儿童扫烟囱条例法案。

1833 年，英国工厂法要求危险行业降低大气排放浓度。

1883 年，德国慕尼黑卫生研究所 Max Gruber 提出第一个一氧化碳标准（200ppm）。

1883 年，英国通过铅中毒预防法（Prevention of Lead Poisoning Act）。

1886 年，德国出版第一个一氧化碳 OELs。

1887 年，英国 Carnelley，Anderson 和 Haldane 提出二氧化碳、颗粒物、有机物、真菌和细菌的"空气洁净度"标准。

　　1898年，英格兰女工厂督察官第一个注意到石棉的有害作用。其中1人观察到"锐利、类玻璃样、锯齿状性质的颗粒"。其他人则注意到石棉通过纵向压裂，似乎能够不断产生纤维，称为"吐丝"过程。

　　1906年，在对肺纤维化的石棉工人进行尸检时，报告了第一例石棉死亡病例。

　　1912年，Kobert（德国）发表了包括有20种物质的急性接触限值清单。表2-1为"少量有害、有毒工业气体的可容许剂量"，其数据已按现行单位ppm和mg/m³进行了调整。可以认为，很多化合物的"最少症状"的重复接触水平即为今天的IDLH浓度。

　　1916年，南非发表了石英接触限值，为8.5mppcf（万颗粒/立方米）。

　　1917年，美国矿山局制定了最早的石英限值，为10mppcf。

　　1921年，美国矿山局出版33种物质的接触限值。

　　1927年，国际基准表（International Critical Tables）列出27种物质的接触限值。

　　1930年，原苏联出版第一个30种化学物质的MAC清单。

　　1938年，德国发布约100个OELs的清单。

　　1941年，美国国家标准学会（ANSI）Z-37委员会发布第一个美国一氧化碳接触标准，为100ppm（比德国晚58年）。

表2-1　Kobert不同接触时间的急性化学物浓度（1912）

英文名称	中文名称	人和动物迅速死亡	0.5～1.0h接触严重威胁生命	0.5～1.0h接触无严重健康影响	出现最少症状时的反复接触浓度
Hydrogen chloride	氯化氢		1500～2000ppm	500～1000ppm	100ppm
Sulfur dioxide	二氧化硫		4000～5000ppm	500～2000ppm	200～300ppm
Hydrogen cyanide	氰化氢	～3000ppm	1200～1500ppm	500～600ppm	200～400ppm
Carbon dioxide	二氧化碳	30%	60～80000ppm	40～60000ppm	20～30000ppm
Ammonia	氨		250～450ppm	300ppm	100ppm
Chlorine	氯气	～10000ppm	400～600ppm	40ppm	10ppm
Bromine	溴	～10000ppm	400～600ppm	40ppm	10ppm
Iodine	碘			30ppm	5～10ppm
Phosphorus trichloride	三氯化磷	3500mg/m³	3～500mg/m³	10～20mg/m³	4mg/m³
Phosphine	磷化氢		400～600ppm	100～200ppm	
Hydrogen sulfide	硫化氢	10～20000ppm	5～7000ppm	2～3000ppm	1～1500ppm
Gasoline	汽油		15～25000mg/m³	5～10000mg/m³	
Benzene	苯		10～15000mg/m³	～5000mg/m³	
Carbon disulfide	二硫化碳		10～12000mg/m³	2～3000mg/m³	1～1200mg/m³
Carbon tetrachloride	四氯化碳	3～400000mg/m³	～150～200000mg/m³	～25～40000mg/m³	～10000mg/m³
Chloroform	氯仿	3～400000mg/m³	70000mg/m³	25～30000mg/m³	～10000mg/m³
Carbon monoxide	一氧化碳	20～30000ppm	5～10000ppm	2000ppm	
Aniline	苯胺		400～600mg/m³	100～250mg/m³	
Toluidine	甲苯胺		400～600mg/m³	100～250mg/m³	
Nitrobenzol	硝基苯		1000mg/m³	200～400mg/m³	

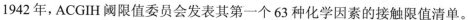

1942年，ACGIH阈限值委员会发表其第一个63种化学因素的接触限值清单。

1943年，德国禁止在船舶使用石棉作为绝缘材料。

1949年，印度通过工厂法（Factories Act），包括了该国的第一个接触限值表。

1956年，中国出版了第一个接触标准清单。

1970年，美国通过职业安全卫生法，该法包括了ACGIH和ANSI的接触限值。

20世纪70年代开始，许多国家采纳ACGIH TLVs®最新版本并作为其职业安全卫生法律接触标准的基础。

1978年，美国消费者产品安全委员会（Consumer Product Safety Commission）禁止在商业涂料中使用铅（在法国138年之后）。

20世纪80年代，首次提出控制化学物质接触的分类控制（control banding）概念。

2000年，为进一步加强化学物质的安全，欧盟引进全球化学物质统一标签体系（Global Harmonized System for chemical labeling）。

2002年，为减少全世界的化学物质接触，在全球化学物质统一标签体系基础上，ILO发布分类控制工具包。有关OELs的历史发展过程见表2-2。

表2-2　OELs的历史发展过程

时间	提出者	接触标准
1849	德国Peter Koffer	提出第一个公认的CO_2接触标准，1000ppm
1860	英国Moran	发表针对各产业的通风标准
1874	英国军队外科医生F.de Chamont	首次进行室内CO_2浓度的室内空气质量调查，涉及五个水平。提出CO_2室内空气质量标准200ppm，户外>500ppm
1883	德国慕尼黑卫生研究所Max Gruber	提出第一个CO标准，200ppm
1886	德国	出版第一个COOELs
1887	英国Carnelley，Anderson和Haldane	提出CO_2、颗粒物、有机物、真菌和细菌的"空气纯度"标准
1912	德国Kobert	发表20种物质急性接触限值清单。其中"最少症状"重复接触水平被认为是今天的IDLH浓度
1916	南非	发表石英接触限值，为8.5mppcf（立方英尺百万颗粒数）
1921	美国矿山局	发布33种物质的接触限值
1927	国际评定表（International Critical Tables）	列出27种物质的接触限值
1930	俄罗斯	发布第一个30种化学品的MAC清单
1938	德国	发布约100个OELs的清单
1941	美国国家标准学会（ANSI）Z-37委员会	发布第一个美国CO接触标准，为100ppm
1942	ACGIH阈限值委员会	发表第一个63种接触限值清单
1949	印度	通过工厂法（Factories Act），该法包括第一个接触限值表
1956	中国	出版第一个接触标准清单
1968	美国	OSH法包括ACGIH和ANSI接触限值，1970年通过
1970'	其他国家	采纳ACGIH TLVs®最新版本，作为OSH法律接触标准的基础
2006	除美国和印度以外几乎所有的国家	每1~5年更新OELs

二、对化学接触认识的近代特点

综上,对大多数职业性化学接触问题的认识虽然已近 2000 年,但只是在过去的 100～150 年或更短的时间才得到迅速的发展。从中可以看到以下特点。

1. **更负责任的观念**　随着社会发展,人们对职业危害因素的认识不断提升,职业安全卫生意识明显提高。在职业安全卫生领域,许多国家都建立了应对职业性和非职业性疾病的全民健康保健体系。其中一些国家利用计算机档案系统中的医疗数据跟踪职业病发病率,并借以帮助确定现行的 OELs 是否合适。如德国将国家健康系统的数据与包含 100 多万接触信息的国家职业卫生数据库(MEGA)整合,以评估 OELs 的有效性。许多职业卫生专业人员都了解本国及本国以外还存在许多职业安全卫生标准,通过 ILO 和欧盟积极收集这些信息。

2. **以 ACGIH TLVs® 作为起点**　初期,许多发展中国家通过采用当时通用的 ACGIH TLVs® 作为本国的职业卫生标准。现在这些国家在更新其现有的化学品接触标准时继续以 ACGIH TLVs® 为主要的参考,可以说,针对全世界近 10 亿工人的化学品接触限值的基础是 ACGIH TLVs®。

3. **劳动者共享全球职业安全卫生的知识和经验**　劳动人口对于全球经济是不应被浪费的资源。所有参与者都应该使用同样水平的标准,都应该分享他们在职业安全卫生领域积累的知识和经验。在世界范围内,OELs 领域的研究确实很多,因此应当了解全球化学物质 OELs 的发展趋势,为进一步完善我国化学物质的 OELs 并逐渐实现与国际接轨而提出对策。

三、职业接触限值发展变化的主要特征

1. 大多数国家都制定了本国的 OELs。

2. 许多工业化国家,如加拿大、法国、德国、意大利、日本、英国、俄罗斯都设有 OELs 委员会,以积极研究、制定和更新政府强制执行的 OELs。

3. 德国有最先进的 OELs 制定体系。他们拥有职业卫生数据库,储存所有职业卫生数据。截至 2005 年年底,该数据库有超过 100 万的数据集。接触数据与全国健康保健数据系统相链接,后者主要是化学物质对工人的健康影响及其他毒理学研究数据。

4. 许多国家分别为粉尘、致癌物质和挥发或气态化学物质建立了 OELs;许多国家有单独的铅和石棉的标准,也制定了针对物理因素、噪声以及电磁辐射等独立的 OELs 标准。

5. 俄罗斯的 OELs 比其他任何国家都多,超过 3500 种,其中包括大约 100 种真菌和细菌的 OELs。

6. 美国能源部拥有最多的根据动物毒性计算的 OELs。

7. 美国加利福尼亚州和加利福尼亚圣塔克拉拉县制定了数目最多的无显著作用水平(no observable effect level, NOEL)的、以健康为基础的职业接触限值。

8. 许多国家大多数的 OELs 低于 ACGIH TLVs®。

9. 许多国家的 OELs 定义明确表示不保护易感劳动者。

10. 俄罗斯的 OELs 不仅使大多数工人的不良健康影响减少,也使工人下一代的不良健康影响减少到最小。

11. 匈牙利有较全面的致癌物和致突变物质的 OELs, 这些联合接触为独立的相加作用。

12. 日本将致敏作用区分为吸入致敏和皮肤致敏。近年, ACGIH、欧盟也采纳了吸入致敏和皮肤致敏分类。

13. 许多国家要求对超过 8 小时工作日、40 小时工作周的长时间接触调整 OELs。

14. 新西兰 OELs 清单约有 100 种化学物质没有制定标准, 但可根据其他国家（澳大利亚）的标准进行管理。

15. 欧盟制定了适用欧盟所有国家的最低的 OELs 标准, 包括致癌物的标准, 欧盟成员国必须采纳并作为最低标准。

16. 有些国家, 按照工人的呼吸频率调整 OELs（新西兰）; 一些国家按照海拔高度调整 OELs; 还有一些国家根据标准温度和大气压调整 OELs。

17. 全世界有 6000 多种 OELs, 其中 4200 多种在多数国家是强调性的。

18. 许多欧洲国家禁止使用某些化学物质, 这些化学物的 OELs 以 "O" 列出, 这是为了表示这些化学物在各自国家被禁止使用。

第二节　职业接触分类控制

20 世纪 80 年代后期, 15 个最大的综合性跨国制药公司的安全主管召开药品安全会议, 讨论了如何保护研发科学家避免受到新的活性药物成分（active pharmaceutical ingredients, APIs）的不良健康影响问题。当工艺规模扩展到公斤级, 研发人员在处理这些新的化学物质时会反复受到不良健康影响, 对于这些新的化学物质, 由于难以获得职业卫生标准 - 标准的职业卫生工具, 所以产生这些健康问题, 这是职业卫生面临的挑战。

为此, 当一个新的 API 处于开发和处理阶段时, 由于其毒性和毒力数据尚不能制定职业卫生标准而面临困难。劳动者在化学物质和药物开发操作, 如过滤、烘干、称重、研磨、混合、压片和胶囊加工等工作时就会产生明显的接触, 尤其当该化合物是烈性化合物的时候。在批次规模接近公斤规模时, 许多工艺需要"开放式"处理粉体并以很高的浓度释放到空气中。在效力上, 药物化合物的范围从低效的非类固醇、消炎药到高效的类固醇激素、肽激素、细胞毒性药物和前列腺素类。

一、理念的发展

5 家公司自愿在该问题上合作并向 15 家公司报告可能的解决方案。这些公司的职业安全卫生专业人员每季度召开 1 次发展模式会议。该小组会议持续两年多时间。最初的理念是基于美国疾病控制中心（CDC）和美国国立卫生研究院（NIH）为处理致病性病毒和细菌而开发的四级生物安全控制, 从生物安全 1 级（致病性最小）到生物安全 4 级（致病性最大）, 按照递升顺序将微生物进行分类。对药物, 则提出了从具有良好实验室技术的开放式工作台到提供防护服的室内工作的并行等级分类。

有观点认为, 可以基于以前充分了解和研究的药物产品的经验, 将药物化合物进行同样的归类。毒理学家通过健康效应严重度的矩阵阐述药物的特征, 而工业卫生学家则将其与工作环境联系起来。可以认为, 空气监测研究支持才是安全和可接受的。

曾经描述为"手与手套"的系统, 其中化合物的特性（手）应与安全工作环境（手套）相匹配。安全专家的概念是直至能够证明某种非危险之前（即宁可保守），都假设该物质是危险的。该概念产生一个"默认的"分类或全新的、毒理学资料甚少的物质分类。之后，在原来的 15 个制药公司中对这一问题至少产生 16 个变化。此外，已经扩展到建筑制造商、生物技术公司和一般制药公司等多个其他系统，大多数系统为 4 级或 5 级系统。该概念几乎已被普遍接受并在整个制药及生物技术产业得到认可。由于候选药物的迅速发展要求实验室检测并提升检测效率，因此该系统已经变得越来越重要。

药物分类系统（pharmaceutical banding system）是对特定情况进行合理判断的指南，制定该系统的目的是使安全卫生专业人员更好地使用该系统。然而，使用该系统并不意味着不需要定量风险评估和良好的职业卫生实践。具体而言，这意味着制药公司仍然需要制定 OELs 和有效的空气监测方法以评估工人的接触并防止影响其健康状况。从某种角度看，一些监管机构可能不会接受由大型化学和制药公司提出的"分类控制"方法。

二、一般工业分类控制技术的发展

20 世纪 90 年代，曾经召开一些以无 OELs 化学物质接触控制为主题的国际会议。分类控制（control banding）概念包括如何使用或处理化学物质，但不包括其潜在的毒性特性。ILO、英国卫生安全执行局（HSE）、WHO 和美国国家职业安全卫生研究所（NIOSH）共同努力，专门为小型企业的使用设计了概念。这些小型企业由于缺乏专业知识、技术、资金和时间，难以评估和管理工作场所的化学（和其他）风险。

2000 年，ILO 开发了适用于实施"分类控制"的工具包，并印发测量程序。从 2002 年到 2005 年，有 14 个国家已经进入成熟状态，我国从 2004 年起开始推广并得到 ILO 的肯定。

ILO 分类控制工具包（ILO control banding toolkit）的最新版本与欧盟全球协调制度（global harmonized system，GHS）的危险交流一致。该系统具有不同的"R"和"S"语句以描述各种化学品的危险。有大约 100 个"R"和"S"语句。ILO 化学品分类控制工具包的使用主要有 5 个步骤。

1. 获取化学品的 MSDS 并确定存在何种 GHS 危害因素。化学物质分类如表 2-3。

表 2-3　分类控制危害分组的识别

危险分组	EU R 语句	GHS 危险分类
A	R36，R38，R65，R66 R36	急性毒性（致死），所有途径，第 5 类 皮肤刺激性第 2 或 3 类 眼刺激性第 2 类 所有的粉尘和蒸气都不分配给其他类别
B	R20/21/22，R40/20/21/22，R33，R67	急性毒性（致死），所有途径，第 4 类 急性毒性（全身），所有途径，第 2 类
C	R23/24/25，R34，R35，R37，R39/23/24/25，R41，R43，R48/20/21/22	急性毒性（致死），所有途径，第 3 类 急性毒性（全身），所有途径，第 1 类 腐蚀性，子类第 1A、1 或 1C 眼刺激性第 1 类 呼吸系统刺激（GHS 标准待通过） 皮肤致敏 反复接触有毒，所有途径，第 2 类

续表

危险分组	EU R 语句	GHS 危险分类
D	R48/23/24/25，R26/27/28，R39/26/27/28，R40 Carc.	急性毒性（致死），所有途径 第1或2类 致癌性第2类 反复接触有毒，所有途径，第1类 生殖毒性1或2级
E	R42，R45，R46，R49，R68	致突变第1或2类 致癌性第1类 呼吸道致敏
S 皮肤和眼睛接触	R21，R24，R27，R34，R35，R36，R38，R39/24，R39/27，R40/21，R41，R43，R48/21，R48/24，R66	急性毒性（致死），仅经皮，第1、2、3或4类 急性毒性（全身），仅经皮，第1或2类 腐蚀性，子类第1A、1B或1C 皮肤刺激第2类 眼睛不适1或2级 皮肤致敏 反复接触有毒，仅经皮，第1或2类

2. 确定在用或即将使用的化学品数量，见表2-4。

表2-4　在用化学品的定量

数量	固体		液体	
	重量	通用包装	数量	通用包装
小	g	包或瓶	ml	瓶
中	kg	小桶或圆桶	L	圆桶
大	t	大批	m^3	大批

3. 确定化学物质在空气中的扩散能力，见表2-5。

表2-5　化学物质的扬尘性或挥发性

程度	液体	固体
高	沸点低于50℃	纤细、轻微粉尘。用时可见尘烟形成并在空气中停留若干分钟。如水泥、炭黑、粉笔粉尘
中等	沸点在50～150℃之间	结晶、固体颗粒。用时可见粉尘，但很快沉降。使用肥皂清洗后粉尘留在表面
低	沸点高于150℃	如固体颗粒。在使用聚氯乙烯颗粒、石蜡片时可见到小粉尘

4. 确定分类控制方法，见表2-6。

表2-6　基于使用量、挥发性和危害分组的控制方法级别

危险程度	使用量	低污染或低挥发	中等挥发	中等污染	高污染或高挥发
A	小	1	1	1	1
	中等	1	1	1	2
	大	1	1	2	2

续表

危险程度	使用量	低污染或低挥发	中等挥发	中等污染	高污染或高挥发
B	小	1	1	1	1
	中等	1	2	2	2
	大	1	2	3	3
C	小	1	2	1	2
	中等	2	3	3	3
	大	2	4	4	4
D	小	2	3	2	3
	中等	3	4	4	4
	大	3	4	4	4
E	所有分类在危险E组的,选择控制方法4				
S	所有分类在危险S组或农药的,增加控制方法5				

5. 基于分类控制技术对 ILO 任务控制表进行再评估,见表 2-7。

表 2-7　化学品吸入接触的控制级别

控制方法	接触浓度目标范围	危害分组	控制
1	> 1~10mg/m³ 粉尘	皮肤和眼刺激	采用良好的工业卫生实践与全面通风
2	> 0.1~1mg/m³ 粉尘	单独接触有害	使用局部排风装置
3	>0.01~0.1mg/m³ 粉尘 > 0.5~5ppm 气体	严重刺激和腐蚀性	工艺封闭
4	< 0.01mg/m³ 粉尘 < 0.5ppm 气体	单独接触毒性非常大、生殖危害	征求专家意见
5	皮肤和眼睛保护	致敏物、杀虫剂、腐蚀性	采用专家建议的个人防护装备

德国分类控制技术应用研究表明,分类控制似乎适用于所有的工作,但安全度可能非常小。本书的目的旨在帮助减少需要分类控制的情况并对其使用提供更多帮助。

第三节　各种职业接触限值的定义及其概念

一、美国职业接触限值

1. OSHA-PELs　1970 年美国《职业安全卫生法》颁布后,OSHA 以 ACGIH-TLVs 和美国 ANSI 标准为基础,制定并发布了空气中污染物 PELs。PELs 是美国现行的强制执行的空气中污染物数量或浓度的限值。

2. ACGIH-TLVs　TLVs 是由 ACGIH 制定的空气中化学因素的浓度建议值。在此浓度下,近乎所有的劳动者长期反复接触该因素,工作终生不会产生不良健康效应。尽管 ACGIH-TLVs 不具有法律效力,但由于 OSHA 发布的限值自 1971 年发布以来一直没有得到更新,因此在很多情况下它比 OSHA-PELs 更具保护作用。所以,许多美国公司使用现行的 ACGIH 保护水平或其他更具保护作用的内部限值。

3. NIOSH-RELs NIOSH 为 375 种物质制定了 830 个有害物质的 RELs。NIOSH 按照美国《职业安全卫生法》的授权，通过其标准文件，如当前情报通报（current intelligent bulletins，CIB）、预警、特别危害评估、职业危害评估及其技术指南等，将 RELs 值推荐给 OSHA 及其他 OELs 制定机构。

NIOSH 还制定了 IDLH，IDLH 是为制订呼吸器选用标准而建立的一种最高浓度。其含义是指化学物质作业人员在呼吸器失效或损坏的情况下，于 30 分钟内撤离现场而不致发生伤害或永久性健康影响的最高浓度。制定 IDLH 时没有考虑化学物质的致癌性。凡具有 IDLH 的化学物质大多具有发生急性职业中毒的可能性。

4. AIHA-WEELs 美国 AIHA 常设工作场所环境接触限值委员会（workplace environmental exposure levels committee）制定、传播工作场所化学和物理因素及应急 WEELs。AIHA-WEEL 委员会向标准制定机构提出接触水平适当的建议、更新 WEELs 可用信息、通过 AIHA 国家办事处的出版物传播 WEELs 和支持文件。AIHA 还制定应急响应规划指南值（emergency response planning guidelines，ERPGs）。ERPGs 是由 AIHA 应急响应规划指南委员会（ERPG committee of the AIHA）制定并发布的化学物质应急接触限值。ERPG 指南值以广泛的、最新的资料为基础，阐述了每个指南值的选择原理，而且提供了其他有关信息。每个指南值给出物质的化学和结构性质、动物毒理学资料、人的资料、现行的接触指南、限值选择原理和参考文献。ERPG 指南值覆盖 40 多种化学物，包括 3 种不同的浓度限值，其数值大小顺序为：ERPG-3＞ERPG-2＞ERPG-1。ERPG-1：人接触 1 小时，且不会引起任何症状的空气中化学物的最大浓度；ERPG-2：人接触 1 小时，不会引起不可逆的健康影响，或健康影响程度尚不能影响其采取保护措施的能力的空气中化学物的浓度；ERPG-3：人接触 1 小时，且不致产生危及生命的空气中化学物的浓度。

二、欧盟职业接触限值

欧盟委员会为保护劳动者免受危险物质的危害，依据 89/391/EEC、98/24/EC、2000/39/EC 和 2006/15/CE4 个相关指令制定指示性 OELs（indicative occupational exposure limit values，IOELVs）和约束性 OELs（banding indicative occupational exposure limit values，BOELVs）。IOELVs 是针对危险化学物质危害，全面保护工作场所劳动者健康措施的重要部分。雇主需要按照 98/24/EC 指令进行危害检测和评价。IOELVs 相关指令要求成员国，对于欧盟制定了 IOELVs 的任何一种化学因素，都应制定与本国法规一致的相应的 OELs。对于欧盟制定有 BOELVs 的所有化学因素，成员国都应制定本国相应的但不能超出欧盟限值的 BOELVs。

1. 英国 英国卫生安全执行局（Health and Safety Executive，HSE）是一个非政府部门公共机构，负责英国工作场所健康、安全和福利的监督执法。在 2007 年以前，HSE 制定的 OELs 分为最高接触限值（maximum exposure limits，MELs）和职业接触标准（occupational exposure standards，OESs），且均具有法律约束力。两者的主要区别在于：当工作场所化学有害因素浓度在 OES 水平及以下时没有健康风险，即是基于健康的接触限值；制定 MEL 水平时则考虑了社会经济因素，因此，在该水平时仍可能存在健康风险。

2000 年以后，英国开始执行 EU 第 1 个 IOELV 指令。为适应 EU 第二版 IOELV 指令的实施，2005 年英国修订了《有害健康物质控制法》（Control of Substances Hazardous to Health，COSHH），引进了新的 OELs 体系框架。2007 年 4 月 6 日开始实施单一类型的工作场所接触限值（workplace exposure limits，WELs），并替代了以往的 MELs 和 OESs。WELs 是指在基准时间内呼吸带空气中有害物质的平均浓度，即时间加权平均浓度（time-weighted average，TWA）。新体系强调应按照良好实践的原则将有害物质的接触控制在 WEL 水平以下。对于致癌物或呼吸道致敏物，雇主必须尽可能地降低其接触。

2. 德国　德国工作场所空气中化学因素的 OELs 是以国家公共法律为基础的限值。在 2006 年以前，《有害物质技术规则》（TRGS 900）涵盖两种类型的限值，分别为技术指南浓度（TRKs）和最大工作场所浓度（MAKs）。TRKs 反映工作场所空气中气体、蒸气或颗粒物的浓度，是现有技术水平可以实现的工作场所空气中的化学物质浓度。因此，即使空气中化学物质的浓度维持在 TRK 值水平及以下时，也不会排除危害人的健康的可能性。TRK 值适用于不能制定 MAK 值的第 1 或第 2 类致癌物（致癌物、可疑致癌物和致突变物质），旨在最大限度地降低对健康造成损害的风险。MAKs 是工作场所空气中物质（气体、蒸气或颗粒物）的最大容许浓度，根据目前的知识，即使长期反复接触，通常不会损害劳动者的健康，也不会受到过度滋扰（如令人作呕的气味），是适用于健康成人的可接受的峰值浓度，包括峰的持续时间，即日接触的 8h-TWA。通常适用于第 3 类致癌或致突变物质以及那些可以确定没有无害最低浓度的物质。MAK 值由参议院有害物质检测委员会调整并公布。在确定每个 MAK 限值时，考虑了可能的健康损害（包括轮班工作）、生产风险以及成本。但更主要的是考虑物质的毒理学效应特征，而不是其技术和经济可行性。因此，MAK 委员会在推导 MAK 值时主要基于 NOAEL。MAK 值并不是计算长时间或短时间接触开始或存在的效应的常数。MAK 和 BAT 清单及其变更建议由德国研究基金会（DFG）的有害物质检测委员会制定并发布。

自 2005 年 1 月 1 日起，随着新的《有害物质条例》（GefStoffV）生效，德国引进新的限值概念。GefStoffV 只制定基于健康的限值，称为工作场所接触限值（AGW）和生物限值（BGW）。2006 年 1 月，德国重新出版 TRGS 900，以 AGW（WELs）替代了 MAK 和 TRK。现行限值表分为第一和第二类物质。第一类是有局部作用且有明确限值的物质或具有呼吸致敏作用的物质；第二类是具有再吸收作用的物质。德国目前实施《有害物质技术规则》，具体为 TRGS 900 OELs（2010 年 8 月 4 日）和 TRGS 903 生物限值（2006 年 12 月），TRGS 903 覆盖了生物接触指数（BAT）。但是，有害物质检测委员会仍使用 MAK 值和 BAT 值并继续作为基准和指引。自 2013 年以来，空气中致癌物质有害物质委员会提出了工作场所物质特异性暴露风险关系（ERBs）以及物质特定的接受和耐受浓度（TRGS 910）。参议院委员会每年 7 月 1 日公布提案，有害物质委员会（AGS）对提案进行评估，并在适当情况下纳入 GefStoffV。TRGS 900 公告的 AGW 是具有法律约束力的阈限值。如果 TRGS 900 没有为某种物质规定 AGW，则可用 TRGS 402 评估接触，如使用 DFG 的 MAK 值。

三、日本职业接触限值

（一）JAIH-PELs

日本产业卫生协会（Japanese Association of Industrial Health，JAIH）制定推荐性容许浓

度（PELs）。日本职业卫生协会（日本职业卫生学会）于1959年设立容许浓度委员会，1961年发布17种物质的容许浓度。目前的容许浓度涵盖199种化学物质、321个限值。日本PELs还涵盖了物理因素OELs，包括高温与低温、全身振动与手传振动、噪声、射频与紫外线等，也涵盖了生物接触指数。但是，JAIH制定的PELs并不是法律强制性限值。

（二）管理浓度

1975年，日本厚生劳动省颁布氯乙烯单体管理浓度通知。1984年，厚生劳动省依据《劳动安全卫生法》制定管理浓度（control concentration），颁布管理浓度通知并作为作业环境测定结果的评价指标。管理浓度也称控制浓度，是管理工作环境中有害物质浓度的标准。它基于：①生物学阈值及容许浓度；②现实中有可测量的方法和限值；③有用于管理维护的工程技术水平。当超过设定的浓度时，需要立即调查原因并采取措施改善环境的标准。管理浓度具有法律强制性，雇主有义务按照作业环境评价标准对作业环境测定结果进行评价。作业环境评价标准规定了92种需要进行作业环境测定的物质，其中有81种物质设定了管理浓度。管理浓度与容许浓度在数值上基本相同，但没有时间概念，即没有劳动者每天8小时或每周40小时工作、短时间（15分钟以下）接触等时间概念。

（三）抑制浓度

在日本劳动安全卫生管理方面，历史上曾使用过抑制浓度，抑制浓度是厚生劳动大臣颁布的具有相应法律规定的标准，是通过将发散源附近的有害物质浓度控制在该标准浓度以下，以保持劳动者的接触浓度在安全水平而确定的浓度。1981年，厚生劳动大臣颁布规定值（抑制浓度）作为特定化学物质规则布局通风装置的性能要素。对于铅、特定化学物质等，应实施测定，以判断局部通风系统是否维持适当的功能。为评估局部通风外部的浓度，应实施局部通风装置的性能测试。

四、南非职业接触限值

南非劳动部（DOL）和矿产能源部（DME）都制定并发布OELs。DOL依据《有害化学物质法》，以英国OELs为基础制定OELs，所制定的OELs包括两种类型：OELs控制值（OEL-control limit，OEL-CL）和OELs建议值（OEL-recommended limit，OEL-RL）。两种类型限值的区别在于：低于或在OEL-RL水平，没有健康危害迹象；OEL-CL水平的确定，考虑了社会经济因素，当工作场所有害物质浓度在该水平时可能仍存在一定的风险。DOL还制定了生物接触指数（BEIs）。

DOL制定的OELs并不适用于矿山有害物质的接触，矿山有害物质接触的控制应用DME制定的OELs。

五、以健康为基础的接触限值

（一）WHO基于健康的职业接触限值

1976年，WHO专家委员会建议由WHO/ILO联合组成标准委员会，为职业性接触的化学因素制定以健康为基础的推荐容许接触水平（health-based exposure limit，HBEL）。1977年，WHO执行委员会催促尽快启动制定国际性推荐水平的程序。1979年，WHO组织了若干个研究小组，确定用"推荐的以健康为基础的OELs"替代"容许水平"，并与ILO通过的

"1977年工作环境公约"保持一致。研究小组认识到，卫生专家只能提供基本的健康相关因素作为制定政策的依据，不能制定最终的标准。标准制定应分为两个阶段，第一阶段由毒理学家和职业卫生专家以毒理学数据以及与劳动者健康保护相关的基础提出推荐性的OELs。该阶段提出的建议值不涉及社会经济、社会文化和技术可行性。第二阶段由政府、雇主和雇员的代表以基于健康的建议值为基础，并考虑其局限性，共同制定可操作的标准。这种决策机制过程最终导致的国家标准可能有所不同，尽管所有国家的基本的健康相关因素相似。研究小组认为，不良健康效应有5种类型：反映疾病临床早期阶段的效应；反映机体维持平衡的能力降低且不能迅速恢复的效应；增加个体对其他环境影响有害效应易感性的效应；反映功能降低的早期指标的测量结果超出正常范围的效应；反映代谢和生化改变的效应。

1980—1984年，WHO先后发布了5个关于推荐的基于健康的OELs系列报告，包括镉、铅、锰及汞等重金属，甲苯、二甲苯、二硫化碳和三氯乙烯等溶剂，4种农药，植物粉尘等基于健康的职业性接触限值。这些报告对有关健康影响的可利用信息进行了评估和评价，对每个化学物质、性质、用途、健康危害（包括实验动物和工作人群）进行了全面评估、参考，并认真考虑了与接触水平之间的关系。为制定保护劳动者健康、免受职业接触的不良效应的决策提供了科学基础。研究小组就所推荐的（15分钟）短时间接触限值和8h-TWA浓度、当前研究需求评估等达成协议。

（二）以健康为基础的接触限值

美国圣塔克来拉职业安全卫生中心（Santa Clara Center for Occupational Safety and Health，SCCOSH）认为，一些研究显示，对于一些广泛使用的化学物质，在因职业病死亡的劳动者中至少有1/10是在容许限值水平及以下的接触而死亡的。对于在现行接触限值水平及以上工作、接触更多物质的劳动者，预期其职业癌的死亡率>1%。过去制定的许多OELs接近可接受的最高水平，但并未考虑长期有害效应的风险，如癌症或生殖健康影响。对此，1995年该中心出版了以健康为基础的接触水平值（health based exposure levels，HBELs）。目的之一是对现行的具有有效消除职业病风险水平的OELs进行比较。HBELs不是传统意义的接触限值，因为通常它们的值太低，在数量级上，它们可能低于许多工作场所通过近代技术所能达到的水平，需要使用近代技术才能精确测量。SCCOSH认为，当与其他可利用信息综合考虑时，HBELs可能是一个很好地预防指南。

六、其他类型的接触限值

（一）急性接触指南水平

急性接触指南水平（acute exposure guideline levels，AEGL）是由代表美国政府和企业的国家咨询委员会制定的呼吸带化学物质接触限值，用来描述在急性接触指南水平时接触化学物质可能对人造成的危险，目的是为国家和地方应急响应权威机构对化学物质释放或溢漏的应急响应提供支持。

（二）临时应急接触水平

临时应急接触水平（temporary emergency exposure levels，TEEL）是由美国能源部（Department of Energy，DOE）制定的临时应急接触限值，其范围从TEEL-0到TEEL-3，分别与OELs、STELs、CLs和IDLH相似。

（三）新化学物质接触限值

新化学物质接触限值（new chemical exposure limit，NCEL）是由美国环保局为充分保护人的健康，根据《有毒物质控制法》（Toxic Substances Control Act，TSCA）对制造前公告（premanufacture notice，PMN）的新化学物质在风险评估的基础上制定的接触限值。NCEL是依据制定限值时所提供的有限资料确定的临时接触水平。EPA 规定，有可能产生接触的公司员工必须配戴特殊的呼吸防护器，除非实际测定表明制造前公告的新化学物质工作场所呼吸带浓度低于 NCEL。NCEL 效仿 OSHA-PELs，包括选择采样和分析方法的执行标准、定期监测、呼吸防护及记录。

（四）最低危险水平

最低危险水平（minimal risk level，MRL）是由美国有毒物质疾病注册局（Agency for Toxic Substances Disease Registry，ATSDR）为评估长期、连续 24 小时接触垃圾和废物站的危险化学物质而制定最低健康危险水平，最低慢性经口风险水平（Chronic Ingestion [Oral] Minimal Risk Level），单位 mg/d；最小慢性吸入风险水平（Chronic Inhalation Minimal Risk Level），单位 mg/d。在使用 mg/d 数值评估吸入接触水平时，需要了解发生接触时间的长短。如果接触只发生 24 小时，用 20 除以这个数值即可将该水平转换为 mg/m^3。该转换因子是成人每天 $20m^3$ 的平均换气率。对于儿童和剧烈活动的成人应使用不同的换气率。经口接触水平不能直接转化为呼吸水平。对于某些化学物用 mg/d 为单位，经口水平要高于吸入水平。其他化学物则低于吸入水平。

（五）证据权重

证据权重（weight of evidence，WOE）是由许多国家和组织计算的特定类型的化学接触限值标准。权重证据来自世界各地毒理学家对化学物质健康影响的评价。

此外，有 1670 多种化学物质有最小或"无风险"接触标准，这些标准旨在保护一般公众在该水平或低于该水平的终生接触。俄罗斯标准是在研究室内空气质量时用来评估风险水平评估建议制定的。这些标准如：基于非致癌健康的无风险水平（non-cancer health based "no" risk levels）；基于致癌作用的无风险水平（cancer based "no" risk levels）；以及俄罗斯空气质量标准（Russian air quality standards）。

第四节 工作场所职业接触限值的基本类型

OELs 通常有 3 种基本类型，分别为时间加权平均浓度（time-weighted average，TWA）、短时间接触限值（short-term exposure limit，STEL）和上限值（ceiling value，CV）。

一、时间加权平均浓度

TWA 是指空气中化学物质在正常 8 小时工作日和 40 小时工作周的最高平均浓度。ACGIH-TLVs 对 TLV-TWA 定义为：常规 8 小时工作日或 40 小时工作周的时间加权平均浓度，可以认为在该浓度以下，近乎所有的劳动者日复一日地反复接触而没有不良影响（图 2-1）。在一个完整工作班，不同时间段的 TWA 浓度围绕 TLV-TWA 限值水平上下波动，向上超出限值的波动与向下的波动相互抵消，总的 8 小时平均接触水平不得超过 TLV-TWA。

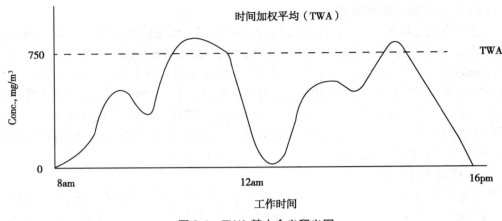

图 2-1　TWA 基本含义释义图

二、短时间接触限值

STEL 是指劳动者可以在短时间（通常为 15 分钟）接触的最高平均浓度。ACGIH-TLVs 对 TLV-STEL 的定义是指在 1 个工作日任何时间的接触都不应超过的 15min-TWA。由图 2-1 可见，任何时间段的 TWA 浓度低于限值的向下波动都表明化学物的浓度处于可接受的水平，因此不需要特别的控制。但是，超出限值的向上漂移可能会导致快速发生的急性不良健康效应，因此需要对这种短时间的高水平接触进行控制，在基准时间的接触水平不能超过相应的限值。STEL 就是用来控制这种短时间向上漂移的一个指标值，主要用于那些具有急性作用但以慢性毒性作用为主的化学物质，目的是用以限制在 1 个工作日内短时间接触高浓度化学物质，保护短时间接触危险物质的劳动者。可以认为，在遵守 TLV-TWA 的前提下，即使 15 分钟的短时间接触超过 TLV-TWA，但在 TLV-STEL 水平及以下时，并不会产生刺激、慢性或不可逆性组织损伤或麻醉作用。因此，STEL 是与 TWA 相配套的一种短时间接触限值，是对 TWA 的补充，在对接触制定有 TWA 和 STEL 的因素进行评价时，应使用 TWA 和 STEL 两种类型的限值进行评价，即使当日的 8h-TWA 符合要求，15 分钟的短时间接触浓度也不应超过 TLV-STEL。在 1 个工作班的接触中，8 小时总的平均接触不得超过 TLV-TWA，个别时间段的短时间接触虽然可以超出 TLV-TWA，但不能超过 TLV-STEL 水平，接触持续时间不能超过 15 分钟，见图 2-2。

但是，一次持续接触时间不应超过 15 分钟，每个工作日接触次数不应超过 4 次，如须多次在该浓度下接触，接触的间隔时间不应短于 60 分钟，见图 2-3。

对于那些制定了 TLV-TWA 但没有 TLV-STEL 的物质也应控制超出 TLV-TWA 值以上的漂移。一般使用漂移值（excursion limits，EL）以控制短时间接触水平的过高波动，即使 8h-TWA 没有超过 TLV-TWA，劳动者 15 分钟接触水平的漂移上限也不能超过该物质 TLV-TWA 的 3 倍。在 1 个工作日超过 3 倍 TLV-TWA 的累计接触时间不能超过 30 分钟。在任何情况下，漂移上限都不能超过 TLV-TWA 的 5 倍。目前，ACGIH 已用峰接触浓度替代了漂移值的概念。

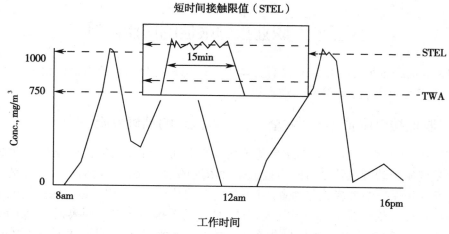

图 2-2 STEL 基本含义释义图

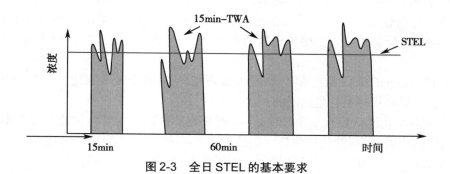

图 2-3 全日 STEL 的基本要求

三、上限值（最高浓度）

CV 是指在 1 个工作日的任何时间都不应超过的浓度。如图 2-4 可见，8 小时工作日内的任何时间段的接触只要超过了 TLV-CV，即不符合职业卫生要求。实际上，分析仪器采集样本需要一些时间。仪器测量实际应用时间范围从 30 秒到 5 分钟。因此，标准值并不是瞬时标准。

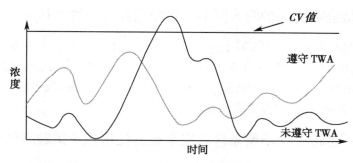

图 2-4 CV 的基本含义释义图

第五节　职业接触限值的应用限制

OELs 应由经过很好的培训且具有劳动卫生知识和经验的人使用。在使用一个 OEL 评估一个人的化学接触时，始终应当注意以下问题。

一、职业接触限值不是"安全"与"不安全"的精确界限

工作场所化学有害因素 OELs 是基于科学性和可行性制定的工作场所职业病危害控制指南，是健康劳动者在特定时间内接触某种浓度的危害物且风险很小的容许剂量。制定 OELs 的目标是保护绝大多数劳动者，并不是所有的劳动者。OELs 是为保护绝大多数劳动者免受健康损害、依据关键效应设计制定的，依据的关键效应包括健康损害、刺激、麻醉或滋扰。不同化学物质 OELs 值大小的确定依据的健康效应可能不同，某些物质 OELs 的确定依据的是明确的健康损害，而有一些物质 OELs 的确定则是依据不适、刺激或中枢神经系统抑制等效应。因此，所规定的限值不能理解为"安全"与"不安全"的精确界限。OELs 数值不能作为划分安全与危险程度的精确界限，也不能简单地用以判断两种不同化学物质毒性等级或单纯地作为毒性强度比较的相对尺度，不能用 OELs 估计化学因素相对毒性指数。

1. 制定 OELs 的资料来自动物研究、人群研究、实践经验及专家建议，制定 OELs 时所使用的信息的质和量并不总是相同的。

2. 人类对事物的认识有一个过程，人类对事物的认识会随着科学的发展而不断提高，对现有的评价依据、指标的认识都有可能随着社会经济、科学的发展而改变。

3. OELs 值大小的确定是根据国家经济发展水平、技术的可行性及相应保护水平政策制定的。

4. 许多 OELs 是基于明显的健康效应的症状，并不一定是反映产生毒性作用的起点，即毒性终点，而目前尚没有确切的方式可以区分哪些 OELs 是基于毒性终点的，哪些不是。如果 OELs 与 NOELs 接近，所制定的 OELs 也许接近毒性终点；如果 NOEL 和 OEL 之间存在明显的不同，则 OELs 可能是基于其他标准建立的。此外，由于制定 OELs 的方法存在一定的局限性，对规定的限值也不能理解为"安全"与"不安全"的界限。

5. 不同毒物的剂量 - 效应曲线及理化特性各不相同，即使 OELs 相同，其作用部位亦不见得相同。

二、职业接触限值保护的人群不一定覆盖高易感性个体

OELs 保护绝大多数劳动者，但不包括高易感性个体。由于个体易感性差异很大，对有害物质的感受程度因人而异，即使在 OELs 水平以下的接触，也会有少数劳动者对于有些物质感到不适，出现不舒服，或者是原来的健康状况进一步恶化，还有少数人或因原有工作条件恶化而严重影响健康，甚至使职业病加重。

三、不能不考虑工作场所条件就完全照搬使用职业接触限值

制定 OELs 时需要假定一些条件，包括：所有的接触者都是健康成年劳动者，健康的生

活方式（忽略工作以外条件），接触途径主要为吸入接触，常规工作制即每天 8 小时、每周 5 天的接触，该化学因素存在"安全剂量"，即为有阈物质。当上述条件不能满足制定 OELs 时的假定条件，使用时不能照搬 OELs。如：

1．劳动强度、温热条件、放射线、气压等条件负荷往往会增强有害物质的健康影响。使用 OELs 时需要注意与劳动条件的关系，在接触时间或工作强度超出制定 OELs 时所考虑的条件时，不能不加调整地使用。

2．OELs 主要考虑以吸入为主的职业接触，但职业接触尚有其他途径亦可引起疾病，如经皮肤及经口接触，需要予以注意。

3．OELs 不适用于一般人群，只适用于劳动者的职业接触。不能作为参考值用于工作场所以外的非职业环境，例如不能用来评估人群的环境污染、水或食物污染。因为工作场所一般以每天 8 小时接触为基准，而大气环境暴露基准时间是每天 24 小时。

四、实际应用职业接触限值时应注意性别差异

现阶段尚没有国家制定出基于性别的 OELs 或适用范围。在过去的很长时期，许多有关化学物质接触影响的研究都是在年轻男子中进行的，对现有的职业卫生研究数据进行评价表明，妇女往往被排除在这些类型的研究之外，在研究对象包括妇女的研究中，也往往没有数据分析或分析不够严格。这些意味着化学物质对妇女影响的信息是有限的。一般情况下，OELs 不用于孕妇和哺乳母亲或其他敏感的人，在需要保护这些群体时可另采取具体的行动。因为：

1．化学物质影响妇女健康的潜在能力不同于男性，妇女对化学物质的代谢、排出毒物的时间可能需要更长。

2．妇女呼吸频率高于男性，按体重计算可能比男性吸入更大量的化学物质。

3．妇女通常有更多的脂肪，可以在身体内储存大量的有毒化学物质。

4．妇女成为孕妇时，可能通过胎盘使胎儿接触某些危险化学物质，从而导致其发育异常。

五、职业接触限值不能作为职业病鉴定的唯一依据

OELs 是基于不致造成不良健康效应而建立的，依据的不良健康效应包括健康损害、刺激、麻醉或滋扰，并不一定都是会致病的浓度。因此，OELs 不能用于检验职业或其他原因、以现有疾病或身体健康状况，更不可作为职业病鉴定的唯一依据，是否致病还需考虑吸收剂量与个人健康状况。在观察到劳动者出现某些健康异常时，不能只以工作环境超过 OELs 为理由就下结论说是劳动者健康损害的直接和唯一的原因，还应考虑工作场所潜在的所有危险和风险，包括工作程序和工作系统。应结合接触机会、方式、时间、危害控制等进行综合风险评估。相反，也不能只以没有超出 OELs 等，就判断为健康损害不是由该物质引起的。

六、对非常规工作班制的调整

OELs 是基于假设接触发生 8 小时后身体不再接触，在接下来的 16 个小时内可以得到恢复。因此，OELs 适用于常规工作班制，即 8 小时工作日、40 小时工作周的接触。但是，非典型工作时间制在工作场所正变得越来越普遍，工作时间延长的趋势不断增加；许多连续性生产工艺，如化学制造、炼油、炼钢、钻机和造纸也需要在 24 小时内有 2~3 个班次以适

应连续性生产；在需求旺盛、生产合同紧急期间，劳动者也可能会经常加班。这种接触时间的延长可能会对接触物理和化学危害因素的劳动者造成健康影响。当劳动者 1 个工作日的接触超过 8 小时的时候，这些假设就不能成立，此时不能不加调整地就应用 OELs。考虑到接触化学品在身体负荷增加时会增加风险，因此提出若干个非常规工作时间制空气中物质接触限值调整模型，主要是将非标准（non-standard）工作日修正为每天 8 小时，每周 40 小时的标准工作时间。目的是保持相同的身体负荷，同时保持与原标准相同的安全程度。

（一）SB 模型

该模式由埃克森公司 Scala 和 Brief 在 1975 年制定的。该模型考虑了 24 小时工作日的工作小时数和两次接触之间的时间间隔，即工作时间延长导致接触量增加，两次接触之间恢复时间减少导致危害因素从体内排出时间的减少，有可能造成体内蓄积量增加。模型的目标旨在确保在工作班制改变的情况下，毒物的日接触剂量低于常规工作班制时的接触剂量。该模型的优点是使用简单；同时考虑了接触时间增加和排除时间减少；比其他模型更为保守，最大程度地降低接触限值。但没有考虑危害因素在体内的活动。模型使用日或周公式确定折减因子，然后用于调整接触标准。

（二）OSHA/Quebec 模型

魁北克罗伯特 - 索维职业卫生安全研究所（IRSST）基于 OSHA 模型开发 Quebec 模型，20 世纪 90 年代后期被魁北克采用。该模型假设：毒性反应的强度是到达作用部位的浓度的函数。模型的目的是将工作时间延长导致的接触剂量限制在与标准工作制条件下接触的总剂量相同。最高的身体负荷不应高于 8 小时工作班制时达到的浓度。该模型使用毒理学数据对物质进行分类，以帮助确定合适的调整类别。根据类别建议调整的类型：不需要调整接触标准；对日或周接触进行调整；同时对日或周接触进行调整。将化学物分配到 6 种工作班制的分类如下：上限值（不需调整）；具有强烈气味的刺激物或有厌恶性异味的物质（不需调整）；简单的窒息物，存在安全风险（如火灾）或健康风险极低的物质，在体内的半衰期不足 4 小时（不需调整）；具有急性（短时间）接触效应的物质（日调整）；具有慢性（长期）接触效应的物质（周调整）；具有急性和慢性效应的物质（日或周调整，以最保守的为准）。

（三）以生理学或药代动力学（PB-PK）为基础的模型

该种 OELs 调整模型以估计的物质生物半衰期或其体内代谢产物为基础。这种模型与 SB 模型相比往往不那么保守。一些药代动力学模型包括 Mason 和 Dershin、Hickey 和 Reist、Roach 和 Verg-Pederson 模型。这些模型方程相当复杂，需要个别讨论。表 2-8 显示 PB-PK 模式的计算例子。

表 2-8　对延长工作时间制 OEL 调整模式的比较

工作时间	Linear 线性模型	S-B 模型	PB-PK 模式
5d/w, 8/h	1	1	1
4d/w, 10/h	0.8	0.7	0.84
3d/w, 12/h	0.67	0.5	0.75
3～4d/w, 12/h 倒班	0.67	0.5	0.72

（李　涛）

参 考 文 献

1. Susan D. Ripple，History of Occupational Exposure Limit. ［EB/OL］，http://ioha.net/files/2015/11/2-History-of-OELs-Ripple.pdf

2. M. Deveau，et al.The Global Landscape of Occupational Exposure Limits—Implementation of Harmonization Principles to Guide Limit Selection. ［EB/OL］，https://www.ncbi.nlm.nih.gov/pmc/articles/PMC4654639/

3. D. Henschler Occupational Exposure Standards in Europe：History，Present Status，and Future Trends. ［EB/OL］，https://link.springer.com/content/pdf/10.1007/978-3-642-61355-5_18.pdf

4. Global Occupational Exposure Limits for over 6，000 Specific Chemicals. ［EB/OL］，http://www.oehcs.com/global_chapter1.htm

5. DENNIS J. PAUSTENBACH et al. THE HISTORY AND BIOLOGICAL BASIS OF OCCUPATIONAL EXPOSURE LIMITS FOR CHEMICAL AGENTS. ［EB/OL］，https://www.researchgate.net/publication/290465911

第三章　美国职业安全卫生标准体系研究

美国，全称美利坚合众国（The United States of America，US），是由 50 个州和 1 个特区组成的联邦共和立宪制国家（Federal constitutional republic），国土面积 937 万平方公里，人口约 3.30 亿（2019 年 1 月），是一个多人种、多民族、多宗教、多文化的移民国家。政治体制实行三权分立，立法、行政、司法三部门鼎立并相互制约。总统是国家元首、政府首脑兼武装部队总司令；国会是最高立法机构，由参、众两院组成；司法机构设联邦最高法院、联邦法院、州法院及一些特别法院。

美国自然资源丰富，总矿产资源探明储量居世界首位，煤、石油、天然气、铁矿石、钾盐等矿物储量均居世界前列。美国是一个高度发达的工业化国家和世界第一经济强国，有高度发达的现代市场经济，其政治、经济、军事、文化、创新等实力，高等教育及科研技术水平均居世界第一位。近年来，信息、生物等高科技产业发展迅速。主要工业产品有汽车、航空设备、计算机、电子和通信设备、钢铁、石油产品、化肥、水泥、塑料及新闻纸、机械等。美国国内生产总值居世界首位。2017 年 GDP 为 194 854 亿美元，人均 GDP 为 5.94 万美元。

根据美国疾病控制预防中心（CDC）国家健康统计中心发布的数据，2016 年美国人口平均预期寿命为 78.6 岁，不同人群的期望寿命有所不同。如女性人均预期寿命达到 81.1 岁，男性则为 76.1 岁。关于美国人群死亡原因及死亡率情况，死亡人数约为 274.42 万人，人口死亡率为 849.3 人 /10 万人，婴儿死亡率为 5.87 人‰。根据美国劳工部劳工统计局（Bureau of Labor Statistics，BLS）发布的数据，2018 年 12 月经季节性调整的非农总就业人数为 1.50 亿人。2012 年第一、第二和第三产业就业人数分别约占全部就业人口的 20.3%、0.7% 和 79.1%。

20 世纪 60～70 年代，美国平均每天有 12 名劳动者死于工作场所的危害，数千人死于职业病，300 多万劳动者在工作场所事故中受到严重伤害。为解决这些职业安全卫生问题，美国国会 1970 年颁布职业安全卫生法（Occupational Safety and Health Act，OSH 法），有效地推进了职业安全卫生工作。2002 年，美国疾控中心国立职业安全卫生研究院（National Institute for Occupational Safety and Health，NIOSH））开展了"癌症、生殖、心血管和其他慢性疾病预防计划"（Cancer，Reproductive，Cardiovascular and Other Chronic Disease Prevention Program）。项目指出，2002 年美国劳工统计局估计发生职业病近 30 万例；估计每年因职业病死亡的人数为 2.6 万～7.2 万人，因与职业相关的癌症和心脏病死亡的人数每年分别为 1.2 万～2.6 万人和 0.6 万～1.8 万人；职业病负担每年超过 140 亿美元，与职业相关的癌症和心脏病两组疾病的医疗负担为 90 亿美元。2017 年美国劳工统计局报道，全美国共登记 5147 起致命性职业伤害，致死率为 3.5 人 /10 万全时工人；私营企业报告的非致命性工作场所伤害和疾病约为 280 万例，发生率为 2.8 人 /100 全时工人；非致命性职业病 16.99 万人，发病率为 15.0 人 / 万全时工人。其中皮肤病及损伤 2.48 万人，呼吸系统疾病 1.49 万人，中毒 0.23 万人，听力损失 1.59 万人，其他疾病 11.2 万人，每万人发病率分别为 2.2 人、1.3 人、0.2 人、1.4 人及 9.9 人。无论是致命性职业伤害，还是非致命性职业伤害和疾病，都表现为连续多年持续下降趋势。这些成绩表明，高水平的职业安全卫生标准制定、执行和监督工作在改善工作场所职业安全卫生条件，保障劳动者健康发面发挥了重要作用。

第一节　美国的法律体系与标准管理体制

一、法律体系与立法主体

美国法律继承了英国判例法的传统，属于普通法（common law）系国家。普通法系是一个由许多单个判例组成的法律体系，是由法官表述并不断重复的法律理念和规则的组合。判例法包括：①普通法的判例法；②平衡法的判例法；③制定法的判例法。制定法或成文法（statute law）在当代美国法律制度中占有重要位置，是指由立法机关通过一定程序制定的具有普通约束力的法律。制定法包括：①联邦宪法和州宪法；②法律；③条约；④法院规则；⑤行政机关的规章和决议。但判例法或不成文法仍然是美国法律制度的基石。

美国宪法是最重要的法律来源，宪法的主要内容是建立联邦制的国家，各州拥有较大的自主权，包括立法权；实行三权分立的政治体制，立法、行政、司法三部门鼎立，并相互制约。宪法规定，行政权属于总统，总统的行政命令与法律有同等效力。美国其他所有的法律都源于宪法并低于宪法的效力。任何法律不得与宪法相抵触。基于宪法的最高性，如果国会通过与宪法相冲突的法律，最高法院可判定该法违宪，任何一个美国法院都可以根据宪法审理案件。

美国法律体系不是集中统一的，由联邦法律和各州法律组成。就法律效力而言，联邦法律高于州法律，但联邦法律并不能随意推翻或改变州的法律，只能在联邦宪法授权的范围内规范各州的法律事务。州法律是美国法律体系的基础部分，在规范和管理社会生活中发挥着重要作用。美国 50 个州都有自己的宪法和法律，各州之间的法律不完全相同，各州内部的法律也不完全相同。为减少地区之间的法律冲突和执行司法中的麻烦，美国一直在努力统一各州的法律，其做法之一是制定带有范例性质的"统一法律草案"。所谓的"统一法律草案"不是由立法机关颁布的，而是由美国统一州法律全国代表大会（National Conference of Commissioners on Uniform State Laws）委托专家学者或有关协会起草，然后经过一系列听证、辩论、修改后公布于众，交给各州的立法机关。如果该"法律"获得某个州立法机关的通过，则可成为该州的法律，否则在该州没有任何法律效力。各州的立法机关可以决定全部或部分或变通采用某个"统一法律草案"。"法律一体化"将是美国法律体系的发展趋势。

二、美国的标准管理体制

（一）标准管理机构

1. 国家标准与技术研究院　美国政府不设专门的全国性标准化管理机构，只是在美国商务部下设有国家标准与技术研究院（National Institute of Standards and Technology，NIST），主要从事物理、生物和工程方面的基础与应用研究、测量技术和测试方法研究，提供标准、标准参考数据和有关服务。该机构拥有协调、指导、监督联邦各级政府部门标准化相关活动的法律地位，下属的标准政策跨部门委员会（Interagency Committee on Standards Policy，ICSP）协调联邦政府各部门更多采用自愿共识标准（Voluntary consensus standards，VCS），联邦政府各部门通过 NIST 提供的平台与其他部门进行协调。ICSP 致力于发现和解决影响联邦政府各部门之间的交叉问题，并指导各部门正确采用 VCS。另外，ISCP 还邀请标准制定组织或制定机构（Standard Development Organization or Standards Developers，SDO）商讨解决标准交叉问题，并制定解决共性问题的战略。另外，美国政府各部门可以作为一方参与各行业标准的制定。

　　2. **国家标准协会**　真正对美国国家标准起着管理和协调作用的是美国国家标准院（American National Standards Institute，ANSI）。ANSI 前称美国标准协会（American Standard Association，ASA），是由 5 个专业技术团队和 3 个联邦政府机构于 1918 年创建的非营利性民间标准化团体，是由企业、标准制定组织、贸易协会、专业和技术协会、政府部门、劳动与消费者组织共同组成的标准化联盟。截至 2013 年 11 月，共有成员 1092 个，分为企业成员、组织成员、政府成员、教育成员、国际成员、个人成员、消费者组织；按照拥有的权益不同，分为全权成员、基础成员、个体成员。其经费来源于会费和标准资料销售收入，无政府基金。

　　ANSI 由董事会（Board of Directors）和董事委员会（Board Committees）领导，下设 4 个委员会，分别是财务（Finance Committee）、审计（Audit Committee）、提名（Nominating Committee）和执行委员会（Executive Committee）。董事会闭会期间，由执行委员会行使职权。执行委员会下设政策委员会，包括合格评定政策委员会（Conformity Assessment Policy Committee，CAPC）、知识产权政策委员会（Intellectual Property Rights Policy Committee，IPRPC）、国家政策委员会（National Policy Committee，IPC）、美国国家委员会（United States National Committee，USNC）、IEC 委员会及 ANSI ISO 委员会（AIC）。国家政策委员会又包括上诉（Appeals Board）、标准审查（Board of Standards Review，BSR）、标准执行（Executive Standards Council，ExSC）、教育（Committee on Education，COE）理事会或委员会。美国国家标准局（NBS）的工作人员和美国政府其他机构的官方代表也通过各种途径参与美国标准学会的工作，见图 3-1。

　　ANSI 自身很少制定标准，主要是对产品认证机构、质量体系认证机构、实验室和评审人员进行认可，对质量体系和人员资格认证的评定过程的公正性由公众评议，评议意见发表在 ANSI 周刊。经授权，ANSI 发布和管理美国国家标准，协调美国 VCS，作为标准活动的协调机构和信息交换平台，代表美国参加国际标准化组织的活动。它也对 SDOs 的资格进行认证，获得认证的 SDOs 必须遵循 ANSI 制定的《国家标准制定程序的基本要求》。尽管 ANSI 是一个民间标准化组织，没有强制执行的能力，但它实际上已成为美国国家标准化中心，协调并指导全国标准化活动，为标准制定、研究和使用单位提供帮助。它也发挥行政管理部门的作用，使政府有关系统和民间系统相互配合，起到联邦政府和民间标准化系统之间的桥梁作用。

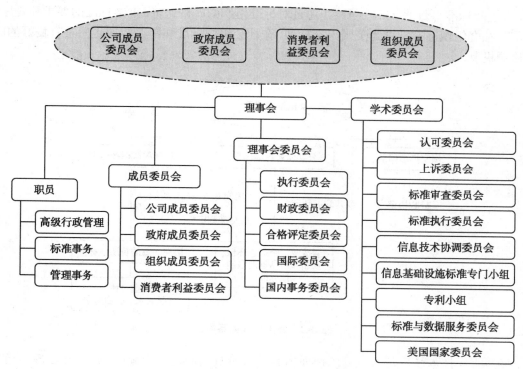

图 3-1 美国国家标准协会组织机构图

（二）美国标准体系

美国实行的是以私营专业标准化团体为基础和市场驱动、相互竞争的多元化标准体系。根据标准的制定机构，可将美国标准体系大体上分为 3 个子体系，即以 ANSI 为协调中心的国家标准体系、联邦政府标准或公共领域标准体系（public sector）以及非联邦政府标准或民间领域标准体系（private sector）组成。

1. 联邦政府标准体系或公共领域标准体系由联邦政府负责制定，主要涉及制造业、交通、环保、食品和药品等的强制性标准。

2. 非联邦政府标准体系或民间领域标准体系则是指各专业标准化团体的专业标准体系，一般为自愿性标准。体系的主要特点是：①重视对标准制定程序的管理，由市场决定标准的技术水平。标准管理机构在美国国家标准体系中的主要作用是对各标准制定机构及标准制定程序进行认可，要求标准制定程序达到协商一致的基本要求，标准所涉及的技术水平由市场决定。美国技术标准体系以企业协会为主体，以产业界自律、自治为特征，以自愿加入、自由竞争为运作形式，政府一般不干预技术标准的制定，也不强制技术标准的执行。②充分发挥民间标准组织在标准制定、维护中的作用。标准管理机构，如 ANSI 并不制定标准，通过向民间标准组织提供程序，以公平和公开的方式管理共识标准的制定过程，充分发挥民间标准组织在制定维护标准中的作用，见图 3-2。

在美国大约有 700 个机构在制定各自的标准，ANSI 认可的标准制定机构有 180 多个。目前，美国大约有 9.3 万个标准，其中 4.9 万个（52.7%）是由 620 个民间组织制定的，其余标准则为联邦和各州政府机构制定的标准。ANSI 认可的标准制定机构制定了 3.7 万个标准,占民间标准总数的 75%。ANSI 通过对标准组织的严格认可、批准标准的要求和程序,将部分社会组织标准批准为美国国家标准,在社会组织标准和国家标准之间具有良好的联系协调机制。

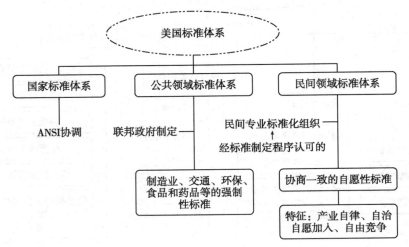

图 3-2 美国标准体系简图

在美国,技术法规是为执行法律而由有关政府机构制定和实施的、强制性法规。当适用和合适时,自愿性标准可以被强制性法规引用。技术法规主要基于健康、安全等目的,自愿性标准则基于市场和商业考虑。

（三）标准管理

1. **国家标准的批准和撤销** 美国国家标准由 ANSI 认可的标准制定组织（Accredited Standards Developers, ASDs）制定并经 ANSI 标准审查委员会（Board of Standards Review, BSR）批准。但 ASDs"协调一致"的能力一旦得到 ANSI 认可,并得到"自愿标准制定一贯成功记录",经 ANSI 认可,即可制定不经 BSR 批准的国家标准。这类标准制定组织要与 ANSI 签订书面协议,一般有效期不超过 2 年。

联邦政府曾经是制定和使用标准最多的机构,但 1995 年颁布的美国国家技术转让与推动法（National Technology Transfer and Advancement Act, NTTAA,公共法 104-113）承认美国标准体系以民间自愿标准为脊梁,以标准制定机构（SDO）、行业、政府之间的合作、沟通为基础,要求联邦政府在可行范围内使用自愿性标准体系的标准,并积极主动参与 VCS 的制定。只有当无法使用 VCS 或使用 VCS 会造成与现行法律冲突的情况下,才可以决定选用其他标准,但须依照 NTTAA,将使用其他标准的理由通过商务部下属的 NIST 呈交给总统行政和预算办公室。

2. **标准制定组织的认可** ANSI 制定了 SDO 认可批准程序（ANSI-accredited Standard Development Organizations and ANS Approval Procedures）,如果 SDO 申请并符合美国国家标准批准和撤销的适当过程和准则的要求,即可成为国家认可的 ADOs。

3. **国家标准的计划和协调** ANSI 的计划和协调活动是根据 SDO 和相关利益方的合作和参与进行的。

（1）组织。标准执行理事委员会承担 ANSI 国家和国际标准计划、协调功能,负责制定、维护与美国国家标准相关的规范与程序。

（2）计划与协调。BSR 是 ANSI 的常务组织，负责在确定的范围内进行标准的计划和协调，批准或废止美国国家标准。

（3）标准计划组。标准计划组是 ExSC 形成的特别工作组，目的是满足标准协会未涉及或对涉及利益的若干标准协会的标准需要和协调工作。

（4）ExSC 的委员会。标准执行委员会可根据需要建立下属的委员会，以处理特定急需的计划和协调事宜。

4. 国家标准的发布、维护和解释

（1）国家标准的发布。美国国家标准授权由 ANSI 或 SDOs 发布，生效日期一般不晚于标准批准后的六个月。

（2）国家标准的维护。通过及时修订和评估以保持国家标准的适用性和相关性。过期的标准应废止。SDOs 可以定期或连续的维护标准。

（3）撤销。如果 SDOs 未遵循准则，ExSC 或其指定组织将向标准审查委员会建议撤销标准。

（4）解释。美国国家标准由认可的负责维护该标准的 SDOs 解释。ANSI 或其他机构都不能以 ANSI 的名义对该标准进行解释。

（5）同步程序。当认可的 SDOs 和认可的美国 TAG 愿意参加某个国际标准的制定，并将 ISO 或 IEC 的标准作为美国国家标准时可使用该程序，以确保国家和国际标准的审查和批准得到最大程度的同步，见图 3-3。

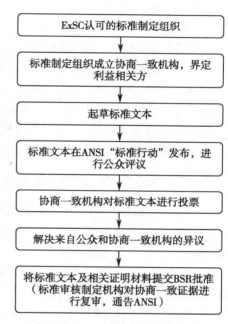

图 3-3　美国国家标准制定程序

第二节　美国制定职业安全卫生标准的法律依据

一、职业安全卫生立法的方式

美国有关职业安全卫生立法大致可分为国家立法和地方立法。

（一）国家立法

20 世纪 60 年代，随着工业化的不断推进，美国工作场所的职业危害和职业病趋于严重化，识别鉴定出的致癌因素有 15 500 余种，每年工业部门生产出上千种新的人工合成化学物质和化合物；每隔 20 分钟就有 1 种新的、具有潜在毒害的化学物质出现；每年有 10 多万人死于工作场所污染造成的疾病，39 万人因此患上严重的职业病。据美国 1970 年相关年度统计，每年因工伤事故死亡职工达 14 000 人，在 1970 年以前的 4 年中，因工伤事故死亡的人数比在越南战争期间伤亡的人数还要多；每年丧失劳动能力的职工近 250 万人；每年造成的职业病患者达 30 多万人，每年工伤事故造成的经济损失超过 80 亿美元；每年因工伤事故导致 250 万个工作日损失，比全国所有罢工造成的停产损失要高得多。这一状况引

起了美国社会公众和政府的广泛重视，从而促进了职业安全卫生方面的立法。正是在这样的背景下，1970 年美国制定和颁布了 OSH 法，并于 1970 年 12 月 29 日经时任总统尼克松签署后生效。1977 年，在总结过往有关煤矿和其他矿山安全卫生工作的基础上，又将《金属和非金属安全法》（Federal Metal and Nonmetallic Mine Safety Act，1966）和《联邦煤矿安全卫生法》（Federal Coal Mine Health and Safety Act，1969）合并修改为《矿山安全卫生法》（Federal Mine Safety and Health Act，1977），从而形成了有关职业安全卫生方面的基本法律框架。

（二）地方立法

为保障劳动者作业场所的安全卫生，1973 年加利福尼亚州颁布了《加州职业安全卫生法》（California Occupational Safety and Health Act），对州职业安全卫生的监察、劳动者投诉、传票的限期整改以及经济处罚和民事诉讼等作出了具体规定。该法确立了由美国加州劳资关系部职业安全卫生处管理的加州职业安全卫生项目（California Occupational Safety and Health Program，Cal/OSHP），项目的目的是为加州劳动者提供安全卫生的工作条件。Cal/OSHP 涵盖了包括国家和地方政府机构几乎所有的加州工作场所，但不包括联邦 OSHA 法规（29CFR 1900）覆盖的联邦工作场所。

二、职业安全卫生法立法背景

美国联邦政府在 OSH 法通过之前，职业安全卫生相关法律制度（statutory regime）并不完善。早期，大规模生产鼓励使用机器设备，对于大多数的企业来说，从遵守法律成本的角度，采取安全卫生防范措施不如雇用新的劳动者以替代死亡或是受伤的劳动者。美国内战之后，州一级的铁路建设行业和部分工厂在职业安全卫生方面取得一些进步，在技术层面上采取了新的技术，在制度层面上建立了广泛的全面保险制度。但是这些进步的影响面还是比较有限的。1893 年，国会通过《安全设施法》（safety appliance act），这是第 1 部对工作场所安全设施进行规定的联邦安全立法，但是这部法律的适用范围仅局限在铁路行业。1919 年发生了许多煤矿爆炸事故和煤矿塌方事故，在造成劳动者伤亡同时也引起社会的广泛关注。由此，国会设立了"煤矿局"（bureau of mines）。煤矿局不是执法机构，不承担煤矿安全的管理，作为技术机构，其职责是研究煤矿安全。在州一级，应许多行业工会的要求，各州相继通过了《劳动者补偿法》（workers compensation laws）。《劳动者补偿法》促使企业提高工作场所的安全性。上述法律的实施加之工会力量以及公众对工作条件的关注，一度起到了降低工业事故的作用。

第二次世界大战期间，美国工业生产规模增长迅速，同时工业事故数量也相应增长。整个国家对赢得战争的渴望超过了对安全卫生的关注。这一时期，在严重的通货膨胀面前，比起工作场所的安全卫生问题，工会更加关心保持工资水平。战争结束之后，工业事故率仍旧居高不下且还有上升趋势。

20 世纪 60 年代中后期，美国每年因为职业危害死亡的劳动者达到 140 000 人，另有200 万人受伤、患病或致残。此外，"化学革命"给工业生产领域带来新的化合物的使用，但对这些化学物质健康影响却知之甚少，劳动者在接触这些物质时所受到的保护也非常少。随着人们对化学物质环境影响的认知日益深入，导致了带有政治诉求色彩的环境运动兴起。一些劳工领袖宣称环境中有害化学物质对劳动者健康的损害远远超过某些恶劣生产环境所造成的损害，甚至还超过了动物在自然界中遭受到的健康损害。这一主张迎合了人们对化学物质环境影响的担忧。1968 年 1 月 23 日，时任总统林登 .B. 杰克逊向国会提交了一份调整范围相对广泛的职业安全卫生立法草案。但是草案遭到了以美国商业工会（United States Chamber of Commerce）和国家制造商协会（National Association of Manufacturers）为代表的商业界的激烈反对，包括美国劳工联合会 - 产业工会联合会（American Federation of Labor and Congress of Industrial Organizations，AFL-CIO）领导人在内的许多劳工领袖也认为这部草案没有充分体现劳动者的利益，也未努力去促使该法通过。这次立法尝试胎死腹中。

之后，众议员詹姆斯 .G. 奥哈拉和参议员哈里森 .A. 威廉姆斯提出 1 份与杰克逊草案一样严格的法律草案。在工会强烈支持该草案的背景下，共和党提交了新的、妥协性草案。最终获得通过的这部妥协性法案授权建立一个独立研究和标准制定委员会，另外还授权建立执法机构。这部妥协性法案授权劳工部代表执法机构的利益履行诉讼职权。1969 年 4 月 14 日，总统理查德 . 尼克松向国会提交了 2 份旨在保障劳动者安全卫生的立法草案。比起约翰逊草案的具体性，尼克松草案显得略为笼统，而且有关工作场所安全卫生方面的规定更具有指导性而非强制性。1970 年 11 月，两院分别进行立法审议：众议院通过了共和党的妥协草案，参议院通过了监管更为严格的民主党草案。1970 年 12 月，对该草案进行了审议。工会施压，要求在劳工部设立具有"标准制定"职能的机构，而不仅仅是独立的委员会（an independent board）。作为交换条件，工会同意设审查委员会，对执法行为拥有否决权。另外，工会还同意删除草案中的"劳工部部长有义务关闭那些使劳动者处于'严重危险之中'的工厂或是勒令其停产"的条款。根据共和党议案，国家成立了独立的职业安全卫生研究机构。民主党提议的"一般条款"、有关"赋予工会代表在监察期间以协同联邦监察员进行监察工作"的主张也获得国会支持并得以通过。1970 年 12 月 17 日两院通过了议案，1970 年 12 月 20 日尼克松总统签署，1971 年 4 月 28 日正式生效。该法也称为威廉斯—施泰格尔法。

三、职业安全卫生法基本内容

OSH 法包括绪论定义、适用范围等 34 章。

立法的目的在于通过授权执行在本法律基础上发展起来的各项标准，帮助并鼓励各州作出努力以保证劳动条件的安全卫生；为职业安全卫生领域提供科学研究、信息资料和教育培训，尽可能地确保每 1 名工作者安全卫生工作条件并保护人力资源。法律适用于美国各州工作场所雇用关系，保证劳动者工作条件尽可能地安全卫生，提供全面福利设施，保护人力资源。涉及国会、劳工部、各州职业安全卫生审查委员会、咨询委员会、劳动者补偿全国委员会、卫生教育和福利部长、企业、劳动者等各方面在职业安全与卫生事业上的责任与权利分配关系。

法律规定的各方权利及义务包括：

1. **国会**　制定或修改 OSH 法，颁布职业安全卫生标准，为保证职业安全卫生提供保障并创造条件，如进行调查、报告、建议、监督实施，授权劳工部门采取行动等。

2. **劳工部长**　在卫生教育和福利部长配合、国会授权下，具体负责该法执行。

3. **企业**　必须为每名劳动者提供不会对劳动者造成或可能造成死亡或严重生理伤害

危险的工作和工作场所,遵守有关职业安全卫生标准,有权对有关标准申请暂缓执行或对其不合理性进行申诉。

4. 劳动者　必须遵守职业安全卫生标准,并根据本法制定的适用于其本人的活动和行为规定。

5. 咨询委员会　由劳工部长任命成立;其成员每年至少开会 2 次,就法律管理事宜与劳工部长、卫生教育和福利部长商讨、咨询并提出建议。

6. 审查委员会　任何人受到有关职业安全卫生法不利影响和侵害时,可向该委员会提出异议,并向有关法院起诉,法院应维持、修改或驳回委员会的命令,直到该命令得以执行或修改为止。

7. 国家职业安全卫生研究所　①发展和制定所建议的职业安全卫生标准;②代行本法所赋予的卫生教育、福利部长职责。

8. 州劳动者补偿法全国委员会　对州劳动者补偿法作全面的研究和评价,以便判断能否提供一个充分、便捷、公正的补偿制度。每年向总统和国会提供一份最终报告,包括发现的问题、结论及恰当的建议。

依据该法规定,劳工部(United States Department of Labor, PDL)或其委托的人有权进入企业等单位,检查和调查职业安全卫生标准等执行情况,对违反者发出传票,情节轻微者限时纠正,纠正后撤销传票。任何企业或劳动者代表对处理结果不服,可向 PDL 发出书面申诉,PDL 应与职业安全卫生审查委员会进行商议,由该委员会召开听证会并根据听证结果出具命令,批准、修改或撤销 PDL 的传票或罚款。任何人对委员会的命令不服,可向法院提出申诉,由司法当局审查。该法还规定了罚款金额。所有罚款应交由 PDL 存入财政部,罚款可用于被罚单位所在地改进安全卫生工作。该法改变了由州制定安全卫生法规局面,加强对各州职业安全卫生工作的领导。

OSH 法还对紧急处理、培训和劳动者教育等作出相应规定。在紧急处理(即抵制紧迫危险)方面,法律规定美国法院应劳工部长请求,有权制止工作场所中有危险理由会立即造成伤亡或严重损伤的情况。但需由监察员调查作出结论。并向部长提出,由法院按特定程序执行。在培训和劳动者教育方面,规定卫生教育、福利部长和劳工部长磋商并决定实施长期和短期培训方案,以提供合格人员保证本法实施;教育和训练企业和劳动者有效防止职业伤害和职业病。

该法的特色:①对各方责任及权利的规定详尽而明确,理顺各方关系,互相联系、互相制约并互相配合,对保证职业安全卫生提供了有效机制。②重视客观材料收集、调查、研究和报告。以事实为立法、执法的根本依据。③最大特点是法律的立法、执法、修正反映了动态管理过程,即有严格的职业安全卫生标准保证。该法既有稳定性,又在实际执法操作中注重调研和信息反馈,并为此提供了有利的司法程序保障,以随时对不合理和过时标准进行修订,最大限度保障各方权利、义务的合理实现。

四、职业安全卫生法关于职业安全卫生标准的法律授权

1970 年颁布的美国 OSH 法明确规定制定并公布职业安全卫生标准,实行职业安全卫生标准制度。授权劳工部制定强制性职业安全卫生标准,尽可能保证劳动者不因其工作而受到健康损害、降低机体功能或减少预期寿命。规定企业必须遵守职业安全卫生标准,必

须为每个劳动者提供没有被认为对劳动者有造成或可能造成死亡或严重生理伤害危险的工作和工作场所。但在法定条件下，可向 PDL 提出申请，要求豁免某项标准或改变某项标准。PDL 如同意可发布临时命令。法律同时规定，每名劳动者都必须遵守职业安全卫生标准以及根据本法令制定的法则、条例和命令中适用于其本人活动和行为的规定。

根据该法定义，职业安全卫生标准（Occupational Safety and Health Standards）是为提供合理、适当的安全卫生用工条件或工作场所要求的条件，或采取或使用的 1 种或数种规程、手段、方法、操作或工艺，即是将劳动者接触危害的水平控制在不产生或只产生"可接受的低的风险"（acceptable low risk）。

OSH 法颁布后，OSHA 依据美国政府和工业卫生学家会议（American Conference of Industrial Hygienists，ACGIH）、美国国家标准研究所（（American National Standard Institute，ANSI）和美国海军（The U.S. Navy）已经发布的阈限值（threshold limit values，TLVs）等，于 1971 年制定颁布了第 1 个工作场所职业安全卫生保护标准（29 CFR 1910.1000-Air contaminants），即空气中污染物容许接触限值（permissible exposure limits，PEL），标准包括 300 余种化学物质近 500 个容许接触限值，这些限值都是具有法律意义的强制性的标准。此后，相继制定了石棉、铅、苯、砷等 400 多种有毒物质最高阈值和听力保护方面的标准。20 世纪 90 年代以来，OSHA 针对当时的实际，相应制定了安全管理规程容许标准、建筑业高处坠落保护标准、施工现场用电安全标准、脚手架标准、职业接触血源病原体标准、建筑物铅接触标准等。同时，对以往甲醛标准、亚甲氯化物标准、个人防护设备标准、呼吸器保护标准等进行了修改。

在矿山安全卫生标准方面，1977 年的《矿山安全卫生法》授权劳工部部长制定矿山安全卫生标准，对顶板、通风等都制定了相应的标准。标准的某些条文如果在具有代表性企业实施时遇到问题并引起申诉，经监察员实际考察也认为存在缺陷的，则将列入下年度标准修改范畴。具体操作步骤是，企业就《矿山安全卫生标准》的某条（款）提出申诉，经联邦复审法院判定申诉成立的标准则必须进行修订。经反复修订与完善，使《矿山安全卫生标准》中所有条文符合科技发展和实际生产操作的要求。这些矿山安全卫生方面的标准，被列入《联邦法典第 30 卷—矿产资源卷》，每年修订 1 次。

第三节　职业安全卫生管理局职业安全卫生标准的分类

为确保劳动者工作场所的安全卫生，更好保障劳动者健康，PDL 根据 OSH 法授权，通过法定程序制定、颁布职业安全卫生标准并强制执行。依据标准的制定机构、内容和目的、使用范围，美国职业安全卫生标准分类有所不同。

一、依据《职业安全卫生法》立法时标准存在状态进行的分类

根据 OSH 法，职业安全卫生标准包括国家共识标准（national consensus standard）和已制定的联邦标准（established federal standard），见图 3-4。

1. **国家共识标准**　是指①由国家认可的标准制定机构根据程序采纳并发布的标准，即由基于对标准适用范围或规定感兴趣以及受影响的相关利益方实质性达成的共同意见而确定的标准；②标准是考虑不同方面意见制定的；③可以认为，标准是 PDL 与联邦其他有关机构协商后制定的国内共识标准。

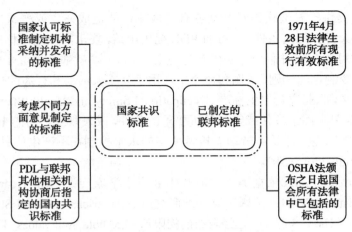

图 3-4　美国 OSH 标准分类（依据立法时间）

2. **已制定的联邦标准**　是指由美国任何机构制定并在 1971 年 4 月 28 日法律生效前所有现行有效的标准，或在 OSH 法颁布之日起国会所有法律中已包括的标准。

二、依据标准效力持续时间进行的分类

依据标准效力持续时间，OSHA 职业安全卫生标准分为 4 种类型，如图 3-5。

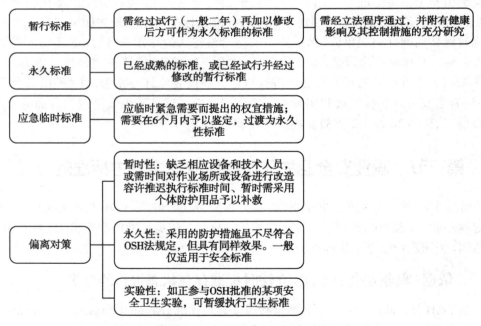

图 3-5　美国 OSH 标准分类（依据效力持续时间）

1. **暂行标准**（interim standards）　是指那些需经过试行（一般 2 年）再加以修改后方可作为永久标准的标准。

2. **永久标准**（permanent standards）　是指那些已经成熟的标准，或已经试行并经过

修改的暂行标准。永久标准需经立法程序通过,并附有该危害因素对健康影响及其控制措施的充分研究。

3. 应急临时标准(emergency temporary standards) 系应临时紧急需要而提出的权宜措施。如劳动者正受到某种"新"毒物的威胁,而该毒物目前尚无标准,或发现某"老"毒物(如氯乙烯)有"新的"作用,需要立即降低原有标准值。对于这类临时标准,需要在6个月内予以鉴定,过渡为永久性标准。

4. 偏离对策(variations) 指在下列特殊情况下可暂缓执行的标准:①暂时性。由于缺乏相应的设备和技术人员,或需要一段时间对作业场所或设备进行改造,容许推迟执行标准的时间,而暂时需采用个体防护用品予以补救。②永久性。企业应向OSHA保证,它所采用的防护措施,虽不完全符合OSH法规定,但同样有效果。一般仅适用于安全标准。③实验性。如公司正参与由OSHA批准的某项安全卫生实验,可暂缓执行卫生标准。

三、依据标准制定机构进行的分类

OSHA下设安全、卫生2个标准处,负责组织制定各种OSHA标准。据此,OSHA标准分为安全标准和卫生标准。事实上,职业卫生标准与职业安全标准不同。安全标准旨在减少工作中的伤害,如滑倒、绊倒及跌倒、创伤等。职业安全标准通常涉及机器设计及防止工伤事故的防护措施。一般说来,安全标准的制定相对简单。

职业卫生标准旨在研究发现潜在性疾病的方法,建立疾病和工作环境条件之间的因果关系,推进其他与健康有关的问题研究,限制引起劳动者职业病的危险。这种潜在危险(铅、噪声、石棉、二氧化硅、辐射、振动等)常常造成不良的健康效应,制定卫生标准多需要进行较深入的科学实验,见图3-6。

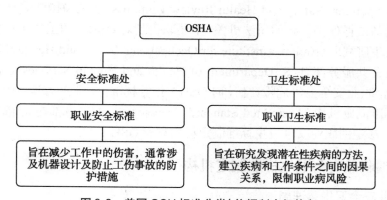

图3-6 美国OSH标准分类(依据制定机构)

四、依据标准内容进行的分类

依据标准内容,职业安全卫生标准分为规范类标准(specification standards)和实施类标准(performance standards)。

1. 规范类标准 企业为消除危险必须使用的特定标准。

2. 实施类标准 以目标为导向,制定了详细目标,但不规定如何实现目标。

五、依据标准使用范围进行的分类

依据标准的使用范围，职业安全卫生标准分为横向标准（horizontal standard）和实施标准（vertical standards）。

1. 横向标准　适用于某一特定行业的所有职业安全卫生问题。大多数 OSH 标准为横向标准，通常应用于一般行业（相对于建筑业、海事及其他特定行业）并覆盖所有劳动者。

2. 垂直标准　适用于某一个具体的行业，见图3-7。

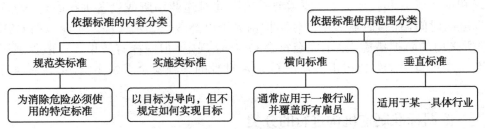

图3-7　美国 OSH 标准分类（依据标准内容和范围）

第四节　美国职业安全卫生标准的制定

1970 年美国颁布 OSH 法的目的是制定和实施强制性职业安全卫生标准、研究职业危险及其控制措施以及对有争议的执法活动进行审查。为实现上述目的，国会授权建立 3 个与职业安全卫生有关的机构，分别为职业安全卫生管理局（Occupational Safety and Health Administration，OSHA），负责国家职业安全卫生标准的制定并付诸执行；职业安全卫生审查委员会（Occupational Safety and Health Review Commission，OSHRC），一个独立的确保 OSHA 的行动与法律保持一致的司法机关，主要职责是对 OSHA 的工作进行监督检查；国家职业安全卫生研究所（National Institute for Occupational Safety and Health，NIOSH），隶属于美国卫生及公共服务部（U.S. Department of Health and Human Services），主要开展职业安全卫生研究、职业安全卫生危险评估，向 OSHA 推荐标准，培训人员等。因此，尽管美国许多认可的标准制定机构（Accredited Standards Developers，ASDs）都在制定职业安全卫生标准，但权威、法定的职业安全卫生标准制定机构只有OSHA。

一、美国职业安全卫生标准制定机构

（一）职业安全卫生管理局

OSHA 是 PDL 的下设部门，主要职责：①制定和实施职业安全卫生法规、标准；②提供安全培训、扩展培训和其他教育；③建立企业、个人合作机制；④负责职业安全卫生监督，对全国各类企业进行安全评估，鼓励持续改善工作场所的安全卫生条件，以保证企业时刻处于安全的生产环境中。OSHA 在全国设有 120 个办公室、2200 个监督员，每年约进行 9 万个监察活动。OSHA 在全美划分 10 个区并派出办公分支机构，有 2500 多名监察员承担全美 700 万个工作场所、1.5 亿劳动者的职业安全卫生执法监察工作，每个监察员约承担 2800 个工作地点，平均每年 50 个重点监察。美国一半的州政府有自己的 OSHA 机构，

其标准要高于联邦 OSHA 的最低标准。其他没有 OSHA 机构的州由联邦政府管辖。联邦 OSHA 与州 OSHA 相互促进,而州的计划和工作更为直接。OSHA 在职业安全卫生方面仅起监督作用,具体的职业安全卫生工作则由企业承担。企业一般设有专门委员会负责职业安全卫生工作。OSHA 要求企业必须保证工作场所的安全卫生,企业要遵守 OSHA 发布的规范。

根据 OSH 法第六章第一条规定,PDL 应不顾及美国法典第 5 章第 5 节或本节其他条款的要求,在本法生效之日起的 2 年内,尽快通过所有国家共识标准及所有已制定联邦标准颁布职业安全卫生标准。在标准之间发生抵触时,PDL 应制定能够最大限度地保护该劳动者安全健康的标准。

如果 OSHA 确定需要制定具体的标准,则可能要求任何一个咨询委员会制定具体建议。通常会指定两个常设委员会和特别委员会对 OSHA 特别关注的领域进行评估。两个常设咨询委员会分别是国家职业安全卫生咨询委员会(National Advisory Committee on Occupational Safety and Health,NACOSH)和建筑安全卫生咨询委员会(Advisory Committee on Construction Safety and Health,ACCSH),NACOSH 负责对与法律相关的管理问题提出咨询和建议并提供给健康与人类服务部(Health and Human Services,HHS)和 PDL;ACCSH 就制定建筑安全卫生标准和其他法规提出建议给 PDL,由 OSHA 制定建筑安全标准,各建筑企业具体执行相应的规定。所有的咨询委员会、常设或特别委员会成员的构成必须包括行政、劳动者、国家机构代表以及 1 名或多名 HHS 秘书处指定的人员。OSHA 最后确定职业安全卫生标准。OSHA 制定一项法律通常需用 5 年时间,长的要在 10 年以上,一般都要通过咨询、听证、收集、修改等程序,最后以美国联邦法规(Code of Federal Regulations,CFR)形式在"联邦公报"(Federal Register,FR)上全文刊出发布。

(二)矿山安全卫生监察管理局

在美国,矿山安全卫生监管由另一个隶属于 PDL 的机构——矿山安全卫生监察管理局(Mine Safety and Health Administration,MSHA)承担。MSHA 总部设在美国弗吉尼亚州的阿灵顿,由 PDL 副部长直接领导,设有煤矿安全卫生监察司(CMSHA)和金属与非金属矿安全卫生监察司(MNMSHA)及 6 个综合司。CMSHA 在全国设有 11 个地区监察处和 65 个现场办公室,依法对全国 27 个州、3500 个煤矿实施矿山安全卫生监察;MNMSHA 在全国设有 6 个地区监察处和 50 个现场办公室,依法对全国近 10 800 个金属及非金属矿山实施安全卫生监察。

根据《联邦矿山安全卫生法》的授权,MSHA 的主要任务是强制执行法定的矿山安全卫生标准,消除矿山死亡事故、降低非死亡事故的发生率和严重程度;将对矿工的安全卫生的危害程度降到最低,保证美国矿山的安全卫生环境得到改善。其他还包括调查矿山事故、解决矿工提出的对报复性不公平待遇及危险条件的申诉,对矿山经营者违法行为的性质进行认定;提出修改安全标准的建议;不断完善与改进法定的强制性矿山安全卫生标准;对违反矿山安全卫生标准的经营者进行民事罚款;对有开采许可证的经营者开采计划和教育培训计划进行检查;支持国家矿山安全卫生学院培训监察员、技术支持人员及采矿业相关人员;采矿设备的批准和认证;向矿山经营者提供技术支持;帮助经营者改进矿山的教育和培训计划;监督检查矿山救护和矿山的环境恢复。

二、美国职业安全卫生标准提供机构

美国所采用的大部分职业卫生标准是由私营公司或与政府机构联合组织的机构提供的。除 NIOSH 是法定的职业安全卫生标准研究机构外，其他与职业安全卫生标准提供有关的机构有 ACGIH、ANSI、美国工业卫生学会（American Industrial Hygiene Association，AIHA）、国家防火协会（National Fire Protection Association，NFPA）和美国海军（The U.S. Navy）。

（一）国家职业安全卫生研究所

国家职业安全卫生研究所（NIOSH）隶属于 HHS，是美国疾病控制中心（Center for Disease Control，CDC）的组成部分，属于科学研究机构。NIOSH 总部设在华盛顿特区，在俄亥俄州辛辛那提市、西弗吉尼亚州摩根敦镇、宾夕法尼亚州匹兹堡、科罗拉多州丹佛市、阿拉斯加安克雷奇、华盛顿斯波坎以及佐治亚州亚特兰大设有研究实验室及办公室。NIOSH 由多个专业组成，包括流行病学、医学、工业卫生、安全、心理学、工程学、化学和统计学。与 OSHA 不同，NIOSH 并非一个监管机构，主要通过收集信息，开展科学研究，在产品与服务中传递信息，提出国家和世界领先的与工作有关的疾病、伤害、残疾及死亡的预防措施。根据 OSH 法，NIOSH 的主要任务是识别和评价工作场所的危险，开展监测、控制技术以及与工作相关的伤害和疾病等方面的研究，提出职业安全卫生标准及预防控制建议，提供职业安全卫生调查研究、教育培训及宣传信息等。总体工作目标是：①开展以降低与工作有关的疾病和伤害有关的调查研究；②通过干预、建议及能力建设提升安全卫生的工作场所；③通过国际合作，加强全球工作场所的安全卫生。

在职业安全卫生标准制定方面，NIOSH 主要协助 OSHA 研究危害因素的作用及其防护对策并提出卫生标准建议。其方式是通过标准文件，如当前情报通报（current intelligent bulletins，CIB）、预警、特别危险审查、职业危害评估及其技术指南将上述限值推荐给 OSHA 及其他 OELs 制定机构。但 NIOSH 不可以发布美国法律框架下的强制实施的安全卫生规程。

此外，根据 1977 年《联邦矿山安全卫生法》（Federal Mine Safety and Health Act of 1977），NIOSH 还有责任向 MSHA 提出"矿山卫生标准的建议""对新出现的安全卫生问题进行研究""对矿工开展医学监测"等。

（二）美国政府工业卫生学家会议

美国政府工业卫生学家会议（ACGIH）是一个由大学或政府机构职业卫生学家组成的专业机构，也是全世界最权威的职业卫生标准提供机构，ACGIH 制定的 TLVs 及其标准文件是美国和许多国家制定职业接触限值的基础。1946 年 ACGIH 发布了最高容许浓度（MAC），后来更名为 TLVs。TLVs 作为职业接触限值，可以认为在该浓度以下接触时近乎所有的职工可以日复一日地接触而在整个工作期间不会受到不良影响。ACGIH 每年提出阈限值（threshold limit values，TLVs）名单，包括继续沿用、已修正及拟修改的 TLVs 以供 OSHA 采用，并在批准采纳之前作为实际工作指南。

目前，ACGIH 有 9 个委员会关注于一系列职业安全卫生课题，如农业安全卫生委员会（Agricultural Safety & Health Committee）、空气采样器委员会（Air Sampling Instruments Committee）、生物气溶胶委员会（Bioaerosols Committee）、生物接触指数委员会（Biological

Exposure Indices Committee)、工业通风委员会(Industrial Ventilation Committee)、国际委员会(International Committee)、小型企业委员会(Small Business Committee)、化学因素及物理因素阈限值委员会(Threshold Limit Values for Chemical Substances or Physical Agents Committee,TLVs-CS 或 TLVs-PA)。各委员会每年提出新的 TLVs 或最佳工作实践指南。TLV 委员会根据新的职业接触数据或政府机构、劳动者、产业界等的要求推荐选定的物质。委员会的目标是对已发表的、经同行评议的科学文献进行评估后,通过一定的程序,制定和发布 TLVs 和生物接触指数(biological exposure indices,BEIs),用于工业卫生师对工作场所中各种化学和物理因素的安全接触水平的决策。委员会制定了物质的选定标准,每年至少一次研究确定选定的物质并对行动项目进行表决。同时考虑到科学证据或工作场所经验,依据可获得的、相关的、科学的数据为选定的因素制定 TLVs 或 BEIs。

ACGIH 发布的化学因素 TLVs 和 BEIs 以表的形式表示。TLVs 清单列出 700 多个化学物质和物理因素的 TLVs 以及数十个选定化学品的 BEIs。化学物质 TLVs 包括近 700 种化学物质的名称及其化学文摘号(CAS No.),已经采纳的阈限值 - 时间加权平均浓度(threshold limit value-time-weighted average,TLV-TWA)、阈限值 - 短时间接触限值(threshold limit value-short-term exposure limit,TLV-STEL)、备注、分子量及其 TLVs 的制定依据。"备注"一栏中包括致癌性分类(A1~A5)、致敏性(SEN)、皮肤吸收(skin)以及 BEIs(BEIA 和 BEIM)。BEIs 表格中包括化学物质名称及其化学文摘号和已采纳的 BEIs 的采样时间、BEI 值和备注,介绍了 46 种化学物质的 74 个指标。

ACGIH 发布的物理因素 TLVs 分别是声学,包括次声、低频声、噪声和超声;人类工效学,包括工作相关的肌肉骨骼疾病、手部活动水平、提举、手臂(局部)振动和全身振动;激光;非电离辐射,包括静磁场、亚射频(30kHz 及以下)磁场、亚射频(30kHz 及以下)电场及静电场、射频和微波辐射、可见光和近红外辐射、紫外辐射;热应激,包括冷应激、热应激和热应激反应。

需要注意的是:

1. ACGIH 的 TLVs 和 BEIs 不是协商一致的标准,并不具备法律效力,他们只是建议值,管理机构应该将 TLVs 和 BELs 看作科学观点的表述。

2. ACGIH 的 TLVs 和 BEIs 仅仅基于健康因素,而不考虑经济或技术的可行性。管理机构不应要求工厂或企业在经济和技术上达到 TLVs 或 BEIs。

3. 如果没有对风险决策管理所必需的其他因素的分析,则不应将 TLVs 和 BEIs 采纳为标准。

由于 ACGIH 接触限值在很多情况下比 OSHA 限值更具保护作用,所以,许多美国公司使用现行的 ACGIH 的阈限值或其他内部和更具保护性的限值。

(三)美国国家标准学会

美国国家标准由 ANSI 批准,由其认可的标准制定组织(SDOs)承担标准的具体制修订工作。ANSI 负责协调研制和采用美国共识自愿性标准,发表标准的建议值,标准是自愿采用的,专用词为 MACs,又称 Z37 标准系列。ANSI 标准一旦被法律引用和政府部门制定的标准,一般属强制性标准。ANSI 标准绝大多数来自各专业标准。同时,各专业学会、协会团体也可依据已有的国家标准制定某些产品标准。当然,也可不按国家标准而制定协会标准。

ANSI 标准的编制,主要采取 3 种方式:

一是由有关单位负责草拟,邀请专家或专业团体投票,将结果报 ANSI 设立的标准评审会审议批准。此方法称为投票调查法。

二是由 ANSI 的技术委员会或其他机构组织的委员会代表拟订标准草案,全体委员投票表决,最后由标准评审会审核批准。此方法称为委员会法。

三是从各专业学会、协会团体制定的标准中,将其较成熟的,而且对于全国普遍具有重要意义者,经 ANSI 各技术委员会审核后,提升为国家标准并冠以 ANSI 标准代号及分类号,但同时保留原专业标准代号,见图 3-8。

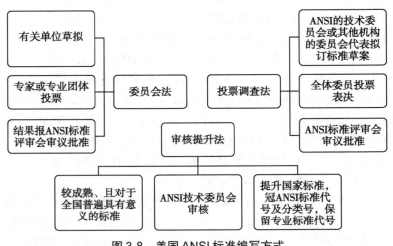

图 3-8　美国 ANSI 标准编写方式

(四)美国工业卫生学会

美国工业卫生学会(AIHA)是 1939 年成立的非营利性组织,是服务于 OHS 专业人员的最大的国际协会。AIHA 致力于为其成员实现和维护最高的专业标准,运用科学以识别和解决卫生安全问题。AIHA 的宗旨是创建保护劳动者健康的知识,由工业卫生师预测卫生安全问题并设计方案,以预防、消除工作场所的疾病。工业卫生师联合企业管理人员、劳动者及所有层面支持安全卫生的共同目标。在其 1 万名成员中,超过半数的成员为注册工业卫生师(certified industrial hygienists,CIHs),而且很多人具有其他专业资格。AIHA 管理全面的教育计划,以保持当前工业卫生领域职业和环境安全卫生(OEHS)的最新专业知识。AIHA 有 40 多个科学技术委员会、工作团队和工作组,应对全世界工业卫生专家和劳动者每天面对的 OEHS 挑战,关注的主要领域包括气溶胶技术、生物安全和微生物学、密闭空间、建筑安全卫生、毒品的实验室清理、应急准备和应急规划、工程控制、人机工效学、接触和风险评估战略、气体和蒸气的检测、卫生保健、国际事务、室内环境质量、实验室安全、纳米技术、噪声危害、职业安全卫生管理体系、石油和天然气、呼吸防护装置、采样和实验室分析、管理及可持续性、毒理学。在职业卫生标准制定方面,其工作宗旨包括:①制定工作场所化学和物理因素及应激的环境接触水平(workplace environmental exposure level,WEEL)指南;②传播切合时宜的 WEEL 指南和支持文件。主要目标:①向标准制定机构提出接触水平建议;②更新现行 WEELs 为新的可用信息;③通过 AIHA 国家办事处的出版物传播 WEELs 和支持文件。采取的战略包括：①对与制定接触水平有关的可利用资料进行综合与评价；②在制定安全接触水平方面与 ACGIH TLV 委员会和类似机构合作；③为其他权威机构鉴别 WEEL 委员会选定的因素。

（五）国家消防协会

美国国家消防协会（National Fire Protection Association，NFPA）成立于 1896 年，是一个全球性非营利性组织，宗旨是消除因火灾、电气及相关危害因素引起的死亡、伤害以及财产和经济损失。灾害在任何地方都有可能发生，而且经常在最不期望发生时发生。NFPA 规范和标准通过预防其发生、管理其影响提供保护的方法。NFPA 制造和出版了300 多项共识规范和标准，这些规范标准由 250 多个技术委员会（Technical Committees）管理，包括约 8000 名志愿者。制定规范标准的目的是将火灾及其他危险因素的可能性和影响降低到最低。协会通过这些共识规范标准、研究、培训、教育、推广和宣传提供信息和知识，并与其他机构共同推动 NFPA 的目标。实际上，当今社会每个建筑、工艺、服务、设计安装都受到 NFPA 文件的影响，在世界各地得到普遍的采用和使用。但 NFPA 提出的标准多为安全标准。

国家消防协会标准委员会（NFPA Standards Council）监督协会的规范标准制定活动，管理规章制度，并起着上诉机构的作用。NFPA 标准制定过程是开放的，是基于共识的过程，即任何人都可以参加，并期望得到公正平等的待遇。

三、职业安全卫生管理局制定职业安全卫生标准的基本要求及程序

（一）职业安全卫生管理局制定职业安全卫生标准的基本要求

美国 OSH 法规定实行职业安全卫生标准制，授权劳工部长制定强制性职业安全卫生标准，尤其是职业卫生标准旨在研究发现潜在性疾病的方法，建立疾病和工作环境条件之间的因果关系，因此制定的医学标准应确保安全，必须满足相关要求。

根据 OSH 法的规定，OSHA 在依法颁布有毒物质或有害物理因素标准时，应以可行且可获得的最佳证据为基础，制定能够充分保证劳动者即使工作终生经常接触有害物质，也不会显著损害健康或机体功能的标准。据此制定的标准，需要基于研究、实证、实验以及相应的其他资料。此外，为达到劳动者安全卫生保护的最高水平，也要考虑该领域最新的科学资料、标准的可行性以及基于 OSH 法和其他安全卫生法所获得的经验。

根据 OSH 法，颁布的所有标准都应规定使用标识或其他适当形式的警示，以确保劳动者能够了解所接触的各种危害、相关症状、相应的应急措施，以及安全使用或接触的适宜条件和预防措施。在适当情况下，标准也应规定适宜的防护设备及控制，或用于相关危害因素的技术程序，并应在这样的地点和周期为劳动者提供接触监测或测量。此外，为更有效确定接触危害因素的劳动者的健康是否受到有害影响，所有标准都应规定由企业或由企业承担费用的医学检查或其他可开展的检验项目。如果是研究性质的检查，则由 HHS 决定，检查费用由 HHS 承担。检查、检验结果仅向 HHS 或根据劳动者的要求报告给他的医生。

在与 HHS 协商后，PDL 可根据美国联邦法典标题 5 第 553 条颁布的规则，在标准发布后对标准规定的标识或其他形式警示的使用、监测或测量，以及经实践、信息或医学、技术进步验证的医学检查进行适当的修改，当 PDL 颁布的标准与现行国家共识标准存在明显

不同时，PDL 应当在《联邦公报》上公布，并对所采纳的规定对于促进 OSH 法的目的比现行国内标准更为有效的理由。

（二）职业安全卫生管理局制定职业安全卫生标准的程序

1. 职业安全卫生标准制定程序　根据《职业安全卫生法》，PDL 应根据特定工业、商业、手工业、职业、企业、作业、工作场所或劳动环境职业安全卫生标准需求的紧迫性及 HHS 有关制定强制性标准的建议，确定职业安全卫生标准制定的优先顺序。

（1）发起标准制定：OSHA 基于相关当事人、企业或劳动者代表、国家认可的标准制定组织、HHS、NIOSH、州或其行政机构以书面方式提交的信息，基于 OSHA 整理加工或其他部门可利用的信息，当认为颁布法规有利于促进 OSH 法的目的时，可发起标准制定并要求咨询委员会提出建议。

（2）咨询委员会提出建议标准：成立由工会代表、企业、职业安全卫生专业人员、政府和大学专家组成的咨询委员会。OSHA 向咨询委员会提交 OSHA 或 HHS 的提案，OSHA、HHS 制定的或其他可以利用的所有相关信息（包括研究、实证及实验结果），由咨询委员会对有关资料及建议进行评估，并由专家审查。咨询委员会应当在 90 天内，或在 OSHA 指定的时间内，但无论何种情况都应在 270 天内向 OSHA 提交修改后的建议标准。

（3）拟议标准公示：有关职业安全卫生标准的公布、修订或废止的法规需在《联邦公报》公示 30 天，以征求相关方面的书面资料或意见。当 OSHA 认定应当发布法规时，应在咨询委员会的建议递交后或规定的最后期限到期后的 60 天内发布拟议的法规。

（4）公众听证：在规定的截止期限前，所有相关方都可以对拟议的法案提出异议。此时，要求记录提出异议的理由并对异议进行听证。异议提出期限届满，OSHA 应当在 30 天内在《联邦公报》上发布公告，公告内容包括提出的异议、要求听证的职业安全卫生标准、听证时间及地点。

（5）形成最终建议标准：对听证会记录进行整理并向 OSHA 负责人报告，形成最终建议标准并提交 OSHA 总部审核。在规定的征求意见期限到期或是听证会结束后的 60 天内，OSHA 可以制定出是否发布职业安全卫生标准、修订或者废止的法规。该法规可能包含推迟生效日期的规定（不超过 90 天），目的是使受影响的企业和劳动者能够了解、理解标准及其内容。

（6）正式发布：经法律程序通过的"最后标准"，再次在《联邦公报》发布，并付诸实施。此时联邦法庭仍可提出重新审议标准的要求，见图 3-9。

咨询委员会由 OSHA 依法任命。每个咨询委员会的成员人数不得超过 15 人，需包括同等人数、根据其经验和所属分支机构分别代表企业和劳动者的人员，其中由 HHS 指定 1 名或若干名，同时，还必须有州安全卫生机构的代表 1 人或数人。咨询委员会也可以包括 OSHA 认为其知识和经验对该委员会的工作将会作出贡献的其他人员，包括 1 名或数名专业技术组织的代表，或在职业安全卫生方面有专长的人员和 1 名或数名国家认可的标准制定组织的代表，但委员会中此类人数不得超过联邦和州机构代表的人数。

2. 临时指令或临时命令的制定程序

（1）临时指令：所有企业都可以向 OSHA 申请允许其偏离所公布的标准或规定的临时指令。当企业符合以下要求，并提交相关证据时可以申请临时指令：①至标准生效日期时企业仍雇用不到专业或技术人员、得不到符合标准要求的材料、设备的，或必要的设施建设

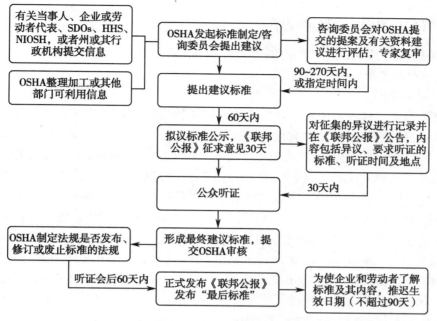

图 3-9 美国 OSHA 标准制定程序

或改建不能在生效日期内完成的。②企业正在采取一切可以应用的措施以保护标准覆盖之危害的劳动者。③已制订能够很快符合标准的有效计划。在临时指令生效期间,企业规定必须采用的通常做法、手段、方法、操作和工程,必须详细记录遵守标准的计划。临时指令只在通告给职工并进行听证后才会做出。但是,在基于听证结果作出决定前,OSHA 会发放临时有效的命令。

(2)临时命令:申请临时命令应包括以下内容:①企业请求变动的具体标准或其从属部分的详细说明;②企业陈述其无法遵守标准的理由及详细原因,并提供承担陈述事实的代表具有第一手知识的合格证据;③为保护劳动者免受标准涉及的危害物质的危害,企业已采取或将要采取(注明具体日期)的措施;④企业能够遵守标准的预期时间以及为遵守标准采取的措施和采取的预期(具体日期)的措施和内容;⑤将申请书副本交付给劳动者的授权代表并已将申请向劳动者告知的证明。告知时应说明申请书的概述,在劳动者通常告知的场所或使用其他合适的方式,在指定可以看到副本的场所进行通告。证明书也要包括对劳动者告知的方式。在给劳动者提供信息时,同时也要告知劳动者,劳动者有要求 OSHA 进行听证的权利。

临时指令和临时命令都不能超过企业达到标准要求所需要的时间或 1 年,但满足上述要求并在临时指令届满前 90 天提出续期申请,可以更新 2 次。指令更新时间最长为 180 天。

3. 临时紧急标准的制定程序 当 OSHA 判断:①劳动者接触确定的有毒物质或有害物理因素,或新的危害因素并处于严重危险;②必须颁布紧急标准以保护劳动者免受该种危险时,OSHA 可不必顾及联邦法典第 5 卷第 5 节的要求,在《联邦公报》上颁布临时紧急标准,并自颁布之日起立即执行。此类标准直到法律规定的程序发布的标准取代前,一直有效。当在《联邦公报》公示这类标准时,OSHA 应依照本法规定的程序开始行动,将公示的标准作为拟议的法案。OSHA 应在规定的应急标准公布后的六个月内颁布根据本款制定的标准。

四、TLVs/BEIs 的制定程序

TLVs/BEIs 是由 ACGIH 制定的、影响各国职业接触限值制定的重要的职业卫生标准，其制定过程分为 5 个步骤：

（一）正在研究

每个委员会选择各自的化学物质或物理因素作为正在研究的目录。在选择过程中应考虑患病率、用途、接触劳动者人数、可利用的科学资料、有无 TLVs 或 BEIs、TLVs 或 BEIs 使用的年限、公众投入等因素。公众可以发电子邮件将信息提供给 TLVs 或 BEIs 委员会。

当选择一种物质或因素制定其 TLVs 或 BEIs，或评估已采用的值时，相关的委员会将其放入"正在研究"的目录中。该目录每年 2 月 1 日在 ACGIH 网站公布，并在年度报告及随后的 TLVs 和 BEIs 手册中公布。7 月 31 日将正在研究的目录更新为二级目录。根据制定过程的进展情况，第一级表示来年可移入预期变更公告（notice of intended changes，NIC）或预期制定公告（notice of intent to establish，NIE）的化学物质和物理因素；第二级包含不能移入 NIC 或 NIE 的化学物质和物理因素，这些物质第二年将在"正在研究"目录中保留或删除。该过程旨在为公众提供某种物质或因素制定状况主要相关的新信息；增加"正在研究"目录中那些物质和因素制定过程中的透明度；向相关方提供额外信息，以帮助他们确定向委员会提交的信息或评论的重点。公布在 ACGIH 年度报告和《TLVs® 和 BEIs® 手册》中的"正在研究"目录于每年 1 月 1 日更新一次。"正在研究"目录和二级清单出版物的所有更新信息都在 ACGIH 网站发布。

"正在研究"目录作为对相关方的通告和邀请，请其提交实质性的资料和评论以帮助委员会审议。有关委员会仅考虑那些与医学有关的评论和资料，而不考虑经济和技术上的可行性。提交评论的同时必须附有实质性资料，以同行评议文献的形式更好。如果这些资料来源于未发表的研究，ACGIH 要求研究者提供书面授权书，授权 ACGIH：①使用；②在基准文件中引用，并且③应第三方的请求发布这些信息。上述 3 项授权都必须包括在书面授权中或在书面授权中阐明。将以上资料的电子版本提交给 ACGIH 科学小组，委员会可据此考虑这些评论和资料。

（二）草拟基准文件

相关委员会的 1 位或 1 位以上委员负责收集科学文献中的资料和信息，对提交审议的未发表研究结果进行审核，并草拟 TLVs 或 BEIs 的基准文件。草拟的基准文件是对推荐的 TLVs 或 BEIs 相关科学文献的关键性评估，但不是科学文献详尽的或广泛的评审。特别重视下列 3 类论文：提出动物或劳动者接触的最低的或无不良健康效应的水平，论述上述效应的可逆性，或针对 BEIs，评估化学物质的吸收并提供作为吸收指标的可应用的测定物。应特别重视可用的人群资料。草拟的基准文件及其建议的 TLVs 或 BEIs 随后由其他委员评审，最后由委员会全体会议审议。因此，在委员会全体会议接受被提议的 TLVs 或 BEIs 及其基准文件前，要对草拟的基准文件进行多次修改。草拟的基准文件直到 NIC 阶段才公布，公众在本阶段得不到草拟的基准文件。基准文件的作者是保密的。

（三）预期变更公告

当委员会全会接受草拟的基准文件及其建议的 TLVs 或 BEIs 后，草拟的基准文件及其建议值被推荐到 ACGIH 理事会待批准为 NIC。如得到批准，每项建议的 TLV 或 BEI 值将在委

员会关于 TLVs 和 BEIs 的年度报告中作为 NIC 发表在 ACGIH 成员通讯（Today！Online）中，也可在网站购买。同时，草拟基准文件也可通过 ACGIH 客户服务部或在线得到。年度报告中的所有信息将被汇集到每年的 TLVs 和 BEIs 手册中，公众在每年的 2 月可得到本手册。在 NIC 被 ACGIH 理事会批准后，建议的 TLVs 或 BEIs 作为 ACGIH 试行限值，试行期约 1 年。在此期间，欢迎相关方、ACGIH 成员对 NIC 中建议的 TLVs 或 BEIs 提出资料和实质性评论意见，最好以经同行评议的文献形式。如果这些资料来源于未发表的研究，ACGIH 要求研究者提供与上述书面授权相同的授权书。有效和最有帮助的评论意见是那些在草拟的基准文件中述及的特殊问题。必要时，对草拟的基准文件进行更改或更新。如委员会发现或收到可能改变其 NIC TLVs 或 BEIs 学术观点的、可能更改建议的 TLVs 或 BEIs 值或符号的实质性资料，委员会可修改这些建议，并建议 ACGIH 理事会将这些意见保留在 NIC 中。

（四）TLVs/BEIs 和采纳的基准文件

如委员会既没有发现也没有收到可能改变其对某项 NIC TLVs 或 BEIs 学术观点的实质性资料，委员会就可同意将其推荐给 ACGIH 理事会采纳。一旦委员会同意，并随后经理事会批准，TLVs 或 BEIs 作为采纳值在《TLVs® 和 BEIs® 委员会年度报告》和每年的《TLVs® 和 BEIs® 手册》中公布，TLVs 或 BEIs 草拟基准文件经最终定稿后正式出版。

（五）撤销研究

在制定过程的任何时候，委员会可以决定中止 TLVs 或 BEIs 的制定，并从进一步的研究中撤销。从研究中撤销的化学物质或物理因素可通过放入"正在研究"目录中，重新予以考虑，见图 3-10。

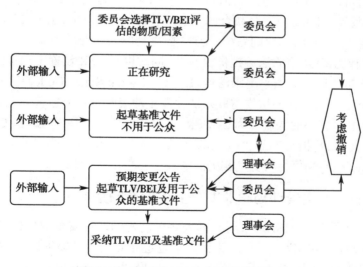

图 3-10　美国 TLV/BEI 制定程序流程图

第五节　职业安全卫生管理局职业安全卫生标准的结构

OSHA 制定的职业安全卫生标准最后以美国联邦法规（Code of Federal Regulations，CFR）形式发布。

一、联邦法规

CFR 是美国联邦政府执行机构和部门在《联邦公报》中发表与公布的一般性和永久性法规的集成,内容覆盖广泛,具有普遍适用性和法律效应。

CFR 在内容结构上与美国法典一样,层次上也由卷(title)、分卷(subtitle)、章(chapter)、分章(subchapter)、部分(part)、分部分(subpart)、节(section)构成,其题注、编号索引、指引等体例与美国法典的体例相同。CFR"卷"由 CFR 左侧的数值表示;"部分"由 CFR 右侧时间("·")前的数值表示;"分部分"由时间("·")右侧的数值表示,"分部分"用于检索 CFR,而非用许多单独的章节。

CFR 按照法规涉及的领域和调整对象分为 50"卷",每卷分别代表不同领域的联邦部门或机构。每卷包含 1 个或多个独立的"章",有的章还设有"分章"。"章"与法规的发布机构有关,通常以法规的发布机构的名称为标题。每章中包含特定法规领域的若干部分,涵盖具体的监管领域,有的部分由于内容多,大的"部分"还可以再分成"分部分"。所有 CFR 的"部分"都由若干"节"组成,"节"是 CFR 的具体法规条款。

CFR 的 50 个"卷"与美国法典 50 个主题的名称完全一致,按前后顺序排列分别是:总则、预留、总统、会计、行政人事、预留、农业、外国人与公民、动物与动物产品、能源、联邦选举、银行金融、商业信用与资助、航空与航天、商业与外贸、商业实践、商品与证券交易、电力水力资源保护、关税、劳动者利益、食品与药品、对外关系、公路、住宅与城市发展、印第安人、国内收入、烟酒产品与军火、司法行政、劳动、矿产资源、财政金融、国家防御、航运与可航水域、教育、巴拿马运河、公园森林和公共财产、专利商标与版权、抚恤金津贴和老兵救助、邮政服务、环境保护、公共合同与财产管理、公共卫生、公共土地、抢险救灾、公共福利、航运、电讯、联邦收购规则系统、交通、野生动物与渔业。

美国联邦法律为 CFR 中的法规提供权威性,同时也对 CFR 设置了一定的限制条件,即 CFR 任何主题下的法规都应当与美国法典(U.S.C., United States Code)中具有紧密联系的相应部分一起应用。当 CFR 的法规与联邦法律发生冲突时则可能被视为无效。

与职业安全卫生有关的法规称为 29 CFR、CFR 29 或联邦 CFR。如 29 CFR 1910,其中"CFR"指联邦法典,"29"指劳工部,"19"指职业安全卫生标准,后面的 2 个数字(如"03""10"等)则是指具体的标准;"B"为与劳动相关的法规;"17"指劳工部 OSHA。

二、职业安全卫生管理局职业安全卫生标准的结构

1970 年美国国会设立 OSHA 以管理和监督劳动者的职业安全卫生标准。OSHA 的责任是通过建立标准,规定培训和教育,为用人单位遵守此类标准提供援助、帮助,进而促进安全卫生的工作环境。职业安全卫生标准是由 OSHA 根据 OSH 法制定并开始实施的安全卫生法规,法规要求企业必须保护劳动者免遭工作场所危害。因此,职业安全卫生标准是要求确保安全条件和消除或显著降低工作场所伤害和职业病风险的工作场所规程的条例。职业安全卫生标准分为许多不同的部分。最常见的职业安全卫生标准有:

记录保存(29 CFR 1904);

一般工业(29 CFR 1910)。除特定工业标准外,一般工业安全卫生标准适用于大多数行业(表 3-1);

建筑业（29 CFR 1926）；

农业（29 CFR 1928）。

根据 29 CFR，OSHA 在实施职业安全卫生标准时，应当跟踪行业职业安全卫生风险的成因；根据进一步预防工作场所安全卫生的需要更新现行标准；对工作场所定期和不定期地进行安全卫生监察；对任何违反 OSH 法的行为进行现场处罚；为确保进行的培训和整改更改，在给定的时间后对工作现场进行再次检查；为企业和劳动者提供支持。

表3-1　29 CFR 1910——职业安全卫生标准

分部分 A	通用（§§ 1910.1-1910.9）
分部分 B	已制定联邦标准的采纳和推广（§§ 1910.11-1910.19）
分部分 C	（预留）
分部分 D	步进式工作表面（§§ 1910.21-1910.30）
分部分 E	出口通道及应急计划（§§ 1910.33-1910.39）
分部分 F	动力平台、起重机和车载工作平台（§§ 1910.66-1910.68）
分部分 G	职业卫生和环境控制（§§ 1910.94-1910.98）
分部分 H	危险材料（§§ 1910.101-1910.126）
分部分 I	个人防护装备（§§ 1910.132-1910.138）
分部分 J	一般环境控制（§§ 1910.141-1910.147）
分部分 K	医疗与急救（§§ 1910.151-1910.152）
分部分 L	火灾预防（§§ 1910.155-1910.165）
分部分 M	压缩气体和空气压缩设备（§§ 1910.166-1910.168-1910.169）
分部分 N	物料搬运和储存（§§ 1910.176-1910.184）
分部分 O	机械和机械保护（§§ 1910.211-1910.219）
分部分 P	手持和便携式动力工具及其他手持设备（§§ 1910.241-1910.244）
分部分 Q	焊接、切割和铜焊（§§ 1910.251-1910.255）
分部分 R	特殊行业（§§ 1910.261-1910.272）
分部分 S	电气（§§ 1910.301-1910.399）
分部分 T	商业性潜水作业（§§ 1910.401-1910.440）
分部分 U—Y	（预留）
分部分 Z	有毒及有害物质（§§ 1910.1000-1910.1450）

三、指南与标准

在美国，与职业安全卫生标准相关的指南和标准并不相同。指南是企业识别危险、进行管理的支持工具，是自愿性的，没有 OSH 法的法律约束力，即使不遵守指南，也不构成违反 OSH 法的一般责任条款。指南比标准更具灵活性，随着科学技术进步，如获得新的信息，可以按照新的信息快速制定和调整指南。由于指南能够使企业革新方案满足自己的工作场所而更容易使用，因此，在满足行业或设施特有问题方面，它比标准更为灵活和方便。

第六节　职业安全卫生标准的执行与监督

一、企业在执行职业安全卫生管理局标准中的责任

1. 开展工业卫生调查，确定污染物来源及劳动者接触程度。

2. 提出危害控制办法。制定职业安全卫生标准的目的是最大限度控制对持续接触者的危险程度。但是否能达到要求，主要取决于措施的有效性。危害因素控制技术措施可概括为 2 类：特定措施与一般措施。前者主要针对安全标准，某些措施（如特种机器的防护罩、特殊型号的高压负荷电线等）需按标准规定执行；后者则针对卫生标准，只要能把毒物浓度降低至符合标准，可自行决定采用何种措施，但不允许用个体防护用品来替代控制毒物浓度所需的工程技术措施。因此，危害控制的首选办法为隔绝或排除污染物的工程措施，以杜绝毒源；其次是规定操作规程；最后为个人防护（仅作为辅助措施）。同时，应实施医学监测，根据危害因素性质，采取特定的检查方法；建立资料登记制度，企业应记录并保存所有工业卫生及医学监测资料，如有病例应立即登记。

当 OSHA 颁布的标准与现行国家共识标准明显不同时，OSHA 应当同时在《联邦公报》上予以公告，并说明所采纳的规定对于促进 OSH 法的目的比现行国内标准更为有效的理由。

二、职业安全卫生管理局对标准执行的监督

OSHA 有权随时派出工业卫生监察员（inspector）前往现场监察。通常是应工会代表请求，或在接到劳动者"申诉"后，并不预先通知企业。当监察员发现企业违法行为时，可根据违法性质及程度给予 4 种等级处罚：①急迫危险违法。预计立刻或随时都有可能发生导致死亡或严重伤残和疾病的违法行为，如化学反应器逸出氟化氢或氯气。②严重违法。存在导致死亡或严重后果的违法行为，如砷浓度超过 PEL 或有可能骤然产生砷化氢。③非严重性违法。违法行为虽与作业安全卫生有直接关系，但不至于引起严重危害或死亡。如使用冷却切割油的机床未安装防止油液溅出的装置等。④蓄意违法。明知故犯，破坏标准。

三、豁免

所有受影响的企业都可以向 OSHA 申请偏离发布标准的规定或命令。要将每个申请通知给受影响的劳动者并给予参加听证的机会。如提出偏离的申请者通过证据，证明企业提供给劳动者的劳动用工及工作场所的安全健康条件，在使用或预期使用的条件、惯例、手段、作业、工程方面优于企业遵守标准时，OSHA 可在必要的勘察和听证后，作出判断，颁布豁免规定或命令。

OSHA 在颁布标准、规则，做出命令、决定，豁免许可或延长时间，或根据本法令进行处罚时，必须在《联邦公报》上刊登做出决定的理由。

任何人受到某一标准的不利影响，都可以在标准公布后的 60 天内的任何时间，向其本人居住地或企业所在地的联邦巡回法院提起上诉，质疑该标准的有效性，要求对该标准进行司法裁定。上诉书的副本由法院书记官移交给 OSHA。在法院做出决定前，所提交的上诉书并不具有终止标准的效力。

第七节　美国的职业接触限值

职业接触限值（occupational exposure limits）是为保护工人避免过度接触工作场所有毒化学物质制定的接触水平，是确保工人不会过度接触危险化学物质的安全限度。通常适用于接触时间为每天 8 小时工作班制的健康成年工人。在美国，最常见的工作场所限值是由 OSHA 制定发布的工作场所空气中污染物的容许接触限值（permissible exposure limits，PELs）、ACGIH 制定发布的 TLVs 和 BEIs、NIOSH 制定的推荐性接触限值（recommended exposure limits，RELs）等。在一些州还有自己的接触限值，如加利福尼亚州法律法典有害物质控制令（Control of Hazardous Substances Order）包括化学污染物 PELs；密歇根州消费者和工业服务部（Department of Consumer and Industry Services）和明尼苏达州劳动和工业部（Minnesota Department of Labor and Industry）发布空气污染物 PELs；华盛顿州的空气污染物 PELs 刊登在华盛顿州劳工和工业部的安全和卫生条例。职业接触限值是美国最主要的职业卫生标准，它给出了工作场所接触危害因素的容许水平。根据不同制定机构，职业接触限值大致有以下类型：

一、容许接触限值

为保护工人免受接触有害物质引起的健康影响，OSHA 制定并发布 PELs。PELs 是针对一般工业、造船厂用工及建筑业空气中污染物具体数量或浓度的具有法律意义的强制性限值，其基础主要是 1971 年之前由 ACGIH 制定的 TLVs。现行的 PELs 包括在 29 CFR 1910.1000- 空气污染物标准（air contaminants standard），标准定义了 2 种不同类型的 PEL：上限值，即在任何时间都不能超过的接触限值，通常以 C 表示；8 小时时间加权平均（8-hour time weighted averages，TWA），TWA 水平通常低于上限值。1 天中某段时间工人的接触水平可能会高于 TWA（但仍低于上限值），同样，在 1 天中的休息时间可能接触水平较低。一般说来，制定 PELs 主要是基于物质的呼吸道吸入途径，但许多物质可经皮肤或黏膜吸收。因此，它们也可能包含皮肤的标注。

29 CFR 1910.1000 通过 3 个表对 PELs 进行了界定：表 Z-1 为空气污染物限值；表 Z-2 为 TWA 和上限浓度，包括物质有苯、铍及其化合物、镉烟及粉尘、二硫化碳、四氯化碳、铬酸及铬酸盐、二溴乙烯、乙烯溴化物、二氯乙烷、氟化物尘、甲醛、氟化氢、硫化氢、二氯甲烷、汞、有机（烷基）汞、苯乙烯、四氯乙烯、甲苯、三氯乙烯；表 Z-3 为矿物粉尘的 PELs，所列矿物粉尘包括二氧化硅（结晶及无定形）、硅酸盐、石墨、煤尘和惰性或滋扰性粉尘。

OSHA 采用行动水平（action levels）表示污染物对健康或身体的危害，通常是 TWA 限值的一半，但实际水平可能会根据标准有所不同。其目的是在广泛的随机抽样中确定一个低于 PELs 的接触水平。有害或有毒物质需进行医学监测、工业卫生监测或生物监测其活动水平。

需要注意的是，接触限值不是界定安全和危险界限的精细水平，应采取一切合理的措施以限制化学品或粉尘在呼吸带的释放。首先应通过替代或管理和工程控制措施或消除或减少化学或物理危害接触的措施，如通风系统的排烟罩、减低噪声水平的隔音材料、辐射屏蔽的安全联锁等,以减低有害物质蒸气或粉尘的产生。当危险化学品替代或工程根本不可能时,或者这些控制措施仍不足以控制危害产生时,应使用适当的个人防护装备(personal protective equipment,PPE),如手套、防尘口罩、防毒面具,以控制和限制劳动者与化学品的接触。

二、推荐性接触水平

NIOSH 为 375 种物质制定了 830 个有害物质的推荐性接触水平(recommended exposure levels,RELs)。NIOSH 推荐的安全卫生标准包括工作场所有害因素,物理因素,工作、工艺及工作环境 3 部分。使用与 ACGIH 相类似的接触限值类型即 TWAs、STELs 和上限值,但 NIOSH 的 TWA 是 10 小时的时间加权平均。

NIOSH 还制定了化学物质立即危及生命和健康浓度(Immediately Dangerous to Life and Health,IDLH),这是空气中化学物质在 15 分钟或不足 15 分钟能够引起危及生命或永久性损害健康效应的浓度。

三、阈限值

ACGIH 定义了不同类型的 TLV:时间加权平均值(TLV-TWA),为常规 8 小时工作日和 40 小时工作周的时间加权平均浓度,可以认为在该浓度以下,近乎所有的劳动者日复一日地反复接触而不产生不良效应。短时间接触限值(TLV-STEL),是指在一个工作日的任何时候都不应超过的 15 分钟 TWA 接触。在该浓度以下劳动者持续短时间(15 分钟)接触该浓度,不会产生刺激、慢性或不可逆的组织损害或麻醉。上限值(ceiling,TLV-C),是指任何时间的工作接触都不应超过的浓度。漂移值(excursion limits,EL)用于那些具有 TLV-TWA 而无 TLV-STEL 的物质,劳动者接触水平的漂移可以超过 TLV-TWA 的 3 倍,在一个工作日内累计不能超过 30 分钟,在任何情况下,都不应超过其 TLV-TWA 的 5 倍。

四、工作场所环境接触水平

工作场所化学和物理因素环境接触水平(workplace environmental exposure levels,WEELs)是由 AIHA 常设工作场所环境接触限值委员会(Workplace Environmental Exposure Levels Committee)制定、传播的职业接触限值。AIHA-WEEL 委员会向标准制定机构提出接触水平适当的建议;更新 WEELs 可用信息;通过 AIHA 国家办事处的出版物传播 WEELs 和支持文件。根据 2007 年数据,AIHA 为 108 种因素制定了 114 个限值,其中 TWA93 个、STEL8 个、CL13 个、标注皮肤吸收 22 个、致敏 13 个。

AIHA 应急响应规划指南委员会(AIHA Emergency Response Planning Guidelines Committee)还制定化学物质应急接触限值,即应急响应规划指南(Emergency Response Planning Guidelines,ERPG),类似于 NIOSH 的 LDLH。ERPG 覆盖 40 多种化学物,包括 3 种不同浓度的限值,其数值大小顺序为 ERPG-3>ERPG-2>ERPG-1。

ERPG-1:是人可以接触 1 小时,且不会引起任何症状的空气中化学物的最大浓度。

ERPG-2:是人可以接触 1 小时,不会引起不可逆的健康影响,或健康影响的严重程度不能影响其采取保护措施能力的空气中化学物的浓度。

ERPG-3:人可以接触 1 小时,且不致产生危及生命的空气中化学物的浓度。

五、其他类型的接触限值

（一）急性接触指南水平

急性接触指南水平（Acute Exposure Guideline Levels，AEGLs）适用于罕见的、很难遇到的，如与突发化学品溢漏或其他灾难性事件有关的呼吸带化学物质的急性接触（不超过 8 小时）。AEGLs 由代表美国政府和企业的联合委员会，即 AGELs 国家咨询委员会（National Advisory Committee for AEGLs）制定。制定此类指南值的目的是为国家和地方应急响应权威机构对化学物质释放或溢漏的紧急处置提供相应的支持。AEGLs 主要用于估计灾难时某些化合物的接触，政府可据此决定使用一定的干预。截至 2016 年，大约为 175 种物质制定了 AEGLs，为近 80 种物质制定了临时 AEGLs。AEGL 由不同程度的毒性作用构成：出现健康效应、不适、残疾和死亡。对于给定接触时间（10 分钟、30 分钟、1 小时、4 小时及 8 小时），1 种化学物质最多可有 3 个水平：AEGL-1、AEGL-2 和 AEGL-3每个 AEGL 对应于特定水平的健康效应，见图 3-11。

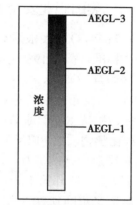

图 3-11　AEGLs 的三个层次水平

AEGL-3，在该浓度以上，预期一般人群，包括易感人群可能会遇到危及生命健康或死亡。

AEGL-2，预测在该浓度以上，一般人群，包括易感人群可能会遇到不可逆的或其他严重的、长期存在的有害健康效应或损害其逃生能力。

AEGL-1，在该浓度以上，预期一般人群，包括易感人群可能会经历明显的不适、刺激或某些无症状的非感觉性效应。但是，该效应不会造成伤残，且当终止接触时其效应是瞬时和可逆的。

（二）以健康为基础的接触限值

以健康为基础的接触限值（health-based exposure limit，HBEL）是由美国加州 Santa Clara 县职业安全卫生中心（Santa Clara County，California Center for Occupational Safety and Health）以健康为基础的接触限值委员会运用综合风险信息系统（integrated risk information system，IRIS）、健康效应评估总表（health effects assessment summary tables）和 CAL/EPA 致癌性数据库的数据，计算出的对劳动者风险最小的空气浓度建议值。HBEL 的计算使用参考剂量（reference doses，RfDs）、斜率因子（slope factors）和风险单位（unit risks）。在计算 HBELs 时，将经口 RfDs 修改为与职业环境有关的吸入接触途径，称为参考浓度（reference concentrations，RfCs），并将环境接触时间（24h/d、365d/y、70y）调整为职业接触时间（8h/d、240d/y、40y）。

HBELs 不是传统意义的接触限值。HBELs 以致癌和非致癌风险为依据，主要基于慢性和亚慢性接触的非致癌和致癌研究。他们的水平太低，以至于需要使用现代技术才能精确测量。在数量级上，它们可能低于许多工作场所通过现代技术所能达到的水平。HBELs 分为依据吸入研究的 HBELs 或依据非吸入研究、根据 EPA 转换为吸入接触的 HBE。

（三）最低危险水平

最低危险水平（minimal risk level，MRL）是由有毒物质疾病注册局（Agency for Toxic

Substances Disease Registry，ATSDR）为评估垃圾和危险废物站化学物质所致健康风险制定的长期、连续 24 小时接触 70 年的最低健康危险水平。

（四）新化学物质接触限值

新化学物质接触限值（new chemical exposure limits，NCEL）是美国环保局对新物质制定的化学物质接触限值。NCEL 是一个临时水平，是依据制定 NCEL 时能提供给环保局的有限资料确定的。

（五）临时性应急接触限值

临时性应急接触限值（temporary emergency exposure limit，TEEL）。其是由美国能源部（Department of Energy，DOE）制定的临时性应急接触限值。其范围从 TEEL-0 到 TEEL-3，类似于 OELs、STELs、CLs 和 IDLH。

六、美国职业安全卫生管理局容许接触浓度的法律诉讼

1971 年，OSHA 根据 OSH 法启动污染物标准制定，允许不经征求公众意见从速颁布安全卫生标准。截至 1989 年，共发表 24 种物质的具体标准和 3 类卫生标准。

1989 年，OSHA 试图扩充 PELs 的数量，以传统方式接受 ACGIH 推荐的 TLVs 建议值，对 1971 年发布的空气污染物标准进行修订，发布了 428 种物质的空气污染物标准，并将 428 种物质按主要健康效应分为 18 类，包括神经效应、感官刺激和癌症。在新的标准中，212 种化学物质的 PELs 降低，为 164 种监管物质制定了新的 PELs。1992 年，OHSA 提议将新标准适用范围扩及至建筑、航运和农业等，结果招来工业界及工会的法律诉讼。1992 年 7 月，美国联邦第十一巡回法庭判决 OSHA 败诉，判决结果导致整个新标准都被退回，监管标准又重回到 20 世纪 70 年代的 PELs。法庭判决的理由是：

OSHA 对接触物质造成的实质性健康损害的重大风险或新标准将风险降低到可行的范围没有做充分的解释或支持其决定。

OSHA 应对 428 种有毒物质中的每种物质按照独立制定规则估计其有害的风险，笼统地按照整个空气污染物标准得出的结论性观点不足以支持实质健康损害重大风险的结果。OSHA 讨论的个别物质通常没有包括风险的量化或解释，而且没有证明重大危害风险水平是消除还是减少，OSHA 应在合理范围内为标准提供解释或量化，而不管时间和资源的约束。

法院拒绝了 OSHA 有关非致癌物不存在类似于为致癌物开发的数学模型，定量风险分析方法不适用于非致癌物制定规则的论点。因为法院注意到以前的非致癌物的制定规则，OSHA 在确定有多少工人接触特定物质和新标准会缓解多大风险方面取得了成功。

法院认为，OSHA 虽然将不确定性或安全因子纳入到许多空气污染物的 PELs，但 OSHA 没有为使用统一的安全因子或为每种物质确定适当的安全因子的方法做出解释。OSHA 在解释风险数据时，应该使用监测和医学检验，以积累需要更严格限值所需的证据。

OSHA 在建立基于安全和健康标准紧迫性的优先次序时需要详细的分析和解释。但 OSHA 在修订空气污染物标准时，既没有建立 428 种 PELs 的技术可行性，也没有经济可行性。

OSHA 组织工业部门使用标准工业分类（SIC）分组方法讨论技术可行性。但可行性的一般推定概念并不能延伸到 OSHA 如何在 1 个给定部门使用通用工程控制的一般描述。

OSHA 没能分析受到某些物质影响的所有行业部门,而是依赖 1 个确定经济可行性平均成本的估计工具,在评估特定标准对每个行业的影响时可能具有误导性。

OSHA 有权依赖 ACGIH 的建议和文件,但 OSHA 必须基于现有的最佳证据做出详细的调查结果。法院认为,OSHA 对新的 PELs 进行监测和医学监测,延期发行标准的关键是监管优先事项及许可。法院不支持 OSHA 允许行业实施工程控制和工作实践 4 年,在此期间容许承诺使用呼吸器的决定。

OSHA 行使其技术强制权要求产业开发达到新标准的技术,这些新的标准技术的基础是基于现有技术可能达到的标准。法院认为,延期 4 年没有道理,没有充分考虑到个别物质或新的 PELs 对个别行业的影响。

最终判决:OHSA 应尽可能执行非致癌效应的定量风险分析,更详尽地讨论每 1 种物质健康效应的证据。此事件促使 OHSA 开始接受以健康风险评估方式制定 PELs。

随着健康风险评估理论和技术的日臻完备,健康风险评估方法已逐步应用于工作场所化学有害因素的健康风险评估,包括 OELs 的制定与建议的控制措施。

第八节　职业病目录与职业健康监护及诊断标准

一、职业病目录

(一)应报告职业病名单

OSHA 提供了以下应报告职业病的类别,见表 3-2。

表 3-2　美国 OSHA 应报告职业病的疾病分类

职业性皮肤病	接触性皮炎
	湿疹
	刺激性或致敏物质或有毒植物引起的皮疹
	油痤疮
	铬溃疡
	化学烧伤或炎症
粉尘所致的肺部疾病	矽肺
	石棉肺和其他与石棉相关的疾病
	煤工尘肺
	棉尘肺
	铁尘肺
	其他尘肺病
有毒因素所致呼吸道疾病	肺炎
	咽炎
	鼻炎
	化学物质或烟暴露引发的急性充血
	农民肺
	其他疾病

续表

有毒物质的全身作用（中毒）	金属所致中毒	铅
		汞
		镉
		砷
		其他金属
	有害气体中毒	一氧化碳
		硫化氢
		其他气体所致的中毒
	有机溶剂所致中毒	苯
		四氯化碳
		其他
	杀虫剂	对硫磷
		砷酸铅
		其他
	其他化学物质	甲醛
		塑料
		树脂
		其他
物理性因素所致疾病	高温所致疾病	中暑
		日射病
		中暑虚脱
		高热环境造成的其他影响
	寒冷所致疾病	冻结性冷伤
		冻伤
		低温环境而造成的其他影响
	减压病	
	电离辐射（放射性核素、X射线、镭）所造成的影响	
	非电离辐射（弧光灼伤、紫外线、微波、晒伤）所造成的影响	
反复性创伤有关的疾病	噪声引起的听力丧失	
	肌肉骨骼疾病	滑膜炎
		腱鞘炎和黏液囊炎
		（Raynaud's disease）
		腕管综合征
		由于反复性动作、振动、压力造成的疾病
以上不包括其他由于职业暴露所致的工作相关疾病	传染病	布鲁菌病
		炭疽
		传染性肝炎
		艾滋病病毒
		球孢子菌病
		组织胞浆菌病
		在工作环境下感染的其他病毒
	恶性和良性肿瘤	
	食物中毒	

（二）NIOSH 发布的职业病名单

NIOSH 依据疾病或损伤的发生频率、个案严重程度和预防，制定了因工作引起的疾病及伤害的前 10 位名单。制定名单的目的是：①促进专业人员对公共卫生领域的主要问题进行探讨和辩论；②帮助确定与职业相关的健康问题的预防重点；③向不同受众传达 NIOSH 的关注及 NIOSH 的工作重点。该名单是动态发展的，会受到阶段性的评估。根据对疾病认识的提高，工作条件的改变以及控制手段的改善，都会有必要的更新。

名单包括以下 10 类：①职业性肺病；②骨骼肌肉系统损伤；③职业性肿瘤；④截肢、骨折、眼球损失、撕裂伤、创伤导致的死亡；⑤心血管疾病；⑥生殖系统障碍；⑦神经系统紊乱；⑧噪声引起的听力损失；⑨皮肤病；⑩心理失常。

二、职业病诊断原则或指南

在美国，法律上所有执业医师、甚至家庭医生都可以进行职业病诊断，医师及医疗机构发现与职业相关疾病的新信息后，均需要上报政府职业安全卫生管理机构。实际上，这一阶段的患者更类似于我国的疑似职业病。

由于职业病涉及赔偿，超越了医师的业务范围，因此职业病不能单靠诊断（diagnosis）确认，而是使用判定（decision-making）、鉴定（identification）或识别（recognition）。在美国，职业病的判定有严格的司法程序，国家并不制定职业病诊断标准，而是由 NIOSH 编制指导性文件，为政府部门、医师和其他职业病赔偿机构提供职业病判定的原则和方法。指导性文件包括《职业病识别指南》（Occupational Diseases-a Guide to Their Recognition）、《疾病工作相关性指南》（Aguide to the Work–Relatedness of Disease）、各种工业毒物的标准文献（criteria documents）以及数据库。考虑到职业病判定的复杂性，指导性文件列出了涉及锑、无机砷、石棉、苯、一氧化碳、焦炉逸散物、棉尘、无机铅、无机汞、二氧化氮、噪声、结晶硅、二氧化硫和甲苯二异氰酸酯这 14 种物质所致职业病的判定方法。指导性文件不作为国家标准发布，而是政府为配合有关法规提供的技术咨询服务。

《疾病工作相关性指南》描述了医学、职业和其他有关证据的收集、组织和评价方法，用以判定个人某种疾病与工作的关系。NIOSH 提出判定职业病的 3 个基本条件：一是疾病的医学所见与所接触的致病物质的效应一致；二是工作场所存在该种致病物质；三是有足够的证据支持该疾病是因职业接触引起的，而非职业因素。

具体的判定程序可分为以下 6 个步骤：

1. **疾病证据**　判定疾病与职业接触因素是否具有因果关系，首先要在医学评估过程中，建立相应的医学证据，即工作场所是否确实存在产生疾病的条件；劳动者疾病的独特表现是否是接触特定有害因素的结果。

通常，医学评估主要包括以下方面：①对劳动者的病史、生活史、家族史及职业史进行分析；②对劳动者进行全面的健康检查和医学评估（对表征的分析）；③实验室分析（对具体的监测结果进行分析）。

2. **流行病学资料**　尽管流行病学资料可将疾病与劳动者接触的多种因素联系起来，但它并不能证明疾病与接触物质之间的因果关系。流行病学资料记录了劳动者和其他人群所患疾病是否与接触的某种物质相关，这有利于揭示某种疾病是否与接触物质有关的事实。因此，流行病学资料是很重要的判定依据之一。

3. 接触证据　通常，相关的职业或岗位任务都有一定的职业资料。以下信息会有所帮助：确认在工作场所或附近区域存在可以直接接触或使用的物质；职业卫生信息尤其是空气监测数据，可反映工作或相关工作的接触情况；职业接触评估数据，如：①吸入接触信息：专家证词应关注一般环境条件，尤其是在没有职业卫生研究的情况下。证词至少应包括建立简明的化学或物理接触因素表格（明确化学物，接触类型），完整的劳动者操作描述包括接触物质、辅助设备、操作过程及防护设备操作过程中产生的接触因素分子大小的信息；影响机体吸收的有关接触物质溶解度的信息；接触因素进入机体的其他可能方式（吸入、摄入、皮肤吸收）；通风条件、室内卫生条件以及呼吸保护措施。②皮肤接触、经皮吸收和摄入。③接触评价。确定劳动者接触因素最好的证据就是对劳动者以前和现在工作状态的实际测量结果，如空气采样、噪声或辐射水平测量。对这些测量进行评估时应考虑采样数量、采样地点、采样方法以及实验室分析等因素。

在大多数情况下，样本只是工作接触中的一小部分，不足以确定接触程度。一般情况下，采样或测量应该在一个完整的工作日内进行，在数个非连续工作日下进行更好。建议对短期采样或测定（少于 15 分钟）至少应随机安排在 7 个工作日进行。

4. 专家证词　在考虑因果关系所有证据的过程中，专家证词尤其重要。医师、职业卫生医师和流行病学家分别负责提供临床和实验室指标、接触证据以及流行病资料方面的证词，并必须根据各自的专业特长做出正确和有意义的评价。听证会审查人员、委员会成员和政府官员应核实提供证词的专业人员的资格及证词基础，即多个领域的审查信息和得出因果关系结论的重要性。

医师应具备的资格，包括内科医师，在诸多医学领域中擅长一门学科，并接受过对证词要求的特别技能培训。这种技能包括在判定职业病病因时对工作环境的熟悉与认知。医学专家，如内科医师、病理学家、外科医师、肺病专家或职业卫生医师，通常都是符合资格的医学人员。但也有例外，如对于职业性肺病赔偿案例，肺病专家会运用其专业知识进行诊断。但是，如这名专家不熟悉劳动者的工作及接触史，不了解毒理学、流行病学和职业卫生相关信息，则不能为疾病与职业接触因果关系的判定提供建议。

通常，取得职业医学资格的内科医师是称职的。有时内科医师由于具体工作经历的限制，并不能完全了解所涉及问题的接触情况，如致癌因素，此时，要求由两个医师提供专家建议。符合资格的专家应保持公正，非常重要的是了解劳动和职业卫生。几乎所有人，包括医学专家和其他人，在赔偿作证时都会不同程度地带有偏见。但这并不能使其证词无效。审查人员应考虑专家偏见的程度、本质和效果。

出席赔偿听证会的官员、律师或其他相关人员有义务和责任去明确医学资格的要求，以保证公正的判决。在判定医学资格过程中应该考虑：①注册的职业医学内科医师（physician certified in occupational medicine）是否得到美国预防医学会的资格认证？　②专家的专业特长与所涉及的疾病是否直接相关？　③该内科医师是否具有职业卫生经验，哪个行业的经验，是否包括职业病诊断所涉及的疾病诊治经历？　④专家是否得到职业卫生方面的专业培训，培训内容是什么？

尽管内科医师符合条件，但有时候其证词亦需要补充，包括牙科医师、解剖学家、毒理学家、职业卫生护士或职业卫生专家的证词。在这种情况下，作为特别裁决程序，可以认为这些专家也具有资格。这些非内科医师的证词不允许用来替代内科医师的医学证词。此外,案件中的所有专家的资格都要得到确认。

工业卫生师应具备的资格。根据美国工业卫生协会,一个专业的工业卫生师是"在工程学、化学或物理学方面或在与生物或物理密切相关的学科上取得正规大学学士学位,并且至少具有 3 年以上工业卫生经验的人员。如取得相关物理或生物科学博士学位或具有医学博士学位,只需要 2 年工业卫生经验。此外,所有具备正式咨询资格的工业卫生师都应通过美国工业卫生协会的认证考试。

判定工业卫生师的资格时,应考虑:①该工业卫生师是否取得美国工业卫生协会或根据工业卫生师认证指南的认证?②工业卫生师的擅长领域是否与所提供的证据相关?③工业卫生师是否具有特别的职业卫生经验?只要可能,过去的有关病例的工业卫生研究报告可作为提供基本环境证据的依据。提供证据的工业卫生研究人员应接受过工业卫生培训或专家指导。

5. 评价与结论。

三、职业健康检查标准——项目和要求

为更有效地确定接触危害因素的劳动者的健康是否受到有害影响,所有标准都应规定由雇主或由雇主承担费用的医学检查或其他可开展的检验项目。如是研究性质检查,则由 HHS 决定,检查费用也由 HHS 承担。检查、检验结果也仅向 HHS,或根据劳动者的要求报告给他的医师。

美国的职业健康监护可视为是对职业伤害、疾病、危险及暴露的追踪。临床上,以达到能够早诊断、早治疗的目的。预防上,目的是发现并消除所有危害或风险趋势的潜在原因。

为建立规范的医学检查程序,并遵守人事管理办公室(OPM)的规定和要求,1987 年 OSHA 提出单一机构健康检查标准,对某些工作系列和阶层的 OSHA 劳动者身体条件作了具体说明并设立劳动者医学检查项目(compliance safety and health officer,CSHO),项目要求受聘于特定岗位的所有劳动者均要通过岗前健康检查以确定符合身体质量标准。1985 年 OSHA 单一机构健康检查标准获得 OPM 的批准,1987 年 4 月开始实施 CSHO 医学检查项目。1989 年 3 月 31 日,OSHA 发布指令 PER 8-2.4 和 PER 8-2.5,规定所有覆盖范围的劳动者都应参加每年 CSHO 医学检查项目以证明所要求的身体能力。

美国 OSHA 医学检查项目的目的是确定劳动者的健康是否能履行职责,为劳动者职业接触提供健康监护。OSHA 医学检查项目将职业健康检查分为强制性和自愿性:①强制性健康检查:要求覆盖范围内的所有劳动者都要完成定期和临时性健康检查。②自愿性检查:过去从事的工作任务要求定期或偶尔进入可能接触有毒化学品或生物性及物理性危害中的工作场所,而现在并不要求进入这些场所的劳动者每 3 年进行 1 次自愿性健康检查。

美国 OSHA 29 CFR 1910 法规规定了职业健康监护周期、项目及要求。很多 OSHA 标准要求每年进行 1 次医学监护和评估,以监测接触物理、化学和生物危害的劳动者的健康。这些标准适用于危害接触处在行动水平的劳动者。如职业性听力保护标准(29 CFR 1010.95)要求每年对有职业性接触噪声经历且 8 小时时间加权平均达到或超过 85dB 行动水平的劳动者进行听力测定(audiogram)。与职业健康监护相关的 OSHA 标准见表 3-3,并以苯和铅为例,对美国职业健康监护标准加以说明。

表 3-3 与职业健康监护相关的 OSHA 标准

29 CFR 1910—29 1910	一般行业	
1910 子部分 H	危险物品	1910.120 危险废品处理和应急响应
1910 子部分 I	个人防护设备	1910.134 呼吸保护
1910 子部分 Z	有毒和危险物品	
1910.1001	石棉	附录 H 石棉的健康监护指南
1910.1002	煤焦油沥青挥发物	
1910.1003	致癌物质	4- 硝基联苯等 13 种致癌物质
1910.1004	α- 萘胺	
1910.1006	甲基氯甲基乙醚	
1910.1007	3, 3'- 二氯（及其盐）	
1910.1008	双氯醚	
1910.1009	β- 萘胺	
1910.1010	联苯胺	
1910.1011	4- 氨基联苯	
1910.1012	二甲亚胺	
1910.1013	β- 丙内酯	
1910.1014	2- 乙酰氨基芴	
1910.1015	4- 二甲氨基偶氮苯	
1910.1016	二甲基亚硝胺	
1910.1017	氯乙烯	
1910.1018	无机砷	附录 C 健康监护指南
1910.1025	铅	
1910.1027	镉	
1910.1028	苯	附录 C 苯的健康监护指南
1910.1029	焦炉逸散物	附录 B 工业卫生与健康监护指南
1910.1030	血源性病原体	
1910.1043	棉尘	
1910.1044	二溴氯丙烷	附录 C 二溴氯丙烷的健康监护指南
1910.1045	丙烯腈	附录 C 丙烯腈的健康监护指南
1910.1047	环氧乙烷	附录 C 环氧乙烷的健康监护指南
1910.1048	甲醛	
1910.1050	亚甲基双苯胺	附录 C 亚甲基双苯胺的健康监护指南
1910.1051	1, 3- 丁二烯	
1910.1052	二氯甲烷	
1910.1450	实验室危险化学品的职业暴露	

（1）苯（一般工业，建筑和船厂）（29 CFR 1910.1028）、（29 CFR 1926.1129）和（29 CFR 1015.1028）：标准规定，对每年接触 30 天及以上且达到或超过行动水平的劳动者，或每年接触 10 天及以上且达到或超过 PEL 的劳动者，进行初次和年度疾病和职业史问诊、身体检查，以及全血细胞分类计数和定量的血小板计数。对每年 30 天以上必须佩戴空气呼吸器的劳动者，按上述标准至少每 3 年进行一次肺功能测量。

（2）铅（一般工业和船厂）（29 CFR 1910.1025、29 CFR 1915.1025）：标准要求对每年接触超过行动水平达到 30 天及以上的劳动者进行医学监护。如果血铅含量低于 40μg/100g，要求至少每半年测定 ZPP 与血铅水平、初次和每年的健康检查收集疾病和职业史、进行身体检查及上述血液检查，再加上血红蛋白、红细胞压积及红细胞指数，外周血涂片的形态学分析、尿素氮、尿肌酐以及尿液的显微镜检查。

第九节　中美职业卫生标准工作比较

一、美国职业安全卫生标准管理体制的特点

（一）不设专门的全国性标准化管理机构

NIST 主要从事物理、生物和工程以及测量技术和测试方法的基础和应用研究，提供标准、标准参考数据及有关服务，同时拥有协调、指导、监督联邦各级政府部门标准化相关活动的法律地位，联邦政府各部门通过 NIST 提供的平台与其他部门进行协调。

ANSI 对美国国家标准起着管理和协调作用。尽管 ANSI 是民间标准化组织，没有强制执行的能力，但实际上已成为美国国家标准化中心。ANSI 协调并指导全国标准化活动，为标准制定、研究和使用单位提供帮助，同时也发挥行政管理部门的作用，通过 ANSI 使政府有关系统和民间系统相互配合，起到了联邦政府和民间标准化系统之间的桥梁作用。ANSI 的标准绝大多数来自各专业标准，而各专业学会、协会团体也可依据已有的国家标准制定某些产品标准。ANSI 的标准是自愿采用的，但一旦被法律引用和政府部门制定的标准，一般属强制性标准。

（二）强制标准与推荐标准应用目的明确

一是联邦政府标准体系或公共领域标准体系。一般为强制性标准，主要涉及制造业、交通、环保、食品和药品等。二是非联邦政府标准体系或民间领域标准体系，即各专业标准化团体的专业标准体系，一般为自愿型推荐性标准。

（三）标准颁布和监督机构与研制机构分开设置

美国职业安全卫生标准由 OSHA 颁布，执行情况也由 OSHA 进行监督检查。标准研制除法定授权 NIOSH 外，还有许多私营机构参与标准制定工作。把管理活动与研究工作分开，有助于保证研究的客观性和科学性。

（四）多机构参与标准制定工作

在美国，有许多私营机构参与标准制定工作，其优势一是多机构参与标准制定会促进标准质量的提升，二是可供政府选择的标准建议多，更容易保证标准的接受程度。

二、中美职业接触限值的比较

（一）与 OSHA 比较

我国化学有害因素职业接触限值与美国 OSHA 比较，TWA 值严于 OSHA 的 104 个，较其宽松的 10 个，相等的 40 个；STEL 值严于 OSHA 的 1 个；MAC 值严于 OSHA 上限值的 3 个，相等的 5 个。需要强调的是，OSHA 限值仍然是 1971 年颁布的容许浓度，至今尚未得到及时更新。

（二）与 ACGIH 比较

我国化学有害因素职业接触限值与美国 ACGIH 比较，TWA 值严于 ACGIH 的 88 个，较其宽松的 48 个，相等的 88 个；STEL 值严于 ACGIH 的 32 个，较其宽松的 6 个，相等的 16 个；MAC 值严于 ACGIH 上限值的 4 个，较其宽松的 7 个，相等的 10 个。

（三）与 NIOSH 比较

我国化学有害因素职业接触限值与美国 NIOSH 比较，TWA 值严于 NIOSH 的 76 个，较其宽松的 29 个，相等的 78 个；STEL 值严于 NIOSH 的 25 个，较其宽松的 6 个，相等的 14 个；MAC 值严于 NIOSH 上限值的 7 个，较其宽松的 4 个，相等的 13 个。但需要强调的是，TWA 的基准时间段不同于我国，不是 8 小时而是 10 小时。

三、中国职业卫生标准工作的差距

（一）标准制定发布存在交叉

尽管《职业病防治法》规定，国家职业卫生标准由卫生健康行政部门制定，但实际上仍有交叉。一是国家标准委不顾及法律规定，仍然发布国家职业卫生标准，容易给监管对象对国家标准与国家职业卫生标准的理解执行造成混淆。二是相关监管部门借助监管优势，以行业标准代替国家职业卫生标准，影响国家职业卫生标准的权威性。

（二）安全卫生标准界定不清、重复规定或矛盾

长期以来，各部门各自为战，缺乏相互沟通和合作。在标准研制方面，卫生健康部门在职业卫生标准方面形成优势，安全生产部门则在安全标准方面形成优势，双方缺乏有效的沟通，难免在安全卫生标准领域界定方面理解不一，造成标准重复制定或规定矛盾。

（三）没有形成标准研制队伍技术优势

由于国家专业技术人员考核机制的导向，尤其是 SCI 考评制度使更多的专业技术人员将精力集中于科研成果、论文发表。一些基层单位的人才考核机制倾向于经济效益考核，使得专心致力于标准研制的专业人员不多，形不成专业技术优势。在国家层面，至今尚无一支专门的标准研制机构。这些都导致我国职业卫生标准研制工作滞后。

因此，需要借鉴发达国家经验，根据我国实际情况，加强职业卫生标准研制队伍建设，进一步推进我国职业卫生标准工作。

（李　涛）

附件

附件 3-1　29 CFR 1910—职业安全卫生标准目录

1910 A	通用
1910.1	目的和范围
1910.2	定义
1910.3	标准的签发、修订或废止
1910.4	本部分的修正
1910.5	标准的适用性

续表

1910.6	参考文献整合
1910.7	国家认可检测实验室的定义和要求
附录	OSHA 国家认可的检测实验室的认可流程
1910.8	根据文书削减法的行政管理及预算局控制编号
1910.9	劳动者应当遵守的责任
1910 B	**已制定联邦标准的采纳和推广**
1910.11	范围和目的
1910.12	建筑工作
1910.15	船厂用工
1910.16	装卸和海运码头
1910.17	生效日期
1910.18	已制定的联邦标准的变更
1910.19	对空气污染物的特别规定
1910 C	**预留**
1910.20	重新制定
1910 D	**行走：工作表地面**
1910.21	定义
1910.22	通用要求
1910.23	地板和墙面孔、洞防护
1910.24	固定式工业楼梯
1910.25	便携式木梯子
1910.26	便携式金属梯子
1910.27	固定式梯子
1910.28	脚手架的安全要求
1910.29	手推移动式阶梯式工作台和支架（塔）
1910.30	其他工作表地面
1910 E	**疏散方式**
附录	疏散路线、应急行动计划以及火灾预防计划
1910.33	目录
1910.34	覆盖范围和定义
1910.35	备用疏散路线代码
1910.36	疏散路线的设计和施工要求
1910.37	疏散路线的维护、保障及运行特点
1910.38	紧急行动计划
1910.39	火灾预防计划
1910 F	**电动升降的平台、载人升降机和车载工作平台**
1910.66	建筑物维修的电动升降平台

续表

附录 A	指南（推荐）
附录 B	展示（推荐）
附录 C	个体防坠落系统（部分 I，强制性；部分 II 和 III，非强制性）
附录 D	现有设施（强制性）
1910.67	车载升降和旋转工作平台
1910.68	载人升降机
1910 G	**职业卫生和环境控制**
1910.94	通风
1910.95	职业性噪声暴露
附录 A	噪声暴露的计算
附录 B	听力保护器衰减充分性的估算方法
附录 C	听力测量仪器
附录 D	听力测试室
附录 E	听力计的校准
附录 F	听力图的年龄校正计算与应用
附录 G	噪声水平监测非强制性信息附录
附录 H	引用文件的可用性
附录 I	定义
1910.96	重新制定
1910.97	非电离辐射
1910.98	生效日期
1910 H	**危险材料**
1910.101	压缩气体（通用要求）
1910.102	乙炔
1910.103	氢气
1910.104	氧气
1910.105	氮氧化物
1910.106	易燃液体
1910.107	使用易燃和可燃材料的喷涂
1910.108	预留
1910.109	爆炸及爆炸物
1910.110	液化石油气的存储和处理
1910.111	脱水氨的存储和处理
1910.112	预留
1910.113	预留
1910.119	高危化学品的工艺安全管理
附录 A	高危化学物质、有毒和活性物质名单（强制性）

续表

附录 B	流程框图和简化工艺流程图（非强制性）
附录 C	工艺安全管理的遵守准则及建议（非强制性）
附录 D	更多信息的来源（非强制性）
1910.120	危险性废弃物的操作和应急反应
附录 A	PPE 的检验方法
附录 B	防护及防护装备水平的一般说明和讨论
附录 C	遵守准则
附录 D	参考文献
附录 E	培训课程大纲（非强制性）
1910.121	预留
1910.122	目录
1910.123	浸渍及涂层作业：覆盖范围和定义
1910.124	浸渍及涂层作业的通用要求
1910.125	使用易燃或可燃液体进行浸渍及涂层作业的附加要求
1910.126	特殊浸渍及涂层应用的附加要求
1910 I	**个人防护装备**
附录 A	更多参考信息（非强制性）
附录 B	危害评估和 PPE 选择的执行指南，非强制性
1910.132	通用要求
1910.133	眼睛和面部保护
1910.134	呼吸防护
附录 A	适合性检验附录（强制性）
附录 B-1	佩戴气密性检查附录（强制性）
附录 B-2	呼吸器清洁附录（强制性）
附录 C	OSHA 呼吸器医学评估问卷（强制性）
附录 D	无标准规定时使用呼吸器的信息（强制性）
1910.135	头部保护
1910.136	足部保护
1910.137	电气保护装置
1910.138	手部保护
1910 J	**一般环境管制措施**
1910.141	卫生
1910.142	临时劳动住地
1910.143	无水运输处置系统预留
1910.144	物理危害因素标识的安全色代码
1910.145	事故预防标识和标签规范
附录 A	推荐色编码

附录 B	更多参考信息
1910.146	要求许可的有限空间
附录 A	需要许可的有限空间确定流程图
附录 B	空气监测程序
附录 C	需要许可的有限空间计划举例
附录 D	有限空间进入前的检查表
附录 E	下水道系统入口
附录 F	非强制性附录：救援队或救援服务评价标准
1910.147	危险能量控制（锁定／挂牌）
附录 A	典型的最小锁定程序
1910 K	**医疗与急救**
1910.151	医疗服务和急救
附录 A	急救箱（非强制性）
1910.152	预留
1910 L	**火灾预防**
附录 A	火灾预防
附录 B	国家协商一致标准
附录 C	火灾预防的更多参考信息
附录 D	1910.156 消防队所引用的参考出版物的可用性
附录 E	防护服的检验方法
附录 F	适用于本部分的范围、应用和定义
1910.156	消防队
1910.157	手提式灭火器
1910.158	竖管和软管系统
1910.159	自动喷水灭火系统
1910.160	固定式灭火系统,通用
1910.161	固定式灭火系统,干粉
1910.162	固定式灭火系统,气体灭火剂
1910.163	固定式灭火系统,水雾和泡沫
1910.164	火灾探测系统
1910.165	员工报警系统
1910 M	**压缩气体和空气压缩设备**
1910.166	预留
1910.167	预留
1910.168	预留
1910.169	空气接收器
1910 N	**物料搬运和储存**
1910.176	材料处理,通用

续表

1910.177	多件和单件轮圈轮毂维修
附录A	轨道
附录B	OSHA图表订购信息
1910.178	工业叉车
附录A	工业叉车
1910.179	高架和龙门起重机
1910.180	履带式机车和卡车起重机
1910.181	起重机
1910.183	直升机
1910.184	吊索
1910 O	**机械和机械保护装置**
1910.211	定义
1910.212	所有机械的通用要求
1910.213	木工机械的要求
1910.214	制桶机械
1910.215	砂轮机械
1910.216	橡胶和塑料工业的磨床和研光机
1910.217	机械式冲压机
附录A	对机械压力机现场传感启动装置安全系统认证/验证的强制性要求
附录B	机械压力机现场传感启动装置安全系统认证/验证的非强制指南
附录C	对OSHA第三方认证机构对机械压力机感应启动装置标准认可的强制性要求
附录D	非强制性补充信息
1910.218	锻压机
1910.219	机械动力传动装置
1910 P	**手持和便携式动力工具及其他手持设备**
1910.241	定义
1910.242	手持和便携式动力工具及设备,通用
1910.243	便携式电动工具的防护装置
1910.244	其他便携式工具和设备
1910 Q	**焊接、切割和钎焊**
1910.251	定义
1910.252	通用要求
1910.253	以氧为燃料的气焊与切割
1910.254	电弧焊和切割
1910.255	电阻焊
1910 R	**特殊行业**
1910.261	纸浆、造纸和纸板

续表

1910.262	纺织
1910.263	烘焙设备
1910.264	洗衣机械及其作业
1910.265	锯木厂
1910.266	伐木作业
附录 A	急救箱（强制性）
附录 B	急救箱和心肺复苏培训（强制性）
附录 C	可比较的 ISO 标准（非强制性）
1910.267	预留
1910.268	电信
1910.269	电力系统发电、输电和送电
附录 A	流程图
附录 B	带电部件暴露作业
附录 C	跨步和接触电压保护
附录 D	木杆的检验检测方法
附录 E	燃烧和电弧的预防
附录 F	工作定位设备检验指南
附录 G	参考文件
1910.272	粮食装卸设施
附录 A	谷物处理设施
附录 B	国家协商一致标准
附录 C	更多参考信息
1910 S	**电气**
附录 A	参考文件
附录 B	说明资料预留
附录 C	表格、注意事项和图表预留
1910.301	绪论
1910.302	电力使用系统
1910.303	通用要求
1910.304	布线设计和保护
1910.305	接线方法、组件，和一般用途的设备
1910.306	特定用途的设备和装置
1910.307	危险（分类）场所
1910.308	特殊系统
1910.309	预留
～1910.330	预留
1910.331	范围

续表

1910.332	培训
1910.333	工作实践的选择和运用
1910.334	设备的运用
1910.335	人员保护的安全防护装置
1910.336	预留
～1910.398	预留
1910.399	适用于本部分的定义
1910 T	**商业性潜水作业**
附录 A	可以限定或限制高气压条件接触的条件举例
附录 B	科学潜水指南
附录 C	基于1910.401（a）（3）的潜水教练和潜水指导的替代条件（强制性）
1910.401	范围和应用
1910.402	定义
1910.410	潜水队的资质
1910.420	安全实践手册
1910.421	预潜水程序
1910.422	潜水程序
1910.423	潜水后的程序
1910.424	器械潜水
1910.425	表面供气潜水
1910.426	混合气潜水
1910.427	现场潜水
1910.430	设备
1910.440	记录保持要求
1910.441	生效日期
1910 U ~ V	**预留**
1910 W	**程序标准**
1910 X ~ Y	**预留**
1910 Z	**有毒及有害物质**
1910.1000	空气污染物
表 Z-1	空气污染物限值
表 Z-2	表 Z-2
表 Z-3	矿物粉尘
1910.1001	石棉
附录 A	OSHA 参考方法,强制性
附录 B	石棉采样分析的详细程序,非强制性
附录 C	定性和定量适合性检验程序,强制性

续表

附录 D	医学问卷,强制性
附录 E	X 线胸片的说明及分类,强制性
附录 F	机动车刹车和离合器检查、拆卸、修理及组装的工作实践和工程控制,强制性
附录 G	石棉材料技术信息,非强制性
附录 H	石棉的医学监护指南,非强制性
附录 I	石棉戒烟计划信息,非强制性
附录 J	石棉的偏光显微镜,非强制性
1910.1002	煤焦油沥青挥发物,名词解释
1910.1003	13 种致癌物质(4- 硝基联苯,等)
1910.1004	α- 萘胺
1910.1005	预留
1910.1006	氯甲甲醚
1910.1007	3,3'- 二氯联苯胺(及其盐)
1910.1008	二氯甲醚
1910.1009	β- 萘胺
1910.1010	联苯胺
1910.1011	4- 氨基联苯
1910.1012	氮丙啶
1910.1013	β- 丙内酯
1910.1014	2- 乙酰氨基芴
1910.1015	4- 二甲氨基偶氮苯
1910.1016	N- 二甲基亚硝胺
1910.1017	氯乙烯
附录 A	补充的医学信息
1910.1018	无机砷
附录 A	无机砷物质信息表
附录 B	物质技术指南
附录 C	医学监护指南
1910.1020	员工接触和医疗记录的获得
附录 A	用于将劳动者医学记录信息发布给指定代表的样本授权委托书(非强制性)
附录 B	可用性的 NIOSH 化学物质毒性作用注册表
1910.1025	铅
附录 A	铅接触的材料数据表
附录 B	劳工标准汇总
附录 C	医学监护指南
附录 D	定性的适应性检查
1910.1026	铬(VI)
附录 A	铬(VI)

续表

1910.1027	镉
附录 A	物质安全数据表 - 镉
附录 B	镉的物质技术指南
附录 C	定性和定量的适应性检查
附录 D	参考有关镉接触的职业接触史评估
附录 E	工作场所空气中的镉
附录 F	非强制性生物监测建议
1910.1028	苯
附录 A	物质安全数据表，苯
附录 B	物质技术指南，苯
附录 C	苯的医学监护指南
附录 D	苯监测的采样分析方法及测量附录
附录 E	定性与定量的适合性检验附录
1910.1029	焦炉逸散物
附录 A	焦炉逸散物物质安全数据表
附录 B	工业卫生和医学监护指南
1910.1030	血源性病原体
附录 A	乙肝疫苗效力下降（Declination）（强制性）
1910.1043	棉尘
附录 A	棉尘浓度监测空气采样和分析附录
附录 B-1	呼吸系统问卷
附录 B-2	棉花产业非纺织工人呼吸系统问卷
附录 B-3	简短的呼吸系统问卷
附录 C	男、女性正常肺活量预期表
附录 D	棉尘标准的非功能标准
附录 E	垂直淘析等效协议
1910.1044	1，2- 二溴 -3- 氯丙烷
附录 A	DBCP 物质安全数据表
附录 B	DBCP 物质技术指南
附录 C	DBCP 医学监护指南
1910.1045	丙烯腈
附录 A	丙烯腈物质安全数据表
附录 B	丙烯腈物质技术指南
附录 C	丙烯腈医学监护指南
附录 D	丙烯腈采样及分析方法
1910.1047	环氧乙烷
附录 A	环氧乙烷物质安全数据表（非强制性）

续表

附录 B	环氧乙烷物质技术指南（非强制性）
附录 C	环氧乙烷医学监护指南（非强制性）
附录 D	环氧乙烷采样及分析方法（非强制性）
1910.1048	甲醛
附录 A	甲醛物质技术指南
附录 B	甲醛采样策略及分析方法
附录 C	医学监护：甲醛
附录 D	非强制性医学疾病问卷
附录 E	定性及定量适应性检验附录
1910.1050	二氨基二苯甲烷
附录 A	4,4'二氨基二苯甲烷物质数据表
附录 B	物质技术指南，MDA
附录 C	MDA 医学监护指南
附录 D	MDA 监测采样及分析方法及测量附录
附录 E	定性及定量适应性检验附录
1910.1051	1,3-丁二烯
附录 A	1,3-丁二烯物质安全数据表（非强制性）
附录 B	1,3-丁二烯物质技术指南（非强制性）
附录 C	1,3-丁二烯医学筛检和监护指南（非强制性）
附录 D	1,3-丁二烯采样及分析方法（非强制性）
附录 E	呼吸器适应性检验附录（强制性）
附录 F	医学问卷（非强制性）
1910.1052	二氯甲烷
附录 A	二氯甲烷物质安全数据表及技术指南
附录 B	二氯甲烷医学监护
附录 C	问答：家具喷漆中的二氯甲烷控制
1910.1096	电离辐射
1910.1200	风险沟通
附录 A	健康危害标准（强制性）
附录 B	身体标准（强制性）
附录 C	标签单元配置（强制性）
附录 D	安全数据表（强制性）
附录 E	行业秘密的定义（强制性）
附录 F	危害分类指南：致癌性（非强制性）
1910.1201	DOT 标志、标牌和标签的预留
1910.1450	实验室有害化学品的职业接触
附录 A	美国国家研究委员会关于化学实验室的建议（非强制性）
附录 B	参考文献（非强制性）

附件 3-2 29 CFR 1926—建筑安全卫生标准目录

1926 A	通用
1926.1	目的和范围
1926.2	安全标准与卫生标准的差异
1926.3	监察：进入权
1926.4	用于安全卫生标准实施的行政裁决规则
1926.5	根据文书削减法的行政管理及预算局控制编号
1926 B	**通用说明**
1926.10	各部分的范围
1926.11	法律第 103 条覆盖范围
1926.12	1950 年第 14 号重组计划
1926.13	法定条款的解释
1926.14	"混合"型联邦合同的执行
1926.15	服务合同法的关系；Walsh-Healey 公共合同法
1926.16	建筑规则
1926 C	**通用安全卫生规定**
1926.20	一般安全卫生规定
1926.21	安全培训和教育
1926.22	伤害的记录和报告预留
1926.23	急救和医学关怀
1926.24	消防安全和预防
1926.25	内务管理
1926.26	照明
1926.27	卫生
1926.28	个人防护设备
1926.29	可接受的认证
1926.30	造船和修船
1926.31	以参考方式纳入
1926.32	定义
1926.33	员工接触和医疗记录的获取
1926.34	疏散方式
1926.35	员工应急行动计划
1926 D	**职业卫生和环境控制**
1926.50	医疗服务和急救
1926.51	卫生
1926.52	职业性噪声接触
1926.53	电离辐射

1926.54	非电离辐射
1926.55	气体、蒸气、烟雾、粉尘及雾
1926.56	照明
1926.57	通风
1926.58	预留
1926.59	危险沟通
1926.60	甲烷
1926.61	DOT 标志、标牌和标签预留
1926.62	铅
1926.64	高度危险化学物质的工艺安全管理
1926.65	危险废物作业和应急反应
1926.66	喷漆室的设计与施工标准
1926 E	**个人保护设备和救生设备**
1926.95	个人防护装备标准
1926.96	职业性足的保护
1926.97	预留
1926.98	预留
1926.99	预留
1926.100	头部保护
1926.101	听力保护
1926.102	眼睛和面部保护
1926.103	呼吸道保护
1926.104	安全带、救生索及吊带
1926.105	安全网
1926.106	在水上或靠近水的地方工作
1926.107	适用于本部分的定义
1926 F	**防火**
1926.150	消防安全
1926.151	防火
1926.152	易燃和可燃液体
1926.153	液化石油气（液化石油气）
1926.154	临时加热装置
1926.155	适用于本部分的定义
1926.156	固定灭火系统,通用
1926.157	固定灭火系统、气体
1926.158	火灾检测系统
1926.159	员工报警系统

续表

1926 G	标识、信号和路障
1926.200	事故预防标识和标牌
1926.201	信号
1926.202	路障
1926.203	适用于本部分的定义
1926 H	**物料搬运、存储、使用和处置**
1926.250	存储的通用要求
1926.251	物料搬运的传动装置
1926.252	废旧物资的处置
1926 I	**工具 - 手工和动力**
1926.300	通用要求
1926.301	手工具
1926.302	电动手工具
1926.303	砂轮和工具
1926.304	木工工具
1926.305	千斤顶 - 杠杆和棘轮、螺杆和液压
1926.306	空气接收器
1926.307	机械动力传动装置
1926 J	**焊接和切割**
1926.350	气焊与切割
1926.351	电弧焊和切割
1926.352	防火
1926.353	通风和焊接、切割和加热的保护
1926.354	防腐涂料方式的焊接、切割和加热
1926 K	**电气**
1926.400	导论
1926.401	预留
1926.402	适用性
1926.403	通用要求
1926.404	布线设计与保护
1926.405	接线方法、组件和一般用途的设备
1926.406	具体用途的设备和设施
1926.407	危险（分类）的位置
1926.408	特殊系统
1926.409 ～1926.415	预留
1926.416	通用要求

1926.417	电路的锁定和标签
1926.418 ～1926.430	预留
1926.431	设备维护
1926.432	设备的环境恶化
1926.433 ～1926.440	预留
1926.441	电池和电池充电
1926.442 ～1926.448	预留
1926.449	适用于本部分的定义
1926 L	**脚手架**
附录 A	脚手架规范
附录 B	脚手架安装及拆卸人员安全进入及跌落保护可行性检测标准
附录 C	国家协商一致的标准清单
附录 D	脚手架安装和拆卸人员培训内容清单
附录 E	图纸和插图
1926.450	适用于本部分的范围、应用程序和定义
1926.451	通用要求
1926.452	适用于特定类型脚手架的附加要求
1926.453	高空作业平台
1926.454	培训要求
1926 M	**坠落防护**
附录 A	顶板宽度检测 - 符合 1926.501（b）（10）的非强制性指南
附录 B	护栏系统 - 符合 1926.502（b）的非强制性指南
附录 C	个人坠落阻止装置 - 符合 1926.502（d）的非强制性指南
附录 D	定位装置系统 - 符合 1926.502（e）的非强制性指南
附录 E	跌落防护计划范例 - 符合 1926.502（k）的非强制性指南
1926.500	适用于本部分的范围、应用程序和定义
1926.501	坠落预防职责
1926.502	跌落防护标准体系及实践
1926.503	培训要求
1926 N	**起重机、井架、卷扬机、电梯和输送机**
1926.550	吊车和起重机
1926.551	直升机
1926.552	物料升降机、人员升降机和电梯
1926.553	基座固定卷筒提升机

续表

1926.554	架空吊重机
1926.555	输送机
1926.556	删除
1926 O	**机动车辆、机械化设备和海洋作业**
1926.600	设备
1926.601	机动车辆
1926.602	物料搬运设备
1926.603	打桩设备
1926.604	现场清理
1926.605	海洋作业和设备
1926.606	适用于本部分的定义
1926 P	**挖掘**
附录 A	土壤分类
附录 B	斜面、工作台
附录 C	探槽的木料支柱
附录 D	探槽的铝合金液压支柱
附录 E	木料支柱的替代物
附录 F	防护系统的选择
1926.650	适用于本部分的范围、应用程序和定义
1926.651	特殊挖掘要求
1926.652	防护系统要求
1926 Q	**混凝土和砌体结构**
附录 A	1926Q 的参考文献
1926.700	范围、应用和适用于本部分的定义
1926.701	通用要求
1926.702	对设备和工具的要求
1926.703	对就地浇筑混凝土的要求
1926.704	对预制混凝土的要求
1926.705	对升板施工作业的要求
1926.706	对砌体结构的要求
1926 R	**钢结构安装**
附录 A	定点施工计划内容制定指南：非强制性执行 1926.752（E）的指南
附录 B	用于行走 / 工作面抗滑性测试的可接受的检验方法：非强制性执行 1926.754（C）（3）的指南
附录 C	桥接总站点图示：非强制性执行 1926.757（A）（10）和 1926.757（C）（5）的指南
附录 D	使用控制线区分控制甲板区（CDZS）图示：非强制性执行 1926.760（C）（3）的指南
附录 E	培训：用于执行 1926.761 的非强制性指南

续表

附录 F	边梁柱：用于执行 §1926.756（e）以保护未受保护侧或行走／工作面边缘的非强制性指南
附录 G	1926.502 跌落防护系统标准及实践
附录 H	双连接：夹端连接和交错连接图例：用于执行 §1926.756（c）（1）的非强制性指南
1926.750	范围
1926.751	定义
1926.752	现场布局、定点施工计划及施工顺序
1926.753	吊装和索具
1926.754	钢结构组装
1926.755	柱锚固
1926.756	梁、柱
1926.757	开放式钢托梁
1926.758	金属建筑物的系统设计
1926.759	落物防护
1926.760	防坠落
1926.761	培训
1926 S	**地下工程（隧道和通风井）、沉箱、围堰、压缩空气**
附录 A	减压表
1926.800	地下建筑
1926.801	沉箱
1926.802	围堰
1926.803	压缩空气
1926.804	适用于本部分的定义
1926 T	**拆除**
1926.850	筹备行动
1926.851	阶梯、通道和梯子
1926.852	溜槽
1926.853	通过楼板开孔拆除材料
1926.854	围墙、砖石部分及烟囱拆除
1926.855	楼板的手工拆除
1926.856	墙壁、地板和材料与设备的拆除
1926.857	存储
1926.858	钢结构建筑的拆除
1926.859	机械拆除
1926.860	选择性爆炸物拆除
1926 U	**爆破和爆炸物使用**
1926.900	通用规定
1926.901	爆破工资格

续表

1926.902	炸药的地面运输
1926.903	炸药的地下运输
1926.904	炸药及爆破剂的存储
1926.905	炸药或爆破剂的填充
1926.906	炸药启动 - 电爆破
1926.907	使用保险丝
1926.908	使用爆炸引线
1926.909	点火爆破
1926.910	爆破后的检查
1926.911	未起爆
1926.912	水下爆破
1926.913	压缩空气下挖掘工作中的爆炸
1926.914	适用于本部分的定义
1926 V	**输电与配电**
1926.950	通用要求
1926.951	工具和防护设备
1926.952	机械设备
1926.953	物料搬运
1926.954	用于保护雇员的接地
1926.955	架空线
1926.956	地铁线路
1926.957	变电站带电建设
1926.958	外部负载直升机
1926.959	架线工身体安全带、安全带和吊带
1926.960	适用于本部分的定义
1926 W	**翻转保护结构；架空防护**
1926.1000	材料处理设备的翻转防护结构（ROPS）
1926.1001	用于指定的铲运机、装载机、推土机、平地机及履带式拖拉机的翻转保护结构的最低性能标准
1926.1002	建筑用轮式农业和工业拖拉机保护框架
1926.1003	农业和工业拖拉机司机的架空保护
1926 X	**阶梯和梯子**
附录 A	梯子
1926.1050	适用于本部分的范围、应用程序和定义
1926.1051	通用要求
1926.1052	阶梯
1926.1053	梯子

续表

1926.1054 ~1926.1059	预留
1926.1060	培训要求
1926 Y	**商业潜水作业**
附录 A	可限定或限制高压环境接触的条件举例
附录 B	科学潜水指南
1926.1071	范围和应用程序
1926.1072	定义
1926.1076	潜水队的资格
1926.1080	安全操作手册
1926.1081	潜水前程序
1926.1082	潜水时的程序
1926.1083	潜水后的程序
1926.1084	穿戴器械的潜水
1926.1085	水面供气式潜水
1926.1086	混合气潜水
1926.1087	住划船
1926.1090	设备
1926.1091	档案保存的要求
1926.1092	生效日期
1926 Z	**有毒、有害物质**
1926.1100	预留
1926.1101	石棉
1926.1102	煤焦油沥青挥发物；名词解释
1926.1103	13 种致癌物（4- 硝基联苯等）
1926.1104	α- 萘胺
1926.1105	预留
1926.1106	氯甲甲醚
1926.1107	3.3'- 二氯联苯胺（及其盐）
1926.1108	顺 - 氯甲醚
1926.1109	β- 萘胺
1926.1110	联苯胺
1926.1111	4- 氨基联苯
1926.1112	氮丙啶
1926.1113	β- 丙内酯
1926.1114	2- 乙酰氨基芴
1926.1115	4- 二甲基氨基偶氮苯

1926.1116	N- 亚硝基二甲胺
1926.1117	氯乙烯
1926.1118	无机砷
1926.1127	镉
1926.1128	苯
1926.1129	焦炉逸散物
1926.1144	1，2- 二溴 -3- 氯丙烷
1926.1145	丙烯腈
1926.1147	环氧乙烷
1926.1148	甲醛
1926.1152	二氯甲烷
1926 附录 A	通用产业标准纳入建筑标准的指定
1926 附录 B	建筑业安全卫生条例的主题索引

附件 3-3　29 CFR 1910—1000 空气污染物

劳动者接触以下表 Z-1、Z-2 或 Z-3 所列的任何物质都应加以限制，以使其符合下列各款的要求。

1. 表 Z-1

（1）标注有"C"的物质：适用使用上限值。劳动者接触表 Z-1 中标注有"C"的物质，在一个工作日中的任何时间的接触都不能超过该物质的接触限值。如果不能进行瞬时监测，应当 15 分钟时间加权平均接触进行评估。

（2）标注有"C"的其他物质：适宜使用 8 小时时间加权平均值。劳动者接触表 Z-1 中未标注有"C"的物质，在 40 小时工作周中，任何 8 小时工作班都不能超过该物质的 8 小时时间加权平均值。

2. 表 Z-2　劳动者接触表 Z-2 中所列出的任何物质，都不应超过以下接触限值：

（1）8 小时时间加权平均值。劳动者接触表 Z-2 中列出的任何物质，在 40 小时工作周中，任何 8 小时工作班都不能超过表 Z-2 所列出物质的 8 小时时间加权平均值。

（2）可接受的上限浓度。劳动者接触表 Z-2 所列的物质，在 8 小时工作班的任何时间都不应超过表中所列的该物质可接受的上限浓度，除非浓度的增加和持续时间未超过容许的最大持续时间和浓度（8 小时工作班可接受上限浓度以上的可接受的最大峰值）。

（3）举例：劳动者在 8 小时工作班期间接触 A 物质（TWA 为 10ppm，上限值为 25ppm，峰值为 50ppm）的浓度 >25ppm（但未超过 50ppm），最大接触时间仅为 10 分钟，则该接触必须通过 <10ppm 的接触浓度补偿，以使得整个 8 小时工作班的累积接触的加权平均不超过 10ppm。

3. 表 Z-3　劳动者接触表 Z-3 中所列的任何物质，在 40 小时工作周的任何 8 小时工作班中，都不应超过该物质的 8 小时时间加权平均值。

4. 计算公式　以下公式适用于劳动者接触在 29 CFR 1910 Z 部分列出 8 小时时间加权

平均的物质，以用于确定劳动者的接触是否超过监管限值，如下所示。

（1）8小时工作班的累积接触

应按以下计算：

$$E=(C_aT_a+C_bT_b+......C_nT_n)\div 8$$

其中：

E：工作班接触的时间加权平均浓度。

C：在时间 T 期间的持续浓度。

T：在浓度 C 时以小时表示的接触时间。

E 值不得超过 29 CFR 1910 Z 部分规定的该物质的 8 小时时间加权平均值。

例：假设物质 A 的 8 小时时间加权平均值为 100ppm，劳动者实际接触情况如下：

接触浓度为 150ppm 的时间为 2 小时

接触浓度为 75ppm 的时间为 2 小时

接触浓度为 50ppm 的时间为 4 小时

将这些信息代入公式，则

$$E=(2\times 150+2\times 75+4\times 50)\div 8=81.25ppm$$

因为 81.25ppm 小于 8 小时时间加权平均值 100ppm，所以该接触是可以接受的。

（2）在接触混合空气污染物时，应按下式计算接触的时间加权平均浓度：

$$Em=(C_1\div L_1+C_2\div L_2+......C_n\div L_n)$$

其中：

Em：接触该混合物的时间加权平均浓度。

C：接触某种污染物的浓度。

L：29 CFR 1910 Z 部分规定的该物质的接触限值。

Em 值不得超过 1。

例：接触情况如下：

物质	实际 8 小时接触浓度（ppm）	8 小时 PEL-TWA（ppm）
B	500	1000
C	45	200
D	40	200

代入公式，则

$$Em=500\div 1000+45\div 200+40\div 200$$
$$Em=0.500+0.225+0.200$$
$$Em=0.925$$

由于 Em 小于 1，则该混合物接触在可接受限值内。

5. **使用注意事项**　为遵守以上规定，必须首先确定实施管理控制和工程控制措施的可行性。当控制措施不能完全符合要求时，应使用防护设施或任何其他防护措施，以保持劳动者接触空气污染物的浓度在规定的限值内。每次用于此目的的所有设备和（或）技术措施的应用时，必须经注册工业卫生师或合格的其他技术人员批准。使用呼吸器时应符合 1910.134。

生效日期：提出的接触限值与相应方法自 1971 年 5 月 29 日起生效。

表 Z-1 空气污染物的限值

中文名	英文名	CAS 号(c)	ppm(a)1	mg/m³(b)1	皮肤标注	备注
乙醛	Acetaldehyde	75-07-0	200	360		
乙酸	Acetic acid	64-19-7	10	25		
乙酸酐	Acetic anhydride	108-24-7	5	20		
丙酮	Acetone	67-64-1	1000	2400		
乙腈	Acetonitrile	75-05-8	40	70		
2-乙酰氨基芴	2-Acetylaminofluorene	53-96-3				1910.1014
四溴乙烷	Acetylene tetrabromide	79-27-6	1	14		
丙烯醛	Acrolein	107-02-8	0.1	0.25		
丙烯酰胺	Acrylamide	79-06-1		0.3	皮肤	
丙烯腈	Acrylonitrile	107-13-1			皮肤	1910.1045
艾氏剂；阿特灵	Aldrin	309-00-2		0.25	皮肤	
丙烯醇	Allyl alcohol	107-18-6	2	5	皮肤	
酰丙烯	Allyl chloride	107-05-1	1	3		
烯丙基缩水甘油醚	Allyl glycidyl ether (AGE)	106-92-3	(C)10	(C)45		
烯丙基二硫醚	Allyl propyl disulfide	2179-59-1	2	12		
α-氧化铝	alpha-Alumina	1344-28-1				
总粉尘	Total dust			15		
呼吸性组分	Respirable fraction			5		
铝，金属（以铝计）	Aluminum, metal (as Al)	7429-90-5				
总粉尘	Total dust			15		
呼吸性组分	Respirable fraction			5		
4-氨基联苯	4-Aminobiphenyl	92-67-1				1910.1011
2-氨基吡啶	2-Aminopyridine	504-29-0	0.5	2		
氨	Ammonia	7664-41-7	50	35		

续表

中文名	物质 英文名	CAS 号[c]	ppm[a]1	mg/m³[b]1	皮肤标注	备注
氨基磺酸铵	Ammonium sulfamate	7773-06-0				
总粉尘	Total dust			15		
呼吸性组分	Respirable fraction			5		
乙酸戊酯	n-Amyl acetate	628-63-7	100	525		
乙酸仲戊酯	sec-Amyl acetate	626-38-0	125	650		
苯胺及其同系物	Aniline and homologs	62-53-3	5	19	皮肤	
胺苯甲基醚（邻、对异构体）	Anisidine (o-, p-isomers)	29191-52-4		0.5	皮肤	
锑及其氧化物（以锑计）	Antimony and compounds (as Sb)	7440-36-0		0.5		
安妥（α-萘硫脲）	ANTU (alpha Naphthylthiourea)	86-88-4		0.3		
砷，无机化合物（以砷计）	Arsenic, inorganic compounds (as As)	7440-38-2				1910.1018
砷，有机化合物（以砷计）	Arsenic, organic compounds (as As)	7440-38-2		0.5		
砷化氢	Arsine	7784-42-1	0.05	0.2		
石棉[4]	Asbestos[4]	依化合物不同				1910.1001
谷硫磷	Azinphos-methyl	86-50-0		0.2	皮肤	
钡，可溶性化合物（以钡计）	Barium, soluble compounds (as Ba)	7440-39-3		0.5		
硫酸钡	Barium sulfate	7727-43-7				
总粉尘	Total dust			15		
呼吸性组分	Respirable fraction			5		
苯菌灵	Benomyl	17804-35-2				
总粉尘	Total dust			15		
呼吸性组分	Respirable fraction			5		
苯：适用于 1910.1028 未列作业或部门的限值[d]，见表 Z-2	Benzene; See Table Z-2 for the limits applicable in the operations or sectors excluded in 1910.1028[d]	71-43-2				1910.1028
联苯胺	Benzidine	92-87-5				1910.1010
过氧化苯甲酰	Benzoyl peroxide	94-36-0		5		

108

续表

中文名	物质 英文名	CAS 号[c]	ppm[a]1	mg/m³[b]1	皮肤标注	备注
苄基氯	Benzyl chloride	100-44-7	1	5		
铍及其化合物（以铍计）	Beryllium and beryllium compounds（as Be）	7440-41-7		(2)		见表 Z-2
碲化铋，无掺杂	Bismuth telluride, undoped	1304-82-1				
总粉尘	Total dust			15		
呼吸性组分	Respirable fraction			5		
三氧化二硼	Boron oxide	1303-86-2				
总粉尘	Total dust			15		
三氟化硼	Boron trifluoride	7637-07-2	(C) 1	(C) 3		
溴	Bromine	7726-95-6	0.1	0.7		
三溴甲烷	Bromoform	75-25-2	0.5	5	皮肤	
丁二烯（1，3- 丁二烯）	Butadiene（1, 3-Butadiene）	106-99-0	1000	2200		
2- 丁酮（甲乙酮）	2-Butanone（Methyl ethyl ketone）	78-93-3	200	590		
2- 乙二醇单丁醚	2-Butoxy ethanol	111-76-2	50	240	皮肤	
n- 丁基乙酸酯	n-Butyl-acetate	123-86-4	150	710		
乙酸仲丁酯	sec-Butyl acetate	105-46-4	200	950		
乙酸叔丁酯	tert-Butyl acetate	540-88-5	200	950		
n- 丁基乙醇	n-Butyl alcohol	71-36-3	100	300		
仲丁醇	sec-Butyl alcohol	78-92-2	150	450		
叔丁醇	tert-Butyl alcohol	75-65-0	100	300		
正丁胺	Butylamine	109-73-9	(C) 5	(C) 15	皮肤	
铬酸叔丁酯（以 CrO₃ 计）	tert-Butyl chromate（as CrO₃）	1189-85-1				1910.1026 6
n- 丁基缩水甘油醚（BGE）	n-Butyl glycidyl ether（BGE）	2426-08-6	50	270		
丁硫醇	Butyl mercaptan	109-79-5	10	35		
丁硫醇；见丁硫醇	Butanethiol; see Butyl mercaptan					

续表

中文名	英文名	CAS号(c)	ppm(a)1	mg/m³(b)1	皮肤标注	备注
对-叔丁基甲苯	p-tert-Butyltoluene	98-51-1	10	60		
镉（以Cd计）	Cadmium (as Cd)	7440-43-9				1910.1027
碳酸钙	Calcium carbonate	1317-65-3				
总粉尘	Total dust			15		
呼吸性组分	Respirable fraction			5		
氢氧化钙	Calcium hydroxide	1305-62-0				
总粉尘	Total dust			15		
呼吸性组分	Respirable fraction			5		
氧化钙	Calcium oxide	1305-78-8		5		
硅酸钙	Calcium silicate	1344-95-2				
总粉尘	Total dust			15		
呼吸性组分	Respirable fraction			5		
硫酸钙	Calcium sulfate	7778-18-9				
总粉尘	Total dust			15		
呼吸性组分	Respirable fraction			5		
樟脑，合成	Camphor, synthetic	76-22-2		2		
西维因	Carbaryl (Sevin)	63-25-2		5		
炭黑	Carbon black	1333-86-4		3.5		
二氧化碳	Carbon dioxide	124-38-9	5000	9000		
二硫化碳	Carbon disulfide	75-15-0		(2)		见表Z-2
一氧化碳	Carbon monoxide	630-08-0	50	55		
四氯化碳	Carbon tetrachloride	56-23-5		(2)		见表Z-2
纤维素	Cellulose	9004-34-6				
总粉尘	Total dust			15		

续表

物质		CAS 号(c)	ppm(a)1	mg/m³(b)1	皮肤标注	备注
中文名	英文名					
呼吸性组分	Respirable fraction			5		
氯丹	Chlordane	57-74-9		0.5	皮肤	
氯化莰	Chlorinated camphene	8001-35-2		0.5	皮肤	
六氯氧化二苯	Chlorinated diphenyl oxide	55720-99-5		0.5		
氯	Chlorine	7782-50-5	(C)1	(C)3		
二氧化氯	Chlorine dioxide	10049-04-4	0.1	0.3		
三氟化氯	Chlorine trifluoride	7790-91-2	(C)0.1	(C)0.4		
氯乙醛	Chloroacetaldehyde	107-20-0	(C)1	(C)3		
a-氯代苯乙酮（氯苯乙酮）	a-Chloroacetophenone (Phenacyl chloride)	532-27-4	0.05	0.3		
氯苯	Chlorobenzene	108-90-7	75	350		
邻氯苯叉缩丙二腈	o-Chlorobenzylidene malononitrile	2698-41-1	0.05	0.4		
氯溴甲烷	Chlorobromomethane	74-97-5	200	1050		
氯化联苯（42%氯）(PCB)	Chlorodiphenyl (42% Chlorine)(PCB)	53469-21-9		1	皮肤	
氯化联苯（54%氯）(PCB)	Chlorodiphenyl (54% Chlorine)(PCB)	11097-69-1		0.5	皮肤	
2-氯乙醇；见氯乙醇	2-Chloroethanol; see Ethylene chlorohydrin					
氯乙烯；见氯乙烯	Chloroethylene; see Vinyl chloride					
氯仿（三氯甲烷）	Chloroform (Trichloromethane)	67-66-3	(C)50	(C)240		
二氯甲醚	bis (Chloromethyl) ether	542-88-1				1910.1008
氯甲基醚	Chloromethyl methyl ether	107-30-2				1910.1006
1-氯-1-硝基丙烷	1-Chloro-1-nitropropane	600-25-5	20	100		
三氯硝基甲烷	Chloropicrin	76-06-2	0.1	0.7		
β-氯丁二烯	beta-Chloroprene	126-99-8	25	90	皮肤	
2-氯-1,3-丁二烯；见 β-氯丁二烯	2-Chloro-1, 3-butadiene; see beta-Chloroprene.					
2-氯-6-三氯甲基吡啶	2-Chloro-6- (trichloromethyl) pyridine	1929-82-4				

续表

物质 中文名	英文名	CAS 号[c]	ppm[a]1	mg/m³[b]1	皮肤标注	备注
总粉尘	Total dust			15		
呼吸性组分	Respirable fraction			5		
铬酸及铬酸盐（以CrO₃计）	Chromic acid and chromates (as CrO₃)	依化合物不同				见表Z-2
铬（II）化合物（以Cr计）	Chromium (II) compounds (as Cr)	7440-47-3		0.5		
铬（III）化合物（以Cr计）	Chromium (III) compounds. (as Cr)	7440-47-3		0.5		
铬金属及其难溶性盐（以Cr计）	Chromium metal and insol. salts (as Cr)	7440-47-3		1		
氯吡啶	Clopidol	2971-90-6		15		
总粉尘	Total dust			15		
呼吸性组分	Respirable fraction			5[3]		
煤尘（SiO2<5%），呼吸性组分	Coal dust (less than 5% SiO2), respirable fraction			(3)		见表Z-3
煤尘（SiO2≥5%），呼吸性组分	Coal dust (greater than or equal to 5% SiO2), respirable fraction			(3)		见表Z-3
煤焦油沥青挥发物（苯溶性组分）、蒽、BaP、吖啶、菲、苊、屈	Coal tar pitch volatiles (benzene soluble fraction), anthracene, BaP, phenanthrene, acridine, chrysene, pyrene	65966-93-2		0.2		
屈：见Coal tar pitch挥发物	Chrysene; see Coal tar pitch volatiles					
苯并(a)芘（见Coal tar pitch挥发物）	Benzo(a) pyrene; see Coal tar pitch volatiles					
钴金属，粉尘和烟（以钴计）	Cobalt metal, dust, and fume (as Co)	7440-48-4		0.1		
焦炉逸散物	Coke oven emissions					1910.1029
铜	Copper	7440-50-8				
烟（以铜计）	Fume (as Cu)			0.1		
粉尘和雾（以铜计）	Dusts and mists (as Cu)			1		
棉尘[e]	Cotton dust[e]			1		1910.1043
2氯全隆（赛松钠）	Crag herbicide (disul sodium)	136-78-7		15		
总粉尘	Total dust			15		

续表

中文名	物质 英文名	CAS 号[c]	ppm[a]1	mg/m³[b]1	皮肤标注	备注
呼吸性组分	Respirable fraction			5		
甲酚，全部异构体	Cresol, all isomers	1319-77-3	5	22	皮肤	
巴豆醛	Crotonaldehyde	123-73-9; 4170-30-3	2	6		
异丙苯	Cumene	98-82-8	50	245	皮肤	
氰化物（以 CN 计）	Cyanides (as CN)	依化合物不同		5	皮肤	
环己烷	Cyclohexane	110-82-7	300	1050		
环己醇	Cyclohexanol	108-93-0	50	200		
环己酮	Cyclohexanone	108-94-1	50	200		
环己烯	Cyclohexene	110-83-8	300	1015		
环戊二烯	Cyclopentadiene	542-92-7	75	200		
2,4-D（二氯苯氧乙酸）	2, 4-D (Dichlorophenoxyacetic acid)	94-75-7		10		
癸硼烷	Decaborane	17702-41-9	0.05	0.3	皮肤	
内吸磷（地灭通）	Demeton (Systox)	8065-48-3		0.1	皮肤	
二丙酮醇（4-羟基-4-甲基-2-戊酮）	Diacetone alcohol (4-Hydroxy-4-methyl-2-pentanone)	123-42-2	50	240		
重氮甲烷	Diazomethane	334-88-3	0.2	0.4		
乙硼烷	Diborane	19287-45-7	0.1	0.1		
1, 2-二溴-3-氯丙烷（DBCP）	1, 2-Dibromo-3-chloropropane (DBCP)	96-12-8				1910.1044
磷酸二丁酯	Dibutyl phosphate	107-66-4	1	5		
苯二甲酸正丁酯	Dibutyl phthalate	84-74-2		5		
邻-二氯苯	o-Dichlorobenzene	95-50-1	(C) 50	(C) 300		
对-二氯苯	p-Dichlorobenzene	106-46-7	75	450		
3, 3'-二氯联苯胺	3, 3'-Dichlorobenzidine	91-94-1				1910.1007
二氯二氟甲烷	Dichlorodifluoromethane	75-71-8	1000	4950		
1, 3-二氯-5, 5-二甲基乙内酰脲	1, 3-Dichloro-5, 5-dimethyl hydantoin	118-52-5		0.2		

113

续表

物质		CAS 号[c]	ppm[a]1	mg/m³[b]1	皮肤标注	备注
中文名	英文名					
滴滴涕(二氯二苯基三氯乙烷)	Dichlorodiphenyltrichloroethane (DDT)	50-29-3		1	皮肤	
1,1-二氯乙烷	1,1-Dichloroethane	75-34-3	100	400		
1,2-二氯乙烯;二氯乙炔	1,2-Dichloroethylene	540-59-0	200	790	皮肤	
二甲醚	Dichloroethyl ether	111-44-4	(C)15	(C)90		
二氯一氟甲烷	Dichloromonofluoromethane	75-43-4	1000	4200		
1,1-二氯-1-硝基乙烷	1,1-Dichloro-1-nitroethane	594-72-9	(C)10	(C)60		
1,2-二氯丙烷;见二氯丙烯	1,2-Dichloropropane; see Propylene dichloride					
二氯四氟乙烷	Dichlorotetrafluoroethane	76-14-2	1000	7000		
敌敌畏	Dichlorvos (DDVP)	62-73-7		1	皮肤	
二茂铁	Dicyclopentadienyl iron	102-54-5				
总粉尘	Total dust			15		
呼吸性组分	Respirable fraction			5		
狄氏剂	Dieldrin	60-57-1		0.25	皮肤	
二乙胺	Diethylamine	109-89-7	25	75		
2-二乙氨基乙醇	2-Diethylaminoethanol	100-37-8	10	50	皮肤	
二乙醚;见乙醚	Diethyl ether; see Ethyl ether					
二氟二溴甲烷	Difluorodibromomethane	75-61-6	100	860		
二缩水甘油醚(DGE)	Diglycidyl ether (DGE)	2238-07-5	(C)0.5	(C)2.8		
对苯二酚;见氢醌	Dihydroxybenzene; see Hydroquinone					
二异丁基酮	Diisobutyl ketone	108-83-8	50	290		
二异丙胺	Diisopropylamine	108-18-9	5	20	皮肤	
对二甲胺基偶氮苯	4-Dimethylaminoazobenzene	60-11-7			皮肤	1910.1015
二甲氧基甲烷;见甲缩醛	Dimethoxymethane; see Methylal					
二甲基乙酰胺	Dimethyl acetamide	127-19-5	10	35	皮肤	

续表

物质 中文名	英文名	CAS 号[c]	ppm[a]1	mg/m³[b]1	皮肤标注	备注
二甲胺	Dimethylamine	124-40-3	10	18		
二甲基苯胺；见二甲代苯胺	Dimethylaminobenzene; see xylidine					
二甲基苯胺（N, N-二甲基苯胺）	Dimethylaniline (N, N-Dimethylaniline)	121-69-7	5	25	皮肤	
二甲苯；见二甲苯	Dimethylbenzene; see xylene					
二溴磷	Dimethyl-1, 2-dibromo-2, 2-dichloroethyl phosphate	300-76-5		3		
二甲基甲酰胺	Dimethylformamide	68-12-2	10	30	皮肤	
2, 6-二甲基-4-庚酮；见二异丁基酮	2, 6-Dimethyl-4-heptanone; see Diisobutyl ketone					
1, 1-二甲基肼	1, 1-Dimethylhydrazine	57-14-7	0.5	1	皮肤	
邻苯二甲酸酯	Dimethylphthalate	131-11-3		5		
硫酸二甲酯	Dimethyl sulfate	77-78-1	1	5	皮肤	
二硝基苯（所有异构体）	Dinitrobenzene (all isomers)	528-29-0; 99-65-0; 100-25-4		1	皮肤	
二硝基邻甲酚	Dinitro-o-cresol	534-52-1		0.2	皮肤	
二硝基甲苯	Dinitrotoluene	25321-14-6		1.5	皮肤	
二噁烷（二氧化二乙烯）	Dioxane (Diethylene dioxide)	123-91-1	100	360	皮肤	
联苯	Diphenyl (Biphenyl)	92-52-4	0.2	1		
联苯	Biphenyl; see Diphenyl					
二苯基甲烷二异氰酸酯；见亚甲基双苯基异氰酸酯	Diphenylmethane diisocyanate; see Methylene bisphenyl isocyanate					
二丙二醇甲醚	Dipropylene glycol methyl ether	34590-94-8	100	600	皮肤	
邻苯二甲酸二辛酯	Di-sec octyl phthalate (Di- (2-ethylhexyl) phthalate)	117-81-7		5		
金刚砂	Emery	12415-34-8				
总粉尘	Total dust			15		
呼吸性组分	Respirable fraction			5		
异狄氏剂	Endrin	72-20-8		0.1	皮肤	

续表

中文名	英文名	CAS号(c)	ppm(a)1	mg/m³(b)1	皮肤标注	备注
环氧氯丙烷	Epichlorohydrin	106-89-8	5	19	皮肤	
1-氯-2,3-环氧丙烷; 见环氧氯丙烷	1-Chloro-2,3-epoxypropane; see Epichlorohydrin					
苯硫磷	EPN	2104-64-5		0.5	皮肤	
1,2-环氧丙烷; 见环氧丙烷	1,2-Epoxypropane; see Propylene oxide					
2,3-环氧-1-丙醇; 见缩水甘油	2,3-Epoxy-1-propanol; see Glycidol					
乙硫醇; 见乙基硫醇	Ethanethiol; see Ethyl mercaptan					
乙醇胺; 2-氨基乙醇	Ethanolamine	141-43-5	3	6		
2-乙氧基乙醇(溶纤剂)	2-Ethoxyethanol (Cellosolve)	110-80-5	200	740	皮肤	
2-乙氧基乙基乙酸酯(乙二醇乙醚)	2-Ethoxyethyl acetate (Cellosolve acetate)	111-15-9	100	540	皮肤	
乙酸乙酯	Ethyl acetate	141-78-6	400	1400		
丙烯酸乙酯	Ethyl acrylate	140-88-5	25	100	皮肤	
乙醇	Ethyl alcohol (Ethanol)	64-17-5	1000	1900		
乙胺	Ethylamine	75-04-7	10	18		
乙戊酮(5-甲基-3-庚酮)	Ethyl amyl ketone (5-Methyl-3-heptanone)	541-85-5	25	130		
乙苯	Ethyl benzene	100-41-4	100	435		
乙基溴	Ethyl bromide	74-96-4	200	890		
乙丁酮(3-庚酮)	Ethyl butyl ketone (3-Heptanone)	106-35-4	50	230		
氯乙烷	Ethyl chloride	75-00-3	1000	2600		
乙醚	Ethyl ether	60-29-7	400	1200		
甲酸乙酯	Ethyl formate	109-94-4	100	300		
乙硫醇	Ethyl mercaptan	75-08-1	(C)10	(C)25		
乙基硅酸盐	Ethyl silicate	78-10-4	100	850		
氯乙醇	Ethylene chlorohydrin	107-07-3	5	16	皮肤	
乙二胺	Ethylenediamine	107-15-3	10	25		

续表

物质		CAS 号 (c)	ppm (a)1	mg/m³(b)1	皮肤标注	备注
中文名	英文名					
1,2-二氨基乙烷；见乙二（撑）二胺	1,2-Diaminoethane; see Ethylenediamine					
二溴乙烷	Ethylene dibromide	106-93-4		(2)		见表 Z-2
1,2-二溴乙烷；见二溴乙烷	1,2-Dibromoethane; see Ethylene dibromide					
二氯乙烷（1,2-二氯乙烷）	Ethylene dichloride (1,2-Dichloroethane)	107-06-2		(2)		见表 Z-2
1,2-二氯乙烷；见二氯乙烷	1,2-Dichloroethane; see Ethylene dichloride					
乙二醇二硝酸酯	Ethylene glycol dinitrate	628-96-6	(C) 0.2	(C) 1	皮肤	
乙二醇醋酸甲酯；见甲基乙二醇乙醚	Ethylene glycol methyl acetate; see Methyl cellosolve acetate.					
二甲亚胺	Ethyleneimine	151-56-4				1910.1012
环氧乙烷	Ethylene oxide	75-21-8				1910.1047
亚乙基二氯，见 1,1-二氯乙烷	Ethylidene chloride; see 1,1-Dichloroethane					
N-乙基吗啉	N-Ethylmorpholine	100-74-3	20	94	皮肤	
福美铁	Ferbam	14484-64-1				
总粉尘	Total dust			15		
钒铁粉尘	Ferrovanadium dust	12604-58-9		1		
氟化物（以 F 计）	Fluorides (as F)	依化合物不同		2.5		
氟	Fluorine	7782-41-4	0.1	0.2		
三氯氟甲烷	Fluorotrichloromethane (Trichlorofluoromethane)	75-69-4	1000	5600		
甲醛；见 1910.1048	Formaldehyde; see 1910.1048	50-00-0				
甲酸	Formic acid	64-18-6	5	9		
糠醛	Furfural	98-01-1	5	20	皮肤	
糠醇	Furfuryl alcohol	98-00-0	50	200		
谷物粉尘（燕麦、小麦、大麦）	Grain dust (oat, wheat, barley)			10		
甘油（丙三醇，雾）	Glycerin (mist)	56-81-5				
总粉尘	Total dust			15		

续表

物质 中文名	英文名	CAS号[c]	ppm[a]1	mg/m³[b]1	皮肤标注	备注
呼吸性组分	Respirable fraction			5		
缩水甘油，环氧丙醇	Glycidol	556-52-5	50	150		
乙二醇单乙醚：见 2- 乙氧基乙醇	Glycol monoethyl ether; see 2-Ethoxyethanol					见表 Z-3
石墨，自然，呼吸性粉尘	Graphite, natural, respirable dust	7782-42-5		(3)		
石墨，合成的	Graphite, synthetic					
总粉尘	Total dust			15		
呼吸性组分	Respirable fraction			5		
谷硫磷；见保棉磷甲基	Guthion; see Azinphos methyl					
石膏	Gypsum	13397-24-5				
总粉尘	Total dust			15		
呼吸性组分	Respirable fraction			5		
铪	Hafnium	7440-58-6		0.5		
七氯	Heptachlor	76-44-8		0.5	皮肤	
正庚烷（n- 庚烷）	Heptane (n-Heptane)	142-82-5	500	2000		
六氯乙烷	Hexachloroethane	67-72-1	1	10	皮肤	
六氯萘	Hexachloronaphthalene	1335-87-1		0.2	皮肤	
正己烷	n-Hexane	110-54-3	500	1800		
2- 己酮（正丁基甲基酮）	2-Hexanone (Methyl n-butyl ketone)	591-78-6	100	410		
异己酮（甲基异丁基酮）	Hexone (Methyl isobutyl ketone)	108-10-1	100	410		
仲乙酸己酯	sec-Hexyl acetate	108-84-9	50	300		
肼	Hydrazine	302-01-2	1	1.3	皮肤	
溴化氢	Hydrogen bromide	10035-10-6	3	10		
氯化氢	Hydrogen chloride	7647-01-0	(C) 5	(C) 7		
氧氢酸	Hydrogen cyanide	74-90-8	10	11	皮肤	

续表

物质		CAS 号[c]	ppm[a]1	mg/m³[b]1	皮肤标注	备注
中文名	英文名					
氢氟酸（以 F 计）	Hydrogen fluoride (as F)	7664-39-3		(2)		见表 Z-2
过氧化氢	Hydrogen peroxide	7722-84-1	1	1.4		
硒化氢（以硒计）	Hydrogen selenide (as Se)	7783-07-5	0.05	0.2		
硫化氢	Hydrogen sulfide	7783-06-4		(2)		见表 Z-2
对苯二酚	Hydroquinone	123-31-9		2		
碘	Iodine	7553-56-2	(C) 0.1	(C) 1		
三氧化二铁，烟	Iron oxide fume	1309-37-1		10		
乙酸异戊酯	Isoamyl acetate	123-92-2	100	525		
异戊醇	Isoamyl alcohol (primary and secondary)	123-51-3	100	360		
乙酸异丁酯	Isobutyl acetate	110-19-0	150	700		
异丁醇	Isobutyl alcohol	78-83-1	100	300		
异佛尔酮	Isophorone	78-59-1	25	140		
乙酸异丙酯	Isopropyl acetate	108-21-4	250	950		
异丙醇	Isopropyl alcohol	67-63-0	400	980		
异丙胺	Isopropylamine	75-31-0	5	12		
异丙醚	Isopropyl ether	108-20-3	500	2100		
异丙基缩水甘油醚（IGE）	Isopropyl glycidyl ether (IGE)	4016-14-2	50	240		
高岭土	Kaolin	1332-58-7				
总粉尘	Total dust			15		
呼吸性组分	Respirable fraction			5		
乙烯酮	Ketene	463-51-4	0.5	0.9		
铅，无机（以铅计）；见 1910.1025	Lead, inorganic (as Pb); see 1910.1025	7439-92-1				
石灰石	Limestone	1317-65-3				
总粉尘	Total dust			15		

续表

物质 中文名	英文名	CAS 号(c)	ppm(a)1	mg/m³(b)1	皮肤标注	备注
	Respirable fraction			5		
林丹	Lindane	58-89-9		0.5	皮肤	
氢化锂	Lithium hydride	7580-67-8		0.025		
液化石油气	L.P.G. (Liquefied petroleum gas)	68476-85-7	1000	1800		
菱镁矿	Magnesite	546-93-0				
总粉尘	Total dust			15		
呼吸性组分	Respirable fraction			5		
氧化镁烟	Magnesium oxide fume	1309-48-4		15		
总颗粒物	Total particulate					
马拉硫磷	Malathion	121-75-5			皮肤	
总粉尘	Total dust			15		
马来酸酐	Maleic anhydride	108-31-6	0.25	1		
锰化合物（以锰计）	Manganese compounds (as Mn)	7439-96-5		(C) 5		
锰烟（以锰计）	Manganese fume (as Mn)	7439-96-5		(C) 5		
大理石	Marble	1317-65-3				
总粉尘	Total dust			15		
呼吸性组分	Respirable fraction			5		
汞（芳香基和无机化合物）（以 Hg 计）	Mercury (aryl and inorganic)(as Hg)	7439-97-6		(2)		见表 Z-2
汞（有机）烷基化合物（以 Hg 计）	Mercury (organo) alkyl compounds (as Hg)	7439-97-6		(2)		见表 Z-2
汞（蒸气）（以 Hg 计）	Mercury (vapor)(as Hg)	7439-97-6		(2)		见表 Z-2
异丙烯基丙酮	Mesityl oxide	141-79-7	25	100		
甲硫醇；见甲硫醇	Methanethiol; see Methyl mercaptan					
甲氧滴滴涕（甲氧氯）	Methoxychlor	72-43-5				
总粉尘	Total dust			15		

续表

物质（中文名）	物质（英文名）	CAS 号(c)	ppm(a)1	mg/m³(b)1	皮肤标注	备注
2-甲氧基乙醇（甲基溶纤剂）	2-Methoxyethanol (Methyl cellosolve)	109-86-4	25	80	皮肤	
2-甲氧基乙酸乙酯（甲基溶纤剂乙酸酯）	2-Methoxyethyl acetate (Methyl cellosolve acetate)	110-49-6	25	120	皮肤	
醋酸甲酯	Methyl acetate	79-20-9	200	610		
甲基乙炔（丙炔）	Methyl acetylene (Propyne)	74-99-7	1000	1650		
甲基乙炔-丙二烯混合物（MAPP）	Methyl acetylene-propadiene mixture (MAPP)		1000	1800		
丙烯酸甲酯	Methyl acrylate	96-33-3	10	35	皮肤	
甲缩醛（二甲氧基甲烷）	Methylal (Dimethoxy-methane)	109-87-5	1000	3100		
甲醇	Methyl alcohol	67-56-1	200	260		
甲胺	Methylamine	74-89-5	10	12		
甲基戊醇；见甲基异丁基甲醇	Methyl amyl alcohol; see Methyl isobutyl carbinol					
甲基戊基酮（2-庚酮）	Methyl n-amyl ketone	110-43-0	100	465		
溴甲烷	Methyl bromide	74-83-9	(C)20	(C)80	皮肤	
甲丁酮；见2-己酮	Methyl butyl ketone; see 2-Hexanone					
甲基溶纤剂；见2-甲氧基乙醇	Methyl cellosolve; see 2-Methoxyethanol					
甲基溶纤剂乙酸酯；见2-甲氧基乙酸乙酯	Methyl cellosolve acetate; see 2-Methoxyethyl acetate					
氯甲烷	Methyl chloride	74-87-3		(2)		见表 Z-2
甲基氯仿（1,1,1-三氯乙烷）	Methyl chloroform (1,1,1-Trichloroethane)	71-55-6	350	1900		
甲基环己烷	Methylcyclohexane	108-87-2	500	2000		
甲基环己醇	Methylcyclohexanol	25639-42-3	100	470		
邻甲基环己酮	o-Methylcyclohexanone	583-60-8	100	460	皮肤	
二氯甲烷；见二氯甲烷	Dichloromethane: see Methylene chloride					
二氯甲烷	Methylene chloride	75-09-2	(2)	(2)		见表 Z-2
甲乙酮（MEK）；见2-丁酮	Methyl ethyl ketone (MEK); see 2-Butanone					

续表

中文名	英文名	CAS 号(c)	ppm(a)1	mg/m³(b)1	皮肤标注	备注
甲酸甲酯	Methyl formate	107-31-3	100	250		
甲基肼(肼)	Methyl hydrazine (Monomethyl hydrazine)	60-34-4	(C)0.2	(C)0.35	皮肤	
碘甲烷	Methyl iodide	74-88-4	5	28	皮肤	
甲基异戊基酮	Methyl isoamyl ketone	110-12-3	100	475		
甲基异丁基甲醇(4-甲基-2-戊醇)	Methyl isobutyl carbinol	108-11-2	25	100	皮肤	
甲基异丁基酮; 见 Hexone	Methyl isobutyl ketone; see Hexone					
异氰酸甲酯	Methyl isocyanate	624-83-9	0.02	0.05	皮肤	
甲硫醇	Methyl mercaptan	74-93-1	(C)10	(C)20		
甲基丙烯酸甲酯	Methyl methacrylate	80-62-6	100	410		
乙基异丁基酮; 见 2-戊酮	Methyl propyl ketone; see 2-Pentanone					
α-甲基苯乙烯	alpha-Methyl styrene	98-83-9	(C)100	(C)480		
4,4'-亚甲基双(异氰酸苯酯)(MDI)	Methylene bisphenyl isocyanate (MDI)	101-68-8	(C)0.02	(C)0.2		
云母; 见硅酸盐	Mica; see Silicates					
钼(以 Mo 计)	Molybdenum (as Mo)	7439-98-7				
可溶性化合物	Soluble compounds			5		
不溶性化合物总粉尘	Insoluble compounds. Total dust			15		
总粉尘	Total dust			15		
甲基苯胺	Monomethyl aniline	100-61-8	2	9	皮肤	
甲基肼; 见甲基肼	Monomethyl hydrazine; see Methyl hydrazine.					
吗啉	Morpholine	110-91-8	20	70	皮肤	
石脑油(煤焦油)	Naphtha (Coal tar)	8030-30-6	100	400		
萘	Naphthalene	91-20-3	10	50		
α-萘胺	alpha-Naphthylamine	134-32-7				1910.1004
β-萘胺	beta-Naphthylamine	91-59-8				1910.1009

续表

中文名	物质 英文名	CAS 号 (c)	ppm (a)1	mg/m³ (b)1	皮肤标注	备注
羰基镍（以镍计）	Nickel carbonyl (as Ni)	13463-39-3	0.001	0.007		
镍，金属和不溶性化合物（以镍计）	Nickel, metal and insoluble compounds (as Ni)	7440-02-0		1		
镍，可溶性化合物（以镍计）	Nickel, soluble compounds (as Ni)	7440-02-0		1		
尼古丁	Nicotine	54-11-5		0.5	皮肤	
硝酸	Nitric acid	7697-37-2	2	5		
一氧化氮	Nitric oxide	10102-43-9	25	30		
对硝基苯胺	p-Nitroaniline	100-01-6	1	6	皮肤	
硝基苯	Nitrobenzene	98-95-3	1	5	皮肤	
对硝基氯苯	p-Nitrochlorobenzene	100-00-5		1	皮肤	
4-硝基联苯：见1910.1003	4-Nitrobiphenyl; see 1910.1003	92-93-3				
硝基乙烷	Nitroethane	79-24-3	100	310		
二氧化氮	Nitrogen dioxide	10102-44-0	(C)5	(C)9		
三氟化氮	Nitrogen trifluoride	7783-54-2	10	29		
硝酸甘油	Nitroglycerin	55-63-0	(C)0.2	(C)2	皮肤	
硝基甲烷	Nitromethane	75-52-5	100	250		
1-硝基丙烷	1-Nitropropane	108-03-2	25	90		
2-硝基丙烷	2-Nitropropane	79-46-9	25	90		
N-二甲基亚硝胺	N-Nitrosodimethylamine					1910.1016
硝基甲苯（邻，间，对异构体）	Nitrotoluene (all isomers)	88-72-2 99-08-1 99-99-0	5	30	皮肤	
硝基三氯甲烷；见氯化苦	Nitrotrichloromethane; see Chloropicrin					
八氯化萘	Octachloronaphthalene	2234-13-1		0.1	皮肤	
辛烷	Octane	111-65-9	500	2350		
油雾，矿物	Oil mist, mineral	8012-95-1		5		

续表

物质		CAS号(c)	ppm(a)1	mg/m³(b)1	皮肤标注	备注
中文名	英文名					
四氧化锇（以Os计）	Osmium tetroxide (as Os)	20816-12-0		0.002		
草酸	Oxalic acid	144-62-7		1		
二氟化氧	Oxygen difluoride	7783-41-7	0.05	0.1		
臭氧	Ozone	10028-15-6	0.1	0.2		
百草枯（甲基紫精），呼吸性粉尘	Paraquat, respirable dust	4685-14-7; 1910-42-5; 2074-50-2		0.5	皮肤	
对硫磷	Parathion	56-38-2		0.1	皮肤	
未另行规定的颗粒物	Particulates not otherwise regulated (PNOR)(f)					
总粉尘	Total dust			15		
呼吸性组分	Respirable fraction			5		
多氯联苯；见氯化联苯（42%和54%氯）	PCB; see Chlorodiphenyl (42% and 54% chlorine)					
五硼烷	Pentaborane	19624-22-7	0.005	0.01		
五氯萘	Pentachloronaphthalene	1321-64-8		0.5	皮肤	
五氯酚	Pentachlorophenol	87-86-5		0.5	皮肤	
季戊四醇	Pentaerythritol	115-77-5				
总粉尘	Total dust			15		
呼吸性组分	Respirable fraction			5		
戊烷	Pentane	109-66-0	1000	2950		
2-戊酮（甲基丙基甲酮）	2-Pentanone (Methyl propyl ketone)	107-87-9	200	700		
过氯乙烯（四氯乙烯）	Perchloroethylene (Tetrachloroethylene)	127-18-4		(2)		见表Z-2
过氯甲硫醇	Perchloromethyl mercaptan	594-42-3	0.1	0.8		
过氯酰氟	Perchloryl fluoride	7616-94-6	3	13.5		
石油馏分（石脑油）（橡胶溶剂）	Petroleum distillates (Naphtha) (Rubber Solvent)		500	2000		

续表

物质		CAS 号^(c)	ppm^{(a)1}	mg/m³^{(b)1}	皮肤标注	备注
中文名	英文名					
苯酚	Phenol	108-95-2	5	19	皮肤	
对苯二胺	p-Phenylene diamine	106-50-3		0.1	皮肤	
二苯醚，蒸气	Phenyl ether, vapor	101-84-8	1	7		
苯醚 - 联苯混合物，蒸气	Phenyl ether-biphenyl mixture, vapor		1	7		
苯乙烯：见苯乙烯	Phenylethylene; see Styrene					
苯基缩水甘油醚（PGE）	Phenyl glycidyl ether（PGE）	122-60-1	10	60		
苯肼	Phenylhydrazine	100-63-0	5	22	皮肤	
速灭磷	Phosdrin（Mevinphos）	7786-34-7		0.1	皮肤	
光气（甲酰氯）	Phosgene（Carbonyl chloride）	75-44-5	0.1	0.4		
磷化氢	Phosphine	7803-51-2	0.3	0.4		
磷酸	Phosphoric acid	7664-38-2		1		
磷（黄）	Phosphorus（yellow）	7723-14-0		0.1		
五氯化磷	Phosphorus pentachloride	10026-13-8		1		
五硫化二磷	Phosphorus pentasulfide	1314-80-3		1		
三氯化磷	Phosphorus trichloride	7719-12-2	0.5	3		
邻苯二甲酸酐	Phthalic anhydride	85-44-9	2	12		
毒莠定	Picloram	1918-02-1				
总粉尘	Total dust			15		
呼吸性组分	Respirable fraction			5		
苦味酸	Picric acid	88-89-1		0.1	皮肤	
杀鼠酮（2- 三甲乙酰 -1，3- 茚二酮）	Pindone（2-Pivalyl-1, 3-indandione）	83-26-1		0.1		
熟石膏	Plaster of Paris	26499-65-0				
总粉尘	Total dust			15		
呼吸性组分	Respirable fraction			5		

续表

中文名	物质英文名	CAS号[c]	ppm[a]	mg/m³[[b]]	皮肤标注	备注
白金（以铂计）	Platinum (as Pt)	7440-06-4				
金属可溶性盐类	Metal, Soluble salts			0.002		
硅酸盐水泥	Portland cement	65997-15-1				
总粉尘	Total dust			15		
呼吸性组分	Respirable fraction			5		
丙烷	Propane	74-98-6	1000	1800		
β-丙内酯；见1910.1013	beta-Propriolactone; see 1910.1013	57-57-8				
乙酸丙酯	n-Propyl acetate	109-60-4	200	840		
丙三醇	n-Propyl alcohol	71-23-8	200	500		
硝酸丙酯	n-Propyl nitrate	627-13-4	25	110		
二氯丙烷	Propylene dichloride	78-87-5	75	350		
1,2-二氯丙烷；见二氯丙烯	1, 2-Dichloropropane; see Propylene dichloride					
2-甲基氮丙啶（丙烯亚胺）	Propylene imine	75-55-8	2	5	皮肤	
环氧丙烷	Propylene oxide	75-56-9	100	240		
丙炔；见甲基乙炔	Propyne; see Methyl acetylene					
除虫菊酯	Pyrethrum	8003-34-7		5		
吡啶	Pyridine	110-86-1	5	15		
苯醌；对苯醌	Quinone	106-51-4	0.1	0.4		
对苯醌（见醌）	p-Benzoquinone; see Quinone					
黑索金；见黑索金	RDx; see Cyclonite.					
铑（以铑计），金属烟和不溶性化合物	Rhodium (as Rh), metal fume and insoluble compounds	7440-16-6		0.1		
铑（以铑计），可溶性化合物	Rhodium (as Rh), soluble compounds	7440-16-6		0.001		
皮蝇磷	Ronnel	299-84-3		15		
鱼藤酮	Rotenone	83-79-4		5		

续表

物质		CAS 号[c]	ppm[a)1]	mg/m³[b)1]	皮肤标注	备注
中文名	英文名					
胭脂	Rouge					
总粉尘	Total dust			15		
呼吸性组分	Respirable fraction			5		
硒化合物（以硒计）	Selenium compounds (as Se)	7782-49-2		0.2		
六氟化硒（以硒计）	Selenium hexafluoride (as Se)	7783-79-1	0.05	0.4		
二氧化硅，无定形，沉淀和凝胶	Silica, amorphous, precipitated and gel	112926-00-8		(3)		见表 Z-3
二氧化硅，无定形，硅藻土，结晶形二氧化硅<1%	Silica, amorphous, diatomaceous earth, containing less than 1% crystalline silica	61790-53-2		(3)		见表 Z-3
二氧化硅，结晶形，呼吸性粉尘	Silica, crystalline, respirable dust					
方石英	Cristobalite	14464-46-1				1910.1053 7
石英	Quartz	14808-60-7				1910.1053 7
硅藻石（以石英计）	Tripoli (as quartz)	1317-95-9				1910.1053 7
鳞石英	Tridymite	15468-32-3				1910.1053 7
白炭黑，融合，呼吸性粉尘	Silica, fused, respirable dust	60676-86-0		(3)		见表 Z-3
硅酸盐（结晶二氧化硅少于 1%）	Silicates (less than 1% crystalline silica)					
云母（呼吸性粉尘）	Mica (respirable dust)	12001-26-2		(3)		见表 Z-3
皂石，总粉尘	Soapstone, total dust			(3)		见表 Z-3
皂石，呼吸性粉尘	Soapstone, respirable dust			(3)		见表 Z-3
滑石（含石棉）；使用石棉的限值	Talc (containing asbestos); use asbestos limit			(3)		见表 Z-3；29 CFR 1910.1001
滑石（不含石棉），呼吸性粉尘	Talc (containing no asbestos), respirable dust	14807-96-6		(3)		见表 Z-3
透闪石，石棉状	Tremolite, asbestiform					1910.1001
硅	Silicon	7440-21-3				
总粉尘	Total dust			15		
呼吸性组分	Respirable fraction			5		

续表

物质		CAS 号[c]	ppm[a]1	mg/m³[b]1	皮肤标注	备注
中文名	英文名					
碳化硅	Silicon carbide	409-21-2				
总粉尘	Total dust			15		
呼吸性组分	Respirable fraction			5		
银，金属及可溶性化合物（以银计）	Silver, metal and soluble compounds (as Ag)	7440-22-4		0.01		
皂石；见硅酸盐	Soapstone; see Silicates					
氟乙酸钠	Sodium fluoroacetate	62-74-8		0.05	皮肤	
氢氧化钠	Sodium hydroxide	1310-73-2		2		
淀粉	Starch	9005-25-8				
总粉尘	Total dust			15		
呼吸性组分	Respirable fraction			5		
锑化氢	Stibine	7803-52-3	0.1	0.5		
斯托达德溶剂（干洗溶剂）	Stoddard solvent	8052-41-3	500	2900		
土的宁（毒鼠碱）	Strychnine	57-24-9		0.15		
苯乙烯	Styrene	100-42-5		(2)		见表 Z-2
蔗糖	Sucrose	57-50-1				
总粉尘	Total dust			15		
呼吸性组分	Respirable fraction			5		
二氧化硫	Sulfur dioxide	7446-09-5	5	13		
六氟化硫	Sulfur hexafluoride	2551-62-4	1000	6000		
硫酸	Sulfuric acid	7664-93-9		1		
二氯化二硫	Sulfur monochloride	10025-67-9	1	6		
五氟化硫	Sulfur pentafluoride	5714-22-7	0.025	0.25		
硫酰氟	Sulfuryl fluoride	2699-79-8	5	20		
内吸磷，同地灭通	Systox; see Demeton					

续表

物质		CAS 号[c]	ppm[a]1	mg/m³[b]1	皮肤标注	备注
中文名	英文名					
2，4，5-T（2，4，5-三氯苯氧基乙酸）	2, 4, 5-T (2, 4, 5-trichlorophenoxyacetic acid)	93-76-5		10		
滑石；见硅酸盐	Talc: see Silicates					
钽，金属及其氧化物粉尘	Tantalum, metal and oxide dust	7440-25-7		5		
治螟磷（TEDP，杂质硫特谱）	TEDP (Sulfotep)	3689-24-5		0.2	皮肤	
碲及其化合物（以碲计）	Tellurium and compounds (as Te)	13494-80-9		0.1		
六氟化碲（以碲计）	Tellurium hexafluoride (as Te)	7783-80-4	0.02	0.2		
双硫磷	Temephos	3383-96-8				
总粉尘	Total dust			15		
呼吸性组分	Respirable fraction			5		
特普（四乙基焦磷酸）	TEPP (Tetraethyl pyrophosphate)	107-49-3		0.05	皮肤	
三联苯	Terphenyls	26140-60-3	(C)1	(C)9		
1，1，1，2-四氯-2，2-二氟乙烷	1, 1, 1, 2-Tetrachloro-2, 2-difluoroethane	76-11-9	500	4170		
1，1，2，2-四氯-1，2-二氟乙烷	1, 1, 2, 2-Tetrachloro-1, 2-difluoroethane	76-12-0	500	4170		
1，1，2，2-四氯乙烷	1, 1, 2, 2-Tetrachloroethane	79-34-5	5	35	皮肤	
四氯乙烯；见过氯乙烯	Tetrachloroethylene; see Perchloroethylene					
四氯化碳；见四氯化碳	Tetrachloromethane; see Carbon tetrachloride					
四氯化萘	Tetrachloronaphthalene	1335-88-2		2	皮肤	
四乙基铅（以铅计）	Tetraethyl lead (as Pb)	78-00-2		0.075	皮肤	
四氢呋喃	Tetrahydrofuran	109-99-9	200	590		
四甲基铅（以铅计）	Tetramethyl lead (as Pb)	75-74-1		0.075	皮肤	
四甲基丁二腈	Tetramethyl succinonitrile	3333-52-6	0.5	3	皮肤	
四硝基甲烷	Tetranitromethane	509-14-8	1	8		
特屈儿（2，4，6-三硝基苯甲硝胺）	Tetryl (2, 4, 6-Trinitrophenylmethylnitramine)	479-45-8		1.5	皮肤	
铊，可溶性化合物（以铊计）	Thallium, soluble compounds (as Tl)	7440-28-0		0.1	皮肤	

129

续表

物质 中文名	物质 英文名	CAS号(c)	ppm(a)1	mg/m³(b)1	皮肤标注	备注
4,4'-硫代双(6-叔丁基-3-甲基苯酚)	4,4'-Thiobis (6-tert, Butyl-m-cresol)	96-69-5				
总粉尘	Total dust			15		
呼吸性组分	Respirable fraction			5		
福美双	Thiram	137-26-8		5		
锡,无机化合物(氧化物除外)(以Sn计)	Tin, inorganic compounds (except oxides)(as Sn)	7440-31-5		2		
锡,有机化合物(以Sn计)	Tin, organic compounds (as Sn)	7440-31-5		0.1		
二氧化钛	Titanium dioxide	13463-67-7				
总粉尘	Total dust			15		
甲苯	Toluene	108-88-3		(2)		见表Z-2
甲苯-2,4-二异氰酸酯(TDI)	Toluene-2,4-diisocyanate(TDI)	584-84-9	(C)0.02	(C)0.14		
邻-甲苯胺	o-Toluidine	95-53-4	5	22	皮肤	
毒杀芬;见氯化莰烯	Toxaphene; see Chlorinated camphene					
透闪石;见硅酸盐	Tremolite; see Silicates					
磷酸三丁酯	Tributyl phosphate	126-73-8		5		
1,1,1-三氯乙烷;见甲基氯仿	1,1,1-Trichloroethane; see Methyl chloroform					
1,1,2-三氯乙烷	1,1,2-Trichloroethane	79-00-5	10	45	皮肤	
三氯乙烯	Trichloroethylene	79-01-6		(2)		见表Z-2
三氯甲烷;见氯仿	Trichloromethane; see Chloroform					
三氯化萘	Trichloronaphthalene	1321-65-9		5	皮肤	
1,2,3-三氯丙烷	1,2,3-Trichloropropane	96-18-4	50	300		
1,1,2-三氯-1,2,2-三氟乙烷	1,1,2-Trichloro-1,2,2-trifluoroethane	76-13-1	1000	7600		
三乙胺	Triethylamine	121-44-8	25	100		
三氟溴甲烷	Trifluorobromomethane	75-63-8	1000	6100		

续表

物质		CAS 号 [c]	ppm [a]1	mg/m^3 [b]1	皮肤标注	备注
中文名	英文名					
2,4,6-三硝基苯酚;见苦味酸	2,4,6-Trinitrophenol; see Picric acid					
2,4,6-三硝基苯甲硝胺;见特屈儿	2,4,6-Trinitrophenylmethylnitramine; see Tetryl	479-45-8				
2,4,6-三硝基甲苯(TNT)	2,4,6-Trinitrotoluene(TNT)	118-96-7		1.5	皮肤	
邻磷酸三甲酚酯	Triorthocresyl phosphate	78-30-8		0.1		
磷酸三苯酯	Triphenyl phosphate	115-86-6		3		
松节油	Turpentine	8006-64-2	100	560		
铀(以U计)	Uranium (as U)	7440-61-1				
可溶性化合物	Soluble compounds			0.05		
不溶性化合物	Insoluble compounds			0.25		
钒	Vanadium	1314-62-1				
呼吸性粉尘(以V$_2$O$_5$计)	Respirable dust (as V$_2$O$_5$)			(C)0.5		
烟(以V$_2$O$_5$计)	Fume (as V$_2$O$_5$)			(C)0.1		
植物油雾	Vegetable oil mist					
总粉尘	Total dust			15		
呼吸性组分	Respirable fraction			5		
乙烯基苯;见苯乙烯。	Vinyl benzene; see Styrene					
氯乙烯	Vinyl chloride	75-01-4				1910.1017
乙烯基氰;见丙烯腈	Vinyl cyanide; see Acrylonitrile					
乙烯基甲苯	Vinyl toluene	25013-15-4	100	480		
华法林	Warfarin	81-81-2		0.1		
二甲苯(邻、间、对异构体)	xylenes (o-, m-, p-isomers)	1330-20-7	100	435		
二甲基苯胺	xylidine	1300-73-8	5	25	皮肤	
钇	Yttrium	7440-65-5		1		
氯化锌烟	Zinc chloride fume	7646-85-7		1		

131

续表

物质		CAS 号[(c)]	ppm[(a)]	mg/m³[(b)]	皮肤标注	备注
中文名	英文名					
氧化锌烟	Zinc oxide fume	1314-13-2		5		
氧化锌	Zinc oxide	1314-13-2				
总粉尘	Total dust			15		
呼吸性组分	Respirable fraction			5		
硬脂酸锌	Zinc stearate	557-05-1				
总粉尘	Total dust			15		
呼吸性组分	Respirable fraction			5		
锆化合物（以锆计）	Zirconium compounds (as Zr)	7440-67-7		5		

备注：由于表的长度，在表尾给出适于所有物质的解释性脚注。表中还显示了仅针对数量有限物质的脚注。

脚注（1）：除非另有标注，PELs 指 8h-TWAs；(C) 表示上限值。这些都是通过呼吸带空气样本确定的。

脚注（a）：在 25℃ 和标准大气压下时，蒸气或气体空气污染物的百万分体积。

脚注（b）：空气中物质的每立方米毫克数。当仅列出 mg/m³ 时，则该值是精确的；当与 ppm 同时列出时，则该值为近似值。

脚注（c）：CAS 号仅是参考信息。执法时基于本物质的名称。对于安全金属化合物，只给出该金属化合物的 CAS 号，并不对每个化合物给出 CAS 号。

脚注（d）：除某些情况外，1910.1028 中的最终标准适用于所有表中末列的职业接触。这些例外的情况如燃料分配与销售、焦炭生产、焦炭容器与管道、密封容器分配与销售、石油与天然气钻探和生产、天然气加工以及液体混合物的比例萃取。这些情况使用表 Z-2 末的限值。具体情况见 1910.1028。

脚注（e）：该 8h-TWA 适用于使用垂直陶瓷棉尘采样器或等效采样器进行的呼吸性粉尘的测定。该时间加权平均值适用于废棉花回收（挑选、混合、清洗和打棉机清理）及扎松等工艺作业。也可参见 1910.1043 适用于其他部门的棉尘限值。

脚注（f）：无论是矿物、无机或有机粉尘，只要未列出具体物质名称的惰性或滋扰粉尘，都使用未另行规定的颗粒物限值，与表 Z-3 的惰性或滋扰粉尘的限值相同。

脚注（2）见表 Z-2。

脚注（3）见表 Z-3。

脚注（4）依化合物而有所不同。

脚注（5）对于 §1910.1026 中接触触限值暂缓执行或失效的所有作业或部门的接触限值，见表 Z-2。

脚注（6）如果 §1910.1026 中的接触限值暂缓执行或失效，则该接触限值为上限值 0.1mg/m³。

脚注（7）对于 §1910.1053 中接触限值暂缓执行或失效的所有作业或部门的接触限值，见表 Z-3。

表 Z-2 化学污染物的限值

物质 中文名	英文名	8 h-TWA ppm	8 h-TWA mg/m³	可接受的上限浓度 ppm	可接受的上限浓度 mg/m³	8 h工作班超过可接受上限浓度的最大容许峰值 浓度(ppm)	最大持续时间
苯	Benzene[a]	10		25		50	10min.
铍及其化合物	Beryllium and beryllium compounds		0.002		0.005	0.025mg/m³	30min.
镉烟	Cadmium fume[b]		0.1		0.3		
镉尘	Cadmium dust[b]		0.2		0.6		
二硫化碳	Carbon disulfide	20		30		100	30min.
四氯化碳	Carbon tetrachloride	10		25		200	5min, 任何4h
铬酸及铬酸盐(以CrO₃计)	Chromic acid and chromates (as CrO₃)[c]		0.1				5min
二溴乙烷	Ethylene dibromide	20		30		50	
二氯乙烷	Ethylene dichloride	50		100		200	5min, 任何3h
氟化物, 以粉尘计	Fluoride as dust		2.5				
甲醛	Formaldehyde						
氟化氢	Hydrogen fluoride	3					
硫化氢	Hydrogen sulfide			20		50	一次10min, 仅在无其他措施发生接触时
汞	Mercury		0.1		0.1		
甲基氯	Methyl chloride	100		200		300	5min, 任何3h
二氯甲烷	Methylene Chloride						
有机(烷基)汞	Organo (alkyl) mercury		0.01		0.04		
苯乙烯	Styrene	100		200		600	5min, 任何3h
四氯乙烯	Tetrachloroethylene	100		200		300	5min, 任何3h
甲苯	Toluene	200		300		500	10min
三氯乙烯	Trichloroethylene	100		200		300	5min, 任何2h

脚注(a): 本标准适用于1910.1028 豁免行业的8h-TW和STELA分别为1ppm和5ppm的苯的标准。

脚注(b): 本标准适用于1910.1027镉标准暂缓执行或失效的所有行业或作业。

脚注(c): 本标准适用于1910.1026中铬标准接触限值暂缓执行或失效的所有作业或行业。

表 Z-3　矿物粉尘的限值

物质		mppcf[a]	mg/m³	备注
中文名	英文名			
二氧化硅:	Silica:			
结晶形	Crystalline			
石英（呼吸性）[f]	Quartz（Respirable）[f]	$\dfrac{250^b}{\%SiO_2+5}$	$\dfrac{10mg/m^{3e}}{\%SiO_2+2}$	
石英（呼吸性）[f]	Quartz（Respirable）[f]		$\dfrac{30mg/m^3}{\%SiO_2+2}$	
方石英	Cristobalite			使用石英计数或质量公式计算值的 1/2 [f]
鳞石英	Tridymite			使用石英公式计算值的 1/2 [f]
无定形，包括天然硅藻土	Amorphous，including natural diatomaceous earth	20	$\dfrac{80mg/m^3}{\%SiO_2}$	
硅酸盐（结晶性 SiO_2 <1%）	Silicates（less than 1% crystalline silica）			
云母	Mica	20		
皂石	Soapstone	20		
滑石（不含石棉）	Talc（not containing asbestos）	20[c]		
滑石（含石棉）	Talc（containing asbestos）	使用石棉限值		
透闪石，石棉状	Tremolite，asbestiform			29 CFR 1910.1001
硅酸盐水泥	Portland cement	50		
石墨（自然）	Graphite（Natural）	15		
煤尘:	Coal Dust:			
SiO_2<5% 的呼吸性组分	Respirable fraction less than 5% SiO_2		$\dfrac{2.4mg/m^{3e}}{\%SiO_2+2}$	
SiO_2>5% 的呼吸性组分，	Respirable fraction greater than 5% SiO_2		$\dfrac{10mg/m^{3e}}{\%SiO_2+2}$	
惰性或滋扰粉尘[d]:	Inert or Nuisance Dust: d			
呼吸性组分	Respirable fraction	15	5	
总粉尘	Total dust	50	15	

注：mppcf, Million particles per cubic foot, = 每百万颗粒物立方英尺；转换系数：mppcf×35.3 = 每百万颗粒物立方米。OSHA 采纳的转换因子为：1mg/m³ = 10mppcf 呼吸性粉尘。

脚注（a）：空气中每百万分颗粒物立方英尺，基于光场技术计数的撞击样本。

脚注（b）：公式中结晶形二氧化硅的百分比是对空气样本测定的量，除非表明可以使用其他方法。

脚注（c）：含石英<1%；如果石英在 1% 及以上则使用石英限值。

脚注（d）：所有惰性或有害粉尘，无论是矿物，无机或有机物质，凡是未明确列出名称的物质均受该限值的约束，与表 Z-1 中未另行规定颗粒物的限值（PNOR）相同。

脚注（e）：该限值使用的浓度和石英百分比都是通过具有以下特征的大小选择器的分数确定的。

空气动力学直径（单位密度球）	通过选择器的百分比
2	90
0.5	75
3.5	50
5.0	25
10	0

本备注下的测量是指使用 AEC（现为 NRC）仪器的测量。煤尘的呼吸性组分用 MRE 确定；在煤尘表中对应于 2.4mg/m³ 的数字为 4.5mg/m³。

f 本标准适用于呼吸性结晶形二氧化硅标准 1910.1053 暂缓执行或失效的所有作业和（或）部门。

OSHA1910.1000 表 Z-1 中具有上限值的化学物质

物质		CAS 号			皮肤标注
中文名	英文名		ppm	mg/m³	
α- 甲基苯乙烯	alpha-Methyl styrene	98-83-9	100	480	
4，4'- 亚甲基双（异氰酸苯酯）（MDI）	Methylene bisphenyl isocyanate（MDI）	101-68-8	0.02	0.2	
二氧化氮	Nitrogen dio 皮肤 ide	10102-44-0	5	9	
硝酸甘油	Nitroglycerin	55-63-0	0.2	2	皮肤
三联苯	Terphenyls	26140-60-3	1	9	
甲苯 -2，4- 二异氰酸酯（TDI）	Toluene-2，4-diisocyanate（TDI）	584-84-9	0.02	0.14	
钒	Vanadium	1314-62-1			
呼吸性粉尘（以 V_2O_5 计）	Respirable dust（as V_2O_5）			0.5	
烟（以 V_2O_5 计）	Fume（as V_2O_5）			0.1	
锰	Manganese				
锰化合物（以锰计）	Manganese compounds（as Mn）	7439-96-5		5	
烟（以锰计）	Manganese fume（as Mn）	7439-96-5		5	

附件3-4　美国卫生标准

编号	中文名称
ANSI A10.33-1992	建筑施工和拆除工程.安全和卫生大纲.多雇员参与的工程项目的要求
ANSI A10.39-1996	施工安全和卫生审计计划
ANSI Z21.61-1983	燃气的卫生间
ANSI Z4.1-1986	工作场所环境卫生的最低要求
ANSI Z4.3-1995	公共卫生设施.非下水道排污的废水处理系统.最低要求
ANSI Z4.4-1988	野外和临时工露营地环境卫生的最低要求
ANSI/3-A P3-A 002-2008	用于加工设备和系统材料的药物3-Ar卫生标准
ANSI/AAMI ST24-1999	卫生保健机构用一般用途的环氧乙烷自动灭菌器和环氧乙烷无菌源

续表

编号	中文名称
ANSI/AAMI ST41-2008	卫生保健设施中的环氧乙烷灭菌：安全和效能
ANSI/AAMI ST65-2008	用于卫生保健设施中可重复使用的外科纺织物的处理
ANSI/AAMI/ISO 11135-1-2007	卫生保健品灭菌．环氧乙烷．第 1 部分：医疗设备灭菌过程开发、确认和常规控制的要求
ANSI/AAMI/ISO 11140-3-2007	卫生保健品灭菌．化学指示剂．第 3 部分：布维 - 狄（Bowie 和 Dick）型蒸汽渗透试验用 2 级指示剂系统
ANSI/AAMI/ISO 11140-4-2007	卫生保健品灭菌．化学指示剂．第 4 部分：蒸汽渗透检测布维 - 狄（Bowie 和 Dick）型试验可选 2 级指示剂
ANSI/AAMI/ISO 11140-5-2007	卫生保健品灭菌．化学指示剂．第 5 部分：布维 - 狄（Bowie 和 Dick）型排气试验纸和试验包用 2 级指示剂
ANSI/AAMI/ISO 13408-3-2006	卫生保健产品的无菌工艺．第 3 部分：冻干法
ANSI/AAMI/ISO 15882-2008	卫生保健产品的消毒．化学指示剂．结果的选择、使用和说明指南
ANSI/AIHA Z10-2005	职业卫生和安全管理系统
ANSI/ASHRAE 170-2008	卫生保健设备用通风
ANSI/ASME A112.1.3-2000	卫生设备、器具和附件的空隙配套件
ANSI/ASME A112.18.1-2007	卫生管道配件
ANSI/ASME A112.18.1-2007/CSA B125.1-2007	卫生管道配件
ANSI/ASME A112.18.2-2008	卫生设备用污水管配件
ANSI/ASME A112.3.1-2007	地上和地下卫生排水、排污及放气（DWV）、雨水和真空设备用不锈钢排水系统
ANSI/ASME A112.4.14-2004	卫生管道系统中使用的手动直角转弯截止阀
ANSI/ASME A112.4.2-2003	抽水马桶个人卫生设备
ANSI/ASME A112.6.7-2001	瓷漆和环氧涂覆的铸铁和 PVC 塑料卫生底板污水池
ANSI/ASTM D5926-2004	水、废水和排气（DWV）、下水道、卫生设施和暴雨管道系统用聚氯乙烯垫圈的规范
ANSI/ASTM D6548-2005	薄棉卫生纸抗机械穿透性的试验方法（球爆裂过程）
ANSI/ASTM E2148-2006	金属加工或金属切削液卫生与安全相关文献的使用指南
ANSI/ASTM E2473-2006	电子健康记录的职业 / 环境卫生的使用规程
ANSI/ASTM E2553-2007	自动通用卫生保健识别系统实施用指南
ANSI/ASTM F2039-2000	船上职业卫生与健康方案基本要素指南
ANSI/ASTM F2363-2006	美国海岸警卫队 Ii 型或 Imo Marpol 73/78 附录 Iv 海上卫生装置（流动通过处理）的规范
ANSI/AWS D18.1-1999	卫生洁具用奥氏体不锈钢管和管道的焊接规范
ANSI/AWS D18.3/D 18.3M-2005	卫生用途的槽罐、容器和其他设备的焊接规范
ANSI/BISSC Z50.2-2003	烘烤设备．环境卫生标准
ANSI/HIBC 1.2-2006	公共卫生业条形码（HIBC）提供者用标准
ANSI/HL7 V2.6-2007	卫生保健环境中电子数据交换的健康水平 7 个标准版本 2.5.1 应用协议
ANSI/MEDBIQ LO.10.1-2008	卫生保健知识对象元数据

编号	中文名称
ANSI/MEDBIQ PP.10.1-2008	卫生保健专业简介
ANSI/NSF 24-1988	用于活动房屋和游乐车的卫生管道系统零件
ANSI/NSF 3-A14159-1-2002	肉和家禽加工设备设计的卫生要求
ANSI/NSF 3-A14159-1999	机械设计的卫生要求
ANSI/NSF 3-A14159-2-2003	肉类和家禽加工用手持工具设计的卫生要求
ANSI/NSF 3-A14159-3-2005	肉和家禽加工用机械带式传送机设计的卫生要求
ASME A112.1.3-2000	与卫生设备、器具和附件一起使用的空隙配件
ASME A112.18.1-2003	卫生设备配件
ASME A112.18.3-2002	卫生设备配件中防逆流装置和系统的性能要求
ASME A112.19.1M Supplement 1-1	搪瓷铸铁卫生设备.补充件1
ASME A112.19.2M Supplement 1-2	瓷质卫生设备.补充件1
ASME A112.19.2M-1998	瓷质卫生设备
ASME A112.19.3 Supplement 1-20	不锈钢卫生设备（为住宅使用设计）.补充件1
ASME A112.19.4M Supplement 1-1	搪瓷铸钢卫生设备.补充件1
ASME A112.19.9M Supplement 1-2	未上釉陶瓷卫生设备.补充件1
ASME A112.3.1-1993	在地上/地下,卫生、暴雨和化工用不锈钢排水系统的安装程序和性能标准
ASME A112.6.1M-1997	公用悬空卫生设备用地板固定的支架
ASTM A1015-2001（2005）	卫生洁具用管形制品的目视内孔探测检验的标准指南
ASTM C1300-1995（2007）	用干涉法测定玻璃原料和卫生陶瓷材料线性热膨胀的标准试验方法
ASTM C1510-2001（2007）	Abriged 分光光度测量法测定卫生陶瓷颜色和色差的标准试验方法
ASTM C323-1956（2006）	卫生陶瓷黏土的化学分析的试验方法
ASTM C329-1988（2006）	焙烧卫生陶瓷材料比重的标准试验方法
ASTM C370-1988（2006）	焙烧卫生陶瓷制品受潮膨胀的标准试验方法
ASTM C372-1994（2007）	用膨胀仪测定搪瓷及釉面焙烧制品与焙烧卫生陶瓷制品的线性热膨胀的标准试验方法
ASTM C373-1988（2006）	焙烧卫生陶瓷制品的吸水率、松密度、表观多孔性与表观比重的标准试验方法
ASTM C408-1988（2006）	卫生陶瓷制品传热性的试验方法
ASTM C424-1993（2006）	用热压处理法测定焙烧卫生釉瓷抗破裂性的标准试验方法
ASTM C554-1993（2006）	用热冲击法测定焙烧上釉卫生陶瓷器抗裂开的标准试验方法
ASTM C584-1981（2006）	卫生陶瓷器具和有关制品的透光光泽度的试验方法
ASTM C674-1988（2006）	卫生陶瓷材料的挠曲特性的试验方法
ASTM C848-1988（2006）	用共振法测定卫生陶瓷的杨氏模量、切变模量和泊松比的标准试验方法
ASTM C849-1988（2006）	卫生陶瓷努氏压痕硬度的试验方法
ASTM C866-1977（2006）	卫生陶瓷黏土的过滤速率的测试方法
ASTM C867-1994（2007）	卫生陶瓷黏土中可溶性硫酸盐的标准试验方法（光度法）
ASTM C949-1980（2007）	用颜料渗入法测定上釉卫生陶瓷孔穴率的标准试验方法

续表

编号	中文名称
ASTM D5926-2004	排水管、排废水和排气管（DWV）、下水沟、卫生设施和暴雨管道系统用聚氯乙烯垫圈的标准规范
ASTM D6548-2000（2005）	薄棉卫生纸抗机械穿透性的试验方法（球爆裂过程）
ASTM E1174-2006	评价卫生保健人员洗手模式效果的测试方法
ASTM E1671-1995a（2005）	办公设备对于清洁卫生的适用性标准分类
ASTM E1838-2002	利用成人自愿者试验液体卫生洗手剂的去除病毒有效性的标准试验方法
ASTM E2148-2006	与金属加工或金属切削液卫生与安全性相关的使用文献标准指南
ASTM E2212-2002a	卫生管理认证书政策的标准实施规程
ASTM E2276-2003e1	用成人受验者的指形垫片测定卫生洗手和擦手剂除菌效果的标准试验方法
ASTM E2318-2003	军事部署用环境卫生现场评估方法标准指南
ASTM E2406-2004	评价高效洗涤中使用的洗衣卫生消毒剂和灭菌剂的标准试验方法
ASTM E2553-2007	自动通用卫生保健识别系统实施标准指南
ASTM F2363-2006	美国海岸警卫队Ⅱ型或 IMO MARPOL 73/78 附件 IV 海上卫生设施的标准规范
UL 1431-1996	个人用卫生和保健设备

参 考 文 献

1. 百度百科. 美利坚合众国. http://baike.baidu.com/view/19562.htm

2. 外交部. 美国国家概况 https://www.fmprc.gov.cn/web/gjhdq_676201/gj_676203/bmz_679954/1206_680528/

3. U.S.CDC. National Center for Health Statistics. http://www.cdc.gov/nchs/fastats/lifexpec.html

4. U.S.CDC. Cancer，Reproductive，and Cardiovascular Diseases. http://www.cdc.gov/niosh/programs/crcd/risks.html

5. U.S. Bureau of Labor Statistics. Current Employment Statistics-CES（National）https://www.bls.gov/web/empsit/cesbmart.htm#Overview

6. 张书卿. 美国国家标准管理体系及运行机制. 世界标准化与质量管理，2007（10）：17-19.

7. AMERICAN NATIONAL STANDARDS INSTITUTE.Constitution and By-Laws，publicaa.ansi.org/.../Bylaws04CleanToMembers.doc

8. 中国质量新闻网：美国标准体系概览 http://www.cqn.com.cn/news/zgzlb/disan/33643.html，2001-12-20

9. 付强. ANSI 认可标准制定组织以及美国国家标准批准程序. 标准科学，2014（7）：81-84.

10. 李颖. 美国标准管理体制概况. 世界标准信息. 2002（8）：8-14.

11. 刘恺. 美国《职业安全卫生法》立法简史—兼论对我国职业安全卫生立法的启示. 华中师范大学学报（人文社会科学版），2011（1）：89-93.

12. 王益英. 中华法学大辞典. 北京：中国检察出版社，1997.

13. 劳动保护. 美国职业安全与卫生法（1970 年）. 2000 年第 5 期.

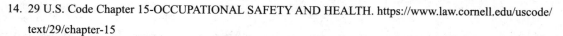

14. 29 U.S. Code Chapter 15-OCCUPATIONAL SAFETY AND HEALTH. https://www.law.cornell.edu/uscode/text/29/chapter-15

15. CDC.What is Surveillance? Available at http://www.cdc.gov/niosh/topics/surveillance/

16. CDC. NIOSH Program Portfolio. Available at https://www.cdc.gov/niosh/programs/default.html

17. OSHA. OSHA Safety and Health Management System.Available at http://www.osha.gov/pls/oshaweb/owadisp.show_document?p_table=DIRECTIVES&p_id=4938

18. C.-H. SELENE J. CHOU, JAMES HOLLER, AND CHRISTOPHER T. DE ROSA. Minimal risk levels（MRLs）for hazardous substances［J］. J. Clean Technol., Environ. Toxicol., & Occup. Med., 1998，7（1）：1-24

19. Jeffrey W. Vincol. Making Sense of OSHA Compliance［M］. USA：Government Institutes，1997

20. OSHA. Screening and Surveillance：A Guide to OSHA Standards. https://amtrustgroup.com/AmTrust/media/AmTrust/Documents/Loss%20Control%20Docs/ScreeningandSurveillance-1.pdf

21. 李文捷.《工作场所有害因素职业接触限值：化学有害因素》（GBZ2.1-2007）中化学有害因素职业接触限值应用情况调查及分析. 中国疾病预防控制中心，2009.

第四章 欧盟职业卫生标准及其体系研究

第一节 基本概况

一、欧盟概况

欧洲联盟(European Union),简称欧盟(EU),是一个集政治实体和经济实体于一身、在世界上具有重要影响的区域一体化组织。EU 总部设在比利时首都布鲁塞尔,拥有 28 个会员国。欧元是欧洲联盟的官方货币,正式官方语言有英语、法语等 24 种语言。截至 2013 年,总面积 438 万平方公里,人口总数为 5.057 亿,劳动力人口 2.17 亿,GDP17.36 万亿美元,人均 34 038 美元。

二、欧盟职业安全卫生发展状况

职业安全卫生是欧盟最核心、最重要的社会策略之一,也是就业质量的重要部分之一。欧盟职业安全卫生发展战略致力于通过政策协调进一步加强国家安全卫生策略;为中小型企业提供实际支持,帮助这些企业更好地遵守健康和安全规则;对国家劳动监察部门的绩效进行评估,以提高成员国的执法力度;简化现行管理体制,消除不必要的行政负担,确保工人安全健康得到高度保护;解决欧洲劳动力老化、纳米材料利用,发展绿色生物技术,以加强现有和新的工作相关疾病的预防;加强统计数据收集,开发健康监护工具;加强与国际组织及其他合作伙伴的合作,减少工伤事故和职业病,改善工作条件等。欧盟建立了成熟的职业安全卫生管理体制和完善的法律法规标准体系,在改善工作条件,预防工伤事故和职业病方面取得了显著的成绩,有许多值得学习借鉴之处。

第二节 职业安全卫生法律及监管体系

一、职业安全卫生法律历史沿革

20 世纪 80 年代初,有关职业卫生零碎的规定基本无法律效力,欧洲共同体(以下简称"欧共体",欧盟的前身)无权干涉成员国社会事务。直至 20 世纪 80 年代中期,欧盟条约中缺乏明确的职业安全卫生领域的立法权,在此之前,职业安全卫生仅被视为欧共体经济政策的附件之一。如欧盟理事会(以下简称"理事会")指令 77/576/EEC《成员国关于工作场所安全标识相关规定的法律、法规及管理规定》和指令 78/610/EEC《关于成员国保护接触氯乙烯单体工人健康的法律、法规及管理规定》,欧洲第一个职业安全卫生指令即是在共同市场协调规定的基础上通过的（即以前欧盟条约100和100A条款为基础）。

1986年2月17日，欧盟签订了《欧洲单一法案》(Single European Act)，确定于1993年实施欧盟单一市场，该法案为欧盟条约引进了新的法律政策，即促进工作环境中工人安全健康的改进，凸显了安全的工作环境的重要性。新修订的条约还授权欧盟委员会负责在欧洲层面促进雇主与劳工代表之间的社会对话。1997年签署的《阿姆斯特丹条约》，进一步加强了欧洲社会政策等领域的立法权限。为调整欧盟在全球的地位、人权保障、欧盟决策机构效率，2007年签署了《里斯本条约》(The Lisbon Treaty)并于2009年12月1日正式实施，即欧盟运作条约(THE TREATY ON THE FUNCTIONING OF THE EUROPEAN UNION)，该条约阐述了欧盟职业卫生领域法律法规标准的制定基础，具体内容见以下3个条款：

第114条，明确欧盟委员会负责欧盟政策和活动中人类健康安全、环境保护、消费者权益，对成员国如何引用欧盟法律法规加以规定。

第151条，根据1961年10月18日在都灵签署的欧洲社会宪章(European Social Charter)和1989年签署的工人基本社会权利宪章(Community Charter of the Fundamental Social Rights of Workers)中的基本社会权利，欧盟和成员国应以提高就业、改善生活和工作条件为目标，协调管理者与劳工之间的关系，提供适当的社会保障，保持高就业水平。对于制定的保护工人安全健康的最低要求，各成员国必须无条件地转换为本国法规。

第153条，细化了成员国、欧盟议会和欧盟理事会的职责，以确保人类健康安全、环境保护及消费者权益的最高水平。

二、现行职业安全卫生法律体系

欧盟职业安全卫生法律法规标准依据其效力及发布部门分为欧盟指令(European Directives)、欧盟标准或协调标准(European Standards，Harmonized Standards)、欧盟指南(European Guidelines)3种形式。

（一）欧盟指令

欧盟运作条约第153条赋予欧盟有权通过职业安全健康领域的指令。根据该条约，欧盟通过了许多职业安全健康领域的措施。指令是欧盟为协调各成员国现行法律不一致而制定的法律要求，目的是消除各成员国之间的贸易技术壁垒。

1989年6月12日通过的理事会指令89/391/EEC《采取鼓励改善职业安全卫生措施》是适用范围广泛的职业卫生框架指令(OSH Framework Directive)，设定了最低要求和基本原则，目的是保证整个欧洲所有工人的安全健康水平同等（不包括国家公务人员和某些公共和军事机构）。该指令强调为落实新的预防措施，安全卫生责任制管理方式作为综合管理流程的一部分是非常必要的，要求雇主采取适当的预防措施，使工作更安全和更健康。该指令引入了预防和风险评估的原则，确立了雇主和雇员的责任，制定了风险评估的主要因素（如危害识别、源头风险、文件化和工作场所危害定期再评估等）。该框架指令已经在1992年底转化为成员国法律，在改善职业安全健康方面具有实质性里程碑的意义。

欧洲指令是欧盟条约规定的一种法律行为，具有法律约束力，成员国有义务将其转换为国内法律。当将欧盟指令转换为国内法律时，允许各成员国保持或建立更严格的措施。因此，欧盟成员国在职业安全卫生领域的立法可能各不相同，对成员国之间转化为国家法律制度的影响也不同。

2004 年，欧盟委员会发布关于一部分指令实际执行情况的通信，包括指令 89/391/EEC（框架指令）、指令 89/654/EEC（工作场所）、指令 89/655/EEC（工作装置）、指令 89/656/EEC（个人防护装备）、指令 90/269/EEC（负荷的手工处理）及指令 90/270/EEC（视频设备）等指令的实际执行情况。通讯指出，成员国法律执行及企业和公共部门的实际应用都证明欧盟法律积极影响成员国的职业安全卫生标准的制定。

欧盟职业接触限值主要以指令形式发布，如欧盟委员会（以下简称"欧委会"）指令 91/322/EEC 和理事会指令 96/94/EC，欧委会指令 2000/39/EC、2006/15/EC 和 2000/39/EC。

（二）欧盟标准或协调标准

欧盟标准（European Standards）或协调标准（Harmonized Standards）的法律基础是欧共体理事会 85/C136/01 决议，即《技术协调和标准化新方法决议》（New Approach of Technical Harmonization and Standard Resolution）。该决议于 1985 年 5 月 7 日通过，之后欧盟相继出台一系列"新方法指令"（The New Approach Directives），强调：①以欧盟指令为基本要求，确保高水平的安全健康保护、消费者保护、环境保护。②根据欧盟相关产品指令的基本要求，拟定相应的统一标准。③如果产品符合统一标准，满足最基本要求，成员国必须接受产品的自由流动。④这些标准是自愿使用的，但制造商有义务证明其产品满足基本要求。

欧盟技术法规只规定有关安全、健康、消费者权益以及可持续发展的基本要求，详细的技术规范和定量指标则由相关的"协调标准"规定。协调标准是由欧盟委员会通过"委托书"制度授权欧洲标准组织依据新方法指令的基本要求组织制定的欧洲标准。协调标准可作为符合新方法指令的符合性推断依据，即如果产品满足了有关协调标准，则可推断该产品符合相关指令规定的基本要求。

（三）欧盟指南

欧盟指南旨在促进欧盟指令的实施，但并不具有约束力（非强制性）。指南可以为各种形式，包括欧盟委员会制定最佳风险预防实践指南，议会提议或欧盟委员会通报等。

（四）欧盟标准与欧盟法规（指令）间的关系

欧盟指令规定的是"基本要求"（Essential Requirement），即商品在投放市场时必须满足的保障安全健康的基本要求，政府有责任确保欧盟法规基本要求的实施（市场监督）。协调标准是直接支撑欧盟指令实施的技术规范，其标题、代号及其对应的新方法指令等信息都需要公布在欧盟官方公报（OJEC）上。符合这些技术规范便可以断定产品符合指令的基本要求。欧盟指令与欧盟标准之间的关系见图 4-1。

三、职业安全卫生监管体系

（一）职业安全卫生监管主体及管理活动

欧盟理事会、欧盟委员会、欧洲议会与欧洲职业安全卫生局和欧盟改善生活和工作条件基金会（European Foundation for the Improvement of Living and Working Conditions）共同开展职业安全卫生工作，这些机构均设置有职业安全卫生管理部门，见表 4-1。

在欧盟委员会，设有若干个一般理事会（Directorates-General，DGs）和服务部门，DG 依据所涉及的政策进一步分类；服务部门处理一般行政问题或某个特定的任务。欧盟委员会就业、社会事务、居民事务部（Employment，Social Affairs and Inclusion-EMPL）是欧盟委员会的一个 DG，负责职业安全卫生工作。

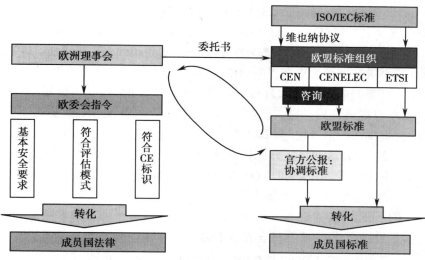

图4-1 欧盟指令与欧盟标准的关系

表4-1 欧盟与职业安全卫生有关的管理机构及管理部门

机构	部门
欧盟理事会（European Parliament）	就业与社会事务委员会（Committee on Employment and Social Affairs）
欧洲议会 Council of the European Union	就业、社会政策、卫生及人权事务 Employment，Social Policy，Health and Consumer Affairs，EPSCO
欧盟委员会 European Commission	就业、社会福利和机会平等部 Employment，Social Affairs and Inclusion
	欧盟社会基金 European Social Fund
欧盟经济社会委员会 European Economic and Social Committee	就业、社会事务、居民事务部 Employment，Social Affairs and Citizenship Section
地区委员会 Committee of the Regions	经济和社会政策委员会 Commission for Economic and Social Policy，ECOS
欧盟投资银行 European Investment Bank	欧洲投资银行 European Investment Bank 欧洲投资基金 European Investment Fund
欧盟局 EU Agencies	欧盟改善生活和工作条件基金会 European Foundation for the Improvement of Living and Working Conditions
	欧洲职业卫生安全局 European Agency for Safety and Health at Work

（二）相关监管部门的管理活动

欧盟还设有40多个欧盟局（Agencies），与欧盟机构截然不同，欧盟局是独立的立法实体，在 EU 法律框架下执行特定的任务。欧盟局分为分散机构（decentralized agencies）、执行机构（executive agencies）、原子能共同体机构（euratom agencies）及欧洲创新及技术研究所（European Institute of Innovation and Technology，EIIT）4类。

欧洲职业安全卫生局（European Agency for Safety and Health at Work，EU-OSHA）属于分散机构，是根据1994年EC理事会条例（Council Regulation No 2062/94，1996）成立的欧盟分支机构，总部设在西班牙毕尔巴鄂（Bilbao），工作人员包括职业安全卫生、信息和行政管理专家，主要任务是收集整个欧盟与职业安全卫生有关的信息，为政策制定者制定未来职业安全卫生政策提供证据基础。EU-OSHA定期出版月报、OSH邮报，其中涉及职业安全卫生议题，并提供深度出版物，如具体的职业安全卫生信息报告。EU-OSHA通过各种网络，工作横跨欧洲，主要活动包括分析和研究、预防以及宣传和提高意识3个不同的领域。EU-OSHA战略和年度管理计划（EU-OSHA Strategy and Annual Management Plan）反映了EU-OSHA在欧洲职业安全卫生健康战略（European strategy on Health and Safety at Work，2007-2012）中的重要作用。

另外，欧盟设有三大技术委员会作为技术支持机构，分别是职业安全、卫生及健康保护咨询委员会（Advisory Committee for Safety，Hygiene，and Health Protection at Work，ACSHH）、高级劳工监察委员会（Senior Labour Inspectors Committee，SLIC）、职业接触限值科学委员会（Scientific committee on occupational exposure limits，SCOEL）。

ACSH是根据委员会决定（2003/C218/01）于2003年由原安全、卫生和健康保护工作咨询委员会（1974年成立）和矿山安全与健康保护委员会（煤矿和其他采掘业，1956年成立）合并而成的三方机构，合并的目的是简化职业安全卫生领域的磋商过程，并使前委员会决定的职业安全卫生领域的部门合理化。为确保前矿山安全与健康保护委员会相关工作的连续性，在矿业委员会内建立了一个常设工作组（SWP）[2003/C218/01委员会决定，第五条（4）]。

高级劳工督察委员会（SLIC）是1982年成立的非正式机构，目的是协助欧盟委员会监督成员国在国家层面执行欧盟法律的情况。1995年，委员会决定（95/319/EC）确立了SLIC的正式地位，SLIC可以在委员会的要求下自行对欧盟或成员国职业安全卫生法律的实施情况进行监督检查。

根据2014年3月3日欧盟委员会决定（代替前95/320/EC委员会决定），SCOEL应用最新科学数据对影响工人健康的化学物质的潜在危害进行评估，提出优先级别化学物质接触限值制定的建议和意见，使委员会利用限值保护工人免受化学危害。

第三节　职业安全卫生标准管理体制及体系

一、职业安全卫生标准管理与制定机构

欧盟委员会负责组织制定、发布职业安全卫生指令及协调标准。欧洲标准化组织和SCOEL分别研制欧盟协调标准和职业接触限值。

（一）欧洲标准的制定机构

欧洲标准（EN）由欧盟标准化组织进行管理，由欧洲标准化委员会（European Committee for Standardization，CEN）、欧洲电工标准化委员会（European Committee for Electrotechnical Standardization，CENELEC）等相关机构发布。各欧盟成员国的国家标准由

各国家标准化机构自行管理，但受欧盟标准化方针政策和战略所约束。欧洲标准化组织的任务是制定符合欧盟指令基本要求的相应技术规范，即"协调标准"。CEN、CENELEC 和欧洲电信标准学会（European Telecommunications Standards Institute，ETSI）是欧洲最重要的标准化组织。三大标准化组织分别制定各自领域的欧洲标准，并与欧洲各国的国家标准机构及一些行业和协会标准团体制定的标准共同构成了"欧洲标准化体系"。

欧盟理事会指令 83/189/EEC 确认 CEN、CENELEC 和 ETSI 是负责欧洲标准制定工作的标准化组织，受欧盟委员会"委托书"的委托，依据新方法指令的基本要求制定欧盟协调标准（harmonized standards）。其中，CEN 由欧洲自由贸易协会（European Free Trade Association，EFTA）认可，负责协调各成员国的标准化工作，加强相互合作，制定除电工技术和电信技术以外的所有标准及区域性认证，以促进成员国之间的贸易和技术交流。CEN/CENELEC 发布的文件形式主要有：欧洲标准（EN）、协调文件（HR）、技术规范（TS）、技术报告（TR）、CEN 技术协议（CWA）、CEN 导则（Guide）以及将来可能会成为技术规范的欧洲暂行标准（ENV）和通常成为技术报告的 CEN/CENELEC 报告（CR）等。

CEN/CENELEC 的标准类型与 ISO 的标准类型大致对应情况是：EN 对应 ISO，CEN/TS 或 CENELEC/TS 对应 ISO/TS，CEN/TR 或 CENELEC/TR 对应 ISO/TR，CEN/CWA 或 CENELEC/CWA 对应 IWA（国际研讨会议）。ISO 的 PAS（Public Available Specification，可公开提供的技术规范）在 CEN-CENELEC 系统中没有对应的标准类型。

（二）欧盟职业接触限值的制定机构

SCOEL 是欧盟职业安全卫生三大技术委员会之一。1990 年，应欧共体委员会要求，欧盟设立了非正式科学专家组以提出职业接触限值建议值。1995 年 7 月 12 日的欧委会决定 95/320/EC 确定设立 SCOEL，科学评估工作场所危险因素和制定统一的职业接触限值，全方位反映履行其使命所需要的科学技术。委员会最多由 21 名成员组成，分别从独立的高素质的科学家候选人中推选，研究领域包括化学、毒理学、流行病学、职业医学或工业卫生，任期 3 年，成员的名字发表在欧盟官方公报上。委员会通常每年举行 4 次会议，有时会邀请研究特殊专门技术的专家参加。SCOEL 的任务是根据欧盟委员会的授权，应用最新科学数据对影响工人健康的化学物质的潜在危害进行评估，提出优先级别化学物质接触限值制定的建议和意见，为欧盟委员会通过限值保护工人免受化学因素的危害提供基础依据。根据 2014 年 3 月 3 日欧委会决定 2014/113/EU，SCOEL 以专家组的方式运作。

二、欧盟标准的制修订程序

（一）欧盟指令的立法程序

1. 提案　委员会对新的欧盟法律法规具有专属提案权。提案一般由处理相关政策领域的理事长起草，再经委员组成的某个小组经过内部磋商达成一致，将提案编号在官方公报上发布。

2. 议会一读　法规提案一旦公布，欧洲议会将进入一读。在这一阶段，议会可能通过、修改或者否决该提案。

3. 达成共同立场　欧洲议会一读后，法规提案将提交给部长理事会。部长理事会同样可以通过、修改或者否决提案。在绝大部分政策领域，理事会需要达成所谓的"特定多数"。

一旦理事会达到特定多数,即形成共同立场,该提案转入欧洲议会进入二读。如果理事会同意议会的修改意见,或者议会未对其进行修改,则该法律即被采用。

特定多数投票程序的设定,是为了更快地达成协议以及防止少数成员国阻碍整个法规制定进程。

4. 议会二读 在这一阶段,欧洲议会对理事会的共同立场可以接受、完全拒绝,或者作进一步修改。

如果议会接受理事会提交的文本,该法规即被采纳。随后会在官方公报公布并在文本规定的日期前生效。

如果该文本被议会完全否决,则该法律法规的制定活动失败。议会一般会将列出修改意见,以供理事会代表讨论。

5. 议案修改 如果欧洲议会认为议案文本需要作进一步修改,则会把文本退回给理事会,理事会可以接受或拒绝议会修改的议案。

6. 调解 如果理事会拒绝议会的修改,将由理事会成员或代表组成一个调解委员会协调提案的分歧,委员会的人数与欧洲议会成员相同。同时通过理事会和议会同意的文本可进入下一程序。如果不能达成协议,则提案失败。

7. 表决 一旦调解委员会拿出一份联合文本,该文本将会交由理事会和议会进行最后的表决。如果两者之间的任何一个否决提案,该提案的制定失败。如果获得支持,则提案被采纳,见图4-2。

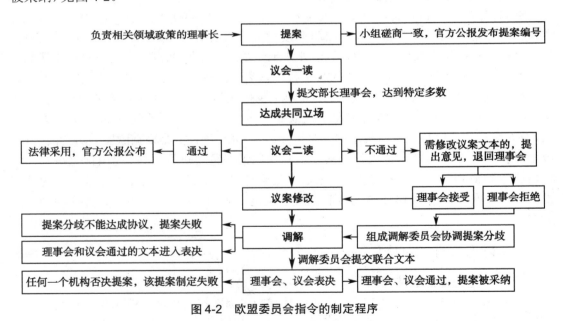

图4-2 欧盟委员会指令的制定程序

(二)协调标准的制定程序

欧洲标准化组织制定协调标准的方式一般有:①对现行欧洲标准进行审查,予以确认或修订;②将现行国际标准或国家标准确认为协调标准;③将欧洲标准组织采用的协调文件采纳为协调标准;④根据委托书的授权,起草新标准。根据新方法指令的规定,新标准的起草程序为:

1. **提出标准制定需求** 所有的产业、企业或者公众都可以提出标准制定需求。

2. **标准制定授权** 欧盟委员会根据需要决定是否需要制定协调标准。对认为需要制定的协调标准进行授权：①编制标准起草委托书，对需要制定的标准起草委托书征求成员国的意见。②发布委托书，邀请、授权欧洲标准组织制定协调标准。

3. **接受授权，确定标准的技术内容** 欧洲标准化组织接受邀请和授权后，根据委托书的要求，运用新方法指令确认或制定协调标准，向欧盟委员会提交所采用的协调标准目录，并确定协调标准的技术内容。如果认为不需要制定协调标准，他们会重新研究标准制定需求。

4. **标准制定**。 欧洲标准化组织相关技术委员会负责制定标准草案，在制定过程中充分听取所有利益相关方的意见。对于涉及安全、健康及环境等领域的标准，会邀请公共部门参与标准制定过程，以保证正确理解委托书的条款和更充分地考虑公众关心的问题。

5. **调查和咨询** 欧洲标准化组织和国家标准机构组织公众调查和咨询，相关技术委员会决定是否采纳建议。

6. **批准与发布** 由国家标准机构投票表决并提交给欧盟委员会。欧盟委员会按照委托书对标准进行审查，对于确认满足"委托书"要求的标准，在官方公报上公布标准编号及生效日期；未满足"委托书"要求的，将不公布标准编号，或仅公布满足条件部分的标准编号，这时标准不能使用或仅能够部分采用。

7. **标准转换** 根据欧洲标准化组织的规定，各成员国必须将欧盟标准等同转换为国家标准，公布由协调标准转换的国家标准的编号。同时，所有与欧盟标准相矛盾的国家标准必须在规定的期限内废止。见图4-3。

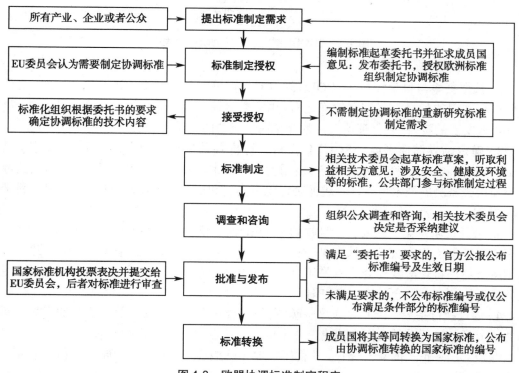

图4-3 欧盟协调标准制定程序

（三）职业接触限值的制定程序

欧盟制定了保护工人免受危险物质危害的计划,其目标是预防或限制工人接触工作场所危险物质,保护有可能接触这些物质的工人。制定职业接触限值是这一战略的重要组成部分。SCOEL 的主要任务是基于科学数据提出制定 OELs 建议,并在适当情况下提出限值建议值。OELs 的制定程序如下(图 4-4):

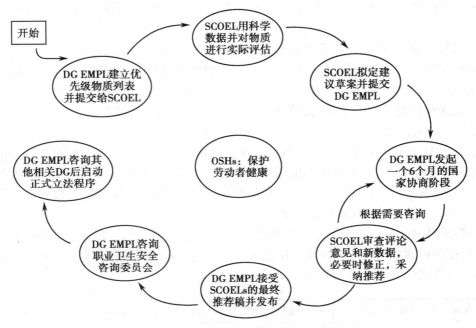

图 4-4　SCOEL 制定职业接触限值的程序

1. **数据征集与科学评估**　SCOEL 通过对不同来源的标准文件进行评估,这些文件包括所有可利用的信息。基础文件确定后,由欧委会通过官方公报预告并进一步征求资料,特别是未发表的资料,以保证所关注的化学因素资料的完整性。

2. **确定临界健康影响**　SCOEL 在科学评价各种资料基础上,撰写相关文件,描述OELs 的建议和辅助资料、临界效应、运用的外推技术以及所有的有关数据,如对人的健康风险和接触监测的技术可行性。进而确定现有资料和需要进一步研究的差距,将以科学为基础的 OELs 推荐给执行委员会。

3. **公开征求意见**　欧委会一旦收到 SCOEL 的建议,将制定 OELs 的法律建议文件,向所有感兴趣的当事方公开征求意见,征求意见期为 6 个月。在这个阶段,任何与建议有关的相应资料都将转给欧委会的相关部门。欧委会将建议的法律文本提交给职业安全、卫生及健康保护咨询委员会以进一步咨询。

4. **通过执行指令**　一旦完成这些磋商,执行委员会的相关部门将对征集的意见重新讨论并形成经过执行委员会同意的建议并由执行委员会发布最终版本。

欧盟 OELs 正式的立法建议,其程序一般由欧盟委员会提出,由理事会和议会通过并形成法律,其他的组织和机构也可以参与立法过程。欧盟 OELs 正式立法程序如图 4-5。

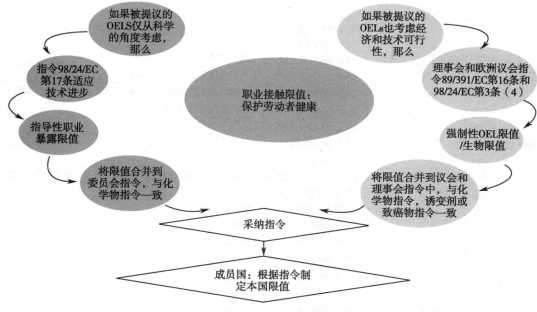

图 4-5　欧盟职业接触限值立法程序

三、职业安全卫生标准体系

（一）欧盟职业安全卫生指令基本框架

欧盟职业安全卫生指令包括职业安全卫生框架指令，工作场所、设备、标识、个人防护装备，化学因素、物理因素、生物因素接触，规定的工作量、人体工程学和社会心理风险、行业相关规定（表4-2）。

表 4-2　与职业安全卫生相关的欧盟指令

职业安全卫生框架指令（1项）		指令 89/391/EEC- 采取鼓励改善职业安全卫生措施
工作场所、设备、标志、个人防护设备（16项）	职业安全卫生指令（5项）	指令 89/654/EEC- 工作场所要求
		指令 89/656/EEC-PPE 的使用
		指令 92/58/EEC- 卫生安全警示标识
		指令 99/92/EC- 爆炸性气体风险
		指令 2009/104/EC- 工作设备的使用
	职业安全卫生相关指令（11项）	指令 75/324/EEC- 气溶胶分配器
		指令 85/374/EEC- 有缺陷的产品
		指令 89/686/EEC-PPE
		指令 94/9/EC- 潜在爆炸性气体保护系统
		指令 95/16/EC- 升降机
		指令 97/23/EC- 压力设备
		指令 2001/95/EC- 产品安全
		指令 2006/42/EC- 新机械指令
		指令 2006/95/EC- 电力设备
		指令 2010/35/EU- 可运输压力设备
		法规（EU）35/2011- 建筑产品

续表

化学因素接触（12）	职业安全卫生指令（5项）	指令91/322/EEC-职业接触限值
		指令98/24/EC-工作场所化学因素
		指令2004/37/EC-致癌物或诱变剂
		指令2009/148/EC-工作中石棉接触（83/477/EEC-工作石棉接触）
		指令2009/161/EU-指示性职业接触限值（2006/15/EC-指示性职业接触限值和2000/39/EC-指示性职业接触限值）
	职业安全卫生相关指令（7项）	指令91/414/EEC-植保产品
		指令95/50/EC-危险货物的道路运输检查
		指令96/82/EC-重大意外灾害
		指令1999/45/EC-有害物质分类标签和包装（指令67/548/EEC-有害物质分类标签和包装）
		法规（EC）No 1907/2006-REACH
		指令2008/68/EC-危险物品的内陆运输
		法规（EC）No 1272/2008-物质和混合物分类标签和包装
物理因素接触（10项）	职业安全卫生指令（6项）	指令90/641-欧洲原子能共同体-控制区以外的工人（电离辐射）
		指令96/29/-欧洲原子能共同体-电离辐射
		指令2002/44/EC-振动
		指令2003/10/EC-噪声
		指令2006/25/EC-人造光学辐射
		指令2013/35/EU-电磁场
	职业安全卫生相关指令（4项）	指令2000/14/EC-噪声-户外使用设备
		指令2003/122/Euratom-放射源
		指令2004/108/EC-电磁兼容技术
		指令2009/71/Euratom-核安全
生物因素接触（1项）		指令2000/54/EC-工作场所生物因素
工作负荷、人体工程学和社会心理风险（6项）	职业安全卫生指令（2项）	指令90/269/EEC-手工操作负荷
		指令90/270/EEC-显示屏设备
	职业安全卫生相关指令（4项）	指令2000/79/EC-工作时间-民用航空
		指令2002/15/EC-工作时间-移动道路运输活动
		指令2003/88/EC-工作时间
		指令2005/47/EC-跨境铁路服务中的流动工人
行业工作相关规定（17项）	职业安全卫生指令（9项）	指令91/383/EEC-固定时间和临时雇用关系
		指令92/29/EEC-船上的医疗救治
		指令92/57/EEC-临时或流动建筑工地
		指令92/85/EEC-怀孕女工
		指令92/104/EEC-矿业\采掘行业；指令92/91/EEC-矿业/采掘行业/钻孔
		指令93/103/EC-渔船甲板作业
		指令94/33/EC-童工
		指令2010/32/EU-医院和医护行业针刺伤的预防
	职业安全卫生相关指令（8项）	理事会指令1999/63/EC-海员的工作时间
		指令2000/78/EC-平等治疗
		指令2002/14/EC-员工知晓和咨询
		指令2006/54/EC-平等权
		指令2008/104/EC-派遣工作
		指令2009/13/EC-海事劳工公约达成协议
		指令2009/38/EC-欧盟劳资联合委员会
		指令和法规-道路交通

（二）欧盟职业安全卫生标准基本框架

欧盟职业安全卫生标准按效力分为强制性、推荐性标准。

1. 强制性职业卫生标准 欧盟委员会通过各指令制定保护工人健康和安全的最低要求。欧盟各成员国必须无条件地将欧盟指令转换为国家法规。这些指令是具有约束力的标准，相当于我国的强制性标准，如指示性职业接触限值。

2. 推荐性职业卫生标准 主要是 CEN 制定的协调标准。协调标准是直接支撑欧盟指令实施的技术规范，对于生产商来说是自愿的，生产商可以不遵守协调标准，而选择其他方法（如符合其他标准）以满足指令的基本要求，但生产商必须证明其产品符合指令的基本要求。但是，对于欧洲标准化组织的成员来说，协调标准是强制性的，即协调标准必须被等同转化为其成员国的国家标准，并撤销有悖于协调标准的国家标准。根据 CEN 官方网站在对标准检索时的分类，分别按照国际 ICS 分类号类别及 CEN 职业安全卫生相关部门分类汇总了欧盟职业安全卫生协调标准的发布数量及在研数量（表4-3）。

表4-3 欧盟职业安全卫生标准分类汇总表

分类依据	类别		已发布标准数	在研标准数
按 ICS 分类	13- 环境、健康保护、安全	13.110- 职业安全与工业卫生		
	CEN/TC70 手动消防设备		14	2
	CEN/TC79 呼吸保护装置		65	1
	CEN/TC85 眼睛保护装置		26	3
	CEN/TC114 机械安全		45	12
	CEN/TC122 工效学		107	26
	CEN/TC126 建筑及建筑相关的听力保护		55	16
	CEN/TC137 工作场所化学和生物因素接触评价		34	5
按 CEN 部门分类	CEN/TC158 头部保护		32	5
	CEN/TC159 听力保护		13	1
	CEN/TC160 防止高空坠落，包含安全带防护		23	3
	CEN/TC161 足部和腿部保护		13	1
	CEN/TC162 防护服包括手臂保护和救生衣		153	38
	CEN/TC191 固定灭火装置系统		77	28
	CEN/TC192 消防设备		26	4
	CEN/TC211 声学		85	12
	CEN/TC231 机械振动和冲击		40	8
	CEN/TC352 纳米技术		13	2
小计			821	167

（三）欧盟职业安全卫生指南基本框架

在欧盟，指南并不具有约束力，其目的是推动欧盟指令的执行。

欧盟职业安全卫生指南的分类与欧盟职业安全卫生指令的分类完全相同，指南具体发布的形式分为不同类型，如实践指南，理事会建议，欧盟委员会通报，欧盟社会伙伴协议，以及其他类型的实用指南。以下对欧盟职业安全卫生指南进行归类（表4-4）。

表 4-4　欧盟职业安全卫生指南举例

分类	名称
工作场所、设备、标志、个人防护设备（4项）	不断增加的便携式计算机和通信设备对欧盟工人的健康影响
	欧洲议会、理事会修改理事会指令 89/655/EEC（工人使用工作设备工作时的最低安全卫生要求）的 2001/45/EC 指令 - 非强制性（高空作业）实用指南
	欧洲议会和理事会指令（1999/92/EC，1999 年 12 月 16 日）关于改善可能处于爆炸气体风险的工人安全及健康保护的最低要求 - 爆炸性气体指南
	远程办公框架性协议
化学因素接触（10项）	欧盟委员会致欧洲议会、欧盟理事会及欧洲经济社会委员会的函：纳米材料监督管理，SEC（2008）2036
	欧盟委员会致欧洲议会、欧盟理事会及欧洲经济社会委员会以及地区委员会的函（附件）：新的欧盟林业战略：森林和森林基础部门 SWD（2013）342
	石棉清除和维护工人健康培训指南
	通过替代方法减少工人化学危害
	防止和减少石棉危险度的实用指南
	保护工人免受化学因素危害的非强制性指南
	石英和石英制品良好使用和处理的工人保护协议
	REACH 和 GLP 指南
	REACH 和 GLP 实施指南
物理因素接触（6项）	"人造光辐射"执行 2006/25/EC 指令良好实践的非强制性指南
	欧洲议会和理事会关于劳动者接触物理因素风险（噪声）的最低安全健康要求（2003/10/EC，2003 年 2 月 6 日），非强制性指南
	欧洲议会和理事会关于劳动者接触物理因素风险（振动）的最低安全健康要求（指令 2002/44/EC，2002 年 6 月 25 日），非强制性指南
	关于人体接触低频电磁场的欧盟理事会建议书（1995/519/EC）
	机组人员辐射防护评价措施
	个人职业性辐射外暴露的技术建议
生物因素接触（1项）	军团病的预防控制指南
工作负荷、人体工程学和社会心理风险（5项）	欧盟降低农业肌肉骨骼损伤指南
	工作骚乱和暴力框架性协议
	工作压力框架性协议
	欧盟工作压力自治框架性协议
	工作压力指南
行业工作相关规定（10项）	临时和移动建筑工地职业安全卫生最低要求相关指令的解释 92/57/EEC，非强制性指南
	欧盟委员会关于个体劳动者职业安全卫生保护建议，2003 年 2 月 18 日
	怀孕、分娩及哺乳期工人化学、物理、生物因素接触评价指南（92/85/EEC）
	农业、畜牧业、园林工人健康安全非强制性指南，相关法令的补充
	渔业公约的实施，相关合作或伙伴间协议
	欧盟美容业职业安全卫生框架协议
	医疗行业职业安全卫生防护指南
	医护人员针刺伤预防框架协议
	委员会建议 - 职业病目录（2003/670/EC），2003 年 9 月 19 日
	职业病信息通告：职业病诊断指南（2009）

第四节　主要职业卫生标准介绍

一、职业安全卫生框架指令89/391/EEC

欧盟条约第118（a）条要求，理事会应通过指令形式，采取措施，改善工作环境，保证工人最佳的安全健康水平。但是，成员国之间工作场所安全健康立法机制存在很大不同，各国的有关规定通常包括技术规范和自我管理标准，这就可能导致不同国家之间的安全健康保护水平不同。1987年12月21日，欧共体理事会在关于职业安全、卫生、健康的决议中提出，欧盟委员会拟在不久的将来向理事会提交一项关于工作场所工人安全健康的指令。1988年2月，欧洲议会在经过对内部市场和工人保护的讨论后通过四项决议，决议特别请求欧盟委员会制订一个框架指令，作为覆盖所有与工作场所安全健康风险有关的具体指令的基础。1989年6月12日，欧共体理事会根据欧盟委员会的建议和经济社会委员会的意见，经咨询职业安全、卫生和健康保护咨询委员会，与欧洲议会共同制定发布了关于采取措施鼓励改善工人安全健康的指令89/391/EEC。该指令的目的是采取措施，鼓励改进正在工作的工人的安全和健康。指令适用于工业、农业、商业、行政、服务、教育、文化、休闲等公共和私人部门的所有活动。

根据指令，成员国有责任鼓励改进其领域内工人的安全和健康；应采取措施以保护工作中的工人的安全健康；必须以保障工人安全健康为目的，毫不拖延地采取预防措施，改进并确保高水平的安全健康保护。

为确保保护工人安全健康水平的提高，工人或其代表必须了解其安全健康风险，要求采取措施以减少或消除这些风险；必须根据国家法律，通过均衡参与方式，了解所采取的必要防护措施，通过适当的程序，在雇主与工人或其代表之间，建立职业安全健康信息、对话和均衡参与机制。

指令的内容包括：职业风险预防、安全健康保护、风险和事故因素消除、信息咨询、根据国家法律的均衡参与原则以及工人及其代表培训的一般原则，以及执行上述原则的通用指南。该指令成为欧盟职业安全卫生方面的框架指令。指令中包括雇主在工人安全健康方面的一般责任和工人的义务两方面具体内容的阐述。

该指令还对健康监护做出了规定，要求根据国家法律或通行做法采取适当的措施，对应工人工作中产生的安全健康风险，确保工人获得相应的健康监护；健康监护措施应针对每个工人，只要工人愿意，即可获得定期的健康监护；健康监护由国家健康体系提供。

理事会将对委员会根据条约第118a条提出的建议采取单项指令，尤其是工作场所、工作设备、个人防护装备、视频作业、涉及腰背伤风险的重物作业、临时或移动工作场所、渔业和农业等领域。

框架指令的目的是工人职业安全、卫生和健康的改进，不应单纯从经济上考虑。框架指令的应用不妨碍现在或将来更严格的规定。框架指令覆盖的所有领域也不妨碍单项指令中更严格或更具体的规定。

二、职业接触限值

职业接触限值（occupational exposure limit values，OELs）是针对职业接触有害化学

物质的劳动者，为预防职业病或其他不良效应制定的。OELs 假定接触者是健康的成人劳动者，尽管在某些情况下，OELs 也保护弱势人群，如孕妇或其他易感者。OELs 也是帮助雇主保护工作环境中接触化学物质的劳动者健康的工具。通常针对某种单一物质制定 OELs，但有时也为工作场所常见的混合物如焊接或柴油尾气产生的溶剂混合物、油雾、烟等制定 OELs。

欧盟一贯致力于保证高水平的安全卫生保护以免遭工作场所有关化学因素的危害。为实现该目标，欧盟通过了一系列职业接触限值指令：

欧盟关于工作场所职业安全卫生立法的框架指令是理事会指令 80/1107/EEC，该指令启动了化学、物理和生物因素危害的控制措施，1988 年理事会指令 88/642/EEC 对其进行了修订，新的指令更关注于化学物质接触限值的制定机制。指令 88/624/EEC 在 2001年 5 月 5 日被废止并被理事会指令 98/24/EC 替代。指令 98/24/EC《欧共体理事会、欧盟委员会关于保护工人健康安全免遭工作场所化学因素危害》，提出制定欧盟水平的指示性职业接触限值的目标。该指令包括指示性职业接触限值（indicative occupational exposure limit values，IOELVs）、约束性职业接触限值（binding occupational exposure limit values，BOELVs）和约束性生物限值（binding biological limit values，BBLVs）的法律标准框架，规定了使用化学因素工作场所危险评估和预防的通用原则。具体分类见表 4-5。

此外，关于工作场所致癌物的理事会指令 90/394/EEC 对在理事会指令 67/548/EEC 框架内制定的标准涉及的"致癌物"作了定义，且包括有关限值的特殊规定。

表 4-5 欧盟 OELs 分类表

	职业接触限值		职业接触生物限值
分类	指示性职业接触限值 indicative occupational exposure limit values，IOELVs	约束性职业接触限值 binding occupational exposure limit values，BOELVs	约束性生物限值 binding biological limit values，BBLVs
性质	在欧盟层面设定 IOELVs 以保护工人免受化学风险因素的危害	在欧盟层面设定 BOELVs，为欧盟所有劳动者提供最低限度的保护水平	在欧盟层面设定 BOELVs
效力	各成员国应依据该限值制定本国的限值标准	成员国应基于该限值制定相应的国家 BOELVs，但不得超过欧盟限值	成员国应基于该限值制定相应的国家 BOELVs，但不得超过欧盟限值

（一）指示性职业接触限值

IOELVs 是由 SCOEL 依据相关指令，利用最新科学数据并顾及技术可行性制定的、以健康为基础的无法律约束力的限值。IOELVs 建立了接触的阈限水平，通常情况下，限值表中所有列出的物质在其浓度小于或等于其限值水平时可以预期不会产生有害作用。欧盟 OELs 包括 8 小时时间加权平均（TWA）和短时间接触 / 漂移值（STEL）两类容许浓度（表 4-6）。所有欧盟成员国都要重视欧盟限值，对于在欧盟制定了 IOELVs 的所有化学因素，应将指示性职业接触限值视为是针对工作场所有害化学物质危害，保护劳动者健康整体措施的一个重要部分。根据欧盟的 IOELVs 制定与本国法律法规一致的接触限值。雇主需要按照欧盟部长理事会指令 98/24/EC 应用这些限值进行危害的监测与评价。

表4-6 欧盟 OELs 容许浓度分类表

分类	8 小时时间加权平均 （time weighted Average，TWA）	短时间接触/漂移值 （short-term exposure Limit，STEL）
定义	近乎所有的劳动者每天 8 小时，每周 40 小时（一个平均工作班）接触某种化学物质不出现不良健康效应的情况下所使用的平均浓度值，通常表示单位是 ppm 或 mg/m³	短时间（不超过 15 分钟）接触化学物质的最大容许值。由于 8h-TWA 平均浓度无法测量剧毒或急性危害气体的峰值，制定 STEL 的目的旨在防止剧毒或急性危害气体对劳动者产生的不良健康效应和其他副作用

欧盟在指令 80/1107/EEC 前已引进了 IOELVs 体系，但直到 1991 年指令 91/322/EEC 颁布之前并没有制定限值表。1991 年 5 月 29 日，为执行理事会指令 80/1107/EEC，欧共体委员会指令 91/322/EEC 制定了职业接触指示性限值表（indicative limit values for occupational exposure），表中列出 27 种化学物质的职业接触的指示性限值。1996 年 12 月 18 日，为执行理事会指令 80/1107/EEC，欧委会指令 96/94/EC 再次制定了职业接触指示性限值表，表中列出 23 种化学物质的职业接触的指示性限值。这两个指令都是在欧盟理事会指令 80/1107/EEC 的框架内制定的。

指令 98/24/EC 提出制定欧盟 IOELVs、BOELVs 及 BBLVs。对于制定的欧盟 IOELVs 所有化学因素，成员国必须考虑欧盟限值并制定本国的 OELs。

2000 年 6 月 8 日，欧盟委员会在关于执行欧盟理事会指令 98/24/EC 制定 IOELVs 第一表的指令 2000/39/EC 的附件中，列出 62 种化学因素的 IOELVs，包括指令 96/94/EC 职业接触指示性限值表所列的物质，还吸纳了 SCOEL 推荐的许多其他因素的 IOELVs。

2006 年 2 月 7 日委员会关于执行理事会指令 98/24/EC 制定 IOELVs 第二表的指令 2006/15/EC，对指令 91/322/EEC 及指令 2000/39/EC 进行了修订；而 2009 年 12 月 17 日欧委会指令 2009/161/EU，依据理事会指令 98/24/EC 制定了 IOELVs 第三表，同时修订委员会指令 2000/39/EC。截至 2009 年，欧盟 IOELVs 表中共有 121 种化学物质（见附件 4-1）。

（二）约束性职业接触限值

在拟定欧盟层面 BOELVs 时，应注意制定 IOELVs 时所考虑的因素、社会经济和技术可行性等，并致力于为欧盟所有劳动者提供最低限度的保护水平。对于制定有 BOELVs 的所有化学因素，成员国都应基于欧盟限值制定相应的国家 BOELVs，但不得超过欧盟限值。

对于没有阈限水平的致癌物质一般不制定 IOELVs，而是为这些物质制定 BOELVs。BOELVs 是基于现有科学数据、社会经济条件和在行业实现这些限值的技术可行性制定的。欧盟为石棉（阳起石、直闪石、温石棉、铁闪石、青石棉、透闪石）、苯、硬木尘、铅及其无机化合物、氯乙烯单体制定了 BOELVs（见附件 4-1），其相关指令包括 2009 年 11 月 30 日欧洲议会和理事会关于修订理事会指令 83/447/EEC《工作中接触石棉工人的保护》的指令 2009/148/EC 和 2004 年 4 月 29 日欧洲议会和理事会关于工作中接触致癌或致突变风险的工人的保护指令 2004/37/EC。

（三）约束性生物限值

BLVs 是职业卫生实际工作时评价潜在健康风险的参考值。BLVs 由 SCOEL 基于当前可用的科学数据制定。BLVs 规定了体内物质、代谢产物或效应标志物的最大水平，如血液、尿液或呼吸气。对于许多物质，由于受生物监测方法的限制，或不能检测其代谢产物或标志物。在一般情况下，SCOEL 优先为备注"皮肤"的化合物质制定 BLVs。

拟定欧盟 BBLVs，应以 IOELVs 的描述和检测技术的可用性评估为基础，并应以保证工人健康为目的。对于制定有 BBLVs 的所有化学因素，成员国都应基于欧盟限值制定相应的国家 BBLVs，但不得超过欧盟限值。欧盟仅对铅及其离子化合物制定了 BBLVs。

三、卫生工程、职业防护管理标准

欧洲共同体理事会关于工作场所最低要求的指令 89/654/EEC 是根据职业安全卫生框架指令 89/391/EEC 下设的 5 个单项指令之一，该指令旨在更好的保证工作中工人的安全健康，规范了工作环境中的最低要求。

该指令对工作场所的相关用语作了定义，对雇主的义务进行了明确的规定，对工人的参与和咨询给予了充分的支持。为保障工作中工人的安全和健康，雇主应做到紧急出口和出口的交通路线始终保持清晰；工作场所和设备的技术维护，特别是该指令附件 1 和 2（略）所提及的技术维护，发现任何可能影响员工安全和健康的错误应尽快纠正；工作场所和设备，特别是该指令附件 1 第 6 点和第 2 点所指的特殊情况应清洁到足够的卫生水平；对该指令第 1 和第 2 附件（略）中提到的安全设备，应经常进行检查等。

该指令还要求，会员国应向委员会通报其已经在本指令规定的领域内已通过国家法律规定的文本。会员国应每年向委员会报告实际执行本指令的规定，说明雇主和工人的观点。委员会应定期向欧盟议会、理事会和经济及社会委员会提交关于本指令实施情况的报告。

四、个体防护标准

根据欧洲经济共同体条约，特别是其第 100a 条，以及经济和社会委员会意见，有必要采取措施，以期能在 1992 年 12 月 31 日之前，逐步建立欧洲共同体内部市场，欧洲共同体理事会发布 89/686/EEC 指令，使各成员国有关 PPE 的法律趋于一致。

鉴于近年来许多成员国以保护公众健康、提高工作安全以及确保保护使用者为目的，已通过了大量有关 PPE 的条款，这些条款从防止人身伤害出发，对 PPE 的设计、制造、质量水平、检测和认证的要求通常极为详尽，且彼此差异很大，因此会构成贸易壁垒，从而直接影响欧洲共同体内部市场的建立与运行。所以，必须协调各国条款，以确保这些产品在不以任何方式降低各成员国要求的现有合理保护水平的情况下自由流通，并保证这一水平得到必要的提高，89/686/EEC 指令只规定 PPE 应满足的基本要求并具有强制性。

为证明符合 89/686/EEC 指令的基本要求，有关 PPE 的欧洲协调标准是必不可少的，尤其是关于人身保护设备的设计、制造及其适用的规范和试验方法，因为这些产品只要符合这些标准就可以被推定为符合上述指令的基本要求，欧洲协调标准是由非官方机构制定的，并且必须保持其非强制性的地位。

鉴于各成员国现行的监督程序可能有明显的差别，各种重复检验只会阻碍人身保护设备自由流通，为此应对各成员国相互承认各自的检验结果做出规定；为便于实现这种相互承认，必须特别规定欧洲共同体协调程序，并对在选择检验、监督和验证的机构时所应考虑的准则进行协调。因此，89/686/EEC 指令还对 PPE 在欧洲共同体内投放市场和自由流通的条件，PPE 的认证程序，以及 PPE 成品的检验等作了具体的规定。

五、与职业健康监护有关的标准

根据欧盟指令 89/391/EEC 要求，欧盟各国必须为接触职业危害因素的工人安排适当的健康监测，并将其引入国家有关法律法规中。企业有责任为接触职业危害因素的劳动者提供定期职业健康检查，个人健康检查资料和接触职业危害因素记录需上报。职业健康监护可以作为国家卫生系统的一部分。

有关职业健康监护的具体要求在各单项指令中有明确规定，例如：

（一）欧共体理事会指令 80/1107/EEC

欧共体理事会指令 80/1107/EEC《关于保护工人免受接触的化学、物理和生物因素损害的指令》第五条规定，各成员国应采取以下措施：

1. 在接触前或接触后定期为工人提供医学监护，特殊情况下，当工人终止接触后，保证为其提供适当的健康监护。

2. 工人和（或）其代表应了解接触量的测定结果，以及反映工人群体接触情况的生物学检测结果。

3. 使工人了解反映其本人接触情况的生物学检测结果。

4. 通知工人和（或）其代表，哪些工作场所超过了限值标准，其原因及已采取和将采取的措施，以纠正该情况。

5. 提高工人和（或）其代表对接触因素存在危险的认知。

（二）欧共体理事会指令 90/679/EEC

欧共体理事会指令 90/679/EEC《关于接触于生物因素的工人的健康保护指令》第三章其他规定中第十四条健康监护的要求如下：

1. 各成员国根据国家法律和实践，制定对判定安全和健康受到危害的工人实施健康监护的规定。

2. 该规定应能使每个工人都受到健康监护：①接触前的健康监护；②随后定期的健康监护。

3. 应确定需要提供特殊保护措施的工人。

应为那些接触或可能接触于某种生物因素却未经免疫的工人提供有效的疫苗。

如果某一工人被怀疑因接触生物因素而受到感染或产生疾病，医生或负责工人健康监护的主管部门应为其他接触同种生物因素的人员开展健康监护。

4. 根据国家法律和实践，一旦健康监护开始执行，个人的医疗记录应在最后一次接触之后至少保留40年。一次接触后至少保留10年。

5. 医生或健康监护负责人应针对每一个工人提出保护或预防措施的建议。

6. 向工人提供在脱离暴露后需接受健康监护的资料和建议。

7. 根据国家法律和实践，工人有权知道自己健康监护的结果；工人或雇主可以要求查阅健康监护的结果。

8. 有关工人健康监护的具体建议见附录四（略）。

9. 根据国家法律和实践，所有因暴露于生物因素的疾病和死亡病例，都应通知主管当局。

（三）欧共体理事会指令 83/477/EEC

欧共体理事会指令 83/477/EEC《关于保护石棉作业工人免受其暴露损害的指令》第

十五条规定，各成员国应采取以下措施：

1. 在工人开始接触石棉或含石棉物质粉尘前，应对其健康状况开展评估。评估包括特殊的胸部检查，该指令附件 II（略）中有实用的建议。以此为据，成员国可以对工人进行健康监护。对长期连续接触的，至少每 3 年开展 1 次健康评价。根据国家法律，应对每个工人建立个人健康档案。

2. 按照第 1 款进行临床检查后，按国家法律要求，医生或医疗单位负责人应提出建议或决定工人的个体防护或预防措施，适当或完全避免石棉接触。

3. 健康评价结果及建议应通知可能脱离石棉粉尘接触的工人。

4. 根据国家法律，工人及雇主可以要求对第 2 款涉及的健康评估结果进行复审。

六、欧盟职业病目录

欧盟职业病目录也称为欧盟职业病一览表（European schedule of occupational diseases）。1990 年 5 月 22 日，欧盟委员会通过欧洲职业病一览表建议书 90/326/EEC，建议书发布后得到成员国的应用，特别是在遵守建议书附件的规定方面付出了巨大努力。但因科学技术进步，导致对职业病的发生与所涉及的因果关系有了更深入了解。为此，欧盟委员会确定将发生的新的变化整合到建议书中，并于 2003 年 9 月 19 日发布欧盟委员会建议书：欧洲职业病一览表 2003/670/EC（Commission Recommendation of 19 September 2003，concerning the European schedule of occupational diseases，2003/670/EC）（见附件 4-2）。建议书在其附录 1（见附件 4-2）中列出 5 大类 106 种职业病，其中，化学因素所致疾病 54 种、由其他条目未包括的物质或因素引起的皮肤病 9 种（附开放性条款）、吸入其他条目未包括的物质或因素引起的疾病 19 种、传染病和寄生虫病 6 种（附开放性条款）、物理因素所致疾病 18 种。这些疾病与特定的职业建立了直接的关系。建议书附录 2（见附件 4-2）为疑似职业病目录，包括 5 大类 47 种疾病，其分类与建议书附录 1（见附件 4-2）一致。疑似职业病目录列出的疾病，需先提交报告通过后，再列入欧洲职业病目录中。

对于建议书附录 1（见附件 4-2）所列职业病，欧委会建议各成员国应尽快将认定赔偿责任和科学的预防措施纳入本国法律法规或管理规定中；发展和完善有效的预防措施，积极调动所有参与者，为欧洲职业安全卫生机构提供信息和最佳实践经验；制定可量化的降低职业病发病率的国家目标；确保所有职业病病例能够被报告并得到统计，包括职业病的病源、致病因素、医学诊断和患者的基本情况等信息；确保在本国的职业病目录中包括有助于职业病诊断的文件并予以广泛宣传，特别是欧盟委员会发布的职业病诊断通告；促进国家卫生保健系统在预防职业病中发挥积极的作用，尤其是提高医务人员的意识以改善职业病诊断。建议成员国按照本国法律或实践确定本国职业病的认定标准；将本国的职业病统计和流行病学数据提交欧盟委员会及其他感兴趣的团体，尤其是通过欧盟职业安全卫生机构建立的信息网络对外发布。

对于建议书附录 1（见附件 4-2）未列出、但可以证明是职业活动所致的疾病以及建议书附录 2（见附件 4-2）所列的疑似职业病，应当逐步将这类工人的职业病赔偿办法纳入本国法律法规或管理规定中；建立能收集建议书附录 2（见附件 4-2）所列疑似职业病及其他职业病的流行病学信息和数据的系统；促进与职业活动相关疾病，特别是建议书附录 2（见附件 4-2）所列疑似职业病和工作相关心理障碍疾病的研究。

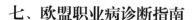

七、欧盟职业病诊断指南

协商一致的职业病诊断标准有助于保证临床决策的一致性，有助于患者的管理和职业接触人群的疾病预防。1962 年欧盟委员会制定了第 1 个职业病一览表，尽管成员国或其他机构和组织也有自己的职业病名单，但疾病认定的指南比较少。认识到这一需求，欧盟委员会于 1963 年编制了《需报告疾病的欧洲职业病一览表》。1994 年由欧盟专家组成的工作组更新出版了《职业病诊断信息公告》。10 年后，1994 版文件被委托修订。现行的职业病诊断标准是欧盟委员会就业、社会福利和机会平等部（DG）秘书处于 2009 年组织专家工作组，对欧洲职业病一览表（欧盟委员会建议书 2003/670/EC 附录 1，见附件 4-2）重新进行评估，在征求意见、论证、统一意见修订而成。新版职业病诊断标准的内容包括适用于所有个体职业病诊断的关键标准、职业病诊断的辅助条件（接触概念）、职业接触限值的应用、生物监测、职业肿瘤和职业性过敏以及文件使用、研究时的注意事项等。另附有欧洲职业病一览表附录 1（见附件 4-2）所列职业病的具体诊断标准。

《职业病信息公告：诊断指南》（Information Notices on Occupational Diseases: a Guide to Diagnosis）是由欧盟委员会就业、社会福利和机会平等部（DG）组织专家工作组修订并于 2009 年发布的欧盟职业病诊断标准。指南针对欧洲职业病目录所列的每种职业病制定了相应的诊断标准，但不包括建议书附录 2（见附件 4-2）所列的疑似职业疾病。指南由目录、信息公告、索引及委员会建议书附录 1（见附件 4-2）欧洲职业病目录组成。指南在前言中明确了职业病诊断的通用规则，即职业病诊断应当依据适用于所有个体职业病诊断的关键标准，同时考虑接触概念并作为职业病诊断的辅助条件。此外，指南还对职业接触限值、生物监测在职业病诊断中的应用、职业肿瘤和职业性过敏反应等特殊职业病作了详尽的阐述。

（一）职业病诊断通用要求

1. 适用于所有个体职业病诊断的关键标准

（1）临床表现必须与接触特定因素所导致的已知健康效应一致。在某些病例，通过适当的诊断性检验可支持症状与体征是否与已知的健康效应一致。

（2）必须显示足够的职业接触。接触的证据可以通过职业史、工作场所职业卫生检测结果、生物监测结果以及（或）过度接触事故的记录等获得。

（3）接触和效应之间的时间间隔必须符合疾病的自然病程及进展。接触必须发生在健康效应出现之前。但是，在某些情况，如职业性哮喘，儿童哮喘的既往病史或者在职业接触之前的发生哮喘持续发作，并不自动排除工作场所因素引起继发性哮喘发作的可能性。

（4）必须考虑鉴别诊断。很多非职业性疾病的临床特征与职业病类似，医生在诊断或排除职业病之前应进行鉴别诊断。

2. 接触作为职业病诊断的辅助条件

（1）最小接触强度。即引起职业病所要求的最低接触水平。较低水平的接触一般不会引起职业病。该概念尤其适用于有毒物质。对于致癌或致敏因素，通常不能定义最小阈剂量。理论上，直接作用的致癌物在分子水平就能影响细胞的 DNA 并启动致癌机制。但是，对于某些致癌物，能够识别启动不良健康影响的阈值。致敏物质需要切实的接触才能引起致敏作用。但是，个体一旦致敏，极少量就能诱发变态反应。

（2）最短接触时间。发生疾病所需要的最短接触时间。接触时间短于这个时间，一般不会引起疾病。

（3）最短潜伏期。指停止职业接触后到产生疾病的持续时间。超过这个时间，任何疾病都不能归因于接触。如，急性接触一氧化碳一年后发生的急性心肌缺血就不能归因于职业接触。

（4）最短诱导期。从开始接触到出现疾病的最短时间。短于这个时间，因为接触引起的疾病的可能性不大。如首次接触石棉后一年内发生的肺癌不能归因于接触。

3. **职业接触限值的应用**　工作场所空气中的危害因素可以通过环境空气职业卫生监测方法进行评估。这些测定结果需与职业接触限值（也称为职业接触标准、阈限值、工作场所接触水平）进行比较。职业接触限值不用于职业病诊断。但是，工作场所的接触超出职业接触限值可以反映对接触危险因素的控制不足，个体过度接触的证据对职业病诊断可提供更多的支持。当劳动卫生监测结果用以支持职业病诊断时，需要注意许多职业接触限值在制定时考虑了安全系数。

4. **生物监测**　用血液或尿的生物样品分析确定物质本身或其代谢物的存在和数量是定量工作场所接触的另一种方法。生物监测在职业病诊断时的用途是确认是否存在接触或接触过度。如果在生物样品中检测出大量物质，职业性接触化学物所致的急性效应则可归因于该种特定化学物质。生物接触限值并不是为具体的临床诊断制定的。生物监测结果超出生物接触限值，可反映对工作场所危险因素控制不足并由此造成职业接触，或者反映过高的接触。必须注意使用这些指标的目的并不是监测工作场所危害因素的接触。

5. **职业性肿瘤和职业性过敏**

（1）职业性肿瘤

1）该肿瘤是因为职业性接触某种已知的致癌物所引起；

2）多影响年轻个体，尤其是在其职业生涯早期接触致癌物；

3）在相似职业接触的群体中肿瘤的发病率高；

4）如同时接触影响相同靶器官的致癌物质（职业或非职业性）时，职业性肿瘤的可能性更大，如同时接触石棉和吸烟，肺癌的风险是相乘的风险。

由职业因素引起的恶性肿瘤因不具备独特的病理学及组织学特征，常常难以与非职业性肿瘤相区别。存在可能接触的标记物，如石棉接触工人痰样本中的"含铁小体（石棉小体）"，或接触砷的个体皮肤角化病变及色素的变化，或血液或尿液样本显示化学致癌物吸收的证据。这些标记物仅仅证明存在接触，并不能确认职业性肿瘤的诊断。然而，也有一些癌症与职业接触有高度的相关性，如鼻腺癌（接触木尘）、肝血管肉瘤（氯乙烯单体）、间皮瘤（石棉）。

上述其他职业病标准也适用于职业性肿瘤诊断。重要的考虑是个体接触的因素是否为人类致癌物。

根据欧盟制度，对具有致癌作用的物质和制品分类如下：

第1类：已知对人致癌的物质。有充分证据建立物质接触与癌症发展之间的因果关系。

第2类：可以认为对人致癌的物质。有足够的证据提供有力的推定，即人接触某种物质可能会导致癌症的发展，一般依据：①可靠的长期动物实验；②其他相关信息。

第3类：引起关注的对人可能致癌的物质，但可用的资料尚不足以作出令人满意的评

估。有一些动物研究证据,但尚不足以将该物质放在第2类。

(2)职业性过敏:最常受职业性过敏源影响的靶器官是皮肤和呼吸道。能够引起皮肤和(或)肺致敏反应的因素在ACGIH手册上的TLVs和BEIs有所显示。个体的易感性尤其相关,与非特应性个体比较,特应性个体(湿疹、哮喘、花粉症或过敏性鼻炎的个人或家族史)更容易患过敏性疾病。皮肤斑贴试验可以用于确认职业皮肤过敏诊断、呼吸道过敏临床调查,包括皮肤点刺试验、免疫球蛋白测定以及支气管激发试验。

6. 使用研究时的注意事项 在选择和使用侵入性操作(如肝活检)或临床研究(如支气管激发试验)时,应当注意相关建议。这些操作有公认的、严重的副作用和风险。因此,这些操作只能在具有随时获得全面应急临床支持的医院或医疗设施进行。

(二)具体职业病诊断指南及举例

诊断指南对建议书附件1(见附件4-2)所列106种职业病制定了具体的诊断标准,每种疾病的诊断标准均包括致病因素、健康效应、疾病与接触因果关系确定等。

致病因素(致病因素定义)用其一般状态和形式描述。主要的职业应用和列举的接触源是已知接触产生最大风险的最基本之一。

健康效应分为急性和慢性效应两部分,且进一步分为局部和全身作用。这些效应通过症状和体征加以描述。

使用特定概念的方法确定接触与特异效应(疾病)之间的因果关系。

以下分别以砷及其化合物、一氧化碳及烧结金属粉尘所致的支气管肺病为例,对欧盟职业病诊断指南予以介绍:

1. 砷及其化合物

致病因素定义 砷是银灰色元素,以四种不同的氧化(化合价)状态存在。空气中主要产生的是As(Ⅲ)状态的蒸汽和颗粒物。主要的无机化合物包括三氧化二砷(As_2O_3)、亚砷酸铜[$Cu(AsO_2)_2$]、亚砷酸钠[$Na(AsO_2)_2$]、亚砷酸铅[$Pb_3(AsO_2)_2$]以及亚砷酸过氧化物(As_2O_5)。

主要职业应用及接触源 某些杀虫剂的制造和使用,如棉和烟草田种植以及含防腐剂木材的加工及使用、不含铁(Cu、Zn、Pb)的溶化、煤燃烧、微电子、光学工业、玻璃制造和制革。最多的工业接触是呼吸道或皮肤,但经口接触也很重要。现在,许多国家禁止或严格限制在许多化合物中使用砷。

毒性作用

(1)局部作用

1)高浓度无机砷化合物刺激皮肤、眼及黏膜。

2)反复高浓度鼻腔接触可能导致鼻中隔糜烂和穿孔。

接触标准

最小接触强度:$0.1mg/m^3$

最短接触时间:立即

最长潜伏期:急性刺激作用几分钟;鼻中隔穿孔6个月。

(2)全身作用

1)皮肤:①手掌和脚底角化症;②色素沉着,色素脱失;③砷疣。

2)神经系统:①多发性感觉运动神经病(周围神经传导速度降低);②脑病(极高浓度

急性接触之后)。

3)末梢循环：血管痉挛及雷诺综合征。

接触标准

对于神经病、末梢循环以及非恶性皮肤作用。

最小接触强度：0.05mg/m³

最短接触时间：6个月

最长潜伏期：1年

(3)恶性肿瘤

1)肺癌

接触标准

最低(短)接触强度及时间：250μg/m³ 年

最长潜伏期：不确定

诱导期：15年

2)皮肤癌

最短接触时间：1年

诱导期：5年

2. 一氧化碳

致病因素定义　一氧化碳(CO)在标准气压和温度时是一种无色、无味和无刺激性气体，有机物质(煤、纸、木材、油、汽油、溶剂汽油)不完全燃烧而产生。它对血红蛋白的亲和力比氧气大200倍。

主要职业应用和接触源　最大的源头是机动车尾气、加热设施、焚化及工业过程。潜在的职业性接触非常多：汽车修理人员、消防员、隧道工作者；石油、冶金、煤气及化工产业；直接和(或)间接接触烟草的工人；吸烟也对接触一氧化碳有所贡献。

二氯甲烷(用作脱漆剂)也可以代谢为CO，引起碳氧血红蛋白水平增加(见诊断指南附件117条二氯甲烷部分)。

毒性作用：CO毒性的主要原因是CO与血红蛋白结合造成组织缺氧。

(1)急性和亚急性作用：10%～30% HbCO：头痛、头晕、乏力、恶心、精神错乱、定向力障碍、视力障碍；30%～50% HbCO：劳力性呼吸困难、脉搏和呼吸频率加快、剧烈头痛以及晕厥；>50% HbCO：惊厥、昏迷、心跳呼吸骤停。

CO中毒常发生并发症：猝死、心肌损伤、低血压、心律失常、肺水肿。

在1～3周内可发生迟发性神经精神损伤。怀孕期间，CO中毒可引起胎儿死亡、发育障碍以及脑缺氧损害胎儿。

加重缺血性心脏疾病　长时间接触CO，碳氧血红蛋白水平增加。超过5%可使以前存在的心脏病恶化，如心绞痛和心律失常的恶化。

接触标准

最小接触强度：如果能够通过以下评估则确定为职业接触：职业史以及工作条件分析显示明确的CO接触。

如果可能，可进行工作场所空气监测；生物监测：血液碳氧血红蛋白浓度(在任何处置之前脱离接触时采集的样本)或者呼出气CO增加。

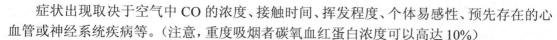

症状出现取决于空气中 CO 的浓度、接触时间、挥发程度、个体易感性、预先存在的心血管或神经系统疾病等。(注意,重度吸烟者碳氧血红蛋白浓度可以高达 10%)

最短接触时间:急性接触时,依赖强度数分钟到数小时;亚急性接触时 2 周。

最长潜伏期:急性作用:24 小时;心血管或神经系统作用:1 个月。

(2)慢性作用:没有很好地界定,尽管长时间接触 CO 引起碳氧血红蛋白血症增加超过 20%,或严重急性 CO 中毒后可引起慢性神经行为功能损害。

3. 烧结金属粉尘所致的支气管肺病

致病因素定义　硬金属是以碳化钨为基础的高硬度合成材料。它是通过将钨与碳在炉中与 3%～25% 的钴(有时用镍)在球磨机混合而合成的;可以在此阶段加入铬、钛、钽、钒、铌等其他成分。粉末状混合物加压后在高温下熔融("烧结")。

主要职业用途和暴露源　硬金属生产、硬金属工具生产、使用硬金属工具进行的切割、钻孔、研磨或抛光作业。

(1)急性呼吸系统作用:鼻炎、支气管炎、哮喘。

最小接触强度:>0.05mg/m³ 钴尘 / 烟。

最短接触持续时间:对于急性作用,立刻;哮喘 1 个月。

最长潜伏期:2 个月

(2)慢性肺病

1)可逆的肺纤维化(部分)。

2)硬金属疾病:进行性肺间质纤维化,特点是支气管活检或支气管肺泡灌洗可见巨细胞。

最小接触强度:>0.05mg/m³ 钴尘 / 烟

最短接触时间:1 年

最长潜伏期:10 年

3)肺癌:一些针对硬金属生产设施工人癌症风险的报告提供的证据表明,接触硬金属粉尘与肺癌危险度增加有关。有这样有限的证据:含钴金属合金(含碳化钨)对人及实验动物的致癌性。

第五节　中欧职业卫生标准的比较

一、工作场所职业接触限值

(一)总体比较

EU 的化学因素职业接触限值分为指示性、约束性职业接触限值和约束性生物接触限值。截至 2009 年,IOELVs 涉及 121 种化学因素,共包括 180 个限值,单位以 mg/m³ 和 ppm 两种方式表示,分为 TWA 和 STEL,无 MAC。其中 TWA 值有 117 个,STEL 值 63 个。57 种化学因素只制定了 TWA,4 种化学因素仅制定了 STEL,60 种化学因素同时制定有 TWA 和 STEL,占 51.24%。其中,91 种化学因素的 TWA 值以 mg/m³ 和 ppm 两种单位表示,23 种化学因素的 TWA 值仅以 mg/m³ 表示,3 种化学因素仅以 ppm 表示。BOELVs 包括石棉、苯、硬木尘、铅及其无机化合物、氯乙烯单体 5 种化学物质,且将石棉又细分为(阳起石、直闪石、蛇纹石）、青石棉、铁闪石石棉、透闪石石棉。在生物接触限值方面，也只为铅及其化合物制定 BBLVs 值。

我国现行化学因素的 OELs 发布于 2007 年，与欧盟不同，我国《工作场所有害因素职业接触限值第 1 部分：化学有害因素》（GBZ 2.1-2007）中的化学因素包括工作场所化学因素、粉尘和生物因素 3 种类型，其中化学有害因素 339 种、粉尘 47 种、生物因素 2 种。我国制定的职业接触限值均为强制性的。化学因素 OELs 分为时间加权平均容许浓度（PC-TWA），短时间接触容许浓度（PC-STEL）和最高容许浓度（MAC），表示单位为 mg/m³。在列出的 339 种化学有害因素中，共制定了 343 个 OELs，其中，291 种化学因素制定了 PC-TWA，118 种化学因素同时制定了 PC-TWA 和 PC-STEL，占 34.38%，53 种化学因素制定了 MAC 的，具有 MAC 的化学因素均不制定 PC-TWA。在我国，生物接触限值为卫生行业标准，属于推荐性的，已为 21 种化学因素制定了生物接触限值及对应的检测方法。

我国 GBZ 2.1-2007 列出的 339 种化学因素中有 288 种化学因素欧盟并未制定 OELs。在欧盟 IOELVs 中，有 48 种化学因素我国尚未制定相应的限值。我国对 53 种化学因素制定了 MAC，而欧盟的 IOELVs 并无 MAC。对氯、溴化氢、氯化氢、氟化氢、硫化氢、光气、膦、叠氮钠 8 种化学因素，我国制定了 MAC，而欧盟则制定了 STEL。

在 OELs 表中的备注栏，中国加注了经皮吸收、致敏和致癌标识。其中 114 种化学物质标有"皮"的标识，包括有机磷酸酯类、芳香胺及苯的硝基、氨基化合物等；标有致敏性标识的化学因素 8 种；标有致癌性标识的化学因素 56 种，其中，标注确认人类致癌物 G1 的 14 种，标注可能人类致癌物 G2A 的 10 种，标注可疑人类致癌物 G2B 的 32 种。欧盟则仅标注"经皮"标识（共 41 种化学因素）。对于致癌物质，因为没有阈限水平一般不制定 IOELVs，而是为这些物质制定 BOELVs。

中欧均制定有 OELs 的化学因素共 77 种，戊烷（全部异构体）和二甲苯（全部异构体）中国均归为一类，按中国合并分类为 73 种。

（二）TWA 值的比较

有 60 种化学因素中欧均制定了 TWA 值，其中有 7 种化学因素的 TWA 值欧盟与中国相同，占 11.67%；22 种化学因素的 TWA 值欧盟严于中国，占 36.67%；31 种化学因素的 TWA 值欧盟宽松于中国，占 51.67%。具体结果见表 4-7.1 至表 4-7.3。

表 4-7.1　TWA 值欧盟与中国相同的化学因素

| 序号 | 因素名称 | | PC-TWA | EU-TWA | |
	中文名	英文名		mg/m³	ppm
1	钡，可溶性化合物，以 Ba 计	Barium（soluble compounds as Ba）	0.5	0.5	—
2	草酸	Oxalic acid	1	1	—
3	二氧化碳	Carbon dioxide	9000	9000	5000
4	苦味酸	Picric acid	0.1	0.1	—
5	磷酸	Orthophosphoric acid	1	1	—
6	萘	Naphthalene	50	50	10
7	五硫化二磷	Phosphorus pentasulphide	1	1	

表 4-7.2　TWA 值欧盟严于中国的化学因素

序号	因素名称		PC-TWA	EU-TWA	
	中文名	英文名		mg/m³	ppm
1	氨，无水（氨）**	Ammonia（anhydrous）	20	14	20
2	氨基乙醇（乙醇胺）**	Amino ethanol	8	2.5	1
3	丙烯酸甲酯	Methyl acrylate	20	18	5
4	丙烯酸正丁酯	N-butyl acrylate	25	11	2
5	二丙二醇甲醚	Dipropylene glycol monomethyl ether	600	308	50
6	二甲胺	Dimethylamine	5	3.8	2
7	酚	Phenol	10	8	2
8	环己酮	Cyclohexanone	50	40.8	10
9	甲酸	Formic acid	10	9	5
10	硫酸，雾（硫酸及三氧化硫）**	Sulphuric acid（mist）	1	0.05	—
11	氯苯	Monochlorobenzene	50	23	5
12	吗啉	Morpholine	60	36	10
13	氢化锂	Lithium hydride	0.025	0.0025	—
14	氰胺（氨基氰）**	Cyanamide	2	1	0.58
15	三氯甲烷	Chloroform/Trichloromethane	20	10	2
16	1，1，1-三氯乙烷	Trichloroethane	900	555	100
17	四氢呋喃	Tetrahydrofuran	300	150	50
18	硝基苯	Nitrobenzene	2	1	0.2
19	乙基戊基甲酮	Ethyl amyl ketone	130	53	10
20	乙酸乙氧基乙酸酯	Ethoxyethyl acetate	30	11	2
21	乙氧基乙醇（2-乙氧基乙醇）**	Ethoxy ethanol	18	8	2
22	正己烷	n-Hexane	100	72	20

备注：**：括号内名称为 GBZ 2.1 使用的名称

表 4-7.3　TWA 值欧盟宽松于中国的化学因素

序号	因素名称		PC-TWA	EU-TWA	
	中文名	英文名		mg/m³	ppm
1	吡啶	Pyridine	4	15	5
2	丙酸	Propionic acid	30	31	10
3	丙酮	Acetone	300	1210	500
4	丙烯醇	Allyl alcohol	2	4.8	2
5	丁酮	Butanone	300	600	200
6	对-二氯苯	1，4-Dichlorobenzene	30	122	20
7	二噁烷	Dioxane	70	73	20
8	二氟氯甲烷	Chlorodifluoromethane	3500	3600	1000
9	二甲苯，全部异构体	Xylene（mixed isomers，pure）	50	221	50
10	N，N-二甲基乙酰胺	N，N-Dimethylacetamide	20	36	10
11	二硫化碳	Carbon disulphide	5	15	5

续表

| 序号 | 因素名称 | | PC-TWA | EU-TWA | |
	中文名	英文名		mg/m³	ppm
12	氟，无机物（氟化物，不含氟化氢，按F计）**	Fluorides（inorganic）	2	2.5	—
13	环己烷	Cyclohexane	250	700	200
14	己内酰胺，粉尘及蒸汽	e-Caprolactam（dust and vapour）	5	10	—
15	甲苯	Toluene	50	192	50
16	甲醇	Methanol	25	260	200
17	甲酚，全部异构体	Cresols（all isomers）	10	22	5
18	间苯二酚	Resorcinol	20	45	10
19	邻 - 二氯苯	1, 2-Dichlorobenzene	50	122	20
20	戊烷，全部异构体	Pentane	500	3000	1000
21	溴	Bromine	0.6	0.7	0.1
22	一氧化氮	Nitrogen monoxide	15	30	25
23	乙胺	Ethylamine	9	9.4	5
24	乙苯	Ethyl benzene	100	442	100
25	乙二醇	Ethylene glycol	20	52	20
26	乙腈	Acetonitrile	30	70	40
27	乙醚	Diethyl ether	300	308	100
28	乙酸	Acetic acid	10	25	10
29	乙酸乙烯酯	Vinyl acetate	10	17.6	5
30	正庚烷	n-Heptane	500	2085	500
31	汞和二价无机汞化合物，包括氧化汞和氯化汞（汞 - 金属汞，蒸气）	Mercury and divalent inorganic mercury compounds including mercuric oxide and mercuric chloride（measured as mercury）	0.01	0.02	—

备注：**：括号内名称为 GBZ 2.1 使用的名称

通过计算欧盟与中国 TWA 的比值，按照比值进行归类，观察化学因素的分布情况，一半以上的化学因素均分布在比值 1.0 倍以上的区间，即中国制定的 TWA 值更严格，其分布情况见表 4-7.4，图 4-6。

表 4-7.4　欧盟和中国 TWA 值的比值

EU-TWA/PC-TWA	物质种数	具体化学物质
<0.5	7	硫酸及三氧化硫、氯苯、氢化锂、乙酸乙氧基乙酯、丙烯酸正丁酯、乙氧基乙醇、乙基戊基甲酮
0.5～0.9	14	氨、三氯甲烷、四氢呋喃、硝基苯、二丙二醇甲醚、吗啉、三氯乙烷、氨基氰、正己烷、二甲胺、酚、环己酮、丙烯酸甲酯、甲酸
1.0～1.4	14	钡（可溶性钡化合物）、草酸、二氧化碳、苦味酸、磷酸、萘、五硫化磷、乙醚、二氟氯甲烷、丙酸、二噁烷、乙胺、溴、氟（无机物）
1.5～2.4	11	N, N- 二甲基乙酰胺、丁酮、汞 - 有机汞化合物（按 Hg 计）、一氧化氮、甲酚（全部异构体）、间苯二酚、乙腈、丙烯醇、己内酰胺、邻二氯苯、乙酸乙烯酯
2.5～3.4	5	乙酸、乙二醇、环己烷、二硫化碳、氨基乙醇
3.5～4.4	7	甲苯、丙酮、正庚烷、二甲苯（全部异构体）、乙苯、对二氯苯、吡啶
≥4.5	2	戊烷（全部异构体）、甲醇

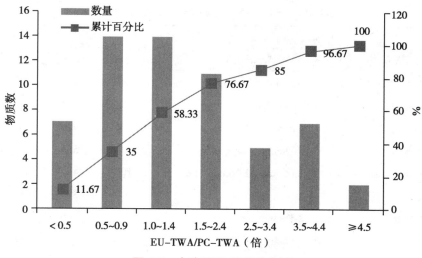

图 4-6　中欧 TWA 比值分布图

另外有 7 种化学物质欧盟制定了 TWA 值，中国未制定；4 种物质中国制定了 TWA 值而欧盟未制定，还有 2 种物质双方均未制定 TWA 值，见表 4-7.5。

表 4-7.5　欧盟和中国至少一方未制定 TWA 的化学物质

TWA 制定	物质种数	具体化学物质
欧盟制定 中国未制定	7	氟化氢、光气、磷化氢、硫化氢、五氧化二磷、叠氮化钠、氯化氢及盐酸
中国制定 欧盟未制定	4	甲基丙烯酸甲酯、甲氧基乙醇、异氰酸甲酯、2- 甲氧基乙基乙酸酯
中欧均未制定	2	氯、溴化氢

（三）STEL 的比较

中欧均制定有 STEL 的化学因素只有 14 种，其中 3 种化学因素[氨基乙醇（乙醇胺）、磷酸和二甲胺]的欧盟 STEL 值严于中国，占 15.38%，其余 11 种化学因素的欧盟 STEL 值均宽松于中国，占 84.62%（表 4-8.1，表 4-8.2）。通过计算欧盟与中国 STEL 的比值，氨为 1.20 倍、乙醚 1.23 倍、丁酮 1.50 倍、乙酸乙烯酯 2.35 倍、乙二醇 2.60 倍、邻二氯苯 3.06 倍、甲苯 3.84 倍、丙烯醇 4.03 倍、二甲苯（全部异构体）4.42 倍、对二氯苯 5.10 倍、乙苯 5.89 倍。可见中国制定的化学物质 STEL 值比欧盟严格。另外有 20 种化学物质欧盟制定了 STEL 值，中国未制定；23 种物质中国制定了 STEL 值而欧盟没有制定，还有 18 种物质双方均未制定 STEL 值。结果见表 4-8.3。

表 4-8.1　STEL 值欧盟严于中国的化学因素

序号	因素名称		PC-STEL	STEL		备注
	英文名	中文名		mg/m³	ppm	
1	氨基乙醇（乙醇胺）*	Amino ethanol	15	7.6	3	skin
2	二甲胺	Dimethylamine	10	9.4	5	—
3	磷酸	Orthophosphoric acid	3	2	—	—

*：括号内名称为 GBZ 2.1 使用的名称

表 4-8.2　STEL 值欧盟宽松于中国的化学因素

| 序号 | 因素名称 | | PC-TWA | TWA | | 备注 |
	英文名	中文名		mg/m³	ppm	
1	氨，无水（氨）*	Ammonia（anhydrous）	30	36	50	—
2	丙烯醇	Allyl alcohol	3	12.1	5	skin/ 皮
3	丁酮	Butanone	600	900	300	—
4	对二氯苯	1, 4-Dichlorobenzene	60	306	50	/G2B
5	二甲苯, 全部异构体	Xylene（mixed isomers，pure）	100	442	100	skin
6	甲苯	Toluene	100	384	100	skin/ 皮
7	邻 - 二氯苯	1, 2-Dichlorobenzene	100	306	50	skin
8	乙苯	Ethyl benzene	150	884	200	skin/G2B
9	乙二醇	Ethylene glycol	40	104	40	skin
10	乙醚	Diethyl ether	500	616	200	—
11	乙酸乙烯酯	Vinyl acetate	15	35.2	10	/G2B

*：括号内名称为 GBZ 2.1 使用的名称

表 4-8.3　欧盟和中国至少一方未制定 STEL 的化学物质

STEL 制定	物质种数	具体化学物质
欧盟制定 中国未制定	20	三氯乙烷、四氢呋喃、环己酮、吗啉、N, N- 二甲基乙酰胺、丙酸、丙烯酸正丁酯、丙烯酸甲酯、酚、硫化氢、溴化氢、氯化氢及盐酸、氯、光气、磷化氢、乙基戊基甲酮、氯苯、己内酰胺、氟化氢、叠氮化钠
中国制定 欧盟未制定	23	二氧化碳、正庚烷、戊烷（全部异构体）、二丙二醇甲醚、丙酮、正己烷、萘、甲醇、乙氧基乙醇、甲酸、醋酸、乙胺、二硫化碳、五硫化二磷、草酸、溴、钡（可溶性钡化合物）、异氰酸甲酯、氢化锂、汞 - 有机汞化合物（按 Hg 计）、乙酸、硫酸及三氧化硫
中欧均未制定	18	氨基氰、吡啶、甲基丙烯酸甲酯、甲氧基乙醇、五氧化二磷、三氯甲烷、硝基苯、苦味酸、二氟氯甲烷、二噁烷、氟（无机物）、一氧化氮、甲酚（同分异构体）、间苯二酚、乙腈、环己烷、三氯甲烷、甲氧基乙基乙酸酯

（四）制定程序的比较

欧盟 OELs 的制定程序为首先 SCOEL 根据欧委会的提议进行现有数据征集与科学评估，在科学评价各种资料基础上，撰写相关文件并提交给欧委会。其次欧委会公开征求意见（6 个月）。SCOEL 审查评估意见和新数据，这个过程可能反复多次，直到采纳意见形成最终稿，之后，欧委会将文本提交 ACSHH 以进一步咨询。最后欧委会通过并启动立法程序。

我国 OELs 的制定程序大致为提出立项建议，可以是社会各方代表；标准委员会进行立项审查；国家卫生健康委批准下达标准制定规划并确定起草单位；起草单位负责草拟标准文件；征求意见；标准委员会审查；对外发布。

对比发现，欧盟职业接触限值制定过程中的重点是咨询，是对公众需求的全面反映和反馈，同时，欧盟也十分重视职业卫生相关机构的意见和建议。强调限值制定过程中现有科学数据的收集和评估，使用充足的理论依据，以确保限值制定的合理性和科学性。我国在限值制定的过程中对公众意见的征集等方面的关注还需加强。

二、职业病诊断

（一）欧盟在职业病目录之外还附有疑似职业病目录

中欧均制定了职业病目录，且均附有开放性条款。不同的是，欧盟另外还附有疑似职业病目录，即欧盟设有怀疑为职业病并通报认定后可能被列入欧洲职业病名单的附加目录，为新的疾病引入职业病目录创造条件。欧盟这种动态调整的政策对于我国开展职业病防治工作也具有一定的指导意义。中欧职业病目录的比较见表4-9。

表4-9　中欧职业病目录的比较

比较方式	中国职业病目录	欧盟	
		职业病目录	疑似职业病目录
目录分类	按致病因素、靶器官等分类，分为10类132种	主要按致病因素分类，分为5类106种	主要按致病因素分类，分为5类，47种
开放性条款设置	职业性尘肺病及其他呼吸系统疾病中尘肺病、职业性皮肤病、职业性化学中毒、职业性放射性疾病4类列有开放性条款	由其他条目未包括的物质或因素引起的皮肤病、传染病与寄生虫病两类列有开放性条款	由其他条目未包括的物质或因素引起的皮肤病、传染病与寄生虫病两类列有开放性条款
目录侧重点	侧重职业病尘肺病，纳入目录最多的是职业性化学中毒，占目录的45%，无肌肉-骨骼系统疾病及职业性精神紧张疾病	以化学因素所致职业病为主，占目录的50%，无肌肉-骨骼系统疾病及职业性精神紧张疾病	以化学因素所致职业病为主，无肌肉-骨骼系统疾病及职业性精神紧张疾病

（二）欧盟职业病诊断指南为推荐性质

欧盟职业病诊断指南由欧盟委员会就业、社会福利和机会平等部以《职业病信息公告：诊断指南》形式发布，由目录、信息公告、索引及委员会建议书附件1涉及的欧洲职业病目录组成。欧盟的职业病诊断标准与欧盟的职业病目录一一对应。与我国职业病诊断标准的强制性不同，欧盟职业病诊断指南属于推荐性的。因此，欧盟职业病诊断指南制定了职业病诊断的通用要求，作为适用于所有个体的职业病诊断关键标准。

（三）欧盟职业病诊断指南重点为医生提供职业接触归因指南

欧盟职业病诊断指对于每种具体疾病的诊断指南包括致病因素定义、主要职业应用及接触源、毒性作用（局部作用、全身作用），以及接触标准。关于疾病，主要给出临床疾病的医学诊断，而不是强调对具体疾病如何诊断，如砷及其化合物所致疾病，只是给出①皮肤：手掌和脚底角化症、色素沉着，色素脱失或砷疣；②神经系统：多发性感觉运动神经病（周围神经传导速度降低）、脑病（极高浓度急性接触之后）；③末梢循环：血管痉挛及雷诺综合征；④恶性肿瘤：肺癌、皮肤癌。指南更详细地描述了接触标准，如对于神经病、末梢循环以及非恶性皮肤作用，明确规定最小接触强度：$0.05mg/m^3$，最短接触时间：6个月，最长潜伏期：1年。如肺癌最低（短）接触强度及时间 250μg/m³ 年，最长潜伏期不确定，诱导期15年。因为对于一个临床医生，已经掌握了有关疾病的诊断，需要指导的是如何分析产生疾病的职业原因。对比起来，我国的职业病诊断标准则过多地强调疾病的医学诊断技术，职业归因相对不足。

第六节　欧盟职业卫生标准管理体制特点及对中国的借鉴

一、欧盟实施以法律为根本标准为支撑的职业安全卫生管理体制

欧盟与我国的职业安全卫生标准概念不同。欧盟职业卫生标准体系中包括法律法规的概念，以指令为根本，以标准为技术支撑。我国的职业卫生标准体制与体系中没有法律法规的概念。由此可以看出，欧盟职业安全卫生标准体系拥有成熟的立法系统和明智的管理手段，以指令为基础，直接或间接的将标准引用到欧盟职业安全卫生管理体制中，使欧盟职业安全卫生的法律法规更具有权威性。

欧盟采用"两阶段立法程序"，即欧盟立法及各欧盟成员国转换成本国法律两个阶段。欧盟指令是欧盟的一种立法形式，是具有强制性的，各成员国必须转化为本国法律；欧洲协调标准是有关产品的技术规范，是对欧盟指令的技术支撑，对生产商而言是自愿性的，对各成员国而言是强制性的，必须转化为本国标准。欧盟职业安全卫生指令起主导作用，在指令的框架内推动了自愿性标准的发展，即确保保护工人健康水平的最低要求，又使标准更加科学化和合理化。

我国在职业卫生相关立法中应充分重视标准的引用方式，突出法律的效力和地位，降低标准的约束力，在确保立法的权威性的同时，以技术标准支撑法律法规，既有助于减少政府部门与技术部门工作的重复，又促进了科技的进步。

二、欧盟职业安全卫生政策标准的制定职责相对明确

欧盟采取政府监管和企业自律相结合的混合管理模式，欧盟指令的推进实施是政府监管模式，欧委会要求监督工作必须由各成员国政府主管当局负责；欧洲标准的推进实施是政府监管和企业自律相结合的模式；通过由立法程序制定的政府行为和由市场需要决定的市场行为，保证了技术法规和标准的协调，较好地保持标准的科学性、准确性与可靠性。

欧盟政府部门的职能是政策指导与监督，技术部门则负责为政府部门提供有力依据。从欧盟接触限值的制定程序可以看出，欧盟委员会负责优先级别列表的提案，职业接触限值科学委员会依据社会和市场的需求完成限值的制定。欧盟的技术机构成为欧盟政府最有力的支撑。

尽管我国职业病防治法规定，国家职业卫生标准由卫生健康行政部门组织制定，委托专业标准委员会开展技术研究工作，但是国家标准委仍然发布国家职业卫生标准，相关监管部门也以行业标准代替国家职业卫生标准，各政府部门和技术机构在职业卫生标准制定发布中存在交叉，职能职责界定不清，影响国家职业卫生标准的权威性。

三、欧盟以科学为手段，以前沿技术推动职业安全卫生标准的制定

欧盟利用现有的最新科学数据并顾及技术可行性，制定以健康为基础的职业接触限值，即以科学技术全方位评估工作场所危险因素以制定统一的职业接触限值。这种利用科学的数据和现有研究成果作为标准制定依据的做法贯串了欧盟职业卫生标准体系的各方面，进一步提高了欧盟职业卫生标准的可操作性和可应用性。

我国在标准研制过程中需配合实验室检测等工作，对现有研究成果的利用不充分，建议我国鼓励研制、开发、推广、应用有利于职业病防治和保护劳动者健康的信息平台及工具包，加强职业卫生标准研制队伍建设，使更多的专业人员将精力集中于科研成果和论文发表，为职业病防治提供更多科学数据。

四、欧盟职业安全卫生政策标准具有较强的国际化特征

欧洲标准化组织在制定协调标准时，一部分引用了国际标准。通过维也纳协议增加了ISO 和 CEN 正在进行的标准项目的透明度，避免重复工作和重复设置，加快标准制修订速度，促进了欧盟职业卫生标准国际一体化。相比而言，我们的专家却不能及时的跟踪国际标准形式。我国应积极推进职业卫生标准与国际接轨，提升我国职业病防治水平，提升我国国际形象，积极扭转在国际贸易中的被动性。

五、中欧化学有害因素职业接触限值既有共性也有差异

通过欧盟化学因素职业接触限值的发展发现，20 世纪 80 年代初，有关职业卫生零碎的规定基本无法律效力，欧共体无权干涉成员国社会事务；20 世纪 80 年代后期，职业卫生进入欧共体法律框架，对成员国具有约束力；20 世纪 90 年代，职业卫生法律法规框架基本建立，职业卫生标准体系更加系统化和制度化；到 21 世纪，在政府部门、雇主、雇员、工会、保险业者、职业安全专家、媒体、公众和行业协会等多方参与的前提下，EU 经过不断调整 IOELVs 表中化学物质的容许浓度值，使其更加适应社会经济的快速发展，更好地保持职业接触限值标准的科学性、准确性与可靠性，在应对新兴风险的同时，不忽视现有风险。

我国在直接引用前苏联相关限值标准的基础上，逐步研制出符合我国国情的职业接触限值，我国现行的 GBZ2.1-2007 中共为 339 种化学有害因素制定了 343 个 OELs，远远多于欧盟，在经皮吸收、致敏和致癌标识的应用方面也较欧盟丰富。我国在职业接触限值研制过程中多数牵涉到工作场所化学有害因素检测方法的配套研制。但 GBZ 2.1-2007 在实际应用过程中也存在一些问题，如化学有害因素检测方法与职业接触限值标准间对应不足、未列出关键效应与保护水平、职业接触限值的制定不能满足职业病防治工作实际等。本书所做的比较尚不能充分说明中欧的差异，建议做进一步的比较分析，并配合相应的现场调查，在此基础上提出化学有害因素职业接触限值进一步制修订的建议。

六、欧盟职业病诊断标准突出推荐性，制定有疑似职业病目录

中欧均制定了职业病目录，且均附有开放性条款。不同的是，欧盟是动态调整目录，另

外还附有疑似职业病目录,即欧盟设有怀疑为职业病并应通报且今后可能被列入欧洲职业病名单的附加目录,为新的疾病引入职业病目录创造条件。欧盟的职业病诊断指南是推荐性的,与欧盟的职业病目录一一对应。欧盟职业病诊断指南把接触作为职业病诊断的辅助条件,突出分析产生疾病的职业原因。

与之比较,我国职业病诊断标准是强制性的,是政策规范性和技术指导性融为一体的职业病诊断(系列)标准,但是,我国的职业病诊断标准过多地强调疾病的医学诊断技术,强调分级、处置及工人评定等,职业归因相对不足。

对比我国和欧盟职业安全卫生管理体制与标准体系,中欧在职业卫生标准概念的设定上不同。欧盟职业卫生标准包括法律法规(指令),强制性,还包括欧洲标准或协调标准以及指南,推荐性。中国职业卫生标准是在综合考虑我国国情后制定的,不包括法律法规,但是相关标准具有强制性,对我国的职业病防治工作发挥了重要的指导作用。但是在职业病防治新形势的挑战面前,我国不论在职业卫生标准的管理上还是具体条款的研制上,均与欧盟存在一定的差距。因此,建议结合现阶段我国职业病防治工作的实际情况,及时修订、调整现行职业卫生标准并着重考虑以下内容:

职业卫生标准的管理与研制是一项有计划有目标的长期工作,建议我国组织专家分析和跟踪欧盟职业卫生发展战略,通过该发展战略,发现欧洲最新的职业安全卫生领域工作内容,定期制订我国职业卫生发展战略规划。

欧盟的职业安全卫生标准管理以法律为前提,职责明确,政府的主要职能是政策指导与监督,各部门各机构按照指令执行其职能职责。我国的标准管理是建立在原部委机构设置的基础上,按照机构职能设置制定职业安全卫生标准,存在标准交叉、重复、矛盾等现象。

欧盟职业卫生指令制定过程中的重点是咨询,是对公众诉求的全面反映和反馈,同时,重视职业卫生相关机构的意见和建议。欧盟在职业卫生指令的研制过程中是对现有的科学数据进行评估及修改,以确保指令制定的合理性和科学性。我国更注重标准主管部门的规划和审查意见,对公众意见的征集等方面的关注不够;在标准研制过程中需要配合实验室检测等具体工作,对现有科研成果及信息的利用不够充分。建议我国应根据公众诉求,收集社会各方意见,整合资源,建立完善的职业卫生标准信息平台及技术工具包。

通过对化学因素职业接触限值的比较,我国在化学有害因素的种类上多于欧盟,在经皮吸收、致敏和致癌的应用上较欧盟丰富。至于中欧限值水平的宽严程度应进一步开展调查,为我国化学有害因素职业接触限值的制修订提供更详尽的科学依据。

欧盟更注重职业病目录的动态调整,其职业病诊断指南是推荐性的,针对职业病目录所列的每种职业病均制定了相应的诊断标准。我国在职业病目录的调整和职业病诊断标准的配套研制中应借鉴欧盟的做法,并加强标准的跟踪,构建我国更加有针对性和适用性的职业病目录和职业病诊断标准体系。

我国在引用国际和国外标准时,应加强与国际组织和发达国家的合作,参与到国际标准的制定中去而不是单纯的引用和借鉴。

(秦 戬 王焕强 张 星 李 涛)

附件

附件 4-1 欧委会指令 2009/161/EU：欧盟 OELs 一览表

| 因素名称 | | CAS | TWA | | STEL | | 备注 | 指令 |
英文名	中文名		mg/m³	ppm	mg/m³	ppm		
2-(2-Butyloxyethoxy) ethanol	2-(2-丁氧基乙氧基)乙醇	112-34-5	67.5	10	101.2	15	—	DIR 2006/15/CE
2-(2-Methoxyethoxy) ethanol	2-(2-甲氧基乙氧基)乙醇	111-77-3	50.1	10	—	—	skin	DIR 2006/15/CE
Acetic acid	醋酸	64-19-7	25	10	—	—	—	DIR 91/322/CE
Acetone	丙酮	67-64-1	1210	500	—	—	—	DIR 2000/39/CE
Acetonitrile	乙腈	75-05-8	70	40	—	—	skin	DIR 2006/15/CE
Allyl alcohol	丙烯醇	107-18-6	4.8	2	12.1	5	skin	DIR 2000/39/CE
Isoamyl acetate, tert	乙酸异戊酯，叔戊酯	625-16-1	270	50	540	100	—	DIR 2000/39/CE
Amino ethanol	氨基乙醇	141-43-5	2.5	1	7.6	3	skin	DIR 2006/15/CE
Ammonia (anhydrous)	氨(无水)	7664-41-7	14	20	36	50	—	DIR 2000/39/CE
Barium (soluble compounds as Ba)	钡(可溶性化合物，以 Ba 计)		0.5	—	—	—	—	DIR 2006/15/CE
Bisphenol A (inhalable dust)	双酚 A(可吸入尘)	80-05-7	10	—	—	—	—	DIR 2009/161/CE
Bromine	溴	7726-95-6	0.7	0.1	—	—	—	DIR 2006/15/CE
Butanone	丁酮	78-93-3	600	200	900	300	—	DIR 2000/39/CE
Butoxyethanol	丁氧基乙醇	111-76-2	98	20	246	50	skin	DIR 2000/39/CE
Diol butyl ether acetate	二醇丁醚醋酸酯	112-07-2	133	20	333	50	skin	DIR 2000/39/CE
Calcium dihydroxide	氢氧化钙	1305-62-20	5	—	—	—	—	DIR 91/322/CE
Carbon dioxide	二氧化碳	124-38-9	9000	5000	—	—	—	DIR 2006/15/CE
Carbon disulphide	二硫化碳	75-15-0	15	5	—	—	skin	DIR 2009/161/CE
Chlorine	氯	7782-50-5	—	—	1.5	0.5	—	DIR 2006/15/CE
Chlorodifluoromethane	二氯二氟甲烷	75-45-6	3600	1000	—	—	—	DIR 2000/39/CE
Chloroethane	氯乙烷	75-00-3	268	100	—	—	—	DIR 2006/15/CE
Chloroform	三氯甲烷	67-66-3	10	2	—	—	skin	DIR 2000/39/CE

续表

| 因素名称 | | CAS | TWA | | STEL | | 备注 | 指令 |
英文名	中文名		mg/m³	ppm	mg/m³	ppm		
Chromium（Ⅲ）, Inorganic and Compounds	无机铬（Ⅲ）及其化合物		2	—	—	—	—	DIR 2006/15/CE
Cresols (all isomers)	甲酚（所有的同分异构体）	1319-77-3	22	5	—	—	—	DIR 91/322/CE
Cumene	异丙基苯	98-82-8	100	20	250	50	skin	DIR 2000/39/CE
Cyanamide	氰胺	420-04-2	1	0.58	—	—	skin	DIR 2006/15/CE
Cyclohexane	环己烷	110-82-7	700	200	—	—	—	DIR 2006/15/CE
Cyclohexanone	环己酮	108-94-1	40.8	10	81.6	200	skin	DIR 2000/39/CE
1, 2-Dichlorobenzene	二氯苯	95-50-1	122	20	306	50	skin	DIR 2000/39/CE
1, 4-Dichlorobenzene	二氯苯	106-46-7	122	20	306	50	—	DIR 2000/39/CE
Dichloroethane	二氯乙烷	75-34-3	412	100	—	—	skin	DIR 2000/39/CE
Diethylether	乙醚	60-29-7	308	100	616	200	—	DIR 2000/39/CE
Diethylamine	二乙胺	109-89-7	15	5	30	10	—	DIR 2006/15/CE
Dihydrogen selenide	硒化氢	7783-83-05	0.07	0.02	0.17	0.05	—	DIR 2000/39/CE
Dimethylether	二甲基乙醚	115-10-6	1920	1000	—	—	—	DIR 2000/39/CE
Dimethylamine	二甲胺	124-40-3	3.8	2	9.4	5	—	DIR 2000/39/CE
Dioxane	二恶烷	123-91-1	73	20	—	—	—	DIR 2009/161/CE
Phosphorus pentoxide	五氧化二磷	1314-56-3	1	—	—	—	—	DIR 2006/15/CE
Phosphorus pentasulfide	五硫化二磷	1314-80-3	1	—	—	—	—	DIR 2006/15/CE
Dipropylene glycol monomethyl ether	二丙二醇甲醚	34590-94-8	308	50	—	—	skin	DIR 2000/39/CE
e-Caprolactam (dust and vapour)	己内酰胺（粉尘及蒸汽）	105-60-2	10	—	40	—	—	DIR 2000/39/CE
Ethoxy ethanol	乙氧基乙醇	110-80-5	8	2	—	—	skin	DIR 2009/161/CE
Ethoxyethyl acetate	乙酸乙氧基乙酯	111-15-9	11	2	—	—	skin	DIR 2009/161/CE
Ethylbenzene	乙苯	100-41-4	442	100	884	200	skin	DIR 2000/39/CE
Ethyl acrylate	丙烯酸乙酯	140-88-5	21	5	42	10	—	DIR 2009/161/CE
Ethylamine	乙胺	75-4-7	9.4	5	—	—	—	DIR 2000/39/CE

续表

| 因素名称 | | CAS | TWA | | STEL | | 备注 | 指令 |
英文名	中文名		mg/m³	ppm	mg/m³	ppm		
Ethylene glycol	乙二醇	107-21-1	52	20	104	40	skin	DIR 2000/39/CE
Fluorides (inorganic)	氟（无机物）		2.5	—	—	—	—	DIR 2000/39/CE
Fluorine	氟	7782-41-4	1.58	1	3.16	2	—	DIR 2000/39/CE
Formic acid	甲酸	64-18-6	9	5	—	—	—	DIR 2006/15/CE
Heptan-2-one	2-庚酮	110-43-0	238	50	475	100	skin	DIR 2000/39/CE
Heptan-3-one	3-庚酮	106-35-4	95	20	—	—	—	DIR 2000/39/CE
Hydrogen bromide	溴化氢	10035-10-6	—	—	6.7	2	—	DIR 2000/39/CE
Hydrogen chloride	氯化氢	7647-01-0	8	5	15	10	—	DIR 2000/39/CE
Hydrogen fluoride	氟化氢	7664-39-3	1.5	1.8	2.5	3	—	DIR 2000/39/CE
Hydrogen sulphide	硫化氢	7783-06-4	7	5	14	10	—	DIR 2009/161/CE
Isopentane	异戊烷	78-78-4	3000	1000	—	—	—	DIR 2006/15/CE
Isoamyl acetate	异戊基醋酸盐	123-92-2	270	50	540	100	—	DIR 2000/39/CE
Lithium hydride	氢化锂	7580-67-8	0.0025	—	—	—	—	DIR 91/322/CE
Mercury and divalent inorganic mercury compounds including mercuric oxide and mercuric chloride (measured as mercury)[1]	汞和二价无机汞化合物，包括氧化汞和氯化汞（以汞计）[1]		0.02	—	—	—	—	DIR 2009/161/CE
Methanol	甲醇	67-56-1	260	200	—	—	skin	DIR 2006/15/CE
Methoxy ethanol	甲氧基乙醇	109-86-4	—	1	—	—	skin	DIR 2009/161/CE
Methoxypropan-2-ol	甲氧基丙醇二酸	107-98-2	375	100	568	150	skin	DIR 2000/39/CE
Methoxypropyl-2-acetate	2-甲基乙基醋酸盐	108-65-6	275	50	550	100	skin	DIR 2000/39/CE
Methyl methacrylate	甲基丙烯酸甲酯	80-62-6	—	50	—	100	—	DIR 2009/161/CE
Methyl acrylate	丙烯酸甲酯	96-33-3	18	5	36	10	—	DIR 2009/161/CE
Ethyl amyl ketone	乙基戊基甲酮	541-85-5	53	10	107	20	—	DIR 2000/39/CE
Methylhexan-2-one	甲基-2-己酮	110-12-3	95	20	—	—	—	DIR 2000/39/CE

续表

因素名称 英文名	中文名	CAS	TWA mg/m³	TWA ppm	STEL mg/m³	STEL ppm	备注	指令
Methyl isocyanate	异氰酸甲酯	624-83-9	—	—	—	0.02	—	DIR 2009/161/CE
Methyl valeraldehyde	甲基戊醛	108-10-1	83	20	208	50	—	DIR 2000/39/CE
Ethylene glycol methyl ether acetate	乙二醇甲醚乙酸酯	110-49-6	—	1	—	—	skin	DIR 2009/161/CE
Butyl 1-methylacetate	1-甲基乙酸丁酯	626-38-0	270	50	540	100	—	DIR 2000/39/CE
Monochlorobenzene	氯苯	108-90-7	23	5	70	15	—	DIR 2006/15/CE
Morpholine	吗啉	110-91-8	36	10	72	20	—	DIR 2006/15/CE
m-Xylene	m-二甲苯	108-38-3	221	50	442	100	skin	DIR 2000/39/CE
N, N Dimethylformamide	N, N-二甲基甲酰胺	68-12-2	15	5	30	10	skin	DIR 2009/161/CE
N, N-Dimethylacetamide	N, N-二甲基乙酰胺	127-19-5	36	10	72	20	Skin	DIR 2000/39/CE
Naphthalene	萘	91-20-3	50	10	—	—	—	DIR 91/322/CE
N-butyl acrylate	丙烯酸正丁酯	141-32-2	11	2	53	10	—	DIR 2000/39/CE
Neopentane	新戊烷	463-82-1	3000	1000	—	—	—	DIR 2006/15/CE
Heptane	正庚烷	142-82-5	2085	500	—	—	—	DIR 2000/39/CE
Hexane	正己烷	110-54-3	72	20	—	—	—	DIR 2006/15/CE
Nicotine	尼古丁	54-11-5	0.5	—	—	—	skin	DIR 2006/15/CE
Nitric acid	硝酸	7697-37-2	—	—	2.6	1	—	DIR 2006/15/CE
Nitrobenzene	硝基苯	98-95-3	1	0.2	—	—	skin	DIR 2006/15/CE
Nitrogen monoxide	一氧化氮	10102-43-9	30	25	—	—	—	DIR 91/322/CE
n-Methyl-2-pyrrolidone	正-甲基-2-吡咯烷酮	872-50-4	40	10	80	20	skin	DIR 2009/161/CE
Orthophosphoric acid	磷酸	7664-38-2	1	—	2	—	—	DIR 2000/39/CE
Oxalic acid	草酸	144-62-7	1	—	—	—	—	DIR 2006/15/CE
o-Xylene	o-二甲苯	95-47-6	221	50	442	100	skin	DIR 2000/39/CE
Pentane	戊烷	109-66-0	3000	1000	—	—	—	DIR 2006/15/CE
Pentyl acetate	乙酸戊酯	620-11-1	270	50	540	100	—	DIR 2000/39/CE

续表

因素名称 英文名	中文名	CAS	TWA mg/m³	TWA ppm	STEL mg/m³	STEL ppm	备注	指令
Phenol	苯酚	108-95-2	8	2	16	4	skin	DIR 2009/161/CE
Phenylpropene	苯丙烯	98-83-9	246	50	492.0	100	—	DIR 2000/39/CE
Phosgene	光气	75-44-5	0.08	0.02	0.4	0.1	—	DIR 2000/39/CE
Phosphine	膦	7803-51-2	0.14	0.1	0.28	0.2	—	DIR 2006/15/CE
Phosphorus pentachloride	五氯化磷	10026-13-8	1	—	—	—	—	DIR 2006/15/CE
Picric acid	苦味酸	88-89-1	0.1	—	—	—	—	DIR 91/322/CE
Piperazine	哌嗪	110-85-0	0.1	—	0.3	—	—	DIR 2000/39/CE
Platinum (metallic)	铂（金属）	7440-06-4	1	—	—	—	—	DIR 91/322/CE
Propionic acid	丙酸	79-9-4	31	10	62	20	skin	DIR 2000/39/CE
p-Xylene	p-二甲苯	106-42-3	221	50	442	100	skin	DIR 2006/15/CE
Pyrethrum (purified of sensitizing lactones)	除虫菊（纯净内酯）	8003-34-7	1	—	—	—	—	DIR 2006/15/CE
Pyridine	吡啶	110-86-1	15	5	—	—	—	DIR 91/322/CE
Resorcinol	间苯二酚	108-46-3	45	10	—	—	skin	DIR 2006/15/CE
Silver (soluble compounds as Ag)	银（可溶性化合物，以银计）		0.01	—	—	—	—	DIR 2006/15/CE
Sodium azide	叠氮化钠	26628-22-8	0.1	—	0.3	—	skin	DIR 2000/39/CE
Phosphor	冶炼磷	3689-24-5	0.1	—	—	—	skin	DIR 2000/39/CE
Sulphuric acid (mist)(8)	硫酸（雾）(2)	7664-93-9	0.05	—	—	—	skin	DIR 2009/161/CE
Tertiary-butyl-methyl ether	叔丁基甲基醚	1634-04-4	183.5	50	367	100	—	DIR 2009/161/CE
Tetrahydrofuran	四氢呋喃	109-99-9	150	50	300	100	skin	DIR 2000/39/CE
Tin and inorganic tin compounds	锡及其无机锡化合物		2	—	—	—	—	DIR 91/322/CE
Toluene	甲苯	108-88-3	192	50	384	100	skin	DIR 2006/15/CE
Trichlorobenzene	三氯苯	120-82-1	15.1	2	37.8	5	skin	DIR 2000/39/CE
Trichloroethane	三氯乙烷	71-55-6	555	100	1110	200	—	DIR 2000/39/CE
Triethylamine	三乙胺	121-44-8	8.4	2	12.6	3	skin	DIR 2000/39/CE

续表

因素名称		CAS	TWA		STEL		备注	指令
英文名	中文名		mg/m³	ppm	mg/m³	ppm		
Trimethylbenzene	三甲基苯	526-73-8	100	20	—	—	—	DIR 2000/39/CE
Trimethylbenzene	三甲基苯	95-63-6	100	20	—	—	—	DIR 2000/39/CE
Trimethylbenzene	三甲基苯	108-67-8	100	20	—	—	—	DIR 2000/39/CE
Vinyl acetate	醋酸乙烯酯	108-05-4	17.6	5	35.2	10	—	DIR 2009/161/CE
Xylene (mixed isomers, pure)	二甲苯（混合同分异构体，纯）	1330-20-7	221	50	442	100	skin	DIR 2000/39/CE

注：（1）在监测汞及其二价无机化合物时，应采取相关生物监测技术来补充 IOELVs

（2）选择一个适当的暴露监测方法时，由于其他硫化物的存在，应考虑潜在的局限性和可能出现的干扰

欧盟 BOELVs 一览表

因素名称		CAS	TWA			备注	指令
英文名	中文名		mg/m³	ppm	f/ml		
Asbestos actinolite	石棉阳起石	77536-66-4	—	—	0.1	—	DIR 2003/18/EC
Asbestos anthophyllite	石棉直闪石	77536-67-5	—	—	0.1	—	DIR 2003/18/EC
Asbestos chrysotile	石棉纤维蛇纹石	12001-29-5	—	—	0.1	—	DIR 2003/18/EC
Asbestos crocidolite	石棉青石棉	12001-28-4	—	—	0.1	—	DIR 2003/18/EC
Asbestos gruenerite（amosite）	铁闪石石棉（铁石棉）	12172-73-5	—	—	0.1	—	DIR 2003/18/EC
Asbestos tremolite	透闪石石棉	77536-68-6	—	—	0.1	—	DIR 2003/18/EC
Benzene	苯	71-43-2	3.25	1	—	skin	DIR 99/38/EC
Hardwood dust	硬木粉尘		5	—	—	—	DIR 99/38/EC
Lead and its inorganic compounds	铅及其无机化合物	7439-92-1	0.15	—	—	—	DIR 98/24/EC
Vinyl chloride monomer	氯乙烯单体	75-01-4	3	—	—	—	DIR 99/38/EC

附件4-2　欧盟委员会建议书2003/670/EC：欧洲职业病目录一览表

欧洲职业病目录（欧盟委员会建议书2003/670/EC，2003年9月19日）

制定欧洲职业病目录有三个主要目的：提高欧洲在这一方面的知识（数据收集和可比性）；加强预防：要求成员国确定量化目标，以减少这些疾病的发病，为工人证明其职业活动和所患疾病之间的关系并申请赔偿提供援助。

委员会建议，在不影响各成员国本国法律或法规的情况下，各成员国应当：

一、将附录1的欧洲目录引进到其国家立法。该目录涵盖了已被科学界公认的职业病，有责任对这些疾病予以赔偿，并且必须采取预防措施。

二、为将目录引进到其国内有关职业病赔偿的法律法规中，提供了特别是附录2列出的疾病病因和职业性质。

三、逐渐使本国相关职业病的统计与附录1的目录相兼容。

四、欧洲职业卫生安全局通过信息交换、经验交流，制定预防措施，所有感兴趣方适当参与。

五、建立国家降低认可职业病发病率的量化目标，特别是附录1中提到的职业病。

六、特别要求应根据要求将欧洲目录中的疾病的医学信息报告提供给其他成员国，应提供所有在其国家立法中确认的疾病或因素的所有相关信息。

七、鼓励国家卫生系统积极努力地预防疾病，特别是通过提高医务人员的认识，以提高对这些疾病的认识和诊断。

八、引进有关疾病流行病学数据采集和交流系统，尤其是附录2列出的疾病，并促进研究。

由成员国自己确定每种职业病的鉴别标准。

本表所涉及的疾病都必须与某一种职业直接关联，为识别以下每种疾病，欧盟委员会将确定相应的标准。

附录1：

欧洲职业病目录

1　由以下化学因素引起的疾病

100		丙烯腈
101		砷及其化合物
102		铍及其化合物
103	01	一氧化碳
	02	氯氧化碳
104	01	氢氰酸
	02	氰化物及其化合物
	03	异氰酸酯
105		镉及其化合物
106		铬及其化合物
107		汞及其化合物
108		锰及其化合物

	01	硝酸
109	02	氮氧化物
	03	氨
110		镍及其化合物
111		磷及其化合物
112		铅及其化合物
	01	硫的氧化物
113	02	硫酸
	03	二硫化碳
114		矾及其化合物
	01	氯
115	02	溴
	04	碘
	05	氟及其化合物
116		汽油精或汽油衍生的脂肪烃或芳香烃
117		脂肪烃或芳香烃衍生的卤化物
118		丁基、甲基和异丙基醇
119		乙二醇、二甘醇、1,4-丁二醇以及乙二醇和甘油的硝化衍生物
120		甲乙醚、乙醚、异丙醚、乙烯基醚、二氯甲醚、愈创木酚、乙二醇乙醚的甲醚和乙醚
121		丙酮、氯丙酮、溴丙酮、六氟丙酮、甲乙酮、甲基正丁酮、甲基异丁酮、二丙酮醇、异丙叉丙酮、2-甲基环己酮
122		有机磷酯类
123		有机酸
124		甲醛
125		脂肪烃的硝化衍生物
	01	苯及其同系物
126	02	萘及其萘的同系物
	03	苯乙烯和二苯乙烯
127		芳香烃的卤化衍生物
	01	酚及其同系物或其卤衍生物
	02	萘酚及其同系物或其卤衍生物
128	03	烷基氧化物的卤化衍生物
	04	烷基磺酸盐的卤化衍生物
	05	苯醌
129	01	芳香胺或芳香肼及其卤化、酚类、硝化、硝基化或磺化衍生物
	02	脂肪胺及其卤化衍生物
130	01	芳香烃的硝化衍生物
	02	酚及其同系物的硝化衍生物
131		锑及其衍生物
132		硝酸酯
133		硫化氢
135		有机溶剂引起的脑病（不包括其他条目的有机溶剂）
136		有机溶剂引起的多发神经病（不包括其他条目的有机溶剂）

2　由其他条目未包括的物质和因素引起的皮肤病

201　由以下物质引起的皮肤病和皮肤癌

　　01　煤烟

　　02　沥青混合料

　　03　焦油

　　04　沥青

201　05　蒽及其化合物

　　06　矿物油及其他油类

　　07　粗石蜡

　　08　咔唑及其化合物

　　09　煤蒸馏的副产品

202　由科学公认的致敏或刺激性物质引起的职业性皮肤疾病，但不包括其他类别下的物质

3　吸入其他条目未包括的物质和因素所引起的疾病

301　呼吸系统疾病和癌症

　　11　矽肺

　　12　矽肺合并肺结核

301　21　石棉肺

　　22　吸入石棉粉尘后的胸膜间皮瘤

　　31　硅酸盐粉尘引起的尘肺病

302　石棉并发症 - 支气管癌

303　烧结金属粉尘引起的支气管肺疾病

　　01　外源性过敏性肺泡炎

304　02　吸入棉尘、亚麻陈、大麻陈、黄麻陈、剑麻尘、甘蔗渣尘引起的肺病

　　04　吸入钴尘、锡尘、钡尘以及石墨粉尘引起的呼吸道疾病

　　05　铁沉着症

　　01　木尘引起的上呼吸道癌症疾病

305　06　吸入公认的引起过敏和工作固有类型的物质引起的过敏性哮喘

　　07　吸入公认的引起过敏和工作固有类型的物质引起的过敏性鼻炎

306　石棉引起的呼吸限制性胸膜纤维化疾病

307　煤矿井下工作矿工的慢性阻塞性支气管炎或肺气肿

308　吸入石棉粉尘后的肺癌

309　铝及其化合物粉尘或烟引起的支气管肺疾病

310　碱性炉渣粉尘引起的支气管肺疾病

4　传染病和寄生虫病

401　从动物或动物遗骸传染到人的传染病、寄生虫病

402　破伤风

403　布鲁菌病

404　病毒性肝炎

405　结核病

406　阿米巴

407　由疾病预防、保健、家居援助工作和其他已被证明具有感染风险类似活动引起的其他传染病

5　由以下物理因素引起的疾病

| 502 | 01 | 热辐射引起的白内障 |
| | 02 | 紫外线辐射暴露后的结膜疾病 |

503　噪声引起的耳聋或听力损失

504　气压或解压引起的疾病

505	01	机械振动所造成的手腕骨关节疾病
	02	机械振动引起的血管神经性疾病
	10	压力导致的关节囊周围疾病
	11	髌骨前和髌骨下滑囊炎
	12	鹰嘴滑囊炎
	13	肩周炎
506	21	过度用力导致的腱鞘疾病
	22	过度用力导致的腱包膜疾病
	23	过度用力导致的肌肉和腱附着端疾病
	30	长时间跪或蹲位工作后的半月板病变
	40	压力造成的神经麻痹
	45	腕管综合征

507　矿工的眼球震颤

508　电离辐射引起的疾病

附录2：

附加目录

怀疑为职业病并应通报且今后可能被列入欧洲职业病名单的附加目录

2.1　由以下因素引起的疾病：

01	臭氧
02	附录1：1.116条目未涉及的其他脂肪烃
03	联苯
04	十氢萘
05	芳香酸：芳香酐或其卤化衍生物
06	二苯醚
07	四氢呋喃
08	噻酚
09	甲基丙烯腈
10	乙腈
11	硫醇
12	硫醇和硫醚
13	铊及其化合物
14	附录1：1.118条目未涉及的醇及其卤化衍生物
15	附录1：1.119条目未涉及的乙二醇及其卤化衍生物
16	附录1：1.120条目未涉及的醚及其卤化衍生物

17   附录 1：1.121 条目未涉及的酮及其卤化衍生物

18   附录 1：1.122 条目未涉及的酯及其卤化衍生物

19   糠醛

20   硫酚及其同系物或其卤化衍生物

21   银

22   硒

23   铜

24   锌

25   镁

26   铂

27   钽

28   钛

29   萜

30   硼烷

40   吸入珍珠粉尘引起的疾病

41   激素类物质引起的疾病

50   与巧克力、糖和面粉等行业工作有关的龋齿

60   氧化硅

70   其他分类条目下未归类的多环芳香烃

90   二甲基甲酰胺

2.2   由其他条目未包括的物质和因素引起的皮肤病

01   附录 1 未确认的过敏性和自发变态反应性皮肤病

2.3   吸入其他条目未包括的物质所引起的疾病

01   由欧洲职业病目录未包括的金属所致的肺纤维化

03   与接触以下物质有关的支气管肺病和癌症：

—   油烟

—   焦油

—   沥青或合物

—   沥青

—   蒽及其化合物

—   矿物油及其他油

04   由人造矿物纤维引起的支气管肺病

05   由合成纤维引起的支气管肺病

07   由附录 1 未列出的刺激物引起的呼吸系统疾病，尤其是哮喘

08   吸入石棉粉尘后的喉癌

2.4   附录 1 未列出的传染病和寄生虫病

01   寄生虫病

02   热带病

2.5   物理因素所致疾病

01   过度用力导致的棘突撕脱

02   全身振动反复垂直作用引起的腰椎椎间盘相关疾病

03   工作持续使用声带造成的声带结节

183

参 考 文 献

1.　KEY STRATEGIC OBJECTIVES, EU Strategic Framework on Health and Safety at Work 2014-2020. http://eur-lex.europa.eu/legal-content/EN/TXT/PDF/?uri=CELEX: 52014DC0332.

2.　Safety and health legislation. https://osha.europa.eu/en/safety-and-health-legislation.

3.　THE COUNCIL OF THE EUROPEAN COMMUNITIES. Council Directive 77/576/EEC of 25 July 1977: on the approximation of the laws, regulations and administrative provisions of the Member States relating to the provision of safety signs at places of work [S/OL]. (1977-09-07). http://eur-lex.europa.eu/legal-content/EN/TXT/?qid=1450406207234&uri=CELEX: 31977L0576.

4.　THE COUNCIL OF THE EUROPEAN COMMUNITIES. Council Directive 78/610/EEC of 29 June 1978: on the approximation of the laws, regulations and administrative provisions of the Member States on the protection of the health of workers exposed to vinyl chloride monomer[S/OL]. (1978-07-22). http://eur-lex.europa.eu/legal-content/EN/TXT/?qid=1450406151511&uri=CELEX: 31978L0610.

5.　CONSOLIDATED VERSION OF THE TREATY ON THE FUNCTIONING OF THE EUROPEAN UNION, 26.10.2012 Official EN Journal of the European Union C 326/47.

6.　Safety and health legislation. https://osha.europa.eu/en/safety-and-health-legislation.

7.　THE COUNCIL OF THE EUROPEAN UNION. Council Directive 98/24/EC of 7 April 1998: on the protection of the health and safety of workers from the risks related to chemical agents at work(fourteenth individual Directive within the meaning of Article 16(1) of Directive 89/391/EEC)[S/OL]. (1998-05-05). http://eur-lex.europa.eu/legal-content/EN/TXT/PDF/?uri=CELEX: 01989L0391-20081211&from=EN.

8.　THE COUNCIL OF THE EUROPEAN COMMUNITIES. Commission Directive 91/322/EEC of 29 May 1991: on establishing indicative limit values by implementing Council Directive 80/1107/EEC on the protection of workers from the risks related to exposure to chemical, physical and biological agents at work[S/OL]. (1991-05-07). http://eur-lex.europa.eu/legal-content/EN/TXT/?qid=1450406488184&uri=CELEX: 31991L0322.

9.　THE COUNCIL OF THE EUROPEAN COMMUNITIES. Commission Directive 96/94/EC of 18 December 1996: establishing a second list of indicative limit values in implementation of Council Directive 80/1107/EEC on the protection of workers from the risks related to exposure to chemical, physical and biological agents at work(Text with EEA relevance)[S/OL]. (1996-12-28). http://eur-lex.europa.eu/legal-content/EN/TXT/?qid=1450406580896&uri=CELEX: 31996L0094.

10.　THE COUNCIL OF THE EUROPEAN COMMUNITIES. Council Directive 2000/39/EC of 8 June 2000: establishing a first list of indicative occupational exposure limit values in implementation of Council Directive 98/24/EC on the protection of the health and safety of workers from the risks related to chemical agents at work　(Text with EEA relevance)[S/OL]. (2000-06-16). http://eur-lex.europa.eu/legal-content/EN/TXT/?qid=1450406738509&uri=CELEX: 32000L0039.

11.　THE COUNCIL OF THE EUROPEAN COMMUNITIES. Council Directive 2006/15/EC of 7 February 2006: establishing a second list of indicative occupational exposure limit values in implementation of Council Directive 98/24/EC and amending Directives 91/322/EEC and 2000/39/EC(Text with EEA relevance) [S/OL]. (2006-02-09). http://eur-lex.europa.eu/legal-content/EN/TXT/?qid=1450406849197&uri=

CELEX: 32006L0015.

12. THE EUROPEAN COMMISSION. Council Directive 2009/161/EU of 17 December 2009: establishing a third list of indicative occupational exposure limit values in implementation of Council Directive 98/24/EC and amending Commission Directive 2000/39/EC（Text with EEA relevance）[S/OL].（2009-12-19）. http:// eur-lex.europa.eu/legal-content/EN/TXT/?qid=1450406979764&uri=CELEX: 32009L0161.

13. The "New Approach" is based on 4 fundamental principles.https://osha.europa.eu/en/safety-and-health-legislation/standards.

14. 刘春青，刘俊华，杨锋. 欧洲立法与欧洲标准联接的桥梁——谈欧洲"新方法"下的"委托书"制度. 标准科学，2012（06）：73-78.（期刊文章）

15. THE COUNCIL OF THE EUROPEAN UNION. Council Directive 98/24/EC of 7 April 1998: on the protection of the health and safety of workers from the risks related to chemical agents at work（fourteenth individual Directive within the meaning of Article 16（1）of Directive 89/391/EEC）[S/OL].（1998-05-05）. http://eur-lex.europa.eu/legal-content/EN/TXT/?qid=1450405516924&uri=CELEX: 31998L0024

16. THE COUNCIL OF THE EUROPEAN COMMUNITIES. Council Directive 80/1107/EEC of 27 November 1980: on the protection of workers from the risks related to exposure to chemical, physical and biological agents at work[S/OL].（1980-12-03）. http://eur-lex.europa.eu/legal-content/EN/TXT/?qid=145040561525 7&uri=CELEX: 31980L1107.

17. THE COUNCIL OF THE EUROPEAN COMMUNITIES. Council Directive 88/642/EEC of 16 December 1988: amending Directive 80/1107/EEC on the protection of workers from the risks related to exposure to chemical, physical and biological agents at work[S/OL].（1988-12-24）. http://eur-lex.europa.eu/legal-content/EN/TXT/?qid=1450405615257&uri=CELEX: 31988L0642.

18. THE COUNCIL OF THE EUROPEAN UNION. Council Directive 98/24/EC of 7 April 1998: on the protection of the health and safety of workers from the risks related to chemical agents at work（fourteenth individual Directive within the meaning of Article 16（1）of Directive 89/391/EEC）[S/OL].（1998-05-05）. http://eur-lex.europa.eu/legal-content/EN/TXT/?qid=1450405516924&uri=CELEX: 31998L0024.

19. THE COUNCIL OF THE EUROPEAN COMMUNITIES. Council Directive of 28 June 1990: on the protection of workers from the risks related to exposure to carcinogens at work（Sixth individual Directive within the meaning of Article 16（1）of Directive 89/391/EEC）（90/394/EEC）[S/OL].（1990-07-26）. http:// eur-lex.europa.eu/legal-content/EN/TXT/?qid=1450405376597&uri=CELEX: 31990L0394.

20. THE COUNCIL OF THE EUROPEAN COMMUNITIES. Commission Directive 91/322/EEC of 29 May 1991: on establishing indicative limit values by implementing Council Directive 80/1107/EEC on the protection of workers from the risks related to exposure to chemical, physical and biological agents at work [S/OL].（1991-05-07）. http://eur-lex.europa.eu/legal-content/EN/TXT/?qid=1450406488184&uri=CELE X: 31991L0322.

21. THE COUNCIL OF THE EUROPEAN COMMUNITIES. Commission Directive 96/94/EC of 18 December 1996: establishing a second list of indicative limit values in implementation of Council Directive 80/1107/ EEC on the protection of workers from the risks related to exposure to chemical, physical and biological agents at work（Text with EEA relevance）[S/OL].（1996-12-28）. http://eur-lex.europa.eu/legal-content/ EN/TXT/?qid=1450406580896&uri=CELEX: 31996L0094.

22. THE COUNCIL OF THE EUROPEAN COMMUNITIES. Council Directive 2000/39/EC of 8 June 2000：establishing a first list of indicative occupational exposure limit values in implementation of Council Directive 98/24/EC on the protection of the health and safety of workers from the risks related to chemical agents at work （Text with EEA relevance）［S/OL］.（2000-06-16）. http://eur-lex.europa.eu/legal-content/EN/TXT/?qid=1450406738509&uri=CELEX：32000L0039.

23. THE COUNCIL OF THE EUROPEAN COMMUNITIES. Council Directive 2006/15/EC of 7 February 2006：establishing a second list of indicative occupational exposure limit values in implementation of Council Directive 98/24/EC and amending Directives 91/322/EEC and 2000/39/EC（Text with EEA relevance）［S/OL］.（2006-02-09）. http://eur-lex.europa.eu/legal-content/EN/TXT/?qid=1450406849197&uri=CELEX：32006L0015.

24. THE EUROPEAN COMMISSION. Council Directive 2009/161/EU of 17 December 2009：establishing a third list of indicative occupational exposure limit values in implementation of Council Directive 98/24/EC and amending Commission Directive 2000/39/EC（Text with EEA relevance）［S/OL］.（2009-12-19）. http://eur-lex.europa.eu/legal-content/EN/TXT/?qid=1450406979764&uri=CELEX：32009L0161.

25. THE EUROPEAN PARLIAMENT AND THE COUNCIL OF THE EUROPEAN UNION. Directive 2009/148/EC of the European Parliament and of the Council of 30 November 2009：on the protection of workers from the risks related to exposure to asbestos at work（codified version）（Text with EEA relevance）［S/OL］.（2009-12-16）. http://eur-lex.europa.eu/legal-content/EN/TXT/?qid=1450407139798&uri=CELEX：32009L0148.

26. THE COUNCIL OF THE EUROPEAN COMMUNITIES. DIRECTIVE 2004/37/EC of the European Parliament and of the Council of 29 April 2004 on the protection of workers from the risks related to exposure to carcinogens or mutagens at work（Sixth individual Directive within the meaning of Article 16 （1）of Council Directive 89/391/EEC）（codified version）（Text with EEA relevance）［S/OL］.（2004-04-30）. http://eur-lex.europa.eu/legal-content/EN/TXT/?qid=1450407212479&uri=CELEX：32004L0037.

27. Report on the current situation in relation to occupational diseases' systems in EU Member States and EFTA/EEA countries，in particular relative to Commission Recommendation 2003/670/EC concerning the European Schedule of Occupational Diseases and gathering of data on relevant related aspects.

28. Commission Recommendation of 19 September 2003，concerning the European schedule of occupational diseases，Text With EEA relevance（2003/670/EC），L 238/28 EN Official Journal of the European Union 25.9.2003.

29. Information notices on occupational diseases：A guide to diagnosis.

30. 马文秀. ISO 与 CEN 合作改进维也纳协议的实施情况. 中国标准化，2001（04）.（期刊文章）

第五章　德国职业安全卫生标准体系

第一节　基本概况

德国位于欧洲中部，是一个拥有 16 个联邦州的联邦制国家，总面积 35.7 万 km²，人口总数为 8110 万，是欧洲人口最稠密的国家。德国经济总量位居欧洲第一，是全球国内生产总值第四大国（国际汇率），以及国内生产总值第五大国（购买力平价）。德国享有"出口冠军之称"，尤其以技术领先、工艺精湛的工业品闻名世界，汽车、机械制造、电气、化工等行业在工业产值中占相当大的比例，农业机械化水平很高。

在劳动保护方面，德国拥有悠久的历史传统，可追溯至 19 世纪中期。在工业革命的大背景下，为缓解过劳、童工、工伤事故和职业病频发等问题导致的劳资矛盾，维护社会稳定，德国在世界上率先建立了工伤保险制度，于 1844 年颁布了第 1 部《工伤事故保险法》，经过两百年的发展已形成了完善的工伤保险体系，在全世界范围内具有借鉴作用。

德国约有企业 360 万家，90% 的企业为中小型企业，其劳动力占就业总人数的 60%。25.5% 的劳动力在工业和建筑业工作，72.3% 在服务业工作，2.2% 从事农业。随着社会发展和弹性工作制、非常规工作制出现，工作类型越来越多样化，临时性、兼职和自雇型工作的比例逐步增多，职业安全卫生管理工作也更加复杂。根据经济合作与发展组织（OECD）2009 年数据，德国兼职型工作比例约为 22.4%，高于欧洲 27 个国家和 OECD 所有国家，从 20 世纪 90 年代起呈不断上升趋势；相较于 OECD 和欧洲其他国家自雇型工作比例总体下降的趋势，德国自雇型工作比例呈平稳增加趋势，目前约占 11.2%。同时，低生育率和退休年龄延迟使德国劳动力市场面临着老龄化的挑战。

第二节　德国职业安全卫生法律及监管体系

德国职业安全卫生的特色之处在于政府和法定工伤保险机构共同管理的双轨制模式。在立法层面，一方面政府主管部门联邦劳动与社会事务部（Bundesministerium für Arbeit und Soziales，BMAS）在欧盟 OSH 指令基本要求之上颁布国家职业安全卫生法律法规，各联邦州劳动部门也可以在与国家法律保持一致的前提下颁布州管理法规。另一方面法定工伤保险机构在联邦和州政府的授权下颁布事故预防法规（Unfallverhütungsvorschriften，UVV），作为政府职业安全卫生法律法规的补充。在监督执法和技术指导层面，约 3500 名州劳动部门监察员（Gewerbeaufsichtsämter）和 3000 名法定工伤保险机构技术监察员（Technische Aufsichtsdienste，TAD）共同对企业的职业安全卫生进行监督管理，开展易感人群保护、职业病评估、工作场所监测等工作,并对企业和劳动者提供职业安全卫生方面的指导建议;在处理严重的企业违法事件和重大、死亡事件时,双方一同开展调查。州政府和法定工伤保险机构的监察员之间经常进行工作协调,避免重复工作,通过交换纸质记录和人员间的沟通,保证双方信息互通。

德国的职业安全卫生法律法规和标准体系较完善,层级清晰,涵盖内容全面,框架详见图 5-1。德国联邦劳动部在欧盟职业安全卫生指令的基础上制定本国的法律、条例和技术规程,工伤保险机构制定行业自治性的事故预防法规、行业规程、信息和指南,标准化组织也制定与职业安全卫生有关的标准。

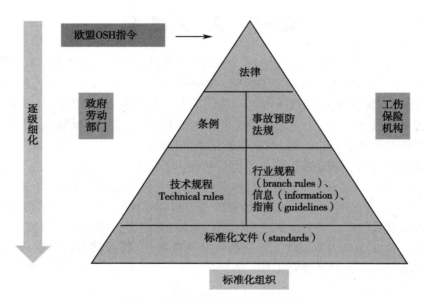

图 5-1　德国职业安全卫生法律框架

一、欧盟指令

根据欧盟条约 153 条,由欧盟委员会制定、欧盟理事会和议会审议通过,颁布欧盟职业安全卫生指令,规定工作场所职业安全与卫生方面的最低要求和基本原则,要求各成员国在一定期限内转化为本国的法律法规,撤销与欧盟指令有悖的内容,在与欧盟指令一致的基础上制定更为严格的法规。欧盟职业安全卫生指令分为框架性指令和单项指令。1989年,欧盟前身欧共体颁布了职业安全卫生框架性指令"关于鼓励改进工人职业安全健康的措施导则"(89/391/EEC)。在此基础上,欧盟在以下 6 方面制定了一系列单项指令:①工作场所、工作设备、警示标识、个人防护用品;②化学有害因素;③物理有害因素;④生物有害因素;⑤劳动负荷、工效学、心理疾患;⑥特殊行业和职业人群。

二、联邦政府法规

(一)法律

在德国,法律(Gesetze)是一级立法,由联邦议院审议通过后颁布,发布在联邦法律公报（Bundesgesetzblatt，BGBL）上。德国在欧盟职业安全卫生指令基本要求之上，评估、调整、转化为本国法律和条例。德国涉及职业安全卫生的法律有《社会法典第七卷》《职业安全卫生法》《劳动安全法》《化学品法》《矿山法》《海洋作业法》《工作时间法》《母亲职业安全卫生法》《青少年职业安全卫生法》等，多达 19 部。

1996 年，德国基于欧盟职业安全卫生框架性指令 89/391/EEC 颁布了《职业安全卫生法》（Arbeitsschutzgesetz）并于 2013 年进行了修订，规定用人单位有义务对劳动者安全和健康负责，具体要求包括：①考虑到各种可能影响劳动者安全和健康的因素，并采取必要的防护措施。②检查这些措施是否有效以及是否适应工作环境的改变。③聘用安全专业技术人员和企业医师提供专业建议，以改善劳动者的安全和健康状况。

《社会法典第七卷》（SGBⅦ）于 1996 年制定、2013 年修订，是法定工伤保险机构在政府的授权下承担职业安全卫生相关职责的法律基础，根据该法典，法定工伤保险机构参与到工伤、职业病及职业相关危害的预防（包括开展有效的应急救援）、康复和赔偿等各个环节，在政府授权下颁布事故预防法规。《社会法典》还对工伤、职业病的定义以及不同情况的赔偿进行了规定。

《劳动安全法》（Arbeitssicherheitsgesetz）于 1973 年制定，要求雇主必须根据企业具体情况聘请企业医生和安全专业人员。根据第 11 条的规定，超过 20 人的企业必须成立职业安全卫生委员会（Arbeitsschutzausschuss，ASA），由雇主、安全专业人员、企业医生、安全代表及工作委员会 2 名代表组成，必要时可外聘专家。委员会每季度需向雇主提供有关职业安全卫生的信息并召开 1 次会议。

（二）条例

条例（verordnung）是对法律的细化规定，法律地位仅次于法律，由联邦政府颁布，发布在联邦法律公报（BGBL）上。与职业安全卫生相关的主要条例有《职业病条例》《职业医学预防条例》《工伤保险报告条例》《生产安全条例》《工作场所条例》《建筑工地条例》《危险品条例》《职业性生物因素条例》《噪声和振动职业安全卫生条例》《光辐射职业安全卫生条例》《压缩空气条例》《重物搬运条例》《视屏作业条例》《个人防护用品使用条例》等，以及针对航运、矿山等特殊行业和母亲、青少年等特殊群体的条例。见表 5-1。

表 5-1　由欧盟指令转化的德国职业安全卫生法律法规

指令类型	欧盟指令号	主要内容	德国法律法规
框架指令	89/391/EEC	框架指令	职业安全卫生法
工作场所、工作设备、警示标识、个人防护用品	89/654/EEC	工作场所	工作场所条例
	2009/104/EC（替代 89/655/EEC）	工作设备	生产安全条例
	92/58/EEC	警示标识	危险品条例、法定工伤保险机构事故预防法规 DGUVV1
	89/656/EEC	个人防护用品使用	个人防护用品使用条例
	99/92/EC	爆炸风险	生产安全条例
化学有害因素	98/24/EC（替代 80/1107/EEC）		

续表

指令类型	欧盟指令号	主要内容	德国法律法规
化学有害因素	91/322/EC 2000/39/EC 2006/15/EC 2009/161/EU	职业接触限值	化学品法、危险品条例 及其技术规程 TRGS900 AGW
	2004/37/EC	致癌物 诱变剂	危险品条例
	2009/148/EC	石棉	危险品条例
物理有害因素	2013/59/EU （替代 96/29/EEC，转化 期限：2018 年前）	电离辐射	放射防护条例
	2013/35/EU （替代 89/336/EEC， 转化期限：2016 年 7 月）	电磁场	
	2006/25/EC	人造光辐射	人造光辐射职业安全卫生条例
	2003/10/EC	噪声	噪声振动职业安全卫生条例
	2002/44/EC	振动	
生物有害因素	2000/54/EC	生物因素暴露危险	生物有害物质条例
劳动负荷、工效 学、心理疾患	90/269/EEC	手工搬运重物	手工搬运重物条例
	90/270/EEC	视屏设备	视屏作业条例
		工作时间	工作时间法
特殊行业和职业 人群	2010/32/EU	医护人员锐器伤	感染保护法、 生物有害物质条例
	92/57/EEC	建筑工地	建筑工地条例
	92/91/EEC 92/104/EEC	矿山开采	矿山条例
	93/103/EEC	渔船（海上作业）	海上作业法，航船安全条例，海事 医学条例等
	92/85/EEC	孕妇	母亲保护法
	94/33/EEC	青少年	青少年保护法
	2003/104/EEC	工作时间	工作时间法
	91/383/EEC	临时性工作	职业安全卫生法

（三）工伤保险机构法规

1. 事故预防法规　工伤保险机构在联邦及联邦州政府的授权下，可以颁布自治法规（autonomes Recht）。根据社会法典第 15 条的规定，在以下几种情况下，法定工伤保险机构可制定事故预防法规：①对预防适用且必要（如通过规程或信息指南等形式的文件达不到预防目标）；②国家职业安全卫生法规尚未制定（如企业医生和安全技术专业人员 DGUV V2、电磁场 DGUV V15、应急救援等方面）；③不适宜在国家职业安全卫生法规中制定（如涉及非常具体的行业）；④劳动部专家委员会制定的技术规程不能达到预防目的。

国家职业安全卫生法规标准体系优先于相比工伤保险机构事故预防法规，事故预防法规在制定之前需进行需求审查。DGUV 相关分委员会负责起草事故预防法规项目书，内容包括倡议（Initiative）、起草依据（包括理由、需求和目标）、已有的法规和规程、其他可能的法律形式、具体涵盖内容、负责人和时间进度安排。项目书经 DGUV 正式审议后，递交至政府劳动部门批准，由分委员会起草预防法规初稿，并征求其他专家委员会、同业公会及 DGUV 安全和健康部门的意见，形成第二稿并附上详细的编制说明，再次征求意见后递交至 DGUV 理事会审议，形成草案终稿。DGUV 将草案最终稿递交至联邦劳动部，经与联邦州和联邦职业安全卫生所会审、预批准、编号，再经 DGUV 大会通过，发布在联邦劳动部公报和同业公会通告上。事故预防法规的复审周期一般不超过 5 年。

2014 年 5 月，DGUV 对工商业和公共部门的事故预防法规进行了整合并重新编号，内容详见表 5-2。

表 5-2　工商业和公共部门事故预防法规

名称	版本时间	原编号	新 DGUV 编号
废水处理设备	1997.1.1	C 5	21/22
轨道作业	1997.1.1	D 33	77/78
使用射击训练器械	1997.1.1	D 9	56/57
职业医学预防[a]	1997.1.1	A 4	6/7
建筑业	1997.1.1	C 22	38/39
企业医生和安全专业人员	2012.1.1	—	2
水的氯化[a]	1997.1.1	D 5	50/51
船上的高压贮气瓶	1997.1.1	D 22	65
铁路	1998.1.1	D 30.1	72
电气系统和设备	1997.1.1	A 3	3/4
电磁场	2001.6.1	B 11	15/16
车辆	1997.1.1	D 29	70/71
消防	1997.1.1	C 53	49
地面运输工具	1997.1.1	D 27	68/69
地面运输工具[a]	1997.1.1	D 27.1	67
预防原则[b]	2004.1.1	A 1	—
港口作业	2001.10.1	C 21	36/37
铝粉生产和加工[a]	1997.1.1	D 13	58
高炉和直接还原竖炉	1997.1.1	C 20	35
收银台	1997.1.1	C 9	25/26
核电站	1997.1.1	C 16	32
幼儿园	2007.5.1	S 2	82
动力传动运输工具[a]	1997.1.1	D 27.2	—
起重机	2000.4.1	D 6	52/53
装载和灭火作业	2010.11.1	—	—
激光辐射	1997.1.1	B 2	11/12
船只和气浮设备	1997.1.1	D 20	62/63

名称	版本时间	原编号	新 DGUV 编号
金属冶炼	1997.1.1	C 19	34
垃圾处理	1997.1.1	C 27	43/44
有机过氧化物	1997.1.1	B 4	13
艺人和马戏团	1997.1.1	C 2	19
有轨交通工具	1998.4.1	D 30	73
造船业 *a*	1998.4.1	C 28	45
学校	2002.10.1	S 1	81
浮动设备	1997.1.1	D 21	64
索道和缆车	1997.1.1	D 31	74
游乐场、赌场	1997.4.1	C 3	20
废料里的爆炸物和空心体	1982.4.1	D 23	66
钢铁厂	1997.1.1	C 17	33
采石场	1998.4.1	C 11	29
街道清洁	1997.1.1	C 52	48
潜水作业	2001.1.1	C 23	40
海运作业	2011.1.1	—	84
场景设计和生产机构	1998.4.1	C 1	17/18
使用液态气体	1997.1.1	D 34	79/80
站岗和安保	1997.1.1	C 7	23/24
硝石中铝和铝合金的热处理 *a*	1997.1.1	D 14	59
内陆水域的船只	1999.11.1	D 19	60/61
绞盘、冲程和转移设备	1997.1.1	D 8	54/55
帐篷和空气携带建筑物	1997.1.1	C 25	42

注：a：斜体表示建议取消　b：预防原则作为 DGUV 1

2. 农林园艺业事故预防法规，详见表 5-3。

表 5-3　农林园艺业事故预防法规

名称	版本	VSG 编号
一般性法规	211. 4.1	1.1
工作场所，建筑设施，机构	2013.7.19	2.1
电气设备和生产工具	200.1.1	1.4
应急救援	015.7.2	.3
墓地火葬场	2010.4.1	4.
发酵室	2000.1.1	2.4
园林建筑，果树，种植，绿化设施	2013.7.19	4.2
危险品	2000.1.1	4.5
温室	2000.1.1	2.6
粪水储存，沟渠	2000.1.1	2.8

续表

名称	版本	VSG 编号
打猎	2000.1.1	4.4
仓库	2008.5.27	2.2
梯子和梯凳	20001.1	2.3
技术性工具	2008.5.27	3.1
畜牧业	2000.5.27	4.1
葡萄园设施	200.1.1	2.5
车和维修作业	200.1.	4.6
自建作业	2008..27	UVV2.7
森林	1997.1.1	4.3
挖掘，碎石	1997.1.1	UVV4.6
安全和健康防护标识	1997.4.1	1.5
特殊职业危害的安全和职业医学监护	2011.4.1	1.2

第三节 德国职业卫生标准管理体制及职业卫生标准体系

一、德国职业卫生标准管理体制

（一）职业卫生标准制定机构

在德国，联邦及各州劳动与社会事务部、法定工伤保险机构及德国标准化协会等，都参与职业卫生标准制定工作。

1. 联邦及各州劳动与社会事务部 德国联邦劳动与社会事务部（BMAS，以下简称联邦劳动部）是德国职业安全卫生工作的主管部门，负责立法、报告和协调。联邦劳动部下属6个专家委员会，为其提供化学有害因素、生物有害因素、物理有害因素、工作场所设计、职业医学预防等方面的技术咨询，了解工艺技术、职业医学和职业卫生现状水平，制定细化国家职业安全卫生法规的技术规程。各联邦州也可通过在联邦参议院的席位行使投票权，在职业安全卫生法规标准制定方面发挥作用。

德国联邦劳动保护和职业医学所（Bundesanstalt für Arbeitsschutz und Arbeitsmedizin，BAUA）是直接隶属于联邦劳动部的技术支撑机构，负责提供一切有关职业安全、卫生和人性化工作设计的政策建议，并开展、资助和协调相关的科学研究，评估职业安全卫生领域的发展情况，促进研究成果的转化和合作，参与国内、欧洲和国际组织职业安全卫生法规标准的制定工作，向大众进行健康传播和健康促进，同时也发挥着劳动部专家委员会、国家职业安全卫生大会（Nationalarbeitsschutzkonferenz，NAK）及其专业论坛秘书处的作用。2015年起，BAUA成为欧洲职业安全卫生局（EU-OSHA）德国办事处。BAUA在全德国有柏林、德雷斯顿、多特蒙德和开姆尼茨4个办公地点，共有700多名工作人员，每年工作经费高达6000万欧元。

2. 法定工伤保险机构 德国的法定工伤保险机构独具特色，是自治管理的非政府机构。德国社会法典第七卷赋予工伤保险机构职业安全卫生相关职能，使其参与到工伤、职业病及职业相关危害预防、康复、赔偿等各个环节。工伤保险机构（Unfallversicherungsträger，UVT）分为两类，一类是工商业和农业的同业公会（Berufsgenossenschaften，BG），一类是公共部门的事故基金会（Unfallkassen，缩写 UK）。目前工商业有 9 家同业公会（BG），分别是原料与化工业、木材和金属、能源纺织电力、食品和餐饮、建筑业、贸易和物流、管理、交通运输、健康服务。农、林、园艺业有 8 家同业公会（BG）。公共部门有 19 家事故基金会（UK），除 16 个州外，铁路、邮政和电信这 3 个领域的工伤保险经办机构属于全国范围。DGUV 还有在西北、东北、西、西南、中和东南设有 6 个区域性法定工伤保险机构（Landesverbände）。

工伤保险机构的主要职能包括监测与控制，消除事故隐患，依法开展监督；职业健康检查、工伤和职业病的报告和统计；开展应急救援和事故调查；工伤和职业病的赔偿，伤病者生理、职业和社会康复；为专业技术人员提供培训，向雇主和员工提供信息和咨询服务；开展科学研究、统计和出版等。

2007 年 6 月 1 日，工商业和公共部门工伤保险机构合并为德国法定事故保险总会（Deutsche gesetzliche Unfallversicherung，DGUV）。农林园艺业社会保险总会（Sozialversicherung für Landwirtschaft，Forsten und Gartenbau，SVLFG）负责农、林、园艺业工伤保险事宜。DGUV 有 3 个技术支撑机构——职业安全卫生研究所（Institut für Arbeitsschutz，IFA）、预防和职业医学研究所（Institut für Prävention und Arbeitsmedizin，IPA）、劳动和健康研究所（Institut für Arbeit und Gesundheit，IAG）。IFA 负责安全技术、化学品和生物危害等相关研究和应用，开发了危险品信息系统（Gefahrstoffinformationssystem，GESTIS），包括化学因素数据库、生物因素数据库、化学物质分析方法数据库、粉尘爆炸数据库、各国接触限值比对数据库等，专业信息非常全面。IPA 主要负责职业医学研究，IAG 主要负责专业人员培训和资格评定。

3. **德国标准化协会**　德国标准化协会（DIN）代表德国参加国际和欧洲标准化组织活动，是 ISO 和 CEN 的对口机构。联邦政府与 DIN 1975 年签订的《合作协议》是 DIN 开展工作的法律依据，《合作协议》规定：联邦政府对 DIN 提供财政支持、承诺采用 DIN 标准，联邦政府官员参与 DIN 管理，DIN 优先制定联邦政府需要的标准、DIN 标准保持与政府立法的一致性。DIN820 系列标准是其标准化工作指南。

DIN 在欧洲和国际标准化进程中发挥着重要作用，在国际标准化机构 ISO 全球五个技术秘书处的贡献率排名第一，ISO 和 CEN 工效学标准委员会秘书处均设在德国。目前 DIN 90% 的标准制修订工作都是基于欧洲或国际层面。DIN 包括 4 个核心技术部门和 71 个标准委员会，四个核心技术部门分别是：①精密工程、光学、健康、食品、安全技术和环境；②建筑、航空航天、船舶航海技术、技术改建、水利工程；③服务业、信息技术、机械设备、材料测试、基础技术；④电力、电子、信息技术；涉及职业安全卫生工作的标准委员会有安全信息准则标准委员会、个人防护用品标准委员会、工效学标准委员会、机械制造标准委员会、医学标准委员会等。

相关标准会委员会间的协调工作由 DIN 安全技术委员会（Kommission Sicherheitstechnik，KS）负责。安全技术委员会的主要工作包括：①为劳动部产品安全委员会（AfPS）提供相关标准目录，为完善法规的制修订提供支持；②在 CEN 和 ISO 制定有关职业安全卫生标准时代表德国观点；③与劳动部的技术支撑机构一同为细化欧盟指令发挥作用；④促进必需的安全技术相关标准研制工作,向 DIN 标准委员会(NA)提供制定建议;⑤审查标准草案并递交德国职业安全卫生所(BAUA)和劳动保护与标准化协调机构 KAN。

（二）职业安全卫生标准协调合作机制

1. 内部协调合作　联邦劳动部和工伤保险机构各专家委员会内部均设置了协调组(KoK),保证内部信息互通。劳动保护和安全技术州委员会(Länderschuss für Arbeitschutz und Sicherheitstechnik, LASI)负责 16 个联邦州职业安全卫生主管部门之间的协调工作。标准化组织也成立了安全技术委员会(KS),协调与职业安全卫生有关的 8 个标准委员会的工作。

2. 主管机构之间协调合作　联邦劳动部和工伤保险机构的专家委员会均有彼此的代表,加强信息互通。2007 年,联邦、联邦州政府和工伤保险机构共同制定了国家职业安全卫生共同策略(Gemeinsame Deutsche Strategie, GDA),核心目标之一是建立协调一致、直观易懂、便于使用的职业安全卫生法律法规体系,避免交叉重复、减轻企业负担。2011 年,德国联邦劳动部、联邦州劳动保护和技术安全协调委员会(LASI)、法定工伤保险机构、雇主联合会、工会等 6 方代表共同签署了一份重要的指导性文件《构建职业安全卫生法规规程新体系》(Leitlinien zur Neuordnung des Vorschriften und Regelwerk im Arbeitsschutz),明确了各类法规标准文件的制定原则、适用范围、法律效力及之间的关系。

3. 主管机构与标准化组织之间协调合作　为协调职业安全卫生主管机构和标准化组织之间的工作,德国职业安全与标准化委员会(Kommission Arbeitsschutz und Normung, KAN)于 1994 年成立,旨在汇集职业安全卫生各相关方对现行标准项目和未来计划的决议,推动各方达成最广泛的共识。KAN 由五方代表共 17 人组成,其中雇主方代表 5 人,雇员方代表 5 人,政府部门 5 人(联邦劳动和社会事务部 2 人,州劳动保护机构 3 人),欧洲职业安全促进协会(VFA,成员来自工商业同业工会和公共服务业法定工伤保险机构)1 人,DIN 1 人。雇主方、雇员方和政府部门代表轮流担任委员会主席,任期为 2 年。KAN 的工作由法定工伤保险机构和联邦劳动部资助,资助份额分别为 51% 和 49%。KAN 下设一个 20 人的秘书处。在标准制定层面,当涉及一项国家、欧洲和国际标准项目时,将 KAN 成员的建议和意见告知 DIN;在政策层面,当涉及标准重要性、欧盟指令解读、标准项目委托时,将 KAN 成员的建议和意见上报联邦政府及欧盟委员会;将 KAN 各方代表的观点纳入欧洲标准讨论中。

二、法律对职业安全卫生标准管理的规定

1993 年,德国基于欧盟条约 118a 条(即现在的 153 条),在取得职业安全卫生各相关方和德国标准化组织 DIN 的一致意见后,颁布了一份国家立场性文件《德国关于标准化的共同立场(Gemeinsamer Deutsche Standpunkt, GDS)》,确定了职业安全卫生标准的范围,即用于解释概念、定义的术语标准,以及检测、测量、分析、采样和统计方法,德国将不发起用于细化欧盟指令的欧洲职业安全卫生标准的制定;政府和工伤保险机构制定的法律法规会适时引用标准。

2011 年,德国联邦劳动部、联邦州职业安全卫生和技术安全协调委员会(LASI)、法定工伤保险机构、雇主联合会、工会等 6 方代表共同签署了《构建职业安全卫生法规规程新体系指导性文件》(Leitlinien zur Neuordnung des Vorschriften und Regelwerk im Arbeitsschutz),

阐明了联邦劳动部政府标准和工伤保险机构行业标准的制定原则和关系。根据《职业安全卫生法》第 18 章第 2 节第 5 点的规定，国家技术规程是用于细化国家职业安全卫生法律条例的法定技术工具。行业规程是针对特定行业作业、工艺、作业场所的技术建议。国家技术规程和工伤保险机构行业规程互为补充。如果联邦劳动部暂未成立专家委员会或者无细化计划，则由工伤保险同业公会制定行业规程及信息文件。工伤保险机构行业规程会全部或部分被国家技术规程引用，如被引用，则行业规程被引用的部分就会被撤回，以避免重复规定。

但近些年来，由其他国家发起的欧洲和国际职业安全卫生标准计划越来越多，与 GDS 文件宗旨越来越背道而驰。为此，2015 年 1 月，德国劳动部又在 GDS 基础上颁布了一份新的原则性文件《标准化在职业安全卫生中的角色》(Grundsatzpapier zur Rolle der Normung im betrieblichen Arbeitsschutz)，明确标准化在职业安全卫生法律法规体系中的角色和作用。文件指出，在职业安全卫生领域的标准化与产品安全在指令细化方面所扮演的角色不同，欧盟职业安全卫生指令的细化主要依据各国主管部门基于指令最低要求之上所制定的法规标准体系，政府和法定工伤保险机构制定的法规标准优先于标准化组织制定的标准。标准化组织制定发布的标准可作为联邦劳动部和工伤保险机构制定政府标准和行业标准时的辅助信息，有助于了解工艺水平，更好地使用技术规程和行业规程指南。主管部门会适时引用标准化组织制定发布的标准，例如德国劳动部噪声和振动技术规程(TRLV)、光辐射技术规程(TROS)均引用了德国、欧洲、国际标准化组织制定发布的若干标准。德国政府和工伤保险机构专家委员会只采信具有高度一致性、经公开征求意见、各相关方广泛参与的标准，不引用非正式的标准规范性文件(如 CWA、PAS、IWA)。

三、职业安全卫生标准的类型

德国职业安全卫生标准主要有 3 类：

（一）联邦劳动部专家委员会制定的技术规程

联邦劳动部专家委员会制定的技术规程是细化国家职业安全卫生法律和条例的要求，反映当前技术水平、职业医学、职业卫生等方面的科学认知。国家技术规程主要与危害相关，如化学、物理、生物危害，一般不针对具体行业。技术规程由劳动部相关专家委员会(staatliche Ausschüsse)制定，发布在劳动部公报(Gemeinsames Ministerialblatt，GMBL)上。技术规程不具有法律强制性，但具有推定符合性(德文 Vermutungswirkung，英文 assumption of conformity)，即如果雇主按照技术规程的要求来做，则意味着符合相关法律法规的要求。雇主也可以采取其他的技术方法来确保达到法规要求。

（二）工伤保险机构专家委员会制定的行业规程、信息和原则性指南

由工伤保险机构专家委员会制定的行业规程、信息和原则性指南只是针对行业、工艺、作业场所等方面提供更加具体的建议和措施，不具有法律强制性，一般会给出具体的操作实例，以更好地达到预防的目标。

（三）德国标准化组织制定的标准化文件

德国是世界上开展标准化活动最早的国家之一，其工业产品标准化水平早在 20 世纪初期便处于世界前列，在国际和欧洲标准化进程中扮演着领头羊的角色。根据欧盟"新方法指令"(The New Approach Directives)的要求，在产品(包括工作中使用的产品)安全

方面,为促进欧洲统一市场的建立和产品流通,欧盟基于欧盟条约第 114 条和 115 条制定了基础性指令,并委托欧洲标准化组织(CEN / CENELEC / ETSI)制定具体的协调标准(harmonisierte normen)对指令进行细化。欧盟委员会和德国劳动部产品安全委员会均会公布产品安全标准目录,可以作为法规使用。标准化组织制定的标准均是自愿使用的,无强制性标准。标准可作为制定政府标准和行业标准时的辅助信息,有助于了解工艺水平。

四、职业安全卫生标准的制修订

(一)劳动部专家委员会

联邦劳动部下属 6 个专家委员会,分别是职业医学专家委员会、工作场所专家委员会、危险品专家委员会、职业性生物有害因素专家委员会、生产安全专家委员会和产品安全专家委员会。专家委员会成员由雇主联合会、工会、州职业安全卫生部门、法定工伤保险机构、高校和科研机构等各相关利益方的专家代表组成,每一名专家代表配有一名副手。各专家委员会再按照工作规划设立长期的分委员会(Unterausschüsse, UA)和临时性的项目组(Projektgruppen, PG,项目组在任务完成后将解散),进行标准制定需求调研,确定框架和大致内容,并成立工作组(Arbeitskreise,缩写 AK)负责起草工作。工作组成员可以不是分委员会成员,但是负责人必须是分委员会成员。委员会一般每 4 年选举一次,每年召开一次大会。专家委员会秘书处设在联邦职业安全卫生所(BAUA)。

1. **职业医学专家委员会** 职业医学专家委员会(Ausschuss für Arbeitsmedin, AfAMed)成立于 2009 年,由 2 个分委员会(UA)和 3 个临时性项目组(PG)组成。UA 1 负责制定与暴露相关的职业医学预防措施,UA 2 负责一般性的企业健康预防,PG 1 负责《职业医学预防条例》的细化,即制定《职业医学规程(AMR)》,PG 2 负责《危险品技术规程(TRGS)》和《职业性生物有害因素技术规程(TRBA)》中有关职业医学预防内容的制定,PG 3 负责疫苗接种管理。

2. **工作场所专家委员会** 工作场所专家委员会(Ausschuss für Arbeitsstätten, ASTA)成立于 2005 年。目前有 4 个项目组(PG)和 18 个工作组(AK),负责细化《工作场所条例》的技术要求,制修订《工作场所技术规程》,并向联邦劳动部提供工作场所方面的技术咨询。

3. **危险品专家委员会** 危险品专家委员会(Ausschuss für Gefahrstoffe, AGS)距今有 40 年历史,下设 3 个分委员会,分别是危险品管理分委员会(UA1)、防护措施分委员会(UA2)和危险品检测分委员会(UA3)。职业接触限值 AGW、BGW 制定和致癌性物质接触—风险—关系(Exposition-Risiko-Beziehung, ERB)等内容的研究由危险品检测分委员会负责。各委员会主席来自化工集团、州政府、同业公会等各部门。德国科学研究基金会MAK 委员会主席 Andrea Hartwig 博士等 6 人是危险品专家委员会科研机构方的专家代表。

4. **职业性生物有害因素专家委员会** 职业性有害因素专家委员会(Ausschuss für biologischen Arbeitsstoffe, ABAS)分为两个分委员会和两个项目组。委员会的重要任务之一是细化《职业性生物有害因素条例》的要求,制修订《职业性生物有害因素技术规程(TRBA)》,审议通过生物有害物质的分级和评估,参与欧洲和国际生物安全领域标准的制定。

5. **生产安全专家委员会** 生产安全专家委员会(Ausschuss für Betriebssicherheit, ABS)下设 4 个分委员会。UA 4 负责制定噪声、振动、光辐射、电磁场等物理有害因素的防护措施,制修订相应的技术规程,并与法定工伤保险机构的法规进行整合和简化,避免法规的重复。

(二)工伤保险机构专家委员会

工商业和公共部门法定事故保险总会(DGUV)根据行业细分为 15 个专家委员会及其 97 个分委员会(表 5-4),另有两个特别委员会——职业医学委员会(负责制定职业健康检查指南)和教育培训委员会。DGUV 专家委员会及分委员会会定期报告他们的工作内容以及正在和即将实施的项目,并交流工作经验,形成预防能力网络。

表 5-4 DGUV 专家委员会

专家委员会	分委员会
建筑业	铁轨作业和安全措施
	房屋建筑
	建筑翻新和维修
	地下工程
教育机构	高校、科研机构
	幼儿园
	中小学校
	教育机构内交通安全
能源、纺织、电力、媒体产品	废水
	打印和纸张加工
	电气工程和精密技术
	能源和水
	电离辐射
	非电离辐射
	电信
	纺织和款式
应急救援	企业救援
	应急救援的原则性问题
	应急救援的质量保证
消防,救援,防火	企业防火
	消防救援的组织
企业健康	劳动能力
	企业健康促进
	职业心理健康
	工作结构改变
健康服务和福利服务	洗浴(Bäder)
	健康服务
	福利服务
贸易和物流	结构设备(bauliche Einrichtung)和贸易
	货物运转中的运输、储存、物流
	心理压力
	邮递

续表

专家委员会	分委员会
木材和金属	汽车制造,驱动系统和保养
	生产设计,声学,噪声和振动
	木材处理加工
	冶金、轧钢设备,铸造和吊装技术
	机械,设备,加工自动化
	表明处理技术和焊接
	造船,炼钢,金属制造,电梯
食品	烘烤企业
	肉类处理加工
	肉类生产
	液化气
	餐饮业
	饮料
	冷冻、冷却装置(包括热力泵)
	保龄球设备 Kegel-und Bowlinganalgen
	食品和消费品
	马戏团(包括帐篷厅)Schausteller und Zirkusbetriebe einschl.Zelthallen
	包装
职业安全卫生的组织	企业医生和安全技术
	评估
	职业安全卫生组织的主要方面
	工作形式
	委托安全专业人员
	企业安全与健康的一体化
个人防护用品	呼吸道防护
	眼部防护
	脚部防护
	听力防护
	皮肤防护
	头部防护
	防跌落
	防溺水
	人遇紧急情况呼救信号设备
	防护服
	防刺伤、割伤
原材料和化工	容器、料仓和狭窄空间
	职业性生物有害因素
	爆炸危险品
	防爆
	危险品
	对健康有害的矿物尘
	玻璃和陶瓷

续表

专家委员会	分委员会
原材料和化工	实验室
	皮革和坐垫生产
	化工机械
	矿物原料和建筑材料
	造纸和装备
	爆破作业
	工艺技术和压力设备
	糖类生产
交通和农业	废料管理
	轨道交通
	内河船运、水路运输工具、港口设施
	车辆
	航运和飞机场
	海上航行
	道路,水域,森林,动物保护
管理	无障碍设计
	照明
	舞台和工作室
	办公室
	室内环境
	信贷机构和运动场
	安全服务
	兼职

（三）标准化文件制修订程序

任何人或是劳动保护利益方都可通过 DIN 提交一项国家标准、欧洲标准或国际标准的立项申请书。在收到申请后，DIN 或 DKE 标准委员会（NA）及相关工作委员会（AA）与安全技术委员会（KS）秘书处一起审核该标准申请项目是否与职业安全卫生有关及关联程度，还是仅与产品安全相关。若与职业安全卫生相关，则立即通知劳动保护与标准化委员会（KAN），由 KAN 针对以下问题组织相关方进行审议：①是否与诸如母亲保护、节假日、休息时间、工作时间之类的社会性劳动保护有关？②是否与诸如危险评估、劳动保护机构、职业医学预防等劳动保护基本职责有关？③劳动部委员会或工伤保险机构专业组（Fachbereich）是否已发布或正在制定、即将制定相关内容？④是否是检查、测量、采样、分析、统计方法这类标准？⑤是否有意义？⑥哪些相关方需要做好准备，参与到该标准制定？⑦综上，是否拒绝还是部分、全部同意该标准立项？若 KAN 的相关方意见不一，则需要投票表决，评估结果将告知 DIN。不管 KAN 评估结果是否支持这项标准或德方专家是否参与标准制定，在与法规不冲突且内容适当的前提下，DIN 都可以同意该项目申请立项。之后的标准草案制定、公开征求意见、修改发布以及完成时限（3 年）和复审周期（5 年）规定参见欧洲标准制修订程序。KAN 会持续追踪标准项目的进展，如欧洲标准有与法规内容不一致的地方，会申请 A 否定（A-Abweichung）。

五、德国职业卫生标准体系

（一）劳动部制定发布的政府标准

1. **职业医学技术规程**　《职业医学技术规程》用于细化《职业医学预防条例》，由劳动部职业医学专家委员会负责制修订。包括职业健康检查、生物监测、疫苗接种等内容，以及专门针对高温作业职业危害、肌肉骨骼系统疾病、视力和呼吸道检查提出具体要求，共有技术规程12项，详见表5-5。

表5-5　《职业医学技术规程》目录

序号	编号	内容
1	AMR 2.1	职业医学检查的周期
2	AMR 3.1	问询必要的工作场所情况
3	AMR 5.1	职业医学预防项目的要求
4	AMR 6.1	检查档案保存期限
5	AMR 6.2	生物监测
6	AMR 6.3	健康监护证明书
7	AMR 6.4	告知雇主（见职业医学预防条例第6条第4款规定）
8	AMR 6.5	接触职业性生物有害因素时，将疫苗接种作为职业医学预防的一部分
9	AMR 13.1	高温作业危害
10	AMR 13.2	肌肉骨骼系统损伤作业
11	AMR 14.1	眼部和视力检查
12	AMR 14.2	呼吸道防护用品分类

2. **工作场所技术规程**　《工作场所技术规程》用于细化《工作场所条例》，由联邦劳动部工作场所专家委员会负责制修订，共有技术规程18项，详见表5-6。

表5-6　《工作场所技术规程》目录

序号	编号	名称
1	ASR V3a.2	无障碍设计
2	ASR A1.2	空间测量和活动面积
3	ASR A1.3 g	警示标识
4	ASR A1.5/1, 2	地板
5	ASR A1.6	窗户、天窗、透光墙
6	ASR A1.7	门和大门
7	ASR A1.8	通道
8	ASR A2.1	防跌落、物品坠落、进入危险区域
9	ASR A2.2	防火灾
10	ASR A2.3	逃生和应急通道、救援方案
11	ASR A3.4	照明
12	ASR A3.4/3	安全照明、光学安全引导系统

续表

序号	编号	名称
13	ASR A3.5	室温
14	ASR A3.6	通风
15	ASR A4.1	卫生间
16	ASR A4.2	休息室
17	ASR A4.3	应急救援室和设备
18	ASR A4.4	住宿间

3. 危险品技术规程　《危险品技术规程》（TRGS）用于细化《危险品条例》，由劳动部危险品委员会负责制修订。危险品是指具有易燃性、易爆性、腐蚀性、刺激性、致敏性、致癌性、致突变性、对健康和环境有害的纯品及配制品（混合物）。有的物质本身不是危险品，但是在生产过程中会产生或逸散出有害物质，例如在木材加工过程中产生的木尘。另外，窒息性气体（窒息作用）、溶剂（麻醉作用）都属于危险品。TRGS 包括危险品的分类标识、危害评估、替代物和替代工艺、防护措施、防火灾爆炸、职业接触限值等 7 大部分，共有技术规程 71 项，详见表 5-7。

表 5-7　《危险品技术规程（TRGS）》目录

序号	编号	名称
1	TRGS 001	《危险品条例》技术法规体系：总论—结构—概览—注意事项
2	TRGS 200	物质、配料、产品的分类和标识
3	TRGS 201	危险品作业的分级和标识
4	220 号公告	安全数据表
5	TRGS 400	危险品作业危害评估
6	TRGS 401	皮肤接触危害调查、评估及措施
7	TRGS 402	吸入接触危害调查和评估
8	TRBA/TRGS 406	呼吸道致敏物
9	TRGS 407	气体作业危害评估
10	408 号公告	CLP 法规生效后《危险品条例》和 TRGS 的使用
11	409 号公告	REACH 法规信息使用
12	TRGS 410	接触 1A 或 1B 类致癌物或致突变物的目录
13	TRGS 420	危害评估程序和具体标准（VSK）
14	TRGS 430	异氰酸酯的接触和监测
15	TRGS 460	技术水平调查的操作建议
16	TRGS 500	防护措施
17	TRGS 505	铅
18	TRGS 507	空间和容器的表面处理
19	TRGS 509	液态和固态危险品静态和移动储存
20	TRGS 510	可移动容器危险品的储存
21	TRGS 511	硝酸铵
22	TRGS 512	气体处理

续表

序号	编号	名称
23	TRGS 513	使用环氧乙烷和甲醛的消毒器作业
24	TRGS 517	可能含石棉的矿物原材料及其混合物和产品的作业
25	TRGS 519	石棉：拆除、重建和维护作业
26	TRGS 520	危险废料收集和中转站的建设和运行
27	TRGS 521	旧矿物棉的拆除、重建和维护作业
28	TRGS 522	甲醛室内消毒
29	TRGS 523	使用剧毒、有毒和健康危害物质及配料杀虫
30	TRGS 524	污染区域作业防护
31	TRGS 525	在有危险品的机构工作的职业医学预防
32	TRGS 526	实验室
33	527号公告	纳米生产材料
34	TRGS 529	生物气体生产作业
35	TRGS 528	焊接作业
36	TRGS 530	理发店工作
37	TRGS 551	有机材料衍生焦油和其他热解产品
38	TRGS 552	亚硝胺
39	TRGS 553	木尘
40	TRGS 554	柴油机尾气
41	TRGS 555	工人操作说明书和信息
42	TRGS 557	二噁英
43	TRGS 558	高温棉作业
44	TRGS 559	矿物尘
45	TRGS 560	具有致癌性、致突变性、生殖毒性的粉尘作业的空气再循环
46	TRGS 600	替代物
47	TRGS 602	替代物和使用限制：铬酸锌和铬酸锶作为防腐蚀涂料
48	TRGS 608	水中和蒸气系统中肼的替代物、替代程序和使用限制
49	TRGS 609	乙二醇—甲醚、乙二醇—乙醚及其醋酸酯的替代物、替代方法和使用限制
50	TRGS 610	地板胶黏剂和强溶剂的替代物和替代程序
51	TRGS 611	可溶于水产生亚硝胺的冷却液的使用限制
52	TRGS 614	可分解成致癌性芳香胺的偶氮染料的使用限制
53	TRGS 615	含有亚硝胺的防腐蚀材料的使用限制
54	TRGS 617	用于复合地板和其他木地板的强溶性表面处理剂的替代物
55	TRGS 618	含六价铬的木材防腐剂的替代物和使用限制
56	TRGS 619	硅酸铝棉产品的替代物
57	TRGS 720	爆炸性危险环境 - 总论
58	TRGS 721	爆炸性危险环境 - 爆炸危害评估
59	TRGS 722	预防和减少爆炸性危险环境
60	TRGS 725	可移动压力容器 - 充罐、储存、内部运输、放空
61	TRGS 726	固定的压力设备
62	TRGS 751	避免加油站和交通工具充灌设备发生火灾、爆炸和压力危险

续表

序号	编号	名称
63	TRGS 800	火灾预防措施
64	TRGS 900	工作场所限值（AGW）
65	901 号公告	工作场所限值推导标准
66	TRGS 903	生物限值（BGW）
67	TRGS 905	致癌物、致突变物、生殖毒物目录
68	TRGS 906	致癌作业和流程目录
69	TRGS 907	致敏物和致敏作业目录
70	TRGS 910	致癌物作业的风险相关措施概念
71	911 号公告	风险概念相关问答

4. 职业性生物有害因素技术规程 《职业性生物因素技术规程（TRBA）》用于细化《职业性生物因素条例》，由劳动部职业性生物因素委员会制修订。TRBA 在医疗机构、实验室、农林业、垃圾处理等微生物接触方面有很详细的规程，并制定了技术控制值（Technischer Kontrollwert, TKW），共有技术规程 23 项，详见表 5-8。

表 5-8 《职业性生物因素技术规程》目录

序号	编号	内容
1	TRBA 001	《职业性生物因素条例》技术法规的总论和结构
2	TRBA 100	实验室生物因素接触防护措施
3	TRBA 120	实验动物
4	TRBA 130	急性生物危害职业安全卫生措施
5	TRBA 200	专业技术人员要求
6	TRBA 212	垃圾热处理防护措施
7	TRBA 213	垃圾收集防护措施
8	TRBA 214	垃圾处理设备（包括分类设备）
9	TRBA 220	废水处理设备生物因素作业的安全与卫生
10	TRBA 230	农业家畜
11	TRBA 240	农林业微生物污染防护措施
12	TRBA 250	健康福利业中的生物因素
13	TRBA300-399	职业医学预防
14	TRBA 400	生物因素作业的危害评估操作说明
15	TRBA 405	空气中生物因素的检测方法和技术控制值
16	TRBA/TRGS 406	呼吸道致敏物
17	TRBA 450	生物因素的分类标准
18	TRBA 460	风险组中真菌的分类
19	TRBA 462	风险组中病毒的分类
20	TRBA 464	风险组中寄生虫的分类
21	TRBA 466	风险组中细菌的分类
22	TRBA 468	细胞系目录和细胞培养
23	TRBA 500	接触生物因素的基本措施

5. **物理危害相关技术规程** 《噪声和振动技术规程（TRLV）》《光辐射技术规程（TROS）》分别用于细化《噪声和振动职业安全卫生条例》《光辐射职业安全卫生条例》，均由劳动部生产安全委员会负责制定。TRLV 包括噪声和振动两个部分，TROS 包括非相干光辐射（inkohärente optische strahlung，即紫外辐射、可见光和红外辐射）以及激光辐射，结构上均分为总论、危害评估、测量和防护措施 4 部分。

6. **建筑工地职业安全卫生规程** 《建筑工地职业安全卫生规程（RAB）》用于细化《建筑工地条例》的要求，由建筑工地专家委员会制定（2013 年年底结束工作），共制定了 7 项规程，见表 5-9。

表 5-9 《建筑工地职业安全卫生规程》目录

序号	编号	内容
1	RAB 01	总论和结构
2	RAB 10	定义
3	RAB 25	在压缩空气中作业（细化《压缩空气》条例）
4	RAB 30	合适的协调者（细化《建筑工地条例》第 3 条）
5	RAB 31	职业安全卫生计划
6	RAB 32	为以后工作准备的记录材料
7	RAB 33	根据职业安全卫生法第 4 章有关应用《建筑工地条例》的一般性原则

（二）工伤保险机构制定发布的行业标准

事故预防法规有行业规程（branchenregeln）、信息（informationen）和原则性指南（grundsätze）3 种形式，均不具有法律强制性，只是针对行业、工艺、作业场所等方面提供更加具体的建议和措施，一般会给出具体的操作实例，以更好地达到预防的目标。事故预防法规的细化文件由工商业和公共部门法定事故保险联合会（DGUV）15 个专业委员会（Fachbereiche）及下属的 97 个（Sachgebiete）分委员会及职业医学委员会、培训委员会负责制定。截至 2015 年 9 月，共制定信息类 841 项，原则性指南 57 项，规程 141 项。与化学有害因素相关的行业预防规程和信息文件详见表 5-10。

表 5-10 化学有害因素相关行业标准

行业规程编号	名称
DGUV Regel 113-004（原 BGR 117-1）	集装箱、料仓和狭窄空间作业
DGUV Regel 109-002（原 BGR 121）	通风
DGUV Regel 109-003（原 BGR/GUV-R 143）	使用冷却润滑剂作业
DGUV Regel 109-008（原 BGR 157）； DGUV Regel 109-009（原 GUV-R 157）	车辆维修保养
DGUV Regel 109-110（原 BGR 180）	使用溶剂清洗零件
DGUV Regel 112-190（原 BGR/GUV-R 190）	呼吸道防护用品的使用
DGUV Regel 112-992（原 BGR/GUV-R 192）	眼部 - 面部防护用品的使用
DGUV Regel 112-994（原 BGR/GUV-R 195）	防护手套的使用
DGUV Regel 101-018（原 BGR 209）； DGUV Regel 101-019（原 GUV-R 209）	使用清洁护理剂

续表

行业规程编号	名称
DGUV Regel 100-500（原 BGR 500）； DGUV Regel 100-501（原 GUV-R 500）	生产工具运转（2.26 章 焊接、切割工艺；2.33 章 气体处理；2.32 章 氧气设备）
DGUV Information 212-014（原 GUV-I 8516）	皮肤防护
DGUV Information 213-024（原 GUV-I 8518）	危险品数据库（GESTIS）概览
DGUV Information 212-007（原 BGI/GUV-I 868）	化学品防护手套
DGUV Information 213-034（原 BGI/GUV-I 8658）	GHS 全球化学品统一分类和标签制度
DGUV Information 212-019（原 BGI/GUV-I 8685）	化学品防护服
DGUV Information 201-050（原 GUV-I 8538）	建筑物石棉制品
DGUV Information 212-015（原 GUV-I 8559）	皮肤病和皮肤防护
DGUV Information 213-031（原 BGI/GUV-I 8593）	矿物棉
DGUV Information 213-078（原 BGI 524）	聚氨酯生产加工／异氰酸酯
DGUV Information 209-014（原 BGI 557）	喷漆工
DGUV Information 209-016（原 BGI 593）	焊接
DGUV Information 209-020（原 BGI 616）	焊烟危害评估
DGUV Information 201-006（原 BGI 639）	油漆作业
DGUV Information 201-007（原 BGI 655）	环氧树脂
DGUV Information 209-023（原 BGI 658）	金属厂皮肤保护
DGUV Information 209-033（原 BGI 729）	聚酯树脂：使用和安全作业
DGUV Information 209-043（原 BGI 736）	木材保护剂
DGUV Information 209-082（原 BGI 737）	职业医学预防
DGUV Information 209-044（原 BGI 739-1）	木尘
DGUV Information 209-047（原 BGI 743）	焊接、切割工艺过程中的亚硝气体
DGUV Information 240-23（原 BGI/GUV-I 504-23）	阻塞性呼吸道疾病职业医学检查指南
DGUV Information 240-24（原 BGI/GUV-I 504-24）	皮肤病职业医学检查指南
DGUV Information 240-26（原 BGI/GUV-I 504-26）	呼吸防护设备
DGUV Information 240-27（原 BGI/GUV-I 504-27）	异氰酸酯职业医学检查指南
DGUV Information 240-44（原 BGI/GUV-I 504-44）	硬木尘职业医学检查指南
GISBAU Information	建筑、维修和清洁过程中的危险品

（三）标准化组织制定发布的团体标准

德国职业安全卫生与标准化委员会（KAN）与德国标准化组织 DIN 旗下的软件公司合作开发了职业安全卫生标准搜索数据库 NoRA，可以按照应用领域、危害因素分类以及关键词检索查询相关的职业安全卫生标准。网站 2015 年 2 月的数据显示，涉及劳动保护的标准共有 13 737 个，包括职业安全卫生管理体系、职业有害因素、工作场所设计、个人防护用品生产和使用、工效学等。

DIN 标准可以是国家标准，也可以是区域性（欧洲）标准及国际标准，通过不同的代号类型可以得知标准的来源及其适用范围。

1. DIN 加数字　表示该标准是为了满足国内需要而制定发布的国家标准，若另外加字母"E"则表示是草案，若另外加字母"V"则表示是暂行标准。该标准今后可能成为国际标准或欧洲标准的雏形。

2. DIN EN 加数字　表示该标准是欧洲标准的德文版本，不加修改地等同采用欧洲三大标准化机构 CEN / CENELEC / ETSI 制定的标准，欧洲所有成员国家均采用该标准。

3. DIN EN ISO 加数字　表示该标准是欧洲标准的德文版本，不加修改地等同采用欧洲标准化机构制定的标准，且欧洲标准内容与国际标准一致。

4. DIN ISO，DIN IEC 或 DIN ISO / IEC 加数字　表示该标准是国际标准的德文版本，不加修改地等同采用国际标准化机构 ISO 或 IEC 制定的标准。

（一）职业安全卫生管理体系标准

ISO 基于英国职业安全卫生管理体系标准 BS OHSAS18001，制定了职业健康和安全管理体系（occupational health and safetymanagement system）要求与使用指南（ISO 45001：2018），这是世界上第一个职业健康和安全（OH&S）的国际标准，规定了 OH&S 管理体系的要求并提供了使用指南。ISO 45001：2018 适用于所有希望建立、实施和维护 OH&S 管理体系以改善 OH&S，消除危害并最大限度降低 OH&S 风险（包括系统缺陷）的组织，无论其规模、类型和活动如何。ISO 45001：2018 适用于组织控制下的 OH&S 风险，同时考虑到组织运作的背景以及员工和其他相关方的需求和期望等因素，目的是为管理 OH&S 和机遇提供框架，以使组织能够通过预防与工作有关的伤害和疾病，以及通过积极改进 OH&S 绩效提供安全健康的工作场所，帮助组织利用 OH&S 良机，解决与其活动相关的 OH&S 管理体系不一致项，实现其 OH&S 管理体系的预期成果，包括：①持续改进 OH&S 绩效；②满足法律及其他要求；③实现 OH&S 目标。

OH&S 管理体系的实施和保持、有效性和实现预期结果的能力取决于诸多关键因素，其中包括：①最高管理者的领导作用、承诺、责任和义务；②最高管理者在组织中制定、领导和推动支持实现 OH&S 管理体系预期成果的文化；③沟通；④员工和员工代表（如有）的协商和参与；⑤配备必要的资源以维持体系；⑥符合组织的总体战略目标和方向的 OH&S 政策；⑦识别危险源、控制 OH&S 风险和利用 OH&S 机遇的有效过程；⑧ OH&S 管理体系的持续绩效评估和监控，以提高 OH&S 绩效；⑨将 OH&S 管理系统整合到组织的业务流程中；⑩ OH&S 目标符合 OH&S 政策，并考虑到组织的危险源、OH&S 风险和 OH&S 机会；⑪遵守法律法规和其他要求。

ISO 45001：2018 采用的 OH&S 管理体系方法基于计划 - 实施 - 检查 - 改进（PDCA 循环）的理念。PDCA 理念是组织使用不断重复的过程以实现持续改进，它可以用于整个管理体系及其每个单独要素，其概念如下：

（1）计划：确定和评估 OH&S、OH&S 机遇和其他风险和机遇，建立所需的 OH&S 目标和过程，以实现与组织 OH&S 方针一致的结果。

（2）实施：实施计划的过程。

（3）检查：监测和测量与 OH&S 方针和目标有关的活动和过程，并报告结果。

（4）改进：采取措施持续改进 OH&S 绩效，以实现预期成果。

ISO 45001：2018 没有规定 OH&S 绩效的具体标准，也没有规定 OH&S 管理体系的设计，只是使组织能够通过其 OH&S 管理系统整合健康和安全的其他方面，如工人的身心健康或福利。ISO 45001：2018 也不涉及产品安全、财产损失或环境影响等超出危害工人和其他相关利益方的问题。

组织可通过展示成功实施本标准，向工人和其他相关方证明已建立有效的 OH&S 管理体系。然而，采用本标准本身并不能保证工人的人身伤害和疾病得到预防、提供安全健康的工作场所和改进 OH&S 绩效。

（二）与职业有害因素相关的标准

1. **化学有害因素**　在配制、生产和使用（如检测）化学物质时可能对劳动者产生危害。这个领域的标准包括如实验室通风柜、应急淋浴方面的保护措施标准。此外，在检查标准中有危害标识的内容。机械标准中有减少排放（排放限制）的内容。

2. **物理有害因素**

（1）噪声和振动。根据欧盟机械指令（maschinenrichtlinie）要求，德国制定了噪声和振动条例及技术规程。DIN 标准可支持指令要求，如采取技术措施减少噪声和振动，对噪声和振动测量的检查方法进行标准化。在技术水平描述（beschreibung des standes der technik）中有关于降噪的改进需求，如制定机器安全标准中的基准值（orientierungswerte）。

（2）非电离辐射。主要是制定非电离辐射的职业接触限值。

（3）电弧干扰。使用电气设备时电线间产生的电弧干扰可能造成严重的事故。2009 年 6 月起，KAN 成立一个专门的工作组研究电弧干扰的健康危害，组员代表来自工伤保险机构、联邦州、检测机构、研究机构和企业。前期目标主要是讨论防护服阻隔热伤害的型号检查参数。

（4）高温、低温。主要是测量方法，定义，耐受区间，暴露时间和休息恢复时间。

（5）视屏作业。根据欧盟 90/270/EEC 号指令，制定了欧洲和国际标准 EN ISO 9241 系列标准。

3. **生物有害因素**　工作者在接触生物有害物质时存在感染和过敏的风险。欧洲针对生物技术领域有一个标准包，包括技术性和组织性的预防措施。产品（生产工具）标准，如微生物安全工作台的标准。堆肥厂或医务室接触微生物的标准，如某生物有害物质测量方法的建立。KAN 近些年主要参与 CWA 15793 实验室生物风险管理和 CWA 16335 生物安全专业人员能力的制定。这两项 CWA 被纳入劳动部职业性生物有害因素委员会（ABAS）的意见书（Positionspapier）中。

4. **心理因素**　与心理因素相关的标准约 10 余项。

（三）工作场所设计标准

包括温度、湿度、通风、照明 - 亮度、反射度、颜色、对比度、提举、活动空间、立定安全、露天作业、无光照作业、工作场所变动作业、警示标识、重体力劳动、持久性作业、机械使用指导、个人防护用品使用。

（四）个人防护用品生产和使用标准

个人防护用品的产品标准基于欧盟 89/686/EEC 号指令，德国将其转化为《设备和产品法》第八条例，相关细化标准约有 320 个，相关的标准委员会是个人防护用品标准委员会、精密仪器与光学标准委员会和运动设备标准委员会。此外，欧盟 89/656/EEC 指令规定了个人防护用品的使用，对此指令的细化也制定了相应标准。

（五）工效学标准

NoRA 网站专门开辟了一个工效学标准栏目，涉及工效学的标准多达 2000 个，若在搜索框中搜索工作场所职业卫生与安全（betrieblicher arbeitsschutz）显示结果为 44 个，基本上是 ISO 和 CEN 的工效学标准。

六、德国主要职业卫生标准介绍

（一）工作场所职业接触限值

德国将工作场所化学有害物质分为致癌物和非致癌物两类进行定量化评估，作为健康监护和确定防护措施的依据。对于非致癌物，严格遵守以健康为基准制定的职业接触限值 AGW（arbeitsplatzgrenzwert，8 小时时间加权平均浓度）和生物限值 BGW（biologischer grenzwert），则不会对作业工人造成急性或慢性健康损害（自 2005 年起替代 MAK 和 BAT 值）。AGW 和 BGW 限值表每年更新发布在《危险品技术规程》TRGS 900 和 TRGS 903 中（详见附件 5-1 和附件 5-2）。限值表注明了资料出处（herkunft）、分级（einstuftung）、致敏性和皮肤吸收危害。AGW 限值的主要制定来源有 3 个：联邦劳动部危险品专家委员会 AGS、德国科学研究基金会 MAK 委员会、欧盟 SCOEL 委员会。物质的分级依照欧盟 CLP 法规。德国 TRGS 900 限值表中有一类物质叫一般性粉尘，指没有致癌性、致突变性、致纤维化、致敏性的难溶或不溶的粉尘，不适用于超细微粒和可溶物（如漆气溶胶和粗分散度的颗粒）。德国一般性粉尘的职业接触限值，其中呼吸性粉尘（呼尘）1.25mg/m³，吸入性粉尘（总尘）10mg/m³。TRGS900 列出了一部分一般性粉尘：铝、氢氧化铝、氧化铝（无纤维，除氧化铝烟）、硫酸钡、石墨、煤尘、塑料（例如聚氯乙烯、胶木 / 电木、PET）、氧化镁、碳化硅、滑石、钽、二氧化钛，但不仅限于这些粉尘。

对于致癌物，因无法推导出完全对健康无害的安全阈值，不能制定 AGW 和 BGW 值。2005 年之前，德国以当前技术水平所能达到的最低浓度为基准制定了 70 余种致癌物的技术标准浓度 TRK 和接触当量 EKA，但即使不超过该浓度，也不完全排除健康风险。在实际执行中，企业常常把 TRK 视为与 AGW 等同的安全阈值，即使技术上有所进步，也会因为 TRK 的设定而缺乏动力和压力持续改善作业环境、减少职业接触。此外，TRK 不能明确不同物质的剩余风险（restrisiko）或致癌概率。2007 年，德国劳动部危险品专业委员会制定了新的致癌物风险分级管理方法（risikokonzept），逐一研究致癌物的接触 - 风险 - 关系（ERB），根据可容许风险概率（toleranzrisiko，4∶103）和可接受风险（akzeptanzrisiko，4∶104，2018 年前将降低到 4∶105），确定可容许浓度和可接受浓度，划分出高、中、低 3 个风险等级区域，并针对不同的风险等级规定相应的风险降低措施。该方法发布在危险品技术规程 TRGS 910 中，目前正在试行阶段，预计 2016 年将正式纳入《危险品条例》中。

可容许风险概率（4∶103）的含义是在每天接触 8 小时、每周 5 天、工作 40 年的情况下，1000 个作业工人中可能有 4 个人罹患癌症，相当于农业从业者死亡事故概率或工作中不接触危险品的非吸烟者患肺癌的概率。可接受风险概率 2013 年前数值为 4∶104，它的含义是在每天接触 8 小时，每周 5 天，工作 40 年的情况下，10 000 个作业工人有 4 个人罹患癌症，2018 年前将降低为 4∶105。可容许浓度和可接受浓度是基于以上两个风险概率的阈限值，高于可容许浓度为高风险区域，在可容许浓度和可接受浓度之间为中风险区域，低于接受浓度为低风险区域。见图 5-2。

图 5-2　致癌物风险分级

TRGS 910 附件 1 5.2 规定了不同等级致癌风险的降低措施。包括行政（administration）、技术（technik）、组织（organisation）、职业医学（arbeitsmedizin）和替代（substitution）5 方面 19 项具体防护措施，详见表 5-11。

表 5-11　致癌物不同风险等级措施

措施	低风险	中风险	高风险
管理措施		报告行动方案	报告行动方案，禁止，视情况而同意
技术措施	空间隔离（接触最小化）	技术措施 空间隔离 接触最小化	技术措施 空间隔离 接触最小化
组织措施	卫生措施，操作流程，指导，培训，风险沟通 优化	最小化接触时间和接触人数	
职业医学检查	自愿	强制	强制
替代	如果按比例	如果按比例，强制	如果可行，强制

德国劳动部目前对 17 种有接触 - 风险 - 关系（ERB）的致癌物制定了可接受浓度和可容许浓度表及在生物材料中的当量，发布在化学品技术规程 TRGS 910 附件 1 中，见表 5-12 和表 5-13。

表 5-12　致癌物的可接受浓度和可容许浓度

物质名称（CAS 号）	可接受浓度（风险度 4∶10 000）		可容许浓度（风险度 4∶1000）			备注
	体积浓度	质量浓度	体积浓度	质量浓度	超限倍数	
丙烯酰胺 [79-06-1]		0.07mg/m³		0.15mg/m³	8	(1),(2)
丙烯腈 [107-13-1]	0.12ppm	0.26mg/m³	1.2ml/m³	2.6mg/m³	8	H
硅酸铝纤维 [1335-30-4]		10 000F/m³		100 000F/m³	8	见 TRGS 558
砷化物 [7440-38-2]		0.83μg/m³ E		8.3μg/m³ E	8	见 TRGS 金属
石棉 [1332-21-4]		10 000F/m³		100 000F/m³	8	见 TRGS 517，519
苯 [71-43-2]	0.06ppm	0.2mg/m³	0.6ml/m³	1.9mg/m³	8	H
多环芳烃中的苯并（a）芘 [50-32-8]		70ng/m³ E		700ng/m³ E	8	见 TRGS 551
1,3- 丁二烯 [106-99-0]	0.2ppm	0.5mg/m³	2ml/m³	5mg/m³	8	
镉及其化合物 [7440-43-9]		0.16μg/m³（A）		1μg/m³（E）	8	见 TRGS 金属
六价铬化合物 [7440-47-3]						见 TRGS 金属
二乙基亚硝胺 [55-18-5]		0.075μg/m³		0.75μg/m³	8	见 TRGS 552
环氧氯丙烷 [106-89-8]	0.6ppm	2.3mg/m³	2ml/m³	8mg/m³	2	(2)
环氧乙烷 [75-21-8]	0.1ppm	0.2mg/m³	1ml/m³	2mg/m³	2	见 TRGS 513

续表

物质名称 （CAS 号）	可接受浓度 （风险度 4∶10 000）		可容许浓度 （风险度 4∶1000）			备注
	体积 浓度	质量 浓度	体积 浓度	质量浓度	超限 倍数	
肼［302-01-2］	1.7ppb	2.2μg/m³	7ppb	22μg/m³	2	
4，4-二氨基二苯甲烷［101-77-9］		70μg/m³		700μg/m³	8	（1）
2-硝基丙烷［79-46-9］	0.05ppm	180μg/m³	0.5ppm	1800μg/m³	8	H
三氯乙烷［79-01-6］	6ppm	33mg/m³	11ppm	60ppm	8	

注：E 吸入性粉尘，H 经皮吸收

表5-13　有可容许浓度和可接受浓度的物质在生物材料中的当量

物质名称（CAS 号）	指标	可容许浓度 当量	可接受浓度当量 （4∶10⁴）	可接受浓 度当量 （4∶10⁵）	检测 材料	采样 时间
丙烯酰胺［79-06-1］	N-（2-氨基甲酰乙基）缬氨酸	--	400pmol/g 珠蛋白	*	B_E	a
丙烯腈［107-13-1］	N-（2-氨基乙基氰）缬氨酸	6500pmol/g 珠蛋白	650pmol/g 珠蛋白	*	B_E	a
苯［71-43-2］	苯	2.4μg/l	#	*	B	b
	S-苯基硫醚氨酸	0.025mg/g 肌酐	#	*	U	b
	t, t-黏康酸	1.6mg/l	#	*	U	b
1,3-丁二烯［106-99-0］	3，4-二羟基丁基硫醚氨酸（DHBMA）	2900μg/g 珠蛋白	600μg/g 肌酐		U	b, c
	2-羟基-3-丁基-硫醚氨酸（MHBMA）	80μg/g 珠蛋白	10μg/g 肌酐	*	U	b, c
环氧乙烷［75-21-8］	N-（2-氨基羟基乙基）缬氨酸	3900pmol/g 珠蛋白	#		B_E	a
肼［302-01-2］	肼	62μg/g 肌酐	*	*	U	b
	肼	47μg/l	*	*	P	b
三氯乙烷［79-01-6］	三氯乙酸	22mg/l	12mg/l	1.2mg/l	U	b, c

注：* 不能通过 EKA 关系推导，# 推导方法正在被审查

B= 全血，B_E = 全血中的红细胞数，P/S= 血浆 / 血清，U= 尿

a 无限制，b 接触结束或工作班末，c 长期接触，数工作班末，

d 下个工作班前，e 接触后几个小时，f 工作周最后一个班前

（二）生物接触限值

德国生物接触限制详见附件 5-2。

（三）职业健康监护相关标准

2008 年，德国劳动部制定了《职业医学预防条例》并于 2013 年进行了修订。2009 年，劳动部专家委员会制定了细化《职业医学预防条例》的《职业医学预防技术规程》，职业医学检查的周期和内容、生物监测及疫苗接种等。工伤保险机构 DGUV 制定了接触具体职业

危害因素的职业健康指南,是操作性更强的推荐性标准。此外,DGUV 职业医学专家委员会对表 5-14 的职业危害因素制定了职业健康检查原则(Grundsatz 350-001 合集)和辅助信息(DGUV Information 240 系列)。指南在结构上包括前言、医学检查、职业医学评估与建议、补充信息和参考文献。前言部分主要告知接触某职业有害因素应遵循的体检流程;医学检查类型和时间、流程、应具备的条件;职业医学评估与建议部分包括评估标准和医学建议;补充信息部分提供所暴露因素的特性、接触限值、吸收途径、接触来源、引起疾病或体征等信息;参考文献部分列出相关的法规标准信息。

表 5-14　职业健康检查指南危害因素目录

指南编号	危害因素	
DGUV Information 240-011	G1.1	矿物粉尘
DGUV Information 240-012	G1.2	含石棉纤维的粉尘
DGUV Information 240-013	G1.3	人造矿物纤维粉尘
DGUV Information 240-014	G1.4	粉尘负荷
DGUV Information 240-020	G2	铅及其化合物(除烷基铅)
DGUV Information 240-030	G3	烷基铅
DGUV Information 240-040	G4	致皮肤癌的物质
DGUV Information 240-050	G5	乙二醇酯和甘油
DGUV Information 240-060	G6	二硫化碳
DGUV Information 240-070	G7	一氧化碳
DGUV Information 240-080	G8	苯
DGUV Information 240-090	G9	汞及其化合物
DGUV Information 240-100	G10	甲醇
DGUV Information 240-110	G11	硫化氢
DGUV Information 240-120	G12	磷
DGUV Information 240-130	G13	二氯化铂
DGUV Information 240-140	G14	三氯乙烯和其他氯化烃类溶剂
DGUV Information 240-150	G15	六价铬化合物
DGUV Information 240-160	G16	砷及其化合物
DGUV Information 240-170	G17	人造光辐射
DGUV Information 240-190	G19	二甲基甲酰胺
DGUV Information 240-200	G20	噪声
DGUV Information 240-210	G21	低温作业
DGUV Information 240-220	G22	牙酸蚀症
DGUV Information 240-231	G23.1	阻塞性呼吸道疾病:面粉粉尘
DGUV Information 240-232	G23.2	阻塞性呼吸道疾病:铂的化合物
DGUV Information 240-233	G23.3	阻塞性呼吸道疾病:谷物饲料粉尘
DGUV Information 240-234	G23.4	阻塞性呼吸道疾病:实验室动物粉尘
DGUV Information 240-235	G23.5	阻塞性呼吸道疾病:天然橡胶
DGUV Information 240-236	G23.6	阻塞性呼吸道疾病:非硬化的环氧树脂

续表

指南编号		危害因素
DGUV Information 240-237	G23.7	阻塞性呼吸道疾病：呼吸道刺激物
DGUV Information 240-238	G23.8	阻塞性呼吸道疾病：呼吸道致敏物
DGUV Information 240-240	G24	皮肤病（除皮肤癌）
DGUV Information 240-250	G25	驾驶、控制和监测作业
DGUV Information 240-260	G26	呼吸防护设备
DGUV Information 240-270	G27	异氰酸酯
DGUV Information 240-280	G28	在缺氧环境下工作
DGUV Information 240-290	G29	甲苯和二甲苯
DGUV Information 240-300	G30	高温作业
DGUV Information 240-310	G31	高压
DGUV Information 240-320	G32	镉及其化合物
DGUV Information 240-330	G33	芳香族硝基和氨基化合物
DGUV Information 240-340	G34	氟及其无机化物
DGUV Information 240-350	G35	在驻外特殊环境下工作
DGUV Information 240-360	G36	氯乙烯
DGUV Information 240-370	G37	视屏作业工作场所
DGUV Information 240-380	G38	镍及其化合物
DGUV Information 240-390	G39	电焊烟尘
DGUV Information 240-401	G40.1	致癌和致突变物：丙烯腈
DGUV Information 240-402	G40.2	致癌和致突变物：多环芳烃
DGUV Information 240-403	G40.3	致癌和致突变物：铍
DGUV Information 240-404	G40.4	致癌和致突变物：1,3-丁二烯
DGUV Information 240-405	G40.5	致癌和致突变物：环氧氯丙烷
DGUV Information 240-406	G40.6	致癌和致突变物：钴
DGUV Information 240-407	G40.7	致癌和致突变物：硫酸二甲酯
DGUV Information 240-408	G40.8	致癌和致突变物：丙烯腈
DGUV Information 240-410	G41	有坠落风险的高处作业
DGUV Information 240-420	G42	有感染风险的工作
DGUV Information 240-440	G44	硬木粉尘
DGUV Information 240-450	G45	苯乙烯
DGUV Information 240-460	G46	肌肉骨骼系统损伤（包括振动）

（四）职业病诊断相关标准

《职业病条例》（Berufskrankheitenverordnung，BKV）的附件 1（表 5-15）是德国的职业病名单。德国最早的职业病名单制定于 1925 年，自 20 世纪 90 年代两德统一后，基本上每 5 年进行一次动态调整（分别是 1992 年、1997 年、2002 年、2009 年、2014 年），每次新增职业病约为 5 种。现行的德国职业病名单于 2014 年修订，包括化学性因素所致疾病、物理性因素所致疾病、传染性病原体或寄生虫所致疾病、呼吸道和肺、胸膜和腹膜疾病、皮肤病和其他疾病共计 6 大类 77 种职业病，详见表 5-15。

表 5-15 德国 2014 年最新版职业病名单

编号	疾病
1	**化学因素所致疾病**
11	**金属或类金属**
1101	铅及其化合物所致疾病
1102	汞及其化合物所致疾病
1103	铬及其化合物所致疾病
1104	镉及其化合物所致疾病
1105	锰及其化合物所致疾病
1106	铊及其化合物所致疾病
1107	钒及其化合物所致疾病
1108	砷及其化合物所致疾病
1109	磷及其化合物所致疾病
1110	铍及其化合物所致疾病
12	**窒息性气体**
1201	一氧化碳所致疾病
1202	硫化氢所致疾病
13	**溶剂、杀虫剂及其他化学物**
1301	芳香胺所致泌尿道黏膜改变、肿瘤及其他赘生物
1302	卤代烃类化合物所致病
1303	苯、苯同系物或苯乙烯所致疾病
1304	苯的硝基或氨基化合物及其同系物或衍生物所致疾病
1305	二硫化碳所致疾病
1306	甲醇所致疾病
1307	有机磷化合物所致疾病
1308	氟及其化合物所致疾病
1309	硝酸酯所致疾病
1310	卤代烷基氧化物、卤代芳基氧化物或卤代烷基芳基氧化物所致疾病
1311	卤代烷基硫化物、卤代芳基硫化物或卤代烷基芳基硫化物所致疾病
1312	酸引起的牙病
1313	苯醌引起的眼角膜损伤
1314	对叔丁基苯酚所致疾病
1315	异氰酸酯引起的、迫使工人不能继续工作的各种疾病
1316	二甲基甲酰胺所致肺病
1317	有机溶剂及其混合物所致多发性神经病或脑病
1318	苯所致血液、造血和淋巴系统疾病
1319	长期高暴露于硫酸气溶胶所致喉癌
2	**物理因素所致疾病**
21	**机械性作用**
2101	腱鞘或腱旁组织以及肌腱或肌肉附着点疾病
2102	因多年从事需长期或不断转身，膝关节负荷明显超常的职业所致半月板损伤

续表

编号	疾病
2103	工作时使用风动机械及其他类似工具及机器所致疾病
2104	振动所致双手血供障碍
2105	长期受压所致慢性滑囊疾病
2106	神经压迫性麻痹
2107	椎骨突的撕裂性骨折
2108	长年提举、重负荷的抓握，或长期从事极端的躯体前屈位置的工作所致腰椎椎间盘疾病
2109	因长年肩部重负荷所致颈椎椎间盘疾病
2110	长年座位时全身性振动的垂直影响所致腰椎椎间盘疾病
2111	多年从事接触石英粉尘作业所致牙齿的严重磨损
2112	膝关节炎
2113	腕管综合征
2114	冲力所致手部血管损伤（大小鱼际锤击综合征）
22	**高气压**
2201	在高气压下工作所致疾病
23	**噪声**
2301	噪声性耳聋
24	**辐射**
2401	热辐射所致白内障
2402	电离辐射所致疾病
3	**传染性病原体或寄生虫所致疾病，如热带病**
3101	感染性疾病，如在卫生部门、社会慈善护理机构或在实验室工作，或从事其他具有类似传染危险的职业，已经隔离而发生的感染性疾病
3102	从动物传染到人的疾病
3103	矿工因十二指肠钩虫或粪类圆线虫感染所致蠕虫病
3104	热带病，斑疹伤寒
4	**呼吸道和肺、胸膜和腹膜的疾病**
41	**无机粉尘引起的疾病**
4101	石英粉尘所致肺病（矽肺）
4102	石英粉尘所致肺病伴发活动性肺结核（矽肺并发结核）
4103	石棉粉尘所致肺病（石棉肺）及胸膜疾病
4104	肺癌（石棉肺伴发肺癌、石棉粉尘所致胸膜疾病伴发肺癌、能够证明在工作场所累积石棉纤维粉尘剂量至少25纤维年）
4105	石棉引起的胸膜、腹膜或心包膜间皮瘤
4106	铝及其化合物所致下呼吸道和肺病疾病
4107	硬合金加工或生产中金属粉尘所致肺部纤维化疾病
4108	碱性转炉渣粉（碱性磷酸盐）所致下呼吸道和肺部疾病
4109	镍及其化合物所致呼吸道和肺的恶性肿瘤
4110	炼焦厂废气所致呼吸道和肺的恶性肿瘤
4111	矿工慢性阻塞性肺疾病或肺气肿

续表

编号	疾病
4112	石英粉尘矽肺或矽肺结核引发肺癌
4113	多环芳烃所致肺癌
4114	石棉纤维尘和多环芳烃共同作用所致肺癌
4115	长时间高浓度接触焊接烟尘所致肺部纤维化
42	**有机粉尘所致疾病**
4201	外源性变态反应性肺泡炎
4202	原棉、原亚麻或原大麻粉尘所致下呼吸道和肺病疾病（棉尘症）
4203	橡树和欧洲山毛榉木尘所致鼻窦和鼻旁窦腺癌
43	**阻塞性呼吸道疾病**
4301	过敏性物质所致阻塞性呼吸道疾病（含鼻部疾病）
4302	化学性刺激物或有毒物所致阻塞性呼吸道疾病
5	**皮肤病**
5101	严重的或易反复发作的皮肤病
5102	皮肤癌或因煤炭（炭黑）、原蜡、沥青、蒽、焦油或类似物所致易于癌变的皮肤病变
5103	紫外线辐射导致的皮肤鳞状细胞癌或多光化性角化病
6	**其他原因所致疾病**
6101	矿工的眼球震颤

注：基于周志俊教授翻译的1992年职业病名单补充。

德国联邦劳动部职业病医学专家委员会（der Ärztliche Sachverständigenbeirat "Berufskrankheiten", 2010年起将变更为DGUV负责）对职业病名单里的每一种职业病均制定了诊断指南，作为职业病名单的补充，在劳动部公报上发布。职业病诊断指南内容包括危害来源、吸收途径和健康影响、涉及的主要职业人群、致病机制、病理学和生化性质、病征描述和医学诊断提示，并附参考文献。该指南主要是帮助医生评估疾病与职业接触的可能联系，及时向工伤保险机构报告疑似职业病，对职业病的最终认定不具有法律效力。德国职业病诊断指南及新增职业病纳入职业病名单的科学依据可在联邦职业安全卫生所（BAUA）网站上查询。

第四节　与我国职业卫生标准的比较

一、管理体制比较

德国职业安全卫生标准的制定机构多元，专家委员会注重专业细分、多方参与、协调合作机制渗透到每一处，工作规划和目标明确，标准透明度高。我国卫生健康委职业卫生专业委员会组织制定国家职业卫生标准，尚未进行专业细分，工作量大的同时也会影响标准审查质量；成员主要是卫生部门的专家，缺乏监管部门和企业的参与，影响标准研制过程中的公平、公正、公开；卫生、安监部门与国家标准化组织之间缺乏沟通协作，标准制定发布存在交叉、重复、矛盾；没有严格执行《国家职业卫生标准管理办法》复审周期不超过5

年的规定,一些标准标龄过长,如 GBZ 2-2007 职业接触限值自 2007 年发布以来,至今未更新;标准透明度相对不足,未注明参考文献,未对社会公开编制说明(表 5-16)。

表 5-16　中德职业卫生标准管理体制比较

	德国	中国
制定机构	政府劳动部门专家委员会、工伤保险机构专家委员会、标准化组织	卫生部门职业卫生标准专业委员会
专业方向细分	劳动部有 6 个专家委员会,工伤保险机构有 15 个专家委员会,每个委员会又有若干分委员会	无
多方参与	雇主联合会、工会参与	人力资源保障部、工会参与
协调合作机制	内设协调组,劳动部门专家委员会、工伤保险机构专家委员会均有对方代表参加,主管机构与标准化组织之间建立了协调机构 KAN	与标准化组织沟通不足
工作规划	五年规划,目标明确	整体规划不足
复审周期	3-5 年,技术规程 5 年、行业规程 3 年、标准化文件 5 年	5 年,执行不力
标准透明度	参考文件和制定依据公开	编制说明公开不够

二、标准体系比较

德国职业卫生标准体系以劳动部专家委员会制定的政府标准为主体、以工伤保险机构制定的行业标准为补充,以标准化组织制定的团体标准为支持,体系更加完善,信息来源更加丰富,内容更加全面。国家技术规程以化学、物理、生物危害因素的风险评估和控制、职业医学预防为核心。工伤保险机构行业作业指南丰富,可操作性强。标准化组织制定的检测、测量方法较多,也在制定工效学标准、心理因素标准。截至 2013 年 9 月 30 日,我国职业卫生标准以 GBZ 号计共颁布 165 项,职业接触限值和检测、检验方法较多,卫生工程、防护设施、个人职业防护等相关防护标准不足,重点职业危害行业作业预防控制导则不足,致癌性化学有害因素、生物性有害因素、工效学 - 肌肉骨骼疾病、职业紧张、纳米材料、应急救援等领域有待研究。生物限值和生物材料检测方法共 79 项目前仍未整合纳入 GBZ 体系中,标准号类型为 WS / T,为推荐性标准。

(一)化学有害因素

德国的危险品条例及技术规程、工伤保险机构制定的行业规程及信息指南关于化学有害因素的内容涵盖非常全面,包括对不同的危害因素、不同的接触途径进行识别、评估,尽量使用替代品或者替代工艺,采取相应的技术措施、组织措施和个人防护措施,进行日常监测和职业健康检查,并将致癌物、致突变物、致敏物单独管理。我国主要是制定职业接触限值和检测标准,尚未针对致癌性、致突变性、致敏性化学有害因素制定指南性文件。

(二)生物有害因素

我国对生物有害因素的研究远远不足,只在 GBZ 2.1-2007 化学有害因素职业接触限值中有白僵蚕孢子和枯草杆菌蛋白酶两种生物有害因素的职业接触限值。而德国颁布了专门的《职业性生物有害因素条例》并制定了技术规程 TRBA,在医疗机构、实验室、农林业、垃圾处理等微生物接触方面有很详细的规程文件,并制定了技术控制限值(technischer kontrollwert，TKW）。

（三）重点行业、作业指南

德国工伤保险机构制定的行业规程、信息和指南丰富，可操作性强。目前我国行业职业危害预防控制指南 12 项，数量较少，未能满足各行业职业卫生技术指导的需求。

（四）应急救援领域

德国工伤保险机构负责应急救援标准的制定。目前我国应急救援标准尚属空白，亟待研究。

（五）新的危害因素、新的健康损害

新工艺、新技术、新材料（如纳米材料）、新能源（如太阳能、风能、生物能）等带来的职业危害需要进行关注和研究，并开展职业紧张与疲劳、肌肉骨骼疾病等研究与标准制定。

三、中德化学因素职业接触限值比较

（一）德国将致癌物与非致癌物分别定量化评估

德国将工作场所化学有害物质分为致癌物和非致癌物两类进行定量化评估，作为健康监护和确定防护措施的依据。我国正在探索相关风险评估方法。

（二）职业接触限值类型和数量比较

我国 GBZ2.1-2007 职业接触限值有 3 类：8 小时时间加权平均容许浓度（PC-TWA）、15 分钟短时间接触容许浓度（PC-STEL）和最高容许浓度（MAC）。其中有一半以上有 TWA 值的物质没有 STEL 值，有 TWA 值的物质不制定 MAC 值。德国只列出了时间加权平均浓度 AGW 值和超限倍数（1～8），15 分钟短时间接触限值等于 8 小时 AGW 值乘以超限倍数，有极少数物质同时有瞬时值（最大容许浓度）和短时间接触限值。

GBZ2.1-2007 中共规定了 339 种化学因素的职业接触限值，2015 年 TRGS 900 中共有 411 种化学因素的职业接触限值，TRGS 910 中有 17 种致癌物的可容许浓度和可接受浓度。

德国已制定、中国尚未制定的化学有害因素职业接触限值有 248 个，中国已制定、德国尚未制定的有 175 个。GBZ 2.1-2007 与 TRGS 900 均有的非致癌物为 159 种，详见表 5-17。GBZ 2.1-2007 与 TRGS 910 附件 1 均有的致癌物为 11 种，详见表 5-18。

表 5-17 GBZ 2.1-2007 与 TRGS 900 均有的物质（单位：mg/m³）

	名称	CAS 号	中国			德国	
			MAC	PC-TWA	PC-STEL	AGW	超限倍数
1	甲醛	50-00-0	0.5			0.37	2（I）
2	倍硫磷	55-38-9		0.2	0.3	0.2 E	2（II）
3	硝化甘油	55-63-0	1			0.094	1（II）
4	四氯化碳	56-23-5		15	25	3.2	2（II）
5	对硫磷	56-38-2		0.05	0.1	0.1 E	8（II）
6	乙醚	60-29-7		300	500	1200	1（I）
7	苯胺	62-53-3		3		7:7	2（II）
8	甲酸	64-18-6		10	20	9.5	2（I）
9	乙酸	64-19-7		10	20	25	2（I）

续表

	名称	CAS 号	中国			德国	
			MAC	PC-TWA	PC-STEL	AGW	超限倍数
10	甲醇	67-56-1		25	50	270	4（II）
11	异丙醇	67-63-0		350	700	500	2（II）
12	丙酮	67-64-1		300	450	1200	2（I）
13	三氯甲烷	67-66-3		20		2.5	2（II）
14	六氯乙烷	67-72-1		10		9.8	2（II）
15	正丁醇	71-36-3		100		310	1（I）
16	1，1，1-三氯乙烷	71-55-6		900		1100	1（II）
17	溴甲烷	74-83-9		2		3.9	2（I）
18	氯甲烷	74-87-3		60	120	100	2（II）
19	一甲胺	74-89-5		5	10	13	=1=（I）
20	甲硫醇	74-93-1		1		1	2（II）
21	乙胺	75-04-7		9	18	9.4	=2=（I）
22	乙醛	75-07-0	45			91	1；=2=（I）
23	二硫化碳	75-15-0		5	10	30	2（II）
24	异丙胺	75-31-0		12	24	12	=2=（I）
25	光气	75-44-5		0.05	0.1	0.41	2（I）
26	氟利昂	75-45-6		3500		3600	
27	环氧丙烷	75-56-9		5		4.8	2（I）
28	二氯二氟甲烷	75-71-8		5000		5000	2（II）
29	六氯环戊二烯	77-47-4		0.1		0.2	
30	二聚环戊二烯	77-73-6		25		2.7	1（I）
31	四乙基铅	78-00-2		0.02		0.05	2（II）
32	异佛尔酮	78-59-1	30			11	2（I）
33	戊烷	78-78-4		500	1000	3000	2（II）
34	2-丁酮	78-93-3		300	600	600	1（I）
35	乙酸甲酯	79-20-9		200	500	610	4（II）
36	硝基乙烷	79-24-3		300		310	4（II）
37	甲基丙烯酸甲酯	80-62-6		100		210	2（I）
38	邻苯二甲酸二丁酯	84-74-2		2.5		0.58	2（I）
39	苦味酸	88-89-1		0.1		0.1 E	1（I）
40	萘烷	91-17-8		60		29	2（II）
41	萘	91-20-3		0.25	0.5	0.5 E	1（I）
42	过氧化苯甲酰	94-36-0		5		5 E	1（I）
43	邻二氯苯	95-50-1		50	100	61	2（II）
44	丙烯酸甲酯	96-33-3		20		18	1（I）
45	双硫仑	97-77-8		2		2 E	8（II）
46	硝基苯	98-95-3		2		1	2（II）
47	对苯二甲酸	100-21-0		8	15	5 E	2（I）

续表

名称	CAS 号	中国			德国	
		MAC	PC-TWA	PC-STEL	AGW	超限倍数
48　2-二乙氨基乙醇	100-37-8		50		24	1（I）
49　乙苯	100-41-4		100	150	88	2（II）
50　苯乙烯	100-42-5		50	100	86	2（II）
51　N-甲基苯胺	100-61-8		2		2.2	2（II）
52　二苯基甲烷二异氰酸酯	101-68-8		0.05	0.1	0.05 E	1；=2=（I）
53　二苯醚	101-84-8		7	14	7.1	1（I）
54　己内酰胺	105-60-2		5		5 E	2（I）
55　对二氯苯	106-46-7		30	60	6	2（II）
56　丙烯醛	107-02-8	0.3			0.2	2（I）
57　氯乙醇	107-07-3	2			3.3	1（II）
58　丙烯醇	107-18-6		2	3	4.8	2，5（I）
59　乙二醇	107-21-1		20	40	26	2（I）
60　1-硝基丙烷	108-03-2		90		92	4（I）
61　乙酸乙烯酯	108-05-4		10	15	18	2（I）
62　乙酐	108-24-7		16		21	1（I）
63　马来酸酐	108-31-6		1	2	0.41	1；=2=（I）
64　间苯二酚	108-46-3		20		20 E	1（I）
65　甲苯	108-88-3		50	100	190	4（II）
66　氯苯	108-90-7		50		47	2（II）
67　环己胺	108-91-8		10	20	8.2	2（I）
68　环己酮	108-94-1		50		80	1（I）
69　苯酚	108-95-2		10		8	2（II）
70　正戊烷	109-66-0		500	1000	3000	2（II）
71　正丁基硫醇	109-79-5		2		1.9	2（II）
72　乙二醇甲醚	109-86-4		15		3.2	8（II）
73　四氢呋喃	109-99-9		300		150	2（I）
74　乙酸乙二醇甲醚	110-49-6		20		4.9	8（II）
75　正己烷	110-54-3		100	180	180	8（II）
76　2-乙氧基乙醇	110-80-5		18	36	7.6	8（II）
77　环己烷	110-82-7		250		700	4（II）
78　吗啉	110-91-8		60		36	2（I）
79　2-乙氧基乙基乙酸	111-15-9		30		10.8	8（II）
80　N，N-二甲基苯胺	121-69-7		5	10	25	2（II）
81　马拉硫磷	121-75-5		2		15 E	4（II）
82　二苯胺	122-39-4		10		5 E	2（II）
83　双丙酮醇	123-42-2		240		96	2（I）
84　丁醛	123-72-8		5	10	64	1（I）

续表

名称	CAS 号	中国			德国	
		MAC	PC-TWA	PC-STEL	AGW	超限倍数
85 乙酸丁酯	123-86-4		200	300	300	2(I)
86 二噁烷	123-91-1		70		73	2(I)
87 二氧化碳	124-38-9		9000	18 000	9100	2(II)
88 二甲胺	124-40-3		5	10	3.7	2(I)
89 四氯乙烯	127-18-4		200		138	2(II)
90 N,N-二甲基乙酰胺	127-19-5		20		36	2(I)
91 丙烯酸正丁酯	141-32-2		25		11	2(I)
92 乙醇胺	141-43-5		8	15	5.1	2(I)
93 乙酸乙酯	141-78-6		0.8	2.5	1500	2(I)
94 草酸	144-62-7		1	2	1 E	1(I)
95 氰氨化钙	156-62-7		1	3	1 E	2(II)
96 氨基氰	420-04-2		2		0.35 E	1(II)
97 戊烷	463-82-1		500	1000	3000	2(II)
98 二氯乙烯	540-59-0		800		800	2(II)
99 乙基戊基甲酮	541-85-5		130		53	2(I)
100 二异氰酸甲苯酯(TDI)	584-84-9		0.1	0.2	0.035	1；=4=(I)
101 2-己酮	591-78-6		20	40	21	8(II)
102 异氰酸甲酯	624-83-9		0.05	0.08	0.024	1(I)
103 乙酸戊酯	628-63-7		100	200	270	1(I)
104 乙二醇二硝酸酯	628-96-6		0.3		0.32	1(II)
105 一氧化碳	630-08-0		20	30	35	2(II)
106 1,6-己二异氰酸酯	822-06-0		0.03		0.035	1；=2=(I)
107 氧化钙	1305-78-8		2		1 E	2(I)
108 五氧化二磷	1314-56-3	1			2 E	2(I)
109 五硫化二磷	1314-80-3		1	3	1	4(I)
110 二甲苯	1330-20-7		50	100	440	2(II)
111 苯硫磷	2104-64-5		0.5		0.5 E	2(II)
112 六氟化硫	2551-62-4		6000		6100	8(II)
113 硫酰氟	2699-79-8		20	40	10	
114 毒死蜱	2921-88-2		0.2		0.2	
115 异佛尔酮二异氰酸酯	4098-71-9		0.05	0.1	0.046	1；=2=(I)
116 锰及其化合物	7439-96-5		0.15		0.02 A，0.2 E	8(II)
117 汞	7439-97-6		0.02	0.04	0.02A，0.2E	8(II)
118 金属镍与难溶性镍化合物；可溶性镍化合物	7440-02-0		1；0.5		金属镍 0.006 A	8(II)
119 锆及其化合物	7440-67-7		5	10	1 E	1(I)
120 氢化锂	7580-67-8		0.025	0.05	0.025 E	

续表

名称		CAS 号	中国			德国	
			MAC	PC-TWA	PC-STEL	AGW	超限倍数
121	氯化氢	7647-01-0	7.5			3	2(I)
122	磷酸	7664-38-2		1	3	2 E	2(I)
123	氢氟酸	7664-39-3	2			0.83	2(I)
124	氨基氰	7664-41-7		20	30	14	2(I)
125	硫酸	7664-93-9		1	2	0.1 E	1(I)
126	溴	7726-95-6		0.6	2	0.7	1(I)
127	硒及其化合物（不包括六氟化硒、硒化氢）	7782-49-2		0.1		0.05 E	1(II)
128	氯	7782-50-5	1			1.5	1(I)
129	叠氮酸	7782-79-8	0.2			0.18	2(I)
130	砷化氢	7784-42-1	0.03			0.016	8(II)
131	磷化氢	7803-51-2	0.3			0.14	2(II)
132	甲基内吸磷	8022-00-2		0.2		4.8	2(II)
133	内吸磷	8065-48-3		0.05		0.1	
134	三氯氧磷	10025-87-3		0.3	0.6	1.3	1(I)
135	溴化氢	10035-10-6	10			6.7	1(I)
136	二氧化氯	10049-04-4		0.3	0.8	0.28	1(I)
137	五羰基铁	13463-40-6		0.25	0.5	0.81	2(I)
138	癸硼烷	17702-41-9		0.25	0.75	0.25	2(II)
139	叠氮化钠	26628-22-8	0.3			0.2	2(I)
140	二丙二醇甲醚	34590-94-8		600	900	310	1(I)
141	丙烯酸	79-10-7		6		30	1(I)
142	二甲基甲酰胺	68-12-2		20		15	2(II)
143	二氯甲烷	75-09-2		200		180	2(II)
144	二氧化硫	7446-09-5		5	10	2.5	1(I)
145	硫化氢	7783-06-4	10			7.1	2(I)
146	氯化苦	76-06-2	1			0.68	1(I)
147	氯乙酸	79-11-8	2			4	1(I)
148	三氟化硼	7637-07-2	3			1	2(II)
149	三氯化磷	7719-12-2		1	2	2.8	1(I)
150	乙腈	75-05-8		30		34	2(II)
151	乙硫醇	75-08-1		1		1.3	2(II)
152	钡及其可溶性化合物	7440-39-3		0.5	1.5	0.5E	1(I)
153	氯化锌烟	7646-85-7		1	2	8E	
154	升汞（氯化汞）	7487-94-7		0.01	0.03	0.02E	8(II)
155	硒化氢	7783-07-5		0.15	0.03	0.05E	1(II)

续表

名称		CAS 号	中国			德国	
			MAC	PC-TWA	PC-STEL	AGW	超限倍数
156	辛烷	111-65-9			500	2400	2（II）
157	氧化锌	1314-13-2	3	5		2E	
158	正庚烷	142-82-5		500	1000	2100	1（I）
159	氟化物			2		1 E	4（II）

注：短时间限值 =AGW* 超限倍数，根据不同的毒性作用分为两类。(I)指局部作用的呼吸道致敏物，超限倍数从 1 至 8，= = 指瞬时值，即任何时间都不能超过的上限，有些物质可能会同时有短时间限值和瞬时值，如 2,=4=(I)指的是 15 分钟短时间均值不能超过 2 倍 AGW 值，任何时间都不能超过 4 倍 AGW 值。(II)指可吸收的物质，超限倍数从 2 至 8。

表 5-18 GBZ 2.1-2007 与 TRGS 910 附件 1 均有的致癌物

	致癌物名称	CAS 号	PC-TWA	PC-STEL	可接受浓度	可容许浓度	超限倍数
1	苯	71-43-2	6mg/m³	10mg/m³	0.2mg/m³	1.9mg/m³	8
2	丙烯腈	107-13-1	1mg/m³	2mg/m³	0.26mg/m³	1.9mg/m³	8
3	丙烯酰胺	79-06-1	0.3mg/m³		0.07mg/m³	0.15mg/m³	8
4	1，3- 丁二烯	106-99-0	5mg/m³		0.5mg/m³	5mg/m³	8
5	镉	7440-43-9	0.01mg/m³	0.02mg/m³	0.16μg/m³ A	1μg/m³ E	8
6	环氧氯丙烷	106-89-8	1mg/m³	2mg/m³	2.3mg/m³	8mg/m³	2
7	环氧乙烷	75-21-8	2mg/m³		0.2mg/m³	2mg/m³	2
8	肼	302-01-2	0.06mg/m³	0.13mg/m³	2.2μg/m³	22μg/m³	2
9	三氯乙烯	79-01-6	30mg/m³		33mg/m³	60mg/m³	8
10	砷及其无机化合物	7440-38-2	0.01mg/m³	0.02mg/m³	0.83μg/m³ E	8.3μg/m³ E	8
11	2- 硝基丙烷	79-46-9	30mg/m³		180μg/m³	1800μg/m³	8

四、中德职业病诊断及职业健康监护标准比较

德国职业病诊断指南是推荐性的指导文件，而我国职业病诊断标准为强制性标准。德国职业病名单动态调整周期约为 5 年，每次新增职业病约 5 种，且对新增职业病纳入名单的原因均阐述了科学依据，而我国修订职业病目录的周期基本在 10 年以上，每一次新增职业病较多，导致新增职业病诊断标准的制定速度滞后，且没有公布新增职业病纳入名单的科学依据。德国职业病诊断指南着眼于为医生提供职业接触的归因指导，而我国职业病诊断标准则过多地强调疾病的医学诊断技术，职业归因相对不足。

德国在职业健康监护方面制定了《职业医学预防条例》，属于法规层面，劳动部专家委员会制定了细化《职业医学预防条例》的《职业医学预防技术规程》，规定了职业医学检查的周期和内容；工伤保险机构 DGUV 制定了接触具体职业危害因素的职业健康指南，是操作性更强的推荐性标准。我国卫生健康委制定了部令规章《职业健康检查管理办法》以及强制性《职业健康监护技术规范》(GBZ 188-2014)。

（朱钰玲 王焕强 张 星 李 涛）

附件

附件 5-1　德国职业接触限值 AGW 表（TRGS 900）

物质名称	欧洲 EC 号	CAS 号	AGW 值		上限值	标识	制修订月/年
			ml/m³ (ppm)	mg/m³	超限倍数		
乙醛	200-836-8	75-07-0	50	91	1; =2=(I)	AGS, DFG, Y	01/10
丙酮	200-662-2	67-64-1	500	1200	2 (I)	AGS, DFG, EU, Y	02/15
乙腈	200-835-2	75-05-8	20	34	2 (II)	DFG, EU, H, Y	01/06
丙烯醛	203-453-4	107-02-8	0.09	0.2	2 (I)	AGS, H	04/07
丙烯酸	201-177-9	79-10-7	10	30	1 (I)	DFG, Y	04/07
艾氏剂 (ISO)	206-215-8	309-00-2		0.25 E	8 (II)	DFG, H	01/06
一般粉尘 (见 2.4) 呼吸性粉尘 吸入性粉尘				1.25 A 10 E	2 (II)	AGS, DFG	02/14
丙烯醇	203-470-7	107-18-6	2	4.8	2, 5 (I)	EU, H	01/06
抑霉唑	252-615-0	35554-44-0		2 E	2 (II)	H, Y, DFG	09/14
烯丙基丙基二硫醚	218-550-7	2179-59-1	2	12	1 (I)	DFG	01/06
甲酸	200-579-1	64-18-6	5	9.5	2 (I)	DFG, EU, Y	01/06
2-氨基乙醇	205-483-3	141-43-5	2	5.1	2 (I)	DFG, EU, H, Y, Sh, 11	07/13
二甘醇胺	213-195-4	929-06-6	0.2	0.87	1 (I)	DFG, H, Sh, 11	02/15
2-氨基-2-甲基-1-丙醇	204-709-8	124-68-5	1	3.7	2 (II)	DFG, H, Y, 11	09/15
2-萘胺	201-331-5	81-16-3		6 E	4 (II)	AGS	01/06
对氨基苯胺	202-951-9	101-54-2	0.91	7 E	2 (II)	H, Sh, Y, AGS	09/14
异丙胺	200-860-9	75-31-0	5	12	=2=(I)	DFG, Y	05/09
1-氨基-2-丙醇	201-162-7	78-96-6	2	5.8	2 (I)	AGS, 11	07/13
3-氨基-1, 2, 4-三氮唑	200-521-5	61-82-5		0.2 E	8 (II)	DFG, Y, H	07/13
氨	231-635-3	7664-41-7	20	14	2 (I)	DFG, EU, Y	12/07

续表

物质名称	欧洲 EC 号	CAS 号	AGW 值		上限值	标识	制修订月/年
			ml/m³ (ppm)	mg/m³	超限倍数		
苯胺	200-539-3	62-53-3	2	7.7	2 (II)	DFG, H, Y, Sh, 11	07/13
砷化氢	232-066-3	7784-42-1	0.005	0.016	8 (II)	AGS	04/07
阿特拉津	217-617-8	1912-24-9		1 E	2 (II)	DFG, Y	07/13
保棉磷	201-676-1	86-50-0		0.2 E	8 (II)	DFG, H	01/06
可溶性钡的化合物(除氧化钡和氢氧化钡)				0.5 E	1 (I)	EU, 13, 10, 15	12/07
棉尘				1.5 E	1 (I)	DFG, 4, Y	01/06
2-巯基苯并噻唑	205-736-8	149-30-4		4 E		DFG, Y	01/06
偏苯三酸酐	209-008-0	552-30-7		0.04 A	1 (I)	DFG, Sa	12/07
邻苯二甲酸二(2-乙基己)酯	204-211-0	117-81-7		2 E	2 (II)	DFG, H, Y	09/15
2,5(和2,6)-双(异氰酸酯甲基)双环[2.2.1]庚烷	411-280-2		0.005	0.045		AGS	04/07
二乙二醇二甲醚	203-924-4	111-96-6	5	28	8 (II)	DFG, H, Z	01/06
双酚 A	201-245-8	80-05-7		5 E	1 (I)	DFG, EU, Y	01/06
硼酸	233-139-2	10043-35-3		0.5 E	2 (I)	AGS, Y, 10	09/15
三氟化硼	231-569-5	7637-07-2	0.35	1	2 (II)	AGS, Y	04/07
二水合三氟化硼	231-569-5	13319-75-0	0.35	1.5	2 (II)	AGS, Y	05/08
溴甲烷	200-813-2	74-83-9	1	3.9	2 (I)	DFG	07/13
三氟溴甲烷	200-887-6	75-63-8	1000	6200	8 (II)	DFG, Y	01/06
溴	231-778-1	7726-95-6		0.7	1 (I)	EU; AGS	12/07
正丁烷	203-448-7	106-97-8	1000	2400	4 (II)	DFG	01/06
1,4-丁二醇	203-786-5	110-63-4	50	200	4 (II)	AGS, 11	07/13
2,3-丁二酮	207-069-8	431-03-8	0.02	0.071	1 (II)	DFG, H, Sh, Y	09/15
正丁醇	200-751-6	71-36-3	100	310	1 (I)	DFG, Y	01/06
2-丁酮	201-159-0	78-93-3	200	600	1 (I)	DFG, EU, H, Y	01/06
甲乙酮	202-496-6	96-29-7	0.3	1	8 (I)	AGS, Y, H, Sh	07/13

续表

物质名称	欧洲EC号	CAS号	AGW值 ml/m³(ppm)	AGW值 mg/m³	上限值 超限倍数	标识	制修订月/年
丁硫醇	203-705-3	109-79-5	0.5	1.9	2(II)	DFG, Y	01/06
丁炔二醇	203-788-6	110-65-6	0.1	0.36	1(I)	DFG, Sh, H, Y, 11	07/13
乙二醇单丁醚	203-905-0	111-76-2	10	49	4(II)	H, Y, AGS	12/11
二乙二醇丁醚	203-961-6	112-34-5	10	67	1,5(I)	EU, DFG, Y, 11	07/13
二乙二醇醚醋酸酯	204-685-9	124-17-4	10	67	1,5(I)	DFG, Y, 11	07/13
乙二醇丁醚醋酸酯	203-933-3	112-07-2	20	130	4(II)	DFG, EU, H, Y, 11	07/13
乙酸丁酯	204-658-1	123-86-4	62	300	2(I)	AGS, Y	07/12
乙酸仲丁酯	203-300-1	105-46-4	62	300	2(I)	AGS, Y	07/12
乙酸叔丁酯	208-760-7	540-88-5	42	200	2(II)	AGS, Y	07/12
丙烯酸正丁酯	205-480-7	141-32-2	2	11	2(I)	DFG, EU, Y	05/09
对叔丁基苯甲酸	202-696-3	98-73-7		2 E	2(II)	DFG, H	01/06
氯甲酸丁酯	209-750-5	592-34-7	0.2	1.1	2(I)	DFG, Y	01/06
2,6-二叔丁基对甲酚	204-881-4	128-37-0		10 E	4(II)	DFG, Y, 11	07/13
叔丁基-4-羟基苯苯甲醚	246-563-8	25013-16-5		20 E	1(I)	DFG, Y, 11	07/13
甲基叔丁基醚	216-653-1	1634-04-4	50	180	1,5(I)	DFG, EU, Y	01/06
对叔丁基苯酚	202-679-0	98-54-4	0.08	0.5	2(II)	DFG, H, 11	07/13
丁醛	204-646-6	123-72-8	20	64	1(I)	AGS	01/06
氰氨化钙	205-861-8	156-62-7		1 E	2(II)	DFG, H, Y	07/12
氢氧化钙	215-137-3	1305-62-0		1 E	2(I)	Y, EU, DFG	09/14
氧化钙;生石灰;	215-138-9	1305-78-8		1 E	2(I)	Y, DFG	09/14
硫酸钙(石膏)	231-900-3	7778-18-9		6 A		DFG	01/06
1,6-己内酰胺	203-313-2	105-60-2		5 E	2(I)	DFG, EU, Y, 11	07/13
甲萘威	200-555-0	63-25-2		5 E	4(II)	DFG, H	01/06
多菌灵	234-232-0	10605-21-7		10 E	4(II)	DFG, Z	07/13

续表

物质名称	欧洲EC号	CAS号	AGW值 ml/m³ (ppm)	AGW值 mg/m³	上限值 超限倍数	标识	制修订月/年
氯	231-959-5	7782-50-5	0.5	1.5	1(I)	DFG, EU, Y	01/06
C14-17氯代烃	287-477-0	85535-85-9	0.3 E	6 E	8(II)	H, Y, 11, AGS	11/11
氯苯	203-628-5	108-90-7	10	47	2(II)	DFG, EU, Y	01/06
1-氯丁烷	203-696-6	109-69-3	25	95.5	1(I)	AGS	01/06
氯丹	200-349-0	57-74-9		0.5 E	8(II)	DFG, H	01/06
1-氯-1,1-二氯乙烷;氟里昂-142b	200-891-8	75-68-3	1000	4200	8(II)	DFG	01/06
一氯二氟甲烷;氟利昂22	200-871-9	75-45-6		3600		EU, 9	01/06
二氧化氯	233-162-8	10049-04-4	0.1	0.28	1(I)	DFG	01/06
氯乙酸	201-178-4	79-11-8	1	4	1(I)	AGS, H, 11	07/13
氯乙烷	200-830-5	75-00-3	40	110	2(II)	AGS, EU	12/07
2-氯乙醇	203-459-7	107-07-3	1	3.3	1(I)	DFG, H, Y	01/06
氯甲烷	200-817-4	74-87-3	50	100	2(II)	DFG, H, Z	01/06
3-氯-1,2-丙二醇	202-492-4	96-24-2	0.005	0.023	8(II)	H, 11, DFG	02/14
毒死蜱	220-864-4	2921-88-2		0.2		NL-Experten, H	01/06
三氟一氯甲烷;氟利昂-13	200-894-4	75-72-9	1000	4300	8(II)	DFG	01/06
铬	231-157-5	7440-47-3		2 E	1(I)	10, EU	12/07
1,2-二氯四氟乙烷;	200-937-7	76-14-2	1000	7100	8(II)	DFG	01/06
枯烯	202-704-5	98-82-8	10	50	4(II)	H, Y, AGS, EU, DFG	09/14
氰胺	206-992-3	420-04-2	0.2	0.35 E	1(II)	DFG, H, Sh, Y, 11, EU	07/13
氟氯氰菊酯	269-855-7	68359-37-5		0.01 E	1(I)	DFG, Y	01/06
环己烷	203-806-2	110-82-7	200	700	4(II)	DFG, EU	01/06
环己酮	203-631-1	108-94-1	20	80	1(I)	AGS, EU, H, Y	01/06
环己胺	203-629-0	108-91-8	2	8.2	2(I)	DFG, Y	07/13
环己基羟基氮烯-1-氧化物钾盐		66603-10-9		10 E	2(II)	H, DFG	09/14

续表

物质名称	欧洲EC号	CAS号	AGW值		上限值	标识	制修订月/年
			ml/m³ (ppm)	mg/m³	超限倍数		
十硼烷	241-711-8	17702-41-9	0.05	0.25	2(II)	DFG, H	01/06
萘烷	202-046-9	91-17-8	5	29	2(II)	DFG, 11	09/15
内吸磷		8065-48-3	0.01	0.1		NL-Experten. H	01/06
甲基内吸磷	206-373-8	8022-00-2	0.5	4.8	2(II)	DFG, H	01/06
二嗪农		333-41-5		0.1 E	2(II)	DFG, H, Y	01/06
二元酸酯混合物（DBE）			1.2	8	2(I)	AGS, Y	03/11
过氧化二苯甲酰	202-327-6	94-36-0		5 E	1(I)	DFG	01/06
邻苯二甲酸二丁酯	201-557-4	84-74-2	0.05	0.58	2(I)	DFG, Y, 11	07/13
二正丁胺	203-921-8	111-92-2	5	29	1(I)	AGS, H, 6	01/06
邻二氯苯	202-425-9	95-50-1	10	61	2(II)	DFG, EU, H, Y	01/06
间二氯苯	208-792-1	541-73-1	2	12	2(II)	AGS, Y	05/10
对二氯苯	203-400-5	106-46-7	1	6	2(II)	AGS, EU, Y	02/09
二氯乙醚	203-870-1	111-44-4	10	59	1(I)	DFG, H	01/06
二氯二氟甲烷	200-893-9	75-71-8	1000	5000	2(II)	DFG, Y	01/06
1, 1-二氯乙烷	200-863-5	75-34-3	100	410	2(II)	DFG, EU, Y	05/09
过氯乙烯	200-864-0	75-35-4	2	8	2(II)	DFG, Y	01/06
1, 2-二氯乙烯	208-750-2	540-59-0	200	800	2(II)	DFG	01/06
二氯一氟甲烷	200-869-8	75-43-4	10	43	2(II)	DFG	01/06
二氯甲烷	200-838-9	75-09-2	50	180	2(II)	DFG, H, Z	09/15
二氯甲基苯	249-854-8	29797-40-8	5	30	4(II)	AGS, H	01/06
2, 4-二氯甲苯	202-445-8	95-73-8	5	30	4(II)	AGS, H	01/06
敌敌畏	200-547-7	62-73-7	0.11	1	2(II)	DFG, H, Y	01/06
二环己胺	202-980-7	101-83-7	0.7	5	2(II)	AGS, H, Y, 11	07/13
狄氏剂（ISO）	200-484-5	60-57-1		0.25 E	8(II)	DFG, H	01/06

续表

物质名称	欧洲EC号	CAS号	AGW值 ml/m³(ppm)	AGW值 mg/m³	上限值 超限倍数	标识	制修订月/年
二乙胺	203-716-3	109-89-7	5	15	=2=(I)	DFG, EU, 6, H	01/06
二乙氨基乙醇	202-845-2	100-37-8	5	24	1(I)	DFG, H, Y	05/09
乙醚	200-467-2	60-29-7	400	1200	1(I)	DFG, EU	01/06
硒化氢	231-978-9	7783-07-5	0.015	0.05	2(I)	DFG, EU, Y	12/07
间苯二酚	203-585-2	108-46-3	4	20 E	1(I)	AGS, EU, Sh, Y, H, 11	07/13
异丙醚	203-560-6	108-20-3	200	850	2(I)	DFG, Y	05/09
二甲醇缩甲醛	203-714-2	109-87-5	1000	3200	2(II)	DFG, Y	05/09
N, N-二甲基乙酰胺; DMAC	204-826-4	127-19-5	10	36	2(II)	DFG, EU, H, Y	01/06
己二酸二甲酯	211-020-6	627-93-0	1.2	8	2(I)	AGS, Y, 11	07/13
二甲胺	204-697-4	124-40-3	2	3.7	2(I)	DFG, EU, 6	01/06
N, N-二甲基苯胺	204-493-5	121-69-7	5	25	2(II)	DFG, H	01/06
2, 2-二甲基丁烷; 新己烷	200-906-8	75-83-2	500	1800	2(II)	DFG	07/10
2, 3-二甲基丁烷	201-193-6	79-29-8	500	1800	2(II)	DFG	07/10
N-(1, 3-二甲基丁基)-N'-苯基对苯二胺; 橡胶防老剂4020	212-344-0	793-24-8		2 E	2(II)	DFG, Y, Sh	07/13
二甲醚	204-065-8	115-10-6	1000	1900	8(II)	DFG, EU	01/06
N, N-二甲基甲酰胺	200-679-5	68-12-2	5	15	2(II)	EU, DFG, AGS, H, Z	11/11
戊二酸二甲酯	214-277-2	1119-40-0	1.2	8	2(I)	AGS, Y, 11	07/13
二甲基异丙胺	213-635-5	996-35-0	1	3.6	2(I)	DFG	01/06
新戊烷	207-343-7	463-82-1	1000	3000	2(II)	DFG, EU	01/06
乙酸叔戊酯		625-16-1	50	270	1(I)	DFG, EU	01/06
丁二酸二甲酯	203-419-9	106-65-0	1.2	8	2(I)	AGS, Y, 11	07/13
1, 4-二氧六环; 二噁烷	204-661-8	123-91-1	20	73	2(I)	DFG, EU, H, Y	05/09
敌恶磷; 二恶硫磷; 敌杀磷	201-107-7	78-34-2		0.2		NL-Experten, H	01/06
1, 3-二氧戊环	211-463-5	646-06-0	100	310	2(II)	AGS, DFG, H, Z	01/10

续表

物质名称	欧洲EC号	CAS号	AGW值 ml/m³(ppm)	AGW值 mg/m³	上限值 超限倍数	标识	制修订月/年
二苯胺	204-539-4	122-39-4		5 E	2(II)	DFG, Y, H	07/13
二苯醚	202-981-2	101-84-8	1	7.1	1(I)	DFG, Y, 11	07/13
五硫化二磷	215-242-4	1314-80-3		1	4(I)	EU, 13	12/07
一氧化二氮	233-032-0	10024-97-2	100	180	2(II)	DFG, Y	05/09
双硫醒	202-607-8	97-77-8		2 E	8(II)	DFG, 6	01/06
十二醇	203-982-0	112-53-8	20	155	1(I)	AGS, 11	07/13
异狄氏剂(ISO)	200-775-7	72-20-8		0.05 E	8(II)	DFG, H, Y	07/12
恩氟烷	237-553-4	13838-16-9	20	150	8(II)	DFG, Y	01/06
1,2-环氧丁烷	203-438-2	106-88-7	1	3	2(I)	AGS, Y, H, X	09/15
乙酸	200-580-7	64-19-7	10	25	2(I)	DFG, EU, Y	12/07
乙酐	203-564-8	108-24-7	5	21	1((I)	DFG	01/06
乙二醇	203-473-3	107-21-1	10	26	2(I)	DFG, EU, H, Y, 11	07/13
乙醇	200-578-6	64-17-5	500	960	2(II)	DFG, Y	01/06
乙硫醇	200-837-3	75-08-1	0.5	1.3	2(II)	DFG	01/06
乙二醇单乙醚	203-804-1	110-80-5	2	7.6	8(II)	EU, DFG, H, Z	03/11
二乙二醇乙醚	203-919-7	111-90-0	6	35	2(I)	AGS, Y, 11	07/13
乙二醇乙醚醋酸酯	203-839-2	111-15-9	2	10.8	8(II)	EU, DFG, H, Z	03/11
乙酸-1-乙氧基-2-丙醇酯	259-370-9	54839-24-6	50	300	2(II)	DFG, Y, 14	04/07
1-乙氧基-2-丙醇	216-374-5	1569-02-4	50	220	2(II)	DFG, H, Y, 14	04/07
乙酸乙酯	205-500-4	141-78-6	400	1500	2(I)	DFG, Y	01/06
丙烯酸乙酯	205-438-8	140-88-5	5	21	2(I)	DFG, EU, H, Y	05/09
乙胺	200-834-7	75-04-7	5	9.4	=2=(I)	DFG, EU	01/06
乙苯	202-849-4	100-41-4	20	88	2(II)	DFG, H, Y, EU	07/12
氯乙酸乙酯	203-294-0	105-39-5	1	5	1(I)	AGS, H	01/06

续表

物质名称	欧洲 EC 号	CAS 号	AGW 值 ml/m³ (ppm)	AGW 值 mg/m³	上限值 超限倍数	标识	制修订月/年
三乙二醇	203-953-2	112-27-6		1000 E	2 (II)	DFG, Y, 11	07/13
3-乙氧基丙酸乙酯	212-112-9	763-69-9	100	610	1 (I)	AGS, DFG, H, Y	04/07
甲酸乙酯	203-721-0	109-94-4	100	310	1 (I)	DFG, H, Y	01/06
2-乙基己醇	203-234-3	104-76-7	10	54	1 (I)	DFG, Y, 11	02/15
乙酸异辛酯	203-079-1	103-09-3	10	71	1 (I)	DFG, Y, 11	02/15
丙烯酸 2-乙基己酯	203-080-7	103-11-7	5	38	1 (I)	DFG, Sh, Y, 11	07/13
苯硫磷	218-276-8	2104-64-5		0.5 E	2 (II)	DFG, H	01/06
倍硫磷	200-231-9	55-38-9		0.2 E	2 (II)	DFG, H	01/06
氟	231-954-8	7782-41-4	1	1.6	2 (I)	EU, 13	12/07
氟离子		16984-48-8	1	1 E	4 (II)	DFG, Y, H	12/07
氢氟酸	231-634-8	7664-39-3	1	0.83	2 (I)	DFG, EU, Y, H	12/07
甲醛	200-001-8	50-00-0	0.3	0.37	2 (I)	AGS, Sh, Y, X	02/15
戊二醛	203-856-5	111-30-8	0.05	0.2	2 (I)	AGS, Sah, Y	05/10
硝化甘油	200-240-8	55-63-0	0.01	0.094	1 (II)	H, Y, DFG	12/11
硝化乙二醇	211-063-0	628-96-6	0.05	0.32	1 (II)	DFG, H, 7, 11	07/13
氯烷	205-796-5	151-67-7	5	41	8 (II)	DFG, Z	01/06
七氯化茚	200-962-3	76-44-8		0.05 E	8 (II)	H, AGS, DFG	12/11
庚烷（所有异构体）			500	2100	1 (I)	DFG	01/06
2-庚酮	203-767-1	110-43-0		238	2 (I)	EU, H	01/06
3-庚酮	203-388-1	106-35-4	10	47	2 (I)	DFG, EU	01/06
六氯环戊二烯	201-029-3	77-47-4	0.02	0.2		AGS, 11	07/13
六氯乙烷	200-666-4	67-72-1	1	9.8	2 (II)	DFG, 11	07/13
1-十六烷醇	253-149-0	36653-82-4	20	200	1 (I)	AGS, 11	07/13
1,6-己二异氰酸酯	212-485-8	822-06-0	0.005	0.035	1；=2=(I)	DFG, 11, 12, Sa	07/13

续表

物质名称	欧洲 EC 号	CAS 号	AGW值 ml/m³ (ppm)	AGW值 mg/m³	上限值 超限倍数	标识	制修订月/年
抗氧剂 Irganox-259	252-346-9	35074-77-2		10 E	2 (II)	DFG, Y	07/12
正己烷	203-777-6	110-54-3	50	180	8 (II)	DFG, EU, Y	01/06
庚烷异构体（除正庚烷）和甲基环戊烷			500	1800	2 (II)	DFG	5/2010
正己醇	203-852-3	111-27-3	50	210	1 (I)	AGS, 11	07/13
2-己酮	209-731-1	591-78-6	5	21	8 (II)	DFG, H	01/06
己基癸醇	219-370-1	2425-77-6	20	200	1 (I)	AGS	01/06
溴氰化氢	231-965-8	7782-79-8	0.1	0.18	2 (I)	DFG	01/06
溴化氢	233-113-0	10035-10-6		6.7	1 (I)	DFG, EU, 13	12/07
氯化氢	231-595-7	7647-01-0	2	3	2 (I)	DFG, EU, Y	01/06
硫化氢	231-977-3	7783-06-4	5	7.1	2 (I)	EU, DFG, AGS, Y	03/11
2-(2-羟乙氧基)-乙基-2-氯杂-双环[2.2.1]庚烷	407-360-1	116230-20-7	0.5	5		AGS, 11	07/13
4-羟基-4-甲基-2-戊酮	204-626-7	123-42-2	20	96	2 (I)	DFG, H	01/06
2-甲基丙烷	200-857-2	75-28-5	1000	2400	4 (II)	DFG	01/06
乙酸异丁酯	203-745-1	110-19-0	62	300	2 (I)	Y, AGS	07/12
氯甲酸异丁酯	208-840-1	543-27-1	0.2	1.1	2 (I)	DFG, Y	01/06
异佛尔酮二异氰酸酯	223-861-6	4098-71-9	0.005	0.046	1;=2=(I)	DFG, 11, 12, Sa	07/13
1-异氰酸基-2-[(4-异氰酸基苯基)甲基]苯	227-534-9	5873-54-1		0.05	1;=2=(I)	AGS, 11, 12	02/09
乙酸异戊酯	204-662-3	123-92-2	50	270	1 (I)	DFG, EU	01/06
间苯二甲酸	204-506-4	121-91-5		5 E	2 (I)	Y, DFG	02/13
异戊二烯	201-143-3	78-79-5	3	8.4	8 (II)	AGS, X	07/13
乙酸异丙烯酯	203-562-7	108-22-5	10	46	2 (I)	DFG	01/06
2-异丙氧基乙醇	203-685-6	109-59-1	5	22	8 (II)	DFG, H, Y	01/06
异十三烷醇	248-469-2	27458-92-0	20	164	1 (I)	AGS, 11	07/13

续表

物质名称	欧洲EC号	CAS 号	AGW 值		上限值	标识	制修订月/年
			ml/m³ (ppm)	mg/m³	超限倍数		
异戊醛	209-691-5	590-86-3	10	39	1 (I)	AGS	01/06
石英玻璃	262-373-8	60676-86-0		0.3 A		DFG, Y	01/06
硅藻土载体	272-489-0	68855-54-9		0.3 A		DFG, Y, 1	05/10
硅藻土		61790-53-2		4 E		DFG, Y, 1	01/06
硅酸	231-716-3	7699-41-4		0.3 A		DFG, Y	01/06
硅灰	273-761-1	69012-64-2		0.3 A		DFG, Y, 1	05/10
二氧化硅	231-545-4	7631-86-9		4 E		DFG, 2, Y	01/06
二氧化碳	204-696-9	124-38-9	5000	9100	2 (II)	DFG, EU	01/06
二硫化碳	200-843-6	75-15-0	10	30	2 (II)	AGS, EU, H	02/09
一氧化碳	211-128-3	630-08-0	30	35	2 (II)	DFG, Z	07/12
四氯化碳	200-262-8	56-23-5	0.5	3.2	2 (II)	DFG, H, Y	05/09
烃类混合物，用作溶剂（见 2.9，倒数法）					2 (II)	AGS	12/07
C5-C8 脂肪族化合物				1500			
C9-C15 脂肪族化合物				600			
C7-C8 芳香族化合物				200			
C9-C15 芳香族化合物				100			
氢氧化锂	231-484-3	7580-67-8		0.025 E		EU, 13	12/07
锂的无机化合物，除锂和强烈刺激性的化合物				0.2 E	1 (I)	Y, 10, DFG	02/15
马拉硫磷	204-497-7	121-75-5		15 E	4 (I)	DFG	01/06
马来酸酐	203-571-6	108-31-6	0.1	0.41	1; =2=(I)	DFG, Y, Sa, 11	07/13
锰	231-105-1	7439-96-5		0.02 A, 0.2 E	8 (II)	DFG, Y, 10, 20	09/15
多亚甲基多苯基多异氰酸酯		9016-87-9		0.05 E	1; =2=(I)	DFG, H, Sah, Y, 12	05/10
2-氧基丙烯酸甲酯	205-275-2	137-05-3	2	9.2	1 (I)	DFG	01/06
右旋萜二烯	227-813-5	5989-27-5	5	28	4 (II)	DFG, H, Sh, Y	02/13

续表

物质名称	欧洲EC号	CAS号	AGW值		上限值	标识	制修订月/年
			ml/m³(ppm)	mg/m³	超限倍数		
均三甲苯	203-604-4	108-67-8	20	100	2(II)	DFG, EU, Y	01/06
甲醇	200-659-6	67-56-1	200	270	4(II)	DFG, EU, H, Y	01/06
甲基磺酸	200-898-6	75-75-2		0.7	1(I)	AGS, Y, 11	02/15
甲硫醇	200-822-1	74-93-1	0.5	1	2(II)	DFG	01/06
甲氧基乙酸	210-894-6	625-45-6	5	19	2(I)	DFG, Z	01/06
乙二醇单乙醚	203-713-7	109-86-4	1	3.2	8(II)	DFG, EU, H, Z	05/10
二乙二醇单甲醚	203-906-6	111-77-3	10	50		EU, Y, H, 11	07/13
三乙二醇单甲醚	203-962-1	112-35-6		50 E	2(II)	Y, 11, DFG	07/12
2-甲氧基乙酸乙酯	203-772-9	110-49-6	1	4.9	8(II)	DFG, EU, H, Z	05/10
二丙二醇单甲醚	252-104-2	34590-94-8	50	310	1(I)	DFG, EU, 11	07/13
丙二醇单甲醚醋酸酯	203-603-9	108-65-6	50	270	1(I)	DFG, EU, Y	01/06
丙二醇甲醚	203-539-1	107-98-2	100	370	2(I)	DFG, EU, Y	01/06
2-甲氧基丙醇	216-455-5	1589-47-5	5	19	8(II)	DFG, H, Z	01/06
2-甲氧基-1-丙醇乙酸酯	274-724-2	70657-70-4	5	28	8(II)	DFG, H, Z	01/06
乙酸甲酯	201-185-2	79-20-9	200	610	4(II)	DFG, Y	01/06
丙烯酸甲酯	202-500-6	96-33-3	5	18	1(I)	DFG, EU, H	01/06
甲胺	200-820-0	74-89-5	10	13	=1=(I)	DFG	01/06
N-甲基苯胺	202-870-9	100-61-8	0.5	2.2	2(II)	DFG, H, 6	01/06
2-甲基-2-氮杂双环(2.2.1)庚烷	404-810-9	4524-95-2	5	20		AGS	01/06
异戊烷	201-142-8	78-78-4	1000	3000	2(II)	DFG, EU	01/06
2-甲基-3-丁烯-2-醇	204-068-4	115-18-4	0.6	2	2(I)	AGS	01/06
3-甲基丁炔醇-3	204-070-5	115-19-5	0.9	3	2(I)	AGS	01/06
乙酸仲戊酯	210-946-8	626-38-0	50	270	1(I)	DFG, EU	01/06
乙酸2-甲基丁酯	210-843-8	624-41-9	50	270	1(I)	DFG, Y	01/06

续表

物质名称	欧洲 EC 号	CAS 号	AGW 值		上限值	标识	制修订月/年
			ml/m³ (ppm)	mg/m³	超限倍数		
氯乙酸甲酯	202-501-1	96-34-4	1	4.5	1 (I)	DFG, H, Y	05/09
氯甲酸甲酯	201-187-3	79-22-1	0.2	0.78	2 (I)	DFG, Y	01/06
甲基环己烷	203-624-3	108-87-2	200	810	2 (II)	DFG	01/06
甲基环己醇	247-152-6	25639-42-3	6	28	2 (II)	AGS	05/08
甲基环戊烷	202-503-2	96-37-7	500	1800	2 (II)	DFG	7/10
二苯基甲烷二异氰酸酯	219-799-4	2536-05-2		0.05	1; =2=(I)	AGS, 11, 12	07/13
4, 4'-亚甲基双(异氰酸苯酯)	202-966-0	101-68-8		0.05 E	1; =2=(I)	DFG, 11, 12, H, Sah, Y	07/13
甲酸甲酯	203-481-7	107-31-3	50	120	4 (II)	DFG, H, Y	01/06
5-甲基-3-庚酮；乙基另戊基甲酮	208-793-7	541-85-5	10	53	2 (I)	DFG, EU	01/06
5-甲基-2-己酮；异庚酮	203-737-8	110-12-3	20	95		EU	01/06
异氰酸甲酯	210-866-3	624-83-9	0.01	0.024	1 (I)	DFG, EU, H, 12	01/06
甲基丙烯酸甲酯	201-297-1	80-62-6	50	210	2 (I)	DFG, EU, Y	01/06
2-甲基戊烷；异己烷	203-523-4	107-83-5	500	1800	2 (II)	DFG	07/10
3-甲基戊烷	202-481-4	96-14-0	500	1800	2 (II)	DFG	07/10
4-甲基-2-戊醇	203-551-7	108-11-2	20	85	1 (I)	DFG	01/06
4-甲基-2-戊酮	203-550-1	108-10-1	20	83	2 (I)	DFG, EU, H, Y	01/06
甲苯-2, 4-二异氰酸酯	209-544-5	584-84-9	0.005	0.035	1; =4=(I)	AGS, 11, 12, Sa	07/13
2, 6-二异氰酸根合甲苯	202-039-0	91-08-7	0.005	0.035	1; =4=(I)	AGS, 11, 12, Sa	07/13
异丁醇；2-甲基丙醇	201-148-0	78-83-1	100	310	1 (I)	DFG, Y	01/06
叔丁醇；特丁醇；2-甲基-2-丙醇；三甲基甲醇	200-889-7	75-65-0	20	62	4 (II)	DFG, Y	05/09
N-甲基吡咯烷酮；1-甲基-2-吡咯烷酮	212-828-1	872-50-4	20	82	2 (I)	EU, DFG, AGS, H, Y, 11, 19	07/13
乙烯基甲醚	203-475-4	107-25-5	50	120	2 (II)	Y, AGS	02/13
速灭磷	232-095-1	7786-34-7	0.01	0.093	2 (II)	DFG, H, 11	07/13

续表

物质名称	欧洲EC号	CAS号	AGW值 ml/m³(ppm)	AGW值 mg/m³	上限值 超限倍数	标识	制修订月/年
吗啉啉	203-815-1	110-91-8	10	36	2(I)	DFG, EU, H, 6	01/06
二溴磷	206-098-3	300-76-5		1 E	2(II)	DFG, AGS, Sh, Y, H	12/07
萘	202-049-5	91-20-3	0.1	0.5 E	1(I)	AGS, H, Y, 11	03/11
1-萘胺	205-138-7	134-32-7	0.17	1 E	4(II)	AGS, H, 11	07/13
1,5-萘二异氰酸酯	221-641-4	3173-72-6		0.05	1; =2=(I)	AGS, 11, 12, Sa	12/07
叠氮化钠	247-852-1	26628-22-8		0.2	2(I)	DFG, EU	01/06
氟乙酸钠	200-548-2	62-74-8		0.05 E	4(II)	DFG, H, Z	07/12
镍	231-111-4	7440-02-0		0.006 A	8(II)	AGS, 10, Sh, Y	09/15
烟碱丁	200-193-3	54-11-5		0.5	2(II)	EU, 11, 13, H	07/13
硝基苯	202-716-0	98-95-3		1	2(II)	EU, H	12/07
硝基乙烷	201-188-9	79-24-3	100	310	4(II)	DFG	01/06
1-硝基丙烷	203-544-9	108-03-2	25	92	4(I)	DFG, H, 3	01/06
1,1,1,2-四氟乙烷	212-377-0	811-97-2	1000	4200	8(II)	DFG, Y	01/06
十八醇	204-017-6	112-92-5	20	224	1(I)	AGS	01/06
辛烷(所有异构体除三甲基戊烷-异构体)			500	2400	2(II)	DFG	01/06
正辛醇	203-917-6	111-87-5	20	106	1(I)	AGS, 11	07/13
N-辛基异噻唑啉酮	247-761-7	26530-20-1		0.05 E	2(I)	DFG, H, Y	01/06
磷酸	231-633-2	7664-38-2		2 E	2(I)	DFG, EU, AGS, Y	12/07
草酸	205-634-3	144-62-7		1 E	1(I)	H, EU, 13	12/07
二乙二醇	203-872-2	111-46-6	10	44	4(II)	DFG, Y, 11	07/13
一缩二丙二醇	246-770-3	25265-71-8		100 E	2(II)	DFG, H, Y, 11	07/13
百草枯	217-615-7	1910-42-5		0.1 E	1(I)	DFG, H	01/06
对硫磷	200-271-7	56-38-2		0.1 E	8(II)	DFG, H	01/06
戊硼烷	243-194-4	19624-22-7	0.005	0.013	2(II)	DFG	01/06

续表

物质名称	欧洲EC号	CAS号	AGW值		上限值	标识	制修订月/年
			ml/m³(ppm)	mg/m³	超限倍数		
五羰基铁	236-670-8	13463-40-6	0.1	0.81	2(I)	DFG, H	07/12
正戊烷	203-692-4	109-66-0	1000	3000	2(II)	DFG, EU, Y	05/09
乙酰丙酮	204-634-0	123-54-6	30	126	2(II)	AGS, H, Y	12/07
乙酸戊酯	211-047-3	628-63-7	50	270	1(I)	DFG, EU, Y	01/06
3-戊烷基醋酸酯		620-11-1	50	270	1(I)	DFG, EU	01/06
全氟辛烷磺酸	217-179-8	1763-23-1		0.01 E	8(II)	H, Z, DFG	12/11
苯酚	203-632-7	108-95-2	2	8	2(II)	EU, H, 11	07/13
乙二醇苯醚	204-589-7	122-99-6	20	110	2(I)	DFG, H, Y, 11	07/13
对苯二胺	203-404-7	106-50-3		0.1 E	2(II)	DFG, H, Y, 11	07/13
异氰酸苯酯	203-137-6	103-71-9	0.01	0.05	1(I)	AGS, 12, Sa	12/07
苯膦	211-325-4	638-21-1	0.01	0.05		AGS	01/06
alpha-甲基苯乙烯	202-705-0	98-83-9	50	250	2(I)	DFG, EU	01/06
光气	200-870-3	75-44-5	0.1	0.41	2(I)	DFG, EU, AGS, Y	05/09
磷化氢	232-260-8	7803-51-2	0.1	0.14	2(II)	EU, DFG, Y	03/11
黄磷	601-810-2	12185-10-3		0.01 E	2(II)	AGS, Y	05/08
五氯化磷	233-060-3	10026-13-8		1 E	1(I)	DFG, EU, 11	07/13
五氧化二磷	215-236-1	1314-56-3		2 E	2(I)	DFG, AGS, Y	12/07
三氯化磷	231-749-3	7719-12-2	0.5	2.8	1(I)	DFG, Y	05/09
三氯氧磷	233-046-7	10025-87-3	0.2	1.3	1(I)	DFG	01/06
哌嗪	203-808-3	110-85-0		0.1	1(I)	EU, 6, 11, 13	07/13
铂	231-116-1	7440-06-4		1 E	1(I)	EU, 13	12/07
氢化-(1-癸烯四聚体与1-癸烯三聚体)		68649-12-7		5 A	4(II)	Y, DFG	12/11
聚乙二醇 PEG				1000 E	8(II)	DFG, Y	01/06
丙烷	200-827-9	74-98-6	1000	1800	4(II)	DFG	01/06

续表

物质名称	欧洲EC号	CAS号	AGW值 mL/m³(ppm)	AGW值 mg/m³	上限值 超限倍数	标识	制修订月/年
1,2-丙二醇二硝酸酯	229-180-0	6423-43-4	0.05	0.34	1(II)	DFG, H, 7, 11	07/13
异丙醇；2-丙醇；2-羟基丙烷	200-661-7	67-63-0	200	500	2(II)	DFG, Y	01/06
2-丙炔-1-醇；炔丙醇	203-471-2	107-19-7	2	4.7	2(I)	DFG, H	01/06
丙酸	201-176-3	79-09-4	10	31	2(I)	EU, DFG, Y	03/11
残杀威；2-(1-甲基乙氧基)苯基甲基氨基甲酸酯	204-043-8	114-26-1		2 E	8(II)	DFG	01/06
环氧丙烷	200-879-2	75-56-9	2	4.8	2(I)	AGS, X, Y, Sh	07/13
2-正丙氧基乙醇；乙二醇单丙醚	220-548-6	2807-30-9	20	86	2(I)	DFG, H, Y	01/06
(2-丙氧基)乙酸乙酯		20706-25-6	20	120	2(I)	DFG, H, Y, 11	07/13
橡胶防老剂4010NA	202-969-7	101-72-4		2 E	2(II)	DFG, Y, Sh	07/13
除虫菊酯	232-319-8	8003-34-7		1 E	1(I)	AGS, EU, Y; Sh	12/07
吡硫鎓钠；2-巯基吡啶氧化物钠盐 1-羟基吡啶硫酮钠盐	223-296-5 240-062-8	3811-73-2 15922-78-8		1 E	2(II)	DFG, H, Z	07/12
汞	231-106-7	7439-97-6		0.02	8(II)	EU, DFG, , H, Sh	11/11
汞的无机化合物				0.02 E	8(II)	EU, DFG, 10, H, Sh	11/11
硝酸	231-714-2	7697-37-2	1	2.6		EU, 13, 16	12/07
二氧化硫	231-195-2	7446-09-5	1	2.5	1(I)	AGS, Y	11/11
六氟化硫	219-854-2	2551-62-4	1000	6100	8(II)	DFG	01/06
硫酸	231-639-5	7664-93-9		0.1 E	1(I)	DFG, EU, Y	11/11
硒	231-957-4	7782-49-2		0.05 E	1(II)	DFG, Y	12/07
硒的无机化合物				0.05 E	1(II)	DFG, Y, 10	12/07
银	231-131-3	7440-22-4		0.1 E	8(II)	DFG, EU	01/06
银的无机化合物				0.01 E	2(I)	DFG, EU, 10	01/06
苯乙烯	202-851-5	100-42-5	20	86	2(II)	DFG, Y	01/06
石油磺酸钙	263-093-9	61789-86-4		5 A	4(II)	DFG	09/15

续表

物质名称	欧洲 EC 号	CAS 号	AGW 值		上限值	标识	制修订月/年
			ml/m³ (ppm)	mg/m³	超限倍数		
冶螟磷	222-995-2	3689-24-5	0.01	0.13	2 (II)	DFG, EU, 11, H, Y	07/13
磺酰氟	220-281-5	2699-79-8		10		NL-Experten	01/06
苯三甲酸	202-830-0	100-21-0		5 E	2 (I)	Y, DFG	02/13
焦磷酸四乙酯	203-495-3	107-49-3	0.005	0.06	2 (II)	DFG, H, 11	07/13
1, 1, 1, 2- 四氯 -2, 2- 二氟乙烷	200-934-0	76-11-9	200	1700	2 (II)	DFG	04/07
1, 2- 二氟四氯乙烷；氟里昂 -112	200-935-6	76-12-0	200	1700	2 (II)	DFG	01/06
1, 1, 1, 2- 四氯乙烷	201-197-8	79-34-5	1	7	2 (II)	DFG, H	01/06
四氯乙烯	204-825-9	127-18-4	20	138	2 (II)	H, Y, AGS, EU	12/11
1- 十四醇	204-000-3	112-72-1	20	178	1 (I)	AGS, 11	07/13
二 [1-(5- 氯 -2- 氧苯基偶氮)-2- 萘酚根] 铬酸正十四铵	405-110-6	88377-66-6		10 (E)	2 (II)	AGS, 18	02/09
四乙基铅	201-075-4	78-00-2		0.05	2 (II)	DFG, H, Z, 10	05/10
硅酸四乙酯	201-083-8	78-10-4	1.4	12	1 (I)	AGS	05/10
四氢呋喃	203-726-8	109-99-9	50	150	2 (I)	DFG, EU, H, Y	01/06
二聚环戊二烯	201-052-9	77-73-6	0.5	2.7	1 (I)	DFG	01/06
四氢噻吩; THT	203-728-9	110-01-0	50	180	1 (I)	DFG, Y, H	05/08
四甲基铅	200-897-0	75-74-1		0.05	2 (II)	DFG, H, Z, 10	05/10
正硅酸甲酯	211-656-4	681-84-5	0.3	2	1 (I)	AGS	01/06
四甲基丁二腈		3333-52-6		1	2 (II)	AGS	04/07
噻苯咪唑	205-725-8	148-79-8		20 E	2 (II)	DFG, Y	5/2010
二硫化四甲基秋兰姆；橡胶促进剂 TMTD;	205-286-2	137-26-8		1 E	2 (II)	DFG, 6, Sh	07/13
巯基醋酸酯				2 E	2 (II)	DFG, Y, H, Sh	07/13
甲苯	203-625-9	108-88-3	50	190	4 (II)	DFG, EU, H, Y	01/06
磷酸三丁酯	204-800-2	126-73-8	1	11	2 (II)	DFG, Y, H, 11	07/13

续表

物质名称	欧洲EC号	CAS号	AGW值		上限值	标识	制修订月/年
			ml/m³ (ppm)	mg/m³	超限倍数		
三氯苯(除 außer 1,2,4-三氯苯外所有异构体)	234-413-4	12002-48-1	5	38	2 (II)	DFG, H, Y	05/09
1,2,4-三氯苯所有异构体	204-428-0	120-82-1	0.5	3.8	4 (II)	AGS, EU	01/06
1,1,1-三氯乙烷	200-756-3	71-55-6	200	1100	1 (II)	DFG, EU, H, Y	01/06
1,1,2-三氯乙烷	201-166-9	79-00-5	10	55	2 (II)	DFG, H	01/06
三氯氟甲烷;三氯一氟甲烷;氟利昂-11	200-892-3	75-69-4	1000	5700	2 (II)	DFG, Y	01/06
三氯甲烷;氯仿	200-663-8	67-66-3	0.5	2.5	2 (II)	DFG, EU, Y, H, X	12/07
氯化苦;三氯硝基甲烷;硝基三氯甲烷	200-930-9	76-06-2	0.1	0.68	1 (I)	DFG	01/06
1,1,2-三氟三氯乙烷;氟利昂-113	200-936-1	76-13-1	500	3900	2 (II)	DFG	01/06
三乙胺	204-469-4	121-44-8	1	4.2	2 (I)	DFG, EU, H, 6	01/06
磷酸三异丁酯	204-798-3	126-71-6		50	2 (II)	AGS, Sh, 11	07/13
1,2,3-三甲苯	208-394-8	526-73-8	20	100	2 (II)	DFG, EU, Y	01/06
1,2,4-三甲基苯	202-436-9	95-63-6	20	100	2 (II)	DFG, EU, Y	01/06
异佛尔酮	201-126-0	78-59-1	2	11	2 (I)	DFG, Y, H, 11	07/13
2,4,6-三硝基苯酚(苦味酸)	201-865-9	88-89-1		0.1 E	1 (I)	H, EU, 13	12/07
三苯基膦;三苯膦	210-036-0	603-35-0		5 E	2 (II)	DFG, Sh, Y	03/11
钒的无机化合物,四价或5价,例如五氧化二钒	(例如 215-239-8)	(例如 1314-62-1)		0.005 A. / 0.030 E	1 (I)	AGS, Y, 10, 21	09/15
乙酸乙烯酯	203-545-4	108-05-4	5	18	2 (I)	AGS, EU	12/07
乙烯基甲基苯	246-562-2	25013-15-4	100	490	2 (II)	DFG	01/06
N-乙烯基吡咯烷酮		88-12-0	0.01	0.05	2 (II)	H, Y, AGS, 11	07/13
华法林	201-377-6	81-81-2	0.0016	0.02 E	8 (II)	DFG, H, Z, 11	07/12
华法林钠	204-929-4	129-06-6		0.02 E	8 (II)	DFG, H, Z	07/12
矿物油	232-455-8	8042-47-5		5 A	4 (II)	DFG, Y	09/15

续表

物质名称	欧洲 EC 号	CAS 号	AGW 值 ml/m³ (ppm)	AGW 值 mg/m³	上限值 超限倍数	标识	制修订月/年
二甲苯	215-535-7	1330-20-7	100	440	2 (II)	DFG, EU, H	01/06
二价锌的无机化合物				8 E		AGS, 10	12/07
四价锌的无机化合物				2 E		EU, 13, 10	12/07
锌的有机化合物							
丁基锡化合物	215-960-8		0.0018	0.009	1 (I)	H, Y, 10, 11, AGS	02/14
正丁基锡化合物		1461-25-2					
二正丁基锡化合物							
三正丁基锡化合物							
四正丁基锡化合物							
甲基锡化合物							
甲基锡和二甲基锡化合物（不包括单独提及的）			0.0018	0.009	1 (I)	AGS, Y, 10, 11	09/15
2, 2', 2''- 甲基锡烷基三硫（代）三乙酸三异辛酯	259-374-0	54849-38-6	0.2	1	2 (II)	DFG, Z, 10, 11	09/15
二（甲基锡）三（异辛基硫醇乙酯）硫化物		59118-99-9					
二（甲基锡）三（2- 巯基乙酯）硫醚							
2, 2'-[（二甲基锡烷基）双硫代] 二乙酸异辛酯	247-862-6	26636-01-1	0.01	0.05	2 (II)	DFG, Y, 10, 11	09/15
二硫基乙酸异辛酯二甲基锡							
二（甲基锡）（2- 巯基代）硫醚	260-829-0	57583-35-4					
三甲基锡化合物和四甲基锡	209-833-6	594-27-4	0.001	0.005	4 (II)	DFG, H, 10, 11	09/15
锡的辛基化合物			0.002	0.01	2 (II)	H, Y, 10, 11, AGS, DFG	02/14
单正辛基锡化合物							
二正辛基锡化合物							
三正辛基锡化合物							

续表

物质名称	欧洲 EC 号	CAS 号	AGW 值 ml/m³（ppm）	AGW 值 mg/m³	上限值 超限倍数	标识	制修订月/年
四正辛基锡	222-733-7	3590-84-9					
苯基锡化合物			0.0004	0.002 E	2 (II)	H、Y、10、11、AGS、DFG	09/14
锆及其不溶性化合物	231-176-9	7440-67-7		1 E	1 (I)	10、DFG、Sah	12/07

注：表格说明

AGW 列：E 吸入性粉尘；A 呼吸性粉尘

上限值列：超限倍数为 1 至 8；（ ）短时间限值的类型；＝＝瞬时值

标识列：H 经皮吸收；X 1A/1B 致癌物，此类致癌物作业需注意《危险品条例》第 10 条的规定；Y 在遵守 AGW 和 BGW 限值的前提下不用担心有孕期毒性风险；Z 在遵守 AGW 和 BGW 限值的前提下仍然不能排除孕期毒性风险

以下简称是指限值的来源：AGS 德国联邦劳动部危险品专家委员会；DFG 德国科学研究基金会 MAK 委员会；EU 欧盟；NL-Experten 荷兰职业接触限值专家委员会

(1) 硅藻土可以根据其不同来源含有石英成分。燃烧或者煅烧时会导致方石英成分上升，活化硅藻土可以包含最多 60% 的方石英。评估接触煅烧后的硅藻土时，不仅需要考虑无定形组分，还要考虑具有致癌性的方石英和石英的总和。此外，生产过程中硅烟也含有石英。需要额外测定。

(2) 胶体无定形二氧化硅（7631-86-9）包括气相一氧化硅和在湿法作业时产生的二氧化硅（沉淀白炭黑和硅胶）

(3) 带有 2-硝基丙烷（2 类致癌物）

(4) 只适用于原棉

(5) 胺类和醋类皮肤吸收、非酸类

(6) 与硝基化物的物质反应可形成致癌性的 N-N 亚硝胺

(7) 只用于不会有皮肤接触的工作场所

(8) 0，5 ＝（α-HCH 的浓度除以 5）＋ β-HCH 的浓度

(9) 该限定只针对纯品，参求有氯氟甲烷（593-70-4）则会完全改变

(10) 该限值取决于金属元素的含量

(11) 来自粉尘和气溶胶的总和

(12) 该限值一般是瞬时值，低浓度和高暴露的评估见 TRGS430 异氰酸酯

(13) 目前还没有限值推导性的依据说明

(14) 指 1-Ethoxypropan-2-ol 和 2-Ethoxy-1-methylethylacetat 的气相空气浓度之和

(15) 推荐 MAK 委员会 2005 版工作场所健康有害物的评估方法第 4.7.1 章 29-30 页工伤保险机构职业安全卫生所工具包"危险品测定"中的分析方法

(16) 该限值只是短时间限值，企业监测时应采样 15 分钟

(17) 该限值用于高温时的气相，不能用于气溶胶浓度的测定

(18) 可用总尘的质量测定法

(19) MAK 委员会在其限值表中也有 BAT 限值（生物限值）

(20) 对于高锰酸盐有上限值，超限倍数为 1 (II)

(21) 除钒金属，钒的无机化合物和 C.I 颜料黄

附件5-2 德国生物接触限值BGW表(TRGS 903)

物质名称(CAS号)	指标	BGW值	检测材料	采样时间
丙酮[67-64-1]	丙酮	80mg/L	尿	班末
乙酰胆碱酯酶抑制剂	乙酰胆碱酯酶	活性降低至70%	全血红细胞分数	班末,数个班末
铝[7429-90-5]		正在修订		
苯胺[62-53-3]	苯胺(游离的) 苯胺(从血和蛋白结合物中释放的)	1mg/L 100μg/L	尿 全血	数个班末 数个班末
铅[7439-92-1]	铅	400μg/L 300μg/L(45岁前女性)	全血	无限制
四乙基铅[78-00-2]	二乙基铅 总铅量	25μg/L,以铅计 50μg/L	尿	班末 班末
四甲基铅[75-74-1]	总铅量	50μg/L	尿	班末
氟烷[151-67-7]	三氟乙酸	2.5mg/L	全血	班末,数个班末
正丁醇[71-36-3]	正丁醇(水解后) 正丁醇(水解后)	2mg/g 肌酐 10mg/g 肌酐	尿	下个工作班前 班末
甲乙酮[78-93-3]	甲乙酮	5mg/L	尿	班末
乙二醇单丁基醚[111-76-2]	正丁氧基乙酸 正丁氧基乙酸(水解后)	100mg/L 200mg/L	尿	数个班末 数个班末
乙二醇单丁基醚乙酸酯[112-07-2]	正丁氧基乙酸 正丁氧基乙酸(水解后)	100mg/L 200mg/L	尿	数个班末 数个班末
对叔丁基苯酚 98-54-4]	对叔丁基苯酚(水解后)	2mg/L	尿	班末
氯苯[108-90-7]	4-氯邻苯二酚(水解后)	25mg/g 肌酐 150mg/g 肌酐	尿	下个工作班前 班末
环己烷[110-82-7]	1,2-环己二醇(水解后)	150mg/g 肌酐	尿	数个班末,班末
1,2-二氯苯[95-50-1]	1,2-二氯苯 3,4-和4,5-二氯儿茶酚	140μg/L 150mg/g 肌酐	全血 尿	班末 班末
二氯甲烷[75-09-2]		正在修订		
N,N-二甲基乙酰胺[127-19-5]	N-甲基乙酰胺+N-羟甲基-N-甲基乙酰胺	30mg/g 肌酐	尿	数个班末,班末
N,N-二甲基甲酰胺[68-12-2]	N-甲基乙酰胺+N-羟甲基-N-甲基乙酰胺	35mg/L	尿	班末
1,4-二噁烷[123-91-1]	2-羟乙基乙酸	400mg/g 肌酐	尿	班末
乙二醇单乙醚[110-80-5]	乙氧基乙酸	50mg/L	尿	数个班末
乙二醇单乙醚乙酸酯[111-15-9]	乙氧基乙酸	50mg/L	尿	数个班末
乙苯[100-41-4]	苯乙醇酸+苯乙醛酸	300mg/L	尿	班末
乙二醇二硝酸酯[628-96-6]	乙二醇二硝酸酯	0.3μg/L	全血	班末

续表

物质名称（CAS 号）	指标	BGW 值	检测材料	采样时间
氟化氢和无机氟化物 [7664-39-3]	氟化物	7.0mg/g 肌酐 4.0mg/g 肌酐	尿	班末 下个工作班前
六氯苯[118-74-1]	六氯苯	150μg/L	血浆 / 血清	无限制
1, 6- 己二异氰酸酯 [822-06-0]	己二胺（水解后）	15μg/g 肌酐	尿	班末
己烷[110-54-3]	2, 5- 己二酮 +4, 5- 二羟基 -2- 己酮（水解后）	5mg/L	尿	班末
2- 己酮（甲基丁基酮） [591-78-6]	2, 5- 己二酮 +4, 5- 二羟基 -2- 己酮（水解后）	5mg/L	尿	班末
一氧化碳[630-08-0]	碳氧血红蛋白	5%	全血	班末
林丹[58-89-9]	林丹	25μg/L	血浆 / 血清	班末
甲醇[67-56-1]	甲醇	30mg/L	尿	数个班末，班末
乙二醇单甲醚[109-86-4]	甲氧基乙酸	15mg/g 肌酐	尿	班末
乙二醇单甲醚乙酸酯 [110-49-6]	甲氧基乙酸	15mg/g 肌酐	尿	班末
丙二醇甲醚[107-98-2]	丙二醇甲醚	15mg/L	尿	班末
甲基异丁基酮（异己酮） [108-10-1]	异己酮	3.5mg/L	尿	班末
N- 甲基吡咯烷酮 [872-50-4]	5- 羟基 -N- 甲基 -2- 吡络烷酮	150mg/L	尿	班末
硝基苯[98-95-3]	苯胺（从血红蛋白结合物中释放的）	100μg/L	全血	数个班末
对硫磷[56-38-2]	对硝基苯酚（水解后）乙酰胆碱酯酶	500μg/L 活性降低至 70%	尿 全血红细胞分数	数个班末 数个班末
全氟辛酸及其无机盐 [335-67-1]	全氟辛酸	5mg/L	血清	无限制
全氟辛烷磺酸及其盐 [1763-23-1]	全氟辛烷磺酸	15mg/L	血清	无限制
苯酚[108-95-2]	苯酚（水解后）	120mg/g 肌酐	尿	班末
异丙醇[67-63-0]	丙酮 丙酮	25mg/L 25mg/L	全血 尿	班末 班末
异丙苯[98-82-8]		正在修订		
汞（金属和无机化合物） [7439-97-6]	汞	25μg/g 肌酐 （30μg/L）	尿	无限制
二硫化碳[75-15-0]	2- 硫代噻唑烷 -4- 羧酸（TTCA）	4mg/g 肌酐	尿	班末
苯乙烯[100-42-5]	苯乙醇酸 + 苯乙醛酸	600mg/g 肌酐	尿	数个班末，班末
四氯乙烯[127-18-4]	四氯乙烯	0.4mg/L	全血	工作周最后一个班前
四氯化碳[56-23-5]	四氯化碳	3.5μg/L	全血	班末，数个班末

续表

物质名称（CAS 号）	指标	BGW 值	检测材料	采样时间
四氢呋喃[109-99-9]	四氢呋喃	2mg/L	尿	班末
甲苯[108-88-3]	甲苯 邻甲苯酚	600μg/L 肌酐 1.5mg/L	全血 尿	班末 数个班末，班末
1，1，1-三氯乙烷（甲基氯仿）[71-55-6]	1，1，1-三氯乙烷	550μg/L	全血	数个班末，下个工作班前
1，2，3-三甲苯（所有异构体）[526-73-8]；1，2，4-三甲苯（所有异构体）[95-63-6]；1，3，5-三甲苯（所有异构体）[108-67-8]	二甲基苯甲酸（水解后所有异构体总和）	400mg/g 肌酐	尿	数个班末，班末
维生素 K 拮抗剂	快速值	减少至不低于70%	全血	无限制
二甲苯（所有异构体）[1330-20-7]	二甲苯 甲基马尿酸（所有异构体）	1.5mg/L 2g/L	全血 尿	班末 班末

参 考 文 献

1. Brigitte Froneberg et al. The National Profile of the Occupational Safety and Health System in Germany.[EB/OL]. http://ilo.org/wcmsp5/groups/public/ed_protect/protrav/safework/documents/policy/wcms_186995.pdf.

2. EU-OSHA. European directives. [EB/OL]. https://osha.europa.eu/en/safety-and-health-legislation/european-directives.

3. BAUA.Verzeichnis der Arbeitsschutzvorschriften des Bundes. Sicherheit und Gesundheit bei der Arbeit 2014.[EB/OL]. www.baua.de/suga.

4. AUA. Verzeichnis der Mustervorschriften der Unfallversicherung. [EB/OL]. www.baua.de/suga.

5. KAN. Aufgaben der KAN.[EB/OL]. http://www.kan.de/kan-das-projekt/aufgaben/.

6. BMAS.Leitlinien zur Neuordnung des Vorschriften und Regelwerk im Arbeitsschutz.2011.

7. KAN. Organisation. [EB/OL]. http://www.kan.de/kan-das-projekt/organisation/.

8. BMAS. Grundsatzpapier zur Rolle der Normung im betrieblichen Arbeitsschutz. [EB/OL]. https://www.kan.de/fileadmin/Redaktion/Dokumente/Basisdokumente/de/Deu/Grundsatzpapier_GMBl-Ausgabe-2015-1.pdf.

9. DGUV. Erläuterungen zum Regelwerk. [EB/OL]. http://www.dguv.de/ifa/Fachinfos/Regeln-und-Vorschriften/Erläuterungen-zum-Regelwerk/index.jsp.

10. BAUA. Arbeitsmedizinische Regeln. [EB/OL]. http://www.baua.de/de/Themen-von-A-Z/Ausschuesse/AfAMed/AMR/AMR.html.

11. BAUA. Technische Regeln für Arbeitsstätten. [EB/OL]. http://www.baua.de/de/Themen-von-A-Z/Arbeitsstaetten/ASR/ASR.html.

12. BAUA. Technische Regeln für Gefahrstoffe. [EB/OL]. http://www.baua.de/de/Themen-von-A-Z/Gefahrstoffe/TRGS/TRGS.html.

13. BAUA. Technische Regeln für biologischeArbeitsstoffe. [EB/OL]. http://www.baua.de/de/Themen-von-A-Z/Biologische-Arbeitsstoffe/TRBA/TRBA.html.

14. BAUA. Technische Regeln für Lärm und Vibration. [EB/OL]. http://www.baua.de/de/Themen-von-A-Z/Anlagen-und-Betriebssicherheit/TRLV/TRLV.html.

15. BAUA. Technische Regeln für Optische Strahlung. [EB/OL]. http://www.baua.de/de/Themen-von-A-Z/Anlagen-und-Betriebssicherheit/TROS/TROS.html.

16. BAUA. Rechtstexte zur Baustellenverordnung [EB/OL]. http://www.baua.de/de/Themen-von-A-Z/Baustellen/RAB/Rechtstexte.html.

17. NoRA Normen-Recherche Arbeitsschutz [EB/OL]. http://nora.kan-praxis.de/maske.pl?tid=tmp30690843&maske=header_home.htm.

18. BAUA. Das Risikokonzept für krebserzeugende Stoffe des Ausschusses für Gefahrstoffe. [EB/OL]. http://www.baua.de/de/Themen-von-A-Z/Gefahrstoffe/AGS/Risikokonzept.html.

19. DGUV. DGUV Grundsätze für arbeitsmedizinische Untersuchungen. [EB/OL]. http://dguv.de/de/praevention/themen-a-z/arb_vorsorge/dguv_grundsatz/index.jsp.

20. 黄开发, 凌瑞杰, 孙敬智, 等. 德国职业健康监护制度概述. 中国工业医学杂志, 2013 (5): 398-400.

21. 周志俊. 德国的职业病名单. 环境与职业医学, 1995 (1).

22. BAUA. Merkblätter und wissenschaftliche Begründungen zu den Berufskrankheiten. [EB/OL]. http://www.baua.de/de/Themen-von-A-Z/Berufskrankheiten/Dokumente/Merkblaetter_content.html.

23. 张敏, 李文捷. 我国建立与市场经济相适应职业卫生标准体系的机遇和建议与展望. 中华劳动卫生职业病杂志, 2013, 31 (10): 791-794.

第六章　英国职业卫生标准及体系研究

第一节　基本概况

一、概况

大不列颠及北爱尔兰联合王国,简称联合王国(United Kingdom)或不列颠(Britain),通称英国,是由大不列颠岛上的英格兰、苏格兰、威尔士和爱尔兰岛东北部的北爱尔兰以及一系列附属岛屿共同组成的联邦制岛国,国土总面积约24万平方公里。

英国实行部分监管的自由市场经济体制,介于美国和其他欧洲国家之间,是世界第5大经济体。作为世界工业革命起源地,英国工业在世界上占有重要地位,是欧洲最大的军火、石油产品、电脑、电视和手机制造国,主要工业部门有采矿、冶金、化工、电子电器、汽车、航空、食品、饮料、烟草、轻纺、造纸、印刷和建筑等,在电子、光学设备、人造纤维和化工尤其是制药行业仍保持雄厚实力。英国拥有大量的煤、天然气和石油储备,主要能源生产约占英国GDP的10%。服务业尤其是银行业、金融业、航运业、保险业和商业服务业占英国GDP的比重较大。

英国政体为议会制的君主立宪制。国王是国家元首、最高司法长官、武装部队总司令和英国圣公会的"最高领袖",形式上有权任免首相、各部大臣、高级法官、军官、各属地的总督、外交官、主教及英国圣公会高级神职人员等,并有召集、停止、解散议会,批准法律,宣战等权力,但实权在内阁。议会是最高司法和立法机构,由国王、上院和下院组成。

英国现有人口约6471万(2015年),其中就业人口约3600万,女性占就业人口的48%。中小型企业占企业总数的99%,雇用人数占就业总人数的50%,就业人数中自雇和兼职人数近年增长较快,2013年分别达到24.5%和14.4%,这为英国职业安全卫生工作带来新的挑战。英国男性人均期望寿命为79岁,女性为83岁(2015年);卫生总支出占英国国内生产总值的9.1%,人均年卫生支出约3400美元(2015年)。

二、职业安全卫生发展状况

根据英国卫生安全执行局(Health and Safety Executive,HSE)的统计(不包括北爱尔兰地区),2015年,因工作造成的死亡人数为144人,工作相关疾病人数为130万人(包括新发和既往报告病例,其中肌肉骨骼损伤约50万例,工作相关紧张或焦虑约50万例);根据年度劳动力调查(labor force survey)资料,2015年发生62.1万起非致死性职业伤害;2015年,因既往接触石棉造成的间皮瘤死亡人数为2515人;根据《损伤性疾病和危险性事件报

247

告条例(1995)》(Reporting of Injuries Diseases and Dangerous Occurrences Regulations1995，RIDDOR)统计数据，2015 年，因伤害造成 7 天以上缺勤人数为 15.2 万人，工作相关职业伤害和疾病(不包括癌症)造成 3040 万工作日损失、约 141 亿英镑的社会经济损失。根据欧盟 2013 年统计数据，英国劳动者致死性伤害的标准化率在欧盟经济体内是最低的。

根据 RIDDOR 统计数据，2015 年，肌肉骨骼损伤疾病是英国报告类职业病中最为常见的类型。根据英国工伤伤残抚恤金(industrial injuries disablement benefits，IIDB)统计数据，2003 年以来，IDDB 赔付的新发职业病病例基本维持在 6000 例左右，2009 年将矿工、地毯和地板安装工膝关节炎列入赔偿性疾病名单，2009 年和 2010 年的新发病例数分别增至近 10 000 例和 25 000 余例，2011 年新发职业病例数再次降到 6000 例左右。2014 年报告的新发职业病病例数为 6100 例，其中肺病占 2/3。除石棉相关疾病外，其他疾病的发病水平总体呈下降趋势。鉴于石棉所致疾病的潜伏期较长，预计在一段时间内，石棉相关疾病仍将在英国职业病报告中占较大比例。

第二节　职业安全卫生法律及监管体系

一、职业安全卫生法律历史沿革

作为议会制君主立宪制国家，议会是英国最高司法和立法机构。英国所谓的宪法由成文法、习惯法、惯例组成，并不是一个独立的文件。英国宪法虽然不是具体法律文本，但实际上其大部分内容还是以成文法形式出现，包括由议会通过的法例、法院 判例和国际公约等。此外，英国宪法的法律渊源还包括英国议会惯例和国王特权。英国宪法的根基是"议会至上"原则，即法案一旦获议会通过，便具有不可动摇的权威。英国主要的法律有大宪章(1215 年)、人身保护法(1679 年)、权利法案(1689 年)、议会法(1911 年、1949 年)以及历次修改的选举法、市自治法、郡议会法等。

英国是世界上最早开展职业人群健康保护立法的国家，其于 1802 年颁布了第 1 部保护职业人群福利的法律即《学徒健康与道德法》，旨在限制纺织厂童工工作时间，保护童工健康。在 1833 年颁布的《工厂法》中，进一步规定了工人劳动安全、卫生和福利，成为职业安全卫生立法的先驱。自 19 世纪中期以来，英国根据不同时期职业安全卫生工作特点和面临的主要问题，分别于 1937 年、1948 年、1959 年、1961 年对《工厂法》进行了多次修订并颁布多个行业法律，对行业内劳工的卫生、安全和福利作出了进一步规定。

20 世纪 70 年代，英国不少社会组织和机构，特别是工会，对国内已有的安全卫生法规是否足以保障所有劳动者安全健康提出疑问。以罗宾爵士为首的委员会研究了所有包含职业安全卫生内容的法律法规，发现尚有 500 万劳动者未受到安全卫生法规的保护，有关法规的行政管理不统一，法规内容重复，有些显然已经过时，监管实施权利不相称等。罗宾委员会于 1972 年提出报告，建议制定一个统一的、适用于所有劳动者的安全卫生法，进一步加强监察力量，明确劳动者的权利和义务。

英国随后于 1974 年 10 月、1975 年 1 月和 1975 年 4 月分 3 批颁布了《职业安全卫生法》全部条款。《职业安全卫生法》在英国职业安全卫生发展历程中具有里程碑意义，它进一步整合了各行业法律中职业安全、卫生和福利的相关规定，对用人单位在合理、可行范围内确

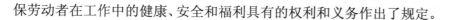

保劳动者在工作中的健康、安全和福利具有的权利和义务作出了规定。

二、职业安全卫生法律体系

英国职业安全卫生法律法规体系大致分为 4 个层级，即法律（act）、法规（regulation）、方法的实施细则（approved codes of practice，ACOPs）和指南（guidance）。法律级别最高，属于一级立法，由议会审定通过后颁布，一般很难更改，《职业安全卫生法》即属于此类。

《职业安全卫生法》是英国职业安全卫生的法律基础，是制定与职业安全卫生相关法规、实施细则、指南、标准和政策的法律依据，旨在保障劳动者的健康、安全和福利，保障非劳动者的健康或安全不受工作人员活动的影响，控制有害物质排入大气等。根据《职业安全卫生法》规定，用人单位要确保工作设施并维护其安全，物品使用、装卸、贮存、运输安全，提供安全卫生的工作环境及所需设施，制定安全卫生规章并对规章的执行编写报告，保障劳动者对报告的知情权，有责任和劳动者安全代表合作，确保安全卫生措施的执行和效果等。同时，劳动者有权利自我保护和保护工作场所涉及的其他人；对用人单位或其他人合法权利和要求有合作的义务等。

法规是依据法律形成的，主要用于细化法律职责，属于二级立法，由国会、国务秘书授权 HSE 制定，内阁就业与养老金部部长签署发布，相对容易更改，如不遵守则被视为违法，通常以法定文书（statutory instruments）形式发布，如《石棉控制条例》《健康有害物质控制条例》《损伤性疾病和危险事件报告条例》等。

实施细则由国务秘书同意、HSE 制定发布，主要用于指导法律、法规的合理执行。实施细则具有特殊的法律地位，可以在出庭时使用，主要的法规都有与之配套的实施细则。

指南亦由 HSE 制定发布，虽不属于法律规定，但应保证执行，通常以卫生安全指南（Health and Safety Guidance，HSG）形式发布。HSE 的职业卫生监督人员通常参考各类指南积极督促企业遵守法律。

职业安全卫生标准由英国标准协会（British Standards Institution，BSI）制定，以英国标准（British Standard，BS）形式发布。

目前，英国以《职业安全卫生法》为核心，以 200 余项法规、50 余项实施细则、500 余项指南和 1000 余项标准为依托，构成了完整的职业安全卫生法律法规标准体系。近年来，HSE 正在从减轻企业负担和加强监管角度考虑，积极探索整合职业安全卫生法规、实施细则。

三、职业安全卫生监管体系

根据《职业安全卫生法》有关条款规定，英国于 1974 年和 1975 年先后成立了职业安全卫生监督管理机构，即安全卫生委员会（Health and Safety Commission，HSC）和 HSE。其中，HSC 负责提出新的法规、标准并为政府决策提供信息、建议，开展科学研究工作。HSE和地方当局（local authority，LAs）共同负责英国职业安全卫生的立法和执法工作。1998 年颁布的《卫生安全（执法机关）条例》对 HSE 和 LAs 执法时依据的不同作业场所职业卫生安全法规进行了分配。其中，HSE 主要负责监管核设施、矿山、工厂、农场、医院、海上油气设施、配电系统、危险商品、物品运输等高风险行业的卫生安全工作；LAs 主要管理诸如批发、零售、金融、休闲和餐饮业等低风险行业的卫生安全工作。

HSE 和 LAs 通过执法联络委员会协调工作，但诸如消费者与食品安全、海洋、铁路、航空安全和多数环境保护领域的卫生安全工作并不在《职业安全卫生法》和 HSE 监管范围内。英国铁路监管办公室（The Office of Rail Regulation，ORR）负责监管实施与铁路有关的卫生安全工作。

英国卫生安全实验室（Health and Safety Laboratory，HSL）的工作重点是减少卫生安全风险，其工作主要包括提供卫生安全研究、专家咨询和顾问、专业培训和产品。

作为英国市场监管机构，HSE 还负责监管大部分工作用产品的安全法律要求（包括健康风险）。同时，按照欧盟一体化要求，HSE 代表英国政府协商并转化欧盟职业安全卫生相关法规。为进一步明晰 HSC 和 HSE 职责，减少职责交叉，2008 年英国将 HSC 和 HSE 合并，统称为卫生安全执行局（Health and Safety Executive，HSE）。HSE 隶属于内阁就业与养老金部（Department for Work and Pensions，DWP）。目前，HSE 包括 ORR、HSL 在内共有3200 名劳动者，LAs 在全英范围内（不包括北爱尔兰）共有超过 380 家机构。需要指出的是，HSE 执法权限仅限于英格兰、苏格兰和威尔士地区，北爱尔兰地区工作场所卫生和安全监管工作由北爱尔兰地区的卫生安全执法机构（HSENI）负责。

作为职业安全卫生监管机构，HSE 仍在不断完善法律法规体系，但监管趋势已逐渐远离法定规则，开始转向"目标设定"和风险评估，如在石棉、消防安全管理等方面已开始纳入风险评估的概念。

第三节 职业安全卫生标准管理体制

一、职业安全卫生标准管理与制定机构

（一）职业安全卫生标准制定机构

英国是世界上最早开展标准化工作的国家。1901 年成立的英国工程标准委员会（Engineering Standard Committee，ESC）是世界上第一个国家标准化机构。1918 年，ESC 正式更名为英国工程标准协会（British Engineering Standard Association，BESA）。1929 年，BESA 被授予皇家许可（Royal Charter），由英国君主签发正式文书，授予权利或权力授权书。1931 年，BESA 更名为英国标准协会（British Standards Institution，BSI）。BSI 既是独立的、商业化的标准化机构，又是政府授权的非营利性国家标准化机构。作为世界上第一个国家标准组织，BSI 管理着 24 万个现行的英国标准、2500 个专业标准委员会，参加标准委员会的成员达 23 万多名。作为英国国家标准研究机构，BSI 主要负责制定和发布英国标准并作为英国标准机构代表，参与欧盟和国际标准组织的工作。BSI 承担的英国国家标准组织的职责包括：服务于公共政策利益，是英国经济基础结构的组成部分；兼顾工业、政府和消费者等各方的不同利益；促进英国国家标准、欧洲标准和国际标准的研发；提供延伸的非正式产品和服务；作为国际标准化、欧洲标准化的重要桥梁。BSI 制定标准的传统优势领域为：健康、电工、工程、材料、化学、消费品与服务、信息技术，同时在交通、建筑、风险业、环境可持续发展、电子商务、信息安全、质量管理等领域不断开拓。

英国商业、创新和技能部（Department for Business，Innovation and Skills，DBIS）标准

与技术法规司则是标准制定、检测和认证政策的政府主管部门,但其职责仅负责政策层面的管理,具体的标准制定、检测和认证管理职能由 BSI 和英国认证服务局承担,其中标准管理职能由 BSI 实施,标准检测和认证资格管理职能由认证服务局(United Kingdom Accreditation Service,UKAS)负责。

英国政府通过与 BSI 签署谅解备忘录的形式,认可 BSI 的英国国家标准机构地位。双方本着平等、独立和服务于公共利益的原则,BSI 承诺与政府合作,制定、维护政府立法和公共采购中所需的标准,利用标准化为公共政策提供支持等;政府各有关部门向 BSI 派驻代表,参与国家标准化工作并承诺向 BSI 提供财政支持,尊重 BSI 独立法人地位,政府不直接参与国家标准化工作的管理,仅对与国家标准机构有关的事务进行监督,其对国家标准化机构的工作干预仅限于与公共政策相关的事务。

BSI 内设风险、质量、卫生安全委员会(Risk,Quality and Health & Safety Committee),通过推荐 HSE 专家和其他组织和领域的专家共同制定、修订安全卫生标准(safety and health standard)。

除法律具有强制性外,英国标准通常不具有与法律或法规相同的法律效力,一般作为守则自愿使用。

(二)职业接触限值制定机构

工作场所化学因素、物理因素和生物因素接触限值及相应检测方法由 HSL 制定,HSE 以法规、实施细则和指南等形式发布,其中化学因素、物理因素接触限值多作为强制性标准使用,生物监测指导值和限值检测方法作为推荐性标准使用。

二、职业安全卫生标准类型

英国职业安全卫生标准主要有 4 类:一是由 BSI 制定、发布的推荐性标准。二是由职业安全卫生法规引用的标准和由欧盟标准转化而来的标准,如 BSI 制定的推荐性标准,一旦被技术法规引用后即具有强制性标准效力;BSI 等同采用的欧盟颁布的指令,作为强制性标准使用。此两类标准均由 BSI 发布。三是由国际标准转化为英国标准,通常作为推荐性标准使用,由 BSI 转化后发布。四是以 HSE 法规、实施细则和指南等形式发布的职业接触限值类标准,如化学、物理、生物因素接触限值多作为强制性标准使用,而相应的监测和检测方法一般作为推荐性标准使用。见图 6-1。

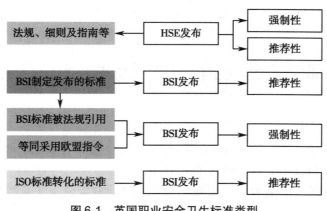

图 6-1 英国职业安全卫生标准类型

三、职业安全卫生标准制修订程序

BSI 并不直接制定标准，各类标准制（修）订工作由 BSI 内设的各技术委员会负责。技术委员会成员具有广泛的代表性，通常由行业组织、研究与检测机构、地方政府、中央政府、标准使用者、工会代表和其他利益相关者等构成。

为规范英国标准化工作，BSI 制定了 BS 0 号标准《标准的标准：标准化的原则》（A Standard for Standards –Principles of Standardization），规定了 BSI 的性质、权限、职责、任务、工作目标、标准制定程序及与政府的关系等。BSI 起草制定的规范、方法、名词术语、实施细则、指南、分类等标准，在征求公众意见后，由 BSI 委员会批准发布。根据标准的复杂程度及参与标准起草的专家范围等因素，制定 1 项标准通常需要 1～3 年时间。BSI 制定的标准通常需要立项建议、论证、起草、征求意见、批准、出版、再评估等步骤。见图 6-2。

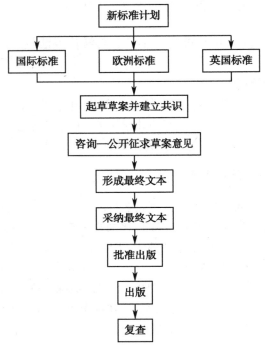

图 6-2　BSI 标准制定程序

第四节　职业安全卫生标准体系及主要职业卫生标准介绍

一、推荐性标准

截至 2014 年 10 月底，BSI 风险、质量、卫生安全委员会制定发布且生效的职业安全卫生（occupational health & safety）标准共 1049 项，所涉及的内容以产品安全标准（包括生产和使用）和劳动保护标准为主。为帮助企业建立职业安全卫生管理体系（Occupational Health and Safety Management System，OHSMS）并将 OHSMS 纳入企业全面管理提供指导，

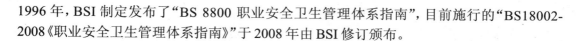

1996年，BSI制定发布了"BS 8800职业安全卫生管理体系指南"，目前施行的"BS18002-2008《职业安全卫生管理体系指南》"于2008年由BSI修订颁布。

二、以法规及其实施细则和指南形式颁布的标准

（一）工作场所职业接触限值

1. 化学因素职业接触限值 1989年，HSE颁布实施《健康有害物质控制条例》（Control of Substances Hazardous to Health Regulations，COSHH），要求雇主保证雇员在有害物质下的暴露得到预防，条例引用的职业接触限值（occupational exposure limits，OELs）包括最高接触限值（maximum exposure limits，MELs）和职业接触标准（occupational exposure standards，OESs）。此两类限值均由HSE所属的有毒物质顾问委员会（ACTS）及其附属委员会根据COSHH要求制定，HSE颁布实施。

2004年，HSE对COSHH进行了修订，同时用工作场所职业接触限值（workplace exposure limits，WELs）代替了原先使用的MELs和OESs。这种变更是ACTS对用人单位和其他利益相关方如何理解OELs、工业上如何应用这些限值等表示关注的结果。WELs是空气中危险物质在指定的基准时间段的平均浓度，以时间加权平均（time-weighted average，TWA）表示。使用长时间（8小时）和短时间（15分钟）两种基准时间。短时间接触限值（short-term exposure limits，STELs）是为了帮助防止短时间接触（数分钟）可能发生的急性反应如眼睛刺激而制定的限值。

2005年，HSE颁布实施工作场所接触限值（EH40/2005），WELs正式成为英国OELs。2007年和2011年，HSE结合欧盟第2版和第3版指示性职业接触限值（indicative occupational exposure limit values，IOELV）修订情况，对WELs进行了修订。WELs中的HSE批准通知和职业接触限值表被COSHH引用，并具有法律约束力，必须遵守执行；其余内容则作为指南使用，但也应该遵守执行。

WELs附有2类职业接触限值表，分别是WELs表（list of approved workplace exposure limits）和生物监测指南值（biological monitoring guidance values，BMGVs），化学因素职业接触限值表具有法律约束力。2011年修订后的WELs包括409种化学物质、粉尘的职业接触限值和15种生物监测指南值。此3类接触限值均由HSL制定、HSE颁布。

通常所指的WELs是在正常大气压状态下以每周5天、每天8小时的职业接触为基准制定，但诸如潜水、隧道挖掘等高气压状态下作业的职业接触不同于正常气压下的职业接触限值，高气压环境下的职业接触限值应基于不同气压下个体与物质的接触反应关系制定。鉴于高气压条件下人和动物的个体与物质接触效应的实验数据有限，不可能基于实际的毒理学数据制定高气压条件下的职业接触限值，英国目前主要采取对正常气压条件下的职业接触限值进行推算以获取高气压环境下的职业接触限值。

需要指出的是，WELs列表中没有的物质并不意味这些物质是安全的。工作场所职业接触限值表详见附件6-1，生物监测指导值详见附件6-2。

2. 物理因素接触限值 英国工作场所物理因素接触限值分别由相应的法规予以规定，相关法规包括《工作场所（健康、安全和福利）条例（1995）》《作业场所振动控制条例（2005）》《作业场所噪声控制条例（2005）》《电离辐射作业：电离辐射条例（1999）》《人工光辐射作业控制条例》等。

（1）高温与低温：英国《工作场所（健康、安全和福利）条例（1992）》规定，用人单位有义务为劳动者提供适宜的工作场所温度。该条例的实施细则建议工作场所最低温度应为16℃，如果室内工作以体力劳动为主时，最低温度可以为13℃。对工作场所最低温度的要求并不是法律的规定，用人单位的职责是为劳动者提供具体情况下的舒适工作环境温度。

鉴于辐射、湿度、风速等可影响工作场所的温度，规范没有明确规定工作场所的最高温度。英国标准（BS EN 27243）采纳湿球黑球温度指数（WBGT）评价高温车间热环境气象条件。

（2）振动：2005年颁布的《作业场所振动控制条例》规定了振动作业职业接触限值和健康监护的相关要求。振动作业职业接触限值包括手传振动和全身震动接触限值，手传振动和全身震动的日接触限值分别为 $5m/s^2$ 和 $0.15m/s^2$，日接触行动值分别为 $2.5m/s^2$ 和 $0.5m/s^2$。

（3）噪声：《作业场所噪声控制条例（2005）》规定了噪声作业的职业接触限值和健康监护要求。噪声作业职业接触限值分为接触限值和行动值，均以日或周个人噪声接触值表示，其中日或周个人低接触行动值为80dB，声压峰值135dB；高接触行动值为85dB、声压峰值为140dB；接触限值为87dB、声压峰值为140dB。

（4）电离辐射：《电离辐射作业：电离辐射条例（1999）》实施细则和指南规定了电离辐射作业接触限值和健康监护要求。条例规定，18岁以上劳动者每年全身辐射有效剂量应≤20mSv（生育期女性连续3个月的有效接触剂量应≤13mSv），18岁以下的每年应<6mSv，其他人员（包括公众和不能纳入18岁以下的人群），每年应<1mSv。健康监护方面，条例规定劳动者首次从事电离辐射作业，应至少在正式工作前28天告知HSE。

（5）非电离辐射

1）光辐射：光辐射包括紫外线、可见光和红外线辐射。《人工光辐射作业控制条例》对光辐射作业的健康监护和医学检查作出了规定，职业接触限值则依照欧盟非强制性标准《Non-binding guide to good practice for implementing Directive 2006/25/EC》的规定。

2）电磁场：电磁场作业控制规范主要参考欧盟法案《DIRECTIVE 2013/35/EU OF THE EUROPEAN PARLIAMENT AND OF THE COUNCIL of 26 June 2013 on the minimum health and safety requirements regarding the exposure of workers to the risks arising from physical agents（electromagnetic fields）》。法案对电磁场作业接触限值、健康监护、风险评估等作出了规定。HSE和健康保护局（Health Protection Agency，HPA）还对居住在移动通信基站附近、使用无线计算机技术、WIFI、手机、sunbeds、interactive white boards及太阳紫外线和日常办公设备照射的激光对人体健康的影响提出了注意事项和建议。

（二）职业健康监护相关标准

英国没有政府举办的职业健康检查机构，《职业安全卫生法》规定由用人单位承担劳动者的职业健康监护工作，企业健康监护工作通过劳动者参与，发挥用人单位核心作用，确保健康监护各项工作的有效实施。HSE负责监督用人单位履行健康监护职责情况，如企业内部没有合适人员承担职业健康监护工作，用人单位需雇用经过职业医学培训的医生和护士承担劳动者的职业健康监护工作。

英国未发布统一适用的职业健康监护方法或规范，对接触不同职业危害因素的从业人员，根据不同的技术法规规范开展相应的健康监护工作：

对暴露（或接触）于石棉、铅、电离辐射、压缩气体和《健康有害物质控制条例》第6款涉及的任何有害物质等的从业人员，需按照《电离辐射条例》《作业场所铅控制条例》《石棉控制条例》《健康有害物质控制条例》和《压缩气体作业条例》等规定，对接触上述危害的从业人员开展健康监护工作，条例规定需由 HSE 认可的注册医师即指定的医师（appointed doctor）开展医学监测（medical surveillance）工作。

对接触噪声、振动等从业人员，其健康监护工作应遵从相应的技术规范，由企业内部经过培训且具有相应技能的专业人员（competent persons）开展定期的健康监护工作。

对接触某些特定物质（如异氰酸酯）且符合某些特定条件，需按《健康有害物质控制条例》第 11 款规定开展健康监护，其定期健康监护工作由企业内部经过培训且具有相应技能的专业人员承担。

对接触某些特定物质且残余量符合某些特定条件的，按照《作业场所安全与卫生管理条例》开展健康监护工作，其定期健康监护工作由企业内部经过培训且具有相应技能的专业人员承担。

而对接触残余暴露可能导致的潜在或未经证实的不良健康效应，可开展健康监测工作，但这并不是法律强制要求的。见表 6-1。

表 6-1　特定行业有害物质健康监护指南目录

行业	内容
有害产业	
农业	谷物粉尘
	COSHH 在农业领域的要素：为农民提供咨询
	给羊群洗药浴
	接触家禽粉尘
	兽药：农民及其他动物饲养人员
汽车维修	汽车维修安全：使用异氰酸酯涂料作业
	尿液采样用于异氰酸酯接触测量
铸造	铸造行业健康监护
金属加工业	COSHH 在金属加工液加工的基本要素：为管理人员提供建议
陶瓷	健康监护：陶瓷行业手册
电镀	电镀行业健康监护要求
木材处理 / 木材加工	工业处理厂职业卫生和健康监护
	COSHH 及木材加工行业
食品工业	安全食谱：食品和饮料制造业的职业健康和安全
美容行业	职业性哮喘的健康监护
	职业性皮炎的健康监护
印刷业	COSHH 印刷从业人员的基本要素：职业性哮喘的健康监护
	COSHH 印刷从业人员的基本要素：职业性皮炎的健康监护
	COSHH 印刷从业人员的基本要素：异氰酸酯的生物监测
焊接、热加工和相关工艺	COSHH 焊接、热加工和相关工艺基本要素：专家咨询
一般粉尘接触	COSHH 基本要素：慢性阻塞性肺疾病的健康监测
钻孔场所和操作	1995 钻孔场所及操作条例（法规10，当必须对他们进行保护时）

续表

行业	内容
建筑行业	管理建筑行业的职业健康风险
	COSHH 基本要素：慢性阻塞性肺疾病的健康监测
	COSHH 基本要素：职业性哮喘的健康监测
	COSHH 基本要素：职业性皮炎的健康监测
	COSHH 基本要素：接触呼吸性结晶二氧化硅的健康监护
	HSE 建筑信息表：水泥
特别危险因素	
COSHH 健康监护	
职业性哮喘和皮炎	
职业性噪声的健康监护	
手臂振动的健康监护	
建筑行业的健康监护	

（三）职业病诊断相关标准

英国职业病名单由工伤赔偿类和报告类名单构成。英国就业和养老金部内设的科学咨询机构即工伤咨询委员会（Industrial Injuries Advisory Council，IIAC）负责提出并更新英国工伤职业病名单及导致工伤职业病的职业种类。2014 年 6 月 23 日 IIAC 发布了最新修订的工伤伤残抚恤金技术指南，其中列出了由工伤伤残抚恤金项目覆盖的疾病种类及导致疾病的职业种类，该名单由化学因素、物理因素、生物因素及混杂因素所致的疾病或伤害等 4 类 74 种疾病或伤害构成，属于赔偿性名单。

RIDDOR 规定用人单位和其他指定的责任人具有向相关执行机构如 HSE、LAs 和 ORR 报告工作场所安全卫生事故的法定责任，该条例同时提出了英国报告类职业病名单。2013 年最新修订的《损伤性疾病和危险事件报告条例》将需报告的职业性疾病由 47 种职业病调整为腕管综合征、手臂振动综合征等 8 类。对于申请工伤和职业病者，将由 1～2 名经过工伤致残伤害医学培训的职业医师进行医学检查，但申请职业性耳聋、慢性支气管炎、肺气肿、尘肺病等职业病者，在进行医学检查前，需进行相关检测和测定。医生在职业病报告体系中发挥重要作用，其对疾病的诊断包括识别所有新发的症状或已发症状的恶化情况。医生在诊断工伤职业病时主要考虑所患疾病与所从事职业之间的关系。当医生诊断书提出劳动者所患疾病与目前所从事的工作存在相关性时，应在诊断书中就可能的发病日期和病因提出医学建议。

英国卫生部下属的公共卫生英格兰（Public Health England，PHE）颁布了一些疾病的诊断指南，主要包括疾病诊断、治疗、管理和流行病学等知识，为工伤和职业病的医学诊断提供了参考依据。PHE 还编制了 89 种常见化学物指南性文件，指南内容包括化学物属性、用途、健康风险、化学事故应对等信息，为化学物中毒处置提供了参考。

（四）职业卫生监测与检测方法

工作场所空气中有害物质监测、测定、采样方法和生物监测方法即健康有害物质测定方法指南（MDHS）和生物监测方法均由 HSL 制定、HSE 发布，前者主要规范工作场所空气中有害物质的监测和采样，后者主要指导生物监测方法的使用。目前制定发布的健康有害物质测定方法有 40 类，生物监测方法有 17 类（表 6-2，表 6-3）。

表6-2 有害物质测定方法(举例)

序号	MDHS 编号	方法名称
1	MDHS6/3	空气中的铅及铅的无机化合物:使用火焰或电热原子吸收光谱法的实验室方法
2	MDHS10/2	空气中镉及镉的无机化合物:使用火焰原子吸收光谱法或电热原子吸收光谱法的实验室方法
3	MDHS12/2	空气中的铬及铬的无机化合物:使用火焰原子吸收光谱法的实验室检测方法
4	MDHS14/4	呼吸性、胸腔和可吸入气溶胶的取样和质量分析的一般方法
5	MDHS25/3	空气中有机异氰酸酯:使用 1-(2- 甲氧基苯基)哌嗪涂覆的玻璃纤维过滤器采样,然后进行溶剂解析或进入冲击器并使用高效液相色谱进行分析的实验室方法
6	MDHS29/2	空气中的铍及铍的无机化合物:使用火焰原子吸收光谱法或电热原子吸收光谱法的实验室方法
7	MDHS30/2	空气中的铬及铬的无机化合物:使用火焰原子吸收光谱法的实验室方法
8	MDHS32	空气中的邻苯二甲酸二辛酯:使用 Tenax 吸附管、溶剂解析和气相色谱法的实验室方法
9	MDHS42/2	空气中的镍及镍的无机化合物(不包括羰基镍):使用火焰原子吸收光谱法或电热原子吸收光谱法的实验室方法
10	MDHS46/2	空气中的铂金属及可溶性铂化合物:使用电热原子吸收光谱法或电感耦合等离子体质谱法的实验室方法
11	MDHS47/2	空气中橡胶加工粉尘和橡胶烟(以环己烷可溶物质测定)的测定:使用滤膜、质量测量和索氏提取的实验室方法
12	MDHS52/4	镀铬雾中六价铬的比色法:使用 1,5- 二苯卡巴肼和分光光度法或比色器
13	MDHS53/2	空气中的 1,3- 丁二烯:使用加泵采样器、热解析和气相色谱的实验室方法
14	MDHS56/3	空气中氰化氢的实验室检测方法:使用离子选择性电极
15	MDHS57/2	空气中丙烯酰胺的实验室检测方法:使用撞击器和高效液相色谱分析仪
16	MDHS59/2	机制纤维:呼吸带计数浓度和相差光学显微镜分类
17	MDHS62/2	空气中的芳香羧酸酐
18	MDHS63/2	空气中的 1,3- 丁二烯:使用扩散采样器、热解析和气相色谱的实验室方法
19	MDHS72	空气中挥发性有机化合物实验室方法:使用加泵固体吸附剂管、热解析和气相色谱法
20	MDHS75/2	空气和表面上的芳香胺:使用泵送酸涂层过滤器、湿润棉签和 HPLC 的实验室方法
21	MDHS78	空气中的甲醛:采用扩散采样器、溶剂解析和高效液相色谱的实验室方法
22	MDHS79/2	空气中的过氧二硫酸盐
23	MDHS 80	空气中挥发性有机化合物:使用扩散固体吸附剂管、热解析和气相色谱的实验室方法
24	MDHS 82	防尘灯:一种观察呼吸带颗粒物存在的简单工具

续表

序号	MDHS 编号	方法名称
25	MDHS 83/2	松香（树脂）焊剂烟雾中的树脂酸：使用气相色谱的实验室方法
26	MDHS 84/2	矿物油基金属加工液中油雾的测量方法
27	MDHS 85	空气中三缩水甘油异氰脲（和含有三缩水甘油异氰脲的涂料粉末）：使用加泵过滤、解析和液相色谱的实验室方法
28	MDHS 86/2	空气中的肼
29	MDHS 87	空气中的纤维：呼吸带样品种纤维类型的辨别指南
30	MDHS 88	空气中的挥发性有机化合物：使用扩散采样器、溶剂解析和气相色谱的实验室方法
31	MDHS 89	空气中的硫酸二甲酯和硫酸二乙酯：采用热脱附、气相色谱 - 质谱联用的实验室方法
32	MDHS 91	工作场所空气中金属和类金属：X 射线荧光光谱法
33	MDHS 92/2	空气中的偶氮二甲酰胺
34	MDHS 93	空气中的戊二醛：采用高效液相色谱的实验室方法
35	MDHS 94	空气中和（或）表面上的农药：使用加泵过滤器或吸附管和气相色谱法对空气和（或）表面上的农药进行采样和分析的方法
36	MDHS 95/2	金属加工机械操作员个体接触＝空气中混合水金属加工液的测量
37	MDHS 96	空气中挥发性有机化合物：使用加泵固体吸附管、溶剂解析和气相色谱的实验室方法
38	MDHS 98/3	空气中的对苯二酚
39	MDHS101	呼吸性呼吸带粉尘中的结晶二氧化硅
40	MDHS102	空气中的醛：使用高效液相色谱仪的实验室方法

Methods for the determination of hazardous substances（MDHS）guidance.

表 6-3 生物监测方法

英文名称	中文名称	样本
Butanone（MEK）	丁酮（MEK）	尿
Butoxyethanol	丁氧乙醇	尿
Carbon Monoxide	一氧化碳	呼吸气
Chlorobenzene	氯苯	尿
Chromium	铬	尿
Cyclohexanone	环己酮	尿
Dichloromethane（methylene chloride）	二氯甲烷	呼吸气
Dimethylacetamide	二甲基乙酰胺	尿
Glycerol trinitrate（Nitroglycerin）	甘油三硝酸酯（硝酸甘油）	尿

续表

英文名称	中文名称	样本
Isocyanate	异氰酸酯	尿
Lindane	林丹	
MbOCA（2, 2'-dichloro-4, 4'-methylenedianiline）	MbOCA（2, 2' 二氯 4, 4' 亚甲基二苯胺）	尿
Mercury	汞	尿
4-Methylpentan-2-one（MIBK）	4 甲基戊烷 2 酮（MIBK）	尿
4, 4'-Methylenedianiline（MDA）	4, 4' 亚甲基二苯胺（MDA）	尿
Polycyclic Aromatic Hydrocarbons（PAHs）	多环芳烃	尿
Xylene	二甲苯	尿

（五）其他

针对人机因素、工效学及所致骨骼 - 肌肉失调等问题，HSE 制定了手工作业、工效学和其他人为因素条例予以规范，同时制定卫生安全指南（Health and Safety Guidelines，HSG）给予建议和指导。

基于对工作环境中紧张的风险评估，HSE 制定了工作相关紧张的管理标准，为企业开展工作相关紧张风险评估、控制和管理提供了技术指导。

针对作业场所个体防护问题，HSE 制定了《作业场所个体防护装备条例》和 HSG，规范、指导企业开展个体防护工作。涉及铅、辐射、石棉、噪声和健康有害物质作业的个体防护，在 HSE 相关条例中另有规定。英国职业安全卫生标准、限值基本框架见图 6-3。

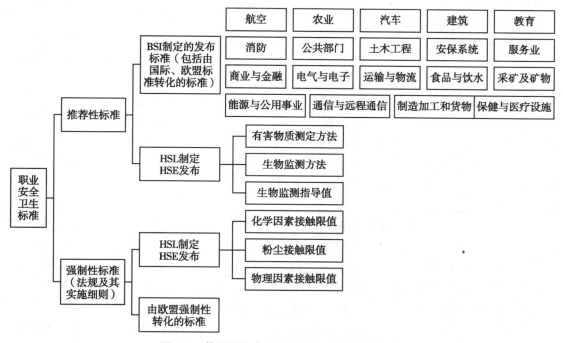

图 6-3　英国职业安全卫生标准、限值基本框架

第五节　中英职业安全卫生标准管理体制与体系比较

一、管理体制与体系对比

（一）中英两国标准化管理方式不同

与英国政府不直接参与国家标准化工作管理不同，中国政府直接参与国家标准化工作的管理。中国国家标准化管理委员会（中华人民共和国国家标准化管理局）是履行行政管理职能的事业单位，由原国家质检总局管理，统一主管全国标准化工作。

职业安全卫生标准涉及劳动者健康，属于强制性执行的内容。因此，在原国家卫生计生委和原国家安全生产监管总局分别设有承担职业安全卫生标准管理的部门，并设立相应的标准委员会具体承担标准制修订工作。标委会委员既有政府官员，也有相关领域的专家学者，政府主管部门在标准制修订工作中承担主体角色。

（二）英国职业安全与职业卫生标准同属一个标准体系，且无强制性概念

英国所谓的强制性标准，一般以法规及其实施细则形式颁布或由欧盟指令等同转化，如职业接触限值中的化学和物理因素接触限值。推荐性标准一旦被法规或其实施细则引用后即成为强制性要求。尽管 HSE 制定的 HSG 不是强制执行的标准，但 HSG 经常会在其指南中列出遵守该指南同时需要遵守的相关法律法规的要求。推荐性标准既是英国各类法规的技术支撑，又是强制性标准形成的技术基础。

我国职业卫生与职业安全标准分属两类不同的标准体系，分别由原国家卫生计生委和国家标准化委员会、原国家安全生产监管总局组织制定和发布，标准类型分为国家职业卫生标准、国家标准和行业（安全生产）标准。我国职业卫生与职业安全标准以强制性国家标准和行业标准为主，推荐性标准较少。

2018 年国务院机构改革方案将原国家安全生产监管总局负责的职业安全监督管理职责调整到新组建的国家卫生健康委员会。下一步，卫生健康、应急管理部门就职业卫生、职业安全标准如何分工、两类标准如何整合、归类，有待进一步观察。

（三）英国职业病名单分为需报告职业病和赔偿性职业病两种名单

HSE 和 IIAC 负责发布和更新需报告职业病和赔偿性职业病名单，RIDDOR 对报告类职业病规定了检查和诊断的原则性要求。此外，英国卫生部所属的 PHE 制定了一些疾病和化学物中毒的诊断指南。英国没有政府举办的职业健康检查机构，也未制定相应的职业健康监护技术要求。但对接触不同职业危害因素的从业人员，通过发布不同的技术规范开展相应的健康监护工作。

中国职业病名单属于赔偿性名单，由原国家卫生计生委、人力资源社会保障部、原国家安全生产监管总局、全国总工会组织制定、调整和发布。卫生计生行政部门组织制定和发布职业病诊断标准和职业健康监护技术规范，并对职业健康检查机构和职业病诊断机构实行资质准入管理，以规范、指导职业病诊断和职业健康监护工作。

（四）英国职业安全卫生标准动态调整机制及复审机制相对健全完善

英国职业安全卫生法规、标准、限值根据欧盟指令、标准和限值要求，处于动态调整中，各类标准的 5 年复审机制比较健全完善。英国标准发展的总趋势是将国际标准和欧洲

标准转化为英国国家标准,国际标准和欧洲标准目前已占英国国家标准总数的90%左右。加强标准化管理是BSI当前和未来一段时期的工作重点。

中国对国际和国外先进标准采取积极引用的态度。完善标准体制与体系建设仍然是中国标准化管理当前和今后一段时期内的工作重点。

二、对中国的借鉴意义

(一)借鉴发达国家标准管理经验,积极培育社会标准化组织并发挥其作用

目前中国的职业安全卫生标准管理体制中,政府部门既承担行业监管职能,又主导强制性和推荐性标准的制修订工作。建议借鉴发达国家标准管理体制经验,积极培育发展社会标准化组织,探索建立类似英国BSI等由政府授权的国家标准化组织,在政府主管部门指导下承担推荐性国家标准和行业标准的制修订管理工作,政府标准化角色更多定位于国家安全、环保和健康等方面责任,承担强制性职业卫生标准等制定工作;同时积极鼓励行业协会、企业按照市场发展需求制定行业、企业职业卫生标准、指南。按照国务院深化标准化工作改革方案要求,逐步建立政府主导制定的强制性标准与市场自主制定的推荐性标准协同发展、协调配套的新型职业卫生标准体系,健全统一协调、运行高效、政府与市场共治的职业卫生标准管理体制。

(二)重视技术标准与技术法规的结合,完善推荐性标准建设

根据市场需求并结合国情,逐步优化完善推荐性职业卫生标准体系,为政府行业主管部门制定职业卫生与职业病防治技术法规(条例、管理办法)提供技术支撑,政府主管部门根据实际情况,积极引用国家标准化机构、行业协会制定的推荐性标准,在推动技术创新,降低立法成本,提高行政效率的同时,也有利于推进各类推荐性标准的实施。

(三)严格执行标准复审机制,提高标准制修订的前瞻性

《国家职业卫生标准管理办法》和《安全生产行业标准管理规定》均对标准提出5年复审的时限要求,但在实际执行中,标准的滞后性问题依然存在,有些标准自颁布后尚未启动复审计划,已无法满足职业卫生监督和职业病防治的实际需求。建议严格执行标准的5年复审机制,同时加强标准工作的国际交流与合作,提高标准制修订的前瞻性。

(四)加强特殊危害控制、工作相关疾病和个体防护用品标准研制工作

结合当前职业病防治重点及发展趋势,在做好尘肺病、职业中毒等传统职业病防治标准制修订工作的同时,借鉴欧美发达国家职业卫生与职业病防治经验,适时加强特殊危害控制、肌肉骨骼失调、紧张、人体工效学等工作相关疾病防治和个体防护用品标准研制工作;建立限值标准动态调整机制,结合职业危害现状和发展趋势,积极补充、完善各类限值标准,不断健全职业卫生标准体系;树立大健康工作思维,及时组织修订职业病分类和目录,是否在赔偿性名单外,单独设置报告类(预防为主)名单,值得研究。

(五)推动形成全社会参与职业卫生标准工作的氛围

制定国家职业卫生标准发展战略和中长期发展规划,积极鼓励行业协会、高等院校、科研机构、学术团体、企业参与标准制修订工作;建立以财政支持为主,行业协会、企业、高校科研机构等为补充的标准经费多元筹资渠道,同时充分发挥代表中小企业及社会各相关利益方的积极作用,逐步形成全社会参与职业卫生标准工作的氛围。

(聂　武　李　涛)

附件

附件 6-1　英国工作场所接触限值（EH40/2005）

序号	物质 中文名	物质 英文名	CAS No.	职业接触限值 8-hourTWA ppm	8-hourTWA mg/m³	15-min. STEL ppm	15-min. STEL mg/m³	备注	危险语句
1	乙醛	Acetaldehyde	75-07-0	20	37	50	92		R12, 36/37, 40
2	乙酐	Acetic anhydride	108-24-7	0.5	2.5	2	10		R10, 20/22, 34
3	丙酮	Acetone	67-64-1	500	1210	1500	3620		R1136, 66, 67
4	乙腈	Acetonitrile	75-05-8	40	68	60	102		R11, 20/21/22, 36
5	乙酰水杨酸	o-Acetylsalicylic acid	50-78-2	—	5	—	—		R1124/25, 26, 34, 50
6	丙烯醛	Acrylaldehyde (Acrolein)	107-02-8	0.1	0.23	0.3	0.7		
7	丙烯酰胺	Acrylamide	79-06-1	—	0.3	—	—	Carc; Sk	R45, 46, 20/21, 25, 36/38, 43, 48/23/24/25, 62
8	丙烯腈	Acrylonitrile	107-13-1	2	4.4	—	—	Carc; Sk	R45, 11, 23/24/25, 37/38, 41, 43, 51/53;（HSC/E 计划对该物质限值进行评估）
9	丙烯醇	Allyl alcohol	107-18-6	2	4.8	4	9.7	Sk	R10, 23/24/25, 36/37/38, 50
10	铝烷基化合物	Aluminium alkyl compounds		—	2	—	—		
11	铝金属	Aluminium metal	7429-90-5						
12	可吸入粉尘	inhalable dust		—	10	—	—		
13	呼吸性粉尘	respirable dust		—	4	—	—		
14	氧化铝	Aluminium oxides	1344-28-1						
15	可吸入粉尘	inhalable dust		—	10	—	—		
16	呼吸性粉尘	respirable dust		—	4	—	—		
17	铝盐, 可溶性	Aluminium salts, soluble		—	2	—	—		
18	2-氨基乙醇	2-Amino-ethanol	141-43-5	3	7.6	6	15		R20/21/22, 34
19	2-氨基乙醇	2-Amino-ethanol	141-43-5	1	2.5	3	7.6	Sk	R20/21/22, 34

续表

序号	物质 中文名	英文名	CAS No.	职业接触限值 8-hour TWA ppm	mg/m³	15-min. STEL ppm	mg/m³	备注	危险语句
20	氨、无水	Ammonia, anhydrous	7664-41-7	25	18	35	25		R10, 23, 34, 50
21	氯化铵、烟	Ammonium chloride, fume	12125-02-9	—	10	—	20		R22, 36
22	硫酸铵	Ammonium sulfate	7773-06-0	—	10	—	20		
23	苯胺	Aniline	62-53-3	1	4	—	—	Sk	R23/24/25, 40, 41, 48/23/24/25, 68, 50
24	锑及其化合物（以 Sb 计），不含锑氢化物	Antimony and compounds except stibine (as Sb)		—	0.5	—	—		
25	1, 4- 苯二甲酰氯和 1, 4- 苯胺聚合物的呼吸性纤维	p-Aramid respirable fibres	26125-61-1	0.5 fibres/ml					
26	砷和砷化合物，不含胂	Arsenic and arsenic compounds except arsine (as As)		—	0.1	—	—	Carc	（HSE 计划对该物质限值进行评估）
27	胂	Arsine	7784-42-1	0.05	0.16	—	—		R12, 26, 48/20, 50/53
28	沥青（石油）烟	Asphalt, petroleum fumes	8052-42-4	—	5	—	10		
29	偶氮甲酰胺	Azodicarbonamide	123-77-3	—	1	—	3	Sen	R42, 44
30	钡及其可溶性化合物	Barium compounds; soluble (as Ba)		—	0.5	—	—		
31	硫酸钡	Barium sulphate	7727-43-7						
32	可吸入粉尘	inhalable dust		—	10	—	—		
33	呼吸性粉尘	respirable dust		—	4	—	—		
34	苯	Benzene	71-43-2	1	—	—	—	Carc; Sk	R 45, 46, 11, 3 6 / 3 8, 48/23/24/25, 65
35	邻苯二甲酸丁苯酯	Benzyl butyl phthalate	85-68-7	—	5	—	—		R61, 62, 50/53
36	苯基氯	Benzyl chloride	100-44-7	0.5	2.6	1.5	7.9	Carc	R45, 22, 23, 37/38, 41, 48/22

续表

序号	物质			职业接触限值				备注	危险语句
	中文名	英文名	CAS No.	8-hourTWA		15-min. STEL			
				ppm	mg/m³	ppm	mg/m³		
37	铍及其化合物	Beryllium and beryllium compounds (as Be)		—	0.002	—	—	Carc	
38	邻苯二甲酸二辛酯（DOP）	Bis (2-ethylhexyl) phthalate	117-81-7	—	5	—	10		R60, 61
39	双氯甲醚	Bis (chloromethyl) ether	542-88-1	0.001	0.005	—	—	Carc	R45, 10, 22, 24, 26
40	樟脑（2-莰酮）	Bornan-2-one	76-22-2	2	13	3	19		R14, 26/28, 35
41	三溴化硼	Borontribromide	10294-33-4	—	—	1	10		R14, 26/28, 35
42	除草定	Bromacil (ISO)	314-40-9	1	11	2	22		R26, 35, 50
43	溴	Bromine	7726-95-6	0.1	0.66	0.3	2	Sk	R23/25, 36/37/38,
44	溴甲烷	Bromomethane	74-83-9	5	20	15	59		
45	丁烷	Butane	106-97-8	600	1450	750	1810	Carc（仅限于1,3-丁二烯含量超过0.1%时）	R12
46	1,3-丁二烯	Buta-1, 3-diene	106-99-0	10	22	—	—	Carc	R45, 46, 12；（HSC/E 计划对该物质限值进行评估）
47	正丁醇	Butan-1-ol	71-36-3	—	—	50	154	Sk	R10, 22, 37/38, 41, 67
48	仲丁醇	Butan-2-ol	78-92-2	100	308	150	462		R10, 36/37, 67
49	丁酮（甲乙基酮）	Butan-2-one (methyl ethyl ketone)	78-93-3	200	600	300	899	Sk; BMGV	R11, 36, 66, 67
50	2-丁氧基乙醇	2-Butoxyethanol	111-76-2	25	—	50	—	Sk; BMGV	R20/21/22, 36/38
51	2-（2-丁氧乙基）乙醇	2-(2-Butoxyethoxy) ethanol	112-34-5	10	67.5	15	101.2		R36
52	乙二醇丁醚醋酸酯	2-Ethylene glycol butyl ether acetate	112-07-2	20	—	50	—	Sk	R20/21
53	丙烯酸丁酯	n-Butyl acrylate	141-32-2	1	5	5	26		R10, 36/37/38, 43

续表

序号	物质		CAS No.	职业接触限值				备注	危险语句
	中文名	英文名		8-hour TWA		15-min. STEL			
				ppm	mg/m³	ppm	mg/m³		
54	氯甲酸丁酯	n-Butyl chloroformate	592-34-7	1	5.7	—	—		R10, 23, 34
55	乙酸仲丁酯	sec-Butyl acetate	105-46-4	200	966	250	1210		R11, 66
56	乙酸特丁酯	tert-Butyl acetate	540-88-5	200	966	250	1210		R11, 66
57	乙酸正丁酯	Butyl acetate	123-86-4	150	724	200	966		R10, 66, 67
58	乳酸正丁酯	Butyl lactate	138-22-7	5	30	—	—		
59	邻仲丁基酚	2-sec-Butylphenol	89-72-5	5	31	—	—	Sk	
60	镉及其化合物，不含氧化镉烟、硫酸镉及硫酸镉染料	Cadmium & cadmium compounds except cadmium oxide fume, cadmium sulphide & cadmium sulphide pigments (as Cd)		—	0.025	—	—	Carc（镉金属、氯化镉、氟化镉及硫酸镉）	
61	氧化镉烟	Cadmium oxide fume (as Cd)	1306-19-0	—	0.025	—	0.05	Carc	R45, 26, 48/23/25, 62, 63, 68, 50/53
62	硫酸镉及硫酸镉染料（呼吸性粉尘）	Cadmium sulphide and cadmium sulphide pigments (respirable dust) (as Cd)		—	0.03	—	—	Carc（硫酸镉）	
63	氢氧化铯	Caesium hydroxide	1351-79-1	—	2	—	—		
64	碳酸钙	Calcium carbonate	1317-65-3						
65	可吸入粉尘	inhalable dust		—	10	—	—		
66	呼吸性粉尘	Respirable dust		—	4	—	—		
67	氰氨化钙	Calcium cyanamide	156-62-7	—	0.5	—	1		R22, 37, 41
68	氢氧化钙	Calcium hydroxide	1305-62-0	—	5	—	—		
69	氧化钙	Calcium oxide	1305-78-8	—	2	—	—		
70	硅化钙（合成）	Calcium silicate	1344-95-2						
71	可吸入粉尘	inhalable dust		—	10	—	—		

265

续表

序号	物质		CAS No.	职业接触限值					备注	危险语句
	中文名	英文名		8-hour TWA		15-min. STEL				
				ppm	mg/m³	ppm	mg/m³			
72	呼吸性粉尘	respirable dust		—	4	—	—			
73	卡普坦，灭菌丹	Captan (ISO)	133-06-2	—	5	—	15			R23, 40, 41, 43, 50
74	炭黑	Carbon black	1333-86-4	—	3.5	—	7			
75	二氧化碳	Carbon dioxide	124-38-9	5000	9150	15000	27400			
76	二硫化碳	Carbon disulphide	75-15-0	10	32	—	—	Sk		R11, 36/38, 48/23, 62; （HSE 计划对该物质限值进行评估）
77	一氧化碳	Carbon monoxide	630-08-0	30	35	200	232	Bmgv		R12, 23, 48/23, 61
78	四氯化碳	Carbon tetrachloride	56-23-5	2	13	—	—	Sk		R23/24/25, 40, 48/23, 52/53, 59
79	纤维素	Cellulose	9004-34-6							
80	可吸入粉尘	inhalable dust		—	10	—	20			
81	呼吸性粉尘	respirable dust		—	4	—	—			
82	氯	Chlorine	7782-50-5	0.5	1.5	1	2.9			R23, 36/37/38, 50
83	二氧化氯	Chlorine dioxide	0049-04-4	0.1	0.28	0.3	0.84			R6, 8, 26, 34, 50
84	氯乙缩醛	Chloroacetal	107-20-0	—	—	1	3.3			R24/25, 26, 34, 40, 50
85	氯苯乙酮	2-Chloroacetophenone	532-27-4	0.05	0.32	—	—			
86	氯苯	Chlorobenzene	108-90-7	1	—	3	—			R10, 20, 51/53
87	一氯二氟甲烷	Chlorodifluoromethane	75-45-6	1000	3590	—	—			
88	氯乙烷	Chloroethane	75-00-3	50	—	—	—			R12, 40, 52/53
89	2-氯乙醇	2-Chloroethanol	107-07-3-	—	—	1	3.4	Sk		R26/27/28
90	表氯醇（环氧氯丙烷）	1-Chloro-2, 3-epoxypropane (Epichlorohydrin)	106-89-8	0.5	1.9	1.5	5.8	Carc		R45, 10, 23/24/25, 34, 43
91	氯仿	Chloroform	67-66-3	2	9.9	—	—	Sk		R22, 38, 40, 48/20/22

续表

序号	物质		CAS No.	职业接触限值				备注	危险语句
	中文名	英文名		8-hourTWA		15-min. STEL			
				ppm	mg/m³	ppm	mg/m³		
92	氯甲烷	Chloromethane	74-87-3	50	105	100	210		R12, 40, 48/20
93	1-氯-4-硝基苯	1-Chloro-4-nitrobenzene	100-00-5	—	1	—	2	Sk	R23/24/25, 40, 48/20/21/22, 68, 51/53
94	氯磺酸	Chloro sulfonic acid	790-94-5	—	1	—	—		R14, 35, 37
95	毒死蜱	Chlorpyrifos (ISO)	2921-88-2	—	0.2	—	0.6	Sk	R25, 50/53
96	铬	Chromium	440-47-3	—	0.5	—	—		
97	铬[II]化合物(以Cr计)	Chromium (II) compounds (as Cr)		—	0.5	—	—		
98	铬[III]化合物(以Cr计)	Chromium (III) compounds (as Cr)		—	0.5	—	—		
99	铬[VI]化合物(以Cr计)	Chromium (VI) compounds (as Cr)		—	0.05	—	—	Carc, Sen; BMGV	
100	钴及其化合物(以Co计)	Cobalt and cobalt compounds (as Co)		—	0.1	—	—	Carc（氯化钴及硫酸钴）; Sen	
101	铜	Copper	7440-50-8						
102	烟	fume			0.2		—		
103	粉尘和雾, 以Cu计	dusts and mists (as Cu)			1		2		
104	棉尘, 未加工	Cotton dust	见29页	—	2.5	—	—		
105	1, 2-二氯四氟乙烷	Cryofluorane (INN)	76-14-2	1000	7110	1250	8890		
106	异丙基苯	Cumene	98-82-8	25	125	50	250	Sk	R10, 37, 65, 51/53
107	氰胺	Cyanamide	420-04-2	—	2	—	—		R21, 25, 36/38, 43
108	氰化物, 除外氰化氢, 氰及氯化氰	Cyanides; except HCN, cyanogen and cyanogen chloride (as CN)		—	5	—	—	Sk	
109	氯化氰	Cyanogen chloride	506-77-4	—	—	0.3	0.77		

序号	物质		CAS No.	职业接触限值				备注	危险语句
	中文名	英文名		8-hourTWA		15-min. STEL			
				ppm	mg/m³	ppm	mg/m³		
110	环己烷	Cyclohexane	110-82-7	100	350	300	1050	—	R11, 38, 65, 67, 50/53
111	环己醇	Cyclohexanol	108-93-0	50	208	—	—		R20/22, 37/38
112	环己酮	Cyclohexanone	108-94-1	10	—	20	—	Sk; BMGV	R10, 20
113	环己胺	Cyclohexylamine	108-91-8	10	41	—	—		R10, 21/22, 34
114	2,4-二氯苯氧乙酸(2,4-D)	2,4-D (ISO)	94-75-7	—	10	—	20		R22, 37, 41, 43, 52/53
115	邻苯二甲酸	Dialkyl 79 phthalate	83968-18-7	—	5	—	—		
116	邻苯二甲酸二烯丙酯	Diallyl phthalate	131-17-9	—	5	—	—		R22, 50/53
117	硅藻土,天然,呼吸性粉尘	Diatomaceous earth, natural, respirable dust	61790-53-2	—	1.2	—	—		
118	过氧化二苯甲酰	Dibenzoyl peroxide	94-36-0	—	5	—	—		R2, 36, 43
119	碲化铋	bismuth telluride	1304-82-1	—	10	—	20		
120	三氧化二硼	Diboron trioxide	1303-86-2	—	10	—	20		
121	1,2-二溴乙烷	1,2-Dibromoethane (Ethylene dibromide)	106-93-4	0.5	3.9	—	—	Carc, Sk	R45, 23/24/25, 36/37/38, 51/53
122	磷酸二丁基苯酯	Dibutyl hydrogen phosphate	107-66-4	1	8.7	2	17		
123	邻苯二甲酸二丁酯	Dibutyl phthalate	84-74-2	—	5	—	10		R61, 62, 50
124	二氯乙炔	Dichloroacetylene	7572-29-4	—	—	0.1	0.39		R2, 40, 48/20
125	邻二氯苯	1,2-Dichlorobenzene (ortho-dichlorobenzene)	95-50-1	25	153	50	306	Sk	R22, 36/37/38, 50/53*
126	对二氯苯	1,4-Dichlorobenzene (para-dichlorobenzene)	106-46-7	25	153	50	306		R36, 40, 50/53
127	1,3-二氯-5,5-二甲基乙内酰脲	1,3-Dichloro-5,5-dimethyl-hydantoin	118-52-5	—	0.2	—	0.4		

续表

序号	物质			职业接触限值				备注	危险语句
	中文名	英文名	CAS No.	8-hourTWA		15-min. STEL			
				ppm	mg/m³	ppm	mg/m³		
128	1, 1-二氯乙烷	1, 1-Dichloroethane	75-34-3	100	—	—	—	Sk	R11, 22, 36/37, 52/53*
129	1, 1-二氯-1-硝基乙烷	1, 2-Dichloroethane (Ethylene dichloride)	107-06-2	5	21	—	—	Carc, Sk	R45, 11, 22, 36/37/38
130	1, 2-二氯乙烯	1, 2-Dichloroethylene, cis: trans isomers 60: 40	540-59-0	200	806	250	1010		R11, 20, 52/53
131	二氯氟甲烷	Dichlorofluoromethane	75-43-4	10	43	—	—		
132	二氯甲烷	Dichloromethane	75-09-2	100	350	300	1060	Bmgv; Sk	R40（HSC/E 计划对该物质限值进行评估）
133	4, 4'-亚甲基双(2-氯苯胺)	2, 2'-Dichloro-4, 4'-methylene dianiline (MbOCA)	101-14-4	—	0.005	—	—	Carc; Sk; Bmgv	R45, 22, 50/53
134	邻苯二甲酸双环己酯	Dicyclohexyl phthalate	84-61-7	—	5	—	—		
135	二聚环戊二烯	Dicyclopentadiene	77-73-6	5	27	—	—		R11, 20/22, 36/37/38, 51/53
136	二乙胺	Diethylamine	109-89-7	10	30	25	76		R11, 20/21/22, 35
137	乙醚	Diethyl ether	60-29-7	100	310	200	620		R12, 19, 22, 66, 67
138	邻苯二甲酸二乙酯	Diethyl phthalate	84-66-2	—	5	—	10		
139	硫酸二乙酯	Diethyl sulphate	64-67-5	0.05	0.32	—	—	Carc; Sk	R45, 46, 20/21/22, 34
140	硒化氢（以 Se 计）	Dihydrogen selenide (as Se)	7783-07-5	0.02	—	0.05	—		R23/25, 33
141	邻苯二甲酸二异丁酯	Diisobutyl phthalate	84-69-5	—	5	—	—		
142	邻苯二甲酸二异癸酯	Diisodecyl phthalate	26761-40-0	—	5	—	—		
143	邻苯二甲酸二异壬酯	Diisononyl phthalate	28553-12-0	—	5	—	—		
144	邻苯二甲酸二异辛酯	Diisooctyl phthalate	27554-26-3	—	5	—	—		
145	二异丙胺	Diisopropylamine	108-18-9	5	21	—	—		R11, 20/22, 34
146	二异丙醚	Diisopropyl ether	108-20-3	250	1060	310	1310		R11, 19, 66, 67

续表

序号	物质		CAS No.	职业接触限值					备注	危险语句
	中文名	英文名		8-hourTWA		15-min. STEL				
				ppm	mg/m³	ppm	mg/m³			
147	N，N-二甲基乙酰胺	N, N-Dimethylacetamide	127-19-5	10	36	20	72	Sk; BMGV	R20/21, 61
148	N，N-二甲基苯胺	N, N-Dimethylaniline	121-69-7	5	25	10	50	Sk	R23/24/25, 40, 51/53
149	N，N-二甲基乙胺	N, N-Dimethylethylamine	598-56-1	10	30	15	46		R12, 20/22, 34
150	二甲氧基甲烷（甲缩醛）	Dimethoxymethane	109-87-5	1000	3160	1250	3950		
151	二甲胺	Dimethylamine	124-40-3	2	3.8	6	11		R12, 20, 37/38, 41
152	N，N-二甲基乙醇胺	2-Dimethylaminoethanol	108-01-0	2	7.4	6	22		R10, 20/21/22, 34
153	二甲醚	Dimethyl ether	115-10-6	400	766	500	958	Sk	R12
154	二甲基甲酰胺	Dimethylformamide	68-12-2	10	30	20	61		R61, 20/21, 36
155	二异丁基甲酮	2, 6-Dimethylheptan-4-one	108-83-8	25	148	—	—		R10, 37
156	邻苯二甲酸二甲酯	Dimethyl phthalate	131-11-3	—	5	—	10		
157	硫酸二甲酯	Dimethyl sulphate	77-78-1	0.05	0.26	—	—	Carc; Sk	R45, 25, 26, 34, 43, 68
158	二硝基苯，所有异构体	Dinitrobenzene, all isomers	25154-54-5	0.15	1	0.5	3.5	Sk	R26/27/28, 33, 50, 53
159	邻苯二甲酸二壬酯	Dinonyl phthalate	84-76-4	—	5	—	—		
160	1, 4-二噁烷	1, 4-Dioxane	123-91-1	25	91	100	366	Sk	R11, 19, 36/37, 40, 66
161	二苯胺	Diphenylamine	122-39-4	—	10	—	20		R23/24/25, 33, 50/53
162	苯基醚（蒸气）	Diphenyl ether (vapour)	101-84-8	1	7.1	—	—		
163	五硫化二磷	Diphosphorus pentasulphide; Diphosphorus pentasulphide	1314-80-3	—	1	—	3		R11, 20/22, 29, 50
164	五氧化二磷	Diphosphorus pentoxide	1314-56-3	—	—	—	2		R35
165	敌草快，杀草快	Diquat dibromide (ISO)	85-00-7	—	0.5	—	1		R22, 26, 36/37/38, 43, 48/25, 50/53
166	焦亚硫酸钠	Disodium disulphite	7681-57-4	—	5	—	—		R22, 31, 41
167	四硼酸钠，无水	Disodium tetraborate, anhydrous	1330-43-4	—	1	—	—		

续表

序号	物质 中文名	物质 英文名	CAS No.	职业接触限值 8-hourTWA ppm	职业接触限值 8-hourTWA mg/m³	职业接触限值 15-min. STEL ppm	职业接触限值 15-min. STEL mg/m³	备注	危险语句
168	四硼酸钠，十水	Disodium tetraborate, decahydrate	1330-96-4	—	5	—	—		
169	四硼酸钠，五水	Disodium tetraborate, pentahydrate	11130-12-4	—	1	—	—		
170	一氯化硫	Disulphur dichloride	10025-67-9	—	—	1	5.6		R14, 20, 25, 29, 35, 50
171	2,6-二特丁基-对-甲酚	2,6-Di-tert-butyl-p-cresol	128-37-0	—	10	—	—		
172	抗氧剂300 (5-叔丁基-4-羟基-2-甲基苯苯硫醚)	6,6'-Di-tert-butyl-4,4'-thiodi-m-cresol	96-69-5	—	10	—	20		
173	敌草隆	Diuron (ISO)	330-54-1	—	10	—	—		R22, 40, 48/22, 50/53
174	金刚砂	Emery	1302-74-5						
175	可吸入性粉尘	inhalable dust		—	10	—	—		
176	呼吸性粉尘	respirable		—	4	—	—		
177	硫丹	Endosulfan (ISO)	115-29-7	—	0.1	—	0.3	Sk	R24/25, 36, 50/53
178	安氟醚	Enflurane	13838-16-9	50	383	—	—		
179	乙二醇	Ethane-1, 2-diol	107-21-1					Sk	
180	颗粒物	particulate		—	10	—	—		
181	蒸气	vapour		20	52	40	104		R22
182	乙硫醇	Ethanethiol	75-08-1	0.5	1.3	2	5.2		R11, 20, 50/53
183	乙醇	Ethanol	64-17-5	1000	1920	—	—		R11
184	乙二醇单乙醚；乙基溶纤剂	2-Ethoxyethanol	110-80-5	10	37	—	—	Sk	R10, 20/21/22, 60, 61 (HSE计划对该物质限值进行评估)
185	2-乙氧基乙基乙酸酯	2-Ethoxyethyl acetate	111-15-9	10	55	—	—	Sk	R20/21/22, 60, 61
186	氯甲酸2-乙基己酯	2-Ethylhexylchloro formate	468-13-1	1	8	—	—		

续表

序号	物质			职业接触限值				备注	危险语句
	中文名	英文名	CAS No.	8-hourTWA		15-min. STEL			
				ppm	mg/m³	ppm	mg/m³		
187	乙酸乙酯	Ethyl acetate	141-78-6	200	—	400	—		R11, 36, 66, 67
188	丙烯酸乙酯	Ethyl acrylate	140-88-5	5	21	15	62		R11, 20/21/22, 36/37/38, 43
189	乙胺	Ethylamine	75-04-7	2	3.8	6	11		R12, 36/37
190	乙苯	Ethylbenzene	100-41-4	100	441	125	552	Sk	R11, 20
191	氯甲酸乙酯	Ethyl chloroformate	541-41-3	1	4.5	—	—		R11, 22, 26, 34
192	氰基丙烯酸乙酯	Ethyl cyanoacrylate	7085-85-0	—	—	0.3	1.5		R36/37/38
193	甲酸乙酯	Ethyl formate	109-94-4	100	308	150	462		R11, 20/22, 36/37
194	环氧乙烷	Ethylene oxide	75-21-8	5	9.2	—	—	Carc	R45, 46, 12, 23, 36/37/38
195	N-乙基吗啉	4-Ethylmorpholine	100-74-3	5	24	20	96	Sk	
196	铸造粉尘	Ferrous foundry	见29页						
197	颗粒物	particulate							
198	吸入粉尘	inhalable dust		—	10	—	—		
199	呼吸性粉尘	respirable dust		—	4	—	—		
200	面粉粉尘	Flour dust	见30页	—	10	—	30	Sen	HSE 计划对该物质限值进行评估
201	氟化物（以氟计）	Fluoride (inorganic as F)	16984-48-8	—	2.5	—	—		
202	氟	Fluorine	7782-41-4	1	—	1	—		R7, 26, 35, R23/24/25, 34, 40, 43；（HSE 计划对该物质限值进行评估）
203	甲酰胺	Formamide	75-12-7	20	37	30	56		R61
204	甲酸	Formic acid	64-18-6	5	9.6	—	—		R35
205	糠醛	2-Furaldehyde (furfural)	98-01-1	2	8	5	20	Sk	R21, 23/25, 36/37, 40
206	四氢化锗	Germane	7782-65-2	0.2	0.64	0.6	1.9		
207	戊二醛	Glutaraldehyde	111-30-8	0.05	0.2	0.05	0.2	Sen	R23/25, 34, 42/43, 50

续表

序号	物质 中文名	物质 英文名	CAS No.	职业接触限值 8-hourTWA ppm	8-hourTWA mg/m³	15-min. STEL ppm	15-min. STEL mg/m³	备注	危险语句
208	甘油雾	Glycerol, mist	56-81-5	—	10	—	—		
209	谷物粉尘	Grain dust	见30页	—	10	—	—		
210	石墨	Graphite	7440-44-0					Sen	
211	可吸入粉尘	inhalable dust		—	10	—	—		
212	呼吸性粉尘	respirable		—	4	—	—		
213	石膏	Gypsum	10101-41-4						
214	可吸入性粉尘	inhalable dust		—	10	—	—		
215	呼吸性粉尘	respirable		—	4	—	—		
216	卤代铂类化合物（铂原子在卤化组直接协调杂协调化合物）（以铂计）	Halogeno-platinum compounds (complex co-ordination compounds in which the platinum atom is directly co-ordinated to halide groups) (as Pt)	见30页	—	0.002	—	—	Sen	
217	三氟溴氯乙烷	Halothane	151-67-7	10	82	—	—		
218	硬木尘	Hardwood dust	见31页	—	5	—	—	Carc; Sen	HSE计划对该物质限值进行评估
219	正庚烷	n-Heptane	142-82-5	500	—	—	—		R11, 38, 65, 67, 50/53
220	2-庚酮	Heptan-2-one	110-43-0	50	237	100	475	Sk	R10, 20/22
221	3-庚酮	Heptan-3-one	106-35-4	35	166	100	475	Sk;	R10, 20, 36
222	正己烷	n-Hexane	110-54-3	20	72	—	—		R11, 38, 48/20, 62, 65, 67, 51/53*
223	己内酰胺	1, 6-Hexanolactam	105-60-2						R20/22, 36/37/38
224	粉尘	dust only		—	1	—	3		
225	粉尘和蒸气	dust and vapour		—	10	—	20		

序号	物质		CAS No.	职业接触限值				备注	危险语句
	中文名	英文名		8-hour TWA		15-min. STEL			
				ppm	mg/m³	ppm	mg/m³		
226	2-己酮	Hexan-2-one	591-78-6	5	21	—	—	Sk	R10, 48/23, 62, 67
227	肼	Hydrazine	302-01-2	0.02	0.03	0.1	0.13	Carc; Sk	R45, 10, 23/24/25, 34, 43, 50/53
228	溴化氢	Hydrogen bromide	10035-10-6	—	—	3	10		R35, 37
229	氯化氢（气体及气溶胶雾）	Hydrogen chloride (gas and aerosol mists)	7647-01-0	1	2	5	8		R23, 35
230	氰化氢	Hydrogen cyanide	74-90-8	—	—	10	11	Sk	R12, 26, 50/53
231	氟化氢（以氟计）	Hydrogen fluoride (as F)	7664-39-3	1.8	1.5	3	2.5		R26/27/28, 35
232	过氧化氢	Hydrogen peroxide	7722-84-1	1	1.4	2	2.8		R5, 8, 20/22, 35
233	硫化氢	Hydrogen sulphide	7783-06-4	5	7	10	14		R12, 26, 50
234	氢醌	Hydroquinone	123-31-9	—	0.5	—	—		R22, 40, 41, 43, 68, 50
235	4-羟基-4-甲基-2-戊酮	4-Hydroxy-4-methylpentan-2-one	123-42-2	50	241	75	362		R36
236	2-丙烯酸-2-羟基丙基酯	2-Hydroxypropyl acrylate	999-61-1	0.5	2.7	—	—	Sk	R23/24/25, 34, 43
237	二乙撑三胺	2, 2'-Iminodi (ethylamine)	111-40-0	1	4.3	—	—	Sk	R21/22, 34, 43
238	茚	Indene	95-13-6	10	48	15	72		
239	铟及其化合物（以铟计）	Indium and compounds (as In)		—	0.1	—	0.3		
240	碘	Iodine	7553-56-2	—	—	0.1	1.1		R20/21, 50
241	碘仿	Iodoform	75-47-8	0.6	9.8	1	16		
242	碘甲烷	Iodomethane	74-88-4	2	12	—	—	Sk	R21, 23/25, 37/38, 40
243	三氧化二铁，烟（以铁计）	Iron oxide, fume (as Fe)	1309-37-1	—	5	—	10		
244	铁盐（以铁计）	Iron salts (as Fe)		—	1	—	2		
245	乙酸异丁酯	Isobutyl acetate	110-19-0	150	724	187	903		R11, 66
246	异氰酸盐（以-NCO计）	Isocyanates, all (as-NCO)		—	0.02	—	0.07	Sen	HSE 计划对该物质限值进行评估
247	异氟烷	Isoflurane	26675-46-7	50	383	—	—		

序号	物质			职业接触限值				备注	危险语句
	中文名	英文名	CAS No.	8-hourTWA		15-min. STEL			
				ppm	mg/m³	ppm	mg/m³		
248	异辛醇（混合异构体）	Isooctyl alcohol (mixed isomers)	26952-21-6	50	271	—	—		
249	异戊烷	Isopentane	78-78-4	600	1800	—	—		R12, 51/53, 65, 66, 67
250	乙酸异丙酯	Isopropyl acetate	108-21-4	—	—	200	849		R11, 36, 66, 67
251	氯甲酸异丙酯	Isopropyl chloroformate	108-23-6	1	5.1	—	—		
252	高岭土，呼吸性粉尘	Kaolin, respirable dust	1332-58-7	—	2	—	—		
253	乙烯酮	Ketene	463-51-4	0.5	0.87	1.5	2.6		
254	石灰石	Limestone	1317-65-3						
255	总可吸入性粉尘	total inhalable		—	10	—	—		
256	呼吸性粉尘	respirable		—	4	—	—		
257	液化石油气	Liquefied petroleum gas	68476-85-7	1000	1750	1250	2180	Carc（仅适用于液化石油气中1,3-丁二烯含量大于0.1%时）	R12
258	氢化锂	Lithium hydride	7580-67-8	—	0.025	—	—		
259	氢氧化锂	Lithium hydroxide	1310-65-2	—	—	—	1		
260	碳酸镁	Magnesite	546-93-0						
261	可吸入性粉尘	inhalable dust		—	10	—	—		
262	呼吸性粉尘	respirable dust		—	4	—	—		
263	氧化镁，以镁计	Magnesium oxide (as Mg)	1309-48-4						
264	可吸入粉尘	inhalable dust		—	10	—	—		
265	烟及呼吸性粉尘	fume and respirable dust		—	4	—	—		
266	马拉硫磷	Malathion (ISO)	121-75-5	—	10	—	—	Sk	R22, 50/53
267	马来酸酐	Maleic anhydride	108-31-6	—	1	—	3	Sen	R22, 34, 42/43
268	锰及其无机化合物（以锰计）	Manganese and its inorganic compounds (as Mn)		—	0.5	—	—		

续表

序号	物质 中文名	英文名	CAS No.	8-hourTWA ppm	8-hourTWA mg/m³	15-min. STEL ppm	15-min. STEL mg/m³	备注	危险语句
269	大理石	Marble	1317-65-3						
270	总可吸入性粉尘	total inhalable		—	—	10	—		
271	呼吸性粉尘	respirable		—	4	—	—		
272	巯基乙酸	Mercaptoacetic acid	68-11-1	1	3.8	—	—		R23/24/25, 34
273	甲基丙烯酸	Methacrylic acid	79-41-4	20	72	40	143		R21/22, 35
274	甲基丙烯腈	Methacrylonitrile	126-98-7	1	2.8	—	—	Sk	R11, 23/24/25, 43
275	甲硫醇	Methanethiol	74-93-1	0.5	1	—	—		R12, 23, 50/53
276	甲醇	Methanol	67-56-1	200	266	250	333	Sk	R11, 23/24/25, 39/23/24/25
277	乙二醇甲醚	2-Methoxyethanol	109-86-4	5	16	—	—	Sk	R10, 20/21/22, 60, 61
278	二乙二醇甲醚	2-(2-Methoxyethoxy) ethanol	111-77-3	10	50.1	—	—	Sk	R63
279	乙二醇甲醚乙酸酯	2-Methoxyethyl acetate	110-49-6	5	25	—	—	Sk	R20/21/22, 60, 61
280	二丙二醇甲醚	(2-methoxymethylethoxy) propanol	34590-94-8	50	308	—	—	Sk	
281	1, 2-丙二醇-1-单甲醚	1-Methoxypropan-2-ol	107-98-2	100	375	150	560	Sk	R10
282	丙二醇甲醚醋酸酯	1-Methoxypropyl acetate	108-65-6	50	274	100	548	Sk	R10, 36
283	乙酸甲酯	Methyl acetate	79-20-9	200	616	250	770		R11, 36, 66, 67
284	3-甲基-1-丁醇	3-Methylbutan-1-ol	123-51-3	100	366	125	458		R36/37/38
285	2-氰基丙烯酸甲酯	Methyl cyanoacrylate	137-05-3	—	—	0.3	1.4		
286	4, 4'-亚甲基双胺	4, 4'-Methylenedianiline	101-77-9	0.01	0.08	—	—	Carc; Sk; Bmgv	R45, 39/23/24/25, 43, 48/20/21/22, 68, 51/53
287	过氧化丁铜	Methyl ethyl ketone peroxides (MEKP)	1338-23-4	—	—	0.2	1.5		
288	甲基丙烯酸甲酯	Methyl methacrylate	80-62-6	50	208	100	416		R11, 37/38, 43
289	邻甲基环己酮	2-Methylcyclohexanone	583-60-8	50	233	75	350		R10, 20

续表

序号	物质 中文名	英文名	CAS No.	8-hourTWA ppm	8-hourTWA mg/m³	15-min. STEL ppm	15-min. STEL mg/m³	备注	危险语句
290	甲基环己醇	Methylcyclohexanol	25639-42-3	50	237	75	356		
291	N-甲基苯胺	*N-Methylaniline*	100-61-8	0.5	2.2	—	—	Sk	R23/24/25, 33, 50/53
292	5-甲基-3-庚酮	5-Methylheptan-3-one	541-85-5	10	—	20	—		R10, 36/37
293	5-甲基-2-己酮	5-Methylhexan-2-one	110-12-3	20	95	100	475	Sk	R10, 20
294	2-甲基-2,4-戊二醇	2-Methylpentane-2, 4-diol	107-41-5	25	123	25	123		R36/38
295	甲基异丁基甲醇;4-甲基-2-戊醇	4-Methylpentan-2-ol	108-11-2	25	106	40	170	Sk	R10, 37
296	甲基异丁基甲酮	4-Methylpentan-2-one	108-10-1	50	208	100	416	Sk; Bmgv	R11, 20, 36/37, 66
297	异丁醇(2-甲基丙醇)	2-Methylpropan-1-ol	78-83-1	50	154	75	231		R10, 37/38, 41, 67
298	叔丁醇	2-Methylpropan-2-ol	75-65-0	100	308	150	462		R20
299	甲基异丙基甲酮	1-Methyl-2-pyrrolidone	872-50-4	25	103	75	309	Sk	R36/38
300	异氰酸甲酯	Methyl-tert-butyl ether	1634-04-4	25	92	75	275		R11, 38
301	云母	Mica	12001-26-2						
302	总可吸入性粉尘	total inhalable		—	10	—	—		
303	呼吸性粉尘	respirable		—	0.8	—	—		
304	人造矿物纤维,除外耐火陶瓷及特殊用途纤维	MMMF (Machine-made mineral fibre)(except for Refractory Ceramic Fibres and Special Purpose Fibres)		5mg/m³ 和 2 纤维/ml					
305	钼化合物,以钼计	Molybdenum compounds (as Mo)							
306	可溶性化合物	soluble compounds		—	5	—	10		
307	难溶性化合物	insoluble compounds		—	10	—	20		
308	氯乙酸	Monochloroacetic acid	79-11-8	0.3	1.2	—	—	Sk	R25, 34, 50

续表

序号	物质		CAS No.	职业接触限值				备注	危险语句
	中文名	英文名		8-hourTWA		15-min. STEL			
				ppm	mg/m³	ppm	mg/m³		
309	吗啉	Morpholine	110-91-8	20	72	30	109	Sk	R10, 20/21/22, 34
310	新戊烷	Neopentane	463-82-1	600	1800	—	—		R12, 51/53
311	镍及其无机化合物（不含羰基镍），以镍基计	Nickel and its inorganic compounds (except nickel tetracarbonyl):						Sk; Carc（氧化镍和硫酸镍）; Sen（硫酸镍）	
312	水溶性镍化合物（以Ni计）	water-soluble nickel compounds (as Ni)		—	0.1	—	—		
313	镍及其难溶于水的镍化合物（以Ni计）	nickel and water-insoluble nickel compounds (as Ni)	—	0.5	—	—	—		
314	烟碱	Nicotine	54-11-5	—	0.5	—	1.5	Sk	R25, 27, 51/53
315	硝酸	Nitric acid	7697-37-2	2	5	4	10		R8, 35
316	硝基苯	Nitrobenzene	98-95-3	1	5.1	2	10	Sk	R23/24/25, 40, 48/23/24, 62, 51/53
317	硝基甲烷	Nitromethane	75-52-5	100	254	150	381		R5, 10, 22
318	2-硝基丙烷	2-Nitropropane	79-46-9	5	19	—	—	Carc	R45, 10, 20/22
319	一氧化二氮，笑气	Nitrous oxide	10024-97-2	100	183	—	—		
320	磷酸；亚磷酸	Orthophosphoric acid	7664-38-2	—	1	—	2		R34
321	四氧化锇（以锇计）	Osmium tetraoxide (as Os)	20816-12-0	0.0002	0.002	0.0006	0.006		R26/27/28, 34
322	草酸	Oxalic acid	144-62-7	—	1	—	2		R21/22
323	二甘醇	2, 2'-Oxydiethanol	111-46-6	23	101	—	—		R22
324	对乙酰氨基酚，可吸入粉尘	Paracetamol, inhalable dust	103-90-2	—	10	—	—		
325	石蜡，烟	Paraffin wax, fume	8002-74-2	—	2	—	6		

续表

| 序号 | 物质 | | CAS No. | 职业接触限值 | | | | 备注 | 危险语句 |
| | 中文名 | 英文名 | | 8-hour TWA | | 15-min. STEL | | | |
				ppm	mg/m³	ppm	mg/m³		
326	百草枯二氯化物，呼吸性粉尘	Paraquat dichloride (ISO), respirable dust	1910-42-5	—	0.08	—	—		R24/25，26，36/37/38，48/25，50/53
327	五羰基铁	Pentacarbonyliron (as Fe)	13463-40-6	0.01	0.08	—	—		
328	季戊四醇	Pentaerythritol	115-77-5						
329	可吸入性粉尘	inhalable dust		—	10	—	20		
330	呼吸性粉尘	respirable dust		—	4	—	—		
331	2-戊酮	Pentan-2-one	107-87-9	200	716	250	895		
332	3-戊酮；二乙基甲酮	Pentan-3-one	96-22-0	200	716	250	895		R11, 37, 66, 67
333	戊烷	Pentane	109-66-0	600	1800	—	—		R12, 51/53, 65, 66, 67
334	乙酸戊酯（所有异构体）	Pentyl acetates (all isomers)		50	270	100	541		R10, 66
335	a-甲基苯乙烯	2-Phenylpropene	98-83-9	50	246	100	491		R10, 36/37, 51/53
336	酚	Phenol	108-95-2	2	—	—	—	Sk	R23/24/25, 34, 48/20/21/22, 68
337	对苯二胺	p-Phenylenediamine	106-50-3	—	0.1	—	—	Sk	R23/24/25, 36, 43, 50/53
338	甲拌磷	Phorate (ISO)	298-02-2	—	0.05	—	0.2	Sk	R27/28, 50/53
339	光气	Phosgene	75-44-5	0.02	0.08	0.06	0.25		R26, 34
340	磷化氢	Phosphine	7803-51-2	—	0.87	0.3	0.42		R12, 17, 26, 34, 50
341	五氯化磷	Phosphorus pentachloride	10026-13-8	0.1	1.1	—	—		R14, 22, 26, 34, 48/20
342	三氯化磷	Phosphorus trichloride	7719-12-2	0.2	1.1	0.5	2.9		R14, 26/28, 35, 48/20
343	磷（黄磷）	Phosphorus, yellow	7723-14-0	—	0.1	—	0.3		R11, 16, 52/53
344	三氯氧磷	Phosphoryl trichloride	10025-87-3	0.2	1.3	0.6	3.8		R14, 22, 26, 35, 48/23
345	邻苯二甲酸酐	Phthalic anhydride	85-44-9	—	4	—	12	Sen	R22, 37/38, 41, 42/43
346	毒莠定	Picloram (ISO)	1918-02-1	—	10	—	20		
347	苦味酸；2，4，6-三硝基苯酚	Picric acid	88-89-1	—	0.1	—	0.3		R2, 4, 23/24/25

279

续表

序号	物质 中文名	物质 英文名	CAS No.	职业接触限值 8-hourTWA ppm	8-hourTWA mg/m³	15-min. STEL ppm	15-min. STEL mg/m³	备注	危险语句
348	二盐酸哌嗪	Piperazine	110-85-0	—	0.1	—	0.3	Sen	R34, 42/43, 52/53
349	聚氯联苯	Piperazine dihydrochloride	142-64-3	—	0.1	—	0.3	Sen	
350	哌啶	Piperidine	110-89-4	1	3.5	—	—	Sk	R11, 23/24, 34
351	熟石膏	Plaster of Paris	26499-65-0						
352	可吸入性粉尘	inhalable dust		—	10	—	—		
353	呼吸性粉尘	respirable dust		—	4	—	—		
354	铂化合物;可溶性(不含卤代铂类化合物)(以铂计)	Platinum compds, soluble (except certain halogeno-Pt compounds) (as Pt)			0.002				
355	铂金属	Platinum metal	7440-06-4	—	5	—	—		
356	聚氯联苯	Polychlorinated biphenyls (PCB)	1336-36-3	—	0.1	—	—	Sk	R33, 50/53
357	聚氯乙烯 [PVC]	Polyvinyl chloride	9002-86-2						
358	可吸入性粉尘	inhalable dust		—	10	—	—		
359	呼吸性粉尘	respirable dust		—	4	—	—		
360	硅酸盐水泥	Portland cement	65997-15-1						
361	可吸入性粉尘	inhalable dust		—	10	—	—		
362	呼吸性粉尘	respirable dust		—	4	—	—		
363	氢氧化钾	Potassium hydroxide	1310-58-3	—	—	—	2		R22, 35
364	丙二醇	Propane-1, 2-diol	57-55-6						
365	总蒸气和颗粒物	total vapour and particulates		150	474	—	—		
366	颗粒物	particulates		—	10	—	—		
367	正丙醇	Propan-1-ol	71-23-8	200	500	250	625	Sk	R11, 41, 67
368	异丙醇	Propan-2-ol	67-63-0	400	999	500	1250		R11, 36, 67

续表

序号	物质 中文名	物质 英文名	CAS No.	职业接触限值 8-hourTWA ppm	职业接触限值 8-hourTWA mg/m³	15-min. STEL ppm	15-min. STEL mg/m³	备注	危险语句
369	丙酸	Propionic acid	79-09-4	10	31	15	46		R34
370	残杀威	Propoxur (ISO)	114-26-1	—	0.5	—	2		R25, 50/53
371	普萘洛尔	Propranolol	525-66-6	—	2	—	6		
372	乙酸丙酯	n-Propyl acetate	109-60-4	200	849	250	1060		R11, 36, 66, 67
373	环氧丙烷	Propylene oxide	75-56-9	5	12	—	—	Carc	R45, 46, 12, 20/21/22, 36/37/38
374	丙炔醇	Prop-2-yn-1-ol	107-19-7	1	2.3	3	7	Sk	R10, 23/24/25, 34, 51/53
375	粉碎燃料灰烬	Pulverised fuel ash							
376	可吸入性粉尘	inhalable dust		—	10	—	—		
377	呼吸性粉尘	respirable dust		—	4	—	—		
378	除虫菊酯	Pyrethrins (ISO) (purified of sensitizing lactones)		—	5	—	10		R20/21/22, 50/53
379	除虫菊酯	Pyrethrum (purified of sensitizing lactones)	8003-34-7	—	1	—	—		
380	吡啶	Pyridine	110-86-1	5	16	10	33		R11, 20/21/22
381	2-氨基吡啶	2-Pyridylamine	504-29-0	0.5	2	2	7.8		
382	邻苯二酚	Pyrocatechol	120-80-9	5	23	—	—		R21/22, 36/38
383	耐火陶瓷纤维及特殊用途纤维	Refractory Ceramic Fibres and Special Purpose Fibres		5mg/m³；1 纤维/ml					
384	间苯二酚	Resorcinol	108-46-3	10	46	20	92		R22, 36/38, 50
385	间苯二酚	Resorcinol	108-46-3	10	46	20	92	Sk	R22, 36/38, 50
386	铑（以铑计）	Rhodium (as Rh)							
387	金属烟尘	metal fume and dust		—	0.1	—	0.3		
388	可溶性盐	soluble salts		—	0.001	—	0.003		

续表

序号	物质 中文名	英文名	CAS No.	职业接触限值 8-hourTWA ppm	8-hourTWA mg/m³	15-min. STEL ppm	15-min. STEL mg/m³	备注	危险语句
389	松香焊接高温分解物（按甲醛计）	Rosin-based solder flux fume	8050-09-7	—	0.05	—	0.15	Sen	
390	鱼藤酮（商品）	Rotenone (ISO)	83-79-4	—	5	—	10		R25, 36/37/38, 50/53
391	三氧化二铁	Rouge	1309-37-1						
392	总可吸入性粉尘	total inhalable		—	10	—	—		
393	呼吸性粉尘	respirable		—	4	—	—		
394	橡胶烟	Rubber fume	见 30 页	—	0.6	—	—	Carc; 环己烷可溶解物的限值	
395	橡胶加工粉尘	Rubber process dust	见 30 页	—	6	—	—	Carc	HSE 计划对该物质限值进行评估
396	硒及其化合物，除外硒化氢（以硒计）	Selenium and compounds, except hydrogen selenide (as Se)		—	0.1	—	—		
397	硅烷	Silane	7803-62-5	0.5	0.67	1	1.3		
398	二氧化硅，无定形	Silica, amorphous							
399	可吸入性粉尘	inhalable dust		—	6	—	—		
400	呼吸性粉尘	respirable dust		—	2.4	—	—		
401	二氧化硅，呼吸性结晶型	Silica, respirable crystalline	见 31 页	—	0.1	—	—		
402	熔融石英，呼吸性粉尘	Silica, fused respirable dust	60676-86-0	—	0.08	—	—		HSE 计划对该物质限值进行评估
403	硅	Silicon	7440-21-3						
404	可吸入性粉尘	inhalable dust		—	10	—	—		
405	呼吸性粉尘	respirable dust		—	4	—	—		
406	碳化硅	Silicon carbide (not whiskers)	409-21-2						

续表

序号	物质 中文名	英文名	CAS No.	职业接触限值 8-hourTWA ppm	8-hourTWA mg/m³	15-min. STEL ppm	15-min. STEL mg/m³	备注	危险语句
407	可吸入性粉尘	total inhalable		—	10	—	—		
408	呼吸性粉尘	respirable		—	4	—	—		
409	银（可溶性化合物，以银计）	Silver (soluble compounds as Ag)		—	0.01	—	—		
410	银，金属	Silver, metallic	7440-22-4	—	0.1	—	—		
411	叠氮化钠（以 NaN₃ 计）	Sodium azide (as NaN₃)	26628-22-8	—	0.1	—	0.3	Sk	R28, 32, 50/53
412	2，4-滴硫酸钠	Sodium 2-(2, 4-dichlorophenoxy) ethyl sulphate	136-78-7	—	10	—	20		
413	亚硫酸氢钠	Sodium hydrogen sulphite	7631-90-5	—	5	—	—		R22, 31
414	氢氧化钠	Sodium hydroxide	1310-73-2	—	—	—	2		R35
415	软木尘	Softwood dust	见31页	—	5	—	—	Sen	HSE 计划对该物质限值进行评估
416	淀粉	Starch	9005-25-8	—	—	—	—		
417	可吸入性粉尘	total inhalable		—	10	—	—		
418	呼吸性粉尘	respirable		—	4	—	—		
419	苯乙烯	Styrene	100-42-5	100	430	250	1080		R10, 20, 36/38；HSE 计划对该物质限值进行评估
420	枯草杆菌蛋白酶（蛋白水解酶作为 100% 纯结晶酶）	Subtilisins	1395-21-7 (Bacillus subtilis BPN) / 9014-01-1 (Bacillus subtilis Carlsberg)	—	0.00004	—	—	Sen	R37/38, 41, 42
421	蔗糖	Sucrose	57-50-1	—	10	—	20		

续表

序号	物质			职业接触限值				备注	危险语句
	中文名	英文名	CAS No.	8-hourTWA		15-min. STEL			
				ppm	mg/m^3	ppm	mg/m^3		
422	治螟磷；硫特普	Sulfotep (ISO)	3689-24-5	—	0.1	—	—	Sk	R27/28, 50/53
423	六氟化硫	Sulphur hexafluoride	2551-62-4	1000	6070	1250	7590		
424	二氟化硫（硫酰氟）	Sulphuryl difluoride	2699-79-8	5	21	10	42		R23, 48/20, 50
425	2-甲基苯胺	o-Toluidine	95-53-4	0.2	0.89	—	—	Carc; Sk	R45, 23/25, 36, 50
426	滑石，呼吸性粉尘	Talc, respirable dust	14807-96-6	—	1	—	—		
427	钽	Tantalum	7440-25-7	—	5	10	—		
428	碲及其化合物，除外碲化氢（以碲计）	Tellurium & compounds, except hydrogen telluride, (as Te)		—	0.1	—	—		
429	三联苯，所有异构体	Terphenyls, all isomers	26140-60-3	—	—	0.5	4.8		R26, 36, 52/53
430	1, 1, 2, 2-四溴乙烷	1, 1, 2, 2-Tetrabromoethane	79-27-6	0.5	7.2	—	—	Sk	
431	羰基镍	Tetracarbonylnickel (as Ni)	13463-39-3	—	—	0.1	0.24		R11, 26, 40, 61, 50/53
432	四氯乙烯	Tetrachloroethylene	127-18-4	50	345	100	689		R40, 50/53
433	1, 1, 1, 2-四氯-1, 2-二氟乙烷	1, 1, 1, 2-Tetrafluoroethane (HFC 134a)	811-97-2	1000	4240	—	—		
434	四氢呋喃	Tetrahydrofuran	109-99-9	50	150	100	300	Sk	R11, 19, 36/37
435	焦磷酸四钠	Tetrasodium pyrophosphate	7722-88-5	—	5	—	—		
436	铊，可溶性化合物（以铊计）	Thallium, soluble compounds (as Tl)		—	0.1	—	—	Sk	
437	二甲基亚砜	Thionyl chloride	7719-09-7	—	1	4.9	—		
438	锡化合物，无机（不含SnH$_4$，以Sn计）	Tin compounds, inorganic, except SnH$_4$, (as Sn)		—	2	—	4		
439	锡化合物，有机（不含环己锡，以Sn计）	Tin compounds, organic, except Cyhexatin (ISO), (as Sn)		—	0.1	—	0.2	Sk	
440	二氧化钛	Titanium dioxide	13463-67-7						

续表

序号	物质		CAS No.	职业接触限值				备注	危险语句
	中文名	英文名		8-hourTWA		15-min. STEL			
				ppm	mg/m³	ppm	mg/m³		
441	总可吸入性颗粒物	total inhalable		—	10	—	—		
442	呼吸性颗粒物	respirable		—	4	—	—		
443	甲苯	Toluene	108-88-3	50	191	100	384		R11, 38, 48/20, 63, 65, 67
444	甲苯	Toluene	108-88-3	50	191	100	384	Sk	R11, 38, 48/20, 63, 65, 67
445	对甲苯磺酰氯	p-Toluenesulphonyl chloride	98-59-9	—	—	—	5		
446	磷酸三丁酯，所有异构体	Tributyl phosphate, all isomers	126-73-8	—	5	—	5		R22, 38, 40
447	1,2,4-三氯苯	1,2,4-Trichlorobenzene	120-82-1	1	—	5	—	Sk	R22, 38, 50/53
448	1,1,1-三氯乙烷	1,1,1-Trichloroethane	71-55-6	100	555	200	1110		R20, 59
449	三氯乙烯	Trichloroethylene	79-01-6	100	550	150	820	Carc, Sk	R45, 36/38, 67, 52/53；HSE 计划对该物质限值进行评估
450	三氯硝基甲烷（氯化苦）	Trichloronitromethane	76-06-2	0.1	0.68	0.3	2.1		R22, 26, 36/37/38
451	三乙胺	Triethylamine	121-44-8	2	8	4	17	Sk	R11, 20/21/22, 35
452	1,3,5-三缩水甘油-S-三嗪三酮	Triglycidyl isocyanurate（TGIC）	2451-62-9	—	0.1	—	—	Carc	R46, 23/25, 41, 43, 48/22, 52/53
453	偏苯三酸酐	Trimellitic anhydride	552-30-7	—	0.04	—	0.12	Sen	R37, 41, 42/43
454	三甲基苯，所有异构体或混合物	Trimethylbenzenes; all isomers or mixtures	25551-13-7	25	125	—	—		
455	异佛尔酮	3,5,5-trimethylcyclohex-2-enone	78-59-1	—	—	5	29		R21/22, 36/37, 40
456	亚磷酸三甲酯	Trimethyl phosphite	121-45-9	2	10	—	—		
457	2,4,6-三硝基甲苯，TNT	2,4,6-Trinitrotoluene	118-96-7	—	0.5	—	—	Sk	R2, 23/24/25, 33, 51/53

序号	物质		CAS No.	职业接触限值					备注	危险语句
	中文名	英文名		8-hourTWA		15-min. STEL				
				ppm	mg/m³	ppm	mg/m³			
458	磷酸三 (2- 甲苯) 酯	Tri-o-tolyl phosphate	78-30-8	—	0.1	—	0.3			R39/23/24/25, 51/53
459	磷酸三苯酯	Triphenyl phosphate	115-86-6	—	3	—	6			
460	钨及其化合物 (以钨计)	Tungsten & compounds (as W)	7440-33-7							
461	可溶性化合物	soluble compounds		—	1	—	3			
462	难溶性化合物	insoluble compounds and others		—	5	—	10			
463	松节油	Turpentine	8006-64-2	100	566	150	850			R10, 20/21/22, 36/38, 43, 65, 51/53
464	五氧化二钒	Vanadium pentoxide	1314-62-1	—	0.05	—	—			R20/22, 37, 48/23, 63, 68, 51/53
465	氯乙烯	Vinyl chloride	75-01-4	3	—	—	—		Carc	R45, 12
466	二氯乙烯	Vinylidene chloride	75-35-4	10	40	—	—			R12, 20, 40
467	羊毛加工粉尘	Wool process dust	见 31 页	—	10	—	—			
468	二甲苯 (邻, 间, 对或混合异构体)	Xylene, o-, m-, p-or mixed isomers	1330-20-7	50	220	100	441		Sk; BMGV	R10, 20/21, 38
469	钇	Yttrium	7440-65-5	—	1	—	3			
470	氯化锌烟	Zinc chloride, fume	7646-85-7	—	1	—	2			R22, 34, 50/53
471	氧化锌烟	Zinc distearate	557-05-1							
472	可吸入粉尘	inhalable dust		—	10	—	20			
473	呼吸性粉尘	respirable dust		—	4	—	—			
474	锆及其化合物 (以锆计)	Zirconium compounds (as Zr)		—	5	—	10			

附件 6-2 英国生物监测指导值（EH40/2005）

物质名称		生物监测指标	生物监测指导值	采样时间
中文名称	英文名称			
丁酮（甲乙基酮）	Butan-2-one	尿丁酮（甲乙基酮）	70μmol/L	班后
2-丁氧基乙醇	2-Butoxyethanol	尿丁氧基乙酸	240mmol/mol 肌酐	班后
一氧化碳	Carbon monoxide	潮式呼吸末 CO	30ppm	班后
铬（VI 价）	Chromium VI	尿铬	10μmol/mol 肌酐	班后
环己酮	Cyclohexanone	尿环己醇	2mmol/mol 肌酐	班后
二氯甲烷	Dichloromethane	潮式呼吸末 CO	30ppm	班后
N, N-二甲基甲酰胺	N, N-Dimethylacetamide	尿 N-甲基甲酰胺	100mmol/mol 肌酐	班后
甘油三硝酸酯	Glyceroltrinitrate（Nitroglycerin）	尿总甘油三硝酸酯	15μmol/mol 肌酐	接触期末
林丹	Lindane	L 全血或血清林丹	35nmol/L（10μg/L）全血；70nmol/L 血清	随机
2，2'-二氯-4，4'-二氨基二苯甲烷	MbOCA（2, 2'dichloro-4, 4' methylenedianiline）	尿总 2, 2'-二氯-4, 4'-二氨基二苯甲烷	15μmol/mol 肌酐	班后
汞	Mercury	尿汞	20μmol/mol 尿	随机
甲基异丁基甲酮	4-methylpentan-2-one	尿甲基异丁基甲酮	20μmol /L	班后
4，4'-二氨基二苯甲烷	4, 4'-Methylenedianimile（MDA）	尿总 4, 4'-二氨基二苯甲烷	50μmol /mol 肌酐	吸入接触班后及皮肤接触上一班次的第二天
多环芳烃	Polycyclic aromatic hydro-carbons（PAHs）	尿 1-羟基芘	4μmol /mol 肌酐	班后
二甲苯（邻、间、对或混合异构体）	Xylene, o-, m-, p-or mixed isomers	尿甲基马尿酸	650mmol/mol 肌酐	班后

附件 6-3　英国赔偿类职业病名单（IIDB）

序号	分类	具体内容
1	物理因素所致疾病或伤害	1.1　白血病（慢性淋巴性白血病除外）或骨癌，女性乳腺癌，睾丸癌或甲状腺癌，结肠癌，肝癌，肺癌，胃癌，卵巢癌和膀胱癌
		1.2　白内障
		1.3.1　减压病
		1.3.2　骨坏死
		1.4　肌张力障碍
		1.5　手部皮下蜂窝织炎
		1.6　滑囊炎或皮下蜂窝织炎（膝盖或膝盖周围）
		1.7　滑囊炎或皮下蜂窝织炎（肘部或肘部附近）
		1.8　手或前臂肌腱或相关肌腱鞘的创伤性炎症；腱鞘炎
		1.9　职业性耳聋
		1.10.1　皮肤强烈漂白
		1.10.2　手指持续麻木或持续刺痛的感觉知觉障碍
		1.11　腕管综合征
		1.12　髋关节骨性关节炎
		1.13　膝关节骨性关节炎
2	生物因素所致疾病或伤害	2.1.1　炭疽 - 皮肤
		2.1.2　炭疽 - 肺
		2.2　马鼻疽
		2.3　钩端螺旋体感染
		2.4.1　钩虫所致皮肤幼虫移行症（Ankylostomiasis-cutaneous larva migrans）
		2.4.2　强直性肌病 - 缺铁性贫血
		2.5　结核；结核感染
		2.6　外源性过敏性肺泡炎
		2.7　布鲁菌病
		2.8.1　甲型病毒性肝炎感染
		2.8.2　乙型或甲型病毒性肝炎感染
		2.9　猪链球菌感染（脑膜炎）
		2.10.1　Avian chlamydiosis（禽衣原体病）
		2.10.2　Ovine chlamydiosis.（羊衣原体病）
		2.11　Q 热
		2.12　脓疱
		2.13　包虫病
		2.14　莱姆病
		2.15　过敏性反应

续表

序号	分类	具体内容
3	化学因素所致疾病或伤害	3.1.1 贫血
		3.1.2 周围神经病变
		3.1.3 中枢神经系统中毒
		3.2 中枢神经系统中毒（以帕金森病为特征）
		3.3.1 磷毒性颌疽
		3.3.2 有机磷化合物引起的外周多发性神经病
		3.4 原发性支气管癌或肺癌
		3.5.1 中枢神经系统中毒（以震颤和神经精神疾病为特征）
		3.5.2 中枢神经系统中毒（小脑和皮质变性相结合为特征）
		3.6 周围神经病变（暴露于二氧化碳烟雾或蒸汽引起）
		3.7 急性非淋巴性白血病
		3.8.1 周围神经病变（暴露于溴甲烷引起）
		3.8.2 中枢神经系统中毒（暴露于溴甲烷引起）
		3.9 肝硬化（暴露于氯化萘引起）
		3.10.1 神经中毒（暴露于 gonioma kamassi 粉尘引起）
		3.10.2 心脏中毒（暴露于 gonioma kamassi 粉尘引起）
		3.11 慢性铍病
		3.12 肺气肿
		3.13.1 周围神经病变（暴露于丙烯酰胺引起）
		3.13.2 中枢神经系统中毒（暴露于丙烯酰胺引起）
		3.14 角膜表面糜烂和溃疡（暴露于醌或氢醌引起）
		3.15 原发性皮肤癌
		3.16.1 原发性鼻黏膜或鼻窦黏膜癌
		3.16.2 原发性支气管或肺癌
		3.17 泌尿道上皮内层原发性肿瘤
		3.18.1 肝脏血管肉瘤；手指末端指骨的骨溶解；手部皮肤的硬皮病增厚；由于暴露于氯乙烯单体而导致的肝纤维化
		3.18.2 暴露于乙烯单体引起的雷诺现象
		3.19 白癜风
		3.20.1 肝中毒（暴露于四氯甲烷引起的）
		3.20.2 肾中毒（暴露于四氯甲烷引起的）
		3.21 肝中毒（暴露于三氯甲烷引起的）
		3.22 周围神经病变（暴露于正己烷或正丁基甲基酮引起的）
		3.23.1 皮炎（暴露于铬酸、铬酸盐和重铬酸盐引起的）
		3.23.2 黏膜或表皮溃疡（暴露于铬酸、铬酸盐和重铬酸盐引起的）
		3.24 闭塞性细支气管炎
		3.25 鼻腔癌或相关的鼻窦癌（无机铬酸盐制造或六价铬电镀）
		3.26 氯痤疮（暴露于氯霉素引起的）
		3.27 外源性过敏性肺泡炎（暴露于空气中异氰酸酯引起的）

续表

序号	分类	具体内容
4	混合因素所致疾病或伤害	4.1　尘肺病（包括矽肺病和石棉沉滞症）
		4.2　棉尘肺
		4.3　弥漫性间皮瘤
		4.4　接触异氰酸酯等而引起的过敏性鼻炎
		4.5　外源性非感染性皮炎（不包括因电离粒子引起的皮炎或辐射热以外的电磁辐射）
		4.6　鼻腔癌或相关的鼻窦癌（鼻癌）
		4.7　接触异氰酸酯等而引起的哮喘
		4.8　原发性肺癌（伴有石棉沉滞症）
		4.8.1　原发性肺癌（接触石棉或制造石棉纺织品等引起）
		4.9　单侧或双侧弥漫性胸膜增厚
		4.10　原发性肺癌（锡矿工作或暴露于氯甲基醚等引起）
		4.11　伴有矽肺病的原发性肺癌（暴露于硅尘引起的）
		4.12　慢性阻塞性肺病
		4.13　原发性鼻咽癌（接触木屑引起的）

附件6-4　英国报告类职业病名单（RIDDOR）

1. 腕管综合征（Carpal Tunnel Syndrome）
2. 手或前臂的痉挛（Cramp of the hand or forearm）
3. 职业性皮炎（Occupational dermatitis）
4. 手臂振动综合征（Hand Arm Vibration Syndrome）
5. 职业性哮喘（Occupational asthma）
6. 肌腱炎和腱鞘炎（Tendonitis and tenosynovitis）
7. 职业性肿瘤（Occupational cancers）
8. 生物性因素（Biological agents）

参 考 文 献

1. Health and Safety Executive.［EB/OL］HSE: A strategy for workplace health and safety in Great Britain to 2010 and beyond.

2. Organization for Economic Co-operation and Development.［EB/OL］http://data.oecd.org/emp/self-employment-rate.htm#indicator-chart.

3. http://www.who.int/countries/gbr/en/

4. Health and Safety Executive.［EB/OL］http://www.hse.gov.uk/statistics/index.htm.

5. Health and Safety Executive.［EB/OL］http://www.hse.gov.uk/statistics/overall/hssh1314.pdf.

6. History of Occupational Safety and Health.［EB/OL］http://www.historyofosh.org.uk/brief/index.html.

7. Health and Safety Executive.［EB/OL］A guide to health and safety regulation in Great Britain.

8. Health and Safety Executive.［EB/OL］http://www.hse.gov.uk/aboutus/timeline/index.htm.

9. 国家安全生产监督管理总局赴英国职业健康监管体系的建立与完善培训团. http://www.docin.com/p-710748109.html.

10. Health and Safety Executive.［EB/OL］http://www.hse.gov.uk/legislation/hswa.htm.

11. 陈荣昌,刘敏燕,樊鸿涛,等. 英国职业卫生法规、监管及统计体系. 中国安全科学学报,2007,17(4):100-104.

12. 竺逸,周志俊. 英国职业卫生安全管理模式. 中国工业医学杂志,2008,21(4):279-281.

13. History of Occupational Safety and Health.［EB/OL］http://www.historyofosh.org.uk/themes/standards.html

14. 刘春青. 美国 英国 德国 日本和俄罗斯标准化概论. 北京:中国标准出版社,2012.

15. Britain Standards Institution.［EB/OL］http://shop.bsigroup.com/SearchResults/?q=&no=0&d=N）4294959469+1391（Ne）6&c=10&f=&t=r.

16. Health and Safety Executive.［EB/OL］http://www.hse.gov.uk/

17. Health and Safety Executive.［EB/OL］http://www.hse.gov.uk/doctors/about.htm.

18. 李涛. 中外职业健康监护与职业病诊断鉴定制度研究. 北京:人民卫生出版社,2013.

19. https://www.gov.uk/government/organisations/industrial-injuries-advisory-council/about.

20. https://www.gov.uk/government/publications/industrial-injuries-disablement-benefits-technical-guidance/industrial-injuries-disablement-benefits-technical-guidance.

21. https://www.gov.uk/health-protection.

22. Health and Safety Executive.［EB/OL］http://www.hse.gov.uk/riddor/occupational-diseases.htm.

23. https://www.gov.uk/search?q=occupational+disease+diagnosis&filter_organisations%5B%5D=public-health-england&filter_organisations%5B%5D=department-of-health.

24. Health and Safety Executive.［EB/OL］http://www.hse.gov.uk/pubns/mdhs/index.htm.

25. Health and Safety Labotory.［EB/OL］http://www.hsl.gov.uk/online-ordering/analytical-services-and-assays/biological-monitoring/bm-guidance-values.

26. http://www.hse.gov.uk/legislation/statinstruments.htm.

第七章　澳大利亚职业卫生标准体系研究

本章主要介绍澳大利亚职业安全卫生管理体制及职业卫生标准体系，从基本概况、职业安全卫生法律及监管体系、标准管理机构、标准类型、标准制修订程序、主要标准介绍、与中国职业卫生标准比较等方面进行详细阐述，对进一步完善我国职业安全卫生标准体系有一定参考意义。

第一节　基本概况

一、基本情况

澳大利亚全称澳大利亚联邦，是发达联邦制国家，在历史、文化、人口、政体、经济等方面都有其独特性和多样化。澳大利亚曾长期受英国殖民统治，政体和法律体系沿袭英国，国家元首是澳大利亚君主，国家立法机构是联邦议会，国家行政机构是联邦政府，国家司法机构是联邦高等法院，采取三权分立原则。除联邦直辖区外，全国有六个州和两个地区，分别为新南威尔士州、昆士兰州、南澳大利亚州、塔斯马尼亚州、维多利亚州、西澳大利亚州、澳大利亚首都地区和北地区，实行联邦、州、地区三级政府体制，联邦、州和地区均有各自的立法权和法律体系。

澳大利亚是典型的移民国家，自英国移民以来，已先后有来自世界120个国家、140个民族的移民到澳大利亚生活，形成了其独有的多种族和多元化特色的文化，澳大利亚总人口约为2300万，劳动人口约为1230万。澳大利亚自然资源丰富，以农牧业、采矿业、旅游业、服务业为主，2013年国内生产总值全球排名第十二，人均国内生产总值达到67 100美元，排名世界第五。

二、卫生发展状况

澳大利亚卫生系统在有效性和效率方面处于世界领先地位，预期健康寿命、人均卫生支出是世界上最高的国家之一，平均预期寿命83岁（其中男性预期寿命80岁，女性预期寿命84岁）。澳大利亚具有覆盖全民的医疗保障制度，医疗保险是澳大利亚公共卫生系统中重要组成部分，提供免费的公立医院保健和初级保健补贴，确保所有澳大利亚人民低价或者免费获得广泛、有质量的卫生服务。澳大利亚的疾病模式类似于其他发达国家，以癌症、心脏疾病和精神疾病为主。

三、职业安全卫生状况

澳大利亚职业病主要为肌肉骨骼疾患、传染病和寄生虫病、呼吸道疾病、接触性皮炎、心血管疾病、精神疾患、噪声导致的听力损失、职业性肿瘤（包括皮肤癌）。据 2012—2013 年澳大利亚工伤统计数据和 2014 年职业病指标资料显示，国家赔付率为 11.1‰，其中工伤赔偿 87 845 例，职业病赔偿 29 970 例，职业病赔偿主要以肌肉骨骼疾患和精神疾患为主（图 7-1）。10 年间肌肉骨骼疾患、传染病和寄生虫病、呼吸道疾病、接触性皮炎、心血管疾病五类疾病有明显减少趋势，精神疾患、噪声所致听力损失、职业性肿瘤（包括皮肤癌）没有明显的上升或下降趋势。

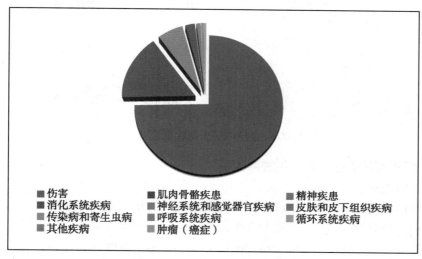

图 7-1　工伤、职业病数量图

注：由于统计资料的局限性，约 10% 的自雇者、缺勤少于 1 周者、特定组织的人员（如西澳大利亚州的警察和国防部队的军事人员）未统计在内，由于接触史或潜伏期长很难与职业联系，导致职业病明显被低估

第二节　澳大利亚职业安全卫生法律及监管体系

一、职业安全卫生法律

（一）历史沿革

澳大利亚原系英国殖民地，其法律制度是在英国法传统影响下形成的以普通法、衡平法和判例法为基础的法律体系，属于英美法系国家，其职业安全卫生（occupational health and safety，OHS）法律模式也基本沿袭英国法律模式。20 世纪 70 年代以前，澳大利亚各州基本沿袭以 1878 年工厂法为标志的 19 世纪英国 OHS 立法及执法模式。到 20 世纪 60 年代末，英国传统 OHS 法律模式的弊端，在政治经济高速发展的冲击下日益突出。为确定 OHS 法律模式改革方向，1970 年罗本斯勋爵受托组成了罗本斯委员会进行研究，并于 1972 年公布罗本斯报告（1972 British Robens Report）。澳大利亚的 OHS 立法遵循报告精神，各

州都开始实施自律模式的 OHS 立法。

（二）现行职业安全卫生法律概况

澳大利亚现行的 OHS 法律体系采用罗本斯三层架构。第一层为法律，规定了工作场所 OHS 相关责任人员的一般性责任；第二层是细化的法规；第三层是更为详尽的操作规程（图 7-2）。其中法律级别最高，由联邦、州和地区议会颁布；法规是在法律指导下形成的。法律、法规在各自管辖范围内具有法律效力，需强制执行。操作规程虽具有法律效力，但不同于法律及法规的法律效力，不能因为未遵守操作规程而被起诉，但可以作为法庭诉讼中的证据。

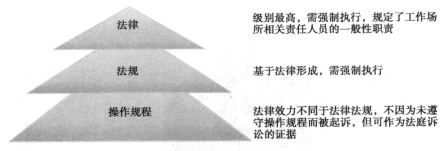

图 7-2　澳大利亚法律体系框架

（三）现行主要的职业安全卫生法律体系

澳大利亚宪法对联邦、州、地区议会的立法权做了详细规定，联邦议会为国家公共部门和部分海事部门制定 OHS 法律，而各州、地区制定各自的相关法律。2012 年澳大利亚实施了统一的职业安全健康示范法（Model work health and safety Act，WHS 示范法）和职业安全健康示范法规（Model Work Health and Safety Regulations，WHS 示范法规），建立了统一的职业安全健康（work health and safety，WHS）示范法律体系，各州按照此法律模式制定自己的 WHS 法律，州议会负责批准并颁布 WHS 法律，州政府负责执法。

WHS 示范法律体系由 WHS 示范法、WHS 示范法规、示范操作规程和国家遵守和执行政策组成。澳大利亚安全工作局是负责制定和评估 WHS 示范法律体系的国家政策主体，工作场所关系部长理事会负责审核批准，联邦、州、地区负责本辖区内的监管和执行。WHS 示范法律体系为澳大利亚实施统一的 WHS 法律奠定基础，WHS 示范法经每个辖区内的议会通过颁布后才具有法律约束力。在《WHS 监管执行政府间协议》约定下，所有辖区都致力于采用 WHS 示范法律立法，根据需要只有细微的变更，并确保其符合辖区内相关起草协议、其他法律、流程操作等。目前，除维多利亚州和西澳大利亚州暂未实施外，其余7个辖区均已按照 WHS 示范法律体系颁布实施了 WHS 法律。

WHS 示范法律体系的主要目的是提供一个由国家统一保障的 OHS 框架，最大限度的保障工人及相关人员的健康和福祉，避免工作引起的危险、危险因素和伤害。2009 年工作场所关系部长理事会批准了《WHS 示范法》，允许澳大利亚安全工作局进一步提供技术支持，修改草案，研究、制定改善性支持材料并确保其可实施性。

二、职业安全卫生监管体系

澳大利亚职业安全卫生法律标准监管工作由联邦、州、地区政府负责。澳大利亚职业

安全卫生监督管理体系大体分为 3 个层次,即联邦、州与地区 WHS 监管部门。

(一)职业安全卫生监管部门及管理活动

1. 职业安全卫生监管部门 WHS 监管部门的主要职责是执行 WHS 法律、报告工作场所事故、更新或申请许可、受理伤害和劳动者赔偿申请、设备及设备设计的登记与公告、安全卫生代表的培训、WHS 培训和评估等。

联邦和国家 WHS 监管部门包括联邦机构安全健康局、国家海洋石油安全和环境管理局、国家工业化学品通报和评估项目部门、澳大利亚海事安全局、海员安全恢复和补偿机构、民航安全局,主要负责国家公立部门及海事部门的职业安全卫生(OHS)监管工作。联邦机构安全健康局是依据 1988 年安全恢复和赔偿法建立的,依据 1988 年安全恢复和赔偿法、2011 年 WHS 法和 2005 年石棉相关赔偿(联邦责任管理)法,分别扮演保险公司、监管机构和项目管理人员的角色。在监管方面,负责 WHS 执法工作,协调联邦辖区内雇主与雇员关系,降低工伤和职业病的人力、经济成本,制定、管理安全政策,为政府组织劳动者及自保人员提供劳动者康复和赔偿、WHS 计划。国家海洋石油安全和环境管理局是联邦法定的监管机构,负责监管联邦水域及授权的沿海水域的安全卫生、结构完整性和海洋石油设施的环境管理。国家工业化学品通报和评估项目部门是澳大利亚政府的工业化学品监管机构,负责提供保护公众、劳动者健康和环境免受工业化学品有害影响的国家通报和评估方案,评估澳大利亚新旧化学品,并对其在卫生和环境方面安全进行响应。澳大利亚海事安全局负责澳大利亚海事行业监管并提供海上安全、海洋环境保护、污染响应和海空搜救服务。海员安全恢复和补偿机构帮助澳大利亚海事行业降低工作场所伤害的人力、经济成本,适用于航海员工(不包括 WHS 第三方)的 OHS、康复和劳动者赔偿国家策略。民航安全局主要负责澳大利亚民用航空和澳大利亚海外飞机操作的安全监管,也提供全面的安全教育培训计划。

澳大利亚其他州和地区均有各自的 WHS 监管部门(图 7-3)。如澳大利亚首都直辖区的 WHS 监管部门是澳大利亚首都直辖区职业安全局,负责澳大利亚首都直辖区的 OHS 监管工作,工作内容主要是教育、执法、检查员、劳动者赔偿、危险物质和政策立法,还负责《劳动者赔偿法 1951》及相关立法在全行业的管理、实施和教育。新南威尔士州的 WHS 监管部门是新南威尔士劳工事务局、新南威尔士贸易投资部资源能源局煤矿安全办公室。北部地区的 WHS 监管部门是北部地区职业安全局。

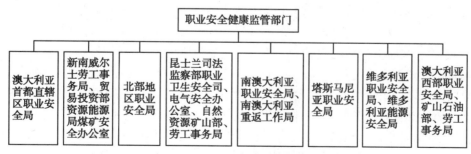

图 7-3 澳大利亚地区职业安全卫生监管部门

2. 职业安全卫生监管框架 现以联邦机构安全健康局为例,介绍澳大利亚 OHS 监管框架。联邦机构安全健康局管理联邦辖区内的 WHS 法和 WHS 法规,监管活动包括:管理WHS 法的落实、执法活动;将促进预防作为降低伤害和疾病的人力、经济成本的主要手段以及识别和确定优先级别、评估结果；制定、管理、改善监管框架，确保其提供强大责任、考虑风险、基于结果为目标的安全政策（图7-4）。

图7-4　联邦机构安全健康局监管框架

（二）职业健康监测制度

澳大利亚WHS示范法律法规要求，为预防疾病或者伤害，用人单位需为使用特定危险化学品、石棉或者接触铅的劳动者开展健康监测。需要监测的特定危险化学品包括丙烯腈、无机砷化合物、苯、镉、无机铬及其化合物、杂酚油、二氧化硅晶体、异氰酸酯、无机汞及其化合物、二氨基二苯基甲烷、有机磷酸酯、多环芳烃、五氯苯酚、铊、氯乙烯，或者健康风险评估结果确认接触会导致劳动者发生疾病或健康损害的危险化学品。健康监测须由用人单位提供，劳动者应积极配合健康监测。

健康监测必须由有健康监测经验的执业医师开展或者管理。执业医师需接受相关的培训，对监护的化学品应有相应的医学检查和鉴别能力。有效执行和管理健康监测的能力包括：计划、实施、评估健康监测程序的能力；在健康监测程序上有识别自身局限性并寻求职业医师或OHS专家帮助的能力；应用医学、毒理学、流行病学知识采用最佳健康监测实践的能力；对其他执业医师、卫生专业人员提供建议、计划、实施和评估健康监测程序的能力。健康监测主要包括生物监测、医学辅助检查、身体检查、接触记录、病史及职业史调查。健康监测内容应考虑：接触的性质、范围和持续时间；接触与疾病的关系；可获得的流行病学评估；特殊的检测方法和医疗措施；提供并完成必须检测程序的能力水平。健康监测周期应根据工作场所评估结果确定。对于《需要健康监测的危险化学品》中规定需要健康监测的危险化学品，用人单位应定期、持续向劳动者提供健康监测，直到其接触终止。

健康监测所需费用由用人单位承担。用人单位其他责任还包括：监测结果的存档和保密，保证劳动者监测知情权和参与权，为执业医师提供监测危险化学品的相关信息及所需的任何资料，遵从执业医师给予的控制职业危害因素的建议，采取措施控制监测的危险化学品等。劳动者的责任为积极配合健康监测，及时向用人单位反映可能影响其依法开展健康监测的问题。

（三）职业病诊断制度

澳大利亚并未制定全国性的职业病目录，但大多数澳大利亚司法管辖区都有可认定为工作相关疾病的目录，并作为其劳动者补偿制度的一部分。2012年澳大利亚安全工作局提出2012—2022年澳大利亚OHS战略，将预防和控制肌肉骨骼疾患、精神疾患、职业性肿瘤

（包括皮肤癌）、呼吸道疾病、接触性皮炎、噪声所致的听力损失等职业病作为 OHS 战略。

澳大利亚实行执业医师制度，凡是取得执业医师资格的开业医师都可以诊断疾病或伤害并提供患者职业性损害的可能性（图 7-5）。雇员向雇主报告后，如果雇主拒绝申报或者借故解雇雇员将面临罚款或者起诉。若因职业病/工伤诊断在赔偿上产生争议，首先应向雇主、医生或者受理赔偿申请的安全卫生监管部门反映情况。如问题未能得到解决，可进一步要求安全卫生监管部门启动高级复审程序。争议仍无法解决的，可由事故赔偿调解服务组织（ACCS）进行现场调解。最后，雇员可以向地方民事法庭提起诉讼。当因医学诊断问题出现争议时，调解官员会组织医学小组对雇员进行健康检查，并做出医学鉴定，出具鉴定证书或报告。该医学鉴定一旦被地方民事法庭采信，将作为最终的医学证据。

图 7-5　澳大利亚职业病诊断流程

第三节　澳大利亚职业卫生标准管理体制及标准体系

一、职业安全卫生标准管理机构

澳大利亚 OHS 标准制定管理机构包括澳大利亚安全工作局和澳大利亚标准国际有限公司，澳大利亚安全工作局是法定机构，澳大利亚标准国际有限公司是非政府的标准化组织。

（一）澳大利亚安全工作局

《WHS 示范法》允许澳大利亚安全工作局进一步提供技术支持，修改草案，研究、制定改善性支持材料（如以示范操作规程和国家指导材料形式颁布的标准等）并确保其可实施性。

澳大利亚安全工作局是根据 2008 年澳大利亚职业安全法建立，由联邦、州和地区政府共同出资，负责全国 OHS 的独立于政府的法定机构。它由主席，联邦、州、地区代表，劳动者利益代表，雇主利益代表及局长组成，目标是实施全国统一的 OHS 法律。澳大利亚安全工作局的职能是：在工作场所关系部长理事会批准下，具体负责全国 OHS 工作，协调和制定国家 OHS 及劳动者赔偿的政策与战略，协助实施 WHS 示范法律及改革的立法框架，研究、制定改善性支持材料（如以示范操作规程和国家指导材料形式颁布的标准等），收集、分析与报告数据，指导各行业、各领域提高 OHS 水平等。它的一项重要职能是承担部分 OHS 标准的制定与颁布工作。澳大利亚安全工作局的组织结构如图 7-6 所示。

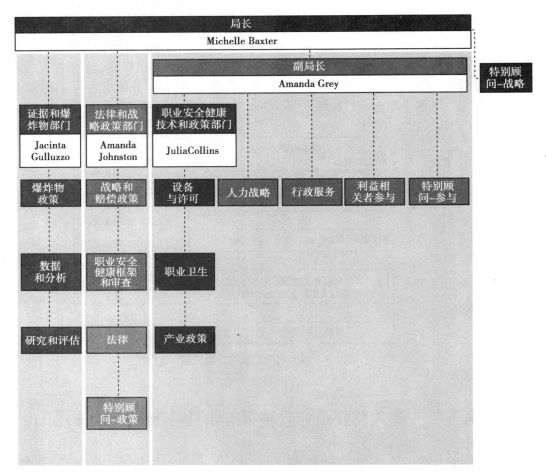

图 7-6　澳大利亚安全工作局组织机构

　　澳大利亚安全工作局的前身是成立于 1985 年的国家职业卫生和安全委员会（National Occupational Health and Safety Commission，NOHSC），主要职能是领导和协调国家 OHS 工作，预防工作场所死亡、伤害和疾病，它不属于执法机构，而是一个由联邦、州、地区政府及雇主代表和劳动者代表组成的三方组织，委员会具有一系列职能，包括制定国家标准。2005 年更名为澳大利亚安全和赔偿委员会，主要职能是发布 OHS 国家标准和规范，依据 OHS 法律制定 OHS 和劳动者赔偿政策。2009 年更名为澳大利亚安全工作局，并成为一个独立的法定机构。

　　（二）澳大利亚标准国际有限公司

　　澳大利亚标准国际有限公司是独立的、国家级的非政府标准化组织，但澳大利亚联邦政府通过与澳大利亚标准国际有限公司签定谅解备忘录的形式认可澳大利亚标准国际有限公司为澳大利亚最高的、非政府性的标准化团体，是澳大利亚最高的标准管理机构。澳大利亚标准国际有限公司的前身是成立于 1922 年的澳大利亚联邦工程标准协会,1929 年更名为澳大利亚标准协会,1951 年经皇家许可组成公司。1988 年更名为澳大利亚标准,1999 年 1 月,根据澳大利亚标准协会决议,该机构彻底放弃了协会性质,以公司的形式注册,并更名为目前的澳大利亚标准国际有限公司。

在澳大利亚,大多数标准都是由澳大利亚标准国际有限公司制定和发布的,该公司主要负责协调澳大利亚的国家标准和国际标准、对其他制定或发布标准的标准化机构进行认可、制修订澳大利亚标准、代表澳大利亚参加国际标准化活动等,但也从事一些商业活动。其主要工作目标是根据国家需要,制定与国际一致的标准并进行相关的服务,提高国家的经济效率和国际竞争力,满足公众安全和环境保护需要。澳大利亚标准国际有限公司的组织机构如图 7-7 所示。

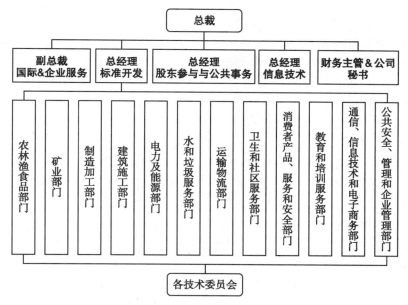

图 7-7　澳大利亚标准国际有限公司组织机构

澳大利亚标准国际有限公司制定的标准称为澳大利亚标准,是通过共同约定制定的自愿共识性文件,属于推荐性标准,发挥指导咨询作用,不具有强制性,只有由联邦、州、地区 OHS 法律法规引用或者采纳后才具有强制性。澳大利亚标准也包括一些职业安全卫生标准,如噪声、工作场所空气检测方法、OHS 风险评估与风险管理、警示标识、激光辐射个人防护、密闭空间 OHS 管理、防护用品等标准。

澳大利亚标准国际有限公司包含 75 个成员组织,由来自 1500 个组织的超过 9000 名技术、商业、学术界、政府和团体的专家制定标准,每年贡献价值超过 3000 万美元。现有 12 个行业部门负责标准的制定,分别为农林渔食品,矿业,制造加工,建筑施工,电力及能源,水和垃圾服务,运输物流,卫生和社区服务,消费者产品、服务和安全,教育和培训服务,通信、信息技术和电子商务,以及公共安全、管理和企业管理部门。涉及 OHS 方面的标准由公共安全、管理和企业管理部门负责,设有噪声、工作场所空气检测方法、OHS 风险评估、人力资源与就业、风险管理、工业警示标识、专业潜水、激光辐射个人防护、密闭空间、压缩空气和高压处理设施的非潜水作业、OHS 管理、防护鞋、防护服、防护头盔、防护手套、呼吸防护、工业事故记录和职业卫生等技术委员会。涉及成员组织有澳大利亚职业与环境医学学院、澳大利亚商会、澳大利亚安全工作局、澳大利亚海事安全局、澳大利亚和新西兰职业医学学会、澳大利亚工业集团等。

二、职业安全卫生标准的主要类型

一些澳大利亚 OHS 标准是以示范操作规程和国家指导材料形式颁布的。因此,澳大利亚 OHS 标准由示范操作规程、国家指导材料、国家标准和澳大利亚标准构成。目前,在澳大利亚安全工作局网站可查询到:①示范操作规程 24 部,如 WHS 风险管理示范操作规程、密闭空间示范操作规程等;②国家指导材料 60 多部,包括指南、资料卡、信息表等,如需要健康监测的危险化学品、危险化学品接触健康监测系列指南、工作场所空气污染物接触标准解释指南等;③国家标准 22 部(8 部已废止或者被新的示范操作规程、指南取代),如职业环境中大气污染物国家接触标准、电离辐射职业接触限值国家标准、职业噪声国家标准等。澳大利亚标准中,与 OHS 有关的标准 139 个(在澳大利亚标准国际有限公司网站,查询 occupational safety. industrial hygiene 类 SA 标准),其中 47 项被联邦、州政府引用而成为强制性标准。

(一)示范操作规程

根据《WHS 监管执行政府间协议》,经工作场所关系部长理事会批准,澳大利亚安全工作局与联邦、州、地区政府,工会和雇主组织协商制定一系列示范操作规程,以支持 WHS 法律的统一实施。示范操作规程是在一个管辖区 WHS 法和 WHS 法规要求下达到健康、安全和福利目标的实用指南,必须在管辖区得到批准并作为操作规程才具有法律效力。操作规程在法庭审理中可作为危害、风险、控制的已知证据而被采纳,监管人员也可能参考操作规程发出改进或禁止的通知,提供改正违法行为措施的选择。操作规程依赖于标准及其他文件的具体指导,主要目的是提供基于实战经验的符合法律的合理指导。

(二)国家指导材料

国家指导材料包括解释指南、资料卡、信息表等,从实施 WHS 示范法以来,由澳大利亚安全工作局与联邦、州、地区政府,工会和雇主组织协商发布一系列国家指导材料以提供 WHS 示范法的信息、法律解释并协助遵守法律,国家指导材料不是法律文书,也不具有法律效力,但由于其得到广泛认可,可以在法庭诉讼中作为危险、风险或控制的已知证据。

(三)国家标准

国家标准是由法定机构澳大利亚安全工作局前身 NOHSC、澳大利亚安全和赔偿委员会牵头,与联邦、州、地区政府,工会和雇主组织协商后制定颁布的标准,通常提出工作场所 OHS 方面的最低要求,在颁布实施之前需广泛征求修改意见及建议。它是咨询性质的工具,不是法律文件,不具有强制性,只有由联邦、州、地区法律法规中采纳后才具有强制性,一般都会被采纳,但可能会有细微差别。目前澳大利亚安全工作局将重点放在国家 OHS 和劳动者赔偿政策研究及 WHS 法律实施方面,不再制定新的国家标准,并且已有的国家标准逐渐被示范操作规程和国家指导材料所取代。

(四)澳大利亚标准

澳大利亚标准是由非政府的标准化组织制定的,是通过共同约定制定的自愿共识性文件,不是法律文件,也不具有强制性,但是很多标准因其严谨、精确而被政府立法采纳,从而具有法律强制性,通常也被纳入法律合同中,澳大利亚标准主要提供技术和设计规范,有些也涉及安全卫生问题。

三、职业安全卫生标准的制修订

(一)示范操作规程、国家指导材料等法定机构标准的制修订

行业、工会或者政府机构可以通过他们在澳大利亚安全工作局的代表提议制定示范操作规程或者国家指导材料。行业在澳大利亚安全工作局的代表是澳大利亚商会和澳大利亚工业集团,工会在澳大利亚安全工作局的代表是澳大利亚工会理事会。

澳大利亚安全工作局的成员决定是否需要为特定主题制修订指南,决定是制修订为示范操作规程还是国家指导材料,并且在制修订的任何时间里(包括起草前、形成草案、考虑公众意见后的终稿)都可以决定其形式。制定示范操作规程、国家指导材料时有以下要求:

1. 制定时需要政府、工会、雇主协会和公众共同协商,包括发布草案进行公众评议。

2. 制定示范操作规程时,需要评估其对企业或者非营利组织的监管影响,并由联邦最佳实践监管办公室决定示范操作规程的监管影响声明。制定国家指导材料时不需要这种评估。

3. 制定的操作规程和国家指导材料需要工作场所关系选择委员会批准。

4. 示范操作规程还需要相关部长批准。

(二)澳大利亚标准的制修订

任何组织和个人都有参与澳大利亚标准制修订的机会;标准专业技术委员会保持中立;标准需要经过大多数同意,以达成协商一致;有效期一般不超过 15 年,重要标准或者技术变化快的标准5~7 年就需要制修订。具体步骤如下:

1. **提出标准制修订需求** 提出标准制修订需求时,应包括项目计划、计划评估、批准及确认 4 个环节。任何组织和个人都可以提出标准制修订及废止计划的要求;评估时应考虑计划是否有利于国家利益、是否可以提高生活质量、是否安全、是否健康、是否利于资源利用及计划利益相关方是否支持、法律是否会引用等。专业技术委员会负责批准,将其公布以征求公众意见并上报行业部门确认。

2. **形成标准草案及公众评议** 专业技术委员会负责起草标准草案,然后进行公众评议,评议期一般不少于 2 个月,期满后专业技术委员会需要认真研读意见并进行合理性修改。

3. **批准及确认** 专业技术委员会通过投票方式批准标准内容,投反对票的需要说明反对的原因。专业技术委员会应充分考虑反对意见,并设法找到各方都能接受的解决方案。当赞成票占大多数,并且标准利益相关方没有投反对票时,达成协商一致。如投票无法达到"协商一致",则需上交行业部门确认,如果行业部门认为没有达到协商一致,需提出解决方案,如果反对方意见没有被采纳,在公布标准时反对方有不署名的权利。

四、职业安全卫生标准体系

梳理示范操作规程、国家指导材料、国家标准等澳大利亚法定机构制定的 OHS 标准,并参考联邦安全工作局的监管内容,可将其分为基础解释,通用风险管理,化学危害、物理危害、工效学危害、心理社会危害等有害因素风险管理,预防与响应,以及特定人群标准等类别(图 7-8)。

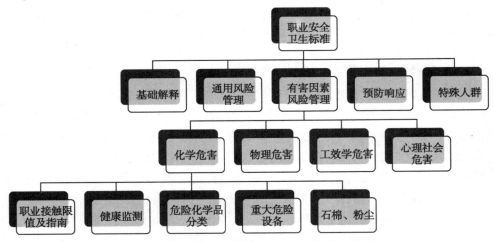

图 7-8 澳大利亚法定机构职业安全卫生标准体系框架图

梳理澳大利亚标准（非政府标准化组织的标准）中有关 OHS 的标准，并参考澳大利亚标准国际有限公司的标准专业技术委员会，可将其分为职业性噪声管理、工作场所空气检测方法、OHS 风险、人力资源与就业、风险管理、工业警示标识、专业潜水、激光辐射个人防护、密闭空间、压缩空气和高压处理设施的非潜水工作、OHS 管理、职业防护用品（鞋、服装、头盔、手套）、呼吸防护、工业事故记录和职业卫生管理等 15 种类型（图 7-9）。

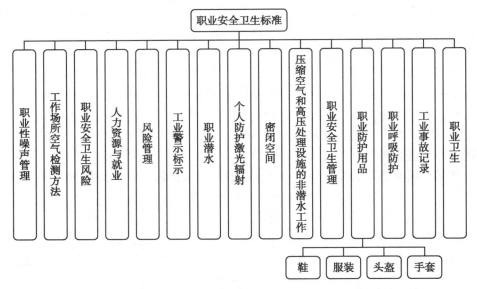

图 7-9 澳大利亚非政府标准化组织职业安全卫生标准体系框架图

第四节　澳大利亚主要职业卫生标准介绍

一、工作场所职业接触限值

澳大利亚工作场所职业接触限值是以美国工业卫生师协会的各类限值为基础制定的。

1990 年，澳大利亚安全工作局及其前身澳大利亚 NOHSC 通过对社会认可的现有信息进行技术评估，制定了各类接触限值，通过"快车道"方式采用了英国卫生安全委员会的大量接触限值，并随着英国政府不断的大量削减接触标准，该议会也在做相应的变化和调整。

（一）化学因素与生物因素的接触限值

澳大利亚《工作场所空气污染物的接触标准》由澳大利亚安全工作局发布，由联邦议会通过并作为联邦、州和地区统一实施的 WHS 法律，2013 年 4 月 18 日正式生效，标准包括工作场所空气污染物接触限值表以及如何遵守 WHS 示范法和 WHS 示范法规的义务，接触限值表列出 665 种物质和混合物的职业接触限值（含石棉），具有法律约束力，需强制执行。使用者也可在澳大利亚安全工作局网站的"危险物质信息系统"（简称 HSIS）中获得接触限值以及一些物质的附加信息和指导。对于少数明确的高危化学物质，标准没有提供相应的接触限值，但无论化学物质有无接触限值，都应按照 OHS 法律、法规的要求，尽可能地使接触化学物质的浓度降到最低。同年，澳大利亚安全工作局还发布了《工作场所空气污染物接触标准解释指南》，提供职业接触限值的应用建议，以支持限值标准的实施。

空气污染物是指以烟、雾、气体、蒸汽或粉尘形式存在的污染物，包括微生物。这些类型的空气污染物是潜在的有害物质，它要么不是自然的空气，要么存在不自然的高浓度，而且劳动者在工作环境中可能会发生接触。接触限值有三种形式，代表了不应超过的空气污染物标准：

1. **8 小时时间加权平均容许浓度** 指 5 天工作周，每天工作 8 小时，物质的最大平均容许浓度。

2. **最高值** 指在不超过 15 分钟的最短的可分析时间确定的物质最高或最大的空气浓度。

3. **短时间接触限值** 指物质 15 分钟的时间加权平均容许浓度。

对于未实施统一 OHS 法律的地区还可参考 1995 年由国家职业卫生安全委员会发布的《批准的职业环境中大气污染物的国家接触标准》及其在 1997 年、1998 年分别发布的《修正通过的职业环境中大气污染物的国家接触标准》。

（二）物理因素接触限值

1. **噪声** 工作场所中最常见的物理危害因素是噪声。澳大利亚 8 大类职业病中包括噪声导致的听力损失。《WHS 示范法规》明确规定了噪声的接触限值（引自《职业性噪声国家标准》），联邦、州、地区《WHS 法规》中也引用了该标准，规定以 20μPa（听阈）为基准，劳动者 8 小时等效连续噪声接触限值为 85dB（A），即 8 小时噪声接触均值为 85dB（A）；或参照至 20Pa，C 计权峰值声压级 140dB（C）。但这并不意味着所有职业都可以承受这种噪声水平，法规要求用人单位有义务对风险进行评估，以防止或减少风险。2011 年澳大利亚安全工作局发布《噪声管理和职业性听力损失的预防》，指导如何识别、评估噪声接触和如何控制有害噪声引起的健康和安全风险，以及如何使用噪声接触限值的实用指导。

2. **电离与非电离辐射接触标准** 从广义上来讲，电磁波可分为具有足够大能量、能使物质发生电离（电离作用）的辐射和无足够大的能量也能使物质发生电离（非电离作用）的辐射。澳大利亚《WHS 示范法规》规定辐射超过 1Bq/g 的放射性物质为受控危险化学品。

澳大利亚采用的电离辐射剂量限值为国家标准《电离辐射职业接触限值》，是澳大利亚辐射防护与核安全局根据国际推荐标准制定的，澳大利亚的任何州或国家立法时均予以采用。电离辐射外照射剂量限值见表 7-1。

表 7-1 电离辐射外照射剂量限值

应用	剂量限值	
	职业照射人员	公众
有效剂量	20mSv	1mSv
	(在规定的 5 年内平均)	
年当量剂量		
眼晶体	150mSv	15mSv
皮肤	500mSv	50mSv
手足	500mSv	

内照射剂量限值是指经呼吸道和消化道摄入后对摄入者产生相当于 20mSv 的年有效剂量的放射性核素的剂量限值。

非电离辐射可参考"辐射防护标准 - 高频辐射的最高接触水平：3kHz-300GHz"（澳大利亚辐射防护与核安全局：辐射防护系列 3）。

2013 年，澳大利亚安全工作局颁布《太阳紫外线照射接触指南》，是接触紫外线辐射风险管理的实用指南，包含太阳紫外线接触的风险信息、可消除或减少的控制措施及如何指导劳动者实现防护。

3. **振动** 澳大利亚 WHS 法律法规没有涉及全身和手臂振动的接触限值，但提供了接触等级和持续时间的信息和指导方针。虽然振动的剂量反应关系尚未得到证实，但并不意味着振动接触不需要受到控制。为确保达到 WHS 要求，必须进行风险评估。有关振动的信息表可见《手臂振动情况说明书》《全身振动情况说明书》。适用于振动的澳大利亚标准是 AS2670《人体接触的全身振动的评估（第 1 部分：通用要求）》、AS2763《振动与冲击（手传振动：测量指南和人的接触评估）》。

4. **其他物理因素** 澳大利亚 WHS 法律法规未对电力、高处作业、高低温、采光等物理因素的接触限值做出明确规定，但这并不意味着没有危害的风险，如高处作业可能会带来死亡、重伤害、功能丧失、挤压伤和其他伤害。澳大利亚以风险管理的方式将其分布在各个风险管理示范操作规程和指导材料中，这些材料涉及建筑、电气、设备、焊接、铸造、交通管理、工业叉车、林业、高压喷射等各领域。高温接触限值及说明可参考《高温标准和澳大利亚环境发展实用文件》(2003)；低温接触限值可参考 ACGIH 低温限值（2005）；采光可参考 AS/NZS3665《采光术语和测量的定义》、AS/NZS1680.1《室内采光》及 AS/NZS1680.2.2、AS/NZS1680.2.4 等。

（三）生物接触限值

工作场所有害因素职业接触限值只反映工作场所空气中可吸入的，且无显著皮肤吸收的有害物质的接触水平，即外暴露。而生物监测不仅可以评价经呼吸道吸入的化学物质的接触水平，还可以反映通过其他途径吸收进入机体的化学物质的接触水平，即内暴露。生物接触限值用于评估特殊的生物监测结果和相应的空气化学物监测结果的关系，反映了工作场所空气中化学物浓度接近接触限值水平时，生物监测指标的预期值。澳大利亚的生物接触限值标准可参考澳大利亚安全工作局前身 NOHSC 颁布的《健康监测指南》，其中收录了为数不多的化学物质的生物接触标准。

二、空气监测采样及检测方法

澳大利亚实施 WHS 示范法律后并未针对《工作场所空气污染物的接触标准》制定专门的国家空气监测采样及检测方法，根据《工作场所空气污染物接触标准解释指南》，澳大利亚工作场所空气监测采样及检测方法可参考英国卫生安全执行局制定的《有害物质监测策略》、澳大利亚安全工作局前身国家职业卫生和安全委员会制定的《职业接触采样策略手册》和澳大利亚职业卫生师学会 2006 年出版的《职业接触评估管理策略》，也可参考澳大利亚标准：AS2985-2009《工作场所空气：呼吸性粉尘的采样和重量分析测定方法》、AS3640-2009《工作场所空气：可吸入粉尘的采样和重量分析测定方法》、AS3853.1-2006《焊接相关工艺的卫生安全：作业者呼吸带空气中颗粒物及气体的采样——空气中颗粒物采样》、AS3853.2-2006《焊接相关工艺的卫生安全：作业者呼吸带的空气中颗粒物及气体的采样——空气中气体采样》、AS2986.1-2003《工作场所空气质量：通过溶剂解吸 / 气相色谱分析挥发性有机化合物的采样和分析 - 抽样采样方法》、AS2986.2-2003《工作场所空气质量：通过溶剂解吸 / 气相色谱分析挥发性有机化合物的采样和分析 - 扩散采样方法》。

三、职业健康监护相关标准

澳大利亚 WHS 示范法律法规要求，为预防疾病或者伤害，用人单位需为使用特定危险化学品、石棉或者接触铅的劳动者开展健康监测。特定危险化学品包括丙烯腈、无机砷化合物、苯、镉、无机铬及其化合物、杂酚油、二氧化硅晶体、异氰酸酯、无机汞及其化合物、二氨基二苯基甲烷、有机磷酸酯、多环芳烃、五氯苯酚、铊、氯乙烯，或者根据健康风险评估结果确认劳动者接触会导致疾病或健康损害发生的危险化学品。为此，2013 年澳大利亚安全工作局制定颁布了《需要健康监测的危险化学品》《危险化学品接触健康监测 - 执业医师指南》《危险化学品接触健康监测 - 用人单位指南》《危险化学品接触健康监测 - 劳动者指南》等，分别用于指导执业医师、用人单位、劳动者开展健康监测使用。《需要健康监测的危险化学品》《危险化学品接触健康监测 - 执业医师指南》是为执业医师开展健康监护而制定的，它提供了需要开展健康监测的 17 种物质、接触症状、应使用的医学检查和提供建议信息等，并从执业医师角度出发提供了健康监测方法、程序、需要的经验、健康监测的时机以及如何出具健康监测报告等。《危险化学品接触健康监测 - 用人单位指南》是为给劳动者提供健康监测的用人单位制定的，它从用人单位角度出发，提供了健康监测的有关信息，包括用人单位责任、需要做什么和健康监测清单。《危险化学品接触健康监测 - 劳动者指南》是为劳动者制定的，它从劳动者角度提供了健康监测可能包括的检查、程序、要求，以及何时进行、谁开展、谁提供所需费用、如何咨询相关事宜、报告包含哪些内容、检测哪些项目以显示已经接触的危险化学品、谁有权使用健康监测报告、报告持续多久、是否能够拒绝监测等。

四、职业病诊断相关标准

以前，澳大利亚不制定全国性的职业病目录，但大多数澳大利亚司法管辖区都有可认定为工作相关疾病的目录，并作为劳动者补偿制度的一部分。此类制度的作用是举证倒置，即患病的劳动者在其工作过程中发生了有关的接触，除非有强有力证据反证，否则可假定该疾病是因接触引起的。由于大多数司法管辖区的认定疾病目录自引进后一直没有更新,在结构上不便于依据劳动者赔偿法进行赔偿。此外,这些目录尚不包括许多已经有充分证据证明与工作相关接触有因果关系的一些疾病,所以在澳大利亚通常并不把认定疾病作为索赔的基础。为此,澳大利亚安全工作局开展了基于最新科学证据制定最新的澳大利亚认定疾病目录的项目,并于2015年8月发布了澳大利亚认定疾病目录报告,由于尚未经过公众咨询和监管影响评估,目前只是以报告形式发布,由联邦、州、地区制定指导材料或进行公众咨询将其修改为各自的认定疾病目录。建议纳入认定疾病目录的疾病包括传染性疾病、恶性肿瘤、神经系统疾病、呼吸系统疾病、肝脏疾病、皮肤病、肌肉骨骼系统疾病、急性中毒等8类共48种,并列出了相关接触或职业,还提供相应的指导材料以指导职业病诊断。指导材料包括疾病描述、职业接触、高风险职业或行业、潜伏期和非职业性因素。具体以尘肺病和噪声性耳聋的指导性材料加以说明:

1. 尘肺病

疾病描述:因接触粉尘引起的肺纤维化疾病。

职业接触:接触煤、石棉、二氧化硅和其他粉尘。

高风险的职业或行业:

煤尘:煤矿工人。

石棉粉尘:采矿、运输、制造业,以及建造、维修或拆除业都可能发生接触。

二氧化硅粉尘(结晶型):接触可发生在建筑工人,尤其是采掘人员;采矿;砖、混凝土或石材切割;研磨料爆破;翻砂铸造。

其他粉尘:许多职业都可能接触其他粉尘,通常是制造业。

潜伏期:1年。

主要的外部非职业风险因素:无。

2. 噪声所致的听力损失

疾病描述:内耳的永久性、退行性疾病,特点是听觉的损失,尤其是高频范围。

职业接触:85dB(A)以上的噪声。

高风险的职业或行业:涉及持续接触噪声的所有职业。

潜伏期:1年。

主要的外部非职业风险因素:非职业性噪声。

第五节　中澳职业卫生标准的比较

一、工作场所化学有害因素职业接触限值

(一)总体比较

澳大利亚于2013年颁布的《工作场所空气污染物的接触标准》,即化学有害因素职业接触限值,具有法律约束力。该标准规定了665种物质和混合物的接触标准(含石棉),分为时间加权平均浓度(简称TWA)、峰限值(peak limitation)和短时间接触限值(简称STEL)三种形式,没有最高容许浓度(简称MAC),单位以ppm、mg/m^{3}和f/ml三种方式表示。其中,661种物质制定了TWA(含峰限值),142种物质制定了STEL,105种物质有致癌标识,

169 种物质有经皮吸收标识，74 种物质有致敏标识（其中 22 种物质同时标注有经皮吸收和致敏标识）。对于少数明确的高危化学物质如非结晶型二氧化硅、结晶型二氧化硅、石棉和人造矿物纤维，标准文件没有提供相应的接触限值标准，应按照 WHS 法律、法规的要求，尽可能地使接触化学物质的浓度降到最低。

我国现行的化学有害因素职业接触限值是卫生部于 2007 年发布实施的国家职业卫生标准《工作场所有害因素职业接触限值第 1 部分：化学有害因素》（GBZ 2.1-2007），为强制性国家职业卫生标准，共包括 388 种化学物质和混合物的接触标准，其中，化学物质 339 种、粉尘 47 种、生物因素 2 种，分为 TWA、STEL、MAC 共 3 种职业接触限值形式，单位为 mg/m³ 和 f/ml 两种表达方式。与澳大利亚标准无最高容许浓度不同，我国制定了一些物质的 MAC，目前尚无峰限值。53 种化学物质制定了 MAC，291 种化学物质制定了 TWA，118 种化学物质制定了 STEL，47 种粉尘制定了 TWA，1 种生物因素制定了 MAC，另 1 种生物因素制定了 TWA 和 STEL；114 种化学物质有经皮吸收标识，8 种化学物质有致敏标识，56 种化学物质有致癌标识。

中澳两国在化学因素职业接触限值方面，共同物质有 293 种，两国均标注了经皮吸收、致癌和致敏标识，但是澳大利亚职业接触限值中无 MAC（表 7-2）。

表 7-2　中澳两国有害因素总体对比情况

国家	有害因素数量	共同有害因素数量	限值			单位			标识（经皮吸收、致癌、致敏）
			TWA	STEL	MAC	ppm	mg/m³	f/ml	
澳大利亚	665	293	661（含峰值）	142		√	√	√	√
中国	339+47+2	293	291+47	118	53+1	√	√		√

（二）时间加权平均容许浓度比较

在中澳两国均制定职业接触限值的 293 种物质中，两国均制定 TWA 值的物质 247 种，澳大利亚制定、中国尚未制定 TWA 值的物质 21 种，澳大利亚制定峰限值、中国制定 TWA 值的物质有 3 种，澳大利亚制定峰限值、中国未制定 TWA 值的物质有 20 种，澳大利亚未制定 TWA 值、中国制定 TWA 值的物质有 1 种，澳大利亚未制定 TWA 值、中国未制定 TWA 值的物质 1 种（表 7-3）。

表 7-3　中澳两国 TWA 制定情况

		中国	
		制定 TWA 值	未制定 TWA 值
澳大利亚	制定 TWA 值	247	21
	制定最高限值	3	20
	未制定 TWA 值	1	1

中澳两国有 247 种物质均制定了 TWA 值，其中 55 种 TWA 值相等，占 22.27%；54 种物质澳大利亚 TWA 值小于中国 TWA 值，占 21.86%；129 种物质澳大利亚 TWA 值大于中国 TWA 值，占 52.23%（图 7-10）；9 种物质分类不同无法比较。具体因素见表 7-4，表 7-5，表 7-6。

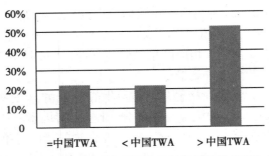

图 7-10 澳大利亚中国职业接触限值比较：TWA

表 7-4 中澳 TWA 值相等的物质

序号	名称		CAS 号	澳大利亚		中国	
	英文名	中文名		ppm	mg/m³	mg/m³	呼尘
1	Propionic acid	丙酸	1979/9/4	10	30	30	
2	p-Nitroaniline	对硝基苯胺	100-01-6	—	3	3	
3	Phenyl ether（vapour）	苯基醚（二苯醚）	101-84-8	1	7	7	
4	Maleic anhydride	马来酸酐	108-31-6	0.25	1	1	
5	Diisobutyl ketone	二异丁基甲酮	108-83-8	25	145	145	
6	2-Ethoxyethanol	2- 乙氧基乙醇	110-80-5	5	18	18	
7	PCBs（54% Chlorine）	氯联苯（54% 氯）	11097-69-1	—	0.5	0.5	
8	Ammonium chloride（fume）	氯化铵烟	12125-02-9	—	10	10	
9	Cyclonite	三次甲基三硝基胺（黑索今）	121-82-4	—	1.5	1.5	
10	Diphenylamine	二苯胺	122-39-4	—	10	10	
11	Calcium oxide	氧化钙	1305-78-8	—	2	2	
12	Magnesium oxide（fume）	氧化镁烟	1309-48-4	—	10	10	
13	Hexachloronaphthalene	六氯萘	1335-87-1	—	0.2	0.2	
14	Mesityl oxide	异亚丙基丙酮	141-79-7	15	60	60	
15	Oxalic acid	草酸	144-62-7	—	1	1	
16	Decaborane	癸硼烷	17702-41-9	0.05	0.25	0.25	
17	EPN	苯硫磷	2104-64-5	—	0.5	0.5	
18	Caesium hydroxide	氢氧化铯	21351-79-1	—	2	2	
19	Dibutyl phenyl phosphate	磷酸二丁基苯酯	2528-36-1	0.3	3.5	3.5	
20	Chlorpyrifos	毒死蜱	2921-88-2	—	0.2	0.2	
21	Diuron	敌草隆	330-54-1	—	10	10	
22	Cyanamide	氨基氰	420-04-2	—	2	2	
23	2-Aminopyridine	2- 氨基吡啶	504-29-0	0.5	2	2	
24	Acetylsalicylic acid	乙酰水杨酸（阿司匹林）	50-78-2	—	5	5	
25	o-Dinitrobenzene	二硝基苯（全部异构体）	528-29-0	0.15	1	1	

续表

序号	名称		CAS 号	澳大利亚		中国	
	英文名	中文名		ppm	mg/m³	mg/m³	呼尘
26	Dinitro-o-cresol	4，6- 二硝基邻苯甲酚	534-52-1	—	0.2	0.2	
27	Fenthion	倍硫磷	55-38-9	—	0.2	0.2	
28	Methyl n-butyl ketone	2- 己酮	591-78-6	5	20	20	
29	1，1-Dichloro-1-nitroethane	1，1- 二氯 -1- 硝基乙烷	594-72-9	2	12	12	
30	Coal tar pitch volatiles（as benzene solubles）	煤焦油沥青挥发物（按苯溶物计）	65996-93-2	—	0.2	0.2	
31	Methoxychlor	甲氧氯	72-43-5	—	10	10	
32	Tantalum，metal & oxide dusts	钽及其氧化物（按钽计）	7440-25-7	—	5	5	
33	Antimony & compounds（as Sb）	锑及其化合物（按锑计）	7440-36-0	—	0.5	0.5	
34	Cobalt，metal dust & fume（as Co）	钴及其氧化物（按钴计）	7440-48-4	—	0.05	0.05	
35	Copper（fume）	铜烟	7440-50-8	—	0.2	0.2	
	Copper，dusts & mists（as Cu）	铜尘			1	1	
36	Isopropylamine	异丙胺	75-31-0	5	12	12	
37	Iodoform	碘仿	75-47-8	0.6	10	10	
38	Nitromethane	硝基甲烷	75-52-5	20	50	50	
39	Lithium hydride	氢化锂	7580-67-8	—	0.025	0.025	
40	Zinc chloride（fume）	氯化锌烟	7646-85-7	—	1	1	
41	Phosphoric acid	磷酸	7664-38-2	—	1	1	
42	Sulphuric acid	硫酸及三氧化硫	7664-93-9	—	1	1	
43	Barium sulphate	硫酸钡（按钡计）	7727-43-7	—	10	10	
44	Methacrylic acid	甲基丙烯酸	79-41-4	20	70	70	
45	Paraffin wax（fume）	石蜡烟	8002-74-2	—	2	2	
46	Bitumen fumes	石油沥青烟（按苯溶物计）	8052-42-4	—	5	5	
47	ANTU	安妥	86-88-4	—	0.3	0.3	
48	Picric acid	苦味酸	88-89-1	—	0.1	0.1	
49	Cellulose（paper fibre）	纤维素	9004-34-6	—	10	10	
50	Benzoyl peroxide	过氧化苯甲酰	94-36-0	—	5	5	
51	1，2，3-Trichloropropane	1，2，3- 三氯丙烷	96-18-4	10	60	60	
52	Disulfiram	双硫醒	97-77-8	—	2	2	
53	Furfuryl alcohol	糠醇	98-00-0	10	40	40	
54	Carbon dioxide	二氧化碳	124-38-9	5000	9000	9000	
55	Nickel，metal and Nickel，powder	金属镍与难溶性镍化合物	7440-02-0	—	1	1	

表 7-5　澳大利亚 TWA 值小于中国 TWA 值的物质

序号	英文名	中文名	CAS 号	澳大利亚		中国	
				ppm	mg/m³	mg/m³	呼尘
1	Carbon tetrachloride	四氯化碳	56-23-5	0.1	0.63	15	
2	1，1-Dimethylhydrazine	偏二甲基肼	57-14-7	0.01	0.025	0.5	
3	Acrylamide	丙烯酰胺	1979/6/1	—	0.03	0.3	
4	Toluene-2，4-diisocyanate（TDI）	二异氰酸甲苯酯（TDI）	584-84-9	—	0.02	0.1	
5	n-Butyl acrylate	丙烯酸正丁酯	141-32-2	1	5	25	
6	Paraquat（respirable sizes）	百草枯	4685-14-7	—	0.1	0.5	
7	Cotton dust，raw	棉尘		—	0.2	1	—
8	Hydrazine	肼	302-01-2	0.01	0.013	0.06	
9	Wood dust（certain hardwoods such as beech & oak）	木粉尘		—	1	3	—
10	Methylene bisphenyl isocyanate（MDI）	二苯基甲烷二异氰酸酯	101-68-8	—	0.02	0.05	
11	Isophorone diisocyanate	异佛尔酮二异氰酸酯	4098-71-9	—	0.02	0.05	
12	Methyl isocyanate	异氰酸甲酯	624-83-9	—	0.02	0.05	
13	Phenol	酚	108-95-2	1	4	10	
14	5-Methylheptan-3-one	乙基戊基甲酮	541-85-5	10	53	130	
15	Ethylamine	乙胺	1975/4/7	2	3.8	9	
16	Calcium cyanamide	氰氨化钙	156-62-7	—	0.5	1	
17	Chloroform	三氯甲烷	67-66-3	2	10	20	
18	（2-Methoxymethylethoxy）propanol	二丙二醇甲醚	34590-94-8	50	308	600	
19	1，4-Dioxane	二噁烷	123-91-1	10	36	70	
20	Benzene	苯	71-43-2	1	3.2	6	
21	1，1，1-Trichloroethane	1，1，1-三氯乙烷	71-55-6	100	555	900	
22	Hexamethylene diisocyanate	1,6-己二异氰酸酯	822-06-0	—	0.02	0.03	
23	Hexane（n-Hexane）	正己烷	110-54-3	20	72	100	
24	Carbon black	炭黑粉尘	1333-86-4	—	3	4	—
25	Graphite（all forms except fibres）（respirable dust，natural & synthetic）	石墨粉尘	7782-42-5	—	3	4	2
26	Dimethylamine	二甲胺	124-40-3	2	3.8	5	
27	Ammonia	氨	7664-41-7	25	17	20	
28	Biphenyl	联苯	92-52-4	0.2	1.3	1.5	
29	Methylene chloride	二氯甲烷	1975/9/2	50	174	200	
30	Butyl mercaptan	正丁基硫醇	109-79-5	0.5	1.8	2	
31	2-Ethoxyethyl acetate	2-乙氧基乙基乙酸酯	111-15-9	5	27	30	

续表

序号	名称		CAS 号	澳大利亚		中国	
	英文名	中文名		ppm	mg/m³	mg/m³	呼尘
32	Methylacrylonitrile	甲基丙烯腈	126-98-7	1	2.7	3	
33	Ethylene oxide	环氧乙烷	75-21-8	1	1.8	2	
34	Chlorobenzene	氯苯	108-90-7	10	46	50	
35	Iron pentacarbonyl（as Fe）	五羰基铁（按铁计）	13463-40-6	0.1	0.23	0.25	
36	Carbon tetrabromide	四溴化碳	558-13-4	0.1	1.4	1.5	
37	Hydrogen peroxide	过氧化氢	7722-84-1	1	1.4	1.5	
38	Chlorine dioxide	二氧化氯	10049-04-4	0.1	0.28	0.3	
39	Ethanolamine	乙醇胺	141-43-5	3	7.5	8	
40	2-Diethylaminoethanol	2- 二乙氨基乙醇	100-37-8	10	48	50	
41	N-Ethylmorpholine	N- 乙基吗啉	100-74-3	5	24	25	
42	Indene	茚	95-13-6	10	48	50	
43	Hexachloroethane	六氯乙烷	67-72-1	1	9.7	10	
44	Diazomethane	重氮甲烷	334-88-3	0.2	0.34	0.35	
45	Methyl mercaptan	甲硫醇	74-93-1	0.5	0.98	1	
46	sec-Hexyl acetate	仲 - 乙酸己酯	108-84-9	50	295	300	
47	Tetrahydrofuran	四氢呋喃	109-99-9	100	295	300	
48	Acrylic acid	丙烯酸	1979/10/7	2	5.9	6	
49	Dichlorodifluoromethane	二氯二氟甲烷	75-71-8	1000	4950	5000	
50	1，2-Dichloroethylene	1，2- 二氯乙烯	540-59-0	200	793	800	
51	Propylene dichloride	1，2- 二氯丙烷	78-87-5	75	347	350	
52	Diacetone alcohol	双丙酮醇	123-42-2	50	238	240	
53	Sulphur hexafluoride	六氟化硫	2551-62-4	1000	5970	6000	
54	Quartz（respirable dust）	石英（呼吸性粉尘）	14808-60-7	—	0.1	1	0.7
						0.7	0.3
						0.5	0.2

表 7-6　澳大利亚 TWA 值大于中国 TWA 值的物质

序号	名称		CAS 号	澳大利亚		中国	
	英文名	中文名		ppm	mg/m³	mg/m³	呼尘
1	Diethyl ketone	二乙基甲酮	96-22-0	200	705	700	
2	1-Nitropropane	1- 硝基丙烷	108-03-2	25	91	90	
3	Chlorodifluoromethane	二氟氯甲烷	75-45-6	1000	3540	3500	
4	Nitroethane	硝基乙烷	79-24-3	100	307	300	
5	Ethylene glycol dinitrate	乙二醇二硝酸酯	628-96-6	0.05	0.31	0.3	
6	o-sec-Butylphenol	邻仲丁基苯酚	89-72-5	5	31	30	
7	Sulphur dioxide	二氧化硫	7446/9/5	2	5.2	5	
8	Dimethyl sulphate	硫酸二甲酯	77-78-1	0.1	0.52	0.5	
9	Naphthalene	萘	91-20-3	10	52	50	

续表

序号	名称		CAS 号	澳大利亚		中国	
	英文名	中文名		ppm	mg/m³	mg/m³	呼尘
10	Hexachlorobutadiene	六氯丁二烯	87-68-3	0.02	0.21	0.2	
11	Diethylene triamine	二亚乙基三胺	111-40-0	1	4.2	4	
12	Sulphuryl fluoride	硫酰氟	2699-79-8	5	21	20	
13	Germanium tetrahydride	四氢化锗	7782-65-2	0.2	0.63	0.6	
14	Diglycidyl ether（DGE）	二缩水甘油醚	2238/7/5	0.1	0.53	0.5	
15	Divinyl benzene	二乙烯基苯	1321-74-0	10	53	50	
16	Hydrogen selenide（as Se）	硒化氢（按硒计）	7783/7/5	0.05	0.16	0.15	
17	p-Nitrochlorobenzene	对硝基氯苯	100-00-5	0.1	0.64	0.6	
18	2-Methoxyethanol	甲氧基乙醇	109-86-4	5	16	15	
19	alpha-Chloroacetophenone	a- 氯乙酰苯	532-27-4	0.05	0.32	0.3	
20	Ketene	乙烯酮	463-51-4	0.5	0.86	0.8	
21	Carbonyl fluoride	羰基氟	353-50-4	2	5.4	5	
22	Dicyclopentadiene	二聚环戊二烯	77-73-6	5	27	25	
23	Diborane	乙硼烷	19287-45-7	0.1	0.11	0.1	
24	Hexachlorocyclopentadiene	六氯环戊二烯	77-47-4	0.01	0.11	0.1	
25	Phosphorus trichloride	三氯化磷	7719/12/2	0.2	1.1	1	
26	N-Methyl aniline	N- 甲苯胺	100-61-8	0.5	2.2	2	
27	N-Isopropylaniline	N- 异丙基苯胺	768-52-5	2	11	10	
28	2-Nitrotoluene	硝基甲苯（全部异构体）	88-72-2	2	11	10	
29	Nitrogen dioxide	二氧化氮	10102-44-0	3	5.6	5	
30	Dichloropropene	1，3- 二氯丙烯	542-75-6	1	4.5	4	
31	o-Chlorostyrene	邻氯苯乙烯	2039-87-4	50	283	250	
32	Chloroacetyl chloride	氯乙酰氯	1979/4/9	0.05	0.23	0.2	
33	Morpholine	吗啉	110-91-8	20	71	60	
34	2-Methoxyethyl acetate	乙酸（2- 甲氧基乙基酯）	110-49-6	5	24	20	
35	n-Butyl lactate	乳酸正丁酯	138-22-7	5	30	25	
36	Methyl iodide	碘甲烷	74-88-4	2	12	10	
37	2-Nitropropane	2- 硝基丙烷	79-46-9	10	36	30	
38	Mica	云母粉尘	12001-26-2	—	2.5	2	1.5
39	Titanium dioxide	二氧化钛粉尘	13463-67-7	—	10	8	
40	Silicon carbide	碳化硅粉尘	409-21-2	—	10	8	4
41	Mercury, elemental vapour（as Hg）	汞 - 金属汞（蒸气）	7439-97-6	0.003	0.025	0.02	
42	Perlite dust	珍珠岩粉尘	93763-70-3	—	10	8	4
43	Welding fumes（not otherwise classified）	电焊烟尘		—	5	4	—
44	Chloropentafluoroethane	五氟氯乙烷	76-15-3	1000	6320	5000	

续表

序号	名称		CAS 号	澳大利亚		中国	
	英文名	中文名		ppm	mg/m³	mg/m³	呼尘
45	Vinyl chloride, monomer	氯乙烯	1975/1/4	5	13	10	
46	Ethyl mercaptan	乙硫醇	1975/8/1	0.5	1.3	1	
47	Hexafluoroacetone	六氟丙酮	684-16-2	0.1	0.68	0.5	
48	Cyclohexane	环己烷	110-82-7	100	350	250	
49	Methyl ethyl ketone（MEK）	丁酮	78-93-3	150	445	300	
50	Dimethylformamide	二甲基甲酰胺	1968/12/2	10	30	20	
51	Allyl chloride	氯丙烯	107-05-1	1	3	2	
52	Furfural	糠醛	1998/1/1	2	7.9	5	
53	Molybdenum, insoluble compounds（as Mo）	钼，不溶性化合物	7439-98-7	—	10	6	
54	Ammonium sulphamate	氨基磺酸铵	7773-06-0	—	10	6	
55	Pentachlorophenol	五氯酚及其钠盐	87-86-5	—	0.5	0.3	
56	Wood dust（soft wood）			—	5		
57	Perchloroethylene	四氯乙烯	127-18-4	50	340	200	
58	Methyl chloride	氯甲烷	74-87-3	50	103	60	
59	Methyl acrylate	丙烯酸甲酯	96-33-3	10	35	20	
60	Trichloroethylene	三氯乙烯	1979/1/6	10	54	30	
61	Dimethyl acetamide	N, N-二甲基乙酰胺	127-19-5	10	36	20	
62	LPG（liquified petroleum gas）	液化石油气	68476-85-7	1000	1800	1000	
63	Turpentine（wood）	松节油	8006-64-2	100	557	300	
64	Cyclohexanone	环己酮	108-94-1	25	100	50	
65	Hydroquinone	氢醌	123-31-9	—	2	1	
66	Parathion	对硫磷	56-38-2	—	0.1	0.05	
67	Lindane	γ-六六六	58-89-9	0.008	0.1	0.05	
68	Phosphorus（yellow）	黄磷	7723-14-0	—	0.1	0.05	
69	Dibutyl phthalate	邻苯二甲酸二丁酯	84-74-2	—	5	2.5	
70	Cyclohexanol	环己醇	108-93-0	50	206	100	
71	Nitric oxide	一氧化氮	10102-43-9	25	31	15	
72	Methyl methacrylate	甲基丙烯酸甲酯	80-62-6	50	208	100	
73	Phosphorus oxychloride	三氯氧磷	10025-87-3	0.1	0.63	0.3	
74	Nonane	壬烷	111-84-2	200	1050	500	
75	Demeton	内吸磷	8065-48-3	0.01	0.11	0.05	
76	Cresol, all isomers	甲酚（全部异构体）	1319-77-3	5	22	10	
77	n-Butyl glycidyl ether（BGE）	正丁基缩水甘油醚	2426/8/6	25	133	60	
78	Acetonitrile	乙腈	1975/5/8	40	67	30	
79	Resorcinol	间苯二酚	108-46-3	10	45	20	
80	Allyl alcohol	丙烯醇	107-18-6	2	4.8	2	
81	Propyl alcohol	丙醇	71-23-8	200	492	200	

续表

序号	名称		CAS 号	澳大利亚		中国	
	英文名	中文名		ppm	mg/m³	mg/m³	呼尘
82	2, 4, 6-Trinitrotoluene（TNT）	三硝基甲苯	118-96-7	—	0.5	0.2	
83	Acetic acid	乙酸	64-19-7	10	25	10	
84	Monocrotophos	久效磷	6923-22-4	—	0.25	0.1	
85	Methyl demeton	甲基内吸磷	8022-00-2	—	0.5	0.2	
86	Nitrobenzene	硝基苯	98-95-3	1	5	2	
87	Aniline & homologues	苯胺	62-53-3	2	7.6	3	
88	Methylamine	一甲胺	74-89-5	10	13	5	
89	n-Amyl acetate	乙酸戊酯（全部异构体）	628-63-7	50	270	100	
90	Octane	辛烷	111-65-9	300	1400	500	
91	Isopropyl alcohol	异丙醇	67-63-0	400	983	350	
92	o-Dichlorobenzene	邻二氯苯	95-50-1	25	150	50	
93	Methyl acetate	乙酸甲酯	79-20-9	200	606	200	
94	Heptane（n-Heptane）	正庚烷	142-82-5	400	1640	500	
95	2-N-Dibutylaminoethanol	2-N-二丁氨基乙醇	102-81-8	2	14	4	
96	Vinyl acetate	乙酸乙烯酯	108-05-4	10	35	10	
97	n-Butyl acetate	乙酸丁酯	123-86-4	150	713	200	
98	Ethyl acetate	乙酸乙酯	141-78-6	200	720	200	
99	Toluene	甲苯	108-88-3	50	191	50	
100	Acetone	丙酮	67-64-1	500	1185	300	
101	Pyridine	吡啶	110-86-1	5	16	4	
102	Ethyl ether	乙醚	60-29-7	400	1210	300	
103	Cyclohexylamine	环己胺	108-91-8	10	41	10	
104	n-Propyl acetate	乙酸丙酯	109-60-4	200	835	200	
105	Styrene, monomer	苯乙烯	100-42-5	50	213	50	
106	Acrylonitrile	丙烯腈	107-13-1	2	4.3	1	
107	Ethyl benzene	乙苯	100-41-4	100	434	100	
108	1, 3-Butadiene	1, 3-丁二烯	106-99-0	10	22	5	
109	p-Dichlorobenzene	对二氯苯	106-46-7	25	150	30	
110	N, N-Dimethylaniline	二甲苯胺	121-69-7	5	25	5	
111	Malathion	马拉硫磷	121-75-5	—	10	2	
112	DDT（Dichlorodiphenyl-trichlor-oethane）	滴滴涕（DDT）	50-29-3	—	1	0.2	
113	Tetraethyl lead（as Pb）	四乙基铅（按铅计）	78-00-2	—	0.1	0.02	
114	Ethylene dichloride	1, 2-二氯乙烷	107-06-2	10	40	7	
115	Carbon disulphide	二硫化碳	75-15-0	10	31	5	
116	Ethylenediamine	乙二胺	107-15-3	10	25	4	

续表

序号	名称		CAS 号	澳大利亚		中国	
	英文名	中文名		ppm	mg/m³	mg/m³	呼尘
117	Manganese, fume (as Mn)	锰及其无机化合物（按二氧化锰计）	7439-96-5	—	1	0.15	
118	Dinitrotoluene	二硝基甲苯	25321-14-6	—	1.5	0.2	
119	Epichlorohydrin	环氧氯丙烷	106-89-8	2	7.6	1	
120	beta-Chloroprene	β-氯丁二烯	126-99-8	10	36	4	
121	Methyl bromide	溴甲烷	74-83-9	5	19	2	
122	Propylene oxide	环氧丙烷	75-56-9	20	48	5	
123	Chromium (metal)	三氧化铬、铬酸盐、重铬酸盐（按铬计）	7440-47-3	—	0.5	0.05	
124	p-tert-Butyltoluene	对特丁基甲苯	98-51-1	10	61	6	
125	Methyl alcohol	甲醇	67-56-1	200	262	25	
126	Bismuth telluride	碲化铋（按 Bi_2Te_3 计）	1304-82-1	—	10	5	
127	Precipitated silica and Silica gel	沉淀二氧化硅（白炭黑、硅胶）	112926-00-8	—	10	5	—
128	Zinc oxide (dust or fume)	氧化锌（尘或烟）	1314-13-2	—	10 5	3	
129	Diatomaceous earth (uncalcined)	硅藻土粉尘	61790-53-2	—	10	6	—

计算澳大利亚 TWA 与中国 TWA 的比值，按照比值进行归类，澳大利亚 TWA/中国 TWA 在 0.5 以下的有 16 种，0.5～0.7 之间的有 8 种，0.8～1.2 之间的有 122 种，1.3～1.5 之间的有 14 种，1.5 以上有 78 种（图 7-11），将 0.8～1.2 之间的 122 种再进行细分，分布情况如图 7-12 所示。

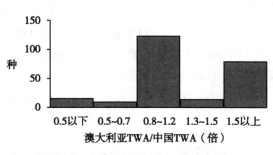

图 7-11 中澳两国 TWA 比值分布图

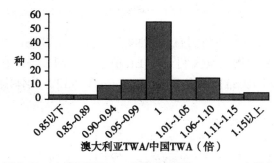

图 7-12 中澳两国 TWA 比值分布图（0.8～1.2 之间）

另外，在澳大利亚 TWA 标准中包括了 23 种物质的峰限值，我国尚未设有峰限值，其中 3 种中国仍用 TWA 表示，20 种物质中国尚未制定 TWA；有 21 种物质澳大利亚制定了 TWA，中国未制定；1 种物质澳中两国均未制定 TWA；1 种物质澳大利亚未制定 TWA，中国制定了 TWA，见表 7-7。

表 7-7 中澳两国 TWA 无法对比的物质

澳大利亚	中国	物质数量	物质名称
制定 TWA	未制定 TWA	21	双氯甲醚、甲基肼、甲拌磷、光气、羰基镍（按镍计）、铅及其无机化合物（按铅计）、砷化氢（胂）、丙烯醛、磷化氢、硝化甘油、氯化苦、氯化氰、碘、氯乙酸、甲醛、苄基氯、巴豆醛、邻苯二甲酸酐、硫化氢、氰化物（按氰计）、乙醛
制定峰限值	制定 TWA	3	枯草杆菌蛋白酶、乙酐、丁醇
制定峰限值	未制定 TWA	20	全氟异丁烯、臭氧、叠氮化钠、三氟化氯、邻氯苄叉丙二腈、二氯乙炔、氰化氢（按氰计）、己二醇、正丁胺、氢氧化钾、氢氧化钠、氟化氢（按氟计）、三氟化硼、异佛尔酮、氯、氯乙醛、氯乙醇、氯丙酮、氯化氢及盐酸、溴化氢
未制定 TWA	制定 TWA	1	石棉
未制定 TWA	未制定 TWA	1	人造玻璃质纤维

（三）短时间接触容许浓度比较

在中澳两国均制定职业接触限值的 293 种物质中，两国均制定 STEL 值的物质 55 种，澳大利亚制定 STEL 值、中国未制定 STEL 值的物质有 22 种，澳大利亚未制定 STEL 值、中国制定 STEL 值的物质有 32 种，两国均未制定 STEL 值的物质 179 种，由于两国分类不同存在部分制定 STEL、部分未制定 STEL 的物质有 5 种，见表 7-8。

表 7-8 中澳两国 SETL 制定情况

		中国	
		制定 STEL 值	未制定 STEL 值
澳大利亚	制定 STEL 值	55	22
	未制定 STEL 值	32	179

注：其中 5 种物质由于两国分类不同存在部分制定 STEL 部分未制定 STEL

中澳两国有 55 种物质均制定了 STEL 值，其中 10 种物质的 STEL 值相等，占 18.18%；8 种物质澳大利亚 STEL 值小于中国 STEL 值，占 14.55%；37 种物质澳大利亚 STEL 值大于中国 STEL 值，占 67.27%，见图 7-13。具体因素见表 7-9、表 7-10、表 7-11。

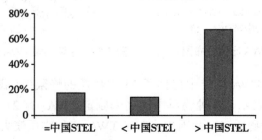

图 7-13 澳大利亚中国职业接触限值（STEL）比较

表 7-9　中澳两国 STEL 值相等的物质

序号	名称		CAS 号	澳大利亚		中国
	英文名	中文名		ppm	mg/m³	mg/m³
1	Phenyl ether（vapour）	苯基醚（二苯醚）	101-84-8	2	14	14
2	Ammonium chloride（fume）	氯化铵烟	12125-02-9	—	20	20
3	Ethanolamine	乙醇胺	141-43-5	6	15	15
4	Mesityl oxide	异亚丙基丙酮	141-79-7	25	100	100
5	Oxalic acid	草酸	144-62-7	—	2	2
6	Decaborane	癸硼烷	17702-41-9	0.15	0.75	0.75
7	Isopropylamine	异丙胺	75-31-0	10	24	24
8	Zinc chloride（fume）	氯化锌烟	7646-85-7	—	2	2
9	Phosphoric acid	磷酸	7664-38-2	—	3	3
10	Furfuryl alcohol	糠醇	98-00-0	15	60	60

表 7-10　澳大利亚 STEL 值小于中国 STEL 值的物质

序号	名称		CAS 号	澳大利亚		中国
	英文名	中文名		ppm	mg/m³	mg/m³
1	Toluene-2，4-diisocyanate（TDI）	二异氰酸甲苯酯（TDI）	584-84-9	—	0.07	0.2
2	Ethylamine	乙胺	1975/4/7	6	11	18
3	Methylene bisphenyl isocyanate（MDI）	二苯基甲烷二异氰酸酯	101-68-8	—	0.07	0.1
4	Isophorone diisocyanate	异佛尔酮二异氰酸酯	4098-71-9	—	0.07	0.1
5	Ammonia	氨	7664-41-7	35	24	30
6	Methyl isocyanate	异氰酸甲酯	624-83-9	—	0.07	0.08
7	Iron pentacarbonyl（as Fe）	五羰基铁（按铁计）	13463-40-6	0.2	0.45	0.5
8	Nitrogen dioxide	二氧化氮	10102-44-0	5	9.4	10

表 7-11　澳大利亚 STEL 值大于中国 STEL 值的物质

序号	名称		CAS 号	澳大利亚		中国
	英文名	中文名		ppm	mg/m³	mg/m³
1	Propylene dichloride	1，2-二氯丙烷	78-87-5	110	508	500
2	Carbon tetrabromide	四溴化碳	558-13-4	0.3	4.1	4
3	Chlorine dioxide	二氧化氯	10049-04-4	0.3	0.83	0.8
4	Ketene	乙烯酮	463-51-4	1.5	2.6	2.5
5	Sulphuryl fluoride	硫酰氟	2699-79-8	10	42	40
6	Naphthalene	萘	91-20-3	15	79	75

续表

| 序号 | 名称 | | CAS 号 | 澳大利亚 | | 中国 |
	英文名	中文名		ppm	mg/m³	mg/m³
7	o-Chlorostyrene	邻氯苯乙烯	2039-87-4	75	425	400
8	Dimethylamine	二甲胺	124-40-3	6	11	10
9	Chloroacetyl chloride	氯乙酰氯	1979/4/9	0.15	0.69	0.6
10	Sulphur dioxide	二氧化硫	7446/9/5	5	13	10
11	Carbonyl fluoride	羰基氟	353-50-4	5	13	10
12	Phosphorus trichloride	三氯化磷	7719/12/2	0.5	2.8	2
13	Methyl ethyl ketone（MEK）	丁酮	78-93-3	300	890	600
14	Allyl chloride	氯丙烯	107-05-1	2	6	4
15	Sulphuric acid	硫酸及三氧化硫	7664-93-9	—	3	2
16	Methyl acetate	乙酸甲酯	79-20-9	250	757	500
17	Methyl chloride	氯甲烷	74-87-3	100	207	120
18	Isopropyl alcohol	异丙醇	67-63-0	500	1230	700
19	Acetic acid	乙酸	64-19-7	15	37	20
20	Propyl alcohol	丙醇	71-23-8	250	614	300
21	Heptane（n-Heptane）	正庚烷	142-82-5	500	2050	1000
22	n-Amyl acetate	乙酸戊酯（全部异构体）	628-63-7	100	541	200
23	Carbon dioxide	二氧化碳	124-38-9	30 000	54 000	18 000
24	o-Dichlorobenzene	邻二氯苯	95-50-1	50	301	100
25	Ethyl ether	乙醚	60-29-7	500	1520	500
26	Allyl alcohol	丙烯醇	107-18-6	4	9.5	3
27	n-Butyl acetate	乙酸丁酯	123-86-4	200	950	300
28	n-Propyl acetate	乙酸丙酯	109-60-4	250	1040	300
29	Ethyl benzene	乙苯	100-41-4	125	543	150
30	Styrene monomer	苯乙烯	100-42-5	100	426	100
31	Vinyl acetate	乙酸乙烯酯	108-05-4	20	70	15
32	Ethyl acetate	乙酸乙酯	141-78-6	400	1440	300
33	p-Dichlorobenzene	对二氯苯	106-46-7	50	300	60
34	N, N-Dimethylaniline	二甲苯胺	121-69-7	10	50	10
35	Acetone	丙酮	67-64-1	1000	2375	450
36	Toluene	甲苯	108-88-3	150	574	100
37	Methyl alcohol	甲醇	67-56-1	250	328	50

　　计算澳大利亚 STEL 与中国 STEL 的比值,按照比值进行归类,比值<0.5 的有 1 种,在 0.5~0.7 之间的有 3 种,0.8~1.2 之间的有 23 种,1.3~1.5 之间的有 7 种,>1.5 的有 21 种 (图 7-14),将 0.8~1.2 之间的 23 种再进行细分,分布情况如图 7-15 所示。

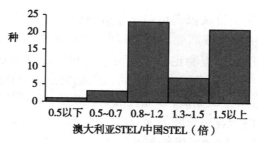

图 7-14 中澳两国 STEL 比值分布图

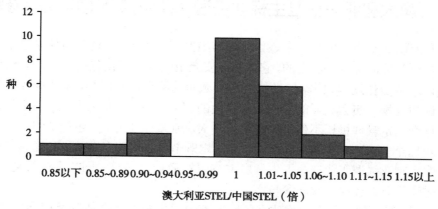

图 7-15 中澳两国 STEL 比值分布图(0.8 ~ 1.2 之间)

总体来说，澳大利亚制定职业接触限值的有害因素数量比我国多；中澳两国共有物质中将近一半的物质接触限值相等或者相近，澳大利亚的化学有害因素职业接触限值较中国宽松。

二、职业健康监护相关标准

澳大利亚职业健康监护相关标准不仅包含具体的限值标准，还包括一系列指导材料，指导如何达到标准、保障工作场所安全。不仅有《需要健康监测的危险化学品》规定开展健康监护的危险化学品，还颁布了《危险化学品接触健康监测 - 执业医师指南》《危险化学品接触健康监测 - 劳动者指南》《危险化学品接触健康监测 - 用人单位指南》等，分别对执业医师、劳动者、用人单位等人员进行指导。中国国家职业卫生标准缺乏相应的指导材料协助标准实施。

三、职业病诊断相关标准

澳大利亚职业病诊断鉴定独立，诊断程序相对简单，无专门的诊断机构，实行执业医师制度，凡是取得执业医师资格的开业医师都有权诊断疾病或伤害并提供患者职业性损害的可能性，凡在工作场所中由于工作或工作相关因素造成的伤害，甚至包括心理疾患经过调查后也可诊断为职业病获得赔偿，更有力的保护工作人员的合法权益；澳大利亚安全工作局发布的认定疾病目录报告可用于指导各管辖区认定疾病目录的制定,虽然只有 48 种,但其列出了相关接触或职业,提供了相应的指导材料以指导职业病诊断,一旦实施可以更加简化赔偿程序。中国制定了职业病目录和相应的职业病诊断标准,包括职业性尘肺病及其他呼吸系统疾病、职业性皮肤病、职业性眼病、职业性耳鼻喉口腔疾病、职业性化学中毒、物理因素所致职业病、职业性放射性疾病、职业性传染病、职业性肿瘤、其他职业病 10 类 132 种;但职业病诊断方面存在诸多问题,如申请诊断主体主要为劳动者,由于我国小企业较多很多劳动者健康档案及工作记录、治病记录不完整,存在举证困难等情况。

第六节　澳大利亚职业卫生标准管理体制特点及对中国的借鉴意义

澳大利亚职业安全卫生是一个整体概念,法律法规标准管理体制与体系也是按照职业安全卫生这个整体概念统一制定的,它的职业安全卫生标准不仅包括具体的限值等规格标准还包括以示范操作规程、国家指导材料形式颁布的标准,以协助法律法规及限值等规格标准的实施和合规。澳大利亚的标准为推荐性的,但大多数会被法律法规所采纳从而具有强制性。标准制定管理机构不仅有法定机构澳大利亚安全工作局,还包括澳大利亚标准国际有限公司这个非政府的标准化组织,标准制定既节省了大量的资金,又提高了标准的制定效率。澳大利亚强调职业安全卫生是雇主、雇员、政府等各界共同的责任与义务,在标准的制修订时注重公众评议和共同参与。

由此可见,澳大利亚与中国均建立了职业安全卫生标准管理体制及标准体系,前者的管理体制和标准体系更为完善,值得我们参考与借鉴。针对我国职业卫生标准管理体制和标准体系,建议我国参考澳大利亚等发达国家在时机成熟时将"职业安全"和"职业卫生"合并为"职业安全卫生",建立统一的职业安全卫生法律法规标准体系与管理体制。针对现阶段我国职业卫生标准的现状及存在的问题,从管理机制及标准体系两方面提出以下建议:

在管理机制方面,建议我国梳理明确职业卫生标准制定管理机构的职责及监管部门的职责,明确各部门的分工,加强制定、监管机构联合,避免权责不清、标准重复、多头监管等。在标准制修订时,鼓励行业或协会制定职业卫生标准,根据需要将行业或协会制定的职业卫生标准转化或升级为国家职业卫生标准以保障国家职业卫生标准的制定与更新;并注重广泛征求各利益相关方的意见建议,包括主管部门、监管部门、职业卫生专家、企业行业利益方、劳动者利益方、工会等。

在标准体系的建设、完善方面,建议借鉴澳大利亚的经验,强调企业雇主的主体责任,并积极发挥劳动者及工会组织的作用,建立风险评估管理机制及制定辅助实施的管理标准与指南,为达到限值等标准提供参考与指导;加强我国预防心理社会危害、工效学危害等领域标准的制定,填补我国职业卫生标准体系的空白,完善标准体系建设;根据实际需要,确定需优先制定职业接触限值的重点物质,并调整过宽和过严的职业接触限值,防止保护力度不够或单位投入成本过高;建议参照澳大利亚职业病诊断制度简化职业病诊断程序,并且适当增加职业病目录。

(康同影　王忠旭　李　霜　李　涛)

附件

附件 7-1　澳大利亚职业接触限值表

中文名	英文名	别名	CAS 号	TWA ppm	TWA mg/m³	STEL ppm	STEL mg/m³	致癌性	其他	注释
乙醛	Acetaldehyde		75-07-0	20	36	50	91	Carc. 2	—	
乙酸	Acetic acid		64-19-7	10	25	15	37	—	—	
乙酐	Acetic anhydride		108-24-7	5 Peak limitation	21 Peak limitation	—	—	—	—	
丙酮	Acetone		67-64-1	500	1185	1000	2375	—	—	
乙腈	Acetonitrile		75-05-8	40	67	60	101	—	Sk	
乙酰水杨酸（阿司匹林）	Acetylsalicylic acid (Aspirin)		50-78-2	—	5	—	—	—	—	
丙烯醛	Acrolein (Acrylaldehyde)		107-02-8	0.1	0.23	0.3	0.69	—	—	
丙烯酰胺	Acrylamide		79-06-1	—	0.03	—	—	Carc. 1B	Sk: Sen	
丙烯酸	Acrylic acid		79-10-7	2	5.9	—	—	—	Sk	
丙烯腈	Acrylonitrile	Vinyl cyanide	107-13-1	2	4.3	—	—	Carc. 1B	Sk: Sen	
艾氏剂；阿耳德林	Aldrin		309-00-2	—	0.25	—	—	Carc. 2	Sk	
丙烯醇	Allyl alcohol		107-18-6	2	4.8	4	9.5	—	Sk	
氯丙烯	Allyl chloride	3-Chloro-1-propene	107-05-1	1	3	2	6	Carc. 2	Sk	
烯丙基缩水甘油醚	Allyl glycidyl ether (AGE)	AGE Allyl 2, 3-epoxypropyl ether	106-92-3	5	23	10	47	Carc. 2	Sk: Sen	
烯丙基丙基二硫醚	Allyl propyl disulfide		2179-59-1	2	12	3	18	—	—	
α-氧化铝（氧化铝）	alpha-Alumina (Al$_2$O$_3$)		1344-28-1	See Aluminium oxide							
铝（金属粉末）	Aluminium (metal dust)		7429-90-5	—	10	—	—	—	—	
铝（电焊烟尘）（按铝计）	Aluminium (welding fumes) (as Al)		7429-90-5	—	5	—	—	—	—	

续表

中文名	英文名	别名	CAS号	TWA		STEL		致癌性	其他	注释
				ppm	mg/m³	ppm	mg/m³			
氧化铝	Aluminium oxide		1344-28-1	—	10	—	—	—	—	(a)
氧化铝粉尘	Aluminium, alkyls (NOC) (as Al)		7429-90-5	—	2	—	—	—	—	—
铝，焦粉（按铝计）	Aluminium, pyro powders (as Al)		7429-90-5	—	5	—	—	—	—	
铝，可溶性盐（按铝计）	Aluminium, soluble salts (as Al)		7429-90-5	—	2	—	—	—	—	
2-氨基吡啶	2-Aminopyridine	2-Pyridylamine	504-29-0	0.5	2	—	—	—	—	
氨基三唑	Amitrole	3-Amino-1, 2, 4-triazole	61-82-5	—	0.2	—	—	—	—	
氨	Ammonia		7664-41-7	25	17	35	24	—	—	
氯化铵（烟）	Ammonium chloride (fume)		12125-02-9	—	10	—	20	—	—	
全氟辛酸铵	Ammonium perfluorooctanoate		3825-26-1	—	0.1	—	—	—	—	
过硫酸铵	Ammonium persulfate	Ammonium persulphate	7727-54-0	—	0.01 Peak Limitation	—	—	—	Sen	
氨基磺酸铵	Ammonium sulphamate	Ammate	7773-06-0	—	10	—	—	—	—	
铁石棉	Amosite		12172-73-5	0.1f/mL	—	—	—	Carc. 1A	—	See Asbestos (b)
乙酸戊酯	n-Amyl acetate	Pentyl acetate	628-63-7	50	270	100	541	—	—	
醋酸仲戊酯	sec-Amyl acetate	1-Methylbutyl acetate	626-38-0	50	270	100	541	—	—	
苯胺	Aniline & homologues		62-53-3	2	7.6	—	—	Carc. 2	Sk: Sen	
对氨基苯甲醚（o-p-同分异构体）	Anisidine (o-, p-isomers)	Methoxyaniline	29191-52-4	0.1	0.5	—	—	Carc. 1B	Sk	
锑及其化合物（按锑计）	Antimony & compounds (as Sb)		7440-36-0	—	0.5	—	—	—	—	

续表

中文名	英文名	别名	CAS号	TWA ppm	TWA mg/m³	STEL ppm	STEL mg/m³	致癌性	其他	注释
三氧化二锑、处理和使用（按锑计）	Antimony trioxide, handling and use (as Sb)	—	1309-64-4	—	0.5	—	—	Carc. 2	—	
安妥	ANTU	1-Naphthylthiourea	86-88-4	—	0.3	—	—	Carc. 2	—	
可溶性砷化合物（按砷计）	Arsenic & soluble compounds (as As)			—	0.05	—	—	See Notes	—	(g)
砷化氢	Arsine		7784-42-1	0.05	0.16	—	—	—	—	
石棉	Asbestos		1332-21-4			—	—	—	—	(b)
铁石棉	Amosite		12172-73-5	0.1f/mL	—	—	—	Carc. 1A	—	(b)
温石棉	Chrysotile		12001-29-5	0.1f/mL	—	—	—	Carc. 1A	—	(b)
青石棉	Crocidolite		12001-28-4	0.1f/mL	—	—	—	Carc. 1A	—	(b)
其他形式的石棉	Other forms of asbestos			0.1f/mL	—	—	—	Carc. 1A	—	(b)
石棉的任何混合物或其未知合物	Any mixture of these, or where the composition is unknown			0.1f/mL	—	—	—	Carc. 1A	—	(b)
莠去津、阿特拉津	Atrazine		1912-24-9	—	5	—	—	—	Sen	
谷硫磷	Azinphos-methyl	Guthion	86-50-0	—	0.2	—	—	—	Sk: Sen	
硫酸钡	Barium sulphate		7727-43-7	—	10	—	—	—	—	(a)
钡、可溶性化合物（按钡计）	Barium, soluble compounds (as Ba)			—	0.5	—	—	—	—	
苯来特	Benomyl	Benlate	17804-35-2	0.84	10	—	—	—	Sen	(d)
苯	Benzene		71-43-2	1	3.2	—	—	Carc. 1A	—	
过氧化苯甲酰	Benzoyl peroxide	Dibenzoyl peroxide	94-36-0	—	5	—	—	—	Sen	
苄基氯	Benzyl chloride	alpha-Chlorotoluene	100-44-7	1	5.2	—	—	—	—	
铍及其化合物	Beryllium & compounds			—	0.002	—	—	See Notes	—	(g)

续表

中文名	英文名	别名	CAS 号	TWA		STEL		致癌性	其他	注释
				ppm	mg/m³	ppm	mg/m³			
联苯	Biphenyl	Diphenyl Phenylbenzene	92-52-4	0.2	1.3	—	—	—	—	—
碲化铋	Bismuth telluride	Dibismuth tritelluride	1304-82-1	—	10	—	—	—	—	—
碲化铋, 硒掺杂	Bismuth telluride, Se-doped		1304-82-1	—	5	—	—	—	—	—
石油沥青青烟	Bitumen fumes	Asphalt(petroleum)	8052-42-4	—	5	—	—	—	—	—
四硼酸盐, 钠盐(无水)	Borates, tetra, sodium salts (anhydrous)	Disodium tetraborate anhydrous	1330-43-4	—	1	—	—	—	—	—
四硼酸盐, 钠盐(十水合物)	Borates, tetra, sodium salts (decahydrate)	Disodium tetraborate decahydrate Borax	1303-96-4	—	5	—	—	—	—	—
硼酸盐, 四钠盐(五水合物)	Borates, tetra, sodium salts (pentahydrate)	Disodium tetraborate pentahydrate	12179-04-3	—	1	—	—	—	—	—
三氧化二硼	Boron oxide	Diboron trioxide	1303-86-2	—	10	—	—	—	—	—
三溴化硼	Boron tribromide		10294-33-4	1 Peak limitation	10 Peak limitation	—	—	—	—	—
三氟化硼	Boron trifluoride		7637-07-2	1 Peak limitation	2.8 Peak limitation	—	—	—	—	—
除草定	Bromacil		314-40-9	1	11	—	—	—	—	—
溴	Bromine		7726-95-6	0.1	0.66	0.3	2	—	—	—
五氟化溴	Bromine pentafluoride		7789-30-2	0.1	0.72	—	—	—	—	—
三溴甲烷	Bromoform	Tribromomethane	75-25-2	0.5	5.2	—	—	—	Sk	—
1,3-丁二烯	1,3-Butadiene		106-99-0	10	22	—	—	Carc. 1A	—	—
丁烷	Butane		106-97-8	800	1900	—	—	—	—	—

续表

中文名	英文名	别名	CAS 号	TWA ppm	TWA mg/m³	STEL ppm	STEL mg/m³	致癌性	其他	注释
2-丁氧基乙醇	2-Butoxyethanol	Butyl cellosolve Butyl glycol Ethylene glycol monobutyl ether Glycol monobutyl ether	111-76-2	20	96.9	50	242	—	Sk	
2-丁氧基乙酯	2-Butoxyethyl acetate		112-07-2	20	133	50	333	—	Sk	
乙酸丁酯	n-Butyl acetate		123-86-4	150	713	200	950	—	—	
乙酸仲丁酯	sec-Butyl acetate		105-46-4	200	950	—	—	—	—	
乙酸叔丁酯	tert-Butyl acetate		540-88-5	200	950	—	—	—	—	
丙烯酸正丁酯	n-Butyl acrylate	Acrylic acid, n-butyl ester n-Butyl 2-propenoate	141-32-2	1	5	5	26	—	Sen	
丁醇	n-Butyl alcohol	n-Butanol	71-36-3	50 Peak limitation	152 Peak limitation	—	—	—	Sk	
仲丁基醇	sec-Butyl alcohol	sec-Butanol Butan-2-ol	78-92-2	100	303	—	—	—	—	
叔丁基醇	tert-Butyl alcohol	tert-Butanol 2-Methylpropan-2-ol	75-65-0	100	303	150	455	—	—	
叔丁基铬酸盐（按铬酐计）	tert-Butyl chromate (as CrO₃)		1189-85-1	—	0.1 Peak limitation	—	—	—	Sk	
正丁基缩水甘油醚（BGE）	n-Butyl glycidyl ether (BGE)	1-Butoxy-2, 3-epoxy-propane Butyl-2, 3-epoxypropyl ether BGE	2426-08-6	25	133	—	—	Carc. 2	Sen	
乳酸正丁酯	n-Butyl lactate		138-22-7	5	30	—	—	—	—	

续表

中文名	英文名	别名	CAS 号	TWA		STEL		致癌性	其他	注释
				ppm	mg/m³	ppm	mg/m³			
正丁基硫醇	Butyl mercaptan	Butanethiol	109-79-5	0.5	1.8	—	—	—	—	
正丁胺	Butylamine		109-73-9	5 Peak limitation	15 Peak limitation	—	—	—	Sk	
邻仲丁基苯酚	o-sec-Butylphenol		89-72-5	5	31	—	—	—	Sk	
对特丁基甲苯	p-tert-Butyltoluene		98-51-1	10	61	20	121	—	—	
镉及其化合物(按镉计)	Cadmium and compounds (as Cd)			—	0.01	—	—	See Notes	—	(g)
氢氧化铯	Caesium hydroxide	Cesium hydroxide	21351-79-1	—	2	—	—	—	—	
碳酸钙	Calcium carbonate	Limestone Marble Whiting	471-34-1	—	10	—	—	—	—	(a)
氰氨化钙	Calcium cyanamide	Calcium carbimide	156-62-7	—	0.5	—	—	—	—	
氢氧化钙	Calcium hydroxide		1305-62-0	—	5	—	—	—	—	
氧化钙	Calcium oxide		1305-78-8	—	2	—	—	—	—	
硅酸钙	Calcium silicate		1344-95-2	—	10	—	—	—	—	(a)
硫酸钙	Calcium sulphate	Gypsum Plaster of Paris	7778-18-9	—	10	—	—	—	—	(a)
樟脑、合成	Camphor, synthetic	Bornan-2-one	76-22-2	2	12	3	19	—	—	
ε-己内酰胺(粉尘和蒸气)	e-Caprolactam (dust and vapour)	1, 6-Hexanelactam Hexahydro-2H-azepin-2-one	105-60-2	—	10	—	20	—	—	
己内酰胺(灰尘)	Caprolactam (dust)		105-60-2	—	1	—	3	—	—	
敌菌丹	Captafol	Difolatan	2425-06-1	—	0.1	—	—	Carc. 1B	Sk: Sen	
克菌丹	Captan		133-06-2	—	0.5	—	—	Carc. 2	Sk: Sen	
甲萘威	Carbaryl	Sevin	63-25-2	—	5	—	—	Carc. 2	—	

续表

中文名	英文名	别名	CAS号	TWA		STEL		致癌性	其他	注释
				ppm	mg/m³	ppm	mg/m³			
克百威	Carbofuran	Furadan	1563-66-2	—	0.1	—	—	—	—	
炭黑粉尘	Carbon black		1333-86-4	—	3	—	—	—	—	
二氧化碳	Carbon dioxide		124-38-9	5000	9000	30000	54 000	—	—	
二氧化碳煤矿	Carbon dioxide in coal mines		124-38-9	12 500	22 500	30000	54 000	—	—	
二硫化碳	Carbon disulphide		75-15-0	10	31	—	—	—	Sk	
一氧化碳	Carbon monoxide		630-08-0	30	34	—	—	—	—	
四溴化碳	Carbon tetrabromide	Tetrabromomethane	558-13-4	0.1	1.4	0.3	4.1	—	—	
四氯化碳	Carbon tetrachloride	Tetrachloromethane	56-23-5	0.1	0.63	—	—	Carc. 2	Sk	
羰基氟	Carbonyl fluoride		353-50-4	2	5.4	5	13	—	—	
邻苯二酚	Catechol	Pyrocatechol o-Dihydroxybenzene	120-80-9	5	23	—	—	—	—	
纤维素	Cellulose (paper fibre)		9004-34-6	—	10	—	—	—	—	(a)
氯丹	Chlordane		57-74-9	—	0.5	—	—	Carc. 2	Sk	
八氯莰烯	Chlorinated camphene	Camphechlor	8001-35-2	—	0.5	—	1	Carc. 2	Sk	
氯化二苯醚	Chlorinated diphenyl oxide		31242-93-0	—	0.5	—	—	—	—	
氯	Chlorine		7782-50-5	1 Peak limitation	3 Peak limitation	—	—	—	—	
二氧化氯	Chlorine dioxide		10049-04-4	0.1	0.28	0.3	0.83	—	—	
三氟化氯	Chlorine trifluoride		7790-91-2	0.1 Peak limitation	0.38 Peak limitation	—	—	—	—	
1-氯-1-硝基丙烷	1-Chloro-1-nitropropane		600-25-9	2	10	—	—	—	—	
氯乙醛	Chloroacetaldehyde		107-20-0	1 Peak limitation	3.2 Peak limitation	—	—	Carc. 2	—	

续表

中文名	英文名	别名	CAS 号	TWA ppm	TWA mg/m³	STEL ppm	STEL mg/m³	致癌性	其他	注释
氯丙酮	Chloroacetone		78-95-5	1 Peak limitation	3.8 Peak limitation	—	—	—	Sk	
a- 氯乙酰苯	alpha-Chloroacetophenone	Phenacyl chloride	532-27-4	0.05	0.32	—	—	—	—	
氯乙酰氯	Chloroacetyl chloride	Chloroacetic acid chloride	79-04-9	0.05	0.23	0.15	0.69	—	Sk	
氯苯	Chlorobenzene		108-90-7	10	46	—	—	—	—	
邻氯苄叉丙二腈	o-Chlorobenzylidene malo-nonitrile		2698-41-1	0.05 Peak limitation	0.39 Peak limitation	—	—	—	Sk	
溴氯甲烷	Chlorobromomethane	Bromochloromethane	74-97-5	200	1060	—	—	—	—	
二氟氯甲烷	Chlorodifluoromethane	Difluorochloromethane Fluorocarbon 22 (Freon 22)	75-45-6	1000	3540	—	—	—	—	
三氯甲烷	Chloroform	Trichloromethane	67-66-3	2	10	—	—	Carc. 2	Sk	
双氯甲醚	bis (Chloromethyl) ether		542-88-1	0.001	0.005	—	—	Carc. 1A	—	
五氟氯乙烷	Chloropentafluoroethane	Fluorocarbon 115 (Freon 115)	76-15-3	1000	6320	—	—	—	—	
氯化苦	Chloropicrin	Trichloronitromethane	76-06-2	0.1	0.67	—	—	—	—	
β-氯丁二烯	beta-Chloroprene	2-Chloro-1, 3-butadiene	126-99-8	10	36	—	—	Carc. 1B	Sk	
2-氯代丙酸	2-Chloropropionic acid		598-78-7	0.1	0.44	—	—	—	Sk	
邻氯苯乙烯	o-Chlorostyrene		2039-87-4	50	283	75	425	—	—	
	Chlorosulphonic acid		7790-94-5	0.209	1	—	—	—	—	
邻氯甲苯	o-Chlorotoluene		95-49-8	50	259	—	—	—	—	
毒死蜱	Chlorpyrifos	Dursban	2921-88-2	—	0.2	—	—	—	Sk	
铬（Ⅱ）化合物（按铬计）	Chromium (Ⅱ) compounds (as Cr)			—	0.5	—	—	—	—	

续表

中文名	英文名	别名	CAS号	TWA ppm	TWA mg/m³	STEL ppm	STEL mg/m³	致癌性	其他	注释
铬（Ⅲ）的化合物（按铬计）	Chromium（Ⅲ）compounds（as Cr）			—	0.5	—	—	—	—	
三氧化铬、铬酸盐、重铬酸盐（按铬计）	Chromium（metal）		7440-47-3	—	0.5	—	—	—	—	
铬（Ⅵ）的化合物（按铬计），某些不溶于水的	Chromium（Ⅵ）compounds（as Cr），certain water insoluble			—	0.05	—	—	Carc. 1A	Sen	
铬（Ⅵ）的化合物（按铬计），水溶性	Chromium（Ⅵ）compounds（as Cr），water soluble			—	0.05	—	—	—	Sen	
温石棉	Chrysotile		12001-29-5	0.1f/mL	—	—	—	Carc. 1A	—	See Asbestos (b)
氯羟吡啶	Clopidol	Coyden	2971-90-6	—	10	—	—	—	—	
煤尘（游离 SiO₂ 含量 <5%）（呼吸性粉尘）	Coal dust (containing < 5% quartz) (respirable dust)			—	3	—	—	—	—	
煤焦油沥青挥发物（按苯溶物计）	Coal tar pitch volatiles (as benzene solubles)		65996-93-2	—	0.2	—	—	Carc. 1B	—	
钴羰基（按钴计）	Cobalt carbonyl (as Co)		10210-68-1	—	0.1	—	—	—	Sen	
钴水电羰基（按钴计）	Cobalt hydrocarbonyl (as Co)		16842-03-8	—	0.1	—	—	—	Sen	
钴及其氧化物（按钴计）	Cobalt, metal dust & fume (as Co)		7440-48-4	—	0.05	—	—	—	Sen	
铜（烟）	Copper (fume)		7440-50-8	—	0.2	—	—	—	—	
铜尘和铜雾（按铜计）	Copper, dusts & mists (as Cu)		7440-50-8	—	1	—	—	—	—	
棉尘（生的）	Cotton dust, raw			—	0.2	—	—	—	—	
甲酚（全部异构体）	Cresol, all isomers		1319-77-3	5	22	—	—	—	Sk	(c)

续表

中文名	英文名	别名	CAS 号	TWA		STEL		致癌性	其他	注释
				ppm	mg/m³	ppm	mg/m³			
方石英（可吸入粉尘）	Cristobalite (respirable dust)		14464-46-1	—	0.1	—	—	—	—	See Silica - Crystalline
青石棉	Crocidolite		12001-28-4	0.1f/ml	—	—	—	Carc. 1A	—	See Asbestos (b)
巴豆醛	Crotonaldehyde	trans-But-2-enal	4170-30-3	2	5.7	—	—	—	—	
	Crufomate		299-86-5	—	5	—	—	—	—	
异丙苯	Cumene	Isopropyl benzene	98-82-8	25	125	75	375	—	Sk	
氨基氰	Cyanamide		420-04-2	—	2	—	—	—	Sen	
氰化物（按氰计）	Cyanides (as CN)		151-50-8	—	5	—	—	—	Sk	
氰（按氰计）	Cyanogen	Oxalonitrile	460-19-5	10	21	—	—	—	—	
氯化氰	Cyanogen chloride		506-77-4	0.3 Peak limitation	0.75 Peak limitation	—	—	—	—	
环己烷	Cyclohexane		110-82-7	100	350	300	1050	—	—	
环己醇	Cyclohexanol		108-93-0	50	206	—	—	—	Sk	
环己酮	Cyclohexanone	Anone	108-94-1	25	100	—	—	—	Sk	
环己烯	Cyclohexene		110-83-8	300	1010	—	—	—	—	
环己胺	Cyclohexylamine	Aminocyclohexane	108-91-8	10	41	—	—	—	—	
三次甲基三硝基胺（黑索令）	Cyclonite	RDX Hexahydro-1, 3, 5-tri-nitro-1, 3, 5-triazine	121-82-4	—	1.5	—	—	—	Sk	
环戊二烯	Cyclopentadiene		542-92-7	75	203	—	—	—	—	
环戊烷	Cyclopentane		287-92-3	600	1720	—	—	—	—	

续表

中文名	英文名	别名	CAS号	TWA ppm	TWA mg/m³	STEL ppm	STEL mg/m³	致癌性	其他	注释
三环锡	Cyhexatin	Plictran Tricyclohexyltin hydroxide	13121-70-5	—	5	—	—	—	—	
2,4-二氯苯氧乙酸	2,4-D	2,4-Dichlorophenoxyacetic acid	94-75-7	—	10	—	—	—	Sen	
滴滴涕 (DDT)	DDT (Dichlorodiphenyl-trichloroethane)	p.p-Dichlorodiphenyl trichloroethane 2,2-bis(p-Chlorophenyl)-1,1,1 trichloroethane 1,1,1-Trichlorobis (chlorophenyl) ethane	50-29-3	—	1	—	—	Carc. 2	—	
癸硼烷	Decaborane		17702-41-9	0.05	0.25	0.15	0.75	—	Sk	
内吸磷	Demeton	Systox	8065-48-3	0.01	0.11	—	—	—	Sk	
双丙酮醇	Diacetone alcohol	4-Hydroxy-4-methyl-2-pentanone	123-42-2	50	238	—	—	—	—	
硅藻土粉尘 (未煅烧)	Diatomaceous earth (uncalcined)		61790-53-2	—	10	—	—	—	—	See Silica-Amorphous (a)
	Diazinon		333-41-5	—	0.1	—	—	—	Sk	
重氮甲烷	Diazomethane		334-88-3	0.2	0.34	—	—	Carc. 1B	—	
乙硼烷	Diborane		19287-45-7	0.1	0.11	—	—	—	—	
磷酸二丁基苯酯	Dibutyl phenyl phosphate		2528-36-1	0.3	3.5	—	—	—	Sk	
磷酸二丁酯	Dibutyl phosphate	Dibutyl hydrogen phosphate	107-66-4	1	8.6	2	17	—	—	

续表

中文名	英文名	别名	CAS 号	TWA ppm	TWA mg/m³	STEL ppm	STEL mg/m³	致癌性	其他	注释
邻苯二甲酸二丁酯	Dibutyl phthalate		84-74-2	—	5	—	—	Repr. 1B	—	
2-N-二丁氨基乙醇	2-N-Dibutylaminoethanol	N, N-Di-n-butylamin-oethanol	102-81-8	2	14	—	—	—	Sk	
1, 1-二氯-1-硝基乙烷	1, 1-Dichloro-1-nitroethane		594-72-9	2	12	—	—	—	—	
1, 3-二氯-5, 5-二甲基乙内酰脲	1, 3-Dichloro-5, 5-dimethyl hydantoin		118-52-5	—	0.2	—	0.4	—	—	
二氯乙炔	Dichloroacetylene		7572-29-4	0.1 Peak limitation	0.39 Peak limitation	—	—	Carc. 2	—	
邻二氯苯	o-Dichlorobenzene		95-50-1	25	150	50	301	—	—	
对二氯苯	p-Dichlorobenzene		106-46-7	25	150	50	300	Carc. 2	—	
二氯二氟甲烷	Dichlorodifluoromethane	Difluorochloromethane Fluorocarbon 12 (Freon 12)	75-71-8	1000	4950	—	—	—	—	
1, 1-二氯乙烷	1, 1-Dichloroethane	Ethylidene chloride	75-34-3	100	412	—	—	—	Sk	
二氯乙醚	Dichloroethyl ether	bis- (2-Chloroethyl) - ether	111-44-4	5	29	10	58	Carc. 2	Sk	
1, 2-二氯乙烯	1, 2-Dichloroethylene	Acetylene dichloride	540-59-0	200	793	—	—	—	—	
二氯二氟甲烷	Dichlorofluoromethane	Fluorocarbon 21 (Freon 21) Fluorodichloromethane	75-43-4	10	42	—	—	—	—	
1, 3-二氯丙烯	Dichloropropene	gamma-Chloroallyl chloride	542-75-6	1	4.5	—	—	—	Sk: Sen	
2, 2-二氯丙酸	2, 2-Dichloropropionic acid	Dalapon	75-99-0	1	5.8	—	—	—	—	

续表

中文名	英文名	别名	CAS号	TWA ppm	TWA mg/m³	STEL ppm	STEL mg/m³	致癌性	其他	注释
二氯四氟乙烷	Dichlorotetrafluoroethane	Cryofluorane Fluorocarbon 114 (Freon 114) R-114 Tetrafluoro dichloroethane	76-14-2	1000	6990	—	—	—	—	
敌敌畏	Dichlorvos (DDVP)	DDVP	62-73-7	0.1	0.9	—	—	—	Sk: Sen	
百治磷	Dicrotophos	Bidrin	141-66-2	—	0.25	—	—	—	Sk	
二聚环戊二烯	Dicyclopentadiene		77-73-6	5	27	—	—	—	—	
二茂铁	Dicyclopentadienyl iron	Ferrocene	102-54-5	—	10	—	—	—	—	
	Dieldrin		60-57-1	—	0.25	—	—	Carc. 2	Sk	
二乙醇胺	Diethanolamine	2, 2'-Iminodiethanol	111-42-2	3	13	—	—	—	—	
二乙基甲酮	Diethyl ketone	3-Pentanone	96-22-0	200	705	—	—	—	—	
邻苯二甲酸二乙酯	Diethyl phthalate		84-66-2	—	5	—	—	—	—	
二乙胺	Diethylamine		109-89-7	10	30	25	75	—	—	
2-二乙氨基乙醇	2-Diethylaminoethanol		100-37-8	10	48	—	—	—	Sk	
二亚乙基三胺	Diethylene triamine	2, 2'-Diaminodiethylamine 1, 4, 7-Tri-(aza)-heptane	111-40-0	1	4.2	—	—	—	Sk: Sen	
二氟二溴乙烷	Difluorodibromomethane	Dibromodifluoromethane	75-61-6	100	858	—	—	—	—	
二缩水甘油醚	Diglycidyl ether (DGE)	DGE bis(2, 3-Epoxy propyl) ether	2238-07-5	0.1	0.53	—	—	—	—	
二异丁基甲酮	Diisobutyl ketone	2, 6-Dimethyl-4-heptanone	108-83-8	25	145	—	—	—	—	
二异丙胺	Diisopropylamine		108-18-9	5	21	—	—	—	Sk	

续表

中文名	英文名	别名	CAS 号	TWA		STEL		致癌性	其他	注释
				ppm	mg/m³	ppm	mg/m³			
N, N-二甲基乙酰胺	Dimethyl acetamide		127-19-5	10	36	—	—	—	Sk	
二甲醚	Dimethyl ether		115-10-6	400	760	500	950	—	—	
硫酸二甲酯	Dimethyl sulphate		77-78-1	0.1	0.52	—	—	Carc. 1B	Sk: Sen	
二甲胺	Dimethylamine		124-40-3	2	3.8	6	11	—	—	
二甲氨基乙醇	Dimethylaminoethanol		108-01-0	2	7.4	6	22	—	—	
二甲苯胺	N, N-Dimethylaniline		121-69-7	5	25	10	50	Carc. 2	Sk	
N, N-二甲基乙胺	N, N-Dimethylethylamine	N, N-Dimethylethanamine	598-56-1	10	30	15	45	—	—	
二甲基甲酰胺	Dimethylformamide		68-12-2	10	30	—	—	—	Sk	
偏二甲基肼	1, 1-Dimethylhydrazine		57-14-7	0.01	0.025	—	—	Carc. 1B	Sk	
邻苯二甲酸二甲酯	Dimethylphthalate		131-11-3	—	5	—	—	—	—	
二硝托胺	Dinitolmide	3, 5-Dinitro-o-toluamide Zoalene	148-01-6	—	5	—	—	—	—	
间二硝基苯	m-Dinitrobenzene		99-65-0	0.15	1	—	—	—	Sk	
邻二硝基苯	o-Dinitrobenzene		528-29-0	0.15	1	—	—	—	Sk	
对二硝基苯	p-Dinitrobenzene		100-25-4	0.15	1	—	—	—	Sk	
4, 6-二硝基邻苯甲酚	Dinitro-o-cresol	DNOC 2-Methyl-4, 6-dinitro-phenol	534-52-1	—	0.2	—	—	—	Sk: Sen	
二硝基甲苯	Dinitrotoluene		25321-14-6	—	1.5	—	—	Carc. 1B	Sk	
二噁烷	1, 4-Dioxane	Diethylene dioxide	123-91-1	10	36	—	—	Carc. 2	Sk	
二噁磷	Dioxathion	Delnav	78-34-2	—	0.2	—	—	—	Sk	
二苯胺	Diphenylamine		122-39-4	—	10	—	—	—	—	
二丙基甲酮	Dipropyl ketone		123-19-3	50	233	—	—	—	—	
敌草快	Diquat	Diquat dibromide (ISO)	85-00-7	—	0.5	—	—	—	Sen	

续表

中文名	英文名	别名	CAS 号	TWA		STEL		致癌性	其他	注释
				ppm	mg/m³	ppm	mg/m³			
二仲辛酯	Di-sec-octyl phthalate	DOP Di(2-ethylhexyl) phthalate bis(2-Ethylhexyl) phthalate	117-81-7	—	5	—	10	—	—	
双硫醒	Disulfiram	Tetraethyl thiuram disulphide	97-77-8	—	2	—	—	—	Sen	
乙拌磷	Disulfoton	Disyston	298-04-4	—	0.1	—	—	—	—	
2,6-二叔丁基-对甲酚	2,6-Di-tert-butyl-p-cresol		128-37-0	—	10	—	—	—	—	
敌草隆	Diuron		330-54-1	—	10	—	—	Carc. 2	—	
二乙烯基苯	Divinyl benzene		1321-74-0	10	53	—	—	—	—	
金刚砂(灰尘)	Emery (dust)		1302-74-5	—	10	—	—	—	—	(a)
硫丹	Endosulfan	Thiodan	115-29-7	—	0.1	—	—	—	Sk	
异狄氏剂	Endrin		72-20-8	—	0.1	—	—	—	Sk	
安氟醚	Enflurane	2-Chloro-1,1,2-trifluoroethyl difluoromethyl ether	13838-16-9	0.5	3.8	—	—	—		
环氧氯丙烷	Epichlorohydrin	1-Chloro-2,3-epoxy-propane	106-89-8	2	7.6	—	—	Carc. 1B	Sk; Sen	
苯硫磷	EPN	O-Ethyl-O-(4-nitrophenyl) phenylthiophosphonate	2104-64-5	—	0.5	—	—	—	Sk	
乙醇胺	Ethanolamine	2-Aminoethanol	141-43-5	3	7.5	6	15	—	—	
乙硫磷	Ethion	Nialate	563-12-2	—	0.4	—	—	—	Sk	

续表

中文名	英文名	别名	CAS 号	TWA ppm	TWA mg/m³	STEL ppm	STEL mg/m³	致癌性	其他	注释
2-乙氧基乙醇	2-Ethoxyethanol	Ethyl glycol / Ethylene glycol, monoethyl ether / Glycol, monoethyl ether / Cellosolve	110-80-5	5	18	—	—	—	Sk	
2-乙氧基乙基乙酸酯	2-Ethoxyethyl acetate	Cellosolve acetate / Glycol, monoethyl ether acetate / Ethylene glycol, mono-ethyl ether acetate / Ethyl glycol acetate	111-15-9	5	27	—	—	—	Sk	
乙酸乙酯	Ethyl acetate	Acetic acid ethyl ester / Acetic ester	141-78-6	200	720	400	1440	—	—	
丙烯酸乙酯	Ethyl acrylate	Acrylic acid, ethyl ester	140-88-5	5 Peak limitation	20 Peak limitation	—	—	—	Sen	
	Ethyl alcohol	Ethanol	64-17-5	1000	1880	—	—	—	—	
乙苯	Ethyl benzene		100-41-4	100	434	125	543	—	—	
溴乙烷	Ethyl bromide	Bromoethane	74-96-4	5	22	—	—	Carc. 2	Sk	
乙基丁基甲酮	Ethyl butyl ketone	3-Heptanone	106-35-4	50	234	—	—	—	—	
氯乙烷	Ethyl chloride	Chloroethane	75-00-3	1000	2640	—	—	Carc. 2	—	
乙醚	Ethyl ether	Diethyl ether	60-29-7	400	1210	500	1520	—	—	
	Ethyl formate	Formic acid, ethyl ester	109-94-4	100	303	—	—	—	—	
乙硫醇	Ethyl mercaptan	Ethanethiol	75-08-1	0.5	1.3	—	—	—	—	
硅酸乙酯	Ethyl silicate	Tetraethyl orthosilicate	78-10-4	10	85	—	—	—	—	

续表

中文名	英文名	别名	CAS号	TWA ppm	TWA mg/m³	STEL ppm	STEL mg/m³	致癌性	其他	注释
乙胺	Ethylamine		75-04-7	2	3.8	6	11	—	—	—
氯乙醇	Ethylene chlorohydrin	2-Chloroethanol	107-07-3	1 Peak limitation	3.3 Peak limitation	—	—	—	Sk	
1,2-二氯乙烷	Ethylene dichloride	1,2-Dichloroethane	107-06-2	10	40	—	—	Carc. 1B	—	
乙二醇(颗粒)	Ethylene glycol (particulate)	Ethane-1,2-diol	107-21-1	—	10	—	—	—	Sk	
乙二醇(蒸气)	Ethylene glycol (vapour)	Ethane-1,2-diol	107-21-1	20	52	40	104	—	Sk	
乙二醇二硝酸酯	Ethylene glycol dinitrate	Ethylene dinitrate Glycol dinitrate Nitroglycol EGDN	628-96-6	0.05	0.31	—	—	—	Sk	
环氧乙烷	Ethylene oxide	Oxirane	75-21-8	1	1.8	—	—	Carc. 1B	—	
乙二胺	Ethylenediamine	1,2-Diaminoethane	107-15-3	10	25	—	—	—	Sen	
乙烯亚胺	Ethylenimine	Aziridine	151-56-4	0.5	0.88	—	—	Carc. 1B	Sk	
乙基降冰片烯	Ethylidene norbornene		16219-75-3	5 Peak limitation	25 Peak limitation	—	—			
N-乙基吗啉	N-Ethylmorpholine		100-74-3	5	24	—	—	—	Sk	
苯线磷	Fenamiphos	Nemacur	22224-92-6	—	0.1	—	—	—	Sk	
丰索磷	Fensulfothion	Dasanit	115-90-2	—	0.1	—	—	—	Sk	
倍硫磷	Fenthion	Baytex Lebaycid	55-38-9	—	0.2	—	—	—	Sk	
二甲胺基荒酸铁	Ferbam		14484-64-1	—	10	—	—	—	—	
钒铁尘	Ferrovanadium dust		12604-58-9	—	1	—	3	—	—	
氟化物(不含氟化氢)(按氟计)	Fluorides (as F)⁻				2.5			—	—	
氟	Fluorine		7782-41-4	1	1.6	2	3.1	—	—	

续表

中文名	英文名	别名	CAS号	TWA ppm	TWA mg/m³	STEL ppm	STEL mg/m³	致癌性	其他	注释
地虫硫磷	Fonofos	Dyfonate	944-22-9	—	0.1	—	—	—	Sk	—
甲醛	Formaldehyde		50-00-0	1	1.2	2	2.5	Carc. 2	Sen	—
甲酰胺	Formamide		75-12-7	10	18	—	—	—	Sk	—
甲酸	Formic acid		64-18-6	5	9.4	10	19	—	—	—
煅制氧化硅（呼吸性粉尘）	Fumed silica (respirable dust)		7631-86-9	—	2	—	—	—	—	See Silica – Amorphous
糠醛	Furfural	2-Furaldehyde	98-01-1	2	7.9	—	—	—	Sk	—
糠醇	Furfuryl alcohol		98-00-0	10	40	15	60	Carc. 2	Sk	—
四氢化锗	Germanium tetrahydride	Germane	7782-65-2	0.2	0.63	—	—	—	—	—
戊二醛	Glutaraldehyde	1, 5-Pentanedial	111-30-8	0.1 Peak limitation	0.41 Peak limitation	—	—	—	Sen	—
甘油雾	Glycerin mist		56-81-5	—	10	—	—	—	—	(a)
缩水甘油	Glycidol	2, 3-Epoxy-1-propanol	556-52-5	25	76	—	—	Carc. 1B	—	—
谷物粉尘（燕麦、小麦、大麦）	Grain dust (oats, wheat, barley)			—	4	—	—	—	—	—
石墨（除纤维外的所有形态）（呼吸性粉尘）（天然和合成）	Graphite (all forms except fibres) (respirable dust) (natural & synthetic)		7782-42-5	—	3	—	—	—	—	(e)
铪	Hafnium		7440-58-6	—	0.5	—	—	—	—	—
三氟溴氯乙烷	Halothane	1, 1, 1-Trifluoro-2-chloro-2-bromoethane	151-67-7	0.5	4.1	—	—	—	—	—
七氯	Heptachlor		76-44-8	—	0.5	—	—	Carc. 2	Sk	—
正庚烷	Heptane (n-Heptane)		142-82-5	400	1640	500	2050	—	—	—
六氯丁二烯	Hexachlorobutadiene		87-68-3	0.02	0.21	—	—	—	Sk	—

续表

中文名	英文名	别名	CAS号	TWA		STEL		致癌性	其他	注释
				ppm	mg/m³	ppm	mg/m³			
六氯环戊二烯	Hexachlorocyclopentadiene		77-47-4	0.01	0.11	—	—	—	—	—
六氯乙烷	Hexachloroethane		67-72-1	1	9.7	—	—	—	—	—
六氯萘	Hexachloronaphthalene		1335-87-1	—	0.2	—	—	—	Sk	—
六氟丙酮	Hexafluoroacetone		684-16-2	0.1	0.68	—	—	—	Sk	—
1,6-己二异氰酸酯	Hexamethylene diisocyanate	HDI	822-06-0	See Isocyanates, all					Sen	
正己烷	Hexane (n-Hexane)		110-54-3	20	72	—	—	—	—	—
己烷,其他异构体	Hexane, other isomers			500	1760	1000	3500	—	—	—
1,3-二甲基丁基醋酸酯(仲-乙酸己酯)	sec-Hexyl acetate	1,3-Dimethyl butyl acetate	108-84-9	50	295	—	—	—	—	—
己二醇	Hexylene glycol	2-Methylpentane-2,4-diol	107-41-5	25 Peak limitation	121 Peak limitation	—	—	—	—	—
肼	Hydrazine	Diamine	302-01-2	0.01	0.013	—	—	—	Sk: Sen	—
溴化氢	Hydrogen bromide		10035-10-6	3 Peak limitation	9.9 Peak limitation	—	—	—	—	—
氯化氢及盐酸	Hydrogen chloride	Hydrochloric acid	7647-01-0	5 Peak limitation	7.5 Peak limitation	—	—	—	—	—
氰化氢(按氰计)	Hydrogen cyanide	Hydrocyanic acid	74-90-8	10 Peak limitation	11 Peak limitation	—	—	—	Sk	—
氟化氢(按氟计)	Hydrogen fluoride (as F)		7664-39-3	3 Peak limitation	2.6 Peak limitation	—	—	—	—	—
过氧化氢	Hydrogen peroxide		7722-84-1	1	1.4	—	—	—	—	—
硒化氢(按硒计)	Hydrogen selenide (as Se)		7783-07-5	0.05	0.16	—	—	—	—	—
硫化氢	Hydrogen sulphide		7783-06-4	10	14	15	21	—	—	—
氢化三联苯	Hydrogenated terphenyls		37275-59-5	0.5	4.9	—	—	—	—	—
氢醌	Hydroquinone	p-Dihydroxybenzene	123-31-9	—	2	—	—	Carc. 2	—	—

续表

中文名	英文名	别名	CAS 号	TWA ppm	TWA mg/m³	STEL ppm	STEL mg/m³	致癌性	其他	注释
丙烯酸 2- 羟基丙酯	2-Hydroxypropyl acrylate		999-61-1	0.5	2.8	—	—	—	Sk; Sen	
茚	Indene		95-13-6	10	48	—	—	—	—	
铟及化合物 (按铟计)	Indium & compounds (as In)			—	0.1	—	—	—	—	
碘	Iodine		7553-56-2	0.1 Peak limitation	1 Peak limitation	—	—	—	—	
碘仿	Iodoform		75-47-8	0.6	10	—	—	—	—	
氧化铁烟（氧化铁）（按铁计）	Iron oxide fume (Fe₂O₃)(as Fe)		1309-37-1	—	5	—	—	—	—	
五羰基铁（按铁计）	Iron pentacarbonyl (as Fe)		13463-40-6	0.1	0.23	0.2	0.45	—	—	
铁盐, 水溶性（按铁计）	Iron salts, soluble (as Fe)			—	1	—	—	—	—	
乙酸异戊酯	Isoamyl acetate	Isopentyl acetate	123-92-2	50	270	100	541	—	—	
异戊醇	Isoamyl alcohol	3-Methylbutan-1-ol	123-51-3	100	361	125	452	—	—	
醋酸异丁酯	Isobutyl acetate		110-19-0	150	713	—	—	—	—	
异丁醇	Isobutyl alcohol	2-Methylpropan-1-ol iso-Butanol	78-83-1	50	152	—	—	—	—	
异氰酸酯, 所有形态（按异氰酸酯计）	Isocyanates, all (as-NCO)			—	0.02	—	0.07	See individual entries	Sen	
异辛醇	Isooctyl alcohol		26952-21-6	50	266	—	—	—	Sk	
异佛尔酮	Isophorone	3, 5, 5-Trimethylcyclohex-2-enone	78-59-1	5 Peak limitation	28 Peak limitation	—	—	Carc. 2	—	
异佛尔酮二异氰酸酯	Isophorone diisocyanate		4098-71-9	See Isocyanates, all				—	Sen	

续表

中文名	英文名	别名	CAS号	TWA ppm	TWA mg/m³	STEL ppm	STEL mg/m³	致癌性	其他	注释
异丙氧基	Isopropoxyethanol		109-59-1	25	106	—	—	—	—	
醋酸异丙酯	Isopropyl acetate	Propan-2-ol	108-21-4	250	1040	310	1290	—	—	
异丙醇	Isopropyl alcohol	Propan-2-ol	67-63-0	400	983	500	1230	—	—	
异丙醚	Isopropyl ether	Diisopropyl ether	108-20-3	250	1040	310	1300	—	—	
异丙基缩水甘油醚（免疫球蛋白）	Isopropyl glycidyl ether (IGE)	IGE, 2,3-Epoxypropyl iso-propyl ether	4016-14-2	50	238	75	356	—	—	(a)
异丙胺	Isopropylamine	2-Aminopropane	75-31-0	5	12	10	24	—	—	
N-异丙基苯胺	N-Isopropylaniline		768-52-5	2	11	—	—	—	Sk	
	Kaolin		1332-58-7	—	10	—	—	—	—	(a)
乙烯酮	Ketene		463-51-4	0.5	0.86	1.5	2.6	—	—	
砷酸铅（按三乙基砷酸酯计）	Lead arsenate (as Pb$_3$(AsO$_4$)$_2$)		3687-31-8	—	0.15	—	—	Carc. 1B	—	
铬酸铅（按铬计）	Lead chromate (as Cr)		7758-97-6	—	0.05	—	—	—	—	
铅及其无机化合物（按铅计）	Lead, inorganic dusts & fumes (as Pb)		7439-92-1	—	0.15	—	—	—	—	(f)
γ-六六六	Lindane	gamma-BHC (ISO), Gammexane, gamma-HCH, gamma-Hexachlorocyclohexane	58-89-9	0.008	0.1	—	—	—	Sk	
氢化锂	Lithium hydride		7580-67-8	—	0.025	—	—	—	—	
液化石油气	LPG (liquified petroleum gas)		68476-85-7	1000	1800	—	—	Carc. 1B	—	
菱镁矿	Magnesite		546-93-0	—	10	—	—	—	—	(a)

续表

中文名	英文名	别名	CAS号	TWA ppm	TWA mg/m³	STEL ppm	STEL mg/m³	致癌性	其他	注释
氧化镁（烟）	Magnesium oxide (fume)		1309-48-4	—	10	—	—	—	—	
马拉硫磷	Malathion	Maldison	121-75-5	—	10	—	—	—	Sk; Sen	
马来酸酐	Maleic anhydride		108-31-6	0.25	1	—	—	—	Sen	
锰的环戊二烯基三羰基（按锰计）	Manganese cyclopentadienyl tricarbonyl (as Mn)	Tricarbonyl (eta cyclopentadienyl) manganese	12079-65-1	—	0.1	—	—	—	Sk	
锰，粉尘及化合物（按锰计）	Manganese, dust & compounds (as Mn)			—	1	—	—	—	—	
锰及其无机化合物（按锰计）	Manganese, fume (as Mn)	Manganese tetroxide	7439-96-5	—	1	—	3	—	—	
人造玻璃质纤维	Man-Made Vitreous (Silicate) Fibres (MMVF)	Synthetic mineral fibres (SMF)								
耐火陶瓷纤维(RCF)、(h)专用玻璃纤维(i)和高生物持久人造玻璃质纤维(l)	Refractory Ceramic Fibres (RCF), (h) Special Purpose Glass Fibres (i) and High Biopersistence MMVF (l)			—	0.5f/mL (respirable) and 2mg/m³ (inhalable dust) (j)	—	—	Carc. 1B (o)	—	(h)(i)(j)(l)(o)
玻璃棉、岩（石）羊毛、矿渣棉和连续玻璃长丝(i)(k)和低生物持久人造玻璃质纤维(m)	[Glass wool, rock (stone) wool, slag wool and continuous glass filament] (i)(k) and Low Biopersistence MMVF (m)			—	2mg/m³ (inhalable dust) (j)	—	—	Carc. 2 (i)(k) or exempt (m)(o)	—	(i)(j)(k)(m)(n)(o)
汞、烷基化合物（按汞计）	Mercury, alkyl compounds (as Hg)			—	0.01	—	0.03	—	Sk	

续表

中文名	英文名	别名	CAS 号	TWA ppm	TWA mg/m³	STEL ppm	STEL mg/m³	致癌性	其他	注释
汞、芳基化合物（按汞计）	Mercury, aryl compounds (as Hg)			—	0.1	—	—	—	Sk	
汞-汞元素（按汞计）	Mercury, elemental vapour (as Hg)		7439-97-6	0.003	0.025	—	—	—	—	
汞、无机二价化合物（按汞计）	Mercury, inorganic divalent compounds (as Hg)			0.003	0.025	—	—	—	—	
汞、无机单价化合物（按汞计）	Mercury, inorganic monovalent compounds (as Hg)			—	0.1	—	—	—	Sk	
异亚丙基丙酮	Mesityl oxide	4-Methylpent-3-en-2-one	141-79-7	15	60	25	100	—	—	
甲基丙烯酸	Methacrylic acid		79-41-4	20	70	—	—	—	—	
灭多威	Methomyl	Lannate	16752-77-5	—	2.5	—	—	—	—	
1-甲氧基-2-丙醇乙酸	1-Methoxy-2-propanol acetate		108-65-6	50	274	100	548	—	Sk	
甲氧氯	Methoxychlor	2,2-bis(p-Methoxyphenyl)-1,1,1-trichloroethane; DMDT	72-43-5	—	10	—	—	—	—	
甲氧基乙醇	2-Methoxyethanol	Methyl cellosolve; Methyl gylcol; Glycol monomethyl ether; Ethylene glycol monomethyl ether	109-86-4	5	16	—	—	—	Sk	

续表

中文名	英文名	别名	CAS 号	TWA ppm	TWA mg/m³	STEL ppm	STEL mg/m³	致癌性	其他	注释
乙酸(2-甲氧基乙基酯)	2-Methoxyethyl acetate	Ethylene glycol mono-methyl ether acetate Glycol monomethyl ether acetate Methyl glycol acetate Methyl cellosolve acetate	110-49-6	5	24	—	—	—	Sk	
三丙二醇甲醚	(2-Methoxymethylethoxy) propanol	Dipropylene glycol (mono) methyl ether	34590-94-8	50	308	—	—	—	Sk	
4-甲氧基苯酚	4-Methoxyphenol	Mequinol (INN)	150-76-5	—	5	—	—	—	Sen	
甲基-2-氰基丙烯酸酯	Methyl 2-cyanoacrylate		137-05-3	2	9.1	4	18	—	—	
乙酸甲酯	Methyl acetate		79-20-9	200	606	250	757	—	—	
甲基乙炔	Methyl acetylene	Propyne	74-99-7	1000	1640	—	—	—	—	
甲基乙炔、丙二烯混合物(MAPP)	Methyl acetylene-propadiene mixture (MAPP)			1000	1640	1250	2050	—	—	
丙烯酸甲酯	Methyl acrylate	Acrylic acid, methyl ester	96-33-3	10	35	—	—	—	Sk; Sen	
甲醇	Methyl alcohol	Methanol	67-56-1	200	262	250	328	—	Sk	
N-甲苯胺	N-Methyl aniline		100-61-8	0.5	2.2	—	—	—	Sk	
溴甲烷	Methyl bromide	Bromomethane	74-83-9	5	19	—	—	—	Sk	
氯甲烷	Methyl chloride	Chloromethane	74-87-3	50	103	100	207	Carc. 2	—	
甲基内吸磷	Methyl demeton	Demeton-O-methyl plus demeton-S-methyl Metasystox	8022-00-2	—	0.5	—	—	—	Sk	

续表

中文名	英文名	别名	CAS 号	TWA ppm	TWA mg/m³	STEL ppm	STEL mg/m³	致癌性	其他	注释
丁酮	Methyl ethyl ketone (MEK)	MEK 2-Butanone	78-93-3	150	445	300	890	—	—	
过氧化甲乙酮	Methyl ethyl ketone peroxide	MEKP	1338-23-4	0.2 Peak limitation	1.5 Peak limitation					
甲酸甲酯	Methyl formate	Formic acid, methyl ester	107-31-3	100	246	150	368	—	—	
甲基肼	Methyl hydrazine		60-34-4	0.01	0.019	—	—	—	Sk	
碘甲烷	Methyl iodide	Iodomethane	74-88-4	2	12	—	—	Carc. 2	Sk	
甲基异戊酮	Methyl isoamyl ketone	Isoamyl methyl ketone 5-Methyl-2-hexanone	110-12-3	50	234	—	—	—	—	
甲基异丁基甲醇	Methyl isobutyl carbinol	Methyl amyl alcohol	108-11-2	25	104	40	167	—	Sk	
甲基异丁基甲酮	Methyl isobutyl ketone	MIBK 4-Methyl-2-pentanone Hexone	108-10-1	50	205	75	307	—	—	
异氰酸甲酯	Methyl isocyanate		624-83-9	See Isocyanates, all				—	Sen	
甲基异丙基甲酮	Methyl isopropyl ketone	3-Methyl-2-butanone	563-80-4	200	705	—	—	—	—	
甲硫醇	Methyl mercaptan	Methanethiol	74-93-1	0.5	0.98	—	—	—	—	
甲基丙烯酸甲酯	Methyl methacrylate	Methacrylic acid, methyl ester	80-62-6	50	208	100	416	—	Sen	
甲基正戊基甲酮	Methyl n-amyl ketone	2-Heptanone Heptan-2-one	110-43-0	50	233	—	—	—	—	
2- 己酮	Methyl n-butyl ketone	2-Hexanone	591-78-6	5	20	—	—	—	Sk	
	Methyl parathion		298-00-0	—	0.2	—	—	—	Sk	
甲基丙基甲酮	Methyl propyl ketone	2-Pentanone	107-87-9	200	705	250	881	—	—	
甲基硅酸盐	Methyl silicate	Tetramethyl orthosilicate	681-84-5	1	6	—	—	—	—	

续表

中文名	英文名	别名	CAS 号	TWA ppm	TWA mg/m³	STEL ppm	STEL mg/m³	致癌性	其他	注释
α-甲基苯乙烯聚合物	alpha-Methyl styrene	2-Phenylpropene	98-83-9	50	242	100	483	—	—	
1-甲基-2-吡咯烷酮	1-Methyl-2-pyrrolidone		872-50-4	25	103	75	309	—	Sk	
甲基丙烯腈	Methylacrylonitrile		126-98-7	1	2.7	—	—	—	Sk: Sen	
甲缩醛	Methylal	Dimethoxymethane	109-87-5	1000	3110	—	—	—	—	
一甲胺	Methylamine		74-89-5	10	13	—	—	—	—	
甲基环己烷	Methylcyclohexane		108-87-2	400	1610	—	—	—	—	
甲基环己醇	Methylcyclohexanol		25639-42-3	50	234	—	—	—	—	
邻甲基环己酮	o-Methylcyclohexanone		583-60-8	50	229	75	344	—	Sk	
甲基环戊二烯基三羰基锰（按锰计）	Methylcyclopentadienyl manganese tricarbonyl (as Mn)	Tricarbonyl (methylcyclopentadienyl)-manganese	12108-13-3	—	0.2	—	—	—	Sk	
4，4'-亚甲基双(2-氯苯胺)	4，4'-Methylene bis (2-chloroaniline)	MOCA MBOCA 2，2'-Dichloro-4，4'-methylenedianiline	101-14-4	0.02	0.22	—	—	Carc. 1B	Sk	
亚甲基双（4-环己基）	Methylene bis (4-cyclohexylisocyanate)		5124-30-1	See Isocyanates, all				—	Sen	
二苯基甲烷二异氰酸酯	Methylene bisphenyl isocyanate (MDI)	Diphenylmethane diisocyanate MDI	101-68-8	See Isocyanates, all				Carc. 2	Sen	
二氯甲烷	Methylene chloride	Dichloromethane	75-09-2	50	174	—	—	Carc. 2	Sk	
4，4'-亚甲基-二苯胺	4，4'-Methylene dianiline	DADPM DDM p，p'-Diaminodiphenylmethane MDA	101-77-9	0.1	0.81	—	—	Carc. 1B	Sk: Sen	

续表

中文名	英文名	别名	CAS 号	TWA		STEL		致癌性	其他	注释
				ppm	mg/m³	ppm	mg/m³			
乙基戊基甲酮	5-Methylheptan-3-one	Ethyl amyl ketone	541-85-5	10	53	20	107	—	—	
甲基叔丁基醚	Methyl-tert butyl ether		1634-04-4	25	92	75	275	—	—	
嗪草酮	Metribuzin	Sencor	21087-64-9	—	5	—	—	—	—	
速灭磷	Mevinphos	Phosdrin	7786-34-7	0.01	0.092	0.03	0.27	—	Sk	
云母粉尘	Mica		12001-26-2	—	2.5	—	—	—	—	
矿物松节油	Mineral turpentine			—	480	—	—	—	—	
钼，不溶性化合物（按钼计）	Molybdenum, insoluble compounds (as Mo)		7439-98-7	—	10	—	—	—	—	
钼，可溶性化合物（按钼计）	Molybdenum, soluble compounds (as Mo)			—	5	—	—	—	—	
氯乙酸	Monochloroacetic acid		79-11-8	0.3	1.2	—	—	—	Sk	
久效磷	Monocrotophos	Azodrin	6923-22-4	—	0.25	—	—	—	—	
吗啉	Morpholine		110-91-8	20	71	—	—	—	Sk	
二溴磷	Naled	Dibrom Dimethyl-1, 2-dibromo-2, 2-dichloroethylphosphate	300-76-5	—	3	—	—	—	Sk	
萘	Naphthalene		91-20-3	10	52	15	79	Carc. 2	—	
羰基镍（按镍计）	Nickel carbonyl (as Ni)	Tetracarbonyl nickel	13463-39-3	0.05	0.12	—	—	Carc. 2	—	
氯化镍	Nickel dichloride		7718-54-9	—	0.1	—	—	Carc. 1A	—	
硝酸镍	Nickel dinitrate		13138-45-9	—	0.1	—	—	Carc. 1A	—	
镍，金属	Nickel, metal		7440-02-0	—	1	—	—	Carc. 2	Sen	
镍，粉	Nickel, powder		7440-02-0	—	1	—	—	Carc. 2		
镍，可溶性化合物（按镍计）	Nickel, soluble compounds (as Ni)			—	0.1	—	—	See Notes	Sen	(g)

续表

中文名	英文名	别名	CAS 号	TWA ppm	TWA mg/m³	STEL ppm	STEL mg/m³	致癌性	其他	注释
硫化镍焙烧（通风，防尘）（按镍计）	Nickel sulphide roasting (fume & dust)(as Ni)			—	1	—	—	Carc. 1A	Sen	
镍盐，硝酸	Nickel salt, nitric acid		14216-75-2	—	0.1	—	—	Carc. 1A	—	
尼古丁	Nicotine		54-11-5	—	0.5	—	—	—	Sk	
三氯甲基吡啶	Nitrapyrin	2-Chloro-6-(trichloromethyl) pyridine	1929-82-4	—	10	—	20	—	—	
硝酸	Nitric acid		7697-37-2	2	5.2	4	10	—	—	
一氧化氮	Nitric oxide	Nitrogen monoxide	10102-43-9	25	31	—	—	—	Sk	
对硝基苯胺	p-Nitroaniline		100-01-6	—	3	—	—	—	Sk	
硝基苯	Nitrobenzene		98-95-3	1	5	—	—	Carc. 2	Sk	
对硝基氯苯	p-Nitrochlorobenzene	p-Chloronitrobenzene	100-00-5	0.1	0.64	—	—	Carc. 2	Sk	
硝基乙烷	Nitroethane		79-24-3	100	307	—	—	—	—	
二氧化氮	Nitrogen dioxide		10102-44-0	3	5.6	5	9.4	—	—	
三氟化氮	Nitrogen trifluoride		7783-54-2	10	29	—	—	—	—	
硝化甘油	Nitroglycerine (NG)	NG Glyceryl trinitrate	55-63-0	0.05	0.46	—	—	—	Sk	
硝基甲烷	Nitromethane		75-52-5	20	50	—	—	—	—	
1-硝基丙烷	1-Nitropropane		108-03-2	25	91	—	—	—	—	
2-硝基丙烷	2-Nitropropane		79-46-9	10	36	—	—	Carc. 1B	—	
2-硝基甲苯	2-Nitrotoluene		88-72-2	2	11	—	—	Carc. 1B	Sk	
3-硝基甲苯	3-Nitrotoluene		99-08-1	2	11	—	—	—	Sk	
4-硝基甲苯	4-Nitrotoluene		99-99-0	2	11	—	—	—	Sk	
一氧化氮	Nitrous oxide	Dinitrogen monoxide Laughing gas	10024-97-2	25	45	—	—	—	—	
壬烷	Nonane		111-84-2	200	1050	—	—	—	—	

续表

中文名	英文名	别名	CAS 号	TWA		STEL		致癌性	其他	注释
				ppm	mg/m³	ppm	mg/m³			
八氯萘	Octachloronaphthalene		2234-13-1	—	0.1	—	0.3	—	Sk	
辛烷	Octane		111-65-9	300	1400	375	1750	—	—	
油雾，精制矿物	Oil mist, refined mineral		8012-95-1	—	5	—	—	—	—	
四氧化锇（按锇计）	Osmium tetroxide (as Os)		20816-12-0	0.0002	0.0016	0.0006	0.0047	—	—	
草酸	Oxalic acid		144-62-7	—	1	—	2	—	—	
2,2'-氧基双[乙醇]	2,2'-Oxybis[ethanol]	Diethylene glycol	111-46-6	23	100	—	—	—	—	
二氟化氧	Oxygen difluoride		7783-41-7	0.05 Peak limitation	0.11 Peak limitation	—	—	—	—	
臭氧	Ozone		10028-15-6	0.1 Peak limitation	0.2 Peak limitation	—	—	—	—	
石蜡（烟）	Paraffin wax (fume)		8002-74-2	—	2	—	—	—	—	
百草枯（可呼吸大小）	Paraquat (respirable sizes)	Paraquat dichloride (ISO)	4685-14-7	—	0.1	—	—	—	—	
对硫磷	Parathion		56-38-2	—	0.1	—	—	—	Sk	
多氯联苯（42%氯）	PCBs (42% Chlorine)	Polychlorinated biphenyls Polychlorobiphenyls Chlorobiphenyl	53469-21-9	—	1	—	2	—	Sk	
氯联苯（54%氯）	PCBs (54% Chlorine)	Chlorobiphenyl	11097-69-1	—	0.5	—	1	—	Sk	
戊硼烷	Pentaborane		19624-22-7	0.005	0.013	0.015	0.039	—	—	
五氯萘	Pentachloronaphthalene		1321-64-8	—	0.5	—	—	—	—	
五氯硝基苯	Pentachloronitrobenzene	Quintozene (ISO)	82-68-8	—	0.5	—	—	—	Sen	
五氯酚及其钠盐	Pentachlorophenol		87-86-5	—	0.5	—	—	Carc. 2	Sk	
季戊四醇	Pentaerythritol		115-77-5	—	10	—	—	—	—	
戊烷	Pentane		109-66-0	600	1770	750	2210	—	—	
四氯乙烯	Perchloroethylene	Tetrachloroethylene	127-18-4	50	340	150	1020	—	—	(a)

续表

中文名	英文名	别名	CAS号	TWA		STEL		致癌性	其他	注释
				ppm	mg/m³	ppm	mg/m³			
硫醇全氯	Perchloromethyl mercaptan		594-42-3	0.1	0.76	—	—	—	—	
高氯氟化物	Perchloryl fluoride		7616-94-6	3	13	6	25	—	—	
全氟异丁烯	Perfluoroisobutylene	Octafluoroisobutylene	382-21-8	0.01 Peak limitation	0.082 Peak limitation	—	—	—	—	
珍珠岩粉尘	Perlite dust		93763-70-3	—	10	—	—	—	—	(a)
燃油（汽油）	Petrol (gasoline)			—	900	—	—	—	—	
酚	Phenol		108-95-2	1	4	—	—	—	Sk	
吩噻嗪	Phenothiazine		92-84-2	—	5	—	—	—	Sk	
苯基醚（二苯醚）	Phenyl ether (vapour)	Diphenyl ether	101-84-8	1	7	2	14	—	—	
苯基缩水甘油基醚	Phenyl glycidyl ether (PGE)	Phenyl-2, 3-epoxypropyl ether PGE	122-60-1	1	6.1	—	—	Carc. 1B	Sen	
苯硫酚；苯基硫醇	Phenyl mercaptan	Benzenethiol	108-98-5	0.5	2.3	—	—	—	—	
间苯二胺	m-Phenylenediamine	1, 3-Benzenediamine	108-45-2	—	0.1	—	—	—	Sk; Sen	
邻苯二胺	o-Phenylenediamine	1, 2-Benzenediamine	95-54-5	—	0.1	—	—	Carc. 2	Sen	
对苯二胺	p-Phenylenediamine	1, 4-Benzenediamine	106-50-3	—	0.1	—	—	—	Sen	
苯肼	Phenylhydrazine		100-63-0	0.1	0.44	—	—	Carc. 1B	Sk; Sen	
苯基	Phenylphosphine		638-21-1	0.05 Peak limitation	0.23 Peak limitation	—	—	—	—	
甲拌磷	Phorate	Thimet	298-02-2	—	0.05	—	—	—	Sk	
光气	Phosgene	Carbonyl chloride	75-44-5	0.02	0.08	0.06	0.2	—	—	
磷化氢	Phosphine		7803-51-2	0.3	0.42	1	1.4	—	—	
磷酸	Phosphoric acid	Orthophosphoric acid	7664-38-2	—	1	—	3	—	—	
黄磷	Phosphorus (yellow)		7723-14-0	—	0.1	—	—	—	—	

续表

中文名	英文名	别名	CAS号	TWA ppm	TWA mg/m³	STEL ppm	STEL mg/m³	致癌性	其他	注释
三氯氧磷	Phosphorus oxychloride	Phosphoryl trichloride	10025-87-3	0.1	0.63	—	—	—	—	
五氯化磷	Phosphorus pentachloride		10026-13-8	0.1	0.85	—	—	—	—	
五硫化二磷	Phosphorus pentasulphide	Diphosphorous pentasulphide	1314-80-3	—	1	—	3	—	—	
三氯化磷	Phosphorus trichloride		7719-12-2	0.2	1.1	0.5	2.8	—	Sen	
邻苯二甲酸酐	Phthalic anhydride		85-44-9	1	6.1	—	—	—	—	
M-苯二甲腈	m-Phthalodinitrile		626-17-5	—	5	—	—	—	—	
毒莠定	Picloram	Tordon	1918-02-1	—	10	—	—	—	—	
苦味酸	Picric acid	2, 4, 6-Trinitrophenol	88-89-1	—	0.1	—	—	—	—	
新戊基	Pindone	Pival 2-Pivalyl-1, 3-indandione	83-26-1	—	0.1	—	—	—	—	
哌嗪二盐酸盐	Piperazine dihydrochloride		142-64-3	—	5	—	—	—	Sen	
哌啶	Piperidine		110-89-4	1	3.5	—	—	—	Sk	
铂金，金属	Platinum, metal		7440-06-4	—	1	—	—	—	—	
铂，可溶性盐（按铂计）	Platinum, soluble salts (as Pt)			—	0.002	—	—	—	Sen	
硅酸盐水泥	Portland cement		65997-15-1	—	10	—	—	—	—	(a)
氢氧化钾	Potassium hydroxide		1310-58-3	—	2 Peak limitation	—	—	—	—	
过硫酸钾	Potassium persulfate	Potassium persulphate	7727-21-1	—	0.01 Peak Limitation	—	—	—	Sen	
沉淀SiO₂（白炭黑）	Precipitated silica		112926-00-8	—	10	—	—	—	—	See Silica-Amorphous (a)

续表

中文名	英文名	别名	CAS 号	TWA ppm	TWA mg/m³	STEL ppm	STEL mg/m³	致癌性	其他	注释
丙烷-1,2-二醇总:(蒸气和微粒)	Propane-1,2-diol total: (vapour & particulates)		57-55-6	150	474	—	—	—	—	
丙烷-1,2-二醇:微粒	Propane-1,2-diol: particulates only		57-55-6	—	10	—	—	—	—	
丙炔醇	Propargyl alcohol	Prop-2-yn-1-ol	107-19-7	1	2.3	—	—	—	Sk	
β-丙内酯	beta-Propiolactone		57-57-8	0.5	1.5	—	—	Carc. 1B	—	
丙酸	Propionic acid		79-09-4	10	30	—	—	—	—	
残杀威	Propoxur	PHC Baygon Arprocarb	114-26-1	—	0.5	—	—	—	—	
普萘洛尔	Propranolol		525-66-6	0.188	2	0.565	6	—	—	
乙酸丙酯	n-Propyl acetate		109-60-4	200	835	250	1040	—	—	
丙醇	Propyl alcohol	Propan-1-ol	71-23-8	200	492	250	614	—	Sk	
正丙基硝酸盐	n-Propyl nitrate		627-13-4	25	107	40	172	—	—	
1,2-二氯丙烷	Propylene dichloride	1,2-Dichloropropane	78-87-5	75	347	110	508	—	—	
丙二醇酯	Propylene glycol dinitrate		6423-43-4	0.05	0.34	—	—	—	Sk	
丙二醇单甲醚	Propylene glycol monomethyl ether	1-Methoxypropan-2-ol	107-98-2	100	369	150	553	—	—	
丙烯亚胺	Propylene imine		75-55-8	2	4.7	—	—	Carc. 1B	Sk	
环氧丙烷	Propylene oxide	1,2-Epoxypropane	75-56-9	20	48	—	—	Carc. 1B	—	
除虫菊	Pyrethrum	Pyrethrins (ISO)	8003-34-7	—	5	—	—	—	Sen	
吡啶	Pyridine		110-86-1	5	16	—	—	—	—	
石英(呼吸性粉尘)	Quartz (respirable dust)		14808-60-7	—	0.1	—	—	—	—	See Silica-Crystalline
醌	Quinone	p-Benzoquinone	106-51-4	0.1	0.44	—	—	—	—	

续表

中文名	英文名	别名	CAS号	TWA ppm	TWA mg/m³	STEL ppm	STEL mg/m³	致癌性	其他	注释
间苯二酚	Resorcinol	m-Dihydroxybenzene	108-46-3	10	45	20	90	—	—	
铑,不溶性化合物(按铑计)	Rhodium, insoluble compounds (as Rh)			—	1	—	—	—	—	
铑金属	Rhodium, metal		7440-16-6	—	1	—	—	—	—	
铑,可溶性化合物(按铑计)	Rhodium, soluble compounds (as Rh)			—	0.01	—	—	—	—	
皮蝇磷	Ronnel	Fenchlorphos	299-84-3	—	10	—	—	—	—	
松香芯锡热解产物(按甲醛计)	Rosin core solder pyrolysis products (as formaldehyde)			—	0.1	—	—	—	—	
鱼藤酮	Rotenone (commercial)	Derris, commercial	83-79-4	—	5	—	—	—	—	
高棉尘	Rouge dust			—	10	—	—	—	—	(a)
硒化合物(按硒计),不包括硒化氢	Selenium compounds (as Se) excluding hydrogen selenide			—	0.1	—	—	—	—	
六氟化硒(按硒计)	Selenium hexafluoride (as Se)		7783-79-1	0.05	0.16	—	—	—	—	
塞松	Sesone	2, 4-DES sodium Crag Herbicide Sodium 2, 4-dichloro phenoxyethyl sulfate	136-78-7	—	10	—	—	—	—	
硅 - 非晶	Silica – Amorphous							—		
硅藻土粉尘(未煅烧的)	Diatomaceous earth (uncalcined)		61790-53-2	—	10	—	—	—	—	(a)
烟气(热产生的)(呼吸性粉尘)	Fume (thermally generated) (respirable dust)			—	2	—	—	—	—	(e)

续表

中文名	英文名	别名	CAS 号	TWA ppm	TWA mg/m³	STEL ppm	STEL mg/m³	致癌性	其他	注释
气相二氧化硅（呼吸性粉尘）	Fumed silica (respirable dust)		7631-86-9	—	2	—	—	—	—	
沉淀 SiO₂（白炭黑）	Precipitated silica		112926-00-8	—	10	—	—	—	—	(a)
硅胶	Silica gel		112926-00-8	—	10	—	—	—	—	(a)
石英 - 结晶	Silica – Crystalline									
方石英（呼吸性粉尘）	Cristobalite (respirable dust)		14464-46-1	—	0.1	—	—	—	—	
石英（呼吸性粉尘）	Quartz (respirable dust)		14808-60-7	—	0.1	—	—	—	—	
鳞石英（呼吸性粉尘）	Tridymite (respirable dust)		15468-32-3	—	0.1	—	—	—	—	
硅胶	Silica gel		112926-00-8	—	10	—	—	—	—	See Silica – Amorphous (a)
二氧化硅，熔融	Silica, fused		60676-86-0	See Silica-Crystalline						
硅	Silicon		7440-21-3	—	10	—	—	—	—	(a)
碳化硅粉尘	Silicon carbide		409-21-2	—	10	—	—	—	—	(a)
四氢化硅	Silicon tetrahydride	Silane	7803-62-5	5	6.6	—	—	—	—	
银，金属	Silver, metal		7440-22-4	—	0.1	—	—	—	—	
银，可溶性化合物（按银计）	Silver, soluble compounds (as Ag)			—	0.01	—	—	—	—	
滑石	Soapstone			—	6	—	—	—	—	See also Soapstone (respirable dust) (a)
鸡血石（呼吸性粉尘）	Soapstone (respirable dust)			—	3	—	—	—	—	See also Soapstone (a)

续表

中文名	英文名	别名	CAS 号	TWA ppm	TWA mg/m³	STEL ppm	STEL mg/m³	致癌性	其他	注释
叠氮化钠	Sodium azide		26628-22-8	0.11 Peak limitation	0.3 Peak limitation	—	—	—	—	(d)
亚硫酸氢钠	Sodium bisulphite	Sodium hydrogen sulphite	7631-90-5	—	5	—	—	—	—	
氟乙酸钠	Sodium fluoroacetate		62-74-8	—	0.05	—	0.15	—	Sk	
氢氧化钠	Sodium hydroxide		1310-73-2	—	2 Peak limitation	—	—	—	—	
焦亚硫酸钠	Sodium metabisulphite	Disodium disulphite	7681-57-4	—	5	—	—	—	—	
过硫酸钠	Sodium persulfate	Sodium persulphate	7775-27-1	—	0.01 Peak limitation	—	—	—	Sen	
淀粉	Starch		9005-25-8	—	10	—	—	—	—	(a)
硬脂酸	Stearates			—	10	—	—	—	—	(a)
锑化氢	Stibine		7803-52-3	0.1	0.51	—	—	—	—	
土的宁	Strychnine		57-24-9	—	0.15	—	—	—	—	
苯乙烯	Styrene, monomer	Phenylethylene Vinyl benzene	100-42-5	50	213	100	426	—	—	
枯草杆菌蛋白酶（蛋白水解酶作为 100% 纯水晶晶酶）	Subtilisins (Proteolytic enzymes as 100% pure crystalline enzyme)		1395-21-7	—	0.00006 Peak limitation	—	—	—	Sen	
蔗糖	Sucrose		57-50-1	—	10	—	—	—	—	(a)
治螟磷	Sulfotep	TEDP O, O, O, O-Tetraethyl dithiopyrophosphate	3689-24-5	0.007	0.1	—	—	—	Sk	
二氧化硫	Sulphur dioxide	Sulfur dioxide	7446-09-5	2	5.2	5	13	—	—	
六氟化硫	Sulphur hexafluoride	Sulfur hexafluoride	2551-62-4	1000	5970	—	—	—	—	

续表

中文名	英文名	别名	CAS 号	TWA ppm	TWA mg/m³	STEL ppm	STEL mg/m³	致癌性	其他	注释
一氯化硫	Sulphur monochloride	Disulphur dichloride / Sulfur monochloride / Disulfur dichloride	10025-67-9	1 Peak limitation	5.5 Peak limitation	—	—	—	—	—
五氟化硫	Sulphur pentafluoride	Disulphur decafluoride	5714-22-7	0.01 Peak limitation	0.1 Peak limitation	—	—	—	—	—
四氟化硫	Sulphur tetrafluoride	Sulfur tetrafluoride	7783-60-0	0.1 Peak limitation	0.44 Peak limitation	—	—	—	—	—
硫酸及三氧化硫	Sulphuric acid	Sulfuric acid	7664-93-9	—	1	—	3	—	—	—
硫酰氟	Sulphuryl fluoride	Sulfuryl fluoride	2699-79-8	5	21	10	42	—	—	—
硫丙磷	Sulprofos	Bolstar	35400-43-2	—	1	—	—	—	—	—
人造矿物纤维	Synthetic mineral fibres (SMF)	Man-Made Vitreous Fibres (MMVF)		See Man-Made Vitreous Fibres				—	—	—
2，4，5—三氯苯氧基乙酸	2, 4, 5-T	2, 4, 5-Trichlorophen-oxyacetic acid	93-76-5	—	10	—	—	—	—	—
滑石（不含石棉纤维）	Talc, (containing no asbestos fibres)		14807-96-6	—	2.5	—	—	—	—	—
钽及其氧化物（按钽计）	Tantalum, metal & oxide dusts		7440-25-7	—	5	—	—	—	—	—
碲及化合物（按碲计）	Tellurium & compounds (as Te)			—	0.1	—	—	—	—	—
六氟化碲（按碲计）	Tellurium hexafluoride (as Te)		7783-80-4	0.02	0.1	—	—	—	—	—
双硫磷；硫甲双磷	Temephos	Abate	3383-96-8	—	10	—	—	—	—	—
焦磷酸四乙酯	TEPP	Tetraethyl pyrophosphate	107-49-3	0.004	0.047	—	—	—	Sk	—

续表

中文名	英文名	别名	CAS号	TWA ppm	TWA mg/m³	STEL ppm	STEL mg/m³	致癌性	其他	注释
三联苯	Terphenyls		26140-60-3	0.5 Peak limitation	4.7 Peak limitation	—	—	—	—	
1，1，2，2-四溴乙烷；四溴化乙块	1，1，2，2-Tetrabromoethane	Acetylene tetrabromide	79-27-6	1	14	—	—	—	—	
1，1，2，2-四氯-1，2-二氟乙烷	1，1，2，2-Tetrachloro-1，2-difluoroethane		76-12-0	500	4170	—	—	—	—	
1，1，1，2-四氯-2，2-二氟乙烷	1，1，1，2-Tetrachloro-2，2-difluoroethane		76-11-9	500	4170	—	—	—	—	
1，1，2，2-四氯乙烷	1，1，2，2-Tetrachloroethane		79-34-5	1	6.9	—	—	—	Sk	
四氯萘	Tetrachloronaphthalene		1335-88-2	—	2	—	—	—	—	
四乙基铅（按铅计）	Tetraethyl lead (as Pb)		78-00-2	—	0.1	—	—	—	Sk	
1，1，1，2-四氟	1，1，1，2-Tetrafluoroethane	HFC 134a	811-97-2	1000	4240	—	—	—	—	
四氢呋喃	Tetrahydrofuran		109-99-9	100	295	—	—	—	Sk	
四乙基铅（按铅计）	Tetramethyl lead (as Pb)		75-74-1	—	0.15	—	—	—	Sk	
	Tetramethyl succinonitrile		3333-52-6	0.5	2.8	—	—	—	Sk	
四硝基甲烷	Tetranitromethane		509-14-8	1	8	—	—	—	—	
焦磷酸钠	Tetrasodium pyrophosphate		7722-88-5	—	5	—	—	—	—	
三硝基苯甲硝胺	Tetryl	2，4，6-Trinitrophenyl-methylnitramine N-Methyl-N-2，4，6-tetranitroaniline	479-45-8	—	1.5	—	—	—	Sen	
铊，可溶性化合物（按铊计）	Thallium, soluble compounds (as Tl)			—	0.1	—	—	—	Sk	
4，4'-硫代双（6-叔丁基-3-甲基间甲酚）	4，4'-Thiobis (6-tert-butyl-m-cresol)	6，6'-Di-tert-butyl-4，4'-thiodi-m-cresol	96-69-5	—	10	—	—	—	Sk	

续表

中文名	英文名	别名	CAS号	TWA ppm	TWA mg/m³	STEL ppm	STEL mg/m³	致癌性	其他	注释
巯基乙酸	Thioglycolic acid	Mercaptoacetic acid	68-11-1	1	3.8	—	—	—	Sk	
亚硫酰氯	Thionyl chloride		7719-09-7	1 Peak limitation	4.9 Peak limitation	—	—	—	—	
福美双	Thiram	Tetramethyl thiuram disulphide	137-26-8	—	1	—	—	—	Sen	
锡金属	Tin, metal		7440-31-5	—	2	—	—	—	—	
锡的有机化合物（按锡计）	Tin, organic compounds (as Sn)			—	0.1	—	0.2	—	Sk: See Notes	(g)
氧化锡及无机化合物，除丁氢化锡（按锡计）	Tin oxide & inorganic compounds, except SnH₄ (as Sn)			—	2	—	—	—	—	
二氧化钛粉尘	Titanium dioxide		13463-67-7	—	10	—	—	—	—	(a)
甲苯	Toluene		108-88-3	50	191	150	574	—	Sk	
二异氰酸甲苯酯	Toluene-2,4-diisocyanate (TDI)	TDI	584-84-9	See Isocyanates, all				Carc. 2	Sen	
间甲苯胺	m-Toluidine		108-44-1	2	8.8	—	—	—	Sk	
邻甲基苯胺	o-Toluidine		95-53-4	2	8.8	—	—	Carc. 1B	Sk	
对甲苯胺	p-Toluidine		106-49-0	2	8.8	—	—	Carc. 2	Sk	
磷酸三丁酯	Tributyl phosphate		126-73-8	0.2	2.2	—	—	Carc. 2	—	
1,1,2-三氯-1,2,2-三氟乙烷	1,1,2-Trichloro-1,2,2-trifluoroethane	Fluorocarbon 113 (Freon 113)	76-13-1	1000	7670	1250	9590	—	—	
三氯乙酸	Trichloroacetic acid		76-03-9	1	6.7	—	—	—	—	
1,2,4-三氯苯	1,2,4-Trichlorobenzene		120-82-1	5 Peak limitation	37 Peak limitation	—	—	—	—	

续表

中文名	英文名	别名	CAS号	TWA ppm	TWA mg/m³	STEL ppm	STEL mg/m³	致癌性	其他	注释
1,1,1-三氯乙烷	1,1,1-Trichloroethane	Methyl chloroform	71-55-6	100	555	200	1110	—	—	
1,1,2-三氯乙烷	1,1,2-Trichloroethane		79-00-5	10	55	—	—	Carc. 2	Sk	
三氯乙烯	Trichloroethylene		79-01-6	10	54	40	216	Carc. 1B	Sk	
三氯氟甲烷	Trichlorofluoromethane	Fluorocarbon 11 (Freon 11) Fluorotrichloromethane	75-69-4	1000 Peak limitation	5620 Peak limitation					
三氯萘	Trichloronaphthalene		1321-65-9	—	5	—	—	—	Sk	
1,2,3-三氯丙烷	1,2,3-Trichloropropane		96-18-4	10	60	—	—	Carc. 1B	Sk	
鳞（可吸入粉尘）	Tridymite (respirable dust)		15468-32-3	—	0.1	—	—	—	—	See Silica-Crystalline
三乙醇胺	Triethanolamine		102-71-6	—	5	—	—	—	Sen	
三乙胺	Triethylamine	N,N-Diethylethanamine	121-44-8	2	8	4	17	—	—	
三氟溴甲烷	Trifluorobromomethane	Fluorocarbon 13B1 Bromotrifluoromethane	75-63-8	1000	6090	—	—	—	—	
异氰尿酸三缩水甘油酯	Triglycidylisocyanurate (TGIC)	Araldite PT 810 TGIC	2451-62-9	—	0.08	—	—	—	Sen	
偏苯三酸酐	Trimellitic anhydride	Benzene-1,2,4-tricarboxylic acid-1,2-anhydride	552-30-7	0.005	0.039	—	—	—	Sen	
三甲苯	Trimethyl benzene		25551-13-7	25	123	—	—	—	—	
亚磷酸三甲酯	Trimethyl phosphite		121-45-9	2	10	—	—	—	—	
三甲胺	Trimethylamine		75-50-3	10	24	15	36	—	—	
三硝基甲苯	2,4,6-Trinitrotoluene (TNT)	TNT	118-96-7	—	0.5	—	—	—	Sk	

续表

中文名	英文名	别名	CAS 号	TWA		STEL		致癌性	其他	注释
				ppm	mg/m³	ppm	mg/m³			
三邻甲基苯磷	Triorthocresyl phosphate	Tri o-tolylphosphate	78-30-8	—	0.1	—	—	—	Sk	—
三苯基胺	Triphenyl amine		603-34-9	—	5	—	—	—	—	—
磷酸三苯酯	Triphenyl phosphate		115-86-6	—	3	—	—	—	—	—
硅藻土	Tripoli		1317-95-9	See Silica-Crystalline						
钨，不溶性化合物（按钨计）	Tungsten, insoluble compounds (as W)			—	5	—	10	—	—	—
钨，可溶性化合物（按钨计）	Tungsten, soluble compounds (as W)			—	1	—	3	—	—	—
松脂（木头）	Turpentine (wood)	Turpentine	8006-64-2	100	557	—	—	—	Sen	—
铀（天然），可溶性及不溶性化合物（按氢计）	Uranium (natural), soluble & insoluble compounds (as H)			—	0.2	—	0.6	—	—	—
正戊醛	n-Valeraldehyde		110-62-3	50	176	—	—	—	—	—
钒（按五氧化二钒计），（呼吸性粉尘和烟尘）	Vanadium (as V₂O₅), (respirable dust & fume)		1314-62-1	—	0.05	—	—	—	—	—
蔬菜油雾（除蓖麻油，腰果或类似的刺激性油）	Vegetable oil mists (except castor oil, cashew nut or similar irritant oils)			—	10	—	—	—	—	—
乙酸乙烯酯	Vinyl acetate		108-05-4	10	35	20	70	—	—	—
溴乙烯	Vinyl bromide	Bromoethylene	593-60-2	5	22	—	—	Carc. 1B	—	—
氯乙烯	Vinyl chloride, monomer	Chloroethylene	75-01-4	5	13	—	—	Carc. 1A	—	—
二氧化乙烯基环己烯	Vinyl cyclohexene dioxide	1, 2-Epoxy-4-(epoxy-ethyl)-cyclohexane	106-87-6	10	57	—	—	Carc. 2	Sk	—
乙烯基甲苯	Vinyl toluene	Methyl styrene	25013-15-4	50	242	100	483	—	—	—

续表

中文名	英文名	别名	CAS号	TWA ppm	TWA mg/m³	STEL ppm	STEL mg/m³	致癌性	其他	注释
乙烯叉二氯	Vinylidene chloride	1,1-Dichloroethylene	75-35-4	5	20	20	79	Carc. 2	—	
华法林	Warfarin		81-81-2	—	0.1	—	—	—	—	
电焊烟尘(不分类)	Welding fumes (not otherwise classified)			—	5	—	—	—	—	
白酒	White spirits	Stoddard solvent	8052-41-3	—	790	—	—	Carc. 1B	—	
木粉尘(某些硬木如山毛榉和橡木)	Wood dust (certain hardwoods such as beech & oak)			—	1	—	—	—	Sen	
木屑(软木)	Wood dust (soft wood)			—	5	—	10	—	Sen	
二甲苯(邻、间、对-异构体)	Xylene (o-, m-, p-isomers)			80	350	150	655	—	—	
1,3-苯二甲胺	m-Xylene-alpha, alpha', alpha'-diamine	m-Xylylendiamine 1,3-Benzenedimetha-namine	1477-55-0	—	0.1 Peak limitation	—	—	—	Sk	
二甲基苯胺	Xylidine	Dimethylaminobenzene Aminodimethyl benzene	1300-73-8	0.5	2.5	—	—	—	Sk	
钇、金属及化合物(按钇计)	Yttrium, metal & compounds (as Y)			—	1	—	—	—	—	
氯化锌(烟)	Zinc chloride (fume)		7646-85-7	—	1	—	2	—	—	
锌铬酸盐(按铬计)	Zinc chromates (as Cr)		11103-86-9 13530-65-9 37300-23-5	—	0.01	—	—	Carc. 1A	Sen	(a)
氧化锌(粉尘)	Zinc oxide (dust)		1314-13-2	—	10	—	—	—	—	
锌氧化物(烟)	Zinc oxide (fume)		1314-13-2	—	5	—	10	—	—	
锆化合物(按锆计)	Zirconium compounds (as Zr)			—	5	—	10	—	—	

附件7-2　推荐纳入澳大利亚认定疾病目录的疾病

传染性疾病：炭疽、布鲁菌病、甲型肝炎、乙型肝炎和丙型肝炎、艾滋病病毒和艾滋病、钩端螺旋体病、羊痘、Q热、结核病；

恶性肿瘤：唾腺癌、鼻咽癌、食管癌、胃癌、结肠和直肠癌、肝癌、鼻腔和鼻旁窦癌、喉癌、肺癌、骨癌、皮肤癌（黑色素瘤）、皮肤癌（非黑色素瘤）、间皮瘤、乳腺癌（女）、卵巢癌、肾癌、膀胱癌、脑癌、甲状腺癌、白血病、非霍奇金淋巴瘤；

神经系统疾病：帕金森病、周围神经病、噪声所致的听力损失；

呼吸系统疾病：职业性哮喘、煤工尘肺病、石棉肺、矽肺、其他尘肺病、棉尘病、外源性过敏性肺泡炎；

肝脏疾病：非传染性肝炎、慢性活动性肝炎、肝硬化；

皮肤病：接触性皮炎（刺激性和过敏性）、职业白癜；

肌肉骨骼系统疾病：雷诺病、滑囊炎（肘或膝）；

急性中毒：急性中毒/毒性（包括心、肺、肝、肾、中枢神经系统、血液的急性损伤）。

参 考 文 献

1. Year Book Australia，2012.［EB/OL］http://www.abs.gov.au/ausstats/abs@.nsf/mf/1301.0.

2. About Australia.［EB/OL］http://dfat.gov.au/about-australia/pages/about-australia.aspx.

3. 朱喜洋. 澳大利亚最新职业安全健康立法及启示. 现代职业安全，2012（8）：104-105.

4. Australian Work Health and Safety Strategy 2012-2022.［EB/OL］http://www.safeworkaustralia.gov.au/sites/swa/about/publications/pages/australian-work-health-and-safety-strategy-2012-2022.

5. Model work health and safety laws.［EB/OL］http://www.safeworkaustralia.gov.au/sites/swa/model-whs-laws/pages/model-whs-laws.

6. 蒂尔曼. 职业卫生导则. 朱明若，黄汉林，译. 北京：化学工业出版社，2011.

7. 李涛. 中外职业健康监护与职业病诊断鉴定制度研究. 北京：人民卫生出版社，2013.

8. Safe Work Australia.［EB/OL］http://www.safeworkaustralia.gov.au.

9. Standards Australia International Limited.［EB/OL］http://www.standards.org.au.

10. Australian Government Comcare.［EB/OL］http://www.comcare.gov.au.

11. Comcare Regulation Policy.［EB/OL］. http://www.comcare.gov.au/Forms_and_Publications/publications/corporate_publications/comcare_regulation_policy.

12. Model Codes of Practice.［EB/OL］http://www.safeworkaustralia.gov.au/sites/swa/model-whs-laws/model-cop/pages/model-cop.

13. Guidance material.［EB/OL］http://www.safeworkaustralia.gov.au/sites/swa/model-whs-laws/guidance/pages/guidance-material.

14. Standards Development.［EB/OL］http://www.standards.org.au/StandardsDevelopment/Pages/default.aspx.

15. Standardisation Guides.［EB/OL］http://www.standards.org.au/StandardsDevelopment/Developing_Standards/Pages/Standardisation-Guides.aspx.

16. Publications and resources.［EB/OL］http://www.safeworkaustralia.gov.au/sites/swa/about/publications/pages/publication.

17. AS（Occupational safety.Industrial hygiene）［DB/OL］http://infostore.saiglobal.com.

18. Standards and the Law.［EB/OL］http://www.standards.org.au/StandardsDevelopment/What_is_a_Standard/Pages/Standards-and-the-Law.aspx.

19. Australian Workplace Safety Standards Act 2005.［EB/OL］http://www.austlii.edu.au/au/legis/cth/num_act/awssa2005383.

20. Workplace Exposure Standards for Airborne Contaminants.［EB/OL］http://www.safeworkaustralia.gov.au/sites/SWA/about/Publications/Documents/772/Workplace-exposure-standards-airborne-contaminants.pdf.

21. Guidance on the Interpretation of Workplace Exposure Standards for Airborne Contaminants.［EB/OL］http://www.safeworkaustralia.gov.au/sites/swa/about/publications/pages/workplace-exposure-standards-airborne-contaminants.

22. 中华人民共和国卫生部发布. 工作场所有害因素职业接触限值［M］. 第 1 版. 北京：人民卫生出版社，2008.

23. Hazardous Chemicals Requiring Health Monitoring.［EB/OL］http://www.safeworkaustralia.gov.au/sites/SWA/about/Publications/Documents/765/Hazardous-chemicals-requiring-health-monitoring.pdf.

24. Deemed Diseases in Australia.［EB/OL］ http://www.safeworkaustralia.gov.au/sites/SWA/about/Publications/Documents/931/deemed-diseases.pdf.

第八章 日本职业安全卫生标准体系研究

第一节 基本概况

一、日本的历史、文化、人口、政体及经济结构

日本是位于亚洲东部、太平洋西北部的岛国,领土由本州、四国、九州、北海道四大岛及 7200 多个小岛组成,面积 37.8 万平方千米。日元是日本的官方货币,官方语言是日语。截至 2013 年日本总人口 1.27 亿,比 2012 年减少 26.6 万人,持续四年负增长,劳动力人口 6577 万人,比 2012 年增加 22 万人,国内生产总值 4.9 万亿美元,人均 3.86 万美元。

日本的权力机构分设立法、行政、司法部门,采用三权分立制(图 8-1)。国会是日本国家立法机构,行使国家立法权。日本国会实行两院制,有参议院与众议院上下两院。上院为参议院,由 252 名议员组成,任期 6 年,每 3 年改选半数。其立法职权主要是:提出法案;讨论和通过法案;修改宪法。下院为众议院,由 500 名议员组成,任期 4 年。内阁总理大臣有权解散众议院重新选举。国会常会在每年的 12 月份召开,以天皇诏书召集,会期为 150 天。众议院除享有与参议院相同的立法职权外,还拥有对内阁提出不信任案的权力。日本众议院的权力优于参议院,当两院决议不一致时,以众议院的决议为国会的决议。日本法院不属于联邦体系,因此相对简单,实行单一的法院组织体系,有 1 个最高裁判所,8 个高等裁判所,50 个地方及家庭裁判所。

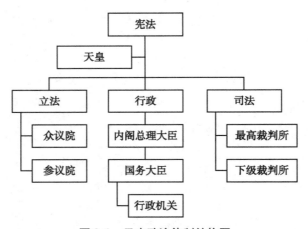

图 8-1 日本政治体制结构图

日本经济发展分为战后经济复苏（1945—1955 年）、经济高速成长（1956—1973 年）、经济低速增长（1974—1990 年）、经济全球化（20 世纪 90 年代以来）等不同的经济发展时期。伴随着经济发展，产业结构发生巨变，与此同时资源利用与环境质量也发生了相应变化。战后日本为了快速恢复国家生产力，推动经济发展，制定了以重化学工业为主导的产业发展政策，形成了日本 20 世纪 70 年代工业化、重型化的"重厚长大"型产业结构。除了能源危机之外，环境领域内长时间形成的"公害危机"及职业病高发生率促使日本对产业政策做出重大调整。以 1973 年为转折点，"节约资源、环境保护"成为日本产业结构调整乃至社会经济发展的重要目标，产业相关政策、环境政策、职业安全卫生政策都发生了重大改变。自 20 世纪 70 年代中期，日本的三次产业结构开始稳步调整，第二产业发展速度明显放缓，第三产业比重稳步上升。从 20 世纪 80 年代开始，日本向"创造型知识密集产业"结构调整。产业政策的重心体现在"科技、技术"方面，提出了"科技立国"的战略口号，其中节能减排技术的研发和推广是"科技立国"的重要组成。1994 年和 1995 年，先后提出《新技术立国》和《科学技术创造立国》等方针政策。主要内容与技术政策紧密相关，主动推广节能减排技术的研发，从而进一步促进日本高新技术产业的发展。

二、卫生发展状况

据世界卫生组织统计，日本总人口数 126 574 000 人（2015 年），平均寿命 83.7 岁，人均卫生总支出 3727 美元（2014 年），卫生总支出占国内生产总值的 10.2%（2014 年）。

根据 2000 年 WHO 专项报告日本卫生系统几个主要指标的排名分别为：健康水平第 1 位，财务负担的公平性第 8～11 位，用美元比价换算的国际购买力评价衡量人均卫生支出第 13 位，整个卫生系统的总体绩效第 10 位。日本的卫生系统之所以有这样大的成就，主要是日本所采用的卫生体制决定的。从 20 世纪 60 年代起，日本就建立了覆盖全体国民的医疗保险制度。日本的医疗保险分为国民健康保险和雇员健康保险。前者是普通国民（包括农民、自营业者和退休人员）参加的保险；后者为雇员健康保险，即受雇于 5 人以上企业的劳动者及其家属都必须加入的保险，包括船员保险、国家公务员等共济组合、地方公务员等共济组合、私立学校教劳动者共济组合 4 种以特定雇员为对象的健康保险项目。其中根据主办者的不同又可分为由政府主办，健康保险互助会主办两大类。政府主营的部分主要吸纳没有设立健康保险互助会的中小企业参保，而健康保险互助会则是由大型企事业自己分别设立并掌管的互助性保险机构。

日本现行的社会保障包括狭义的社会保障、广义的社会保障及社会保障相关制度。狭义的社会保障包括：公共救助、社会福利、社会保险、公众卫生及医疗、老年保健 5 个方面。广义的社会保障是在狭义社会保障的基础之上加上救济、战死者援助。社会保障相关制度包括住宅制度和就业对策。日本的整个社会保障体系由 63 种制度组成，其中日本的社会保险在整个社会保障制度中占据主导地位。日本的社会保险分为健康保险、养老保险、失业保险和工伤保险 4 个方面。

关于日本的卫生行政体制，在国家层面上，由厚生劳动省负责制定国家卫生、社会保障和劳动就业等方面的政策并且领导全国 47 个都、道、府、县推行卫生保健计划。厚生劳动省下设统计信息部、伤害保健福利部、健康政策局、生活卫生局、医药安全局、劳动基准局、老人保健福利局、儿童家庭局、保险局、社会保险厅以及地方医务局等。劳动基准局负责职业安全卫生工作，原属于劳动省，1947 年设置劳动省，2001 年 1 月，厚生省与劳动省合并为厚生劳动省，其职业安全卫生管理职责一直相当稳定。

47 个都、道、府、县都独立设置自己的卫生主管部门，名称自主决定。大多数将"卫生保健"与"福祉"的功能设置在一起，称为"保健福祉部"或"健康福祉部"。在基层的市、町、村，一般设有保健福利科，其下设有民生系、保险系、卫生系等，主管当地的医疗卫生保健工作。

日本的医疗卫生体系可以简单地划分为医疗系统和保健系统。日本的医院分为国有和民营两类。300 张病床以上的大中型医院基本都是由国家或地方政府举办；中等以下规模的医院和诊所以民营为主。公立医院的社会定性是非营利性公益性机构，所以，它们以"提高效率、服务透明、安定运行"为目标。在日本，除了医疗内容以外的几乎所有关系到人的健康问题都属于保健的范畴，并且基本上都有立法作为支持。如：营养改善法、母子保健法、老人保健法、预防接种法、健康促进对策，医疗法、药品法、自来水法、食品卫生法以及墓地、埋葬等相关法律。保健服务一般由保健所和市町村的保健中心提供。

三、职业安全卫生发展情况

随着社会和经济发展，日本职业病的类型和发病人数也在不断地发生变化。日本厚生劳动省劳动基准局的资料显示，1970 年病休 4 天以上的工伤及职业病的发病例数为 30 796 例，2012 年为 7743 例，40 年间下降了 74.9%。1990—2012 年病休 4 天以上报告的病例总体呈逐年递减趋势，以负伤引起的伤害为主，尤以腰痛最为严重；其次是尘肺病及其合并症、物理因素等引起的疾病。其中负伤引起的伤害病例下降明显，尘肺病及其合并症病例在 1996 年达到最高（1477 例），以后基本上呈逐年递减趋势。2003—2012 年 50 人以上企业的在职员工定期健康检查异常率逐年升高（包括听力、心电图、血压、肝功能、痰、胸部 X 射线、血糖检查等，共 12 项检查内容，其中任何一项指标异常则判定为体格检查异常），2012 年体格检查异常率达到 52.7%，特别是血压、血脂和血糖升高较为明显。日本经济处于全球领先地位，同时自杀和心理疾患患者人数也居较高水平。厚生劳动省劳动基准局调查数据显示，2008 年劳动者自杀人数为 9159 人，心理疾患患者 323.3 人/万人，2003—2012 年因精神障碍所引起的劳动灾害赔偿件数呈逐年上升趋势，2012 年为 2003 年赔偿件数的 4.4 倍。

第二节　职业安全卫生法律体系

一、日本法律体系及形式

在日本，"法令"作为一种法律用语，是对由国会制定的"法律"和由国家行政机关制定的"行政令"的统称。但在各种法律中，除法律和行政令外，法令也包括条例或规则（地方政府制定的法律）、最高法院规则（最高法院制定的法律）、命令（上级机构对下级机构发出的命令）等。概括而言，除宪法、条约（包括宪章、协定、议定书等）外，现行日本法令还有法律、行政令（政令、府省令等）、最高法院规则、议院规则（众议院规则、参议院规则），以及条例、厅令、指令、通知等（表 8-1）。

表 8-1　日本法律体系框架

法令	宪法	
	条约	宪章、协定、议定书等
	法律	
	命令	政令、府省令等
	条例/规则	地方政府制定的法律
	规则	最高法院规则、众议院规则、参议院规则
	指令	上级机构对下级机构发出的命令

注：最高法院规则相当于法律或命令，众、参议院规则相当于命令

日本的法令根据种类存在优先关系，上位法优先，违反上位法的下位法令不具有法律效力，优先关系为：宪法＞条约＞法律＞政令＞府省令＝复兴厅令＝外局规则（规则·厅令），以及厚生劳动省的告示、训令、通知和公示。

1. **宪法**　是为维护国家基本秩序而制定的根本法规，规定了国家基本秩序的基本规范及统治体制和国民的权利义务等统治基础。

2. **条约**　是在国际法基础上，由国家和国家或联合国等国际机构缔结的法律，一般用宪章、协定、议定书等名称缔结。日本同意并公布的条约在日本国内优先于法律。但是，不包括日本国内行政管理方面的条约。

3. **法律**　是通过国会审议制定并公布的国家立法形式之一。在日本，法律是宪法的下位法，是由行政机关制定的政令、省令、最高法院规则、地方政府议会制定的条例的上位法。日本宪法规定，国会是最高权力机关，是国家唯一的立法机构。除宪法有特别规定，法律一般需要在国会的两个议会中表决通过后才可以成为法律。宪法特别规定众议院有优先表决权，参议院有紧急集会表决权，法院有审查法律是否符合宪法的权限。国会审议通过的法律，由天皇批准后实施。根据现行宪法，天皇无权否定或拒绝批准国会通过的法律。

4. **法令**　是由行政机关在法律授权范围内制定的法规的统称，即法律、基于法律的命令（包括公告）、条例及地方政府执法机构的条例和规定（简称规则），多与国民的权利义务相关，由负责的国务大臣和内阁总理大臣签名，天皇公布，相当于我国的国务院行政法规。

法令分为实施令、授权令、独立命令以及紧急令。①实施令，是为了执行上位法而制定的规范，是以详细说明上位法确定的国民权利、义务为内容的命令；②授权令，不同于执行命令，可以设定处罚、限制国民权利或赋予义务；③独立命令，是指政府从行政立法的角度独立制定的命令；④紧急令，是指政府从行政角度在紧急状态下针对法律事项制定的命令，事后需要立法部门的认可。现行日本法律承认的是执行令（实施令）和授权命令两种。

日本法令多采取政令、内阁府令、省令及其他命令等形式。

（1）政令。由内阁依据宪法，为了施行特定法律授权的规定以及特定的法律而制定的必要规定，主要规定实施法律所必须的细则或法律授权的事项。分为实施宪法、法律规定而制定的执行令和基于法律授权制定的授权令。政令由内阁审议决定，主管国务大臣署名，内阁总理大臣联合署名，天皇公布。政令多使用该法律名称而将其命名为"×××法律施行令""×××政令"。

（2）府省令。是由内阁总理大臣发布的内阁令、复兴厅令以及由各省大臣发布的省

令的统称。如果没有法律授权,府省令不能设立罚则、赋予义务或者设立限制国民权利的规定。内阁官房令、内阁府令、复兴厅令及省令之间没有上下之分。府省令的名称多为"×××法律施行规则""×××内阁府令""×××省令"。对涉及多个内阁府或省掌管的事务制定的府省令由所涉及的内阁府或省的主管大臣共同发布。

1）内阁令。包括内阁官房令、内阁府令,由内阁总理大臣依据内阁法针对与内阁官房或内阁府相关的行政事务发布的法令。

2）复兴厅令,由内阁总理大臣依据复兴厅设置法针对与复兴厅相关的行政事务发布的法令。

3）省令：是由各省大臣依据国家行政组织法或相关政令对所管辖的行政事务下达的法令。

（3）外局规则。由内阁府或省外局委员会内阁府或省外局发布的外局规则,包括规则和厅令。如国家公安委员会制定的国家公安委员会规则、海上保安厅长官发布的海上保安厅令等。根据发布机关、法律依据、沿革等,或与政令或府省令相等,或位于政令或府省令之下。

5. 规则,也称法则。日本法律形式之一,包括命令,其制定权及管辖事项由法律所规定（表8-2）。

表8-2　日本法令的规则制定依据

规则	宪法第58条第2款
最高法院规则	宪法第77条第1款
会计检查院施行规则	宪法第90条第2款规定的会计检查院法
人事院规则	国家公务员法

（1）最高法院规则。最高法院依据日本国宪法,针对与诉讼有关的程序、律师、法院内部规章及司法事务处理等相关事项,根据法官会议审议制定的法律。此外,最高法院规定的事项也容许通过法律规定（如民事诉讼法和民事诉讼规则）。当法律和规则的规定发生矛盾冲突时,多认为法律规定优先。

（2）议院规则。是分别由众议院、参议院各自依据宪法制定的众议院规则和参议院规则。各议院分别独立审议,根据议院会议其他程序及内部规定制定。

（3）会计检查院规则,是由会计检查院制定的法律。会计检查院具有制定法律的宪法依据,拥有独立于内阁的地位,会计检查院规则的效力类似于政令或府省令。局长署名,通过官方公报发布会计检查院规则。

（4）人事院规则•人事院指令,都是人事院制定的法律。人事院是内阁管辖下的机构,故人事院规则•人事院指令的法律效力类似于政令或府省令。

6. 地方政府法令

（1）地方政府法律,地方政府议会根据宪法制定的法律。只能在法律范围内制定,且只在该地方政府内有效。地方政府征税或限制权力,除有法令的特别规定,还必须有条例。

（2）地方政府规则。地方政府负责人制定的法律。

（3）地方政府规则以外的地方政府机关规则。如选举管理委员会规则、教育委员会规

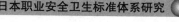

则、都道府县公安委员会规则等。

7. 公告、指令、通知和通告 主要对省令中需要明确的具体技术内容进行规定。指令、通知和通告主要是对政府部门内部的管理要求,其中公示也有部分推荐性的技术指南,类似我国的推荐性标准。

(1)公告,由公共机构根据法律所做的判定、决定等处分及其他事项的行为,对该机关掌管的事务做出的通知,是具有法律效力的。一般刊登在官方公报。

(2)指令,以行政部门及工作人员为对象制定的命令,是各省大臣、各委员会及各部门负责人就该机关管辖的事务对所管辖的各个机关及工作人员发出的命令。分为公共性强而需要刊登在官方公报的指令和非公开的指令,前者通常称为"部长指令"。

(3)通告,一般指国家等公共机构对国民的告知,在行政立法中的地位属于行政规则。上级机关对下级机关针对所管辖的事务下达指示而发出的公文,多作为法令的解释,由负责该法令的部委给下级机关发函。主要是为了在机构内部,上级机关对下级机关,基于指挥监督关系,对该机构所管理的事务予以指示、告知而制定的公告。因为通知是行政机构内部的文件,其对法律的解释并不受制于司法判决,而是作为了解行政解释的手段。

8. 不属于法令,但常作为法令解释的参考文件

(1)国会决议(众议院决议、参议院决议),由国会或议院(众议院、参议院)做出的决策。

(2)内阁会议决定、内阁批准、内阁报告,由内阁做出的决策。

(3)预算,不是法令但具有法令的性质。

(4)指南,为推进某事物而制定的可供参考的基本方针。

(5)行政实例,是由主管法令的机关对法令的适用性做出的解释。多以对下级机关发来的照会进行回答的方式。和通知相同,所做出的解释不受制于司法判决,但基于指挥、监督的关系,强烈地受制于下级机构的判断。

(6)内简,是对法律抽象表示的规定进行具体认定时的一定的标准,或者是将不适应法令规定的事项等表示给地方政府的实例。不具有法律约束力,对地方政府的判断有实质性的影响。

(7)协定,当事人针对应当采取的措施签订的协议的总称。如备忘录、记录书及协议书等。

(8)规程,通过条文形式规定的与行政组织履职相关的内部规则。

(9)准则,是规定行政执法指南的内部规程。有组织准则、补助准则、指导方针等。

(10)规格,即标准,日本工业标准、日本农林标准。

二、日本职业安全卫生法律体系

日本职业安全卫生相关法律体系依据法律效力分别是法律、政令、省令、厚生劳动省的告示、训令、通知和公示(图8-2)。

1. 宪法 宪法第27条规定:一切国民都享有劳动的权利,承担劳动的义务;国家以法律形式规定工资、劳动时间、休息以及其他劳动条件的基本标准;不得虐待儿童。这些规定成为日本职业安全卫生法律的立法基础。

2. 法律 在日本,涉及职业安全卫生的法律有《劳动基准法》《劳动安全卫生法》《尘肺法》《作业环境测定法》以及《健康促进法》等。法律主要规定了有关各方的责任与义务、防止劳动灾害的基准以及促进企业自主活动的措施等。

3. **政令** 涉及职业安全卫生的政令有《劳动安全卫生法施行令》和《作业环境测定法施行令》，主要是对法律中规定的对象进行细化，明确或界定范围。如《劳动安全卫生法施行令》明确界定了企业需要实施作业环境测定的共十大类作业场所。

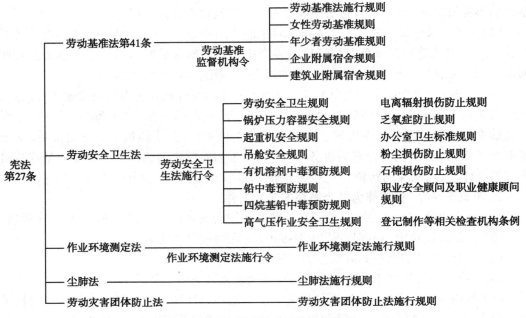

图 8-2 日本职业安全卫生法律体系

4. **省令** 日本与职业安全卫生有关的省令由厚生劳动省制定，相当于我国的国家卫生健康委令，主要是针对法律的相关要求规定具体的措施。主要包括：《防止粉尘危害规则》《防止石棉危害规则》《防止有机溶剂中毒规则》《防止特定化学物质危害规则》及《劳动安全卫生规则和高气压作业安全卫生规则》等。《防止粉尘危害规则》针对法律及施行令规定的需要粉尘测定的作业场所，提出更为具体的测定要求，如每半年进行一次作业场所粉尘浓度的定期测定，对于矿山采掘等特定粉尘作业还应进行粉尘游离二氧化硅含量的测定，并将测定结果保存 7 年。同时，还规定企业依据测定结果进行作业环境管理分级，并根据分级结果采取相应的控制措施。

5. **厚生劳动省的告示、训令、通知和公示** 由厚生劳动省发布，部分内容相当于我国的职业卫生标准，具有强制性，主要对省令中需要明确的具体技术内容进行规定。厚生劳动省制定各类职业卫生指南 93 项，其中以告示形式发布 79 项，以通告形式发布 14 项。主要内容包括：技术指南、健康损害预防指南、自主检查指南、化学品危险有害性等标志及通知指南、危险性与有害性等调查指南、安全卫生教育相关指南、作业环境检测相关标准、根据体检结果采取措施的相关指南、保持并增进健康的指南及职业安全卫生管理体系指南等。

三、日本职业安全卫生法律历史沿革

1877 年日本大阪府首先制定了《制造厂管理规程》。之后，其他府、县也相继制定了类似的规程，这为以后的工厂法出台奠定了基础。1914 年日本通过并颁布《工厂法》，1923 年对该法进行了修订。第二次世界大战后，接受美国麦克阿瑟将军的建议，制定和颁布了《劳动基准法》，把"劳动安全卫生"作为其中的一章。但随着日本经济的迅速恢复和发展，颁布的有关"劳动安全卫生"的法律规定逐渐与工业界和劳动者的要求不相适应。为了加强安全生产和减少伤亡事故的发生，满足工业界和劳动者的要求，日本政府先后制定了《工伤事故预防法》（1964 年）、《尘肺法》（1960 年）。受美国《职业安全卫生法》的影响，1972 年日本制定了《劳动安全卫生法》（1972 年）以及与之配套的《作业环境测量法》（1975 年）等一系列法律法规。随后经过不断修订和补充，日本建立了自己的职业安全卫生法律体系，安全卫生状况不断得到改善。

在日本职业安全卫生领域，《劳动基准法》是第一层次的安全卫生法律，该法明确了劳动省负责一切与劳动者安全、健康有关的事务，包括制定标准、管理规章、行政监察、工伤保险和中介机构的管理等。

《劳动安全卫生法》是依据劳动基准法制定的最为重要的有关职业安全卫生的法律，涉及工业事故预防、安全卫生管理的组织与职责、工伤与职业病预防措施、机械安全管理、有害物质安全卫生管理、劳动者上岗要求及管理、保持和促进劳动卫生管理、创造舒适工作环境的要求、许可证的管理、安全卫生促进计划、劳动安全咨询和劳动卫生咨询的管理、监察等。依据该法，所有独立进行生产活动的企事业单位都必须建立劳动安全生产体制，任命或指定职业安全卫生负责人，监督和指导企业的安全生产工作。企业内的各个车间和班组还必须设置安全卫生管理员、作业主任等具体实施安全生产措施的人员。同时，有 50 名以上劳动者的企事业单位必须配备产业医生，负责本企业员工的健康和卫生，维护和管理作业环境，调查影响健康的原因和采取防止事故再次发生的措施等。

劳动省根据《劳动安全卫生法》还制定了《劳动安全卫生规则》，进一步增强了其安全卫生管理的可操作性和时效性。规则内容涉及广泛，包括了与劳动者健康、安全有关的所有方面，不分行业与企业类型，也不分劳动者还是雇主，政府组织还是非政府组织，以保护劳动者安全健康为目标，囊括了从标准、法规的制定，安全卫生监督、检验，到工伤保险与补偿等纵向一揽子事务。

四、职业安全卫生法规举例

1.《**劳动安全基准法**》　1947 年，日本颁布《劳动基准法》，旨在确保和提高劳动者的劳动条件，也是现行法规体系的出发点。相当于我国的《劳动法》。与《劳动工会法》和《劳动关系调整法》称为"劳动三法"。

2.《**劳动安全卫生法**》　1947 年颁布的《劳动基准法》，有专门一章对"职业安全卫生"做了规定。但随着经济的迅速恢复和发展，相关的职业安全卫生规定越来越不适应工业界和劳动者的要求。1972 年，在中央劳动基准审议会的建议下，劳动省提出《劳动安全卫生法》（草案），经国会通过后生效。全文共 12 章 123 条，包括：总则、防止伤亡事故计划、安全卫生管理体制、保护工人安全和健康措施、对机械等及有害物质的限制、工人就业时的措施、健康管理、许可证、安全卫生改进计划、监督、罚则等内容。该法适用于劳动基准法规定的劳动者，不包括仅雇用同居亲属的用人单位或办公室雇用人员以及家庭用工。《劳动安全卫生法》是以《劳动基准法》为依据的单行法律，旨在通过改善劳动条件以确保劳动者安全和健康。该法规定雇主应设置安全卫生管理制度；制定防止劳动者危险或有害健康的措施；对劳动者进行安全卫生教育；加强就业限制和健康管理。同时，还制定有关危险机械和有害物质限制规则。为防止工伤事故，劳动大臣须听取中央劳动标准审议会的意见，制定防止劳动工伤计划；都道府县劳动基准局局长指示雇主制定安全卫生改进计划，并听取工会和工人代表意见，要求劳动者和雇主必须严格遵守。此外，还要求企业建立劳动安全顾问和劳动卫生顾问制度，指导企业的安全卫生工作。为保证法律的实施，建立了职业安全卫生监察制度，由劳动基准监督署长和劳动基准监督官进行监督，同时还要发挥工会和安全委员会和卫生委员会的监督作用。该法的实施，对于确立防止工伤事故措施标准，加强责任制，采取防止工伤事故的综合性计划措施，确保作业场所劳动者的安全和健康，促进建立舒适的工作环境都具有重要的作用。

3.《尘肺法》　1960 年日本制定了《尘肺法》，主要内容包括尘肺病的定义和并发症、X射线胸片分类、尘肺病管理分类、定期体格检查、工作调整等，还特别规定了重症患者的岗位调整、疗养和补偿等。

第三节　职业安全卫生监督管理体系

为加强职业安全卫生监督管理，减少伤亡事故，日本政府多年来坚持"安全、健康、舒适"的劳动安全目标，建立了由日本政府、劳动灾害防止团体、经营者构成的职业安全卫生管理体系。

一、用人单位职业安全卫生管理体制

《劳动安全卫生法》明确规定了用人单位职业安全卫生管理体制：

（一）企业安全卫生管理者

根据《劳动安全卫生法》的规定，林业、矿业、建筑业、运输业、保洁业 100 人以上，制造业 300 人以上的，以及其他服务业、商业 1000 人以上的用人单位应当任命安全卫生管理人员。

1. **总括安全卫生管理者**　《劳动安全卫生法》规定，经营者根据厚生劳动省令，每个行政令规定规模的工作场所都应选任总括安全卫生管理者，领导安全管理者和管理者，统筹管理职业防护措施、劳动者安全卫生培训教育、健康检查及健康增进措施、伤害事故的原因调查及预防对策等。

2. **安全管理者**　50 人以上的工作场所，用人单位应当根据厚生劳动省令的规定，从具有厚生劳动省令规定资格的人员中选任安全管理者，负责危险预防、安全教育指导等的管理。

3. **卫生管理者**　50 人以上的工作场所，用人单位应当根据厚生劳动省令的规定，从具有厚生劳动省规定的资格者中，按照该作业场所的作业选任卫生管理者，负责职业卫生管理。

在工业行业（制造业、建筑业等具有危险的行业），需要设立同时设置安全管理者和卫生管理者。

（二）安全卫生推进者

劳动者人数规模在 10～49 人的用人单位，用卫生推进者替代卫生管理者。在工业行业，同等规模的用人单位则应当设置安全卫生推进者。由其负责职业卫生或职业安全卫生的管理。

（三）职业卫生医师

根据《劳动安全卫生法》的规定，超过 50 人的所有行业都有由义务医师中选任职业卫生医师负责劳动者的健康管理，这些医师必须具备劳动者健康管理所必须的医学相关的知识并完成厚生劳动大臣规定的培训。职业卫生医师应根据实施劳动者健康管理所必需的医学知识认真履行职责，每个月至少应巡视作业场所一次，当认为作业方法存在危险时，应从医师的角度采取必要的措施。

用人单位应当根据厚生劳动省令的规定，向选任的职业卫生医师提供有关劳动者劳动时间的信息，以及为确切实施劳动者健康管理等所需的信息。当职业卫生医师认为需要确保劳动者的健康时，可以向用人单位提出必要的劳动者健康管理等建议，用人单位应当尊重这些建议，并在收到建议后，向卫生委员会或安全卫生委员会报告建议的内容及厚生劳动省令规定的其他事项。

（四）作业主任

用人单位对于高气压室内作业及预防有机溶剂、特定化学物质、缺氧／硫化氢、石棉、铅／四烷基铅、X 线／γ 线、建筑现场等其他危害而需要管理的作业，必须根据厚生劳动省令的规定，按照该作业的分级，从取得都道府县劳动局许可或完成都道府县劳动局注册技术培训的人中选任作业主任，负责指挥从事该作业的劳动者及其他厚生劳动省令规定的事项，如特定作业方法的指挥、职业防护用品的指导，局部通风装置的点检等。

（五）统括安全卫生责任者

如果经营者将在某地进行的业务的一部分转包给承包商，从事建设业及其他行政令规定业务者，其劳动者及承包商的劳动者在该场所进行工作时，为了防止这些劳动者在同一地点的作业造成的职业事故，任命总括安全卫生责任者，在让其指挥分销商安全卫生管理者的同时，负责建立咨询组织及运作、作业之间的联系和协调、作业场所检查、指导和援助承包商进行的劳动者安全卫生教育，在工作地点不同为常态的行业，在编制工作流程计划及作业场所机器设备配置计划的同时，对承包商采取的与使用该类机器、设备的作业相关的措施提供指导。

（六）安全与卫生委员会

1. **安全委员会**　经营者应对行政令规定的行业和规模的每个作业场所设立安全委员会，负责调查和审议预防劳动者危险的基础措施、工伤事故原因及复发防治对策等事项，并向经营者陈述意见。安全委员会成员由经营者指定，由总括安全卫生管理者或相当于总括安全卫生管理者、安全管理者及该作业场所具有安全经验的劳动者组成。

2. **卫生委员会**　经营者应对行政令规定的行业和规模的每个作业场所设立安全委员会，负责调查和审议预防劳动者健康损害的基本对策、增进保持劳动者健康的基本对策、工伤事故原因及复发预防的卫生对策等事项，并向经营者陈述意见。卫生委员会成员由经营者指定的人员组成，包括总括安全卫生管理者或相当于总括安全卫生管理者、卫生管理者、职业卫生医师及该作业场所具有卫生经验的劳动者。经营者可指定该作业场所的劳动者

（实施作业环境测定的作业环境测定士）作为卫生委员会的委员。

　　3. **安全与卫生委员会**　经营者可设立安全卫生委员会而不用分别设立卫生及安全委员会。委员会的成员由经营者指定，包括总括安全卫生管理者或相当于总括安全卫生管理者、安全管理者、卫生管理者、职业卫生医师、该作业场所具有安全经验及卫生经验的劳动者组成。经营者可指定该作业场所实施作业环境测定的作业环境测定士作为卫生委员会的委员。

　　各委员会的委员长由总括安全卫生管理者或相当于总括安全卫生管理者担任。

　　按照日本相关法律规定，日本的职业安全卫生管理实行企业自主的职业安全卫生管理体制。所有企业都必须在遵守法律的基础上，制定和实施《安全卫生改善计划》，并按PDCA 活动模式（计划、执行、检查、处理），自主实施"劳动卫生基本对策、职业病预防对策、确保健康对策和营造舒适职场对策"等劳动灾害防止活动。安全卫生委员会每月定期召开会议，实行劳动卫生"三管理"，即：作业环境管理、作业管理和健康管理，开展劳动卫生教育，实施风险评估，建立职业安全卫生管理系统。企业必须按规定，主动向政府部门书面报告安全卫生管理状况，接受政府部门的监督指导。

二、职业安全卫生监察制度

　　为保证法律的实施，日本建立了职业安全卫生监察制度。日本职业安全卫生监督管理实行垂直管理和劳动基准监督官制度。在国家层面，《劳动基准法》明确规定厚生劳动省负责一切与劳动者安全与健康有关的事务，包括制定标准、管理规章、行政监察、工伤保险和中介机构的管理等，由厚生劳动省负责职业安全卫生监督。

　　（一）国家职业安全卫生监督管理

　　厚生劳动省属中央一级政府，设有 12 个局和 3 个部，另设人才开发总括官、政策总括官。厚生劳动省劳动基准局具体负责职业安全卫生管理，内设安全卫生部，包括 1 部、13 课、17 室，分别为总务课、石棉对策室、劳动保险审查会办公室、劳动条件政策课、劳动条件确保改善对策室、监督课、劳动基准监察室、过重劳动特别对策室、劳动关系法课、工资课、工伤管理课、工伤保险财政数理室、工伤补偿监察室、劳动保险征收课、劳动保险征收业务室、补偿课、职业病认定对策室、工伤保险审理室、工伤保险业务课、安全卫生部、计划课、机构团体管理室、安全课、建设安全对策室、劳动卫生课、职业医学支援室、治疗与工作支援室、辐射劳动者健康对策室、化学物质对策课、化学物质评价室及环境改善室，负责推进综合对策，包括劳动条件的保证与改善、劳动者的安全与健康保障、适当的工伤补偿实施等各种对策，制定发布相关条例、通告和技术标准、国家劳动灾害防止计划（每五年一次），实施相关行政许可，监督指导地方劳动基准署和安全卫生相关团体的安全卫生工作。

　　（二）地方职业安全卫生监督管理

　　日本在 47 个都道府县都设有地方劳动局，内设监督科、安全卫生课，负责落实实施中央行政机关的指令，对基层劳动基准监督署的安全卫生工作进行监督指导，向厚生劳动省劳动基准局汇报。地方劳动局一共下设 331 个基层劳动基准监督署，内设劳动基准监督官。劳动基准监督署长和劳动基准监督官依据厚生劳动省令对辖区内企业安全卫生状况进行监督和指导工作。当劳动基准监督官认为有必要进行执法检查时，可以进入工作场所，询问有关人员，检查档案、文件或其他物品，或者进行工作场所测定，可以在必要的范围内免费提取产品、原材料或器具。医师担任劳动基准监督官的，还可以对患有疾病的劳动者进行健康检查。在厚生劳动省、都道府县劳动局及劳动基准监督署设有职业卫生专门官、职业安全专门官和劳动技官。都道府县劳动局设有兼职的劳动卫生指导医生，由厚生劳动大臣从具有劳动卫生相关学识、经验的医师中任命，主要对保持劳动者健康提供专业意见，确保了政策的可行性和可操作性。

三、职业安全卫生技术支持机构

为保证法律的实施，日本还建立职业安全卫生技术支持体系。在厚生劳动省下分别设置独立行政法人机构和特别民间法人／互助协会机构。独立行政法人机构包括劳动者健康安全机构、退职金互助机构、高龄·障碍·求职者雇用支援机构、劳动政策研究·研修机构等。特别民间法人／互助协会机构包括中央劳动灾害防治协会、陆上货物运输企业劳动灾害防止协会、港湾货物运输企业劳动灾害防止协会、全国社会保险劳动员工协会联合会、建筑业劳动灾害防止协会及林业、木材制造业劳动灾害防止协会等。

（一）劳动者健康安全机构

劳动者健康安全机构（Japan Organization of Occupational Health and Safety，JOHAS）是厚生劳动省管辖的独立行政法人机构。2016 年，根据《独立行政机构劳动者健康安全机构法》（2002 年第 171 号），将以 1949 年 2 月设立的财团法人劳动灾害协会为基础的独立行政法人劳动者健康福祉机构和以 1942 年设立的厚生省劳动安全研究所等为基础的独立行政法人劳动安全卫生综合研究所整合为劳动者健康安全机构。总部设在神奈川县川崎市中原区木月住吉町。该机构的宗旨是通过设置和管理医疗机构和劳动者健康相关人员的支持设施，开展相关培训、提供信息、咨询及其他援助等，提高为因工作受伤或患病的劳动者的医疗服务，以及有效实施改善增进劳动者健康的适当措施，同时通过应用工作场所伤害预防及职业病诊断、预防等临床知识，开展综合调查研究及普及其成果，确保劳动者的安全和健康。此外，还支付未付工资的替代付款，进一步改善劳动者的福祉。主要工作领域包括设置和管理工伤病院、医疗康复中心及综合整形外科中心等；设置及管理劳动安全卫生综合研究所；设置和管理日本生物测定研究中心；以及代付未付工资业务和为因工业事故死亡的劳动者和死者家属提供援助。该机构共管理全国 31 个劳灾病院，以及吉备高原医疗康复中心、2 所整形外科中心、全国 47 个职业医学综合支援中心、9 所治疗工作平衡支持中心的运营（图 8-3）。此外，在全国 9 家工伤病院设立工伤护理专业学校以培养专业护士。在职业卫生研究领域，以劳动安全卫生综合研究所为中心，开展职业安全卫生相关课题的研究、工作场所危害与危

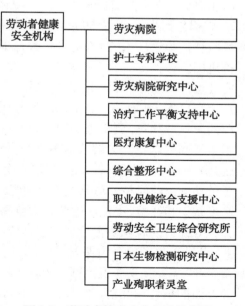

图 8-3　劳动者健康安全机构结构图

险相关研究、工作场所风险评估与风险管理相关的研究。作为自 2016 年以来增加的任务，日本生物检测研究中心正在开展化学物质危害（致癌性）的调查项目。

劳动安全卫生综合研究所（Japan National Institute of Occupational Safety and Health，JNIOSH），是附属于独立行政机构劳动者健康安全机构的研究机构。开展职业安全和职业卫生领域的全面研究。2006 年 4 月，国家将职业安全研究所和职业医学研究所进行整合。其中，职业安全研究所是厚生省于 1942 年设立的研究所，1947 年在劳动省成立的同时，成为劳动省职业安全研究所。另一方面，职业医学研究所成立于 1956 年，是劳动省的职业卫生研究所，1976 年成为劳动省职业医学综合研究所。2001 年 1 月，中央政府机构重组，两个研究所分别变更隶属于厚生劳动省，并于同年 4 月成为独立行政法人。2006 年，2 个法人合并，成立独立行政法人职业安全卫生研究所。2016 年，研究所又与独立行政机构劳动保健福利机构合并，成立独立行政法人劳动者健康安全机构。该研究所是对工作场所灾害预防、维护和促进劳动者健康、职业病进行全面研究的国家研究机构。其研究成果被应用于制定职业卫生法规、标准和为厚生劳动省制定有关方针政策服务等。

（二）劳动灾害防止团体及其管理活动

在工伤事故多发和工伤事故社会化的背景下，中小微型企业安全卫生监管任务面广量大，仅仅依靠政府部门的监督管理资源和力量难以满足监管需求，也不可能从根本上防止工伤事故的发生。所以，需要依靠社会资源和资源协作支援。为此，日本政府于 1964 年颁布了《劳动灾害防止团体法》，确立了社会团体在防止工伤事故中的法律地位，使社会团体在相关法律的框架下，受政府部门或企业的委托，以法人组织的身份开展相关安全卫生技术服务活动。基于《劳动灾害防止团体法》，设立了全国性的公益社团法人组织——中央劳动灾害防止协会（简称中灾防），以及建设业、陆上货物运输业、港湾货物运输业、林业木材制造业、矿业 5 个行业的劳动灾害防止协会，政府对其运行提供补贴并购买服务。其中，中灾防作为特殊社团法人，在 47 个都道府县均设有分部，其会员组织包括 5 个行业劳动灾害防止协会、59 个全国规模的企业主团体、48 个都道府县劳动基准协会联合会、16 个其他劳动灾害防止团体，以及 5000 多家赞助企业会员等。业务范围包括提供安全卫生对策、推进风险评估和管理系统、推动宣传教育事业发展、提供技术服务、对中小企业提供技术支援、推进国际合作等。除了这些功能强大、业务覆盖面广的全国性社团法人组织以外，各都道府县也都有地方性的社团法人组织。

在日本，不论是政府部门还是社团法人，都强调对企业指导服务的重要性。从中央部门的厚生劳动省，到最基层的区域性劳动基准监督署，都有一支人员精干、业务能力强、技术素质高的队伍。为解决众多中小微型企业自主开展工伤事故预防时活动能力不足的问题，并为保证这些企业制定实施《安全卫生改善计划》，依据《劳动安全卫生法》，日本建立了劳动安全顾问和劳动卫生顾问制度。安全卫生顾问是指《劳动安全卫生法》规定的，具有高度知识和经验，参加厚生劳动大臣举办的相关考试并取得合格证，在指定注册机构注册，并独立经营的职业安全卫生专家。劳动安全顾问分为机械、电气、化学、土木、建筑 5 类专业，劳动卫生顾问分为保健卫生、劳动卫生工程学 2 类专业。没有条件或能力不足的中小微企业，需委托安全卫生顾问为其进行业务指导。日本的安全卫生监督管理就是通过上述各方面的集合和互动，形成了"企业自主管理、政府行政监督、社团支持保障、顾问指导服务"的安全卫生监督管理基本格局。

第四节　日本职业健康检查制度

日本的"健康诊断"相当于我国的健康检查。日本《劳动安全卫生法》确定了具有日本特色的健康检查制度，该法第 66 条规定，经营者必须按照厚生劳动省的规定，开展由医师实施的健康检查（不包括厚生劳动省规定的以了解劳动者心理负担程度的检查）。对于从事政令规定的有害作业的劳动者，必须按照厚生劳动省的规定，开展由医师实施的特殊项目的健康检查或由口腔医师实施的健康检查。都道府县的劳动局长在认为需要保持劳动者健康时，可以根据劳动卫生指导医师的意见，依照厚生劳动省令的规定，要求经营者实施临时的健康检查。劳动者必须接受经营者根据上述各项规定进行的健康检查。当劳动者不愿接受经营者指定的医师或口腔医师进行的健康检查时，也可向经营者提交接受其他医师或口腔医师进行的符合上述规定的健康检查并证明检查结果的书面证明。为了更好地实施该健康检查制度，日本相继颁布了《劳动安全卫生法实施条例》和《劳动安全卫生规章》，进一步明确了相关规定。

一、劳动者的职业健康检查

日本劳动者的职业健康检查包括一般健康检查和特殊健康检查，以及行政指导性特殊健康检查和职业测量。

（一）一般健康检查

一般健康检查包括就业时的健康检查、定期健康检查、从事特殊作业人员的健康检查、海外派遣劳动者的健康检查、供餐工作人员的健康检查、深夜作业人员的健康检查。检查的目的并不是单纯为了发现和治疗疾病，而是要在出现疾病之前就采取相应的保健措施，这种措施的具体对策是通过健康教育，使每个人对自己的健康状况有所了解，并自觉行动，努力提高自己的健康水平。为此，经营者必须按规定组织劳动者进行健康普查。不同类型健康检查的检查对象及实施时间见表 8-3。

表 8-3　健康检查对象及检查时间

	健康检查类型	健康检查对象	实施时间
一般健康检查	就业时的健康检查	常时雇用的劳动者	雇用时
	定期健康检查	常时雇用的劳动者（不包括从事特定作业的劳动者）	每年一次
	从事特定作业劳动者的健康检查	从事劳动安全卫生条例所列作业的劳动者	安排工作时，每 6 个月 1 次
	海外派遣劳动者的健康检查	海外派遣 6 个月以上的劳动者	派遣时、返回国内工作时
	供餐工作人员的粪便检查	从事企业附属食堂或厨房供餐工作的劳动者	雇用时、重新安排工作时
	深夜作业人员的健康检查	晚 10 时到次日清晨 5 时作业的劳动者	每 6 个月 1 次

1．就业时的健康检查　经营者在雇用常时用工的劳动者时，必须按照《劳动安全卫生法》的规定，安排劳动者接受由医师或口腔科医师实施的健康检查。但是，在雇用时，如果接受医师进行的健康检查时间不到 3 个月、劳动者提供的健康检查结果与所要求的健康检查项目相当时，则不适用该规定。

2．定期健康检查　经营者必须对常时用工的劳动者由医师进行每年一次的定期健康检查。就业时健康检查和定期健康检查项目见表 8-4。

表 8-4　就业时健康检查和定期健康检查项目

	就业时的健康检查	定期健康检查
1	既往史和职业史调查	既往史和职业史调查
2	症状和体征检查	症状和体征检查
3	身高、体重、腰围、视力、听力检查	身高、体重、腰围、视力、听力检查 *
4	胸部 X 线及痰液检查	胸部 X 线及痰液检查 *
5	血压	血压
6	贫血检验（Hb 和 RBC 计数）	贫血检验（Hb 和 RBC 计数） *
7	肝功能检查（GOT，GPT，γ-GTP）	肝功能检查（GOT，GPT，γ-GTP） *
8	血脂检查（高、低密度脂蛋白、血清甘油三酯）	血脂检查（高、低密度脂蛋白、血清甘油三酯） *
9	血糖检查	血糖检查 *
10	尿液分析（尿糖和蛋白检查）	尿液分析（尿糖和蛋白检查）
11	心电图检查	心电图检查

*：定期健康检查项目的省略基准　对于以下定期健康检查项目，根据各自基准，医师认为没有必要时，可以省略。医师认为没有必要是指医师考虑症状、体征、既往史所做出的综合判断，并不是根据年龄等机械地做出决定。

3．从事特殊作业人员的健康检查　经营者对法律规定的日常从事特殊作业的劳动者，必须在安排工作时由医师进行健康检查。之后，每 6 个月 1 次，由医师定期进行健康检查，此时，胸部 X 线检查及痰检可每年进行一次。法律法规规定的特殊作业（附件 8-2）。

4．海外派遣劳动者的健康检查　经营者应对拟派遣海外 6 个月以上的劳动者，对医师认为在厚生劳动大臣指定项目中有必要进行健康检查的项目，在派遣之前，由医师进行健康检查；对派遣劳动者回国就业（不包括临时就业）的，在就业时，应当根据医师认为在厚生劳动大臣指定项目中有必要的项目由医师进行健康检查。

5．供餐工作人员的粪便检查　经营者必须对在企业附属食堂或厨房从事供餐的劳动者，在雇用时、重新安排工作时进行粪便检查。

6．从事深夜作业（晚 10 时到次日早晨 5 时）的劳动者，应根据厚生劳动省令，向经营者提交自己已经接受过健康检查结果的书面证明。

7．由口腔科医师进行的健康检查　经营者必须对日常从事法律规定的危害牙齿健康的作业的劳动者，在雇用时、重新安排工作时以及从事该作业后的每 6 个月 1 次，由口腔科医师定期进行健康检查。

经营者应当听取职业卫生医师或具有劳动者健康管理知识的医师的意见，由其承担健康管理工作，指导健康检查计划及实施。经营者应当为承担健康检查的医师提供相关信息，如劳动者的作业环境、劳动时间、劳动强度、夜班作业次数及时间、作业方式、作业负荷、既往健康状况等信息，提供现场调查的机会。当劳动者身体或精神状态信息不充分时，还应为劳动者提供与医师直接见面的机会。

承担健康检查的医师应基于健康检查结果，对劳动者的健康状况作出检查分级，健康检查结论分为：无异常、需要观察、需要治疗（表 8-5）。对认为异常的，鼓励进行二次健康检查。

表 8-5　健康检查结果的综合判定表

分级	判定	说明
A	无异常	健康检查结果未见疾病所见，为保障健康需要注意日常生活
B	需要观察	不需用药，但需要改善日常生活。下次健康检查时观察进展
C	需要二次检查 需要细致检查	二次检查是为了确定健康检查结果是否真的异常、确认重复性而进行的再一次健康检查 需要细致检查是更详细的检查、确认有无疾病
D	需要治疗	健康检查发现异常并明确考虑疾病，需要进行治疗或指导；也包括因病需要 3~6 个月定期的进展观察

日本《劳动安全卫生法》《劳动安全卫生法实施条例》《劳动安全卫生规则》还对健康检查结果记录、就健康检查结果听取医生意见、健康检查实施后的措施、健康检查结果的通知及保健指导等做出相应的规定。法律规定，经营者应将健康检查结果编制成健康检查个人卡，根据健康检查规定的期限进行保管；对健康检查结果异常的劳动者，应就保持该劳动者健康所必须的措施听取医师或口腔科医师的意见。在听取医师和口腔科医师意见并认为必要时，应根据该劳动者的实际情况，采取变更作业场所或作业、缩短劳动时间、减少深夜作业次数等措施，以及实施作业环境测定、设置或配备设施或设备，向卫生委员会或安全委员会或劳动时间设定委员会报告医师或口腔科医师的意见以及其他相应的措施。应将健康检查结果及时告知劳动者；对于健康检查结果，尤其认为需要进一步保持健康的劳动者，应由医师或保健医师进行医学保健指导，进而遏制有不良症状的劳动者的健康状况继续恶化，并保持和增进健康（表 8-6）。

表 8-6　基于健康检查结果的就业措施对策

分级	内容	就业措施内容
一般工作	可从事一般工作	
限制就业	需限制工作	为减轻劳动负荷，需采取缩短劳动时间、限制出差、限制超出劳动时间的作业、改善作业、调换作业场所、减少夜班作业次数，改为白班工作等措施
终止工作	需终止工作	通过疗养、休假、停止作业等措施，使劳动者在一定时间内不再工作

（二）特殊健康检查

日本《劳动安全卫生法》规定，经营者应根据厚生劳动省令的规定，对从事行政令规定的有害作业的劳动者由医师进行特殊项目的健康检查。所谓的特殊健康检查,是指以法律规定的作业或处理特定物质的劳动者为对象的健康检查,目的是预防职业病的发生。通过早期发现有无职业病,及时采取相应的预防措施(如改善作业环境、合理安排劳动力等),通过检查进行流行病学分析,以发现影响健康的新的职业危害因素及影响水平。

每个工作场所都应当根据需要进行健康检查,包括法律法规规定的特殊健康检查、行政指导性的特殊健康检查。应当依法进行健康检查的有:《尘肺法》规定的尘肺病、高气压室内或潜水作业、铅作业、四乙基铅作业、有机溶剂作业、特定化学物质作业、放射作业、石棉作业等的健康检查,以及口腔科及健康管理手册规定的健康检查。《劳动安全卫生法实施条例》对行政令规定的有害作业做了具体的规定:

1. 高气压室内作业(根据潜函工程法及压力法,限于在气压超过大气压的工作室或坑道内进行的作业);在水下使用潜水器并通过空气压缩机或手动泵送气或用泵送气进行操作的作业。

2. 放射线作业(附件 8-2 附表 1)。

3. 生产或处理第一、二类特定化学物质(附件 8-2 附表 2,共 3 类 68 种)的作业;以实验研究为目的、生产或制造法律规定的物质的作业,或在处理或以实验研究为目的生产石棉或制造石棉分析用实验材料同时产生石棉粉尘的场所进行的作业。

4. 铅作业(不包括在隔离室的远距离作业,附件 8-2 附表 3)。

5. 四烷基铅作业(不包括在隔离室的远距离作业,附件 8-2 附表 4)。

6. 在室内作业场所或储罐、船舱或坑道内及其他厚生劳动省令规定的场所从事生产或处理有机溶剂(附件 8-2 附表 5)的作业或者在生产或处理石棉同时产生石棉粉尘的场所的作业(附件 8-2 附表 6)。

法律规定需要进行特殊健康检查的作业(表 8-7)。

表 8-7　法律规定需要进行特殊健康检查的作业

作业类型	特殊健康检查对象周期与项目
粉尘作业	对正在从事或曾经从事粉尘作业、健康管理区分在 2 或 3 的劳动者,必须在: ①就业时; ②定期; ③非定期; ④离职时必须健康检查。 注:在诊断为有尘肺病所见时,需要向劳动局报告健康检查结果和 X 线胸片
高气压室内或潜水作业	对于从事高气压室内作业或潜水作业的劳动者,必须在雇用时或重新对该工作进行配置时每 6 个月内进行一次健康检查
放射作业	对于从事辐射作业的劳动者,必须在雇用时或对该工作重新配置时及以后每 6 个月进行一次定期健康检查
铅作业	对于从事铅作业的劳动者,必须在雇用时或重新安排工作时每 6 个月进行一次健康检查(不包括在遥控室远距离遥控操作的作业)
四乙基铅作业	对从事四乙基铅等作业的劳动者,必须在雇用时或对该工作重新配置时进行一次健康检查,之后每 3 个月定期进行一次健康检查(不包括在遥控室远距离遥控操作的作业)

续表

作业类型	特殊健康检查对象周期与项目
特定化学物质作业	对于处理特定化学物质的劳动者,必须在雇用时或重新安排时进行健康检查,之后每6个月进行一次定期健康检查。对于过去曾经从事相应作业的在册劳动者(限于与部分物质有关的作业),每6个月必须进行同样的健康检查
有机溶剂作业	对于在室内或储罐、货舱、井内或厚生劳动大臣指定的作业场所等从事有机溶剂作业的劳动者,必须在雇用时或重新安排工作时每6个月进行一次健康检查
石棉作业	经常在石棉等处理并伴有石棉粉尘发散场所从事工作的劳动者以及过去曾经从事过上述作业的在册劳动者

对于从事有害作业的劳动者,原则上必须在雇用时、调整作业岗位时以及之后的每6个月1次由医师实施健康检查,检查时间根据作业类型有所不同:

尘肺病健康检查按照管理分级每1~3年1次。

1．有害作业应在就业前及就业后的每6个月进行一次;

2．放射作业每3个月进行一次;

3．从事接触铅、有机溶剂、化学毒物作业的每6个月进行1次;

4．尘肺病检查,除需进行定期检查外,离职后一年或三年的也要进行健康检查。

首次特殊健康检查的项目包括职业史、既往史、自觉症状及筛查;第二次健康检查,项目包括作业条件、作业环境的调查、实验室检验及其他检查。

健康检查完成后,经营者需按照法律要求将检查结果分别上报、存档并通知本人;采取必要的治疗措施;进行医学指导或健康咨询;对需要调离作业者提出建议;调查分析致病原因,提出预防措施;培训教育,提高劳动者个人防护知识水平;妥善保管资料,并提出下一次健康检查计划。

（三）行政指导性特殊健康检查

对于法律规定以外的可能影响健康的危害作业,经营者有义务通过行政指导进行特殊健康检查,原则上每6个月进行一次健康检查。行政指导性健康检查包括:接触紫外线、红外线的作业,噪声作业,接触锰、黄磷、有机磷、含硫气体、二硫化碳、苯的硝基化合物、脂肪族氯化或溴化化合物、砷及其化合物、甲基汞化合物、氯萘、碘、亚甲基二苯基异氰酸酯(MDI)、一氧化碳、肥料及吩噻嗪类药物如氯丙嗪等有害化合物的作业,振动作业,停车场废气等有害气体,接触木尘的作业,处理重物作业,手指作业及VDT作业等(表8-8)。

（四）特定健康检查和特定保健制度

根据健康促进法第9条规定,"为了促使国民能够终身主动自愿地增进自身健康做出积极努力,厚生劳动大臣须制定实施健康检查等相关指针"。根据这一规定,从2008年4月起开始实施以40~75岁国民为对象的特定健康检查和特定保健指导制度。特定健康检查是着眼于代谢综合征的健康检查,实施项目主要包括:用药、吸烟史、身体测量(身高、体重、BMI、腹围)、血压测量、体格检查、尿液检查(尿糖、尿蛋白)、血液检查(血脂、血糖、肝功能)。在一定的标准下,医师认为有必要实施更为详细的检查项目,包括:心电图、眼底检查、贫血检查(红细胞、血红蛋白数量、血细胞比率值)。

表8-8　行政指导性特殊健康检查覆盖的作业

1	接触紫外线、红外线的作业
2	在产生强噪声的场所的作业（噪声作业健康检查）
3	处理锰化合物（限于碱性氧化锰）的作业，或在排放其气体、蒸气或粉尘的场所的作业
4	处理黄磷的作业，或在排放磷化合物气体、蒸气或粉尘的场所的作业
5	处理有机磷的作业或排放其气体、蒸气或粉尘的作业
6	在排放含二氧化硫气体的场所的作业
7	处理二硫化碳的作业或在排放这种气体的场所的作业（不包括与有机溶剂业务有关的那些作业）
8	处理苯的硝酰胺化合物或在排放该种气体、蒸气或粉尘的场所的作业
9	处理脂肪族氯化或溴化化合物（不包括法律法规规定的有机溶剂）或在排放这种气体、蒸气或粉尘的场所的作业
10	处理砷及其化合物（不包括三氧化二砷）或在排放该气体、蒸气或粉尘的场所的作业
11	处理苯基汞化合物或在产生该种气体、蒸气或粉尘的场所的作业
12	处理甲基汞化合物（不包括甲基或乙基的烷基化合物）或在其排放该种气体、蒸气或粉尘的场所的作业
13	处理氯萘的作业或在排放该种气体、蒸气或粉尘的场所的作业
14	处理碘的作业或在排放该种气体、蒸气或粉尘的场所的作业
15	在排放美国雪松、日本香柏、髭脉槠叶树、柳桉粉尘等的场所的作业
16	使用超声波焊接机作业
17	使用亚甲基二苯基异氰酸酯（MDI）的作业或在产生该种气体或蒸气场所的作业
18	羽毛粉等肥料制造作业
19	使用吩噻嗪类药物如氯丙嗪等的作业
20	键盘作业
21	城市燃气管道建设工程（一氧化碳）
22	在地下停车场的作业（废气）
23	由于使用链锯使身体显著振动的作业
24	使用链锯以外的振动工具（凿岩机、凿锤、摆动砂轮等）的作业
25	重物处理作业
26	收银业务
27	使用带有触发器的工具的作业
28	在残疾儿童设施、老年人专用疗养院等重症身心残疾儿童入院设施从事护理工作的作业（腰痛健康检查）
29	VDT作业·噪声作业
30	使用激光设备的作业或有可能接触激光束的作业

（五）职业紧张测量

《劳动安全卫生法》第66条第10款规定，从2015年12月1日起，"经营者对于常时雇用的劳动者至少每年定期实施1次紧张检测，以掌握其心理负担程度"。紧张检测使用职业紧张简易调查问卷等进行。根据受检者的回答，需分析：①导致该劳动者工作场所职业紧张的原因；②该劳动者因职业紧张造成的身心自觉症状；③工作场所其他劳动者对该劳动者的支援状况，并基于分析结果向受检者提供必要的建议，以提高对紧张的识别能力。此外，对于被判定为处于高紧张状态的劳动者，应依据本人意愿，安排医师面谈，并采取必要的应对措施。

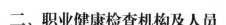

二、职业健康检查机构及人员

（一）职业卫生医师

《劳动安全卫生法》第 13 条规定,不同规模或类型的企业需聘用相应数量的职业卫生医师,如固定雇用 50 人以上的企业应聘用兼职或专职职业卫生医师;雇用 1000 人以上的企业或从事法律规定的有害作业生产且劳动者人数在 500 人以上的企业须聘用专职职业卫生医师,开展职业安全卫生管理工作。《劳动安全卫生法》第 13 条和 14 条规定,职业卫生医师可以对企业和安全卫生管理总负责人提出劝告,对企业卫生管理者进行指导或提出建议。其工作职责包括对劳动者进行健康检查和指导,并根据诊断结果采取保持和促进劳动者健康的措施,维持和改善作业环境并对作业进行管理;开展健康教育、健康咨询和劳动卫生教育;开展工作场所影响劳动者健康的原因调查并向企业负责人提出医学建议。为了规范职业卫生医师工作,日本制定了严格的职业卫生医师培训和资格认定制度。在人才培养方面,设立产业医科大学培养专业人才;在资格认定方面,规定了职业卫生医师的基本条件,申请担任职业卫生医师需满足 4 项条件之一:一是完成厚生劳动大臣规定的职业卫生医师进修,属于此类进修的包括日本医师会"产业医学基础进修"和产业医科大学"产业医学基础讲座",二者完成其一即可;二是通过劳动卫生咨询师考试(健康保健)并合格;三是在大学担任劳动卫生学教授、副教授、常任讲师者;四是厚生劳动省规定的其他人员。

（二）健康检查及保健指导机构

除了规定的专职职业卫生医师对劳动者进行健康检查和保健指导以外,还可以委托相关的团体或医疗机构对劳动者进行健康检查和保健指导。根据健康检查的实施、组织体制、检查质量等进行评价和认定。相关的团体包括:公益社团法人日本综合性健康检查学会、一般社团法人日本综合健诊医学会、公益社团法人全国劳动卫生团体联合会、公益财团法人日本癌症协会、公益财团法人结核预防会、公益财团法人预防医学事业中央会。截至 2016 年 8 月,相关的健康检查和保健指导机构共 533 家。

第五节　日本职业病诊断制度

一、日本的工作相关疾病目录

在日本,"职业性疾病"是医学用语,劳动基准法的用语则是"业务上疾病",相当于"工作相关疾病",可分为"事故性疾病"与"职业性疾病"。"事故性疾病"指由于突发或发生时间与场所极为明确的事故,导致劳动者发病或病情恶化。"职业性疾病"是有害因素长期累积所引起的疾病。虽然法律上规定了工作相关疾病的类别及其范围,但劳动者患病时是由工作本身固有的有害因素引起的,还是由其他原因所引起的,在判断上常常发生困难,尤其在判断该疾病与工作的因果关系时更为困难。为此,厚生劳动省根据有关专家会议以及医学共识,制定"工作相关疾病"的认定基准,并定期更新。

日本工作相关疾病目录是根据《劳动基准法》第七十五条第二项以及劳动基准法施行规则第三十五条《附表》确定的,目录共有十一条,后二条均为开放性条款,除了作业中因伤害引起的疾病外,其余每一条都包含了若干个子分类和开放性条款(表8-9)。

表8-9　日本工作相关疾病分类与目录

序号	分类	具体内容
1	伤害所致疾病	1. 腰痛 2. 脊髓损伤 3. 脑血管病及缺血性心脏病
2	物理因素所致疾病	1. 紫外线辐射作业所致的前眼疾病或皮肤病 2. 红外线辐射作业所致的视网膜灼伤、白内障等眼病或皮肤病 3. 激光辐射作业所致的视网膜灼伤等眼病或皮肤病 4. 微波辐射作业所致的白内障等眼病 5. 电离辐射作业所致的急性放射病、皮肤溃疡等放射性皮肤损伤、白内障等放射性眼病、放射性肺炎、再生障碍贫血等造血系统损害、骨坏死以及其他放射性损害 6. 高气压室内作业或潜水作业所致的减压病 7. 低气压场所作业所致的高原病或航空病 8. 高温作业场所所致的中暑 9. 从事高热物体处理作业所致的烧伤 10. 在寒冷场所作业或从事低温物体处理作业所致的冻伤 11. 在产生强噪声场所作业所致的听力损失等耳部疾病 12. 超声波作业引起的手指等组织坏死 13. 除上述1～12所列疾病外,可归因于与工作有关或接触其他物理因素作业所致的明确与这些疾病有关的其他疾病
3	身体过度负荷所致的疾病	1. 重作业所致的肌肉、肌腱、骨骼或关节疾病或内脏脱垂 2. 重物处理作业、以增加腰部过度负荷的非自然姿势进行的作业、其他导致腰部过度负荷的作业所致的腰痛 3. 使用凿岩机、铆钉机、链锯等机械设备对身体产生振动的作业所致的手、前臂等末梢循环障碍、末梢神经病变或运动系统损害 4. 反复计算机输入的作业(打孔、打字、电话交换或速记作业)以及其他增加上肢过度负荷的作业(收银机作业、使用带有扳机工具的作业)所致的手指痉挛,手指、前臂肌腱、肌腱或肌腱周围炎症,或颈肩腕综合征 5. 除1～4所列疾病外,可归因于使身体产生过度负荷的其他作业方式所致的明确与这些疾病相关的疾病
4	化学物质所致疾病	1. 从事接触厚生劳动大臣指定的单体化学物及其化合物(包括合金)作业所致的疾病 2. 接触含氟树脂、氯乙烯树脂、丙烯酸树脂等合成树脂的热分解产物作业所致的眼、呼吸道黏膜炎症等呼吸系统疾病 3. 从事接触煤灰、矿物油、油漆、焦油、水泥、树脂固化剂等作业所致的皮肤病 4. 接触蛋白降解酶作业所致的皮炎、结膜炎或鼻炎、支气管哮喘等呼吸系统疾病 5. 在木尘、兽毛粉尘等扬尘场所作业或接触抗生素等作业所致的变态反应性鼻炎、支气管哮喘等呼吸系统疾病 6. 在棉尘等扬尘场所作业所致的呼吸系统疾病 7. 接触石棉作业所致的良性石棉积水或者弥漫性胸膜肥厚 8. 在空气中低氧浓度场所作业所致的缺氧 9. 除1～8所列疾病外,可归因于接触其他化学物质作业所致的明确与这些疾病相关的疾病

续表

序号	分类	具体内容
5	在扬尘场所作业所致的尘肺病或合并有尘肺法施行规则第一条各款所列疾病	尘肺病
6	细菌、病毒等病原体所致的疾病	1. 从事患者诊疗或护理工作或研究，以其他目的从事病原体处理作业所致的传染性疾病 2. 从事动物或其尸体、毛皮、皮革及其他动物性物体或废旧物品处理作业所致的布鲁菌病、炭疽病等传染性疾病 3. 在潮湿地区作业所致的钩端螺旋体病 4. 室外作业所致的恙虫病 5. 除1～4所列疾病外，作业中接触其他细菌、病毒等病原体导致的明确与这些疾病相关的疾病
7	由于处在致癌性物质、致癌因子或是致癌性工作中所致的疾病	1. 接触联苯胺作业所致泌尿系肿瘤 2. 接触β-萘胺作业所致泌尿系肿瘤 3. 接触4-氨基联苯作业所致泌尿系肿瘤 4. 接触4-硝基联苯作业所致泌尿系肿瘤 5. 接触二氯甲醚作业所致的肺癌 6. 接触铍作业所致的肺癌 7. 接触三氯甲苯作业所致肺癌 8. 接触石棉作业所致肺癌或间皮瘤 9. 接触作业所致白血病 10. 接触氯乙烯作业所致肝血管肉瘤 11. 接触电离辐射作业所致白血病、肺癌、皮肤癌、骨肉瘤或甲状腺癌、多发性骨髓瘤或是非霍奇金淋巴瘤 12. 金胺制造工艺作业所致的泌尿系肿瘤 13. （碱性）品红制造作业所致泌尿系肿瘤 14. 焦炉或发生炉煤气制造作业所致肺癌 15. 铬酸盐或重铬酸盐制造工艺作业所致肺癌或上呼吸道癌症 16. 镍冶炼或是精炼制造工艺作业所致的肺癌或上呼吸气道癌 17. 以含砷矿石为原料进行金属冶炼或精炼工程或制造无机砷化合物工艺作业所致的肺癌或皮肤癌 18. 煤烟、矿物油、焦油、沥青、柏油沥青或石蜡油作业所致的皮肤癌 19. 除1～20所列疾病外，可归因于接触致癌物或致癌因素或致癌工艺作业引起的明确与这些疾病相关的疾病
8	除以上各项所列疾病外，由厚生劳动大臣指定的疾病（昭和56年劳动省告示第7号）	1. 在硬质合金粉尘扬尘场所作业所致的支气管肺病 2. 铬酸锌或铬黄制造工艺作业所致肺癌 3. 联苯胺作业所致泌尿系肿瘤
9	可明确归因于业务所致的其他疾病	1. 长期过劳或从事容易引发血管疾病的作业（如精神压力过大的工作）导致的脑血管病及缺血性心脏病[不包括可归因于伤害引起的疾病等，如脑出血、蛛网膜下腔出血、脑梗死、高血压性脑病、心肌梗死、心绞痛、心脏骤停（包括心脏突然死），或者是伴随夹层大动脉瘤等疾病产生的疾病] 2. 心理应激引起的精神障碍等，如创伤后应激障碍（包括精神病自杀）

二、工作相关疾病诊断机构和人员的条件要求

在日本，任何一个执业医师或口腔科执业医师均可以通过诊治、职业健康检查等途径诊断职业病（疑似职业病），即根据健康诊断（相当于我国的健康检查）的结果做出疾病的诊断。执业医师或口腔科执业医师在诊疗及健康检查时发现职业病时（疑似职业病）应按规定报辖区劳动基准监督署安全委员会认定，尘肺病患者则由厚生劳动省所属都道府尘肺病审查委员会负责认定。辖区劳动基准监督署安全委员会定期召开审查会议，对辖区上报的疑似职业病患者组织专职职业卫生医师（2～3 人）、雇主、劳动者代表对个案是否为职业病进行审查（职业病认定）。对于职业病认定无异议的，由监督署署长签发职业病诊断书；如存在异议，则由该委员会依据相关资料召开审查会议，审议该个案是否为职业病。

日本的职业卫生医师可分为两种，一种是医学专业毕业并取得执业医师资格后，再参加日本医学会为期 50 学时的职业卫生专科培训，取得日本医学会颁发的资格证书，称为兼职职业卫生医师，具有职业病诊断或治疗许可，主要服务于<1000 人的企业和偏远地区或海岛。另一种是通过日本职业卫生学会资格认定和考试，由学会授予证书，成为专职职业卫生医师，主要就职于地区以上的综合性医院、注册的职业健康检查机构或>1000 人的企业，专职从事职业病诊断和治疗工作。专职职业卫生医师可参加职业病审查会议。

在日本，职业病等的认定主要依据《职业病诊断认定基准》《职业性疾病的工作上或工作之外鉴定基准》。

一般而言，如果劳动者所患的疾病满足以下三个要素，原则上就可以认为是工作相关疾病。

劳动场所存在有害因素。这种情况下的有害因素是指工作中固有的有害物理因素、化学物质、增加身体过度负荷的作业方式、病原体等各种因素。

接触了可能引起健康损害的有害因素。接触有害因素会导致健康损害，但重要的是是否有足以引起健康损害的接触。这种接触程度基本上取决于接触浓度及接触的持续时间，但也取决于接触的类型，因此，有必要掌握接触条件。

发病过程和病理过程。很明显，职业病因为劳动者接触工作中固有的有害因素，或有害因素侵入机体而引起的，至少是在接触该有害因素之后发病的。

但是，一些工作相关疾病既可能是在接触有害因素后短时间内发病的，也可能是经过相当长的潜伏期发病的，发病时间可能根据接触的有害因素的性质、接触条件等而有所不同。

因此，发病时间不仅仅限于接触有害因素期间或接触之后立即，从有害因素的物质、接触条件等方面看，必须在医学上是合理的。

职业卫生医师依据劳动者特殊健康检查情况、有害因素接触水平、作业环境调查、个人防护用品使用情况及卫生防护设施调查资料等作出判定，并注重同一环境其他劳动者是否有类似疾病、作业环境中的有害因素水平是否足以致病。

一旦被认定为业务相关疾病，用人单位必须根据劳动基准法、劳动灾害补偿保险法给予工伤补偿，包括疗养补偿、休假补偿、伤害补偿、遗属补偿等。是否与业务有关的认定，由劳动基准监督署根据认定基准进行。职业病诊断认定程序（图 8-4）。

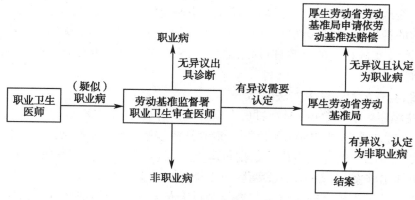

图8-4　日本职业病诊断认定程序

第六节　职业安全卫生标准及其管理体制

在日本，职业安全卫生标准包括厚生劳动省部门制定的省令、告示，也包括日本工业标准学会制定的工业卫生标准，以及日本产业医学会指定的推荐性职业卫生标准。

一、职业安全卫生法令及其管理机构

（一）职业安全卫生法令

如前所述，日本职业安全卫生相关法律体系依据法律效力包括法律、政令、省令、厚生劳动省的告示、训令、通知和公示，法律、政令从法律角度对职业安全卫生工作做出明确的规定，许多具体的技术要求、标准则是以省令、告示、通知等形式实现的，如劳动安全卫生规则、粉尘危害防止规则、作业环境测定基准、作业环境评价基准、劳动安全卫生管理体系指针、安全卫生特别教育规程规则、防尘（毒）口罩标准（规格）等，表现形式可为规则、规程、规格（标准）、基准等，因此，厚生劳动省是日本职业安全卫生相关标准的最主要的制定部门（表8-10）。

表8-10　日本职业安全卫生法令标准管理机构

形式	制定部门	数量
法律	国会	6
政令	内阁	3
省令	厚生劳动省	7
	劳动省	23
告示	厚生劳动省	53
	经济产业省	1
	通商产业省	1

（二）职业安全卫生法令管理

日本《劳动基准法》明确厚生劳动省负责一切与工人安全与健康有关的事务，厚生劳动

省属中央一级政府,设有 11 个局和 8 个部,负责制定标准、管理规章、行政监察、工伤保险和中介机构的管理等,如制定发布相关条例、通告和技术基准、制定国家工伤事故防止计划(每五年一次)、实施相关的行政许可、监督指导各地方劳动局和安全卫生相关团体的安全卫生工作等。

(三)职业安全卫生法令立法程序

1. 立法程序　法律(law)是通过国会审议制定并公布的国家立法形式之一,是宪法的下位法,是由行政机关制定的政令、省令、最高法院规则、地方政府议会制定的条例的上位法。国会是日本唯一的立法机构。根据日本宪法,提出制定法律草案的程序主要有三种,一是由议员提出法案,二是由众、参两院所设委员会立案、再以委员长名义提出法案,三是由内阁提出法案。由议员提出法案和委员会以委员长名义提出法案进行的立法称为议员立法。为帮助议员立法,众、参两院分别设立议员法制局。作为帮助议员调查研究、履职的制度,还有国立国会图书馆、议员秘书及议员会馆。很多法律是由内阁提出法案制定的。但是,虽然内阁法第 5 条认可内阁提出法案的权力,但宪法中并没有明确的规定。

内阁提出立法一般经过以下过程:由主管厅局确定是制定新的法律,还是修改或废止现行法律,并拟定法案初稿。然后,征求各相关厅局或党派对法案初稿的意见并根据征求的意见进行修改,再根据需要,或听取审议会质询,或举行听证会听取意见。

2. 内阁立法　日本立法的主要形式是由国会审议并公布。立法过程包括:制定法案、法案审查、审议(内阁、国会)、形成法律并公布。

(1)制定法案草案。内阁提交国会审议的法案主要由主管省厅负责制定。各省厅根据所管辖范围以及实现目标,决定是新制定法律或修订或废止现有法律,并负责拟定法律草案。需要审议会进行咨询或听证时还需要征求相关省厅意见并根据意见进行修改,最后由主管省厅完成相关法案。

(2)法案审查。所有内阁提出的法案,在内阁审议前都需要在内阁法制局先行审查。内阁法制局对主管省厅拟定的法案主要审查以下内容:与宪法或其他法规的关系、立法的合理性、立案目的、法律用语表达是否正确、条文及排列构成是否合适,用字、用语有无错误等。预审一旦完成,由主任国务大臣办理内阁审议手续,由内阁官房将相同的议案送给内阁法制局,后者对照预审结果进行最终审查并返回给内阁官房。

(3)内阁审议。对通过审查的法案,在提交国会之前还要提请内阁审议,一旦没有异议需做出内阁审议决定。只有完成上述程序后,内阁总理大臣才能将法案提交给国会(众议院或参议院)审议。向国会提交法案的相关事务由内阁官房负责。

(4)国会审议。内阁提出的法案提交众议院或参议院后,原则上议长应将其委托给相应的委员会审议。委员会审议时,首先由国务大臣说明法案的立案理由,然后进入审查。审查主要以对法案的质疑和应答的形式进行。

委员会质疑、讨论结束后,由委员长宣布进行表决。委员会完成法案审议后,审议将移交给议会。

内阁提出的法案,无论是先提交给众议院,还是参议院,一旦经过委员会和议会表决程序并被采纳,其法案都要送给另一个议院。另一个议院接到送交的法案,也要履行委员会及议院的审议、表决程序。

(5)形成法律。除非宪法另有特别规定,法案只有在众议院、参议院两院表决通过后

才可以成为法律。立法完成后，由最后审议的议院议长经由内阁上报。

（6）公布。立法完成后，必须在最后审议的议院议长经由内阁上报之日起 30 日内公布。法律公布时，对该法进行法律编号，主任国务大臣署名，内阁总理大臣联合署名，在阁议决定的基础上在官方公报上发布。

3. 行政立法　行政立法是指由行政部门制定或建立的规范。为避免"行政立法"的称谓，有时也使用行政基准的用语，或不指定特定的名称（只简单地称为由行政部门制定的规范）。建立行政立法制度有其必要性。一是将所有需要制定的规范（特别法）委托给议会、详细到专业技术事项都必须在议会进行审议是难以进行且效率低下的。二是由议会立法，很难按照情况变化及时进行修定规范。三是行政机构政治上立场中立，制定规范比较合理。行政立法的种类，根据其内容（性质）可分为法规命令和行政规则。

（1）法规命令。是由行政部门制定的法规，多与国民的权利义务相关。法规命令有执行命令（实施命令）、授权命令、独立命令以及紧急命令。现行日本法律承认的是执行命令（实施命令）和授权命令两种。

1）执行命令（实施命令）是为了执行上位法而制定的规范，是以详细说明上位法确定的国民权利、义务为内容的命令。

2）授权命令不同于执行命令，可以设定处罚、限制国民权利或赋予义务。

3）独立命令是指政府从行政立法的角度独立制定的命令。

4）紧急命令是指政府从行政角度在紧急状态下针对法律事项制定的命令，事后需要立法部门的认可。

（2）行政规则。是指行政立法中不具有法律性质的规则，也称为行政命令或行政规程。因为不具有法律性质，所以不需要法律授权。通常以内部规定、纲要、通告等形式（也有采取政令、省令等命令形式的）。

行政规则对国民·法院不具有法律约束力（外部效力），即使行政机构违反了自己制定的行政规则，原则上也不视为违法（不当）。

（四）产业医学综合研究所

产业医学综合研究所成立于 1976 年旨在开展保持和增进工人健康以及有关职业病的病因、诊断、预防等方面的调研工作，2001 年成为隶属于厚生劳动省的独立行政法人。其研究成果被应用于制定劳动卫生法规、标准和为厚生劳动省制定有关方针政策服务等。

二、日本工业标准及其制定

日本的标准有由政府主导并出资制定的标准和由民间出资制定的标准，以标准层级划分，国家标准大体可分为日本工业标准（Japanese industrial standards，JIS）和日本农林标准（Japanese agriculture standard，JAS）。

（一）日本工业标准及其制定

在日本，与职业防护、个体防护产品相关的标准，是由日本工业标准委员会（Japanese industrial standards committee，JISC）制定的日本工业标准（JIS），如起重机或移动式起重机防过载装置结构标准、电气机械设备防爆结构标准、防护帽标准、安全带标准、防尘口罩标准、防毒口罩标准等。

JIS 是根据《日本工业标准化法》（1979）制定的国家标准，旨在促进日本的工业标准化，提升工业产品质量和生产效率、实现生产的合理化、贸易简单公正化、使用和消费的合理化，是日本以法律明确规定最重要的、最具权威的国家标准，除药品、农药和化学肥料外，其范围涵盖工业和矿产品的各个工业领域，标准类型按标准内容或对象分为基础标准、方法标准、产品标准等三类。每一个 JIS 标准都有自己的编号，编号由字母字符字段和 4~5 位数字组合而成，如 JIS G 4051 机械结构用碳钢，JIS 表示日本工业标准，字母 G 表示（钢铁）领域，其后是标准名称。制定或修订 JIS 的法律依据是《工业标准化法》。根据法律规定，在 JIS 发布或修订后的 5 年内还应进行评估、确认、修订或废除。截至 2018 年 3 月底，共制定发布 10 667 个 JIS 标准。

（二）日本工业标准委员会

根据日本现行法律及行政管理体制，经济产业省（Ministry of Economy, Trade and Industry）负责工业标准化活动的行政管理工作，具体工作则交由经济产业省根据《工业标准化法》设置的 JIS 委员会（JISC）负责落实执行，包括负责从事与工业标准化有关的所有调查、审议工作等。

JISC 成立于 1946 年，源于 1921 年 4 月成立的日本工业标准统一调查会（JESC），1949 年，经《工业标准化法》授权，JISC 作为日本全国性的标准化管理机构负责组织研制和审议 JIS 标准，指导相关标准化活动。1951 年、1952 年，JISC 分别成为 IEC 和 ISO 中代表日本国家的官方机构。JISC 由理事会和其下设的两个委员会组成。理事会由来自日本产业界、高校以及政府机构的委员（30 人以内）组成，任期一般为两年。2018 年 7 月 26 日，经济产业大臣任命了 27 名委员。理事会作为 JISC 的最高决策机构，负责 JISC 的组织管理和协调工作，对覆盖产业、技术、贸易政策等的标准化政策进行广泛讨论，确定全面规划等。理事会下设基本政策部会、标准第一部会（负责与 ISO 相关领域的标准和认证）和标准第二部会（负责与 IEC 相关领域的标准和认证），并在每个部会下设 27 个专业委员会（下设 2000 多个技术委员会，拥有 2 万多名委员），其成员包括生产商、经销商、用户、消费者和学术界的所有相关方，负责审议 JIS。

为了防止劳动灾害的发生，加强企业化学物质的管理，日本政府根据全球化学品统一分类和标签制度（the globally harmonized system of classification and labelling of chemicals, GHS），在 JIS 中，制定了化学物质标签和安全数据表（SDS）。2012 年，《劳动安全卫生法》规定，企业必须对所有有害化学物质的容器进行标记标签，应用 SDS 进行安全卫生教育。此外，受 JISC 委托，日本工效学学会制定工效学标准并参加 ISO 工效学国际标准化活动。日本不仅参与制定了工效学 ISO 国际标准，还根据工业、产业分类颁布 70 余项工效学标准、视觉标志物、信息通信器等 JIS 标准，涉及人体尺寸测量方法、精神紧张、控制设计等内容。

（三）日本工业标准的制修订程序

JIS 的制修订过程如下：

1. 任何对某一领域感兴趣的团体和个人都可以提出 JIS 原案提交各方讨论。有时主管大臣也会委托行业协会和专业协会提出 JLS 原案。当政府部门或工业部门认为需要制定某个标准时，应展开相应调查和研究，收集必要的材料，评估标准化需求。

2. JISC 基于研究结果公布 JIS 原案，公布 3 个星期后，JIS 起草委员会提出草案，经主管大臣批准交由 JISC 根据《工业标准化法》，由下属的相关部会对 JIS 草案进行审议。为确保各利益相关方知情以及充分讨论，JIS 草案至少要在详细讨论前 3 个月在公开渠道发表。

3. 经充分讨论，如果 JISC 认为该草案合理时就会报知主管大臣。由主管大臣发布并展开 JIS 草案咨询。任何感兴趣的团体和个人都可以提出异议。草案要根据各方意见做进一步修改。为了保证草案咨询的效果，草案必须在咨询前 60 天公开发表。

4. 政府公报公布。当主管大臣认为该草案没有不公平地歧视任何利益团体时，就可以决定正式将其纳入 JIS 并在官方公报上公布。

从以上程序中可以发现，在这一流程的各个环节都体现了透明的原则。其次，也充分体现了协商一致的原则。这一方面确保各利益相关方的利益都得到考虑和体现，同时也通过这种方式确保 JIS 标准能够得到广泛的认可。

根据统计，日本 80% 以上的 JIS 标准草案由企业或社会团体提出并负责研制，再提交JISC 审查，审查通过后上升为日本的国家标准。

（四）标准的运行与实施机制

与美国、英国、德国等国家不同，日本在除通过法律法规采用标准和合格评定等推动标准实施外，政府层面比较注重市场监管，标准实施与科技研发同步发展；企业层面有广泛的全面质量管理基础。日本在通过法律法规采用标准推动标准有效实施方面，有一套完整的法律法规采用标准机制，国家和地方依照有关法律制度及技术法规时，首先要将 JIS 的有关内容与技术法规的立法目的进行比对，如果没有客观或合理的理由，需要引用或稍加修改后引用 JIS 规定的内容。根据 2010 年年底统计，有 910 项 JIS 标准在 193 项法律法规中被引用。

日本是合格评定制度比较健全、合格评定与标准结合较好的国家之一，在保证标准实施方面，建立了合格性评定程序。日本合格评定认可委员会负责管理全国合格评定认可工作。日本推行的产品认证制度主要有两类：一类是根据《日本工业标准化法》和《农林产品标准化法》实施的自愿性认证，使用 JIS 标志和 JAS 标志；另一类是根据《消费生活产品安全法》《电器用品安全法》等法律实施的强制性认证。日本企业实行全面质量管理是标准化工作顺利开展的重要因素，标准化、质量管理教育、质量管理活动和 PDCA 循环被称为全面质量管理的四大支柱。推进实施策略（图 8-5）。

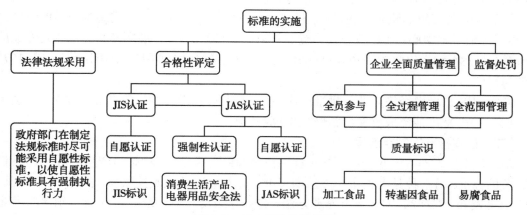

图 8-5　日本标准实施体制

三、日本标准及其制定

（一）日本标准协会

日本标准协会（Japanese Standards Association, JSA），日语称为"日本规格协会"，是政府认可的、致力于标准化、质量管理及知识技能开发和宣传普及等公益性的民间标准化组织，属于独立的财团法人机构，1945 年 12 月由大日本航空技术协会和日本效率协会合并成立，并经商工大臣认可。JSA 总部设在东京，在全国设有 7 个分部，雇员 180 多名，拥有会员 1.2 万名，主要是协会、学会等社会团体；下设技术部、教育培训部、质量体系审核员注册中心（JRCA）、环境管理体系审核员注册中心（JSA EMS）、日本质量管理体系审核员注册中心（JSA-Q）等机构。

作为一般财团法人、JSA 旨在成为日本的国家标准化中心。由于 JIS 的范围仅限于工业和矿产品，对 JIS 未涉及、与新产品和服务相关标准的制定需求不断增加，为了灵活、快速应对未融入传统框架的利益相关者的需求，2017 年 6 月，创建了受企业委托、确保透明、公正和客观的民间 JSA 标准制度。JSA 专注于公共标准（JIS 等）无法应对的服务领域的标准化。其主要任务是：①制定 JIS 标准，从编制 JIS 草案到向提出建议、发布后的维护等，全面实施与 JIS 有关的事务，如编制标准草案和提案、标准最终草案的调整和建议、促进标准的维护和使用、与相关团体合作、推进新市场创造型标准化制度、国内标准化人力资源培训。②制定 ISO、IEC 国际标准，为适应日益增长的国际标准需求，进一步加强日本在国际标准化活动中的影响力，全面实施 ISO 和 IEC 各种项目。如编制标准草案并提出建议、开发并提供人力资源、多边和双边标准化合作、国际标准化人力资源培训。③出版及相关服务。出版与标准相关的信息、相关的管理技术及附带服务，如出版发行 JIS 标准和标准化刊物、标准化与质量管理图书。④人力资源开发。通过各种基于精准调查和研究的研讨会等项目，为开发标准化和管理技术领域的人力资源提供全面的帮助。如研讨会、内部培训、标准化和质量管理国家和地区大会、质量月活动。⑤管理体系认证和服务认证。作为日本合格评定协会（JAB）认可的第一个认证 / 注册机构，开展了包括 ISO 9001 的各种管理体系认证。服务认证包括主动式休闲认证、翻译服务提供商认证及家政代理服务认证。⑥质量管理检定（QC 检定）和管理体系评审员的认证登记，每年在全国约 120 个地点进行两次质量控制检定，举办各种标准化与质量管理培训班；帮助商务人士、大学生、高中生、工业高等专门学校学生实现其职业发展目标；管理体系审核员评价登记中心实施内审员的评估注册，翻译评估登记中心（RCCT）和人力资源登记中心（RCE 中）开展翻译和标准制定专家的注册登记。JSA 编辑出版的刊物有《标准化与质量管理》（1964 年创刊）、《标准化杂志》（1970 年创刊）等刊。

通常，JIS 标准由经济产业省批准公布后，JSA 负责标准出版发行和相关贯标、培训工作，还会将 JIS 标准翻译成英文，发送给 ISO 成员国。

（二）日本标准的制定流程

JSA 每年约发布 650 种 JSA。JSA 标准可分为两种类型，一种是与产品质量、成分、性能有关的标准；另一种是有关生产方法的标准。JSA 标准范围涵盖饮料、食品、有机食品、生产信息发布、农产品、林产品、处理方法、实验方法及其他标准等。任何组织希望制定 JSAS，都可以提出申请。标准制定流程如下：

1. JSA 在接受申请文件，收集必要的信息后，将制定标准制定计划（包括标准制定报价书）。

2. JSA 向申请组织发布标准制定计划。

3. 如果能够理解计划的内容，将组织 JSA 内设立的主题选择委员会讨论该主题是否适合制定 JSAS。

4. 第三方委员会 - 标准审议委员会对标准草案的制定是否符合程序进行审议。

5. 如果（3）、（4）通过，将采纳主题，JSA 与申请组织签订 JSA 标准制定合同。JSA 将确定技术项目经理（TPM），申请组织确定项目负责人（PL）。TPM 负责对标准制定程序提供支持。此外，JSA 将同时发布工作计划及标准制定计划。工作计划应基于 WTO/TBT 协议的实施标准。

6. 以申请团体为主体、设置标准编制委员会并有效运行，编制标准草案。

7. 在制定标准的同时，JSA 将根据 WTO/TBT 协议的适当的实施标准，进行公示及征求公众意见。通过公众咨询，如果有反对意见的报告，将召开标准审议委员会，对反对意见进行调查和审议。

8. 标准草案完成后，将连同必要的文件一起提交给 JSA。JSA 进行格式调整等，TPM 编制过程报告。

9. 标准审查委员会根据过程报告审议标准草案是否经过适当程序。

10. 在获得标准审议委员会批准后发布 JSAS。

11. 在实施标准定期审查同时，对与标准有关的咨询，JSA 和申请组织合作做出解释。

此外，民间行业标准化机构也是标准研制的资源，主要是各协会、学会、工业协会等民间团体，负责制定本行业内需要统一的标准和承担 JIS 标准的研究起草任务，日本现有制定标准的民间团体 196 个，共制定标准 5285 个。

四、日本产业卫生学会及推荐标准

（一）日本产业卫生学会推荐标准概述

日本产业卫生学会作为日本医学会的第 40 分科学会，是日本唯一由国家认可的职业卫生专业学术团体，为公益社团法人，截至 2018 年 3 月 1 日，拥有 7776 名会员。学会成立于 1929 年，1951 年加盟日本医学会。该学会最早提倡产业医疗部门的设置及活动，后又针对日本劳动基准法的实施和劳动卫生管理等方面开展学术活动，1992 年发起认证·专门医制度，2015 年发起产业保健护士专家制度，对日本的职业卫生的持续发展起到了积极促进作用。学会每年都会在《产业卫生学杂志》（Journal of Occupational Health，JOH）上发布《推荐性容许浓度》，包括化学有害物质、粉尘的容许浓度，致癌性、致敏及生殖毒性分类，生物接触限值，噪声、高温寒冷、全身振动与手传振动、电（磁）场与电磁场以及紫外线等的容许水平，是预防工作场所环境因素引起的劳动者健康损害推荐使用的指南。

（二）容许浓度的制定过程（非致癌物质）

非致癌物质容许浓度的制定过程是一个典型的职业健康风险评估过程，包括危害识别、剂量 - 反应关系评估、接触评估及风险评估 4 个阶段，通过 NOAEL 或 LOAEL 推定阈限值，确定临界不良健康效应，参考各国的职业接触限值，最终确定容许接触水平（图 8-6）。

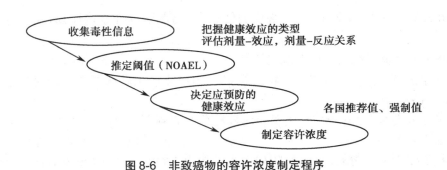

图8-6 非致癌物的容许浓度制定程序

第七节 主要职业卫生标准介绍

一、工作场所职业接触限值

（一）日本工作场所职业接触限值的基本形式

在日本，工作场所职业接触限值的基本形式有容许浓度和管理浓度。容许浓度由日本产业卫生学会制定并颁布，但属于推荐性接触限值；强制性职业接触限值由厚生劳动省以法令形式制定并发布，称为管理浓度，具有约束性。

容许浓度是指劳动者每天8小时、每周40小时工作接触有害物质，在体力劳动强度正常状态下，可以认为近乎所有的劳动者不出现不良健康效应的有害物质的平均接触浓度。即使接触时间很短，或者劳动强度不大时也应避免超出容许浓度的接触。

管理浓度，是在作业环境管理基础上，为评价与有害物质有关的作业环境状态，依据作业环境测定结果（根据作业环境测定标准实施）判断作业环境管理程度、确定管理等级的基准值。管理浓度不同于以针对每个劳动者的接触浓度为前提设定的接触限值，如日本产业卫生学会的容许浓度、美国工业卫生学家会议（ACGIH）的阈限值TLV等，管理浓度是参考学术团体发表的接触限值以及各国为控制接触而制定的标准等的最新进展，考虑作业环境管理技术的实际可行性而设定的限值。

（二）强制性职业接触控制标准

1. 化学物质的管理浓度　日本劳动安全卫生法对业主赋予了按照作业环境评价标准评价作业环境测定结果的义务，在该作业环境评价标准中对每个物质设定了"管理浓度"。目前，在92种作业环境测定对象物质中有81种物质设定有管理浓度，包括有机溶剂、特定化学物质、铅及其化合物、土石、岩石、矿物或碳尘、石棉等。对这些作业场所的环境测定需要由有资质的作业环境测定人员或作业环境测定机构来执行。

2. 工作场所物理因素接触限值

（1）高温：根据劳动安全卫生规则的规定，企业必须对劳动卫生安全法施行令中规定的高温、低温作业场所每半个月定期进行一次温度、湿度和辐射热测定。

2009年厚生劳动省劳动基准局废止了1996年发布的关于预防中暑的通知，重新发布了工作场所预防中暑基本对策的通知。通知指出，湿球黑球温度指数（wet-bulb globe temperature index，WBGT）是目前最好的高温条件指标，简便、实用。工作场所应根据劳动强度等相关的 WBGT 基准值（表）进行测定，如果不能进行 WBGT 测定时应根据 WBGT 值及气温和相对湿度的热应激反应进行评价，>31℃为危险；28～31℃严重警戒；25～28℃警戒；<25℃需注意。

（2）振动：2009 年 7 月，厚生劳动省对在 1993 年颁布的《振动损伤综合对策》进行了修改，颁布了《新的振动损伤预防对策概要》。引进了国际标准化组织（ISO）的"频率校正振动加速度三轴合成值的有效值"以及"振动接触"规定的 8 小时能量当量振动合成值[日振动接触量 A(8)]。日振动接触量 A(8)不能超过 5.0m/s^2，必须严格控制振动接触时间并选择低振动工具。即使日振动接触未超过 5.0m/s^2，但如果超过 2.5m/s^2 的话，也必须严格控制振动接触的时间并选择低振动工具。

（3）噪声：为了防止噪声对劳动者健康损害，促进工作场所噪声的降低，1992 年厚生劳动省（当时称为劳动省）制定了《噪声危害预防指南》（以下简称《指南》）。《指南》规定，根据《作业环境测定标准》，必须每 6 个月对工作场所噪声进行 1 次 A 测定及 B 测定，每个测定点的测定时间不少于 10 分钟。管理分级一级应<85dB，管理分级二级>85dB，但<90dB，管理分级三级>90dB。工作场所噪声的测定结果和评价结果记录应保存 3 年。

（三）推荐性容许浓度标准

1. 化学物质的容许浓度 日本容许浓度由日本产业卫生学会颁布，包括化学物质的容许浓度及物理因素的容许基准。化学物质的容许浓度的表示方式有：容许浓度限值、生物学容许值、致癌物分类、致敏物质以及生殖毒性物质，物理因素容许基准包括噪声、高温、寒冷、全身震动、手传振动、电场·磁场及电磁场（300GHz 以下）的容许基准。

在应用容许浓度时，首先应测量劳动者的接触浓度。接触浓度是指劳动者在不佩戴呼吸防护用品的状态下从事作业时可能吸入的空气中该物质的浓度。将劳动时间根据作业内容、作业场所或者接触程度分为若干时间段，在已知各时间段平均接触浓度或其估计值时，可以通过计算时间加权平均值得出整体平均接触浓度或其估计值。由于接触浓度在平均值上下波动，容许浓度只能在波动范围不大时应用。容许波动的范围根据物质而有所不同。只要无特殊标注，15 分钟平均接触浓度（包括接触浓度最大的时间）不得超过容许浓度值的 1.5 倍，可见日本容许浓度的超限倍数与许多国家不同，规定更为严格。

最大容许浓度是指任何作业时间近乎所有的劳动者都不出现不良健康效应的接触浓度。对部分物质推荐最大容许浓度的理由是因为该物质的毒性主要以短时间出现刺激、中枢神经抑制等健康效应为主。严格说，判断瞬间接触是否超出最大容许浓度的测定是非常困难的。实际上，可通过 5 分钟短时间测定（可以认为包括最大接触浓度）获得最大值。

日本产业卫生学会颁布的日本容许浓度还包括暂定容许浓度限值，2016 年列出的暂定容许浓度有：分为截至 2014 年度已发布 223 种化学物质、三类 27 种粉尘以及物理因素的容许浓度限值。

2. 物理因素容许基准

（1）噪声容许基准：根据听力保护的观点，将习惯性接触噪声的容许基准定义如下：①表 8-11 中所示的值是容许基准。如果低于该容许基准，即使每日 8 小时接触持续时间超过 10 年，也可以预期噪声引起的听力永久性阈值漂移（noise-induced permanent threshold shift，NIPTS）在频率 1kHz 时<10dB、2kHz 时<15dB、3kHz 以上时<20dB。②基于噪声水平（A 声级）的容许基准（表 8-12）。原则上，以该容许基准进行噪声频谱分析，但是在使用

声级计 A 声级测量值时，以表 8-12 显示值作为容许基准。然而，日接触时间超过 8 小时的噪声容许水平是 2 档系统、日接触时间超过 8 小时的参考值。

表 8-11　噪声容许基准

中心频率 /Hz	不同接触时间的声级水平 /dB					
	480min.	240min.	120min.	60min.	40min.	30min.
250	98	102	108	117	120	120
500	92	95	99	105	112	117
1000	86	88	91	95	99	103
2000	83	84	85	88	90	92
3000	82	83	84	86	88	90
4000	82	83	85	87	89	91
8000	87	89	92	97	101	105

表 8-12 噪声（A 声级水平）容许基准

日接触时间 / 分钟	容许接触水平 /dB	日接触时间 / 分钟	容许接触水平 /dB
24-00	80	2-00	91
20-09	81	1-35	92
16-00	82	1-15	93
12-41	83	1-00	94
10-04	84	0-47	95
8-00	85	0-37	96
6-20	86	0-30	97
5-02	87	0-23	98
4-00	88	0-18	99
3-10	89	0-15	100
2-30	90		

（2）高温作业容许基准：在不因热应激引起不良生理反应的前提下，高温容许基准以适应高温环境且熟练作业的健康成年男性劳动者穿着夏季普通工作服作业，在补充适当水、盐，连续 1 小时作业或 2 小时间断性作业时，工厂或室外工作场所健康、安全且不降低工作效率的条件表示，高温容许基准（表 8-13）。

在一般工业现场，多为平均 RMR 在 1.0 左右的连续作业，且以手工作业为主，作业强度大部分都是 RMR<2 的作业。RMR 达到 4 作业也有可能是连续作业，但基本上是连续 1 小时的作业。虽然有可能存在 RMR>4 的作业，但 RMR>4 的作业很难持续 1 小时，所以基本上是间断作业。因此，对于作业时间，将作业方式分为连续作业和间断作业。连续作业是指 1 小时连续接触高温的作业，可用正常 8 小时作业时的 1 小时评价；间断作业是指在 2

小时以内间断接触高温的作业,可用 2 小时间断作业评价。

在评价高温环境时,评价指标是与热应激所致生理效应相对应的环境高温条件。由于 WBGT 指数简便、实用,因此,使用 WBGT 指数作为高温条件指标。在 1 小时连续接触高温的作业时,采用当日作业期间最高接触高温时的 1 小时作业 WBGT 指数作为该作业的高温条件。在 2 小时间断接触高温的作业时,采用根据每个接触的作业时间求得的 2 小时平均 WBGT 指数作为该作业的高温条件。

表 8-13 高温容许基准

作业强度	容许温度条件
	WBGT/℃
RMR～1(极轻度作业)	32.5
RMR～2(轻度作业)	30.5
RMR～3(中度作业)	29
RMR～4(中度作业)	27.5
RMR～5(重度作业)	26.5

(3)寒冷容许基准:在低温环境作业时,不仅考虑温度条件,还必须考虑衣服、风速及健康状态。日本低温作业容许基准表示的是:习服且适应低温作业的健康成年男性劳动者穿着合适的工作服,能够在可以适时休息、采暖的作业环境健康、安全作业的低温条件。

这里的基准条件是以 4 小时倒班作业、近乎无风环境、根据作业强度适当调整防寒衣物、一次连续作业后至少休息 30 分钟为前提的。按照作业场所气温及作业强度表示一次连续作业时间限度的低温作业容许标准(表 8-14)。

表 8-14 低温容许基准(4 小时倒班作业限度的一次连续作业时间)

气温 /℃	作业强度	一次连续作业时间 / 分钟)
−25～−10	轻度作业(RMR～2)	～50
	中度作业(RMR～3)	～60
−40～−26	轻度作业(RMR～2)	～30
	中度作业(RMR～3)	～45
−55～−41	轻度作业(RMR～2)	～20
	中度作业(RMR～3)	～30

注:将风速在 0.5m/s 以下认定为近乎无风。需要在一次连续作业时间作业之后,至少在采暖室内充分休息 30 分钟。例如,在连续 20 分钟作业,采暖、休息 30 分钟时,4 小时作业期间应当作业 5 次、休息 5 次,即作业 20 分钟,休息 30 分钟;作业 20 分钟……

标准还给了作业场所气温与相应衣物的保暖性的关系、衣物组合的保暖性以及风速影响换算方法(通过等价低温温度表换算成气温)。

(4)全身振动容许基准:日本产业卫生协会规定的全身振动容许基准以 8 小时等价频率校正加速度实效值表示(x、y、z3 轴方向合成振动值),基准值为 $0.35m/s^2A_{sum}(8)$ (表 8-15)。

表 8-15 容许等价频率校正加速度实效值
（按照 x、y、z 3 轴方向合成振动值的接触时间）

接触时间/日	等价频率校正加速度实效值 m/s^2
24h	0.20
16h	0.25
12h	0.29
10h	0.31
8h	0.35
7h	0.37
6h	0.40
5h	0.44
4h	0.49
3h	0.57
2h	0.70
1h	0.99
50min	1.08
40min	1.21
30min	1.40
20min	1.71
10min	2.42

（5）手传振动容许基准：该基准适用于周期、随机或非周期振动，也适用于临时反复冲击式振动。振动频率范围为 8～1400Hz，频率校正振动加速度实效值 3 轴合成值为 >1.4m/s^2。①振动接触基本上应对日接触进行评估；②可根据相应公式求得日振动接触量（8 小时能量当量振动合成值）A（8）（表 8-16）。

表 8-16 手传振动容许基准

接触时间/分钟	频率校正加速度实效值的 3 轴合成值 m/s^2
<6	25.0
10	19.4
15	15.8
30	11.2
60	7.92
90	6.47
120	5.60
150	5.01
180	4.57
210	4.23

接触时间 / 分钟	频率校正加速度实效值的 3 轴合成值 m/s²
240	3.96
270	3.73
300	3.54
330	3.38
360	3.23
390	3.11
420	2.99
450	2.89
480	2.80

（6）电场·磁场、电磁场容许基准

1）静磁场：以表的形式列出 0～≤0.25Hz 的磁场容许基准，四肢的安全比为 2.5。此外，最大容许值的接触应<1 小时（表 8-17）。

表 8-17　静磁场的容许基准

	容许值	最大容许值
头部·躯干	200mT（1.63×105Am⁻¹）	2T
四肢	500mT（4.08×105Am⁻¹）	5T

2）低频时变电场 / 磁场：以表的形式列出了 0.25～100kHz 以下的电磁场的容许基准。许多工业用的装置电场 / 磁场比（阻抗）并不恒定，处于电场磁场混合存在的状态。目前已知的明显的生物学效应为感应电流所致。对<1Hz 的电场不设定约束值。根据体内、外实验，在低频范围已知 $100～1000\text{mAm}^{-2}$ 的电流密度可以刺激周围和中枢神经系统。因此，容许值是使人体产生该电流密度的 1/10（基本限值）时变电场 / 磁场水平的电场 / 磁场强度（表 8-18）。

表 8-18　低频时间变动的电场·磁场容许基准

频率 /Hz	电场	磁束密度	磁场强度
02.5～1.0		50/f[mT]	$4.08\times10^4/f[\text{Am}^{-1}]$
1.0～25	20kVm⁻¹		
25～500	500/f[kVm⁻¹]		
500～814		0.1mT	81.4Am⁻¹
0.814～60	614Vm⁻¹		
60～100		6/f[mT]	4880/f[Am⁻¹]

3）电磁场（300GHz 以下）：0.1MHz～300GHz 的无线电波的容许基准见表。除通信外，在工业用途近场的应用，由于靠近发生源，周围的金属会影响磁场和电场，因此上述公式并不能成立。对生物体的影响主要是通过介电加热的热效应（表 8-19）。

表 8-19　300GHz 以下电磁场容许基准

频率	电场	磁束密度	磁场强度	电场密度
0.1～3.0MHz	614Vm^{-1}	6/f[μT]	4.88/f[Am^{-1}]	
3.0～30MHz	1842/f[kVm^{-1}]			
30～400MHz	61.4Vm^{-1}	0.2μT	0.163Am^{-1}	10Wm^{-2}
400～2000MHz	3.04f$^{0.5}$Vm^{-1}	0.01f$^{0.5}$μT	8.14f$^{0.5}$mAm^{-1}	f/40[Wm^{-2}]
2～300GHz	137Vm^{-1}	0.447μT	0.364Am^{-1}	50Wm^{-2}

（7）紫外线辐射（波长 180～400m）的容许基准：日本产业卫生协会将紫外线辐射（波长 180～400m）的容许基准定义为：有效照度（日 8 小时时间积分值）为 30J/m^2。

二、空气监测采样及检测方法

《劳动安全卫生法》规定，为正确且有效实施作业环境测定，厚生劳动大臣应当发布作业环境测定指南，并对经营者或环境测定机构或相关团体给予必要的指导。

作业环境化学物质的测定分为粉尘和化学毒物两种。工作场所环境测定是根据厚生劳动省的告示《作业环境测定标准》具体制定的。劳动安全卫生施行令第 21 条规定，显著产生土石、岩石、矿物或煤粉尘的室内作业场所需要进行作业环境测定。《劳动安全卫生法》第 65 条规定 10 种有害作业的工作场所必须进行环境测定且测定结果必须存档保存。粉尘、有机溶剂、铅、特定化学物质等 5 类作业场所必须由工作场所环境测定的专门人员来进行测定。日本工作场所化学因素和粉尘的接触限值是由厚生劳动省根据劳动安全卫生法第 65 条第 2 项规定的管理浓度（作业环境评价标准）（表 8-20）。

表 8-20　必须进行工作场所环境测定的场所和种类

必须进行工作场所环境测定的场所			测定		
工作场所的种类 （劳动安全卫生法施行令第 21 条）		关联规则	测定的种类	测定次数	记录保存年限
1	土石、岩石、矿物、金属以及碳素粉尘显著发散的室内工作场所	粉尘规则 26 条	空气中粉尘的浓度以及粉尘中游离酸含有率	每 6 个月以内 1 回	7
2	高温、寒冷以及潮湿的室内工作场所	安卫规则 607 条	气温·湿度以及辐射	每半个月以内 1 回	3
3	显著噪声发生的室内工作场所	安卫规则 590·591 条	等价噪声水平	每 6 个月以内 1 回	3
4　坑内工作场所	① 二氧化碳工作场所	安卫规则 592 条	二氧化碳浓度	每 1 个月以内 1 回	3
	② 超过 28℃的工作场所	安卫规则 612 条	气温	每半个月以内 1 回	3
	③ 有通气设备的工作场所	安卫规则 603 条	通气量	每半个月以内 1 回	3

续表

必须进行工作场所环境测定的场所			测定		
工作场所的种类（劳动安全卫生法施行令第21条）			关联规则	测定的种类	测定次数	记录保存年限
5	办公室内设置中央空调和设备的建筑物内		办公室规则7条	一氧化碳以及二氧化碳的含有率、室温以及外气温、相对湿度	每2个月以内1回	3
6	放射线工作场所	① 放射线工作进行的管理区域	电离规则54条	外部放射线当量率	每1个月以内1回	5
		② 处理放射物质的工作室	电离规则55条	空气中放射物质的浓度	每1个月以内1回	5
		③ 坑内核原料物质采掘工作场所				
7	特定化学物质等制造以及处理的工作场所		特化规则36条	第一类物质或第二类物质空气中的浓度	每6个月以内1回	3（特定的物质30年）
8	一定的铅作业室内工作场所		铅规则52条	空气中铅的浓度	每一年以内1回	3
9	缺氧工作场所		缺氧规则3条	第一类缺氧危险作业的工作场所空气中氧气的浓度	每6个月以内1回	3
				第二类缺氧危险作业的工作场所，空气中的氧气和硫化氢的浓度	工作开始前	3
10	第一种有机溶剂或第二种有机溶剂制造或处理的室内工作场所		有机规则28条	有机溶剂的浓度	每6个月以内1回	3

工作场所环境测定的目的是明确劳动者个人接触程度，并评价工作场所的污染等级。掌握工作场所空气中有害物质的平均状态为A测定。另外，当劳动者和有害物质的发生源共同移动时，光靠A测定有可能漏测有害物质对劳动者带来更大的危险暴露时，为了补充A测定，选择认为有害物质浓度更高的时间和场所进行测定，就是B测定。

A测定，为了保证得到的测定值是客观的，工作场所环境中必须随机选择的测定点。《作业环境测定标准》规定，除非工作场所很小，空气中的有害物质浓度分布很均匀以外，要按工作场所地面画6m以下等间隔的平行线的交点作为测定点。如果已知空气中有害物质的浓度分布很均匀，该间隔可以超过6m。测定点至少5个以上，测定点的高度，矿物性粉尘、铅、有机溶剂、特点化学物质为50～150cm，噪声为120～150cm，温度、湿度测定点是工作场所中央地面上50～150cm，一氧化碳、二氧化碳是工作场所中央地面上75～120cm。测定流程见图8-7。

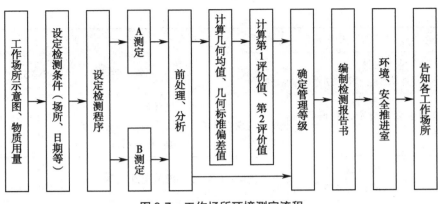

图 8-7 工作场所环境测定流程

三、卫生工程、职业防护标准

《劳动安全卫生法》第 22、23 条规定，经营者应采取必要的措施以防止以下健康损害：①原材料、气体、蒸气、粉尘、缺氧、病原体所引起的健康损害；②放射线、高温、低温、超声、噪声、振动、异常气压等所致的健康损害；③仪器监控、精密加工等作业所致的健康损害；④废气、废水或残渣所致的健康所害。对于劳动者就业的建筑物及其他工作场所，经营者应采取必要措施，如通道、地面、楼梯等的维护，通风、采光、照明、保温、防潮、休息、避难和清洁，以及维护劳动者健康、道德及生命等必需的措施。

《劳动安全卫生法》还规定了与危险及有害物质有关的管理控制措施，如禁止生产制造、进口、转让，生产制造法令规定的产品需实现取得许可，以及对新化学物质进行危害性调查并报告等。该法第 55 条规定，不得制造、进口、转让、提供或使用含有黄磷火柴、联苯胺、含联苯胺的产品以及其他可能给劳动者带来严重健康问题的产品，对法令规定的产品不得制造、进口、转让、提供或使用。如果以实验研究为目的的制造、进口或使用并符合法令规定的要求，则不受此限制。第 56 条规定，拟生产制造法令规定的二氯联苯胺、含二氯联苯胺产品及其他会给劳动者带来严重健康问题的产品，应根据厚生劳动省的规定，先取得厚生劳动大臣的许可。

为防止化学物质对劳动者造成健康危害，作为现有化学物质政令规定的化学物质以外的化学物质（包括第 3 款规定并公布名称的化学物质）（以下简称"新化学物质"），按照厚生劳动省条例的规定，按照厚生劳动大臣规定的标准，进行危害调查，并将新化学物质的名称、危害调查结果及其他与劳动者健康有关的事项报告给厚生劳动大臣。

配合《劳动安全卫生法》的实施，日本厚生劳动省制定并发布了一系列职业安全卫生规则，如《劳动安全卫生规则》《锅炉和压力容器安全规则》《起重机安全规则》《吊篮安全规则》《有机溶剂中毒预防规则》《铅中毒预防规则》《四烷基铅中毒预防规则》《特定化学物质预防规则》《高气压作业安全卫生规则》《电离辐射损害预防规则》《缺氧预防规则》《办公室卫生标准规则》《粉尘损害预防规则》《石棉损害预防规则》《机械等检定规则》以及《作业环境测定法实施规则》等。《劳动安全卫生规则》第三篇为卫生基准，分别对作业环境、防护装备、通风、温湿度、采光照明、清洁以及劳务派出等做出了具体规定，见表 8-21。通过这些具体的预防法规，有效地落实了《劳动安全卫生法》规定的经营者的法律责任。

表 8-21　日本劳动安全卫生规则有关卫生基准的基本框架

卫生标准	
有害作业环境	第 576 条～第 592 条
废物焚烧设施作业	第 592 条 2 款～第 592 条 7 款
防护装备等	第 593 条～第 599 条
空气和通风	第 600 条～第 603 条
采光和照明	第 604 条和第 605 条
温度和湿度	第 606 条～第 612 条
休息	第 613 条～第 618 条
清洁	第 619 条～第 628 条
食堂厨房	第 629 条～第 632 条
急救设备	第 633 条～第 634 条
特别规定	
劳务派出用人单位的特别规定	第 634 条 2 款～第 664 条
机器出借人的特别规定	第 665 条～第 669 条
建筑物出借人的特别规定	第 670 条～第 678 条

工作标准（工作程序）编制。劳动者不安全的行动和工作场所不安全的状态是工伤事故的直接原因，为了安全作业防止工伤事故的发生，自行编制工作标准（工作程序）显得非常重要。JISZ 8141：标准工作（5501）对以制造工艺为对象，规定了工作条件、工作方法、管理方法、使用材料、使用规定、工作要领等相关标准。《劳动安全卫生规则》第 35 条规定，对新入职的劳动者进行入职教育时必须包括对工作程序进行教育的内容。

四、个体防护用品标准

《劳动安全卫生规则》第 593～595 条规定，在显著高温或寒冷场所的作业，从事处理大量高温物体、低温物体或有害物质的业务，接触有害光线的作业，在逸散气体、蒸气或粉尘的有害作业场所的作业，有严重病原体污染风险的作业及其他有害作业，经营者应配备适当的防护设备，如防护服、防护眼镜、呼吸防护设备等，以供从事该工作的劳动者使用。对于从事处理损害皮肤的物质的作业，或有害物质可从皮肤吸收或侵入并有可能造成健康损害或感染的作业，经营者应配备适当的防护设备，如涂抹剂、防渗透的防护服、防护手套或穿戴物品等防护用品，以供从事该作业的劳动者使用。在产生强烈噪声的工作场所的作业，经营者应配备耳塞及其他防护用具，以供从事该工作的劳动者使用。经营者在指示从事噪声作业的劳动者使用耳塞或其他防护用具时，应当及时在容易发现的场所告知，以方便劳动者了解使用该防护用具的目的（图 8-8）。

劳动卫生关联的防尘口罩、防毒口罩、送气口罩、空气呼吸器、劳动卫生防护衣类、保护眼睛、遮光保护器、防音保护器等都很重要，另外还有为了抑制化学物质的皮肤吸收，保护皮肤的护肤霜。保护器具须准备工作劳动者人数以上的数量、必须常常保持清洁的状态，有皮肤病的劳动者配备专门用的保护器具等。粉尘规则第 27 条规定了呼吸用保护器具的使用。这些工伤事故预防使用的防护器具、安全带、安全靴、静电带电防止靴、电气用橡胶手套、防震手套、化学防护服等都是按 JIS 标准制定的。但是如果没有符合 JIS 标准的

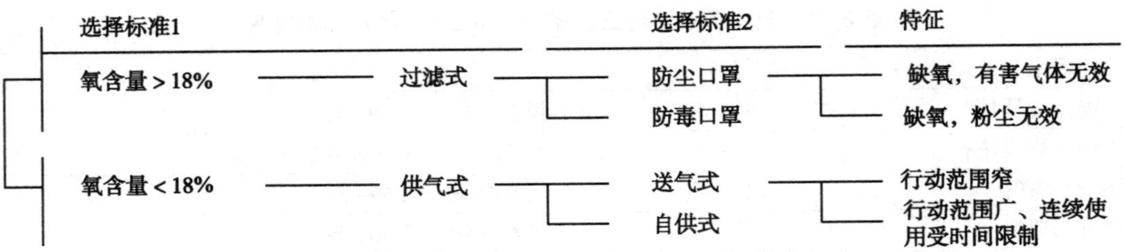

选择标准1		选择标准2	特征
氧含量 > 18% —— 过滤式		防尘口罩 ——	缺氧，有害气体无效
		防毒口罩 ——	缺氧，粉尘无效
氧含量 < 18% —— 供气式		送气式 ——	行动范围窄
		自供式 ——	行动范围广、连续使用受时间限制

图 8-8　呼吸保护器选择的基本标准

但市面上有卖的也可以使用，购买时一定要注意符合劳动安全卫生法第 44 条之 2 的审核的标准（表 8-22）。

表 8-22　防护设施与防护用品生产许可及结构标准

锅炉及第一种压力容器的生产许可标准
起重机等制造许可标准
锅炉结构标准
小型锅炉和小型压力容器结构标准
简易锅炉等结构标准
压力容器结构标准
起重机结构标准
移动式起重机结构标准
井架结构标准
电梯结构标准
简单升降机结构标准
建筑用升降机结构标准
吊篮结构标准
基于劳动安全卫生法的规定，厚生劳动大臣规定的标准或安全设备
冲压机或剪切机安全装置结构标准
用于捏合橡胶、橡胶化合物或合成树脂的辊压机及其突然停止装置的结构标准
电气机械设备防爆结构标准
起重机或移动式起重机防过载装置结构标准
乙炔焊接设备的乙炔发生器结构标准
磨床等结构标准
木材加工圆锯板及其防转向装置和齿接触防止装置的结构标准
手推式面板及刀片接触防止装置
动力冲压力机结构标准
乙炔焊接设备及气体组装焊接设备安全装置结构标准
交流弧焊机自动防触电装置结构标准
绝缘防护设备等的标准
绝缘防护用具的标准
叉车结构标准
车辆施工机械结构标准

续表

模具支撑管道支撑标准
钢管脚手架零件和配件标准
吊脚手架用的吊绳及悬挂架标准
胶合板脚手架标准
纺织机械和制棉机械及其安全装置的结构标准
防护帽标准
安全带标准
铲斗装载机等结构标准
滑柱托架结构标准
粗糙地形运输车结构标准
高空作业车辆结构标准
防尘口罩标准（JIS T 8151：2005 防尘口罩）
防毒口罩标准（JIS T 8152：2012 防毒口罩）
带电风扇的呼吸防护用品标准
再加压室结构标准
潜水器结构标准
X 射线装置结构标准
γ 射线照射装置结构标准
链锯标准

ISO 工效学标准是日本工效学学会受 JISC 委托参加的 ISO 工效学国际标准化活动。日本国内生产的生活用品、机器或者是工作环境、无论是日本国内还是国外都能有效使用，这些产品、机器、工作环境等从设计阶段开始，就考虑了使用者体格和身体功能、文化和生活习惯等国际化的整合性，确保方便、安全、舒适。根据这些条件，可以实现大幅降低生产成本和提升国际竞争力。ISO 工效学标准涉及工效学设计原理与原则，人体尺寸、姿势及动作，机器操作时提示的信息和输入，以及高温、照明、噪声等物理环境等。近年来还制定了重点考虑高龄、残疾人标准。截至 2010 年 5 月，共发布 106 项工效学 ISO 标准，在考虑高龄、残疾人相关标准提案和制定中发挥了很大的贡献。

工效学 JIS 标准是 ISO 工效学国际标准中的日本工业、产业领域的标准。日本工效学学会以 ISO 工效学标准为基础推进工效学 JIS 草案编制工作。此外，ISO 标准中未制定的，JIS 又希望制定的标准，日本工效学学会也参加这些标准的审议会，通过这些活动制定的工效学 JIS 标准。有关人体尺寸测量方法、职业紧张干预原则、控制中心设计等关于工效学标准、报知和视觉标志物、信息通信机器等有关高龄、残疾人的标准以 JIS 标准形式发布。现已发布约 70 项工效学 JIS 标准，其中 40 项是由日本工效学学会为中心制定的。

五、职业健康监护相关标准

1972 年颁布的《劳动安全卫生法》规定了职业健康监护制度，与美英相同，日本对于职业健康监护中的接触控制，医学检查和信息管理等方面也制定了详细严格的标准。例如，日本《劳动安全卫生法》规定，一般情况下，不准制造、进口、转让、提供或使用联苯胺、含有联苯胺的因素以及其他引起严重损害劳动者健康的物质。但其与英美不同的最大特色在于更加注重人性化的关怀。日本《劳动安全卫生法》用专章规定了职业健康监护的若干制度：包括环境测定和评价、作业管理和限制、健康检查的程序及后续措施、保健指导及健康教育、建立健康管理手册制度等，按日本厚生劳动省令规定，雇主有义务进行必要的作业环境测定，包括作业场所建筑的各项标准，有毒有害物质的使用、管理和防护措施等，而且还要将测定数据和结论进行记录和向有关部门报告。另外，日本对于劳动者的健康检查工作也有详细的规定。日本《劳动安全卫生法》规定，雇主有义务要为劳动者安排身体检查，具体事项由符合资格的医生实施，并且要保存检查结果。对被检查出患有法律法规中规定的传染病和其他疾病的劳动者，必须禁止其就业。而对于检查出患有职业病的劳动者，雇主有义务安排其作进一步深入的专项检查。在从事过按法律法规规定的有害业务且现在仍在岗的劳动者，也要同样地处理。由于这类职业病分为急性和慢性两类不同的病理特征，日本法律还规定在用工的不同阶段都要求雇主安排医学检查，包括实施临时的健康检查和其他必要的事项以确保随时掌握劳动者的身体健康状况，保护他们的权利。对于从事在劳动中会使其致癌或者其他严重损害劳动者健康的危险业务，在离职时或离职后要发给与该业务有关的健康管理手册。健康管理手册的格式以及有关健康管理手册的其他必要事项，均由厚生劳动省令规定。领到健康管理手册的人员，不得将此手册转让或借给他人。

自 20 世纪 80 年代中期以来，健康促进（health promotion）的概念日益为人们所接受，其中作业场所健康促进（health promotion at workplace）或称职业健康促进（occupational health promotion）尤为受到关注的。日本就根据这一理念把其劳动安全卫生法中关于职业健康的专章直接命名为保持、增进健康的措施，并提出了雇主"愉快舒适状态"的概念，用较多的笔墨对要形成愉快舒适的工作场所环境提出具体要求。要求企业主必须尽可能地使作业环境的维护管理、劳动者从事劳动的作业方法都处于舒适愉快的状态。日本的这些规定，都是职业病医学检查制度中的新亮点。

六、职业病诊断相关标准

日本现行的职业病诊断认定主要依据《劳动基准法》《劳动基准法施行规则》，各种《职业病诊断认定标准》《工作相关疾病认定标准》。日本将职业病广义的称为"工作相关疾病"，可分为"灾害性疾病"与"职业性疾病"，职业病诊断在《劳动基准法》《劳动基准法施行细则》等法律上加以保证。职业病专科医师根据各种《职业病诊断认定基准》《工作相关疾病认定标准》，在发现疑似罹患职业病案例时，立即通报当地劳动基准监督署所属安全委员会，无异议由署长签发职业病诊断书，如有异议由该委员会依据所有相关资料，审议该个案是否为职业病。虽然法律上规定了职业病的类别及其范围，但劳动者罹患疾病时，如何判断是否为执行职务有关的工作上疾病，需要进行职业病认定。日本职业病认定由劳动基准局直接负责，统一执行。若劳动者对医生职业病诊断结果有异议，可向劳动基准局申请认定，一旦确定为职业病，劳动者依据劳动基准法可向劳动基准局申请赔偿。对劳动基准局的认定有异议向法院提起诉讼。厚生劳动省根据有关专家会议的意见及医学知识与见解，定期对《工作关联性疾病认定标准》更新，供各有关政府机关、劳动者、雇主及医疗机构职业诊断鉴定时参考。

第八节　日本职业卫生标准管理体制对中国的借鉴意义

一、中日职业卫生标准的比较

（一）工作场所职业接触限值

日本工作场所职业卫生标准主要涉及化学、物理、生物等接触限值，工作场所管理、工作管理、健康管理等。其中由厚生劳动省颁布的管理浓度（没有规定工作时间）须强制执行，由日本产业卫生协会颁布的容许浓度（规定了工作时间）是推荐性标准。中国的国家职业卫生标准分为 9 部分：职业卫生专业基础性标准，工作场所作业条件卫生标准，工业毒物、生产性粉尘、物理因素职业接触限值，职业病诊断标准，职业照射放射防护标准，职业防护用品卫生标准，职业危害防护导则，劳动生理卫生、工效学标准，职业性危害因素检测、检验方法。其中前五项为强制性标准，其他标准为推荐性标准。截至 2016 年 5 月，国务院卫生行政部门（国家卫生计生委）共颁布国家职业卫生标准 203 项。

（二）职业健康监护相关标准

日本职业健康监护分为一般健康检查、特殊健康检查及主管机关指示的临时健康检查，职业健康监护覆盖少至雇用 1 人的企业。一般健康检查包括雇用时的健康检查等 6 种，在危险环境作业者的特殊健康检查主要针对特定化学毒物的所有作业人员、劳动者人数超过 50 人的工作场所、曾经从事过特定有害作业者的健康检查和从事特定有害作业者的牙科健康检查，相当于我国的职业健康检查，至少涵盖了 110 种与职业有害因素相关的职业，在每类特定化学毒物里还附有开放性条款，如接触氟化氢包括对含有氟化氢 5%（重量）以上物质的处置作业。我国职业健康监护主要针对用人单位接触职业病危害因素劳动者，分为上岗前检查、在岗期间定期检查、离岗时检查 3 种类型。但在实施执行过程中，存在以职业健康检查取（替）代一般健康检查，严重侵害了劳动者的健康权益。此外，我国《职业健康监护技术规范》规定的需要进行职业健康监护的化学物种类只有 57 种，不少接触严重职业病危害因素如煤焦油、环氧乙烷、氯仿、硝化甘油等的劳动者因无相关健康检查项目可供参考，成为职业健康监护无法覆盖人群。

职业健康检查是职业健康监护的主要内容，在实际工作中占较大比重。日本从制订企业职业健康监护方案开始，直至健康检查结果出来，职业卫生医师都能密切结合劳动者的健康变化及职业性有害因素对健康的影响进行分析，能对劳动者的健康变化作出正确的解读周期和检查指标的确定都作了相当全面、完整的规定，使职业健康检查有章可循，对推动职业健康监护工作起到了很好的促进作用。但是，作为一个有资质的职业健康检查医疗卫生机构，要全面开展、履行、完成职业健康监护工作的全部内容，从目前的机构设置、技术人员配置、专业水平方面来看，尚存在具体的问题和难度，易使我国职业健康监护等同于职业健康检查。

（三）职业病诊断相关标准

日本职业病认定标准基于《劳动基准法》第七十五条第二项及劳动基准法施行细则第三十五条《附表》中，该《附表》范围共有九款，后二款均为开放性条款，除由于工作上的受伤引起的疾病外，每一款包含若干子分类和开放性条款，共有 51 个子分类，采用混合式立法方式。中国职业病目录主要包括尘肺病等十大类目录,包含 115 种具体的职业病。日本职业病中工伤占 76%,而中国职业病不纳入在工伤范围中;中国和日本的职业病目录在尘肺病、物理因素、化学毒物引起中毒、职业性肿瘤和生物因素所致职业病这 5 项内容还是比较相似的,只是具体内容有不同之处,日本名单涵盖范围更大,而中国职业病分类及具体内容中的职业性皮肤病、放射性疾病、耳鼻喉口腔疾病和眼病的内容基本已涵盖到日本的前面几项分类中。我国十大类职业病目录仅 4 类有开放性条款。

二、日本职业卫生标准管理体制对中国的借鉴意义

基于以上比较分析,日本职业安全卫生标准体制对提高我国职业卫生标准水平具有一定的借鉴意义。

(一)积极鼓励制定推广自愿性、推荐性标准

国外发达国家的标准基本上是推荐性标准,我国也已大量采用了国际、国外标准。但我国采用的国外推荐性标准有许多变成了强制性标准。《标准化法》"第十四条强制性标准,必须执行,不符合强制性标准的产品,禁止生产、销售和进口。推荐性标准,国家鼓励企业自愿采用。"也就是说自愿采用可以不采用。实际上应该根据所实施的内容,必须采用相应的标准(没有标准应制定相应的措施,新产品、新技术应进行评估认定),标准是推荐性的,但从法律程序上一经采纳就成为强制性的。我国应该尽快建立起法规与标准相互融合的体系,法规是强制的,标准是推荐的,标准是大量的,法规是少量的。标准应起到促进技术发展的作用,而不是限制技术的发展。

(二)加强标准的社会化法制化管理

我国的标准行业管理(62 个行业类别)是建立在原部委机构设置基础上的,是计划经济体系下的机构设置,随着市场经济的发展,很多部委已经撤销(改为学会、协会),归入了国家发改委、工信部。应当将学会、协会逐步向社会化和实体化转变,改变政府职能,把政府的直接管理进行消减,加强社会化管理及法律化管理,以改变政令大于法令的现状。政府的主要职能为政策指导与监督,要"简政放权",减少对市场及社会干预,缩减日益膨胀的政府机构。

(三)统一规划职业卫生法规标准体系

当前,国家虽然明确了职业卫生监管主体,但仍然有很多方面涉及多个部门交叉,如卫生部门、劳动部门等,职业卫生工作很多方面离不开这些部门,甚至这些部门在职业病防治方面是非常至关重要的。在这种结构体系下,需要建立一个统一的法规标准化体系模式,统一规划职业卫生法规标准化体系,对职业卫生法规标准进行分类制定、相互协调。可借鉴工业发达国家的先进经验(比如美国、日本等),结合我国的实际情况,对当前职业卫生法规标准体系进行清理、整顿,探索行之有效、完善的职业卫生法规标准化体系。行政主管部门应以《职业病防治法》为基础,首先完善法规层次的制修订工作,继而理顺规章、标准层次的制修订和转化工作,加快法规标准化体系完善的步伐,提高职业病防治水平。要重视行业标准化体系的建设,由于不同的行业有着各自的危害特点,甚至差别很大,因此,一个标准要对所有行业进行统一要求是远远不够的,甚至是不合适的,应当根据行业特点,构建行业性标准化体系,使得职业病防治工作具有针对性、适用性、经济性和可操作性。

（四）加强职业性相关疾患标准研制工作

目前，由精神压力导致的精神疾患和长时间固定体位导致的肌肉骨骼损伤等尚未列入我国职业病的范围，因此，为保护劳动者健康及权益，要在继续加大对传统职业病如尘肺病和职业中毒等的防治力度的同时，应加强对新兴产业带来的职业性相关疾患如肌肉骨骼系统疾病、职业紧张等的研究，积极推动在适当时期将其纳入职业病范畴；此外，还应重视长期超负荷劳动、高工作压力和高竞争对劳动者精神健康带来的不良影响，关注由于职业因素引起的"过劳死"和精神疾患等。

（顾轶婷　李　涛）

附件

附件 8-1　日本职业安全卫生法律体系

1. 日本职业安全卫生相关法律

1. 劳动安全卫生法
2. 作业环境测定法
3. 尘肺法
4. 健康促进法
5. 煤矿事故所致一氧化碳中毒的特别处置法
6. 劳动灾害预防组织法
7. 关于劳动者派遣单位正常运营保障及派遣劳动者保护等的法律
8. 劳动基准法

2. 日本职业安全卫生相关政令

劳动安全卫生法配套	劳动安全卫生法施行令
	劳动安全卫生法实施日期确定令
	劳动安全卫生法和尘肺法部分修正法案过渡性执行措施及制定相关条例的政令（节选）
	劳动安全卫生法部分修正案实施日期的确定令
	劳动安全卫生法关系委员会条例
作业环境测定法配套	作业环境测定法施行令
劳动者派遣单位正常运营保障及派遣劳动者保护法配套	劳动者派遣单位正常运营及派遣劳动者保护等有关法律的施行令
	劳动者派遣单位正常运营及派遣劳动者就业条件配备等有关法律的实施日期的确定令
	劳动者派遣单位正常运营及派遣劳动者就业条件配备等有关法律部分修正法案实施日期的确定令
劳动基准法配套	劳动基准法第三十七条第一款确定加班和节假日工资增加比例最低限度条例

3. 日本职业安全卫生相关省令

劳动安全卫生法配套	劳动安全卫生规则
	锅炉及压力容器安全规则
	起重机等安全规则
	缆车安全规则
	有机溶剂中毒预防规则
	铅中毒预防规则
	四乙基铅中毒预防规则
	特定化学物质危害预防规则
	高压作业安全卫生规则
	电离辐射损伤预防规则
	东日本大地震放射性物质污染土壤等净化作业相关电离辐射危害预防规则
	缺氧的预防规则
	办公室卫生标准规则
	粉尘危害预防规则
	石棉危害预防规则
	与劳动安全卫生法及基于该法的命令有关的注册及指定的部令
	机械等检定规则
	劳动安全咨询师及劳动卫生咨询师规则
	职业安全负责人及劳动卫生负责人规程
	关于依据劳动安全卫生法进行的生产及型式检验手续费总额计算的部令
	关于指定劳动安全卫生法第175条第2款第1项规定的指定考试机构的部令
	关于指定劳动安全卫生法第83条第2款规定的指定咨询师考试机构的部令
	关于指定劳动安全卫生法第85条第2款第1项规定的指定注册机构的部令
作业环境测定法配套	作业环境测定法施行规则
	关于指定作业环境测定法第20条第2项规定的指定考试机构的部令
	关于指定作业环境测定法第32条第2款第2项规定的指定注册机构的部令
尘肺法配套	尘肺法施行规则
煤矿事故所致一氧化碳中毒特别处置法配套	煤矿事故所致一氧化碳中毒特别处置法施行规则
劳动灾害预防组织法配套	劳动灾害预防组织法施行规则
	关于煤矿劳动灾害防止协会的部令
劳动者派遣单位正常运营保障及派遣劳动者保护等相关法律配套	劳动者派遣单位正常运营保障及派遣劳动者保护等相关法律施行规则(摘)第二章关于派遣劳动者保护等的措施
劳动基准法配套	劳动基准法施行规则
	女工劳动基准规则
	未成年工劳动基准规则
	企业附属宿舍规程
	建筑业附属宿舍规程

附件 8-2　需要进行特殊健康检查的有害作业

附表 1　需要进行特殊健康检查的辐射作业

使用 X 线装置或产生 X 线装置的检查作业
使用回旋加速器、电子感应加速器及其他带电粒子加速装置或产生电离辐射（α 线、氘核束、质子束、β 射线、电子束、中子束、氚核线、γ 线及 X 线）装置的检查作业
X 射线或高压二极整流管气体排空或检查产生 X 线的相应电子管的作业
处理配备有厚生劳动省条例规定的放射性物质设备的作业
处理前项规定的放射性物质，或处理被放射性物质或相关法律规定的装置产生的电离辐射污染物质的作业
核反应堆运行作业
地下核原料开采作业（如原子能基本法规定的核原料）

附表 2　特定化学物质

一、第一类物质	
1	二氯联苯胺及其盐
2	α- 萘胺及其盐
3	氯化联苯（PCB）
4	邻联甲苯胺及其盐
5	联二茴香胺及其盐
6	铍及其化合物
7	三氯苯
8	含有上述 1～6 所列物质，超过其重量的 1％，或含有上述 7 所列物质并超过其重量 0.5％ 的制剂及其他物质（对于合金，仅限于含铍并超过重量 3％ 的物质）
二、第二类物质	
1	丙烯酰胺
2	丙烯腈
3	烷基汞化合物（限于甲基或乙基化合物）
3-2	铟化合物
3-3	乙苯
4	乙烯亚胺
5	环氧乙烷
6	氯乙烯
7	氯
8	金胺
8-2	邻甲苯胺
9	邻苯二甲腈
10	镉及其化合物
11	铬酸及其盐
11-2	氯仿

12	氯甲甲醚
13	五氧化二钒
13-2	钴及其无机化合物
14	煤焦油
15	环氧丙烷
15-2	三氧化二锑
16	氰化钾
17	氰化氢
18	氰化钠
18-2	四氯化碳
18-3	1，4- 二噁烷
18-4	1，2- 二氯乙烷
19	3，3- 二氯 -4，4- 二氨基二苯甲烷
19-2	1，2- 二氯丙烷
19-3	二氯甲烷
19-4	二甲基 2，2- 二氯乙烯基磷酸酯（DDVP）
19-5	1，1- 二甲基肼
20	甲基溴
21	重铬酸及其盐
22	汞及其无机化合物（不包括硫化汞）
22-2	苯乙烯
22-3	1，1，2，2- 四氯乙烷（四氯乙炔）
22-4	四氯乙烯
22-5	三氯乙烯
23	亚甲基二异氰酸酯
23-2	萘
23-3	镍化合物（不包括24 中所列的物质，仅限于粉末状化合物）
24	羰基镍
25	硝酸甘油
26	对二甲氨基偶氮苯
27	对硝基氯苯
27-2	砷及其化合物（不包括砷和砷化镓）
28	氟化氢
29	β- 丙内酯
30	苯
31	五氯酚（PCP）及其钠盐
31-2	甲醛
32	洋红
33	锰及其化合物（不包括碱性氧化锰）
33-2	甲基异丁基酮

续表

34	碘化甲
34-2	耐火陶瓷纤维
35	硫化氢
36	硫酸二甲酯
37	厚生劳动省指定的、含上述1～36种所列举物质的制剂及其他物质

三、第三类物质

1	氨
2	一氧化碳
3	氯化氢
4	硝酸
5	二氧化硫
6	酚
7	光气
8	硫酸盐
9	厚生劳动省指定的、含有上述1～8所列举的物质的制剂及其他物质

附表3　铅作业

1	在熔铅或精炼工艺的焙烧、烧结、冶炼等，或烧结矿处理作业。（不包括在熔铅或铅合金锅、坩埚等总容量<50升的作业场所、低于450℃的铅或铅合金熔融或铸造作业（以下第七条、第12条及第16条与此相同）
2	在铜锌冶炼或精炼工艺的熔化（限铅含量3%以上原料的处理作业），连续进行熔化的转炉（铜和锌冶炼或精炼过程中发生的）引起的熔融或烟灰或电解泥的处理作业
3	铅蓄电池或铅蓄电池零件制造、修理或拆卸工作中，溶铅、铸造、粉末，或将铅粉装入漏斗、容器等，或从这些容器中移出的作业
4	在制造电线或电缆过程中，溶铅、覆铅、去铅皮或含铅电线或电缆的加硫、加工作业
5	在铅合金生产，或铅或铅合金产品（不包括铅蓄电池和铅蓄电池零件）生产、修理或拆卸过程中铅或铅合金的熔融、铸造、焊接、熔断、切割或加工，或在制造无铅切削钢过程中的铸铅作业
6	在铅化合物（限于氧化铅、氢氧化铅或厚生劳动大臣指定的其他化合物）生产过程中，从事铅熔融、铸造、粉碎、混合、空气冷却搅拌、筛分、煅烧、烧结、干燥或运输，或将铅粉等放入料斗、容器，或从中移出的作业
7	涂铅衬作业（包括精加工作业）
8	涂覆铅衬，涂覆含铅涂料物质的破碎、焊接、熔断、铆接（限于加热铆接），加热、压延或刮除含铅涂料的作业
9	在铅装置内的作业
10	铅装置的破碎、焊接、熔断或切割作业（不包括前款所列作业）
11	在复写纸生产过程中，铅粉化或除铅作业
12	在生产橡胶或合成树脂产品，含有含铅涂料或铅化合物的涂料、釉料、农药、玻璃、黏合剂等工艺过程中，铅的熔融、浇筑、粉碎、混合或筛分或涂铅或剥离铅的作业
13	在自然通风不足场所进行的焊接作业（不包括临时作业）

14	使用含铅化合物的釉料进行烧釉或上釉的作业
15	使用含有铅化合物的油漆绘画或烧制该种绘画的油漆(用油笔或印章绘涂,或用带有局部通风装置的烧制窑(釜)的绘画作业,不包括厚生劳动省条例规定的作业)
16	使用熔融铅进行的金属淬火或回火作业或进行淬火或回火的金属砂浴作业
17	动力印刷工艺中的选字、排版或拆版的作业
18	在上述各款所列作业的作业场所的保洁作业(不包括第9条所列作业)

备注:

1. 铅等是指铅、铅合金及铅化合物以及上述物质与其他物质的混合物(烧结矿、烟灰、清除电解泥及矿渣)。

2. 烧结矿是指,在进行铅冶炼或铅精炼的工艺产生的烧结矿、烟灰、电解泥及矿渣以及在进行铜或锌冶炼或铅精炼的工艺产生的烟灰及电解泥。

3. 铅合金是指,铅与铅以外金属的合金,铅含量在该合金重量的10%以上。

4. 含铅涂料是指含有铅化合物的涂料。

5. 铅装置是指内部附着或沉积铅粉或烧结矿等的炉子、烟道、粉碎机、干燥器、除尘装置及其他装置。

附表4　四烷基铅等作业

1	生产四烷基铅(四甲基铅、四乙基铅、一甲基 - 三乙基铅、二甲基二乙基铅及三甲基乙基铅以及含有上述物质的抗静电剂)的作业(仅限于与生产四烷基铅工艺之后的相关作业)
2	将四烷基铅加入汽油中的作业(包括将四烷基铅注入储罐的作业)
3	对前2项所列作业使用的机械或装置进行的修理、改造、分拆、拆卸、销毁或者移动的作业。(不包括下一项项目所列的作业)
4	在内部受四烷基铅及含铅汽油(含四烷基铅的汽油)污染或可能污染的储罐及其他设备内的作业
5	处理含有四烷基铅残留物的作业(包括废液)
6	装有四烷基铅的及其他容器的处理作业
7	使用四烷基铅进行研究的作业
8	对被四烷基铅等污染或可能污染的物品或场所进行的清污作业(不包括第2项或第4项所列的作业)

附表5　有机溶剂作业

1	丙酮
2	异丁醇
3	异丙醇
4	异戊醇
5	乙醚
6	乙二醇乙醚(溶纤剂)
7	乙二醇单乙醚乙酸酯(乙酸溶纤剂)
8	乙二醇正丁基醚
9	乙二醇甲醚(甲基溶纤剂)
10	邻 - 二氯苯
11	二甲苯
12	甲酚

续表

13	氯苯
14	删除
15	乙酸异丁酯
16	乙酸异丙酯
17	醋酸异戊酯
18	乙酸乙酯
19	乙酸正丁酯
20	乙酸正丙酯
21	乙酸甲酯
22	删除
23	环己醇
24	环己酮
25	删除
26	删除
27	1，2-二氯乙烯
28	删除
29	N·N-二甲基甲酰胺
30	删除
31	删除
32	删除
33	四氢呋喃
34	1，1，1-三氯乙烷
35	删除
36	甲苯
37	二硫化碳
38	正己烷
39	1-丁醇
40	2-丁醇
41	甲醇
42	删除
43	甲基乙基酮
44	甲基环己醇
45	甲基环己酮
46	甲基正丁基酮
47	汽油
48	煤焦油石脑油（包括溶剂石脑油）
49	石油醚
50	石脑油
51	石油汽油
52	松节油
53	矿油精（包括矿物稀释剂、石油精、石油溶剂油和松节油）
54	由上述各项所列物质组成的混合物

附表6 以研究为目的生产或制造法律规定物质或石棉的作业

黄磷火柴

肼及其盐

4-氨基二苯及其盐

石棉

用于石棉分析实验材料的石棉

用于学习与石棉使用状况调查相关知识或技能而提供的石棉

作为上述2项列举的原料或材料而使用的石棉

4-硝基苯及其盐

二氯甲醚

β-萘胺及其盐

苯含量超过该橡胶溶剂（含稀释剂）5%的含苯橡胶浆

含有第2、3项或第5至第7项所列物质（其含量超过其重量1%）或含有第4项所列物质（其含量超过其重量的0.1%）的制剂及其他物质。

附件8-3 日本化学物质推荐性容许浓度（2007年度）

1. 容许浓度的特点及其使用注意

1.1 容许浓度应由经过很好培训，具有丰富劳动卫生知识和经验的人使用。

1.2 接触时间或工作强度超出制定容许浓度时所考虑的条件时不能使用。

1.3 有关工业经验、人及动物实验研究等各种信息是制定容许浓度的基础，在制定容许浓度时所使用的这些信息的质和量并不总是相同的。

1.4 在确定容许浓度时依据的健康效应类型因物质不同而异，某些物质容许浓度的确定依据的是明确的健康损害，而有一些物质容许浓度的确定则是依据不适、刺激或中枢神经系统抑制等机体影响。因此，不能简单地以容许浓度值的大小作为毒性强度的相对尺度。

1.5 对有害物质的易感性因人而异。因此，即使接触水平在容许浓度以下，也有可能出现不适、已有的健康异常恶化，或者不能防止职业病发生等情况。

1.6 容许浓度并没有考虑表示安全和危险之间的明确界限。因此，在观察到劳动者出现某些健康异常时，不能只以超过容许浓度为理由就判断该健康损害是由该物质造成的。相反，也不能只以没有超出容许浓度，就判断为该健康损害不是由该物质引起的。

1.7 容许浓度值不能作为参考值用于工作场所以外的非职业环境。

1.8 应随着对有害物质及劳动条件的健康影响等相关知识的增加、信息的积累、新物质的应用等及时对容许浓度进行修订或补充。

1.9 为了使推荐的容许浓度更有效，希望有关方面对每个容许浓度提出以科学依据为

基础的意见和建议。

1.10　为了避免误解、误用，在转载、引用推荐的容许浓度时，应同时转载、引用在"容许浓度的性质及使用注意"、"化学物质容许浓度"以及"生物学容许限值"中的定义。

2. 化学物质的职业接触限值

2.1　定义

容许浓度是指劳动者每天 8 小时，每周 40 小时接触有害物质，在体力劳动强度不剧烈状态下，可以认为近乎所有的劳动者不出现不良健康影响的有害物质平均接触浓度。即使接触时间短，或者劳动强度不大时也应避免超出容许浓度的接触。此外，所谓的接触浓度是指劳动者在不佩戴呼吸防护用品的状态下作业时可能吸入的空气中该物质的浓度。将劳动时间根据作业内容、作业场所或者接触程度分为若干时间段，在已知各时间段平均接触浓度或其估计值时，可以通过计算时间加权平均值得出整体平均接触浓度或其估计值。

最大容许浓度是指任何作业时间近乎所有的劳动者都不出现不良健康影响的接触浓度。对部分物质推荐最大容许浓度的理由是因为该物质的毒性主要以短时间出现刺激、中枢神经抑制等机体影响为主。严格说，判断瞬间接触是否超出最大容许浓度的测定是非常困难的。实际上，可通过 5 分钟短时间测定（可以认为包括最大接触浓度）获得最大值。

2.2　浓度波动的评价

接触浓度在平均值附近波动。应在波动幅度不大时使用容许浓度。允许波动幅度变动的范围因物质而异。除非另有说明，15 分钟平均接触浓度（包括接触浓度达到最大时的时间）不应超出容许浓度的 1.5 倍。

2.3　皮肤吸收

在表 1 和表 2 经皮吸收栏中标有"S"的物质是指物质通过皮肤接触，经皮吸收的量对全身的健康影响或者吸收的量达到不能无视的程度。需要注意的是，容许浓度值确定的前提是没有经皮吸收。

2.4　与有害物质以外的劳动条件的关系

使用容许浓度时需要考虑劳动强度、温热条件、放射线、气压等。应注意在存在这些条件负荷时，往往会增强有害物质的健康影响。

2.5　混合物质的容许浓度

表 1 和表 2 表示的容许浓度值是物质单独存在于空气中的情况。当接触 2 种或 2 种以上物质时，不能只依靠容许浓度进行判断。实际上，在没有证据表明无相加作用时则应假设 2 种或 2 种以上物质的毒性是相加的，应依据下式计算 I 值并判断，I 值超过 1 时，则接触超过容许浓度。

$$I = C_1/T_1 + C_2/T_2 + \cdots + C_i/T_i + \cdots + C_n/T_n$$

C_i= 每种化合物的平均接触浓度

T_i= 每种化合物的容许浓度。

表 1　化学物质职业接触限值一览表

| 化学物质 | | | CAS No | 容许浓度 | | 经皮吸收 | 致癌性分类 | 致敏性分类 | | 提案年度 |
中文名称	英文名称	日文名称		ppm	mg/m³			呼吸道	皮肤	
乙醛	Acetaldehyde	アセトアルデヒド	75-07-0	50*	90*		2B			'90
乙酸	Acetic acid	酢酸	64-19-7	10	25					'78
乙酸酐	Acetic anhydride	無水酢酸	108-24-7	5*	21*					'90
丙酮	Acetone	アセトン	67-64-1	200	470					'72
丙烯醛	Acrylaldehyde	アクリルアルデヒド	107-02-8	0.1	0.23					'73
丙烯酰胺	Acrylamide	アクリルアミド	79-06-1	—	0.1	皮	2A			'04
丙烯腈	Acrylonitrile	アクリロニトリル	107-13-1	2	4.3	皮	2A			'88
烯丙醇	Allyl alcohol	アリルアルコール	107-18-6	1	2.4	皮				'78
氨	Ammonia	アンモニア	7664-41-7	25	17					'79
2-氨基乙醇	2-Aminoethanol	2-アミノエタノール	141-43-5	3	7.5					'65
苯胺	Aniline	アニリン	62-53-3	1	3.8	皮				'88
锑及其化合物（以锑计）	Antimony and compounds (as Sb except Stibine)	アンチモンおよびアンチモン化合物（Sbとして、スチビンを除く）	7440-36-0	—	0.1		2B			'91
砷及其化合物（以砷计）	Arsenic and compounds (as As)	ヒ素およびヒ素化合物（Asとして）		表3-2			1			'00
砷化氢	Arsine	アルシン	7784-42-1	0.01 / 0.1*	0.032 / 0.32*					'92
苯	Benzene	ベンゼン	71-43-2	表3-2		皮	1			'97
铍及其化合物（以铍计）	Beryllium and compounds (as Be)	ベリリウムおよびベリリウム化合物（Beとして）	7440-41-7	—	0.002		2A	1	2	'63
三氟化硼	Boron trifluoride	三フッ化ホウ素	7637-07-2	0.3	0.83					'79
溴	Bromine	臭素	7726-95-6	0.1	0.65					'64
2-溴丙烷	2-Bromopropane	2-ブロモプロパン	75-26-3	1	5	皮				'99

续表

化学物质			CAS No	容许浓度		经皮吸收	致癌性分类	致敏性分类		提案年度
中文名称	英文名称	日文名称		ppm	mg/m³			呼吸道	皮肤	
溴仿	Bromoform	ブロモホルム	75-25-2	1	10.3					'97
噻嗪酮	Buprofezin	ブプロフェジン	69327-76-0	—	2					'90
丁烷(所有异构体)	Butane (all isomers)	ブタン(全异性体)		500	1200					'88
1-丁醇	1-Butanol	1-ブタノール	71-36-3	50*	150*	皮				'87
2-丁醇	2-Butanol	2-ブタノール	78-92-2	100	300					'87
乙酸正丁酯	Butyl acetate	酢酸ブチル	123-86-4	100	475					'94
正丁胺	Butylamine	ブチルアミン	109-73-9	5*	15*	皮				'94
镉及其化合物(以镉计)	Cadmium and compounds (as Cd)	カドミウムおよびカドミウム化合物(Cdとして)	7440-43-9	—	0.05		1ψ			'76
氰化钙(以氰计)	Calcium cyanide (as CN)	シアン化カルシウム(CNとして)	592-01-8	—	5*	皮				'01
西维因,胺甲萘	Carbaryl	カルバリル	63-25-2	—	5	皮				'89
二氧化碳	Carbon dioxide	二酸化炭素	124-38-9	5000	9000					'74
二硫化碳	Carbon disulfide	二硫化炭素	75-15-0	10	31	皮				'74
一氧化碳	Carbon monoxide	一酸化炭素	630-08-0	50	57					'71
四氯化碳	Carbon tetrachloride	四塩化炭素	56-23-5	5	31	皮	2B			'91
氯	Chlorine	塩素	7782-50-5	0.5*	1.5*					'99
氯苯	Chlorobenzene	クロロベンゼン	108-90-7	10	46					'93
一氯二氟甲烷	Chlorodifluoromethane	クロロジフルオロメタン	75-45-6	1000	3500					'87
氯乙烷	Chloroethane	クロロエタン	75-00-3	100	260					'93
氯仿	Chloroform	クロロホルム	67-66-3	3	14.7	皮	2B			'05
氯甲烷	Chloromethane	クロロメタン	74-87-3	50	100					'84
氯甲甲醚	Chloromethyl metyl ether (technical grade)	クロロメチルメチルエーテル(工业用)	107-30-2	—	—		2A			'92

419

续表

化学物质			CAS No	容许浓度		经皮吸收	致癌性分类	致敏性分类		提案年度
中文名称	英文名称	日文名称		ppm	mg/m³			呼吸道	皮肤	
氯化苦	Chloropicrin	クロロピクリン	76-06-2	0.1	0.67					'68
铬及其化合物,按铬计	Chromium and compounds (as Cr)	クロムおよびクロム化合物（Cr として）	7440-47-3					2	1	'89
金属铬	Chromium Metal	金属クロム	7440-47-3	—	0.5					
铬（Ⅲ）化合物	Chromium (III) compounds	3価クロム化合物	7440-47-3	—	0.5					
铬（Ⅵ）化合物	Chromium (VI) compounds	6価クロム化合物	7440-47-3	—	0.05					
某些铬（Ⅵ）化合物	Certain Chromium (VI) compounds	ある種の6価クロム化合物	7440-47-3	—	0.01		1ψ			
甲酚（所有异构体）	Cresol (all isomers)	クレゾール（全異性体）		5	22	皮				'86
环己烷	Cyclohexane	シクロヘキサン	110-82-7	150	520					'70
环己醇	Cyclohexanol	シクロヘキサノール	108-93-0	25	102					'70
环己酮	Cyclohexanone	シクロヘキサノン	108-94-1	25	100					'70
邻苯二甲酸二-2-乙基己酯	Di (2-ethylhexyl) phthalate	フタル酸ジ-2-エチルヘキシル	117-81-7	—	5		2B			'95
二嗪农	Diazinon	ダイアジノン	333-41-5	—	0.1	皮				'89
乙硼烷	Diborane	ジボラン	19287-45-7	0.01	0.012					'96
邻苯二甲酸二丁酯	Dibutyl phthalate	フタル酸ジブチル	84-74-2	—	5				2	'96
1,1-二氯乙烷	1,1-Dichloroethane	1,1-ジクロロエタン	75-34-3	100	400					'93
1,2-二氯乙烷	1,2-Dichloroethane	1,2-ジクロロエタン	107-06-2	10	40		2B			'84
1,2-二氯乙烯	1,2-Dichloroethylene	1,2-ジクロロエチレン	540-59-0	150	590					'70
二氯二氟甲烷	Dichlorodifluoromethane	ジクロロジフルオロメタン	75-71-8	500	2500					'87
二氯甲烷	Dichloromethane	ジクロロメタン	75-09-2	50	170	皮	2B			'99

续表

化学物质			CAS No	容许浓度 ppm	容许浓度 mg/m³	经皮吸收	致癌性分类	致敏性分类 呼吸道	致敏性分类 皮肤	提案年度
中文名称	英文名称	日文名称								
二氯甲烷	Dichloromethane	ジクロロメタン	75-09-2	100*	340*					
2,2'-二氯乙基醚	2,2'-Dichloroethyl ether	2,2'-ジクロロエチルエーテル	111-44-4	15	88	皮				'67
2,2-二氯-1,1,1-三氟乙烷	2,2-Dichloro-1,1,1-trifluoroethane	2,2-ジクロロ-1,1,1-トリフルオロエタン	306-83-2	10	62					'00
3,3'-二氯-4,4'-二氨基二苯基甲烷(MBOCA)	3,3'-Dichloro-4,4'-diaminodiphenyl methane (MBOCA)	3,3'-ジクロロ-4,4'-ジアミノジフェニルメタン(MBOCA)	101-14-4	—	0.005	皮	2A	1		'93
邻苯二甲酸二乙酯	Diethyl phthalate	フタル酸ジエチル	84-66-2	—	5					'95
二乙胺	Diethylamine	ジエチルアミン	109-89-7	10	30					'89
1,4-二噁英	1,4-Dioxane	1,4-ジオキサン	123-91-1	10	36	皮	2B			'84
硫酸二甲酯	Dimethyl sulfate	硫酸ジメチル	77-78-1	0.1	0.52	皮	2A			'80
二甲胺	Dimethylamine	ジメチルアミン	124-40-3	10	18					'79
1,2-二硝基苯	1,2-Dinitrobenzene	1,2-ジニトロベンゼン	528-29-0	0.15	1	皮				'94
1,3-二硝基苯	1,3-Dinitrobenzene	1,3-ジニトロベンゼン	99-65-0	0.15	1	皮				'94
1,4-二硝基苯	1,4-Dinitrobenzene	1,4-ジニトロベンゼン	100-25-4	0.15	1	皮				'94
4,4'-二异氰酸二苯甲烷(MDI)	Diphenylmethane-4,4'-diiso cyanate (MDI)	ジフェニルメタン-4,4'-ジイソシアネート(MDI)	101-68-8	—	0.05					'93
粉尘	Dusts	粉塵		表1-3						'80
乙酸乙酯	Ethyl acetate	酢酸エチル	141-78-6	200	720					'95
乙苯	Ethyl benzene	エチルベンゼン	100-41-4	50	217					'01
乙醚	Ethyl ether	エチルエーテル	60-29-7	400	1200					'97
乙胺	Ethylamine	エチルアミン	75-04-7	10	18					'79

421

续表

化学物质				容许浓度		经皮吸收	致癌性分类	致敏性分类		提案年度
中文名称	英文名称	日文名称	CAS No	ppm	mg/m³			呼吸道	皮肤	
2-乙氧基乙醇；乙二醇单乙醚	Ethylene glycol monoethyl ether	エチレングリコ－ルモノエチルエ－テル	110-80-5	5	18	皮				'85
2-乙二氧基乙酸乙酯	Ethylene glycol monoethyl ether acetate	エチレングリコ－ルモノエチルエ－テルアセテ－ト	111-15-9	5	27	皮				'85
2-甲氧基乙醇	Ethylene glycol monomethyl ether	エチレングリコ－ルモノメチルエ－テル	109-86-4	5	16	皮				'85
乙二醇甲醚乙酸酯	Ethylene glycol monomethyl ether acetate	エチレングリコ－ルモノメチルエ－テルアセテ－ト	110-49-6	5	24	皮				'85
环氧乙烷	Ethylene oxide	エチレンオキシド	75-21-8	1	1.8		1ψ		2	'90
乙二胺	Ethylenediamine	エチレンジアミン	107-15-3	10	25	皮		2	1	'91
乙撑亚胺	Ethylenimine	エチレンイミン	151-56-4	0.5	0.88	皮				'90
醚菊酯；多来宝	Etofenprox	エトフェンプロックス	80844-07-1	—	3					'95
杀螟松，杀螟硫磷	Fenitrothion	フェニトロチオン	122-14-5	—	1	皮				'81
丁基灭必虱，仲丁威	Fenobucarb	フェノブカルブ	3766-81-2	—	5	皮				'89
倍硫磷	Fenthion	フェンチオン	55-38-9	—	0.2	皮				'89
氟酰胺；氟担菌宁	Flutolanil	フルトラニル	66332-96-5	—	10					'90
甲醛	Formaldehyde	ホルムアルデヒド	50-00-0	表I-2						'07
甲酸	Formic acid	ギ酸	64-18-6	5	9.4					'78
四氯苯酞	Fthalide	フサライド	27355-22-2	—	10					'90
糠醛	Furfural	フルフラ－ル	98-01-1	2.5	9.8	皮				'89
糠醇	Furfuryl alcohol	フルフリルアルコ－ル	98-00-0	5	20					'78
汽油	Gasoline	ガソリン	8006-61-9	100b	300b					'85

续表

化学物质				容许浓度		经皮吸收	致癌性分类	致敏性分类		提案年度
中文名称	英文名称	日文名称	CAS No	ppm	mg/m³			呼吸道	皮肤	
戊二醛	Glutaraldehyde	グルタルアルデヒド	111-30-8	0.03*				1	1	'06
正庚烷	Heptane	ヘプタン	142-82-5	200	820					'88
正己烷	Hexane	ヘキサン	110-54-3	40	140	皮				'85
1,6-亚己基二异氰酸酯；六亚甲基二异氰酸酯	Hexane-1,6-diisocyanate (HDI)	ヘキサン-1,6-ジイソシアネート	822-06-0	0.005	0.034			1		'95
肼及水合肼	Hydrazine anhydride and Hydrazine hydrate	無水ヒドラジンおよびヒドラジン一水和物	302-01-2 及 7803-57-8	0.1	0.13 及 0.21	皮	2B	1	2	'98
氯化氢	Hydrogen chloride	塩化水素	7647-01-0	5*	7.5*					'79
氰化氢	Hydrogen cyanide	シアン化水素	74-90-8	5	5.5	皮				'90
氟化氢	Hydrogen fluoride	フッ化水素	7664-39-3	3*	2.5*					'00
硒化氢	Hydrogen selenide	セレン化水素	7783-07-5	0.05	0.17					'63
硫化氢	Hydrogen sulfide	硫化水素	7783-06-4	5	7					'01
铟及其化合物	Indium and compounds	インジウムおよびインジウム化合物	7440-74-6	表2-1						'07
碘	Iodine	ヨウ素	7553-56-2	0.1	1				2	'68
异丁醇	Isobutyl alcohol	イソブチルアルコール	78-83-1	50	150					'87
乙酸异戊酯	Isopentyl acetate	酢酸イソペンチル	123-92-2	100	530					'70
异戊醇	Isopentyl alcohol	イソペンチルアルコール	123-51-3	100	360					'66
异丙醇	Isopropyl alcohol	イソプロピルアルコール	67-63-0	400*	980*					'87
稻瘟灵	Isoprothiolane	イソプロチオラン	50512-35-1	—	5					'93
铅及其化合物（以铅计，除外烷基铅化合物）	Lead and compounds (as Pb except alkyl lead compounds)	鉛および鉛化合物（Pb として，アルキル鉛化合物を除く）	7439-92-1	—	0.1		2B			'82

423

续表

中文名称	英文名称	日文名称	CAS No	容许浓度 ppm	容许浓度 mg/m³	经皮吸收	致癌性分类	致敏性分类 呼吸道	致敏性分类 皮肤	提案年度
氢氧化锂	Lithium hydroxide	水酸化リチウム	1310-65-2	—	1					'95
马拉硫磷	Malathion	マラチオン	121-75-5	—	10	皮				'89
马来酸酐	Maleic anhydride	無水マレイン酸	108-31-6	0.1	0.4			2		'00
马来酸酐	Maleic anhydride	無水マレイン酸	108-31-6	0.2*	0.8*				2	
人造纤维	Man-made mineral fiber	人造鉱物繊維								'03
长丝玻璃纤维	Continuous filament glass fibers**	ガラス長繊維**		1（繊維/ml)						
玻璃丝纤维、岩棉纤维、矿渣棉纤维	Glass wool fibers**, Rock wool fibers**, Slag wool fibers**	グラスウール**、ロックウール**、スラグウール**		1（繊維/ml)						
陶瓷纤维、超细玻璃纤维	Ceramic fibers**, Micro glass fibers**	セラミック繊維**、ガラス微細繊維**		—			2B			
锰及其化合物（以锰计，除外有机化合物）	Manganese and compounds (as Mn except organic compounds)	マンガンおよびマンガン化合物（Mn として、有機マンガン化合物を除く)	7439-96-5	—	0.3c					'85
灭锈胺	Mepronil	メプロニル	55814-41-0	—	5					'90
汞蒸气	Mercury vapor	水銀蒸気	7439-97-6	—	0.025					'98
甲醇	Methanol	メタノール	67-56-1	200	260	皮				'63
乙酸甲酯	Methyl acetate	酢酸メチル	79-20-9	200	610					'63
丙烯酸甲酯	Methyl acrylate	アクリル酸メチル	96-33-3	2	7					'04
甲基乙基甲酮	Methyl ethyl ketone	メチルエチルケトン	78-93-3	200	590					'64
甲基异丁基甲酮	Methyl isobutyl ketone	メチルイソブチルケトン	108-10-1	50	200					'84
甲基正丁基甲酮	Methyl n-butyl ketone	メチル-n-ブチルケトン	591-78-6	5	20	皮				'84

续表

化学物质			CAS No	容许浓度		经皮吸收	致癌性分类	致敏性分类		提案年度
中文名称	英文名称	日文名称		ppm	mg/m³		分类	呼吸道	皮肤	
甲胺	Methylamine	メチルアミン	74-89-5	10	13					'79
溴甲烷	Methylbromide; Bromomethane	臭化メチル	74-83-9	1	3.89	皮				'03
甲基环己烷	Methylcyclohexane	メチルシクロヘキサン	108-87-2	400	1600					'86
4,4'-二苯氨基甲烷	4,4'-Methylene dianiline	4,4'-メチレンジアニリン	101-77-9	—	0.4	皮	2B			'95
甲基环己醇	Methylcyclohexanol	メチルシクロヘキサノール	25639-42-3	50	230					'80
邻-甲基环己酮	Methylcyclohexanone	メチルシクロヘキサノン	583-60-8	50	230	皮				'87
甲基四氢邻苯二甲酸酐	Methyltetrahydrophthalic anhydride	メチルテトラヒドロ無水フタル酸	11070-44-3	0.007 / 0.015*	0.05 / 0.1*			1		'02
间苯二胺	m-Phenylenediamine	m-フェニレンジアミン	108-45-2	—	0.1				1	'99
N,N-二甲基乙酰胺	N,N-Dimethyl acetamide	N,N-ジメチルアセトアミド	127-19-5	10	36	皮				'90
N,N-二甲基苯胺	N,N-Dimethylaniline	N,N-ジメチルアニリン	121-69-7	5	25	皮				'93
N,N-二甲基甲酰胺	N,N-Dimethylformamide (DMF)	N,N-ジメチルホルムアミド (DMF)	68-12-2	10	30	皮	2B			'74
镍	Nickel	ニッケル	7440-02-0	—	1		2B	2	1	'67
羰基镍	Nickel carbonyl	ニッケルカルボニル	13463-39-3	0.001	0.007					'66
硝酸	Nitric acid	硝酸	7697-37-2	2	5.2					'82
硝基苯	Nitrobenzene	ニトロベンゼン	98-95-3	1	5	皮	2B			'88
二氧化氮	Nitrogen dioxide	二酸化窒素	10102-44-0	研究中						'61
硝化甘油	Nitroglycerin	ニトログリセリン	55-63-0	0.05*	0.46*	皮				'86
乙二醇二硝酸酯	Nitroglycol	ニトログリコール	628-96-6	0.05	0.31	皮				'86

续表

化学物质			CAS No	容许浓度		经皮吸收	致癌性分类	致敏性分类		提案年度
中文名称	英文名称	日文名称		ppm	mg/m³			呼吸道	皮肤	
N-甲基吡咯烷酮，1-甲基-2-吡咯烷酮	N-Methyl-2-pyrrolidone	N-メチル-2-ピロリドン	872-50-4	1	4	皮				'02
壬烷	Nonane	ノナン	111-84-2	200	1050					'89
邻-氨基苯甲醚	o-Anisidine	o-アニシジン	90-40-0	0.1	0.5	皮	2B			'96
辛烷	Octane	オクタン	111-65-9	300	1400					'89
邻-二氯苯	o-Dichlorobenzene	o-ジクロロベンゼン	95-50-1	25	150					'94
油雾	Oil mist	鉱油ミスト		—	3		1ψ			'77
邻苯二胺	o-Phenylenediamine	o-フェニレンジアミン	95-54-5	—	0.1				1	'99
邻-甲苯胺	o-Toluidine	o-トルイジン	95-53-4	1	4.4	皮	2A			'91
臭氧	Ozone	オゾン	10028-15-6	0.1	0.2					'63
对-氨基苯甲醚	p-Anisidine	p-アニシジン	104-94-9	0.1	0.5	皮				'96
对硫磷	Parathion	パラチオン	56-38-2	—	0.1	皮				'80
对-二氯苯	p-Dichlorobenzene	p-ジクロロベンゼン	106-46-7	10	60		2B			'98
五氯苯酚	Pentachlorophenol	ペンタクロロフェノール	87-86-5	—	0.5	皮				'89
戊烷	Pentane	ペンタン	109-66-0	300	880					'87
乙酸戊酯	Pentylacetate	酢酸ペンチル	628-63-7	100	530					'70
苯酚	Phenol	フェノール	108-95-2	5	19	皮				'78
光气	Phosgene	ホスゲン	75-44-5	0.1	0.4					'69
磷化氢	Phosphine	ホスフィン	7803-51-2	0.3*						'98
磷酸	Phosphoric acid	リン酸	7664-38-2	—	1					'90
磷（黄磷）	Phosphorus (yellow)	黄リン	7723-14-0	—	0.1					'88
五氯化磷	Phosphorus pentachloride	五塩化リン	10026-13-8	0.1	0.85					'89

续表

化学物质 中文名称	英文名称	日文名称	CAS No	容许浓度 ppm	容许浓度 mg/m³	经皮吸收	致癌性分类	致敏性分类 呼吸道	致敏性分类 皮肤	提案年度
三氯化磷	Phosphorus trichloride	三塩化リン	7719-12-2	0.2	1.1					'89
邻苯二甲酸酐	Phthalic anhydride	無水フタル酸	85-44-9	0.33*	2*					'98
铂,可溶性盐(以铂计)	Platinum, soluble salts (as Pt)	白金（水溶性白金塩，Ptとして）	7740-06-4	—	0.001			1	1	'00
对硝基苯胺	p-Nitroaniline	p-ニトロアニリン	100-01-6	—	3	皮				'95
对硝基氯苯	p-Nitrochlorobenzene	p-ニトロクロロベンゼン	100-00-5	0.1	0.64	皮				'89
多氯联苯	Polychlorobiphenyls	ポリ塩化ビフェニル類		—	0.01	皮	2A			'06
氢氧化钾	Potassium hydroxide	水酸化カリウム	1310-58-3	—	2*					'78
氰化钾(以氰计)	Pottasium cyanide (as CN)	シアン化カリウム(CNとして)	151-50-8	—	5*	皮				'01
对苯二胺	p-Phenylenediamine	p-フェニレンジアミン	106-50-3	—	0.1				1	'97
乙酸正丙酯	Propyl acetate	酢酸プロピル	109-60-4	200	830					'70
丙烯亚胺	Propylene imine	プロピレンイミン	75-55-8	2	4.7	皮				'67
啶嘧硫磷	Pyridaphenthion	ピリダフェンチオン	119-12-0	—	0.2	皮				'89
铑(可溶性化合物,以铑计)	Rhodium (Soluble compounds, as Rh)	ロジウム(可溶性化合物，Rhとして)	7440-16-6	表1-2						'07
硒及其化合物(以硒计,除外SeH₂和SeF₆)	Selenium and compounds (as Se, except SeH$_2$ and SeF$_6$)	セレンおよびセレン化合物(Seとして、セレン化水素、六フッ素化セレンを除く)	7782-49-2	—	0.1					'00
四氢化硅	Silane	シラン	7803-62-5	100*	130*					'93
银及其化合物(以银计)	Silver and compounds (as Ag)	銀および銀化合物(Agとして)	7440-22-4	—	0.01					'91
氰化钠(以氰计)	Sodium cyanide (as CN)	シアン化ナトリウム(CNとして)	143-33-9	—	5*	皮				'01
氢氧化钠	Sodium hydroxide	水酸化ナトリウム	1310-73-2	—	2*					'78

427

续表

化学物质 中文名称	英文名称	日文名称	CAS No	容许浓度 ppm	容许浓度 mg/m³	经皮吸收	致癌性分类	致敏性分类 呼吸道	致敏性分类 皮肤	提案年度
苯乙烯	Styrene	スチレン	100-42-5	20	85	皮	2B			'99
二氧化硫	Sulfur dioxide	二酸化硫黄	7446-09-5	研究中						'61
一氯化硫	Sulfur monochloride	二塩化二硫黄	10025-67-9	1*	5.5*					'76
硫酸	Sulfuric acid	硫酸	7664-93-9	—	1*		研究中			'00
特丁醇	t-Butyl alcohol	t-ブチルアルコール	75-65-0	50	150					'87
1,1,2,2-四氯乙烷	1,1,2,2-Tetrachloroethane	1,1,2,2-テトラクロロエタン	79-34-5	1	6.9	皮				'84
四氯乙烯	Tetrachloroethylene	テトラクロロエチレン	127-18-4	研究中		皮	2B			'72
硅酸乙酯	Tetraethoxysilane	テトラエトキシシラン	78-10-4	10	85					'91
四乙基铅(以铅计)	Tetraethyl lead (as Pb)	テトラエチル鉛(Pbとして)	78-00-2	—	0.075	皮				'65
四氢呋喃	Tetrahydrofuran	テトラヒドロフラン	109-99-9	200	590					'78
硅酸甲酯	Tetramethoxysilane	テトラメトキシシラン	681-84-5	1	6					'91
甲苯	Toluene	トルエン	108-88-3	50	188	皮				'94
甲苯二异氰酸酯	Toluene diisocyanates	トルエンジイソシアネート類(TDI)		0.005 0.02*	0.035 0.14*		2B	1	2	'92
1,1,2-三氯乙烷	1,1,2-Trichloroethane	1,1,2-トリクロロエタン	79-00-5	10	55	皮				'78
1,1,1-三氯乙烷	1,1,1-Trichloroethane	1,1,1-トリクロロエタン	71-55-6	200	1100					'74
1,1,2-三氯-1,2,2-三氟乙烷	1,1,2-Trichloro-1,2,2-trifluoroethane	1,1,2-トリクロロ-1,2,2-トリフルオロエタン	76-13-1	500	3800					'87
三氯乙烯	Trichloroethylene	トリクロロエチレン	79-01-6	25	135		2B			'97
三氯氟甲烷	Trichlorofluoromethane	トリクロロフルオロメタン	75-69-4	1000*	5600*					'87
三环唑	Tricyclazole	トリシクラゾール	41814-78-2	—	3					'90
偏苯三甲酸酐	Trimellitic anhydride	無水トリメリット酸	552-30-7	—	0.04 0.1*			1		'98

续表

化学物质			CAS No	容许浓度		经皮吸收	致癌性分类	致敏性分类		提案年度
中文名称	英文名称	日文名称		ppm	mg/m³			呼吸道	皮肤	
1,2,3-三甲基苯	1,2,3-Trimethylbenzene	1,2,3-トリメチルベンゼン	526-73-8	25	120					'84
1,2,4-三甲基苯	1,2,4-Trimethylbenzene	1,2,4-トリメチルベンゼン	95-63-6	25	120					'84
1,3,5-三甲基苯	1,3,5-Trimethylbenzene	1,3,5-トリメチルベンゼン	108-67-8	25	120					'84
三硝基甲苯（所有异构体）	Trinitrotoluene (all isomers)	トリニトロトルエン（全異性体）		—	0.1	皮				'93
松节油	Turpentine	テレビン油		50	280				2	'91
钒化合物	Vanadium compounds	バナジウム化合物								'03
五氧化二钒粉尘	Vanadium oxide dust	五酸化バナジウム	1314-62-1	—	0.05					'68
铁钒粉尘	Ferrovanadium dust	フェロバナジウム粉塵	12604-58-9	—	1					'75
氯乙烯	Vinyl chloride	塩化ビニル	75-01-4	2.5a	6.5a		1ψ			'01
二甲苯（所有异构体及其混合物）	Xylene (all isomers and their mixture)	キシレン（全異性体およびその混合物）		50	217					'69
氧化锌烟	Zinc oxide fume	酸化亜鉛ヒューム	1314-13-2	研究中						

[注]

1. ppm：表示25℃，1个大气压的单位气体容积。从 ppm 换算为 mg/m³，先计算 3 位小数再四舍五入。

2. 提案年度栏（ ）内表示进行再研究的年度，数值无变化。

3. 标识说明

*…最大容许浓度，需要经常保持在该浓度以下。

**…用滤膜法采样，400 倍相差显微镜观察长 5μm 以上、宽<3μm、长宽比（平面形状比）3：1 以上的纤维。

ᵛ…容许浓度，健康影响以非致癌作用为指标表示的物质，参照前文致癌物质。

ᵃ…暂定为 2.5ppm，但应尽可能保持在检出线以下。

ᵇ…汽油容许浓度为 300mg/m³，从 mg/m³ 换算为 ppm 时假定汽油的平均分子量为 72.5。

ᶜ…呼吸性颗粒。与表 I-3、表 1 呼吸性粉尘相同。

表2　容许浓度（暂定值）

物质	CAS 号	化学式	接触限值 ppm	接触限值 mg/m³	皮肤吸收	致癌性分类	致敏性分类 呼吸道	致敏性分类 皮肤	提案年度
甲醛	50-00-0	HCHO	0.1 / 0.2*	0.12 / 0.24*		2A	2	1	'07
铑（可溶性化合物，以铑计）	7440-16-6	Rh		0.001			1	1	'07

表3　粉尘的容许浓度

Ⅰ. 呼吸性结晶型二氧化硅[#,†,Ψ,*]

容许浓度 0.03mg/m³

Ⅱ. 各种粉尘

粉尘种类		容许浓度（mg/m³）呼吸性粉尘*	容许浓度（mg/m³）总粉尘**
第1种粉尘	滑石[†]、铝、氧化铝、硅藻土、硫铁矿、黄铁矿、班脱土、活性炭、石墨、高岭石、宝塔石	0.5	2
第2种粉尘	游离 SiO_2<10% 的矿物粉尘、氧化铁、炭黑、煤、氧化锌、二氧化钛、硅酸盐水泥尘、大理石、线香材料粉尘、谷物粉尘、棉尘、木粉尘、皮革粉尘、软木粉尘、酚醛塑料粉尘	1	4
第3种粉尘	石灰[‡]，其他无机和有机粉尘	2	8
石棉粉尘 [**,†]			（表3-2）

［注］

1. *呼吸性粉尘：将能通过颗粒分离器（particle size separator）并具有以下特性的颗粒作为呼吸性粉尘。

其中，P：透过率；D：粉尘空气动力学直径（aerodynamic particle diameter，μm）；D_0：7.07μm。

但是，呼吸性结晶型二氧化硅是通过以下采集率 $R(d_{ae})$ 采集的颗粒的质量浓度。

$R(d_{ae})=0.5[1+exp(-0.06d_{ae})]\times[1-F_{(x)}]$

d_{ae}：空气动力学直径（μm）；$F_{(x)}$：标准正规随机变量概率函数。

ln 自然对数；Γ=4.25μm；$\sum$=1.5。

2. **总粉尘：用 50～80cm/sec 流速，在颗粒采集器入口采集的粉尘。

3. ***用滤膜法采样、400 倍相差显微镜观察的长度 5μm 以上、宽<3μm，长宽比（平面形状比）3∶1 以上的纤维。

4. †致癌物质表（表4）收录的物质。

5. ‡不含石棉纤维及 1% 以上的结晶二氧化硅。

6. Ψ容许浓度健康影响指标以非致癌作用表示的物质，参照前文致癌物质。

3. 致癌物

以流行病学证据作为最重要的依据，结合动物实验结果及其解释对致癌物质进行研究和分类。分类是根据人致癌证据的可靠程度进行的分类，并不表示致癌性的强度。

此外，结合国际癌症研究机构（International Agency for Research on Cancer）发表的分类进行研究，确定了以职业化学物质及相关物质为对象的致癌物质表（表4）。

第1组　对人有致癌性的物质。分类在该组的物质有充分的流行病学研究证据。

第 2 组　可能对人有致癌性的物质。分类在 2A 组的物质是证据比较充分的物质，尽管流行病学研究证据有限，但动物实验证据充分。分类在 2B 组的物质证据相对不太充分，即流行病学研究证据有限，动物实验证据不充分，或没有流行病学证据，但动物实验证据充分。

对于分类在第 1 组的那些评价信息充分、能够制定终身致癌危险度相应浓度水平的物质，表 5 列出了终身致癌危险度相应浓度水平的评价值（表中标记为"危险度评价值"）。终身致癌危险度水平及其评价值是计算的医学生物学的值，并不意味是日本产业卫生学会建议的劳动者可接受的危险度。

需要注意的是，对于分类在第 1 组及第 2 组、以非致癌作用健康影响作为指标表示容许浓度的物质加以 ** 标识。但是，有些物质只在非常高的浓度才能观察到流行病学研究或动物实验的致癌证据，该浓度比非致癌性健康影响观察到的浓度水平更高。

*：包括血清流行病学、分子流行病学研究等。

**：第 1 组参照容许浓度（表 1）；第 2 组正在研究中。

致癌物分类

第 1 组：4- 氨基联苯、砷及其化合物 *、石棉、苯、联苯胺、三氯苯、双氯甲醚、镉及其化合物 *、1，3- 丁二烯、铬（Ⅵ）化合物 *、煤焦沥青挥发物、煤焦油、毛沸石、环氧乙烷、矿物油（未处理和适度处理的）、2- 萘胺、镍化合物（镍金属除外）*、二氧化硅（结晶型）、煤烟、2，2′- 二氯乙硫醚（芥子气）、含石棉纤维的滑石、2，3，7，8- 四氯二苯 -p- 二噁英、氯乙烯、木尘。

2A 组：丙烯腈、丙烯酰胺、苯并[a]芘、铍及其化合物 *、氯甲甲醚（工业品），p- 氯 -o- 甲苯胺及其强酸盐、杂芬油、1，2- 二溴甲烷、3，3'- 二氯 -4，4'- 二苯基甲烷二胺（MBOCA）、硫酸二甲酯、硫酸二乙酯、二甲基氨基甲酰氯、直接黑 38 号、直接靛蓝 6 号、直接棕 95 号、表氯醇、甲醛、缩水甘油、多氯联苯（PCB）、二氧化硅（水晶型）、氧化苯乙烯、o- 甲苯胺、1，2，3- 三氯丙烷、三（2，3- 二溴丙基）磷酸酯、溴乙烯、氟乙烯、1，2- 二甲肼。

2B 组：乙酰胺、乙醛、邻氨基偶氮苯、对氨基偶氮苯、杀草强、三氧化锑、对甲氧基苯胺、金胺（工业品）、亚苄基二氯、苄基氯、卞基紫 4B、二溴新戊二醇、沥青、溴二氯甲烷、β- 丁内酯、炭黑†、四氯化碳、邻苯二酚、氯丹、开蓬、氯菌酸、氯化石蜡、对氯苯胺、三氯甲烷、1- 氯 -2- 甲基丙烷、3- 氯 -2- 甲基丙烷、氯苯氨基除草剂 *、4- 氯 - 邻苯二胺、氯丁二烯、百菌清、Cl 酸性红 114、Cl 碱性红 9、Cl 直接蓝 15、橘红 2、钴及其化合物 *、对甲酚定、N，N'- 二乙酸基联苯胺、2，4- 二氨基茴香醚、4，4'- 二氨基二苯基醚、2，4- 二氨基甲苯、1，2- 二溴 -3- 氯丙烷、2，3- 二溴 -1- 丙醇 p- 二氯苯、3，3'- 二氯联苯胺、3，3'- 二氯 -4，4'- 二氨基二苯基醚、1，2- 二氯乙烷、二氯甲烷、1，3- 二氯丙烷（工业品）、敌敌畏、二环氧丁烷、邻苯二甲酸二辛酯、1，2- 二乙肼、缩水甘油间苯二酚醚、硫酸二异丙脂、对二甲氨基偶氮苯、2，6- 二甲苯胺、3，3'- 二甲联苯胺（o- 联苯胺）、N，N- 二甲基甲酰胺、1，1- 二甲肼、3，3'- 二甲氧基联苯胺（邻联二茴香胺）、2，4-（或 2，6-）二硝基甲苯、1，4- 二噁烷、分散蓝 1、DDT、环氧丁烷、丙烯酸乙酯、乙苯、甲磺酸乙酯、二溴乙烷、乙烯硫脲、(2- 甲酰肼基)-4-(5- 硝基 -2- 呋喃基)噻唑、呋喃、汽油、缩水甘油醛、六六六、HC 蓝 1 号、环氧七氯、六甲基磷酰三胺、肼、异戊二烯、铅及其化合物（无机）*、品红（含 CI 碱性红 9）、人造矿物纤维（陶瓷纤维、超细玻璃棉）、2- 甲氮丙啶（丙烯酰胺）、4，4'- 亚甲基双（2- 甲苯胺）、4，4'- 亚甲基苯胺、甲基汞、甲磺酸甲酯、2- 甲基 -1- 硝基蒽醌、N- 甲基 -N- 亚硝基尿烷、灭蚁灵、镍（金属）、2- 硝基苯甲醚、硝基苯、氨三乙酸及其盐类、N- 氧化氮芥、5- 硝基苊、硝基甲烷、2- 硝基丙烷、二乙醇 -N- 亚硝胺、N- 亚硝基吗啉、油橙 SS、苯基缩水甘油醚、多溴联苯醚、多氯酚（工业晶）†、丽春红3R、丽春红 MX、1,3- 丙烷磺内酯、β- 丙内酯、环氧丙烷、苯乙烯、四氯乙烯、四氯氟乙烯、四硝基代甲烷、4,4'- 硫代二苯胺、硫脲、甲苯二异氰酸酯、o- 甲苯胺、三氯乙烯、台盼蓝、氨基甲酸乙酯、乙酸乙酯、4- 乙烯基环己烷、4- 乙烯基环己烷双环氧化。

*不需要对所有有关物质逐个进行评价。

#正在由致癌物分类委员会进行再评价。

表4　个体终身癌症危险度水平参考值

物质	个体终身癌症危险度水平	参考值	评价方法	评价年度
石棉				
温石棉	10^3	0.15 纤维 /ml	平均相对危险度模型	'00
	10^4	0.015 纤维 /ml		
含石棉纤维（除外温石棉）	10^3	0.03 纤维 /ml		
	10^4	0.003 纤维 /ml		
砷及其化合物（以As 计）	10^3	3μg/m^3	平均相对危险度模型	'00
	10^4	0.3μg/m^3		
苯	10^3	1ppm	平均相对危险度模型	'97
	10^4	0.1ppm		

4. 致敏物质

根据气道和皮肤反应部位制定致敏物标准，将"对人有明显致敏性的物质"分为第 1 组，将认为"对人可能有致敏性的物质"分为第 2 组（表5），分类标准如下。

应注意，在推荐职业性致敏物质容许浓度时并未考虑防止致敏作用或变态反应。

4.1　呼吸道致敏物质

第 1 组：①流行病学研究显示，接触状况、呼吸道症状、特异性抗体以及变态反应等因素的相关性非常明确，同时，②有由不同研究机构报告的具有呼吸道症状的病例，并满足下列任一条件：

（1）呼吸系统症状和接触存在相关性，同时可检出同一物质的抗体，皮内试验呈阳性反应。

（2）呼吸系统症状和接触存在相关性，同时特异性吸入诱发试验呈阳性反应，还应有变态反应的间接支持证据。

第 2 组：符合上述条件但流行病学研究尚不明确的物质。

4.2　皮肤致敏物质

第 1 组：①流行病学研究显示，接触状况、接触性皮炎症状及皮肤斑贴试验之间的相关性非常明确，而且②有由不同研究机构报告的有关皮炎症状和皮肤斑贴试验的研究病例。实施的皮肤斑贴试验应设有对照，方法正确。

第 2 组：符合上述条件但流行病学研究尚不明确的物质。

呼吸道
第1组
铍 *、钴 *、松香（树脂）、二甲苯异氰酸酯（MDI）、戊二醛、正己烷 -1,6- 二异氰酸酯、甲基四氢苯酐、邻苯二甲酸酐、铂 *、铑、甲苯二异氰酸酯、三苯六甲酸酐
第2组
铬 *、乙（撑）二胺、甲醛、马来酸酐、甲基丙烯酸甲酯、镍 *、哌嗪

皮肤
第1组
铬 *、钴 *、松香（树脂）、乙（撑）二胺、甲醛、戊二醛、汞 *、镍 *、邻、间、对 - 苯二胺、铂 *、铑
第2组
苯并呋喃 *、过氧化苯甲酰、铍 *、丙烯酸丁酯、铜 *、邻苯二甲酸二丁酯、二氯丙烷、乙撑氧、肼 *、对苯二酚、碘 *、马来酸酐、丙烯酸甲酯、甲基丙烯酸甲酯、氯乙烯、间苯二酚、甲苯二异氰酸酯、松节油

* 表示该物质本身乃至于其化合物，但并不是与致敏性有关的所有物质同定。

† 暂定值

附件 8-4　日本生物学容许值（2007 年度）

1. 生物学容许限值

生物监测是对接触工作场所有害因素的劳动者的尿、血液等生物样品中该有害物质的浓度、代谢物浓度、或者是对能够预测、预警且又必须预防的效应及其程度的测定。所谓的生物学容许限值是指当生物监测值在其推荐值范围之内时，可以认为近乎所有的劳动者不会出现不良健康影响的浓度。

2. 生物学容许限值的性质

2.1　生物学容许限值的制定依据生物监测值与健康影响之间的接触 - 效应关系、接触 - 反应关系、生物监测值与接触浓度的关系等相关资料。

2.2　由于受个体生理波动、个体差异、吸烟或饮酒等习惯、作业条件、作业时间、皮肤吸收、防护用品的使用、接触工作场所以外的有害因素等影响，工作场所有害因素接触浓度和生物监测值有时并不一定显示很好的相关性。因此，即使有害因素接触浓度没有超过容许浓度，生物监测值也可能会超出生物学容许限值范围；相反，即使有害因素接触浓度超出容许浓度，生物监测值也可能在生物学容许限值范围之内。工作场所需要同时满足容许浓度和生物学容许限值。

2.3　生物样品的采集时间

只有在最有代表性的有害因素接触时间，或者在能够较好地预期有害因素吸收引起健康影响的发生时间采集生物样品并进行测定时，生物监测值才可以参照生物学容许限值。

2.4　同时接触多种有害因素

表中所列出的生物学容许限值是假定某种有害因素的单独吸收。在同时接触多种有害因素时，首先应考虑多种有害因素对健康的相互作用及吸收、代谢、排泄过程的相互作用，再使用各有害因素的生物学容许限值。

生物学容许限值

物质	测定对象		生物学容许限值	生物样品采样时间	提案年度
丙酮	尿	丙酮	40mg/L	作业结束前 2h 内	'01
铟及其化合物†	血清	铟	3μg/L	未作规定	'07
二甲苯	尿	总甲基马尿酸（所有异构体）	800mg/L	后半工作周工作班后	'05
氯甲苯†	尿	4-氯儿茶酚（水解）	140mg/g·Cr	工作班后	'07
钴及其无机化合物（除外氧化钴）	血液	钴	3μg/L	工作周末作业结束前 2h 内	'05
	尿	钴	35μg/L		'05
4,4'-亚甲基双(2-氯)苯胺, MBOCA	尿	总 MBOCA	50μg/g·Cr	工作周末作业结束时	'94
二氯甲烷	尿	二氯甲烷	0.2mg/L	作业结束时	'05
汞及其汞化合物（除外烷基汞化合物）	尿	总汞	35μg/g·Cr	未作规定	'93
苯乙烯†	尿	苦杏仁酸和酚醛酸	430mg/L	后半工作周工作结束时	'07
	血液	苯乙烯	0.2mg/L		'07
三氯乙烯	尿	总的三氯化合物	150mg/L	工作周作业结束前 2h 内	'99
	尿	三氯乙醇	100mg/L		'99
	尿	三氯乙酸	50mg/L		'99
甲苯	血液	甲苯	0.6mg/L	后半工作周工作结束前 2h 内	'99
	尿	甲苯	0.06mg/L		'99
铅	血液	铅	40μg/100ml	未作特殊规定	'94
	血液	原卟啉	200μg/100ml RBC 或 80μg/100ml 血液	未作特殊规定（持续接触 1 个月以后）	'94
	尿	δ-氨基乙酰基丙酸	5mg/L		'94
正己烷	尿	2,5-己二酮	3mg/g·Cr（酸加水分解后）	工作周末作业结束时	'94
	尿	2,5-己二酮	0.3mg/g·Cr（不加水分解）		'94
多氯联苯类（PCB）	血液	总 PCB	25μg/L	未作特殊规定	'06
甲基异丁基甲酮†	尿	甲基异丁基甲酮	1.7mg/L	作业结束时	'07
甲基乙基酮	尿	甲基乙基酮	5mg/L	作业结束时或高浓度接触后数小时以内	'06

†, 暂定值

参 考 文 献

1. 宋丹瑛. 论资源环境优化产业升级——以战后日本产业结构调整为例. 技术经济与管理研究，2012（3）：115-119.

2. 世界卫生组织 2014 年日本统计资料. http://www.who.int/countries/jpn/zh/

3. 刘芬远. 日本的医疗卫生体系. 医院院长论坛，2007，（2）：60-63.

4. 王建东，姜松，陈昆. 日本劳动安全卫生管理经验. 劳动保护，2014，（2）：98-100

5. 日本厚生劳动省劳动基准局安全卫生部劳动灾害发生状况. http://www.mhlw.go.jp/bunya/roudoukijun/anzeneisei11/rousai-hassei/

6. 日本职业安全法律体系 http://www.maff.go.jp/j/nousin/seko/anzen_sisin/pdf/date0-03.pdf#search='%E6%97%A5%E6%9C%AC%E5%8A%B4%E5%83%8D%E5%AE%89%E5%85%A8%E5%9F%BA%E6%BA%96%E4%BD%93%E7%B3%BB'.

7. 赵阳. 日本劳动安全卫生监管模式对我国的借鉴作用. 中国安全生产科学技术，2012，（6）：187-190.

8. 白瑛. 日本职业安全卫生保障体系介绍及启示. 中华劳动卫生职业病，2016，（11）：865-866.

9. 刘璐. 日本产业卫生学会及第 65 次学术会议简介. 工业卫生与职业病，1992，（18）381.

10. 日本厚生劳动省职业病目录. https://www.mhlw.go.jp/seisakunitsuite/bunya/koyou_roudou/roudoukijun/rousai/syokugyoubyou/list.html

11. 王金玉. 日本标准化管理体系研究. 世界标准化与质量管理，2002，（5）：31-34.

12. 刘春青，李玉冰，范春梅，等. 美国、英国、德国、日本和俄罗斯标准化概论. 北京：中国质检出版社，中国标准出版社，2012.

13. 李涛. 中外职业健康监护与职业病诊断鉴定制度研究. 北京：人民卫生出版社，2013.

14. 日本产业卫生学会容许浓度等的劝告（2014 年）http://joh.sanei.or.jp/pdf/J56/J56_5_10.pdf#search=%27%E8%A8%B1%E5%AE%B9%E5%9F%BA%E6%BA%96+2014%27

15. 日本厚生劳动省劳动基准局管理浓度 http://anzeninfo.mhlw.go.jp/yougo/yougo12_1.html

16. 日本厚生労働省労働基準局《关于预防中暑的通知》http://www.mhlw.go.jp/bunya/roudoukijun/anzeneisei33/.

17. 日本厚生劳动省劳动基准局新振动障碍预防对策的概要. https://www.mhlw.go.jp/new-info/kobetu/roudou/gyousei/anzen/dl/090820-2a.pdf

18. 日本厚生劳动省劳动基准局《为了防止噪音损害的指南》. http://anzeninfo.mhlw.go.jp/yougo/yougo73_1.html

19. 吴昊. 中日职业病诊断鉴定比较研究. 中国职业医学，2012，（5）：408-410，413.

20. ぎふ総合健診センター. 健康診断 https://kensan.or.jp/modules/docs/index.php?cat_id=23.